科学文化经典译丛

科学之光
LIGHT OF SCIENCE

德国技术史
从18世纪至今

TECHNIK IN DEUTSCHLAND
VOM 18. JAHRHUNDERT BIS HEUTE

[德] 约阿希姆·拉德考　　著
廖　峻　饶以苹　陈莹超　　译
方在庆　审译

中国科学技术出版社
·北　京·

图书在版编目（CIP）数据

德国技术史：从18世纪至今 /（德）约阿希姆·拉德考著；廖峻，
饶以苹，陈莹超译 . —北京：中国科学技术出版社，2022.1（2024.7 重印）
（科学文化经典译丛）
ISBN 978-7-5046-9298-6

Ⅰ.①德… Ⅱ.①约… ②廖… ③饶… ④陈…
Ⅲ.①技术史—研究—德国 Ⅳ.① N095.16

中国版本图书馆 CIP 数据核字（2021）第 229373 号

Technik in Deutschland: Vom 18. Jahrhundert bis heute
Copyright © 2008 Campus Verlag GmbH, Frankfurt/Main
本书中文版由 Campus Verlag GmbH 授权中国科学技术出版社出版。未经出版者书面许可，不得
以任何方式复制或抄袭或节录本书内容
版权所有，侵权必究
北京市版权局著作权合同登记　图字：01-2021-6761

总　策　划	秦德继	
策划编辑	周少敏　李惠兴　郭秋霞　崔家岭	
责任编辑	李惠兴　郭秋霞	
封面设计	中文天地	
正文设计	中文天地	
责任校对	焦　宁　张晓莉	
责任印制	马宇晨	

出　　版	中国科学技术出版社	
发　　行	中国科学技术出版社有限公司	
地　　址	北京市海淀区中关村南大街 16 号	
邮　　编	100081	
发行电话	010-62173865	
传　　真	010-62173081	
网　　址	http://www.cspbooks.com.cn	

开　　本	710mm×1000mm　1/16	
字　　数	520 千字	
印　　张	38.25	
版　　次	2022 年 1 月第 1 版	
印　　次	2024 年 7 月第 2 次印刷	
印　　刷	河北鑫兆源印刷有限公司	
书　　号	ISBN 978-7-5046-9298-6 / N·286	
定　　价	138.00 元	

中文版序言
——与托马斯·高斯博特合作完成

听说《德国技术史》现在要出中文版，我感到非常高兴。几十年来，这本书承载了太多激动人心的回忆，它已经成为我生命中的一部分。我的好朋友托马斯·高斯博特（Thomas Gorsboth）曾就这本书的第一版（1989 年）和当前这部 2008 年版提出了许多意见和建议，当我告诉他将出版中文版的消息时，他的头脑中又冒出来许多新点子。这值得我在序言标题中写上他的名字，以表我的敬意。作为位于巴德奥布（Bad Orb）的五金工会研究所的讲师，他多年来一直与企业劳资委员会保持联系，特别是与博世、戴姆勒和空客等大公司交流接触过，从而使他对中德之间迅速增长的经济和技术关系的重要性有着深刻的认识。如果本书的中文版能够通过更深入的文化交流为增强这些关系做出贡献，我将不胜荣幸。

我研究中国历史已经很多年了，特别是在完成我的《自然与权利：世界环境史》（1998 年第一版）时，其中有很长一章就是关于中国的。因此，这本《德国技术史》中文版的出版甚至还早于英文版，对我来说真是一个惊喜。2005 年，我曾受邀到中国作报告，直到今天我都对当时的很多交流和谈话记忆犹新。李约瑟（Joseph Needham）关于中国科技史的著作给我留下了非常深刻的印象。在《自然与权力：世界环境史》中我引用了他的一句话："世界上没有哪一个国家像中国一样有这么多杰出工程师的传说。"这句话为我的《德国技术史》中文版引起中国读者的共鸣带来了希望。

这促使我再次深入阅读本书，并对其主旨进行反思，托马斯·高斯博特和我之间的对话和通信中的新主题也由此产生。在此，我想特别强调以下 6 个基本观点。

（1）1989 年 12 月 17 日《明镜》周刊以《赞美迟缓》为题评论了本书的第一版。人们一次又一次地抱怨说，与英国和美国相比，德国人在技术进步中昏昏欲睡。因此，我试图表明，某种深思熟虑并耐心收集技术方面的经验，确实可以带来好处。同样，如果中国在技术进步的速度上有时落后于日本，也不一定是惰性的表现。托马斯·高斯博特向我讲述了五金工会董事会成员于根·克尔纳（Jürgen Kerner）的中国之行。令他印象特别深刻的是，中国人在追求最好的质量方面有着无比的耐心，因此，"中国制造"最有可能成为类似于传统的"德国制造"那样的质量标志。在中国存在一种"试错文化"：这是在技术上具有决定性的优势所在！在研究技术史的过程中，实践检验的重要性对我来说又一次变得清晰可见。

（2）迄今为止，我最全面的著作是关于马克斯·韦伯（Max Weber）[①]的传记（2005 年）。我与马克斯·韦伯相处[②]的那一段时光在本书的 2008 年版中留下了诸多痕迹，沿着这些痕迹还可以进一步探索韦伯的世界。韦伯最有名的著作可能是《新教伦理与资本主义精神》，后来他还研究了中国的伦理和精神，并明显为之着迷。在他看来，道教是一个"魔法花园"。同时，他提醒我们，直到近现代早期，中国在技术创新方面还一直处于全球

---

① 马克斯·韦伯（Max Weber，1864—1920），德国社会学家，现代西方社会学奠基人之一。韦伯强调主观意志在社会研究中的作用，提出宗教是造成东西方文化差异的重要原因，认为随着现代化的加深，西方社会会朝着世俗化、理性化的方向发展。

② 指作者研究马克斯·韦伯并沉浸其中。

* 本书页脚均为译者或审译者所注，此后不再逐一标出。

领先地位。但是，"保护这个魔法花园是儒家伦理中最隐密的倾向之一"。因此，对于经常得承受工业现代性压力的马克斯·韦伯来说，技术领先并没有引起中国的工业革命，这未必就是中国落后的标志。今天我们看到，不仅是新教，而且儒家伦理也能为中国极其成功的工业化做出贡献——看来人们需要一个新的马克斯·韦伯！

（3）今天，技术科学家往往更喜欢谈论"技术学"（Technologie），而不是"技术"（Technik）。这个术语表明，技术发展遵循其自身固有的规律。与此相反，我的论述是基于这样的假设：技术发展虽有其规律性，但国家和地区的传统和条件也会对技术发展产生影响，比如人类的需求和偏好，有时甚至是游戏的冲动，这在当今数字技术的发展中最能体现。我在《未来的历史》（2017年）一书中进一步探讨了这个想法。在20世纪60年代，人们普遍认为：在计算机技术中，存在着一种走向大型化的内在逻辑，在未来只有大公司甚至国家才有能力购买计算机。因此，民主德国领导人瓦尔特·乌布里希（Walter Ulbricht）认为，计算机技术的逻辑适用于中央计划经济。与此相反，当今时代里的电脑越来越小了，而今天——不管是在德国还是在中国——甚至许多儿童都有自己小小的智能手机，这在我看来是技术史上最大的惊喜！这种数字化的程度在2008年还只能部分性地预见，而最近两年却由于新冠疫情的蔓延得到了大力的推动。

（4）技术发展的国家特征：正如我在导论中所说，我从我的朋友、经济史学家维尔纳·阿贝尔斯豪泽（Werner Abelshauser）和他关于"德国生产制度"的论文中学到了很多，特别是使我有一种印象：在经济和技术史中，我们有时过于强调全球化而忽视了其他主导趋势。1957年及之后的几年，在"斯普特尼克"号人造地球卫星的轰动效应下，甚至在西方也出现了对苏联技术过分夸大的想法，似乎从现在起它就必须成为我们的发展榜样一样。我也很想知道，中国人是如何看待"斯普特尼克"号卫星的。

与当时的潮流相反，阿贝尔斯豪泽主要强调的是德国经济史道路上值得称道的方面。在某种程度上，我在描述德国技术史时也模仿他的思路。通过世界范围的联系，我才明白了德国的一些优势。例如，通过（在我这儿完成的）韩国人朴慧井（Hye Jeong Park）的关于德国职业教育双轨制的博士论文了解双轨制——职业学校及公司内部培训——她的论文甚至打动了我们大学的校长。在此之前，我很少关注到双轨制。

我非常想深入地了解中国在多大程度上保持了自己的技术传统并将其进一步发展，同时也想了解中国是如何通过"适应"掌握他国技术的。博伊·吕特杰（Boy Lüthje）认识到，"中国实现了从'世界工厂'到跨国生产网络中心的惊人转变"[1]。当然，如果陷入技术民族主义，不会欣赏那些已经从他国学到的技术和可以从他国学到的技术，那就不可取了。在经济和技术方面，德国道路绝不是在任何情况下都能获得成功的，这一点我在《民主德国技术史上的德国道路与技术困境》一节中进行过特别详细的解释。有一次，在研究联邦德国的核工业时，我特别注意到德国在这方面曾经有很大的发展前景，但后来又被不公正地压制了。另一方面，克劳斯·特劳贝（Klaus Traube）曾经是快速增殖反应堆建设的技术主管，他在 1984 年第 4 期的《明镜》周刊上评论了我的书，他向我明确表示，德国走的这条道路是一条死路。在我写核工业史前，我加上了库尔特·图霍尔斯基（Kurt Tucholsky）的话作为题记："如果有专家告诉你，'亲爱的朋友，我已经这样做了 20 年了！'你千万别信他。他也可以把一件事做错 20 年。"

（5）我步入技术史的道路始于 20 世纪 70 年代初对联邦德国核能历史的研究。当时我对这种能源充满热情，当联邦研究部允许我查阅所有档案时，我感到非常幸运。然而，正是通过这件事，我越来越意识到这是一项异常危险的技术，即使专家的判断也是如此。而且当时在联邦德国出现的反对运动比其他地方更加声势浩大，这些运动掌握了可靠的内幕信息。

1999 年，在阿斯科纳附近的"真理山"上举行的反应堆安全技术专家国际研讨会上，我深刻地确认了这一点。在我的回忆中，我将其总结为："真理之山名副其实。"[2]

核能被认为是一种"科学的"技术，至少在这点上吸引了我这个年轻科学家。此外，我与德国核物理学的前领袖维尔纳·海森伯（Werner Heisenberg）的家人有私人关系，因此，我甚至还能深入了解到他与前总理阿登纳之间的信件往来。但通过研究档案，人们越来越清楚地看到，这位著名的核物理学家对反应堆了解不多，在核反应堆的发展中没有发挥任何作用；相反，技术人员的实践经验成为决定性因素！这不仅适用于核技术。因此，经验的重要性已成为这部技术史的主题词。这在德国尤其重要，因为德国的技术科学家在传统上特别强调科学对德国技术的特殊重要性。

我在《未来的历史》中延续了这一主题，指出之前那种对手工业消亡的预测错得有多么离谱。因为那本书的缘故，我受邀在汉堡为从事可再生能源的工匠和技术人员做了一次讲座。当时的我提出一个问题：关于德国没有能源转型的"总体规划"的批评是否有道理？大厅里立即充满了听众们的回复声："没道理，不需要总体规划！"能源转型的进展与其说是一个宏伟计划的结果，不如说是实际尝试的结果。

（6）我们由此来到我的最后一个主题，这可能对现在和未来都特别重要：19 世纪使用可再生能源的行为和目前向可再生能源回归的前景。在完成了我的核工业史之后，我就已经转向了对木材的研究：这种曾经无处不在的燃料和材料在我看来越来越成为世界历史的关键；我对木材的研究踪迹也贯穿了这本书。与马克斯·韦伯齐名的德国社会科学奠基人维尔纳·桑巴特（Werner Sombart）甚至将煤炭崛起之前的整个世界历史描述为"木材时代"，木材也塑造了当时的精神。桑巴特认为，这个时代由于灾难性的木材短缺而消亡，我对这一论点提出质疑，从而引发了长期的争论。正如我在本书中所展示的那样，直到工业化发展到高潮的时期，木材都依然非常重要。例如，本书的封面展示了 1920 年的一艘飞艇的木质螺旋桨，一位技术员自豪地把手放在上面。还有，许多风车和水车不是在工业化之前建造的，而是在 19 世纪才建造的。

一段时间以来，木材的复兴令人惊讶。这是能源转折大背景的一部分：向可再生能源的转变，越来越多地转向太阳能。核能也曾经被认为是可再生能源，着眼于快速增殖反应堆和像太阳那样产生能量的聚变反应堆；这些项目在 20 世纪 50 年代取代了太阳能项目，在那个时候，许多人就已经"看到了未来的能源方向"。但到目前为止，增殖反应堆和聚变反应堆还没有在世界任何地方流行起来。相反，太阳能已经越来越多地从乌托邦设想变成了现实。研究这段迷人的历史已成为我新的激情所在。

这就是为什么今天当我以自我批评的眼光来回顾这段技术史的最后一章时，仍然对德国太阳能的未来表示怀疑，正如我在 2008 年写这一章时的情况。2011 年的日本福岛核事故给德国的太阳能发展带来了强大的推动力，然而，这种推动力很快又减弱了——但这时中国的光伏发电取得了巨大的成功，表明太阳能可以比核能便宜很多。2013 年，德国前环境部长克劳斯·特普费尔（Klaus Töpfer）向我抱怨说，与核"社区"相反——这是个常用术语——德国支持太阳能的人士分裂成不同的团体，相互之间没有任何联系。我从支持太阳能发展的先驱者那里也听到了类似的抱怨，现在我与他们有着频繁的通信联系。在我看来，中国似乎可以成为我们德国的一个榜样。蒂莫·道姆（Timo Daum）称赞的"中国模式"将中央计划与"极其活跃的实验文化"结合了起来。[3]

我非常希望，通过公开而充分地讨论分歧，为在这里建立一个太阳能"社区"做出贡献。在我写核工业史的时期，人们对核技术的争议经常充满仇恨，那时我追求的至少是写一本让这种技术的支持者和反对者双方都欣赏的书，看来我成功了。我能够与德国反应堆安全委员会前主席洛塔·哈恩

（Lothar Hahn）共同出版2013年版本①。我对技术史的叙述既不对任何形式的技术进步盲目热情，也不对技术创新全面怀疑。

总结一下：在编写这本书的过程中，对我来说特别重要的是把技术史从其在历史科学中的孤立状态中牵引出来，使其成为一部关于人、人类需求和人类经验的历史，并大量借鉴其他历史进程。在我看来，这一目标是与上述克服偏激立场的努力相联系的，它将有助于改善人类之间的关系。

我还想在本书的最后一章中强调一点：重要的是人，不管技术如何进步，总有一种人性的存在，它会在某种程度上对技术发展速度的不断提升进行抵制，或许也会抵制以电脑屏幕前的沟通取代人与人之间直接接触的这一越来越普遍的情况。在数字通信方面非常有经验的托马斯给我写信说："在我看来，新冠疫情似乎越来越展示出数字化的局限性。对人与人相互见面的意义进行重新评估，这是一个合乎逻辑的结论。"我认为这是一个很好的结语，无论是在德国还是在中国。

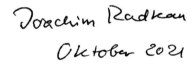

[1] Boy Lüthje: China: Werkstatt der Welt und Drehscheibe transnationaler Produktionsnetze, in: Karin Fischer/Christian Reiner/Cornelia Staritz (Hg.): Globale Warenketten und ungleiche Entwicklung-Arbeit, Kapital, Konsum, Natur, Wien 2021, S. 93.

[2] Joachim Radkau: Der Berg der Wahrheit, in: Zeitschrift für Ideengeschichte 3/2014, S. 92.

[3] Timo Daum: Das rote Silicon Valley: Chinas digitaler Realsozialismus, in: Blätter für deutsche und internationale Politik 9/2021, S. 109.

① 指《德国核工业的兴衰》一书。

导　读

方在庆

在德国社会学界，约阿希姆·拉德考（Joachim Radkau，1943—　）是一位十分独特的学者，不仅惊人地多产，而且跨越众多领域，从技术史、环境史、核电站史到人物研究（马克斯·韦伯、联邦德国第一任总统豪斯），都在他的研究视野之内。他视野恢宏，观点独特，从不人云亦云，总是对既定"真理"提出质疑。每有新书出版，都会引起学界热议。这本《德国技术史》也做到了这一点。

严格意义上讲，这本《德国技术史》并非首版，而是时隔19年后的一个"扩充修订版"。与1989年的第一版相比，作者在导论部分增加了"对技术的全新思考"一节，在第五章增加了"民主德国技术史中的德国道路与技术困境"一节，另加一个长长的"后记：工匠人、游戏人、智慧人以及协同的问题"。其他章节基本上得到了保留，个别地方依据学术研究的进展，做了相应的修订。尽管如此，作者的思路还是连续的，他的基本主张并没有太大的变化。

拉德考开宗明义，要对技术做全新的思考。按照他的理论，迄今为止的技术史都是线性的、抽象的进步史观的产物。按照这种进步史观的逻辑，科学发现导致技术进步，技术进步带来经济增长。因此，政府必须加强基础研究的投入，必须抢占技术制高点。每个时期都有一种或数种所谓的核心技术，掌握了这些核心技术，就可以立于不败之地，统领全局。历史一定是朝着更高的功率、更快的速度、更优的连接前进的。因此，技术史就是要宣传这些更高、更快、更优的成就，宣传在这种过程中出现的技术英雄。按照这种逻辑，技术史学者义不容辞的光荣使命即"为技术进步的胜利摇旗呐喊，为无私奉献的天才发明家歌功颂德，以此激励一代代新人投身技术领域"。而拉德考恰恰要挑战的就是这种进步史观。他认为这种技术史已经一去不复返了，在如今这样的时代，"这种外表光鲜的文学读物只能苟且残存于火车站小书摊上了。"他倡导一种"另类"的技术史：更"关注细节——关注生产材料与材料检验，关注尺寸计算与产品设计，关注工作精度与工人资质，关注风险管控与顾客喜好"。在他看来，这种技术史是把机器和活生生的人联系在一起，"研究技术与权力，与人类需求和环境条件之间的相互作用，最容易给人提供批判性历史分析的契机。"

从历史上看，技术的发展从来不遵从技术自身的发展逻辑。它与国家的干预，政治、经济利益集团之间的角力（也包括合作），人力资本的作用以及被人为提升的人的欲望等大量的其他因素息息相关。也就是说，技术是与时间、空间密切关联在一起的，不存在一个超越国界、建立在自然规律之上的绝对技术。也正因为此，书写国别的技术史成为可能。《德国技术史》因此应运而生。

拉德考认为，技术史不等于技术创新史。奥林匹克格言"更快、更高、更强"，并不适用于技术进步。从历史上看，创新的成功并不一定伴随着经济上的成功。实际情况恰恰相反，失败的案例大大多过成功的案例，而"失败案例也是真实的技术史的组成部分"。现实中面对更多的是迂回曲折，迟缓的技术发展观，而不是那种一蹴而就式的速度至上论。行动迟缓有其自身的优点。"德国人直到 19 世纪都被看作是悠然自得、安逸闲适的民

族，他们在许多技术领域都取得了成功，而成功的取得却是通过渐进式的
'发展'"。当德国人不急于赶时间时，往往却能取得进步。而在 1900 年前
后，德国人开始"亢奋"了，盲目追求"速度"，结果出现了人类历史上的
浩劫。

拉德考对各种文化悲观主义者，乃至世界末日论者的论调也持怀疑态
度，原因在于这两种论者基于同样的逻辑：线性发展模式。刘易斯·芒福
德（Lewis Mumford，1895—1990）是一个典型代表。早年他是一个乐观
主义者，预言人与环境友好的"新技术"即将来临，而他年老后却又悲观
地预言人类将毁灭于致命的"超级机器"威力之下。实际上，技术的发展
进程根本就不会遵循某一单一直线的"主流"，无论这种推测导致的是乐观
主义，还是悲观主义。

拉德考认为，让日常生活琐碎的历史变得有价值，可能是技术史的
一个有吸引力的方向。为此，技术史家必须走出自己狭隘的研究领域，
摒弃一些一成不变的观念。一些表面上轰轰烈烈，却没有多少实用价值
的事件，比如苏联 1957 年 10 月 4 日发射的"斯普特尼克"号人造地球
卫星，曾引起了美国的极大担忧，但从实际效果上看，却差强人意。相
对于那些年的现实生活和经济而言，比萨饼无疑是更重要的发明创新。
有学者甚至认为，苏联超出自己的经济实力，片面地发展某项高技术，
事实上拖垮了整个国家的经济，也是一种错误的技术进步观的最大受
害者。[①]

拉德考反对那种认为技术从本质上讲是超越国界的，而技术的国家特
征只是表面的、暂时的说法。他对"适应性技术"和地域研究特别关注。
越是发达的国家，越是注重技术的本土适应问题，而不会一味地引进技术。
文化传统对经济和技术发展有着明显的影响。"民族特质不仅扎根于传统之

---

① 参见 Florian Vidal, "Russia's Space Policy: The Path of Decline?", *Études de l'Ifri*,
Ifri, January 2021.

中，也不会因国际交流而被消磨掉。"就德国技术史而论，必须弄清德国的意识形态、社会结构和权力关系对技术的塑造，以及技术对德国地理位置和环境条件的适应。从历史上看，德国的工业先是有一个模仿的时期，之后便是明显地追求独立自主的时期，不仅是在民族主义时代如此，在现代也是如此。现在被德国人引以为傲的"德国制造"（Made in Germany），在 19 世纪下半叶曾有过一段屈辱的历史。1876 年，在美国费城举行的世界商品博览会上，德国产品曾被本国的专家评价为"价廉质差"。尽管这种评价更多是一种不满情绪的反映，而非事实本身，但它带来了德国人的深刻反省。经历几十年的努力，这个形象彻底改变了。同样让人们想不到的是，目前让德国人骄傲的汽车行业和机床行业，也是先从亦步亦趋模仿美国开始。如今的德国的汽车行业和机床行业在面对美国同行时却比以往任何时候都更加自信。这是典型的德国技术成功的故事！

拉德考发现，"技术转移"，这个在 20 世纪 80 年代的流行语，其实是一个充满误导性的术语。恰恰是具有高水平技术能力的发达工业化国家，知道如何使进口技术适应自身条件。而不发达国家却对外国尖端技术保持盲目的热情，忘却自己的技术传统，造成许多不必要的浪费。

拉德考与同在比勒费尔德大学任教的经济学史家维尔纳·阿贝尔斯豪泽（Werner Abelshauser, 1944—　）[1] 年纪相仿、气质相投、相互欣赏。他们都不赞成那种过分或有意贬低本国传统的做法，尽管他们绝不是民族主义者。拉德考非常欣赏阿贝尔斯豪泽解释战后德国经济成功秘密时所使用的"德国生产体制"（deutsche Produktionsregime）这一概念。他们都认为，文化因素具有持久的影响，深深扎根于德国历史，并在 20 世纪众多的政治体制变革和断裂中创造了一条非常稳定的生产和创新行为的道路。

---

[1] 阿贝尔斯豪泽教授的《德国战后经济史》（*Deutsche Wirtschaftsgeschichte Von 1945 bis in die Gegenwart*）已有中译本（史世伟译，冯兴元校，中国社会科学出版社，2018 年）。承蒙史世伟教授慷慨提供由阿贝尔豪泽教授特地为中文版做了修改的德文原稿，对于本文写作帮助甚多。特此致谢！

拉德考认为，这条道路的特点是高度重视实用工程，谨慎保守的创新风格，以及回归自己历史上成长起来的优势。①

德国人坚信，创造能力不仅来源于竞争，也来源于合作、"团体"、经验交流，来源于由社会保障、社会认可以及企业内部共同决策所促进的工作安全和"工作愉悦感"。无论是过去还是现在，竞争虽然有助于刷新最高效率的纪录，但也造成了大量的精力、资源浪费和不必要的重复劳动。而一定程度的闲适状态往往比追逐竞争更有利于技术研发的质量和稳定。

当然，对美国标准化大规模生产方法的改造也是"德国道路"的一部分。早在19世纪末，德国人就惊奇地发现，尽管德国与美国相距遥远，但从精神气质上讲，德国和美国是最相近的两个国家。但美国的人口和面积却远远大于德国，最应该让德国人感到担忧的，恰恰是美国②。所以，不断地有学者、企业家到美国取经，连马克斯·韦伯的名著《新教伦理与资本主义精神》，也是在访问美国时获得的灵感。本书中反复提到的弗朗茨·勒洛（Franz Reuleaux，1829—1905），以及与他就机械工程师培养模式打了一场"七年战争"的阿洛伊斯·里德勒（Alois Riedler，1850—1936），以不同的方式响应了美国的经验。

不同的德国人从美国带回来的是不同的信息。早在第一次世界大战之前，德国人就有"欧洲的美国佬"的外号。但美国的经验传到德国，很少没有结合德国实际的。德国经济在"美国化"时，往往要进行一些修改。这并不是民族主义的狭隘所致，恰恰是能力的证明。

拉德考看到了技术史的危机。它被经济史、科学史和环境史所包围，受到很多牵制。如果把整个技术史融入经济史中，就会使技术的发展过程

---

① 参见 Helmuth Trischler 对拉德考的《德国技术史》的评论文章，发表在《社会史与经济史季刊》（*Vierteljahrschrift für Sozial-und Wirtschaftsgeschichte*）2009 年第 96 卷第 3 期 432-433 页。

② 参见 Fritz Stern, *Einstein's German World*, Princeton University Press, 2001 中的有关论述。

过于理性。仅靠市场是根本不足以解释技术发展的。同样道理，也不能按以前的朴素认识，把现代技术解释为人类器官的延续、强化和替代，也不能简单地把技术解释为对人类需求的回应。从 20 世纪开始，广告的影响越来越大。新的工业并不是简单地以更便宜和更丰富的方式满足人们现有的需求，恰恰相反，首先要做的是创造出人们的需求！

技术史与科学史的关系也常常被扭曲。科学化被认为是技术史的一个有希望的研究范式。人们通常认为，德国的崛起与技术的科学化有很大的关系。这其实是误解了科学与技术之间的关系，也是一种线性发展观的体现。有条不紊地进行精确和系统的实验研究的精神，不只是在大学，同样也在工业实验室中发挥着作用。与"德国生产体系"相对应的，在时间上更早发生的是在德国形成了科学技术、工业与政治综合体。有学者称之为"国家创新体系"。①

对于技术史中的"社会建构论"，拉德考在肯定它把技术史引向历史学的"主流"地位的同时，也指出了它的不足。技术史学家仍然需要对技术细节有敏锐的洞察力。不要试图用美丽的辞藻堆砌一套看似新颖，其实不过是老生常谈的陈词滥调。在技术史领域，工作经验远比物理理论重要，只有这样，才能让技术史更容易让人理解！

与一般的技术史著作过于枯燥的叙事风格不同，这本厚达 500 多页的《德国技术史》具有极高的可读性，令人手不释卷。这与拉德考教授开阔的学术视野，丰富的历史知识是分不开的。在一些关键点，作者幽默的天性就不经意地流露出来。比如，在谈到他的著名的同事，比勒费尔德的"社会学教皇"尼可拉斯·卢曼（Niklas Luhmann, 1927—1998）和联邦德国第一任总理康拉德·阿登纳（Konrad Adenauer, 1876—1967）时。

---

① 参见 Hariolf Grupp, etc., *Das deutsche Innovationssystem seit der Reichsgründung: Indikatoren einer nationalen Wissenschafts-und Technikgeschichte in unterschiedlichen Regierungs-und Gebietsstrukturen*, Physica-Verlag Heidelberg, 2002.

　　书中关于民主德国技术史的有关论述值得我们关注。在经互会国家中，民主德国无论从技术还是人才上都曾经名列前茅，但在拉德考看来，民主德国高估了国家制度化的科学对技术的实际价值，错误地理解了技术创新与国家发展的关系，经常举全国之力发展某项技术，结果往往适得其反，导致一系列的问题。在他看来，计划经济本身不会自动导致技术创新。关注数量而非质量的计划目标，不会让企业从事有风险的创新活动，追求精益求精。正因为创新不是份内应有之事，经济体系也没有内在的创新冲动，所以总是需要隔一段时间开展某项特别的运动，建立新的公司来推动创新。由于没有形成一种内在的驱动，总需要从外部施加压力，从而形成一种恶性循环。

　　简而言之，拉德考告诉我们，技术的历史不仅包括机器和技术发展的历史，还包括技术、人和环境之间的互动。因此，他总是谈到不同时代的人类劳动价值，资源减少、旧职业的消亡和新职业的出现，以及新技术引起的生活方式的变化所造成的问题。他考察了自 18 世纪以来技术在德国社会、文化和经济中发挥的作用，对德国 200 多年的技术历史做出了独特的概述。作为后来居上的典型，德国在技术发展方面走了一条独特的道路，不计代价的技术化在德国从来就未存在过。

　　拉德考在他的中文版序言中提到了他这本书中的六大特点。这其实是对他的整个学术生涯的回顾。《德国技术史》凝结了他一生的学术精华，就像他的"孩子"一样。近 20 年后再修订出版，可见他"钟爱的孩子"已经长大成人了。

　　拉德考特别喜欢用引喻和图片来说明问题。包括封面在内，本书共用了近 50 张图。每一张图都有自己的故事，比如图 37 就特别有趣。它本来是想说明，在 20 世纪 50 年代时，计算机在联邦德国的工业生产中处于无足轻重的地位，人们在谈论它的时候只是将其看作是一种游戏消遣品。但里面又透露出阿登纳与"德国经济奇迹之父"路德维希·艾哈德（Ludwig

Erhard）之间的微妙关系。他赞同同事阿贝尔斯豪泽的说法，甚至艾哈德本人也并不是十分清楚什么叫"社会市场经济"！这其中非常值得玩味。只有熟悉了这段历史后，才能理解其中的深意。从这种意义上讲，拉德考的书值得反复阅读。

这本书出版后，德国媒体好评如潮。"拉德考消除了许多偏见。他的书是一个宝库，其中有许多鲜为人知的细节和交叉联系""拉德考赞扬了那些被遗忘了的德国公司的美德""一本伟大的书""知识渊博，有条不紊，不拘一格……""这是一本可读性很强的书，在德国的技术史文献史上是无可比拟的""非常激动人心的技术读物"，等等。

我最欣赏的是他所倡导的中庸之道。在本书结尾时他有点意犹未尽地说："成功的创新需要谨慎和经验。只有那些小心翼翼地走中庸之道的人，才能保持领先，继续向前并存活下来。"

＊　　＊　　＊

拉德考，1943 年 10 月 4 日出生在德国东威斯特伐利亚明登地区上吕布（Oberlübbe）的一位新教牧师家中。在他 15 岁生日时，母亲送给他一本阿诺德·汤因比（Arnold Joseph Toynbee，1885—1975）的《历史研究》的德语节选版。汤因比认为文化的崛起是为了应对自然界带来的挑战。这一点触动了拉德考。因此，他在内心深处一直有一种渴望，也想做这样的事情。他爱历史，爱自然，想沿着汤因比的思路把两者结合起来，并且要有全球视野。[1]

1963 年至 1968 年拉德考在明斯特、柏林和汉堡学习历史。他的博士论文是在汉堡大学历史研究所弗里茨·费舍尔（Fritz Fischer，1908—1999）的指导下完成的。论文研究了 1933 年至 1945 年讲德语的移民在美

---

[1] Joachim Radkau, "Ich wollte meine eigenen Wege gehen". Ein Gespräch mit Joachim Radkau, in: *Zeithistorische Forschungen/Studies in Contemporary History*, 9（2012），H. 1, S.101.

拉德考近照（2021 年 11 月 22 日）

国总统罗斯福当政时所起的作用。费舍尔因其对第一次世界大战原因的分析而成为极具争议的人物。年轻的拉德考思想左倾，费舍尔的思路给他留下了深刻印象。

1970 年，拉德考获得博士学位。1971 年起，他在比勒费尔德教育学院任教。1972 年到 1974 年，与乔治·W. 哈尔加藤（George W. F. Hallgarten，1901—1975）合著《从俾斯麦到现在的德国工业与政治》（*Deutsche Industrie und Politik von Bismarck bis in die Gegenwart*）一书。

1980 年，拉德考向比勒费尔德学派的领袖人物之一汉斯 - 乌尔里希·韦勒（Hans-Ulrich Wehler，1931—2014）提交了一份关于德国核工业的崛起和危机的研究报告，作为大学任教资格论文。

1981 年，他成为比勒费尔德大学的现代史教授。此后，拉德考主要转向了技术史和环境史。他研究了德国森林的历史，以及 18 世纪和 19 世纪的木材短缺（本书第二章中的内容多有涉及），自然保护的历史（包括它在纳粹德国时期的作用），威廉帝国时期的紧张局势，以及与技术史之间的联系。此外，他还开始了马克斯·韦伯的传记研究。2000 年，拉德考出版了《自然与权利：世界环境史》（*Natur und Macht. Eine Weltgeschichte der Umwelt*），他被圈外更多的公众所认识。2005 年，他受到广大读者喜爱的《马克斯·韦伯：思想的激情》（*Max Weber. Die Leidenschaft des Denkens*）（即《韦伯传》）出版。

2009 年，他从比勒费尔德大学荣休，大学专门为他举办了研讨会。2012 年，他获得了"环境媒体奖"（UmweltMedienpreis）。2013 年，他与德国物理学家、德国最重要的核能专家洛塔尔·哈恩（Lothar Hahn，1944—2021）合著的《德国核工业的兴衰》（*Aufstieg und Fall der deutschen Atomwirtschaft*）出版。尽管这本书是在他的教授资格论文基础上修订、部分改写而成的，但 30 多年后，还能得到德国最重要的核能专家的认可，从另一方面肯定了这本书的价值。2015 年，他出版了《未来的历史：德国从 1945 年至今的预测、愿景和错误》[①]（*Geschichte der Zukunft. Prognosen, Visionen, Irrungen in Deutschland von 1945 bis heute*）一书。拉德考强调，事情的结果总是与我们想象的不同。未来学、技术评估、预测、愿景——所有这些都是无效的。该书是一本内容丰富、形式多样的错误预言集。他提出的目标是"将未来的历史更深入地扎根于真实的历史中，无论是作为时代情绪的镜子，还是作为行动的动力或作为惊喜的来源"。[②]

此外，他还著有《战争与和平》（*Krieg und Frieden*，Klett，Stuttgart 1985）、《紧张时代：俾斯麦和希特勒之间的德国》（*Das Zeitalter der Nervosität. Deutschland zwischen Bismarck und Hitler*，Hanser，München/Wien 1998.

---

① 即前文提到的《未来的历史》。

② 参见 Martina Heßler 对这本书的评论，https://www.hsozkult.de/publicationreview/id/reb-25305。

Propyläen-Taschenbuch, München 2000)、《历史上的人与自然》(*Mensch und Natur in der Geschichte*, Klett, Stuttgart/Leipzig 2002)、《木头：一种自然材料如何创造历史》(*Holz. Wie ein Naturstoff Geschichte schreibt*, Oekom-Verlag, Munich 2007; 2018)、《生态学的时代：一部世界史》(*Die Ära der Ökologie. Eine Weltgeschichte*, Beck, Munich 2011)、《特奥多尔·豪斯传》(*Theodor Heuss*)等多部著作。与他人合著和编辑出版多部著作。

　　拉德考教授对中国文化非常好奇。教授夫妇曾与学生助手、朋友一行四人于 2005 年 8 月 30 日至 9 月 10 日访问了北京和西安。当时的学生助手弗兰克·于克特（Frank Uekötter, 1970—　）现在已是英格兰伯明翰大学的教授。他们骑自行车环游西安城墙，并在西安的大雁塔前点燃蜡烛和香火，为回家的航班祈求佛祖的祝福。作为一名自行车爱好者，看到当时的北京还有一半的街道为骑自行车的人保留着，他感到非常欣慰。

　　他的《自然与权力：世界环境史》已被译成中文（河北大学出版社，2004 年）。他对德国光伏企业被中国的光伏企业打败一事，非常感

2005 年 10 月，拉德考（左一）一行在西安城墙上合影。中间者为他当时的助手弗兰克·于克特（Frank Uekötter），右一为来自海德堡的汉学家扎比内·基尔施（Sabine Kirsch）

兴趣，准备写一本这方面的书。他非常喜欢中国的阴阳概念，甚至将它们用在《特奥多尔·豪斯传》中，认为联邦德国第一任总理康拉德·阿登纳（Konrad Adenauer，1876—1967）太强，属阳，第一任总统特奥多尔·豪斯（Theodor Heuss，1884—1963）灵活变通，属阴。两者一阴一阳，正好互补。当然，能否用"阴"和"阳"来准确刻画这两个人，还有待进一步研究，但至少说明他的心态开放，不拘一格，用中国概念来描述西方人物，这在西方主流学界是较少见的。由此不难理解他在专门为本书中文版所写的序言中所说的，"不仅是新教，而且儒家伦理也能为中国极其成功的工业化做出贡献。"

尽管生活在德国这个汽车大国，但他却从来没有考驾照的想法。除了骑自行车外，他还喜欢在森林中徒步。在散步的时候，他口袋里总是有一张折叠的纸和一支笔，用于记录徒步旅行中得到的许多灵感。他的《自然与权力》一书的思路是在喜马拉雅山脚徒步旅行时产生的。《生态学的时代》的整个写作过程也是一次穿越康斯坦茨湖的旅程。比勒费尔德靠近条顿堡森林（Teutoburger Wald），是徒步旅行的好去处。比大学建立还早一年的比勒费尔德跨学科中心（ZiF-Zentrum für interdisziplinäre Forschung）就建在森林边上。当他在比勒费尔德大学任教期间，常带着一群学生在森林中徒步，这成了一时的美谈。

尽管我从 2000 年第一次访问比勒费尔德后，后来陆续去过四次，但在大学里并没有见过拉德考教授。这次受出版社委托审译这本书，才与拉德考教授建立了联系。在这段时间里，我们邮件往来三十多封，而且每一封都很长。他在回答我的问题的时候，也跟我讲了一些有趣的往事。征得他的同意，在这里分享其中两个有趣的逸事。

第一个是与他和乔治·W.哈尔加藤合著《从俾斯麦到现在的德国工业与政治》一书有关。拉德考为撰写博士论文赴美查资料时认识了比他大 42 岁的哈尔加藤，两人因志趣相投，很快成为忘年交。哈尔加藤是犹太人，原名沃尔夫冈，是一位和平主义者，希特勒上台后，他移民到美国，改名乔治。他是后来成为党卫军领袖、对大屠杀负有最大责任的海因里希·希姆莱（Heinrich Himmler，1900—1945）童年时的朋友。哈尔加藤想与拉德考合写一本希姆莱传，但被拉德考善意地拒绝了。之后，他们才决定合写《从俾斯麦到现在的德国工业与政治》。哈尔加藤和拉德考各写一段，拉德考负责1933年及以后的时期。为此，哈尔加藤要求拉德考一定要去位于波茨坦的民主德国中央档案馆查资料。"冷战"开始后，作为一个联邦德国人，拉德考是不可能有机会进入民主德国的。为此，哈尔加藤亲自给民主德国当时的领导人埃里希·昂纳克（Erich Honecker，1912—1994）写了一封信！这一举措把拉德考吓坏了，但很奏效，拉德考很快就被允许进入民主德国的中央档案馆，并看到了迄今为止许多鲜为人知的、非常敏感的德国工业界的相关资料。不幸的是，哈尔加藤在这本书于1975年临近出版时去世了！更不幸的是，该书在出版前，德意志银行（Deutsche Bank）施加压力，让出版商把有可能涉及它们的地方删掉了。不过，据拉德考教授所言，其实所删部分并不是最重要的。最重要的资料还保留在书中。①

另一个故事与他写作《马克斯·韦伯：思想的激情》有关。

2002年夏天，为如何完成《马克斯·韦伯：思想的激情》已经困惑了好几个月的他，感到异常烦恼，不知如何化解自己的焦虑，已接近崩溃的边缘；此时他决定与妻子到德国东北部的梅克伦堡度假。他惊奇地发现，韦伯曾和他一样，精神紧张，也曾患上抑郁症。这一发现让他恍然大悟，又重新恢复自信，各种想法一涌而出。这种通过自我体验而重构再现马克斯·韦伯思路历程的做法，使他陷入到工作的狂热之中，随后他又发现了韦伯的一些信件，证实了自己的猜想。由于涉及个人隐私（酗酒、过

---

① 引自拉德考2021年11月12日给本文作者的电子邮件。

度焦虑、睡眠障碍、神经衰弱、药物成瘾、受虐倾向、歇斯底里、精神分裂症、抑郁症等），韦伯的这些信件一直没有公开。拉德考基于大量以前不为人知的资料，将韦伯"嵌入"当时的德国历史（尤其是威廉德国时代整个社会弥漫着的普遍焦虑）中，写出了长达一千多页，被誉为"有史以来第一部全面的韦伯传"。他以一种前所未有的方式揭示了韦伯的思想及其生活经历之间的密切联系。详细揭示了韦伯生活中的巨大谜团：他的痛苦和情感经历、他的恐惧和欲望、他的创造能力和工作方法，他的宗教经历，以及他与自然及死亡的关系。正是通过拉德考，我们发现了一个新的韦伯，一个直到现在、在许多方面都不为人知的韦伯。与此同时，我们对韦伯的著作也有了新的认识。无怪乎从德国移居英国的拉尔夫·达伦多夫（Ralf

2002 年夏天，拉德考在梅克伦堡的一次自行车旅行中，摄于一棵树龄至少有 500 年的大树前。此时，他的精神压力达到了顶点。

Dahrendorf，1929—2009）爵士这样评价《马克斯·韦伯：思想的激情》英译本："约阿希姆·拉德考是第一位把伟大的社会思想家马克斯·韦伯带入生活的传记作者。他揭示了其他人试图掩盖的东西：理性的冠军所遭受的情绪波动。"①

行文至此，有许多感慨。

拉德考教授所在的比勒费尔德是一个只有 30 多万人口的小城。在德国甚至有一种讽刺性的"阴谋论"，说比勒费尔德"不存在"（gibt's nicht），可见其不起眼。当跟德国朋友说，我要去比勒费尔德时，他们大都流露出诧异和惋惜的神情。当我告诉他们，德国大城市里的有的一切在比勒费尔德也存在时，他们大都不相信。去过比勒费尔德的德国朋友，也没有留下什么深刻印象，认为在那里生活太无聊了（langweilig）。

比勒费尔德大学建校才 50 多年，其主楼尽管是欧洲最大的建筑之一，但属于 20 世纪 60 年代的那种典型的功能性建筑，没有丝毫的历史沧桑感。最初的设计理念是把所有院系集中在一起，里面有图书馆、书店、食堂、餐厅、泳池、健身房、室内篮球场等，一应俱全。一个带有玻璃屋顶的中央大厅成为大学的主要通道，学生和老师在此交流，各种社团在此活动。大学图书馆占据了大学主楼一楼的大部分面积，全年每天都开放。正是在这个超级庞然大物中，产生了著名的"比勒费尔德学派"。一大批有影响的学者在这里任教，在全德学科评比中，比勒费尔德大学的教育学和社会学曾长期名列前茅。原因何在? 思来想去，除了不受拘束的学习和研究氛围蓬勃向上的精神之外，另一个非常重要的因素就是宁静的环境。它能让学者潜心治学，不用像在大城市那样迎来送往。另外，不人云亦云，坚持走自己的路，也很重要。举例来说，当拉德考开始研究核工业的历史时，他还是一个核能爱好者，认为核能是最清洁、最安全的能源，并计划按照

---

① 引自拉德考 2021 年 11 月 24 日给本文作者的电子邮件.

当时的左翼模式写一本书——也就是攻击保守的波恩政府没有大力推动这种奇妙的未来能源。但后来有机会查阅到大量档案后，他的结论变了。他有关德国核能研究的著作，至今仍被认为是这方面最权威的。

从另外一个侧面，拉德考的书也可以看成是德国工业自立自强的成长史。希望它能给正走在自立自强路上的我国带来更多启示。

目 录

中文版序言·· i

导读·· I

导论·· 1

  1. 对技术的全新思考——现有技术史研究的缺陷 ·················· 1

  2. 蒸汽机的缓慢进步：技术作为推动力，技术作为大事件 ·········· 25

第一章　技术史与"德国道路"——理论基础、模式与原则 ········ 35

  1. 历史上的"适应性技术"——技术史中的地域研究 ·············· 35

  2. 关于工业和技术领域中"德国道路"的话语历史 ················ 43

  3. "美国体系"与"瑞士模式"：国家技术风格的对比 ············ 48

  4. 德国的科学技术理想与经验的再发现 ························· 55

  5. 合理化、体制和规模限制：技术中的"专制元素" ·············· 60

  6. 技术史分期中的人类学标准 ······························· 66

第二章　以充分利用可再生资源为标志的技术

       （18 世纪到 19 世纪初）························· 72

  1. 人类历史上的"木材时代" ································· 72

2. "木材时代"的创新行为 ……………………………………… 79

3. 德国——一个欠发达国家？18 世纪到 19 世纪初德国的地区技术概况……… 87

4. 技术转移及对新技术的适应 …………………………………… 105

5. 国家、技术创新以及主导技术 ………………………………… 116

6. 节约木材带来的动力 …………………………………………… 124

第三章　德国生产体制的形成 ……………………………… **133**

1. 从 19 世纪中叶到 19 世纪和 20 世纪之交："规模经济"的解放与限制 ……… 133

2. 铁路作为使国家走向统一的技术，汽车作为德国式迟缓的对照 …………… 151

3. "价廉质差"——世界博览会与技术的民族主义 …………………… 170

4. 抽象与权威——论科学的作用 ………………………………… 180

5. 发明者的产业化和专业化——技术的发展观 …………………… 197

6. 美国模式与"美国危险" ……………………………………… 203

7. 在机械化的临界点 ……………………………………………… 212

8. 进步观念与安全管理的技术化——现代环境观念的建立与大量的

　　表面化解决方案 ……………………………………………… 227

第四章　战前、战中和战后阶段：大规模生产的合理性，

　　权力与困境…………………………………………………… **258**

1. 从 19 世纪和 20 世纪之交到 20 世纪 50 年代：各种生活领域的技术化周期… 258

2. 战争的不完全技术化，技术人员的"背后捅刀"和闪电战概念 …………… 278

3. 电气化与化学合成作为技术路径和集团化过程 …………………… 295

4. 合理化运动、心理技术和"为工作的乐趣而斗争"：泰勒制和福特制

　　在适应德国国情时所面临的问题 ……………………………… 314

5. 唯能论要求、煤气经济和大型技术 …………………………… 331

6. 机动化的德国道路 ……………………………………………… 346

第五章　大规模量产的边界 ……………………………………… **362**

　　1. 联邦德国技术史上的断层：从消费的主导地位到对高科技的狂热 …………… 362

　　2. 环境对汽车的适应性 ……………………………………… 381

　　3. 一场新的工业革命？ ……………………………………… 386

　　4. 技术愿景和能源经济之间的核能：德国、欧洲和美国的核技术发展之路 …… 394

　　5. 通过技术进步实现技术的人性化，又或：人类友好和环境友好

　　　　是技术变革的意外副产品？ ……………………………… 414

　　6. 民主德国技术史上的德国道路与技术困境 ……………………… 429

后记　技术人、游戏人、智慧人以及协同问题 …………………… **450**
重印译后记　在国别科技史学术研讨会上的发言（节选）……… **485**

注解 ……………………………………………………… **491**
文献选编 ……………………………………………………… **548**
插图来源 ……………………………………………………… **561**
人名翻译对照表 ……………………………………………… **562**
地名翻译对照表 ……………………………………………… **573**
关键词索引 ……………………………………………………… **577**

导　论

⌄

1. 对技术的全新思考——现有技术史研究的缺陷

将技术的历史作为国家史来书写，这样做有意义吗？从本质上讲，难道技术不应该是超越国界，建立在自然规律之上的吗？全球化的程度越来越高，难道这不会导致世界上的万事万物日益趋同吗？事实确是如此。然而，这并非唯一的技术史书写方式，还存在着另一种书写技术史的可能：写一部关于技术如何适应不同的国家和地区条件的历史。只不过这种另类的历史书写才刚刚兴起，它与线性、抽象的进步史观不同。进步史观认为历史发展方向一定是朝着更高的功率、更快的速度、更优化的衔接前进的；而此种历史观要求更多地关注细节，关注生产材料与材料检验，关注尺寸计算与产品设计，关注工作精度与工人资质，关注风险管控与顾客喜好。

不过，唯有这种"另类"的技术史才能进入历史研究的"主流"，正是这种处处让人感受到"细节中的魔鬼"，把机器与活生生的人联系在一起。这种极其具体的技术史才值得人们深入挖掘，它让人深入思考，回味无穷。它研究技术与权力、技术与人类需求和环境条件的相互作用，最方便给人提供批判性历史分析的契机。本书所论及的是德国技术的历史，那也就必然涉及自 18 世纪以来德国历史上技术的地位问题。本书的初稿是二十多年前受汉斯 – 乌尔里希·韦勒[①]的启发而写成的。当时，遵循纯粹进步史观的技术史在现代历史科学中还是个异类，而我很荣幸地在比勒费尔德学派的批判性历史修正中为其争得了一席之地，国家在技术发展中的作用也由此受到了特别的关注。

历史悠久，说来话长。下面这个掌故就颇有些意思：普鲁士的皇家工厂专员弗里德里希·奥古斯特·埃弗斯曼（Friedrich August Eversmann）先生一向对技术革新充满热情，说自己总是感觉像一只"被追逐猎杀的鹿"[②]。他当时就已经是高度紧张、神经兮兮的模样，百年后这也成了德国人的典型形象。1788 年，埃弗斯曼强烈要求普鲁士国王推广节约劳动力的机器，而国王对此很不情愿。此时，矿山与战争部的负责人冯·海尼茨男爵（Freiherr von Heynitz）扯了扯埃弗斯曼的礼服外套，让他闭嘴，保持沉默。海尼茨熟悉宫廷礼仪，对于技术创新也有自己的一套经验。

为技术进步的胜利摇旗呐喊，为无私奉献的天才发明家歌功颂德，以此激励一代代新人投身技术领域，这在以前可以算是技术史学者义不容辞的光荣使命。如今，这样的时代已经一去不复返，那种外表光鲜的文学读物也只能苟且残存于火车站小书摊上了。取而代之的是这个问题的根本，即真正有学识的技术史学者是否更应该扮演另一种角色：使劲地扯一扯某些说客的西装上衣，让他们别那么卖力地游说政治家为某种臆想中的"未来技术"提供资助。

1956 年，在慕尼黑举行的德国社会民主党（SPD）大会上，当时技术

---

① 汉斯 – 乌尔里希·韦勒（Hans-Ulrich Wehler，1931—2014）是当代德国最负盛名的历史学家之一，也是德国"比勒费尔德学派"的奠基者之一，专长于德意志帝国史的研究。

② 源自希腊神话中阿克特翁的故事。阿克特翁是一名优秀的猎人。有一天，他带领一群猎狗在基太隆山区的森林里围猎，误闯入女神阿耳忒弥斯的圣林，于是他被女神变成了一只鹿，被他自己带来的猎狗追逐撕咬。作者此处用这个典故来比喻技术对人的不断驱动和异化。

图 1：梅克伦堡的选举海报，1988 年。要一直保持技术创新，不管其是否满足某种需要，不管其是否显得荒诞不经，都被视为能创造工作岗位的灵丹妙药——当时，新联邦州还在推销这种技术至上的进步模式，而老联邦州的许多人都认为这种认识已经过时。这张海报其实预设了一个前提，即推广此类创新产品是国家的任务之一。

领域的社会民主思想先驱莱奥·勃兰特（Leo Brandt）曾向他的党内同志们许诺会建造一座核电站，并宣称建这座核电站只需花费一百万美元，就能为全城提供充足的电力，而且不受各种条件限制，用一个小盒子就能装得下。人们只需要把盒子埋进地里，"覆盖半米深的砂石，从终端牵出电缆即可"。其实有关这种技术的事情是一个美国公司代表告诉他的，而当时的会议记录中却并没有体现出这一点。

从那时起，一种"德国觉醒"式的技术文学就开始再次盛行起来。有不少人说，德国人就好像还处在毕德迈耶尔时期①似的：贪图享受、自得其乐的德国人又一次错过了全世界的技术革新浪潮，他们应该好好地向美国

---

① 指德意志邦联诸国在 1815 年（《维也纳公约》签订）至 1848 年的历史时期。此时期中产阶级文化艺术兴起，如家庭音乐会、时装设计等流行。

人学习（后来转而向日本人学习，再后来，中国人又成为德国人学习的榜样）。最后，这类文学都会或直白或委婉地告诫我们，政治家和公众最终要明白，某些（与作者本人常常有着某种联系的）工业部门需要国家投入大量的税收。只要贴上"研究"的标签，就不难吸引到滚滚而来的资金补贴。这种信念如此强大，以至于任何质疑声都会被认为是傲慢或者狭隘。新闻出版物通常追求的是短期效应，很快就会过期贬值，所以有些明显错误的预测也会很快被人遗忘（1959 年的一则头条新闻标题就如此耸人听闻：高温反应堆的"核战"！），市场也就会不断地为这种文学提供新的生存土壤。

这种文学类型需要的是一种独特的文本批评和批判记忆。迄今为止的技术史研究大多都还没能跨入当代的门槛，占据主流的还是缺乏批判意识、涉及政治性争议问题的通俗流行文学。当前迫切需要的恰恰就是一种专业的、对材料来源持批判精神的技术史研究方法。现在，人们普遍认为，计算机的广泛应用宣告了技术革新潮流的势不可当、无孔不入。但要注意的是，创新的成功完全具有历史维度上一次性成功的特征，从中抽取出的所谓普适性的"创新理论"不过都是些陈词滥调，会令人误入歧途。从技术史中我们更多看到的是，创新的成功一般都会伴随着经济上的失败——赖因霍尔德·鲍尔（Reinhold Bauer）深入研究了技术史上那些表面上取得成功，实际上折戟沉沙的案例。因此，富有经验的技术史学者阿科什·保利尼（Akos Paulinyi）也发出警示：一个优秀的企业家绝不能坠入盲目追求技术创新的迷雾，这对当今世界简直就是一句警世恒言！

但是，为何这个经验之谈一再被人抛诸脑后呢？原因在于，企业年鉴式的记忆文化会更愿意选择性地遗忘失败，也因为技术史书写更倾向于把成功的创新成果刻画到记忆之中。但是如果我们还记得黑格尔所说的"真相是一个整体"，那就不应忘记，失败案例也是真实的技术史的组成部分。

正是在失败中蕴藏着批判性技术史的实际作用，伟大的成功并不需要靠历史学家就可以流芳后世。

1989 年 12 月 18 日出版的《明镜》周刊介绍了本书的第一版，并把它作为施滕·纳多尔尼（Sten Nadolny）的历史畅销小说《迟缓的发现》的"技术对应读物"。不错，我的书写正是以此为主题。在速度至上论的技术史中去发现行动迟缓的优点，这令人眼前一亮。与英国人、法国人和美国人相比，德国人直到 19 世纪都被看作是悠然自得、安逸闲适的民族，他们在许多技术领域都取得了成功，而成功的取得却是通过渐进式的"发展"。这听上去很悖谬：有时，越是大力推动，技术的发展就越是保守。核技术就是一个例子。这有其自身的逻辑，因为如果要大规模地快速实施某种新技术的话，工程师们也就不得不转而依靠现有知识和传统组件，结果是欲速则不达。从前，德国人并不急于赶时间，往往却能取得成功，可谓功到自然成。1900 年前后那个成为"亢奋年代"标志的"速度"却与此后"德国的浩劫"①的到来不无关系。

当我在 20 年前开始着手写本书的初稿时，我给自己开列了一整页的正负面清单，以此来决定自己是否应该买一台电脑来写。最后我决定还是再缓缓，继续用我所习惯的手写方式来完成写作。我在走廊上总是会遇到脸色苍白的电脑先锋们，电脑一次次的崩溃把他们折腾得灰头土脸。我对这些新技术发明家们充满敬意，但我一点也不想把自己归入他们的行列。我有个声名卓著的同事尼可拉斯·卢曼（Niklas Luhmann），人称比勒费尔德的"社会学教皇"，他当时就是从自己的笔记卡片盒里变戏法似的提取资料卡片，研究计算机理论，甚至引起了相关专家的认真对待。他一直坚持用难以辨认的笔迹去写卡片，从而不断地完善他那个著名的卡片盒。

---

① 《德国的浩劫》（中译本于 2012 年由商务印书馆出版）是当代西方最负盛名的历史学家弗里德里希·迈内克（Friedrich Meinecke，1862—1954）的代表作，此处指国家理性中的"恶魔"因素失控及后来法西斯专政给德国和世界带来的浩劫。

我的伯父汉斯·拉德考（Hans Radkau，1904—1991）曾是技术学院一位广受欢迎的机械制造专业资深讲师，他熟悉德皇时代的工业。他唤起了我对技术史的兴趣，并且一直对我的技术史研究工作给予建议和关心。我的伯父以古人的智慧指导自己的个人生活，尽可能地减少身外之物对自己的干扰（各种各样的书籍当然不在此列）。出于对独处宁静的考虑，他家里连电话都没有，更别说什么电视机了。他的生活智慧深深感染了我，我也成了他的同道中人。当然，现在的我也早就"上网"了（自此以后，我就在工作狂热和心理倦怠这两种状态之间不停地切换，而当时的我还没有认识到这个问题）。但是 20 年前的电脑技术还不太成熟——它今天是否成熟也还难有定论。类似"成熟"这样的概念究竟在何种程度上才能成立呢？毕竟，苹果电脑不是真的苹果，电脑鼠标也不是真的老鼠。

然而，我对各种技术悲观主义者乃至技术末日论者的论调也持怀疑态度。刘易斯·芒福德（Lewis Mumford，1895—1990）早在 20 世纪 30 年代就预言了对人与环境友好的"新技术"即将来临，而他年老后却又悲观地预言人类将毁灭于致命的"超级机器"威力之下。芒福德是一个从线性进步观走向反面的典型，他没有意识到技术的进程根本就不会遵循某种单一直线的"主流"。关于技术进步的那条古老而充满运动精神的格言 [citius，altius，forties（更高、更快、更强）] 因其不断地强调要提升、提升、再提升，在当今已经越来越失去广泛的认可度。随着汽车的速度越来越快，溃缩区也越来越起不到什么保护作用了。最高端的核聚变在民用技术上毫无用武之地，只有在核武器中才能派上用场。还好原子弹没有成为新技术的典范，制造出第一枚核武器的曼哈顿计划也没有成为现代技术发展的样板。许多令人咋舌的高级发明在技术史上的意义很多时候都不过是博人眼球的各路媒体所强行赋予它们的罢了。苏联发射人造地球卫星就是当代历史上那种轰轰烈烈，却对实际生活无甚直接价值的大事件之一。与

图 2：伊卡洛斯的坠落，亨德里克·霍尔齐厄斯（Hendrik Goltzius）创作的铜版画，1588年。画像周边环绕的拉丁文意思是："知识乃神赐之物，求知欲彰显神性，然而人不可逾越自身的界限。谁要是心中只有自己的存在，不能经受真正的考验，就会像伊卡洛斯那样坠入汪洋。"自文艺复兴晚期开始，伴随着技术的兴起，希腊神话中代达罗斯与伊卡洛斯的神话成了艺术和文学热衷的主题。伊卡洛斯之所以会坠落，是因为他飞得太高，离太阳太近，黏合他翅膀的蜡被太阳熔化了。霍尔齐厄斯是第一个偏离了圣像传统中那个坠落的伊卡洛斯形象的艺术家，他精准地刻画了伊卡洛斯开始坠落的那个瞬间，此时的伊卡洛斯还在满怀幸福地仰望向太阳，在他的渴望神情中还保持崇高与感性！

之相比，比萨饼无疑才是当年更为重要的一项发明创新，它对于现实生活和经济产生了无可比拟的影响。给日常事物赋予历史的意义，这可能才是技术史的魅力所在。

　　让人感到棘手的是，如此加以扩充的技术史会大大超出了传统的界限。

如此大胆而全新的历史概念始终会面临甘泪卿之问[①]，历史学家是否可以借此展开工作，写出可读性强的书？然而这种工作也不能完全满足其自身的要求。技术史常常把自己封闭在精神的"隔都"[②]之中，因此我们现在需要给它某种打破界限的动力，这在当前对其发展没有坏处。我们要打破的界限很特殊，但并非漫无边际。

但是，如果没有进步史观，贯穿这一切的那根红线[③]又在哪里呢？在这一大堆杂乱无章的混沌中，历史又隐藏在何处？即使人们不以线性的进步史观去考察整个技术史，那也不能完全放弃某种线性、动态的考察方式。无疑，在最近几个世纪里人类不断地获取技术知识，一般都没有注意到遗忘的过程。在我对 18 世纪以来的德国技术史的概述之中，我除了展示它向前的发展，也会展示其循环的，或者说是辩证的过程。

我在本书的写作过程中才逐渐搞清楚其中蕴含的各种周期循环状况，而我此前并没有找到一种合适的理论——技术的经济周期理论去解释它。对规模经济（economies of scale）过度迷信，以产能增长来提高利润率，这种做法随时可能造成恶果。在大批量廉价产品的生产阶段之后，进行差异化高品质产品生产的新时机应运而生。在创新浪潮风起云涌、而失望在所难免的阶段之后，通常人们会去重新发现传统的优势——至少是某些传统的优势。塑料制品的风靡之后，天然材料迎来复兴。某些耽于幻想的改革家和新理论的提出者忽视实践者的经验，他们必然迟早需要面对经验的

---

① 甘泪卿是伟大的德国诗人歌德的代表诗篇《浮士德》中的一位著名女性形象。甘泪卿对浮士德提出的问题是"你信仰上帝吗？"这涉及上帝是否存在的问题，因此十分难以回答。据此，人们便把一些重大的、包括政治方面的难以解答的问题比喻为"甘泪卿之问"。

② 隔都（Ghetto）起源建立于 1516 年的威尼斯犹太人区。在基督教统治的国家，设立犹太隔都的想法来源于基督教会希望孤立、羞辱、隔绝犹太人的思想。第二次世界大战期间，德国人将犹太人集中到某些城区并迫使他们在极端恶劣的条件下生存，这些城区便是与外界隔绝的隔都。隔都不仅把犹太人社团与其他人群隔离开来，也把犹太人社群彼此之间隔离开来。此处指技术史的自我封闭。

③ 红线一词源自古希腊英雄忒修斯的传说。他将公主阿里阿德涅所给的红线一头系在迷宫入口，另一头拿在自己手里，得以进入克里特岛迷宫，杀死牛头人身的怪物并成功返回迷宫入口。

复兴。人们野心勃勃地以机械化取代人力，企图排除人的自我意识对工作的干扰，即使是在机器人时代，也有观点认为人比所有的机器都更加灵活，甚至往往也更加便宜。技术史的各个时期正是充满了这种周期性、辩证式的左右摇摆。

技术发展中各国的风格并非一致，相互之间也不协调，尤其那些彰显了活力的国家风格更是如此。它们的特点不仅在于其具有连续性，也在于其周期性运动形成的内部张力。沃尔夫冈·柯尼希（Wolfgang König）在他的《艺术家与线描师》（*Künstler und Strichezieher*）（1999 年）一书中对德国、英国、法国和美国的技术文化进行了对比研究，得出了乍看上去显得悖谬的结论：没有哪个国家会像德国这样"在工程师职业与工程师培训中把经验的因素统统弃之不顾"，而另一方面又有大量的工程学校应国家需求而产生，没有哪个国家会像德国那样兴建起如此广泛和注重实践的中等技术学校体系。正是因为有如此众多的技术学校，德国工程师的数量看上去才会明显地高于其他工业国家。德国工程师文化的典型代表不仅仅有试图通过理论架构把技术科学提升到哲学高度的弗朗茨·勒洛[①]，还包括阿洛伊斯·里德勒（Alois Riedler，1850—1936），他同勒洛及其偏重理论的机械工程师培养模式打了一场"七年战争"[②]。人们注意到，这两个人都以各自的方式呼应了美国经验。"美国"是个很大的空间，不同的人从美国带回来的是不同的信息：在关于"美国化"的讨论中，无论是技术还是文化，无论是过去还是现在，这一点往往很少被注意到。

技术发展中的"德国道路"是由德国历史的特征所决定的。从一开始

---

① 弗朗茨·勒洛（Franz Reuleaux，1829—1905），德国工程师和机器理论家，1876 年 5 月他作为德国代表参加在美国费城举办的第六届世界工业博览会，对当时德国商品"价廉质差"勇敢地提出了批评，对提高"德国制造"的品质起到了有力的促进作用。

② "七年战争"是指英国－普鲁士联盟与法国－奥地利联盟之间发生的一场战争。战争从 1756 年 5 月开始到 1763 年结束，持续时间长达七年，故称"七年战争"，是欧洲列强间一次大战。此处指二人的论战激烈且持久。

我就很清楚，没有什么永恒不变的"德国本质"。技术史学的风格通常基于早期和盛期工业技术的发展，而我的研究基础却是在此前和此后，即现代早期与木料相关的技术、节约木料的技术以及之后的核技术。这种"离经叛道"的研究路径倒也有其优势：从一开始，技术领域那种典型德国人一成不变的形象就不能对我的思维形成束缚。因为在两种情况下都有德国道路的存在，不过它们看上去大相径庭。时至今日，一个老问题也会总是被人不断提及：什么是德国化？——从 1945 年起，对这个问题提问的腔调更加令人深思。正是在日益加深的"全球化"过程中，人们对德国在世界经济中的地位问题有了新的认识。本书的产生与这种讨论不无关系。

自从完成本书的第一版以后，我有很多年都没有再去触碰技术史的研究，而是转向研究社会焦虑与德国技术发展关系的历史，研究世界环境史，研究马克斯·韦伯的生平传记。然而正是因为这个距离感使得我再次重新发现了技术史：人类学层面的技术转型、技术史视野的历史理论宽度、技术的环境视角。与当今时髦的史学去物质化观点相对，环境史提醒人们要关注人类事物的物质方面！提醒人们要关注技术：汽车文化史倾向于把目光局限于车身的变化上，而汽车环境史关注的则是其内部运作技术。甚至是对马克斯·韦伯的研究也把我重新带回技术方面。对他来说，社会科学的魅力在于精神对新的现实领域的征服，技术世界也包含在内，这个认识与当今很多的韦伯迷大相径庭。熟谙韦伯其人的特奥多尔·豪斯（Theodor Heuss）在 1958 年所写的《政治文集》前言中曾断言，"如果韦伯了解当今的技术的话，为了看穿它对于政治风格的作用，他一定会带着高涨的热情去进行研究"。不过，大部分公众越是被新技术所迷惑，社会科学中的传统核心领域就越是趋向保守。

1798 年，人称"19 世纪神父"的弗里德里希·施莱尔马赫（Friedrich Schleiermacher）感受到了法国大革命的迫近，他在柏林写下《论宗教——对蔑视宗教的有教养者讲话》一书。在我们全部生活的技术漩涡中，即使缺乏学术神父般的气度，我还是越来越觉得有必要在蔑视技术的知识分子们面前为技术史作出辩护。阿科斯·保利尼（Akos Paulinyi）曾警告人们不要陷入技术迷信，也正是他最近又对技术史学的"技术自我毁灭倾向"提出了批评，他反对经济史、科学史或话语史对技术的消解，反对在提及日益增长的第三产业领域和所谓的经济"非物质化"①时低估技术的因素。人们无法对现代历史中对技术的公然无知进行足够尖锐的批评，这更多的是源自思维惰性，而非从理论归纳而得出的无知见解，再怎么严厉抨击也不为过。谁若是要对现代化发表意见，就不得不谈及技术。当然，技术史学处于一种边缘地位，这与其自身发展也脱不了干系。本书旨在将其导入历史学的"主流"。

技术史对自我消解的渴望也许可以解释为它对冲破技术隔都的追求——或者换句话说，冲出介于"两种文化"之间的无人区：一种是人文和社会科学的文化，另一种是技术和自然科学的文化（细看来，这两种文化在其内部也产生着深刻的分裂）。社会科学家的傲慢常常伴生于自然科学家和技术科学家的自大，他们的专业文献对社会科学家而言简直是"天书奇谈"，而他们写的通俗读物又不足以引起社会科学家的精神共鸣。人们不难想起控制论学者卡尔·施泰因布赫（Karl Steinbuch）在其 1968 年所写的《错误编程》中对"背面世界"（Hinterwelt）即人文科学的严词抨击：他把人文科学一概称为"讲台凶手（Kathedermörder）"，把纳粹犯下的罪行也归咎于它。这本书曾经在德国的公众舆论中激起轩然大波，从波恩的"联邦层面"到汉堡编辑部办公室，人们对这本书如此看重，真是令人吃惊。在当时那个年代，甚至是控制论者也对未来计算机的发展抱着与今天完全相反的看法，施泰因布赫把社会看作是一台需要重新编程的计算机，当时把控制论者吹捧上天的东欧集团被他看作是技术发展的样板。另

①　指原有的物质产品被数字化，导致物质产品在整个国民经济中所占的比重降低。

一方面，有一些人却提出针锋相对的观点，把技术同毁灭联系在一起。两种文化间的鸿沟又一次被重新拉开。技术史学家就像杂技演员般小心翼翼地弥合二者间的鸿沟。很多人宁愿在其中一方选边站队，以免自己跌落深渊，这倒也并不奇怪。

今天的技术史学家通常游走在经济史、科学史和环境史之间的三角地带。我本人也在这块三角地带游走多年。本书第一版是我 20 年前在经济史学家悉尼·波拉德（Sidney Pollard，1925—1998）陪伴下到英国实地开展工业考古研究的直接产物。实地考察是锻炼具象思维的绝佳方法。工业考古学鼓励研究者在工厂里、工作环境下、地区环境中去非常具体地理解技术问题。正是经由在英国获得的印象，我们才能实现对技术中德国道路的认同。

从波拉德那里我了解到，"技术转移"这个 20 世纪 80 年代的时髦词其实是个充满误导性的概念。波拉德说，恰恰是那些具备高水平技术能力的发达工业国才知道如何使进口技术适应本国的条件，而不发达国家往往会对国外尖端技术保持天真的热情，这是其能力低下的表现。基于这个出发点，托马斯·休斯（Thomas Hughes）已经在美国技术史上取得了成功的实践，我也找到了德国技术史研究的关键。

像他那个时代众多英国知识分子一样，波拉德年轻时是共产主义者，年老时成了自由主义者，他有时会对国家的技术政策嗤之以鼻："国家做的事总是错的。"他说，即使是那些有前途的技术发展，只要一旦落入国家手中，就会悲催倒霉。事实上，从早期普鲁士的蒸汽机到民主德国以国家力量推动的微电子技术，都不乏这样的例子。然而，这并不意味着历史学家的任务是要大力推动技术发展的去政治化。相反，历史表明，在没有政府和公众压力的情况下，工业界甚至会忽视简单的劳动和环境保护。波拉德绝不是在宣扬完全的放任自由，更不会对核技术有放任的想法。尽管他的父亲是一位在大屠杀中遇害的奥地利犹太人，英国对波拉德而言有救命之恩，但他还是很欣赏德国讲求秩序的政治传统，写了一篇反对英国撒切尔主义的论战文章《英国经济的浪费》（1982 年），我也从中获益良多。

我还要感谢我同波拉德继任者、经济史学家维尔纳·阿贝尔斯豪泽（Werner Abelshauser）的合作。他对经济学中"德国生产体制"的研究与我对技术中重建德国道路的想法存在许多交集。通过这种方式，我了解到大量我所描述的技术史进程中的企业界观点。我们两个人都意识到，这与当前被低估的德国传统大有关系：在今天这个全球化话语如日中天的时期，传统的力量比起 20 年前有过之而无不及。无论是从技术史角度还是从企业史的角度来看，传统的"德国生产体制"直到今天仍然有效。它出现于 19世纪末期，其基础是经验丰富的熟练劳动力、差异化的优质生产、企业内部共同决策的形式、区域"集群"——自主企业间的合作，以避免产生高昂的引进费用——以及签署以长期目标为导向的卡特尔协议。[①] 所有的这一切都有其经济和技术的一面，而在技术方面往往表现得更加明显。即使是最先进的计算机发展在很大程度上也是通过区域集群得以推动的，无论是在硅谷还是在帕德博恩周边都是如此。

当然，德国本土的技术发展并非事情的全部，对美国大规模标准化生产方式的适应也属于"德国道路"的一部分。从一些邻国的角度来看，德国人甚至早在 1914 年之前就是所谓"欧洲的美国佬"了，恰恰由此在德国技术史和企业史中产生了一种辩证的张力关系。当然，"德国道路"并非总是不分时间地点都保持一成不变，也绝不总是成功的秘诀，但它往往并没有得到清楚的认识，其成功也没有能够得到应有的赞赏。纳粹党对"德国技术"的漫天吹嘘往往没有什么实质内容：在民众的想象中，德国技术人员充满了浮士德式的事业欲；而在现实中，他们试图模仿的榜样却是亨利·福特（Henry Ford）。希特勒曾私下嘲笑说，对德国"工人劳动"的

---

① 卡特尔是由一系列生产类似产品的独立企业所构成的垄断组织，目的是提高该类产品价格和控制其产量，参加这一同盟的成员在生产、商业和法律上仍然保持独立性。

赞美不过是"虚张声势的坑蒙拐骗",这位伪工人党^①的领袖对德国产业工人传统的认识就是如此贫乏！当前，排除技术民族主义的思想，对真实而非想象的德国传统的现实价值重新进行一番深入思考，这是非常有意义的事情。

技术史学家乌尔里希·文根罗特（Ulrich Wengenroth）提出的"笼子理论"所持的则是与阿贝尔斯豪泽完全相反的立场。在吕迪格·冯·布鲁赫（Rüdiger vom Bruch）和布里吉特·卡德拉斯（Brigitte Kaderas）编撰的会议文集《科学与科学政策》中，文根罗特写了一篇题为《逃入笼中》的论文，以尖锐的方式提出其观点，此后也激起了一阵学术界的喧嚣。如果谁想要在了解德国技术史时获得认识水平的提升，就应该把这些相反的立场都纳入自己的视野之中。文根罗特与阿贝尔斯豪泽一样，认识到一百多年来德国企业文化独特与顽强的传统，但不同于阿贝尔斯豪泽的是，文根罗特一直以来都将其视为德国经济的灾难。世界大战、自我封闭和纳粹主义可能就是导致德国的"创新体系"将自己封闭在"笼子"里面的原因。他认为，德国科学的衰落伴随着经济和技术领域创新文化的衰落，随着1933年以后犹太裔科学家被驱逐出德国，这一点更加引人注目，其最终结果完全就是"德国创新体系的自我了断"。

在重建技术史中的德国道路这个问题上，我对文根罗特所给予的重要启发表示感谢，但我无法从逻辑上或历史经验上接受这种全盘负面的观点，也看不出其分析价值何在。如按照他的观点，20世纪的德国历史成了一片是非不分的混沌，就连联邦德国的建立也只是德意志灾难的附带品，而非充满机会的新起点。就连直到今天也相对占比较低的服务业也要归咎于德国的自我封闭。从根本上讲，人们认识到这是个矛盾的前提，即一个国家的福祉取决于其"创新系统"，是整体精神文化的一个不可或缺的组成部

---

① 即纳粹党，其全称为德意志民族社会主义工人党，实际上却根本不是代表工人阶级利益的政党，故而作者称之为伪工人党。

分，而其实现途径就在于服务业的持续增长。

真实的历史看上去是完全不同的。驱逐德籍犹太知识分子的行动使得德国文化和科学的发展严重受挫，但工业和技术方面的进程看上去却没有受到太明显的影响。经济与技术可以发展得很好，而文化与部分科学的内容则处于低迷状态，二者之间没有密切的直接因果关系：德国最近的历史恰恰证明了这一点。1933 年移民国外的历史学家格乔治·W.F. 哈尔加腾（George W.F. Hallgarten，1901—1975）是从经济角度解释历史的先驱，我年轻时曾与其共事。他曾经不无忧伤地指出，作为一个德国移民团体至少在一件事上实现了具有世界历史意义的技术创新：造出第一颗原子弹。当时，物理理论的重要性要远远大于消费品的生产。但是，"曼哈顿计划"并没有成为德国工业研究的典范，幸好如此。

文根罗特认为，德国创新体系"在越是远离消费领域的地方就越有竞争力"，而我在德国技术史上却找到了很多与之相悖的反例。尽管也不乏以技术狂热推动的超大型项目，以及对消费者喜好不屑一顾的生产主义，但这些绝非总是典型的德国现象。福特系统完全是 20 世纪生产主义的典范，正如"曼哈顿计划"是超大型项目的典型。我也认为，德国技术史上的这种趋势是致命的错误，甚至将此作为本书的一条主线。然而，技术史上的这些阴暗面并不能证明笼子理论的合理性。

当然，在意识形态层面，几代德国人中有很多都把自己关在笼子里。相反地，在技术层面我找不到太多"笼中精神病"的病例。与此相应的是，自弗里德里希·李斯特①时期以来，德国技术史整体上都可以被描述为对美国潮流不断适应的历史。这也是本书想要展示给读者的方面。即使是希特勒本人在谈到技术与组织的问题时，也没有对美国抱有偏见，情况恰恰相

---

① 弗里德里希·李斯特（Friedrich List，1789—1846），德国经济学家，他认为对进口商品征收关税会刺激国内发展，支持国内商品的自由交换。作为德国中部和南部工业家协会的创始人和秘书，他在德意志各邦国内寻求废除关税壁垒，从而获得了突出的地位。

反。如果仔细观察,德国经济中尽管有"美国化"的趋势,但却是对其修改后才推行的。这些针对德国实际情况进行的修正在许多情况下都是其能力的证明,而非民族主义的狭隘。当德国经济过分热衷于采用美国的标准化大规模生产方法时,通常会遭遇失败。不论是 1930 年前后的世界经济危机,还是在 20 世纪 70 年代初的福特主义危机,情况都是如此。2001 年发生的新经济崩盘也表明,长期以来,僵化观念的"笼子"主要在盲目模仿美国趋势这一方向上发挥了影响作用,而不是去反思德国的能力。至于这在未来又会产生多么深远的影响,谁会关心呢?

技术史和经济史之间的联系是特别牢固的。我在与科研人员合作的过程中也学到了很多:在比勒费尔德技术研究所(IWT)同沃尔夫冈·克龙(Wolfgang Krohn)及彼得·魏因加特(Peter Weingart)合作;在柏林科学中心(WZB)同英戈·布劳恩(Ingo Braun)及伯尔尼沃·约尔格斯(Bernward Joerges)合作开展了一项大型技术系统的研究项目,事物本身、技术工具与网络环境都在此得到了更好的发挥。我从来就没能拥有一间技术史研究所,这也许倒是好事:我不得不始终考虑事物的连接性何在,考虑建立一个有充分自信的技术史体系,它从本质上讲同技术没有什么关系,但必须首先要相信技术史的作用巨大。因此,技术史的身份问题在我看来从来就不是产生于自身,而是通过一扇隔开我的研究所与世界其他部分的玻璃门而呈现的。我常常通过我的其他项目来从外部来看待技术史的问题。

但正因为如此,我得出以下结论:技术史可以更自信更积极地捍卫自己的权利。在经济史、技术史和环境史的三角关系中,它应该像跳三步华尔兹那样优雅地独舞,而不是让自己去迎合其他学科中的某一个而被其取代。当然,在无尽的历史洪流中,技术并非最终的动力。但技术在这股洪流中造就了大量的激流、堤坝、渠道、围栏和滑道,极大地加快了流速。

如果将整个技术史融入经济史去理解,就会使技术的发展显得过于理性化。仅靠市场完全不足以解释技术的发展。技术的发展往往需要有长久的持续力，如果技术仅仅作为对供需关系之间长存的振荡平衡的单纯反映的话，技术发展就不会成功。因此也就产生了对"未来技术"提供国家资助的不断呼吁！

现代技术并非像从前人们有时尝试的那样被解释为人类器官的强化和替代，也不能简单解释为对人类需求的回应。在戈特利布·戴姆勒（Gottlieb Daimler）之前，人类是否自古以来就有一种对汽车的强烈需求没有得到满足呢？这是个值得怀疑的问题。自1900年以来，广告的重要性迅速增长，尤其在新技术消费品的营销中被过度使用，这表明新型工业与早期的纺织业和机械制造业不同，它不是为了以更廉价和更丰富的方式去满足现有的需求，而是首先去创造需求。从中我们甚至可以看到经济生活技术化的这样一种基本趋势，这也是本书的主题之一。另一种趋势是，扩充军备以及军备研究产生出越来越大的拉力，非市场的驱动力达到了一种在19世纪尚无人知晓的规模。技术基础设施和全国性技术系统的重要性也不断增长！这些一直都是政治问题，技术发展也正由此而最明显地展示出地域色彩！

技术史与科学史的关系在于：一段时间以来，科学化被视为技术史和技术政策中大有前途的研究范式——这很大程度上是因为科学史在科学机构中的地位比技术史更稳固，更容易达到某种知识水平，而且"科学"能比"技术"更清楚地昭示其对于国家资助的需求。有一些技术史的后辈们在科学史中去寻求庇护，然而也有一些顽固的技术史学家一如既往地发出警告，科学史正在侵蚀技术史，在"新技术"领域也是如此。人们常常断言，从"研究和发展"（这已早非平稳过渡！）到工业的道路正变得越来越直接，越来越缩短，这一规律是否真的存在是非常值得怀疑的。如果草率地将符合这个论断的某些范例泛化归纳，就很容易导致错觉。

自从1955年在日内瓦核能会议上提出要在20年内建成理论前景迷人的核聚变反应堆以来，这条道路不但没有变短，反而变得更加漫长了。核技术发展过程中的一种典型学习过程就是，尽管纯粹"纸上谈兵的反应堆"

在理论上是非常理想的，但如果不借鉴电厂建设的广泛经验，就会毫无价值。无论是核电厂的支持者还是反对者都把大型核研究中心看作是核技术发展的超级大脑，但从最终效果看，这些研究中心对事件的实际进程来讲却无足轻重，甚至将发展引入死胡同，这一结论令人震惊。今天的计算机世界既不是老式计算机或半导体研究的直系后代，也不是直接从研究项目中孕育而出的。试验与试错这一古老的技术"发展"方法，看上去并没有完全被理论所取代。在技术方面，"发展"保留了无目的演化的因素，并非完全由具有目的性的发展构成。简而言之：技术史是完整意义上的历史，不是纯粹技术逻辑的展开。

在探索德国的技术道路时，该问题与科学的关系问题具有特殊的重要性，因此也构成本书的一个主题，因为技术的科学化长期以来被认为是一条典型的德国（后来也被认为是美国和苏联）道路。从 19 世纪初到 20 世纪初，通过技术的科学化来取得进步，这成了一种德国意识形态。但是，"科学"是一个多义的概念，其内涵在科学的历史进程中发生了变化。我们必须始终密切关注"科学化"的具体含义。在某些时候，片面的、基于理论的技术发展常常与经验的力量发生冲突碰撞：正是在德国史中，我们就可以发现这样浪潮似的运动。民主德国高估了国家制度化的科学对技术的实际价值，对技术的发展理解过于片面，这算是民主德国技术史所提供的一个特殊教训。

在认识层面的兴趣点上，科学与技术存在着一种根本的矛盾：科学的法则是对知识的追求，技术的法则是对有用物件的开发。然而这并非全部。功利主义往往促进了科学的创造性——肯定比基础研究的说客们承认的更多。马丁·海德格尔（Martin Heidegger）提醒我们（尽管他不喜欢这样），现代技术的历史是先于现代科学的。此外，人们对"科学"的理解不能仅仅局限于在大学里所做的事情。方法上更精确、更系统和具有实验性的研究精神在工业实验室中得以体现，不仅是技术，科学也对此产生了重要的推动作用。

在技术史和整个社会科学领域，过去 20 年中最有影响力的新趋势就是建构主义：技术既不是技术逻辑的产物，也不是经济计算的结果，而是一种社会建构，它——产生于言语符号——在具体化之前首先以语言形式成形。对于技术史学家而言，这种新"转向"具有战略性的优势，将他们从精神的隔都中拉入了社会科学的"主流"，此外也使他们的历史更具丰富的精神内涵。前提是技术解决方案产生于交流过程之中，协调于参与各方之间。

毫无疑问，作为一个工作假设，这个前提对研究是富有成效的。在某种程度上，它甚至把技术史引向了自我认识；因为技术史向来依赖于话语而非其他无声之物，却早就丧失了对其文本保持来源批判的能力，而且对言语符号的特性视而不见。我们可以从 18 世纪的盐业工程中举例说明。在 18 世纪的盐场中，建造分级塔的理由是"木料短缺程度令人震惊"——通过用分级塔滴盐水的方法使含盐量得到了提升，这样就可以在煮沸过程中节省燃料——人们必须明白，这种令人匪夷所思的事实是当时技术的主题之一。这一认识一度让我恍然大悟，并成为我对木材作为前期和早期工业技术的一个因素的历史进行全新修正的起点。

大卫·古格利（David Gugerli）在他的《话语流：瑞士电气化的起源》一书中，以建构主义为基础，以宏大的风格写成了一部特别规范的技术史著作。他的书名很贴切，因为早期的电气化是一个可以用丰富的词汇去描述的过程，含有很多暗示性的广告和愿景式的展示。后来，凭借阿尔卑斯山的水力，瑞士似乎命中注定成为大自然的"动力源"。然而，事实上那里不仅有天然瀑布，也有大量的"文字瀑布"①把"动力"导向那里。在德国，电气化也提供了一个绝佳的例子，说明一个新的大规模技术系统——卓越的技术"网络"——的实施并不遵循纯粹的技术逻辑，而是由面向未

---

① 指大量的文字材料和语言描述。

图3：高轮自行车骑手的技艺，同时也是对建构主义的考验。这张照片展示了高轮车骑手如何骑上一人高的车轮并保持平衡的杂技技巧。这种自行车没有链条传动，要想骑得越快，脚踏轮就得越高；没有使用充气轮胎，轮子越高就越能吸收冲击力。这名高轮车骑手必须像特技演员一样冷静，像橡皮人一样灵活（抗摔）：据说在每次巡演中，他都会多次摔伤头部。建构主义者对高轮车时代的解释是，当时的骑手在自己的脑海中构建了高轮车上自己的形象：他们是敢于冒险的运动员，想引起轰动效应，以此傲视同侪。因此，他们并没将高轮车的缺陷视为需要解决的问题。然而，当低轮车在 1890 年左右出现时，很快就风靡一时，高轮车在很短的时间内就从大街上消失了，尽管典型的自行车骑手仍和从前一样是运动狂。这对技术与身体的关系做出了某种解释：充气轮胎与链条传动让低轮车的产生成为可能，它比高轮车更加安全和舒适。无论在何种社会文化环境下，从高处摔下来可都不是闹着玩的。

来的设计所推动，同时有望解决社会问题。1900年前后的第一批大型"电力中枢"不仅为有轨电车供电，而是首先要建立一个客户网络，使自己有利可图。它们绝不是对已有需求的回应。尽管就如同人们常说的，技术人员通常都是些沉默寡言的"文字恐惧症患者"，但现在也出现了像柏林的瓦尔特·拉特瑙（Walter Rathenau）和慕尼黑的奥斯卡·冯·米勒（Oskar von Miller）那样能言善辩的电气预言家。

只不过，此类技术"话语"绝不能与哈贝马斯所说的"不受支配的交流"相混淆！也不同于福柯所说的"话语"，后者没有主体，而是通过文字符号的生成力来推动自身的发展。从一开始，各个"电力中枢"涉及的都是金钱和权力的问题。初期，可观的收益与巨大的风险形成鲜明的对比。地区性的供应垄断将风险降到最低。在托马斯·休斯关于柏林、伦敦和芝加哥电气化进程的开创性著作《电力网络》（*Networks of Power*）（1983年）的标题中，对"power"一词就应该在两种意义上去理解：作为电力，但也作为权力。发电厂连同其网络都属于20世纪最大的工业权力复合体。在核冲突使其进入公众视野之前，发电厂及网络都更乐于默默无闻，处于保持远离大众的状态。话语历史学家如果不满足于单纯的辞藻堆砌，而是想以福柯的精神去触及权力的神经，就必须使自己成为一名侦探。能源行业的奥秘不能仅仅通过公开的"话语"来获取。可以想象一下，我们可早就生活在可再生能源的时代了！

话语历史的作用何在？它如何将人引入歧途？核能的历史对此提供了一个经典的案例，这也曾是我进入技术史的切入点。起初，我想像我的前辈们那样，以四种核项目为纲来划分我的大学授课资格论文《德国核产业的兴起与危机》（1983年）的层次。后来，通过研究档案，与前任活动家交谈，我这才意识到，这些项目都是纸上谈兵而已，不过是议会和财政部的义务性工作，而其真正的发展要遵循其他规则。由此，我把核历史划分为了两个完全不同的主要时期："假想阶段"和"事实阶段"。我明白了，当核能源不再只是存在于文字、计划和幻灯片之中，而是大规模地真实存在于大型发电厂，而发电厂又启动了"事实的规范力"，拉动了数十亿欧元投资之时，决定性的转折点便出现了。

在 20 世纪 50 年代的"核能时代迷狂"中，人们确实必须认识到——许多同时代的人没有明白——"和平的核能"是一句空话，而不是现实。当时，世界上没有任何一个地方的核电站称得上是民用的。在当时的话语中，核能源是廉价的、取之不尽、用之不竭、符合环保，与原子弹技术相反，它可以被小型化，就连第三世界的那些贫穷落后、人烟稀少的地区也可以拥有自己的理想能源了。但关键问题是，这种"话语构建"的"核能"并非真正的核能。在核能已成事实的今天，什么是核能已显而易见。

与对"反思的现代性"研讨不同，技术话语恰恰会在产生实际效果之时，与事物的自身力量产生冲突，即与现实的现实性产生冲突。20 世纪 70 年代的那些核电站反对者只要把从前的"核能时代"理想与真实存在的核技术进行对比，一切就不言自明。最大的愤怒往往来自失望的爱：20 世纪 70 年代的愤怒抗议反映了 50 年代的希望破灭。罗伯特·容克（Robert Jungk）是一个特别极端的例子，他原本是核研究的先行者，创造了德国核能研究人员消极抵抗纳粹原子弹项目的传奇，他的形象后来转变成了那个发出尖锐预警的卡珊德拉。[①]

当然，忽视建构主义的工作假设可以用来发现技术史上的许多东西，有时会导致政治上的轰动效应，这是不公平的。甚至在核电站的许多技术细节上——特别是在安全防范方面——人们徒劳地寻找非技术人员所想象的自然规律中的纯粹内在逻辑，但却一再遭遇规范的限制。这些规范无法从研究成果中直接推导出来，而是必须通过谈判协商解决。长期担任核能部部长的巴尔克（Balke）本身就是一位化学家，正是他直言不讳地向世人

---

① 卡珊德拉是希腊神话中特洛伊的公主，阿波罗的祭司。她因阿波罗的赐予而有预言能力，又因抗拒阿波罗，她的预言不被人相信。

说明，人们不要以为对排放量的限制可以从自然科学的角度去加以证明。

然而，问题的关键在于，这种谈判过程很不容易识别并以经验来证明。表面上，人们尊重专家的权威；实际上，谈判过程是闭门进行的，很少以透明的方式进行书面记录。再次强调：本着福柯的精神，真正的话语历史学家必须培养自己作为侦探的本能，并且能够破译问题。如果建构主义成为一种否认无声的现实存在的意识形态，满足于转述一些著作文章，那么它就从一种研究策略退化为一种回避研究的策略了。

斯图加特理工学院教授弗里德里希·特奥多尔·菲舍尔（Friedrich Theodor Vischer，1807—1887）在其小说《瑞士游伴》（*Auch einer*，1879年）中创造了"客体的阻力"一词。这个词也属于现实的技术史的主旋律之一。"细节中的魔鬼"这句谚语也是如此。核技术再次成为典范，尤其是在核冲突的背景下，它比其他所有的新技术都更受到严格苛刻的关注。核电站的安全性不仅取决于核物理学的理论，更取决于常常被忽视的细节，特别是某些材料的耐用性，将这些标准纳入考察视野，这是此前不太哲学化的"安全哲学"的一个决定性的进步。

这说明，技术史学家是如何一如既往地需要对技术细节有敏锐的洞察力。如果他仅仅满足于对言语符号的分析，他就会认识不到所谓"客体的阻力"。他没有注意到，在公共领域也有不少技术话语是与现实关系不大的，无论是机器人、自动化、控制论，还是人机交互与人工智能。恰恰是近来由"数字革命"推动的自动化进程表明，与既成事实相伴的通常是大众的沉默，至少在公众场合是如此。但新技术正是由此而开始具有历史意义！

雅各布·布克哈特（Jakob Burckhardt）曾预言，20世纪将是一个"可怕的单一化者"的时期。然而，在当今的德国人文和社会科学中，我们更多面临的是"可怕的复杂化者"的问题：在社会科学的技术理论中如此，在其他领域也是如此。波拉德在评定那些充斥着理论和术语的学位论文时，喜欢以这句话展开自己的评价："从根本上讲，这位作者的论题非常简单。"

在许多时候，这是一种很有艺术的表达，因为论文的主体通常可以用平实的语言缩减为一些老生常谈的陈词滥调。正是那些无话可说的人才倾向于堆砌辞藻，夸夸其谈。但是，技术史很复杂，特别是深入细节的时候。正因为如此，才必须努力使用一种清晰和简明的语言风格。

法国物理学家艾伦·索卡尔（Alan Sokal）和简·布里克蒙（Jean Bricmont）对"时髦的废话"嗤之以鼻（《时髦的废话：后现代知识分子对科学的滥用》，1998 年），因为当人文学者玩弄自然科学的词汇，装模作样地把语句搞得时髦华丽、貌似含有深意的时候，其实就是废话满篇了。谁要是只知道一味玩弄词汇而使其失去应有的意义的话，谁就是在胡说八道。实际上，"两种文化"之间的鸿沟是无法用语言的技巧来跨越的。在这个方面，长期以来有很多人都搞错了。

那么就让我们把技术史写得让人容易理解吧！但是我们在这里又遇到了一个棘手的问题：在现代技术中，"理解"意味着什么？历史学家德罗伊森（Droysen）曾将"理解"作为他的辩解学说的基石："他的正义就是他寻求理解。"老式蒸汽机的原理在某种程度上也可以被人理解：它将热能转化为动能。由此，它激励了历代物理学家对能源作为普遍驱动力的演算，这就是技术进程的主体。但是，今天我们坐在屏幕前时又是什么情况呢？我用了十年鼠标了，却从来没有理解其原理。究竟有什么需要我们去理解的呢？或许这就是现代计算机的特点，人们可以使用它，却不用去理解它——能力是否只关乎应用，而不具有认识论的特点？人文科学家是否因为总是寻找传统意义上的理解而将自己封闭了起来？

默西迪丝·邦茨（Mercedes Bunz）出生于 1971 年，也是一家"电子生活报"的联合创始人，她以一句充满矛盾的话来开始写她的《互联网历史》一书——她是真的想要"讲述"历史——"你必须了解一些关于互联网技术的东西，以便能够观察自己和他人是如何得出某些想法的，重点不在于理解，而在于使用。"我再次强调，我们要尝试去理解技术史，即使只是为了当我们使用技术时能恍然大悟或大吃一惊——只有理解得磕磕绊绊，需要战胜各种疑惑和不解的时候，理解才会成为一项具有科学高度的活动。

最后，但并非最不重要的是，作为人类史而不是拜物教的技术史是关于工作的核心历史。工作经验远比物理理论重要，是技术中的历史进程因素。在这种不太热门的学术氛围中我还能据有一席之地，这要特别感谢我的老朋友和老同事托马斯·高斯博特（Thomas Gorsboth），感谢他多年来为劳资协商会提供咨询和处理劳动法纠纷的经验。二十多年前他见证了本书第一版的诞生，我感谢他本人以及他对新的工作世界的深入认识，使我对这个题材开始再次着迷并一直沉醉其中。

2. 蒸汽机的缓慢进步：技术作为推动力，技术作为大事件

在其著名的文明史著作中，布罗代尔①用这句话作为其中一章的结尾："蒸汽一旦得以利用，西方世界的一切就如同被施了魔法一般加速运行起来。"在这一章中，他将能源视为近代早期的"关键问题"。马乔（Matschoß）在他 1901 年所写的《蒸汽机史话》中写道："蒸汽机就是王子殿下，工业这位睡美人被他从昏睡中唤醒。"这成了德国技术史书写的奠基篇章。1822 年的《普鲁士国家总汇报》写道，蒸汽机是"工厂工业的原动力"，在机械论世界观中，它被赋予了之前由上帝扮演的角色。[1]这一切都迎合了当时流行的观点，认为技术不仅由单个机器组成，而是从整体上构建了一种超大型机组，需要越来越强劲的驱动力来提升功率。由此产生了一种能源历史观，认为日益增长的能源需求是历史的动力，认为能源转化的新形式是时代的创造者。这在当时算是新思想。在此之前，人们曾根据

① 费尔南·布罗代尔（Fernand Braudel，1902—1985），法国历史学家，年鉴派的第二代代表人，提出了著名的长时段理论。

摆钟这个近代早期最复杂的机械去设想过永动机的可能。弗朗西斯·培根（Francis Bacon）在他的未来主义小说《新亚特兰蒂斯》（1624 年）中也曾有此设想。当时，动力的产生已不成问题。蒸汽机并不会带来经济上立竿见影的革命，但它却改变了未来的前景。

然而，德国的第一台蒸汽机的建造却磕磕绊绊，进展迟缓。1721 年在斯洛伐克的柯尼斯堡建起了中欧第一台纽科门蒸汽泵，这是一台巴洛克式的面子工程，技术人员对此早有警告。这台用蒸汽驱动的泵机通常只有用在煤矿生产中才有利可图，它需要用木材生火，从经济角度看实在是消耗巨大，这对此类形式的发明而言简直就是一个荒谬的反例。德国的第一台蒸汽机是 1783 年到 1785 年间在弗里德里希二世的授意下由赫特斯特德的铜质片岩矿场制造出来的，在此之前经历了近 14 年的漫长辩论。海尼茨（Heynitz）当时担任普鲁士矿山、冶炼与战争部长，他看到这台机器的 1∶6 模型时就已经抑制不住自己的"欢呼雀跃"。但是，这台蒸汽机的建造与首次运行遇到了无数艰难险阻，耗费了大量资金。1794 年，这台蒸汽泵再次被拆除并搬往一座煤矿。

对私人企业主来讲，这整个过程起到了相当大的震慑作用。这并非一场"工业革命"开始的信号，直到 19 世纪中期，蒸汽机在普鲁士的推广都进行得相当缓慢。[2] 用沃尔夫哈德·韦伯（Wolfhard Weber）的话来说，"甚至可以直截了当地说，从 19 世纪中期开始，普鲁士取得机械制造领域的主导地位的原因并非是它的蒸汽机制造起步早，而是应该反过来说——尽管蒸汽机制造起步早，普鲁士还是取得了主导地位。"[3] 如果只停留在蒸汽机的阶段，那么之后紧接着迅速崛起的工业简直就像是一场奇迹。

在兰德斯（Landes）和其他历史学家看来，德国引进早期蒸汽机时的迟疑和笨拙暴露了当时这个国家尚不发达的技术水平："当蒸汽机像奥德修斯那样筚路蓝缕，成为后世的神话形象之时，那还是工业化德国的前荷马时代。"当时，德国各州已经有了大量工业化和发明创新的萌芽。对耗资昂贵且燃料消耗巨大的蒸汽机保持克制态度，这恰恰证明了技术上有能力如此，而对最昂贵和最引人注目的技术持有盲目的热情，则往往会暴露技术经验的缺陷。[4]

牧师史瓦格（Schwager）1802年参观乌纳附近的那台著名的柯尼希斯博恩盐场蒸汽机时，心中涌起一种神圣的感情。与之相反，约翰·贝克曼（Johann Beckmann）在18世纪末虽然在德国的大学系统中将"技术学"建成为一门独立的学科，却在其大量的文学作品中出人意料地对蒸汽机只字未提。这可以解释为他从根本上厌恶复杂的机器，他认为机器"太假，太贵，太脆弱"。他对英国使用蒸汽机的优势深有认识，却在1806年提出了一个反问："我们连为自己取暖的钱都付不起，又得从哪里给这机器搞到生火的材料呢？"[5]当时德国人仍普遍认为，得不断给蒸汽机烧木柴才行。将热能转化为动能，这在"木材时代"还是与人的认知相悖的，在缺乏像俄罗斯或北美那样的森林资源的德国，热能是稀缺资源。在18世纪末的德国，对木材资源短缺发出警告是最能让人接受的话语。[6]

在贝克曼看来，技术革新往往伴随着新闻界浮夸的溢美之词，也是某些人借着引进外国最新发明之名为其大肆吹嘘，从中渔利之机，这是尽人皆知的事实。"有些无知的人大肆兜售他们的发明，其无耻之甚让人震惊；有些对外国文献的内容翻译及陈述对象几乎一窍不通，其无耻之甚也让人愕然。"他着重指出，即使是有些机器在事实上证明了其所声称的优越性，也常常掩盖了在其他方面的缺陷。贝克曼的学生波佩（Poppe）在1812年也再次发出这个警告。他认为，蒸汽机在德国已经因其燃料消耗巨大而"绝不会像在英国那样得到广泛应用"。[7]

德国官方在对1851年伦敦世界博览会的报道中也断言，德国绝不可能达到英国的煤炭和钢铁生产水平，它没有那么大的煤矿储量。[8]此后的一段时期，鲁尔区的煤矿开采深入到更深的岩层，德国的工业和技术才迎来了划时代的转折：德国成了煤炭和钢铁生产大国。

即使在英国，蒸汽机的推广一开始也是进展缓慢的，直到 19 世纪才得到广泛应用。早期的纺织厂通过水轮驱动，所以直到 19 世纪，纺织厂都兴建在水力资源丰富的地区，这就导致纺织厂对蒸汽机并没有什么技术上的迫切需求。在德国纺织业的早期中心的贝吉什兰地区和萨克森州，情况也是如此，工厂尽可能不用当时还不便宜的铁路来运输煤炭，而天然零成本的水力才是明智的选择。如果要使用蒸汽机车和铁路，那也是首先用于枯水季节或是出于某种造声势的需要。就实际效果而言，利用水力无疑是远胜于使用蒸汽机车和铁路的。维尔纳·西门子（Werner Siemens）与威廉·西门子（Wilhelm Siemens）兄弟在 1840 年左右致力于对蒸汽机的"精密调节"，使之与风车或水车能连接起来。[9]

人们是否一定得将德国整体技术水平的落后归咎于蒸汽机早期不成功的应用，这是值得质疑的。蒸汽机并非 1800 年前后整体技术水平的衡量标准，即使在英国亦非如此，就像苏联 1957 年发射的人造卫星也不能代表其技术的总体状况一样。此外，在当时的德国，哪怕是实践家们出于个人兴趣去推动这事，制造蒸汽机的速度也很一般。在文学作品中，这些早期的不利局面是受欢迎的题材，其范本往往是"通过战斗走向胜利"。值得注意的是，一旦形成了强烈需求，制造蒸汽机的速度会非常快。

来自莱茵州的木工弗朗兹·丁能达尔（Franz Dinnendahl）在 1800 年左右参观过乌纳附近的那台新的柯尼希斯博恩盐场蒸汽机，他自吹道："我看了看这台机器，不到一个小时就搞懂了它，我觉得自己完全可以造一台差不多的机器出来。"[10] 这还真不完全是吹牛：在没有英国方面协助的情况下，丁能达尔与他的兄弟约翰数十年来都致力于建造了一台能正常运转的蒸汽机。德国的矿冶业从前是将蒸汽机作为动力泵使用，那里的人们对外国的技术发展完全是亦步亦趋；纽科门蒸汽泵在那里赫赫有名。然而，德国人在 18 世纪就在哈尔茨地区和弗赖堡周边建造了精巧的供水和排水系统，到了 1866 年则在曼斯法德尔铜矿区使用马拉绞盘。约翰·丁能达尔

（Johann Dinnendahl）自 1837 年起放弃了建造蒸汽机的事业，转而投身于矿山与冶炼业，可惜并不顺利。[11] 从当时的眼光来看，蒸汽机行业似乎也不会带来足够有吸引力的财富，在别的行业领域可能还赚得更多。

在德国，阻碍蒸汽机发展的并非是技术方面的难题，而是燃料消耗巨大，小企业对这种动力的需求不大。德国的第一艘蒸汽轮船制造于 1816—1817 年，起初无人问津，不久之后就被拆卸了，这方面确实没有什么需求。[12] 一部真实的技术史并不仅仅是一部发明史，也是一部需求发展史。格奥尔格·冯·莱兴巴赫（Georg von Reichenbach）是巴伐利亚军工厂"首席机械师"之子，基于其在大炮制造方面丰富的经验，从技术上讲由他来制造蒸汽机是非常合适的。可是尽管他努力改进蒸汽机的构造，使之能被运用于小型企业的生产，适应巴伐利亚经济结构，但却徒劳无功。他在 1816 年为贝希特斯加登—赖兴哈尔的盐水管建造了一台水压驱动的水柱机，当时被认为是"世界上最大的机器"。[13] 在水力利用方面，在各邦国的矿冶工业及制盐业上，当时的德国已经具备了使用大型技术取得顶尖成就的可能。

1825 年《丁格勒斯多种工艺学报》上发表的一篇文章指出，在德国的大多数地区，使用蒸汽比使用马力的成本要贵将近一倍。这种机器投资成本太大，维修成本太高。当时巴伐利亚的技术领袖约瑟夫·冯·巴德尔（Joseph von Baader）预感到自己的工作将遭遇激烈的反对：不仅是对很多地区而言这项花费不值当，而且这个"踏板机器"潜力不足的问题也很刺眼。一台 60 马力（1 马力 ≈ 0.74 千瓦）的蒸汽机不算是大型设备，可"60 匹马同时在上面工作，这个踏板机又会显得是多么畸形和笨拙"？这是个关键突破点：一旦人们着眼于发展的前景和组织的顺畅，蒸汽机就有了潜在的优势。尤其是在水力资源匮乏的平原地区，当蒸汽机的竞争对手是同样花费较大的风磨和马拉绞盘，而非水磨时，这一优势就显得更为明显。因此，它适用于普鲁士的大部分地区，尤其是柏林。[14]

在 19 世纪，水力的开发使用得到了大力发展。然而，各种努力是以不同的路径展开的：一是对水轮的继续开发，二是水柱机，三是涡轮机。在1850 年前后新建水电站时，很难决定究竟使用哪种技术。一般的规则都不起什么作用，一切都取决于当地的条件。使用蒸汽技术在当时是更简单，更可靠，更不依赖于当地条件的一种途径。

与蒸汽机的应用密切相关的是从"机械师"到"工程师"的升级。对19 世纪乃至 20 世纪初期的工程师们而言，对蒸汽机的构造进行改良始终是他们追求的精心之作。在技术的其他领域，手工传统在很长时间内仍然占据主流；工程师们很难证明知识与培训比手艺与实践经验更有用处。然而在蒸汽机上，他们可以最充分地展示其优势。蒸汽机是工业化的推动力，这种历史观的社会基础正基于此。[15]

蒸汽机的制造在很大程度上也是基于实践经验的。亚当·斯密（Adam Smith）在他的《国富论》（*Wealth of Nations*，1776 年）这部被视为经济自由主义圣经的著作中，将蒸汽机单独拿出来作为例证，证明它是不管哪个工人，甚至是小孩子都可以操作的一项发明：

"在第一批蒸汽机上，每当活塞上下运动时，就得有人不停地打开、关闭从锅炉到气缸的阀门。在他们当中，有个年轻人很想有更多时间跟他的伙伴们玩耍，就注意到下面这个情况：如果他把打开接头的阀门手柄用绳子连接到机器的另一个部分，阀门就会自动打开和关闭，这样一来他就有时间和他的朋友们一起去玩耍了。"

这真是神奇，小孩子们的游戏竟可以成为早期工业中最著名的自动化自主调节的起源！在人们追求优化功率，提高蒸汽压力，提升爆炸安全性之前，蒸汽机制造并没有对科学担负起什么使命。这是独立的德国蒸汽机发展的起步时期，因为在德国的许多地区都比英国更注重节约燃料和提高功率，由此从而产生了工程师阶层，他们能看到自身的未来发展前景以及在科学化进程中的特殊优势。

恩斯特·阿尔班（Ernst Alban，1791—1856）是德国首台高压蒸汽机的先驱，他以美国人奥利弗·埃文斯[①]为榜样，是首批不再为英国技术的飞速进步感到着迷，而是注意到英国机械制造中日益增长的保守主义的德国工程师之一。他毫不留情地嘲讽了英国蒸汽机的过度夸大的消耗需求和不必要的复杂性，将功率的提升解释为"用尽可能简单的手段达到最高的目标"，认为这是技术的基本任务。他嘲笑英国工厂缺乏技术理性：

"在那里，人们每天看到的都是蒸汽机与以蒸汽机驱动的工厂之间最荒诞的组合。其中最常见的一种是以蒸汽机的圆周运动来驱动泵机。在那里，人们将直线运动转变为圆周运动，以便将圆周运动重新转换为直线运动。请问，还有比这更荒谬的吗？"

阿尔班本人没有制造过两台相同的蒸汽机，他对此感到自豪，他制造的每一台蒸汽机都需要适应自身特殊的目的，并从整体上统一规划整个工厂。上升阶段的德国机器制造业的主题在此首次得以明确：根据需求进行灵活安排，追求理论与系统论，倾向于美国的理性典范并使其适应德国的条件。然而，高压蒸汽机的推广仍然进展缓慢。阿尔班是靠生产以畜力驱动的农业机器来获利的。早期的高压蒸汽机有较高的炸膛风险，因此有批评者说这是一台"严重超负荷的蒸汽大炮"，这能解释其进步的缓慢，但也包含了其成功的条件。[16]

德国在 19 世纪中叶之前对使用蒸汽机的犹豫不决，在后世的记忆中很快转化为过去落后的标志，好在现在已经克服了这个问题。许多工人也持这种看法。山区的磨坊主们曾在他们水力驱动的磨坊中摆出一副唯我独尊的派头，1846—1847 年还反对在磨坊中引进蒸汽机以及相关的工厂制度，他们可没兴趣"在单调的蒸汽声中听着哨声工作，亲手葬送自己的独立性"。然而不久之后他们就认识到，在使用蒸汽机的条件下他们也能保留住自己一部分的自主权。[17]普遍而言，蒸汽机在工人那里并非像早期纺织

---

① 奥利弗·埃文斯（Oliver Evans，1755—1819），美国发明家，高压蒸汽机的先驱（美国专利，1790 年），创造第一个自动化的工业流程（即建造了自动化磨坊）（1784 年）。

业机器那样遭遇敌意，蒸汽机更多取代的是马拉绞盘和水轮机，而非人力，在人力方面它倒是能做点单调的苦工，没法取代灵活的手工。

当朗根比瑙的起义纺织工人在迪耶格工厂捣毁织布机，来到蒸汽机前时，他们停了下来，相互大声感叹到，这倒"相当不错"。钳工学徒赫尔曼·恩特

图 4：法兰肯地区一家农庄的蒸汽脱粒机。这是一张 20 世纪早期的照片，蒸汽脱粒机当时是最流行的摄影题材。像其他的同类型照片一样，全家（或者甚至是好几个家庭）与雇工、季节工一起排列在机器周围摆好照相的姿势。一般单个农庄买不起这样一台机器，农民们会组织起脱粒机合作协会。蒸汽机只是在一定程度上部分地取代畜力和人力。至少从这张照片上看，蒸汽机只是设备整体的一部分，是作为农民协会的骄傲而出现的。情况并不总是如此：在 19 世纪，下层农民曾把脱粒机视为一种威胁，后来人们才把用人力打麦脱粒看成是原始的脏活累活。尽管农业经济电气化从 20 世纪初期就是电气广告热衷的主题，然而直到 20 世纪下半叶这才真正成为广泛覆盖各地的现实情况。

尔斯（Hermann Enters）认为，19世纪60年代的所有没有装备蒸汽机的工厂都是耻辱的，因为在那些地方学徒们不得不干各种脏活累活。[18]农场工人弗朗茨·雷贝恩（Franz Rehbein）19世纪和20世纪之交时在荷尔施泰因大农庄工作，那里已装备了蒸汽脱粒机，他很鄙视德国西南部的那些"丑陋的"，毫无"现代化"农业设备的农庄。尽管他曾被一台脱粒机绞断了右臂（当时通过机械加料的方式本可以避免这一悲剧），他还是在回忆录中简单而宿命论地把这件事说成是"工人的命就是如此！"向蒸汽机妥协改变了工作被感知的方式和方法。不仅仅是繁重的重体力活，其他各种体力活也都被视为是缺陷，是"机械化的权宜之计"，这种认识潮流一直延续至今。[19]

技术史本身缺乏对技术因素的复杂想象力，因此往往停留在表面印象，而蒸汽机堪为技术史图像化的典范。蒸汽是"工业革命"的推动力，这是技术幻想的典型。技术幻想常常忽视：畸形的机制并不重要，重要的是对市场机遇和当地优势的认识，是工作经验和组织架构。对技术的强调更多的是考察工业化历史的常见方式，因此在社会学和经济史学者眼中，技术史一直带有陈旧原始的色彩。[20]

不过，蒸汽机的例子也很适合在更广泛的意义上展现历史的技术层面：技术发展同工程师社会史的联系，技术"科学化"的意义，规模经济的技术高光时刻，工作经验的转化以及通过机器而改变的人类感知。我们不能老是不耐烦地说技术受到了阻碍，最后得以成功，而是要去发现其中谨慎的合理性，唯有如此才能从技术革新实现的历史中得出有意义的结论。德国历史包含的恰恰不只是站在技术对立面的浪漫文化批判传统，更重要的是，它包含了既有专业性，又有分歧性，来源于实际经验的怀疑主义的例子。19世纪的德国人被视为是"迟缓"的民族，这不是没有理由的，而这种迟缓也并非一无是处。

保利尼（Paulinyi）的观点不无道理，他认为"对蒸汽机的片面强调掩盖了工业革命技术进步的本质。"[21]当人们克服了对某些炫目技术的迷恋之后，他们的视野就会向技术发展的整体宽度扩展，获得一种符合历史真实的多样性技术概念。历史学者关注的不仅仅是最高级的技术，也会关注更多的传统领域。更重要的是，就像统计学所展示的那样，尖端技术的总体经济意义远比很多人认为的要小，所谓的"火车头"长期以来并没有拉动经济的各个部分向前，甚至会拖累某些领域使其落后。"成功"常常与技术的多样性有关，与新旧技术如何结合并适应具体环境有关。德国技术史正是在此方面提供了许多令人印象深刻的例子。[22]

蒸汽机并非是历史的推动力，但它也不纯粹是经济需求的反映。如果人们仅仅将技术作为社会结构和倾向的反映去理解的话，就认识不到客体阻力以及非预见性的技术后果的影响程度。技术的作用不能以简单的历史因果关系和历史反映关系模式去归纳，人们更需要采用交互关系、强化反馈、协同效应的模式。机器不是历史的发动机，但是在特定的技术上凝结了经济权力结构、社会精神气质、技术社区的结晶。技术是与横向连接、"交流电"①（托马斯·休斯）和相互联系所必需的元素。在各个方面，"细节中的魔鬼"这个隐喻都有其道理，因为技术的基本原则无非就是细节，它包含了空间与时间的联系，最终还决定了技术的人性与非人性。在这方面，围绕核能技术的讨论产生了前所未有的启示作用，使人们意识到单个技术组件的超技术意义。焊缝被理解为风险区，泄压阀被理解为关系到反应堆压力容器爆炸的新"安全理念"。这种学习过程在旧的技术史中得以延续。毫无疑问，技术细节一直都包含有"技术幻想"的危险，这是臆想技术必要性的前兆。在技术细节上保持一定的兴趣倒是很有必要的，这样方能使我们对于技术的讨论超越陈旧而无果的文化悲观主义对"技术魔障"的哀叹，摆脱近期以来在"风险与机遇"之间的不停摇摆，从而在特定的技术领域中找到具体的替代方案。

---

① 指"相互转化"。

第一章

技术史与"德国道路"
——理论基础、模式与原则

1. 历史上的"适应性技术"——技术史中的地域研究

本节的主要目的是概述德国技术的历史,并讨论技术在德国历史中的作用。同时,在思想史和政治史上曾被热烈讨论的"德国道路"也将被纳入技术史的研究范畴之内。在这个过程中需要从多重意义上去理解"德国道路",而不是立即给出正面或负面的评价。"德国道路"所指的既是德国意识形态、社会结构和权力关系对技术的塑造,又是技术对德国地理位置和环境条件的适应。本节还对各国技术风格进行了分析,这能使读者对历史与技术之间更广泛和多样化的关系有所了解,也有助于形成对技术发展的批判性评价。

有些人会对本节的观点提出质疑。在他们看来,技术从本质上讲是超越国界的,而技术的国家特征只是表面的、暂时的。这种说法乍看上去很有些道理——从全球角度看，在中欧、西欧及北美的大地上，文明和技术的融合令人印象深刻；1945 年以后，随着贸易关系的爆炸性增长，全球日益趋同的趋势更是显而易见。西方文明在全世界迅速传播，在不同的非西方国家环境中也展示出其相似性，此种现象之盛在最近一段时期越发令人咋舌。早在 19 世纪，人们就常常意识到，两个国家围绕某个发明权的争论是毫无意义的。因为，在不同的国家几乎同时产生了类似的发明，而且这些发明往往还互有裨益。即使是在民族主义情绪高涨的时期，这种国家间的技术互动也一再浮现，而且成果斐然。如此看来，技术进步显然是一种超越国界的自然进程。

安格斯·麦迪森（Angus Maddison）对 16 个国家一个世纪的劳动生产率发展进行了对比研究，发现它们"生产力水平趋同"。沃尔夫拉姆·菲舍尔（Wolfram Fischer）最近强调，这是一项"最重要的调研成果"，由此不难推测，这些国家的技术装备水平也是趋同的。菲舍尔发现，技术优势很快会被消解，而技术创新会在工业化国家中迅速传播。很长一段时间以来，"技术转移"似乎只是个泛泛而谈的概念，如今看上去却已变成了一种近乎机械的过程。尽管有着不少令人失望的失败案例，但"技术适应本土发展"已成为重大的时代主题。从这个视角出发，我们需要重新书写世界主要工业化国家的技术史——这些国家不是简单地一味引进技术，还会去思考外来技术对本土情况的适应问题。[1]

从日本和韩国令人惊叹的工业崛起中，我们可以看到文化传统对经济和技术发展有着多么明显的影响。民族特质不仅扎根于传统之中，也不会因国际交流而被消磨掉。正是通过对外关系的不断发展，国际分工得到加强，国家特色得以形成，而这些在交流不畅的时代是无法实现的。一百年前，人们曾预计未来的贸易将主要在工业化国家和原材料供应国之间进行。但实际上，工业国之间的贸易额增长最为显著：世界贸易的增长推动了国家间分工的细化。米歇尔·福柯（Michel Foucault）1978 年在《明镜》周刊上对当时的"巴黎—柏林"展览会发表了这么一番评论:"当相互杀戮时,我们与德国人如此相似;当彼此靠近时,我们与德国人又是如此不同。"

在德国和日本的工业史中,我们都可以看到先是有一个模仿的时期,之后便是明显追求独立自主的时期,不仅是在民族主义盛行的时代,在现代也是如此。1900 年前后,德国的机床制造商对美国的机床痴狂入迷,亦步亦趋。而如今的德国机床行业在面对美国同行时却比以往任何时候都更加自信,他们对"德国道路"的灵活性和小批量生产模式感到自豪。从 20 世纪 20 年代到 50 年代,德国汽车业似乎不过是把仿造美国福特汽车作为自己的最高目标,尽管它们模仿得也不是那么完美。如今,经济历史学家维尔纳·阿伯斯豪泽将德国的高失业率首先归咎于遗忘传统,采取了福特式的统一大批量生产的模式。不论是在机械工程行业还是在联邦德国汽车行业中,20 世纪 80 年代的人们挂在嘴边的就是"德国道路""德国模式",这与当地技术工人的素质密不可分。为了在世界市场上树立竞争优势,德国人更加孜孜不倦地追求"独特的、不可替代的个性",而这种追求又有一部分是以国家力量推动的。

但是新技术的政治化同样沿着"类似的"方向进行。德国和法国在发展核能的理念上形成了鲜明的对比,这种差异在技术史上极为罕见。不过也恰恰是在核技术上,这样的差异并不奇怪,其原因在于,技术受政治的影响越大,技术的系统性特征越广泛,安全问题越重要,技术的国家特征就会越明显。尽管联邦德国在 20 世纪 60 年代仿建了美国的核反应堆装置,但 1979 年时还是有人抱怨说,"美国与德国的要求越来越不一样",这导致双方技术的差别越来越大。假如有那么一位西门子公司的管理人员能在 1989 年到美国去看看那里的核设施建造是多么的缺乏专业水准和精密度,他一定会把这称之为"让自己最震惊的见闻"。

沃尔夫拉姆·菲舍尔曾从趋同论中得出如下的现实结论:"没有人能够

安睡，因为国际竞争会让他被撵得喘不过气来。"不过，如果我们认为通向成功的道路并非唯一，而是有千条万条，那么我们得出的结论便应该是，技术人员也可以放心大胆地去睡个安稳觉。1945 年后的德国历史正是一个极好的例子，它向世人表明，根本无须国际竞争，只要拥有大量受过良好培训的劳动者，并存在必要的技术需求，那么很快就能解决技术落后的问题。另一个相反的例子是英国，现有的技术领先中却隐藏了僵化和衰败的萌芽，这对德国人也无疑是一种警示！

最近一段时间，技术史论著一再强调和关注各国"技术风格""技术文化"以及"技术语境"的主题。但是迄今为止，这些概念的落地还是困难重重，是否是"技术进步"的思想在作怪？

当今国际上对技术史的研究很大程度上是 20 世纪 50 年代末 60 年代初的产物：这是"卫星冲击波"①的时代，是发现"技术差距"的时代，是高科技军备竞赛开始的时代。[2]这个时代的经典主题是创新，这个时代的传统思想倾向于将成功归因于创新，将失败归因于守旧。

格哈德·门施（Gerhard Mensch）曾希望从历史的维度去研究技术创新与经济周期曲线的相互影响关系，以此证明只有基础性的技术创新（即"基础创新"）才能把经济从低谷中带上繁荣的高峰。然而，对于何为"基础创新"，如何确定其开始实施的时间，人们有着不同的观点。不同的观点可能导致完全不同的结论，得出截然相反的周期曲线。例如，有人认为世界经济危机前夕正是一个引人注目的创新高潮期，而历史上绝无仅有的五六十年代经济繁荣时期正是已知技术得到广泛使用和进一步发展的时期。[3]

1970 年以来，"以小为美"的口号在联邦德国也流行起来，人们对传统技术和与日常生活密切相关技术的兴趣大大增加。各地的展览会和博物馆

---

① 指苏联 1957 年发射人造地球卫星所引起的轰动。

中人潮涌动，各式各样的图册和"现场保护"①方兴未艾，这些都能唤起人们的回忆，使他们想起那些很遥远的技术和工作方式，沿用至今并对世界产生着影响。传统的科技文献会对当时最现代化的技术进行记录，而这会造成某种偏差，使人们忽视其背后的一种看似落后的、现代与传统相结合的生产方式往往才更为典型，而且自有其合理性所在。[4]技术博物馆的展品常常带着地域的印记，但是从中却看不出地域技术的概念。

技术所具有的地域性特点是什么？一般说来，其特点都不是什么基本原则，但应该包含一个整体与诸多细节，包含纵向组合与横向连接，包含环境关系、外形规模和设计、材料与建材，包含对能源和水的利用，包含"人——机器——系统"。地域研究需要全面地反映技术的发展变革情况，因为技术发展的动力并不仅仅体现在某种单项技术领域，而是体现在"各种技术的交叉融合"（波拉德）过程中以及一个地区的普遍技术水平上。[5]

这一观点不仅适用于整个德国，也适用于德国国内的各个地区；不仅适用于工业化早期，也适用于当今时代。将联邦德国各个地区的技术风格进行对比，将北部使用陈旧技术的人口密集区与南部的高新技术区相互对照，已然成为当前研究的热点。[6]使用计算机进行联网的趋势为技术的区域化提供了新的动力。一位生产系统专家曾说，"只有适应当地且贴近实际的系统解决方案"才能推动由集成计算机控制的生产方式的发展。最近，"区域"一词几乎成了面向未来的产业结构政策的点金咒语。德国南部区域的技术进步让人开始重新考量其过去的情况。正如施纳贝尔（Schnabel）所写的，德国南部的巴伐利亚州曾经"技术发展缓慢"，"因为该州缺乏煤矿这种现代生产所必需的资源"，可是谁又曾想到，德国南部重工业基础差的这一劣势早已转化为当前的优势！[7]

---

① 即保持历史遗址的原有样貌。

地域研究的方法要求我们不能仅仅按照进步、增长、竞争这些传统范式去界定某个地域的进步或者落后，而是应当着眼于该地域对新技术的拒绝或部分性接受是否符合当地条件，成功的"技术转移"中是否伴随着对被转移的技术的某种修正。[8] 在此，地域研究与当前关于"适应性技术"的讨论就结合在了一起。

"适应性技术"（appropriate technology）这个概念最初被用于那些所谓第三世界国家，它们曾原封不动地照搬西方的高端先进技术，却自尝苦果。适应性技术意味着采用简单而廉价的技术，能够适应当地的资源与需求，符合劳动力潜力与环境条件。在实用主义者看来，"适应"也意味着对外导向，特别是当一个国家面临特殊时机，有可能消除竞争上的差距之时更应如此。欧洲各国以及像加拿大这样有强邻在侧的国家，就曾经成功地缩小了"技术差距"，它们以此被看成是发展中国家的榜样。[9]

从反核能的抗议运动开始，采用"适应性技术"就已成为包括高度发达工业化国家在内各国的理想。这个概念更多地带有乌托邦式的色彩，是生态愿景的技术版本。它最初跟历史没有什么关系。对许多支持"小型技术"（small technology）的人而言，过去在工业中采用的技术与规模经济的要求格格不入。从许多采用"适应性技术"的先驱者所采取的方案来看，"历史好像根本不发挥任何作用"。[10]

但是，我们也可以找到充足的理由，从历史的维度去理解适应性技术的理念：历史提供了大量关于这一主题的案例，也展示了"适应"一词的多重语义。皮奥里（Piore）、萨贝尔（Sabel）和采特林（Zeitlin）提醒我们注意，在工业化的进程中，除了有向大规模生产和大型工业集合体发展的趋势以外，也一再出现向小型手工业发展的趋势。这不是出于纯粹的传统主义，而是出于对新兴市场需求多样性的适应。[11]

直到 19 世纪，技术必须适应当地条件这一观念可谓深入人心，不言而喻，而从国外原样照搬引进技术则是引人侧目的。本地可采的矿石、木材和铁矿质量这些要素全面影响了从生产工具到使用高炉的各种技术。此种类型的适应，以及对现有劳动力的适应契合了古老的商业原则，即在技术的使用上应该优先考虑本地资源并提高产品质量，以避免造成失业问题。[12]

在铁路时代，一个国家的交通运输系统必须适应其自然地理条件，这是一个尽人皆知的事实。马克斯·玛丽亚·冯·韦伯（Max Maria von Weber）①曾说，"一个国家的交通系统形式是该国的气候、土壤、天气、政府影响的结果，就像动植物形态学将动物和植物的形态看作是它们的各种自然属性所造成的一样"。[13]即使到了20世纪，人们也普遍认为，农业的技术与种植方法必须要适应当地的自然条件。罗雪尔（Roscher）在他的代表作《农业国民经济学》（1859年）中也提出一种与土地改革神话相反的历史观点："为了树立一种更优化的农业耕作榜样，就把一个高度发达耕作区的技术方法直接引进到一个不发达的耕作区，导致多数人无法从这样的垦殖中受益。于是，他们只好不断地索要补贴，直到他们完全融入这种新模式之后，他们的下一代人才能繁荣崛起。"人们可以看到，要是没有这种"神话"的历史观，在"发展援助"中产生的很多令人失望的情况原本是可以避免的！直到20世纪60年代，在当时分裂的两个德国中，一种完全不同的思维方式决定了当时的农业与交通政策，在联邦德国尤其如此。那些"市场经济"的奠基人开启了联邦德国的"经济奇迹"②，这并不意味着他们只重视经济发展，实际上他们很清楚经济、技术与该国的社会、文化有着何种联系与适应。凯恩斯是倡导国家刺激政策的理论家，他曾说"现代技术……促进了工业在全球的传播"。威廉·勒普克（Wilhelm Röpke）则对

---

① 马克斯·玛丽亚·冯·韦伯（Max Maria von Weber，1822—1881），德国土木工程师，为奥地利和德国的铁路发展做出了贡献，在本书中请注意与社会学家马克斯·韦伯（Weber Max，1864—1920）的区分。

② 指第二次世界大战后联邦德国的经济快速崛起。

此提出指责，说凯恩斯"在一个不太清醒的时候不负责任地信口开河"，这算是犯了一个"顽固的错误"。

人们也可以从国际贸易的角度去定义何为"适应环境"。如果说自由主义要求的是发展一种与"环境"相适应的工业，那么这种"环境"并非是要求一个地区需要满足所有的条件，而是要看重它与别的地区相比有何种利于其开展跨区域分工的优势。史瓦格在 1804 年信誓旦旦地宣称，"上帝"和"环境"赋予了"每一个国家自己所独有的宝藏"和"每一个国家自己所独有的工业精神"，这与重商主义所宣传的"每一个国家都要建立起完整的工业体系"这种"堂吉诃德式执念"针锋相对。瓦尔特·拉特瑙 1918 年宣称，每一种工业都与"动物和植物一样，是土地的产物"，这为在条件最有利的地区发展大型工业集群的观点提供了有力支撑。在化学新闻界人士的眼中，德国缺乏原材料，因此从天然条件出发，它就需要在化学工业方面采取联合的行动。[14]

格申克龙（Gerschenkron）甚至认为，沙皇时代和斯大林时代的大型技术项目对引进的技术发挥了很好的同化作用，正是这些最现代、最紧凑、最节约劳力的技术适应了当时俄国和苏联的工业背景和缺乏合格专业工人的情况。[15]这里所说的"同化"从根本上讲指的是技术对自身运作条件的适应。斯大林模式的工业化其实可以被看作是一场悲剧，技术不适应其实际条件，最终导向了失败。格申克龙把德国作为榜样，而他的观点却值得商榷。因为德国并没有把所有的精力都投向重工业集群，而是同时发展了农业的精细化，维护手工业传统，保持中小企业的丰富性与活力。德国工业化的成功与此大有关系。

在试图定义"适应性技术"、国家特色与技术的地域风格之时，该区域的内部与外部视角之间便会形成张力：从其条件的整体状况出发，还是从跨区域分工中形成的相对优势出发去确定某个地域的"环境"，将形成完全不同的判断。理想的工业发展类型是国内条件与世界市场机会保持同频共振。正是在最近这段时间，这两者之间的联系更加紧密，世界市场与欧洲内部市场相互有着巨大需求，技术项目对德国生产关系的适应性几乎已不再是个问题。内部与外部视角只汇聚于一个焦点：重视"人力资源"是德国最重要的观念。然而现今对此观念常常是应者寥寥。

"适应性技术"究竟有何意义，我们其实可以从其反面得到有关认识。这不仅适用于欠发达国家，对那些取得成功的工业化国家而言也是如此，它们有时会认识不到其技术的局限性。在联邦德国的历史中就不乏这样的例子：美式的全民汽车时代带来的对城市生态的破坏；在农业上过度补贴带来的技术泛滥；在核能利用上对美国技术全盘接受，却又不能在人口密度大的德国去遵循美国的间距标准；空运需求增长迅猛，在狭小的德国领空上飞机的密度越来越大，造成了非常多的问题。除了这些，我们还不得不面对一个严峻的问题：忽视对专业技术工人的培训，因组织和技术策略不当而造成劳动者被解雇的情况，这些都是对人力这个最宝贵资源的浪费。当今正是这些危机的警示给了我们重新发现技术史的动力。

2. 关于工业和技术领域中"德国道路"的话语历史

就本节所讨论的主题而言，将德国工业与其他国家进行对比研究的文献最为丰富，而且它们一般都是从竞争的视角出发进行考察的。尽管从科学的角度讲通常很难采用精确对比的方法去开展研究，但在从 18 世纪到今天的各种通俗读物和应景作品中，国别比较都是一个取之不尽的主题来源，它出现在各种旅行和展会报道中，出现在各个商业代表处的分析报告中，也出现在新闻界的警示文章中。对此起到推动作用的不仅是经济方面的竞争，更多的是军备竞赛和以别国技术为基础的战备借鉴，这在 20 世纪尤甚。18 世纪时，德国人写了很多对英国的相关报告；而从 19 世纪开始，德国对美国的工业和技术的报告层出不穷，通常还同时伴随着作者对德国弱势和强项的评判。从 19 世纪中期开始，世界博览会上开始充斥着各国技术尖端的产品，不断刺激着人们对各国的技术特点进行一番评头论足。各国的铁路交通系统不同的发展状况也引发了对不同国家技术水平的比较。

第一次世界大战中令人恐惧的战争技术化，20 世纪 20 年代福特制和泰勒制在欧洲的乘虚而入，30 年代对"德意志技术"的大肆宣扬，这些都是当时比较文献的研究焦点，它们热衷于将德国技术的效率和生产方式与别的国家进行比较。自 20 世纪 60 年代起，关于欧洲与美国的"技术差距"的激烈论战，以及对于军事和核能技术的讨论都掀起了新高潮。日本的崛起也让人们开始重新思考德国的发展历程，在某些方面两国类似，在另一些方面来看，日本简直是复制了联邦德国的"经济奇迹"。游记这种文学形式尽管已不如 18 世纪那样有名，倒也还没有失去其价值和意义。联邦德国始终把出口导向摆在首位，这令人不由得要把德国的生产效率同日本以及当前的中国、美国的情况进行对比，很多人由此会心生不安，并发出警示。最近数十年的全球化浪潮迫使德国在世界市场上重新明确自己的定位，因为德国的机会显然不在于模仿中国。建立大型新技术企业有利于刺激国家的技术神经。

从历史的角度去看，人们会不无惊奇地发现，我们从来没有像今天这样重视技术发明，把技术发明当成政治指标和包治百病的万能良药，不考虑其投入成本与社会需求，不考虑人类生产能力与文明发展程度。就算看到第三产业所占份额的不断增长，生产技术的经济意义在不断减弱，我们依然痴迷技术的力量。

在别的国家也有类似于德国国内的这种争论，国内外的相互论战也不少见。对技术的不同观念，会不会主要是出于一种变相的民族偏见呢？就算如此，技术领域却不像民族性格那样容易归纳出一种特定类型。在某些基本点上，德国技术的自我评估与外部评价有着重合之处。另一方面，从美国的、英国的或是法国的视角来确定德国的个性，又不尽相同；从美国的角度看，德国人会抱怨产品种类过多，德国的制造业类型不健全；而1914年前后，一位法国观察家却对德意志帝国的系列化和流程化生产方式的推广赞不绝口。[16]罗伯特·布拉迪（Robert Brady）是研究德国合理化运动①的美国历史学家，他确信，德国人的消费行为并非他们自以为的那样私人化。[17]最近这段时间，关于德国的电子工业与美国和日本相比处于落后地位的悲观论调大行其道。从英国的角度来看，德国人紧跟美国和日本半导体工业发展的步伐，引人注目。[18]有时，不同国家的人会被辩证地赋予不同的形象：德国人严谨缜密、深思熟虑；美国人追求创新，但却毛毛躁躁；英国人处事中庸，不偏不倚。[19]美国人搞的电气化单方面追求经济效益，英国的电气化只单方面迎合地区政治形势，而德国的电气化则是经济利益与地区政治的成功结合。英国的工程精神被认为是缺乏理论的实践，法国的则被看成是缺乏实践的理论，而德国的则是二者的有机结合。[20]所有的这些想象虽然并不完全是刻板印象，但至少缺乏实际经验的印证。

在英国，人们一直以来对德国成功的原因进行了特别热烈的讨论。英国工业自19世纪晚期至今一直被某些人看衰，最终它也确实走向了衰亡。直到20世纪80年代，英国的命运都被当成反面警示教材，被看成是创新力不足造成的恶果。英国19世纪末期钢铁工业的相对落后也是从这个角度去解释的。乌尔里希·文根罗特驳斥了这个观点并认为，"德国道路"取得成功更多的是源于卡特尔与关税保护政策的实施，而非技术创新和质量上乘。[21]

---

① 第一次世界大战后，在美、英等国的巨额资本和大量技术装备的援助下，德国在20世纪20年代后半期广泛开展了产业合理化运动，包括技术合理化、管理合理化、产业集中和卡尔特化。产业合理化使德国经济和工业迅速恢复到第一次世界大战前的水平。

在一些重要的创新领域，英国直到 20 世纪 50 年代都还保持着领先地位：尽管英国在科学技术领域被认为有所落后，但其化工行业至今还保持着相对领先的地位；军事、航天和核能技术耗资最甚，能得以进一步发展，但英国的整体经济却并没有从这种类型的进步中有所获益。从英国的例子中，我们更清楚地看到的不是技术进步不足造成的困厄，而是单方面发展服务于军事目的的所谓高科技会对国家造成怎样的损害。更直接地说，并非是"研究与开发"（常被缩写为 R&D，即 Research and Development）做得太少，而是做得太多，才把国家带入死胡同，因为这偏离了市场需求。[22]所有这一切都让人有理由去质疑过去对德国技术史上成功和失败案例原因的分析。有人说德国的成功主要源自尖端技术、大量投资和提高创新速度，如果不多搞点面向未来的高科技项目，就将会面临新的危机，这种观点尤其值得质疑。

有一些美国人对"德国道路"的阐释具有模式化的优点，但其基础并非那么缜密细致、无懈可击。经过对比研究，托斯丹·凡勃伦（1915年）①认为"德国工业共同体""绝对服从于技术专家的控制"，而美国工业却是被"金融大鳄"控制，这值得美国好好学习。在刘易斯·芒福德（Lewis Mumford）眼中，德意志帝国先是在大约 1914 年结束了"原始技术期"（这个时期的标志是以重工业和掠夺自然为特征的"石炭纪资本主义 Carboniferous Capitalism②"），然后就"以比世界上其他国家和地区更快的速度崩溃"了。③在他看来，德国是一个"新技术"国家，一个谨慎地进行废物利用的国家，一个对煤炭进行化学增值的国家，一个使用清洁电力的国家。[23]皮奥里与萨贝尔也认为德国堪为榜样，这个国家从不盲从

————————————

① 托斯丹·凡勃伦（Thorstein Veblen，1857—1929），挪威裔美国人，被认为是制度经济学的创始人。

② 指与碳产生或排放有关的资本主义。

③ 指第一次世界大战结束，德国战败，德意志第二帝国（1871—1918）土崩瓦解。

美国式的大规模生产模式。"与其他工业大国相比,德国是珍视手工业传统的典范。""德国对于手工业和小型化生产的一致意见""源于 19 世纪地区小型企业经济的合作传统,这与法国的情况类似;也源于国家机关强力高效的推行。"联邦德国在 20 世纪 60 和 70 年代曾经背离了这个优良传统并尝到苦果。现在,德国推行的是有灵活的特殊发展策略,并在对传统进行反思。[24]

布鲁斯·努斯鲍姆(Bruce Nussbaum)是《商业周刊》国际经济关系栏目的编辑,他认为"德意志"与"技术"从传统上讲就是同义词:"还有别的地方会像德国一样对一台完美无缺的机器如此顶礼膜拜吗?"但是,那种集中于"重型机械制造、钢铁与化工"的工业结构在当今在这个"新技术"时代将走向没落,尽管那曾是德国人的第二天性,曾在 20 世纪 70 年代末经历了最后一次辉煌。"德国人在机械时代精心呵护的那种对完美和秩序的偏爱"将在电子时代成为他们的包袱。德国人所致力寻找的摆脱困境的出路却对西方世界形成了威胁:青年人向往逃避到生态乌托邦,①工业上把目光投向东方,而当时东方国家的"古老的巨型重工业"也还只能寄希望于未来。[25]然而在 19 世纪德国的工业结构就已经部分体现出与东方的关系:技术的话语历史中尚无对此主题的讨论。努斯鲍姆的文章在美国关注度很高,也备受争议,数年内发生的各种事件推翻了其中的一些观点。现在,一些观察家认为"德国道路"在新技术领域的应用比美国更为成功,德国的专业工人基础更为广泛,而美国的高科技没有应用于民用生产,形成了技术孤岛。

毫无疑问,关于"德国道路"的话题很多都可能是陈词滥调,对所提及的德国模式非黑即白的断言很可能大而化之、自相矛盾,这些都会招致批评的声音。危险在于,对技术中的"德意志性"的观察恰恰把思考引向

---

① 德国青年在 20 世纪 60—70 年代掀起环保运动,绿党由此诞生并不断发展壮大。

了本该回避的领域，即国际技术竞争和技术民族主义的思想气候。话语历史当然不能与真实的历史混为一谈。在那些最大张旗鼓宣扬"德意志性"的地方，也就是国家社会主义者口中的"德意志物理学"和"德意志技术"那里，这种"德意志性"其实最是空洞无物。技术话语同时蕴含了对自身的某些修正。甚至是在民族主义最狂热的时候，他们在对本国技术大吹大擂，自我褒扬之时也常常是会树立对手，把外国的技术进展做一番夸大吹捧，以求达到对本国的刺激和激励。其实，宣扬"德意志技术"的纳粹分子才是对技术中的"德意志性"没有什么明晰概念，提不出明确思想的人。

3. "美国体系"与"瑞士模式"：国家技术风格的对比

用美国和瑞士这两个极端的例子来清楚展现何谓国家技术风格，对阐明我们的论题很有帮助：两国的技术工业特色截然不同，各有其代表性，可以作为德国有关情况的类比或者对照。

美国是一个最早发展出鲜明自身产品风格的国家，这种风格不仅与英国的有所区别，而且在某些方面有所超越。美国制造业体系当时成为一种国家产品风格类型，后来的欧洲经济形式往往与之形成对照：欧洲以小规模生产、中小型企业、复杂的生产方式和较高的人工成本作为其特征。[26]

以 19 世纪 30 年代铁路建设和机械工业为开端，德国技术的发展主线就被辩证描述为美国生产发展方式的反例：它是一阵阵汹涌的"崇美"热潮，是对美国生产方式进行重新接受和再度修正的历史；也是一次次的"恐美"心理发作，对"美国主义"激烈反对的历史。德国经济学家和技术人员的美国之旅和在美逗留期间发生的故事总是会造成各种连锁反应：从弗里德里希·李斯特到勒洛、里德勒、杜伊斯堡（Duisberg）、卡尔·博施

（Carl Bosch），再到后来的联邦德国核能经济开创者们，以及最近的"新经济"时代，莫不如此。"德国道路"在别的欧洲国家眼里常常像是一种美国风格对德国社会的适应，这个社会分级更严密，更重视正规资质，资源也更紧缺。其实，早在1914年以前而不是联邦德国时期，德国人有时就会被看成是"欧洲的美国佬"。但是所谓的"美国化"在各方面普遍指向的是一种想象中的美国模式，而非美国现实。[27] 美国文明的单个断面在别的文化语境中并不会显示出更强大的同化作用，这在德国表现得尤其明显。德国的历史也许特别具有代表性，因为这种对美国文明的爱恨交织已成为当今世界上表现得最强烈的主题之一。

对"美国制造业体系"的解读一直要追溯到1851年的伦敦世界博览会，而"美国体系"自20世纪60年代起才成为技术史论述的主题之一。美式技术方法的一个标准要素会被反复提及，那就是在工作中尽可能地使用机器，是无孔不入地将机械化推向极端，这在19世纪比当今更为引人注目。这一趋势常常被解释为高工资的必然结果。然而，如果我们考察一下工人的实际工资收入，而非理论工资的话，就会发现并非美国各地的工资水平都比欧洲工业国高出多少。推行机械化的热情显然常常与企业经济理性无关，不能以廉价资本过剩去解释这种现象——美国的利率有时甚至比英国还高。与此相应，19世纪的那些轻型、简单、不太耐用但却价格低廉、能快速获利的机器就被看作是典型的美式。[28] 当时所谓的"耗费大的技术研发工作"① 与美式发展速度和快速致富的欲求是格格不入的。

这幅在19世纪也并非放之四海而皆准的图景在20世纪下半叶被彻底扭转了过来：以大卫·F. 诺贝尔（David F. Nobel）的批判眼光看，美国已成为"科学技术"与"企业资本主义"紧密结合的中心。[29] 美国形象在很

---

① 指需要较大前期投入的研发工作。

大程度上类似于从前德意志帝国时期工业与技术的形象。

随着辛格尔缝纫机的推广，特别是福特T型车的广泛应用，大批量生产成为让欧洲竞争者们最为心惊胆战的美国生产方式标志。福特式的大量生产、批量组装、可替换的零部件及最大限度的机械化构成了一个逻辑密切关联的系统，尽管这并非一开始的设想。自美国建国和奥利弗·埃文斯发明自动磨坊以来，整个美国工业史都被这一方向上的内在逻辑推动着向前发展，这一认识令人着迷。然而在这个过程中，人们往往忽视了一个问题：直到19世纪中后期，生产可替换零部件仍然是一件耗费极大、无利可图的生意，这需要熟练的手工劳动，只在军工生产上尚有一定价值。[30]零部件的可替换性使得修理工作能迅速完成，这个理念早在杰斐逊时代就存在了，但是其在军工行业以外却因其成本高昂而迟迟无法实现。直到19世纪晚期，专门化而非批量化才作为美国产品的标志被人认可。从前人们把那种对新发明孜孜不倦的追求看作是"典型的美式"，这与批量生产的僵化模式恰恰是格格不入的。

不管被称为贪欲也好，还是被称为追求也好，借助技术的手段让生活尽可能舒适，19世纪末期以来就被看成是美国式的个性特征。美国在家电的技术化方面一直走在前列，这得益于服务业人员的匮乏和美国妇女强烈的自我意识。工人与工程师看上去都更愿意致力于专业化的分工，而不太愿意走职业化的道路，这导致技术工人的缺乏，而缺乏技术工人终会付出代价。一本1897年德国出版的《发明手册》上写道，"美国人不太关心技术设备方面的问题，对美学和技术上的不完美更是无动于衷。他们不苛求细节，不吹毛求疵。当然这也不算什么坏事"。类似的情况如今也能看到。追求终身从事一份需要具备合格资质的职业，这直到今天仍能得到德国人的高度认可，被视为德国人同美国人完全不同的本质特征。而当今那些崇拜美国的人却把这看作是德国人的陈旧思想，是早晚要被剪除掉的"旧思想辫子"。

以德国人的眼光看,大肆消耗自然资源是美式经济生产方式显著而糟糕的特征。在美国,人们总是宁愿很快地制造出新东西,扔掉旧东西,而不是对其进行维护和修理,这倒是一种有助于其经济腾飞、创新加速的行为方式。随着奉行"用过就扔"理念的人在联邦德国越来越多,德国经济与技术也迎来了一场重要的转折。在 19 世纪的美国,人们挥霍的主要是木材和水力,而非钢铁,当时美国的木料储备尚能够适应 19 世纪的机械化和大规模生产。正如近代的纳坦·罗森贝格(Nathan Rosenberg)所言,当时木材工业的高度机械化水平是与大量砍伐树木相关联的,而在中欧和西欧,木材价格之高昂却令人无法承受。[31]

由此,我们可以得出何种一般性结论并将其应用到对"德国道路"的观察上来呢?首先,国家的技术风格并不固化于特定的技术之上,而是与生产过程组织和技术整体形式相关联。自然资源和劳动成本都属于基础要素,但是国家的技术风格的形成并不完全是要素成本所起的作用,而是具有人类学的基础:对那些研究国家技术风格的人来说,人类学与技术的关系已成为其第二天性,至少是不受基础要素短期的价格和费用浮动的影响。

大规模系列化生产并非与空间和时间无关的技术和经济逻辑的结果,而是以特定条件、特定经济与消费心态为出发点的结果。对技术创新的持续追求也是如此。哈巴谷(Habakkuk)认为,"美式的铺张浪费""从经济角度看存在不合理性"。[32]我们不应该将德国的另类创新行为简单地解释为惰性。

从美国的例子可以看出,一种国家技术风格会受历史演变的影响,但是在某些要素中也确能显示出相当的韧性。"美国体系"的说法是一种错误的导向,似乎可以让人把一种国家技术风格想象为一个完备的整体,而不是一种带有个性张力和对比的"问题景观"。"美国体系"是特别重视创新的部分工业系统中的理想化、典型化的夸张形象,它不能代表整体经济。

19世纪的美国不仅有机器取代手工的现象，也有高度发达的工具文化。20世纪美国技术特征的发展呈现出明显的辩证性："美国体系"在亨利·福特公司的流水线上达到了顶峰，但随着泰勒主义的兴起，手工操作以及其中蕴含的合理性被人重新认识并得到了进一步的重视。20世纪，对人力和原材料的挥霍引发了与之相对的"安全和节约运动"。50年代先是推出了富有侵略性的"鲨鱼型"汽车，然后又马上出台了严厉的超速限令。在高科技产业中，传统美式实用主义让位于科学导向。德国人当时还认为美国人的工作是急促赶工，美国汽车是胡拼乱凑，谁要是开美国车在街上过急弯的话，一不小心就会摔进路边阴沟，这种认识已成为偏见。德国汽车更易操控和制动，而美国人的"大块头"汽车则宁愿给溃缩区留出更多空间。当时出现了一种德美之间汽车安全哲学的对比：德国汽车强调主动安全，而美国汽车注重被动安全。可见，哲学源于技术，而非相反。最终，德国的汽车驾驶员也有了自己的溃缩区设计。德国的发展也有自己的辩证法：它部分类似于美国，部分则与之相反。

汉斯－莱杰·迪内尔（Hans-Liudger Dienel）以制冷技术的发展为例，给我们展示了美国和德国在风格上的特点差异。这些差异并不只在某一点上得到体现，而是在各个方面：德国工程师致力于在理论上追求热力学的优化，美国人则致力于满足对冰激凌、冰镇饮料和空调的直接需求。"德国人更沉稳、更彻底、更有灵活性、更不惜代价、更复杂、更有能源意识。"[33]这是多么理想化的典型形象啊！这些品质往往具有优越性，但也有缺点；它们常常显示出其强大的生命力，但在历史上并非一直如此。如：德国的消费者对美式冷品青睐有加，因此德国的制冷工厂也学会了去适应消费者。

美国道路和德国道路的异同在很大程度上是由其现有的劳动力资源的形式所决定的。美国的机器操作人员更换频繁、培训时间短；德国工厂则更宁愿培养固定的劳动力，他们认可自己特定的工作技能并且终身从事这项工作。至于这种在德国大行其道的职业培训在多大程度上是出于技术上的必要性,这个问题在德国之外就见仁见智了。

最近一段时间,瑞士的工业发展模式常被各方所提及,尤其是谈到应当为"第三世界"中那些原材料匮乏的国家树立什么样的发展样本的时候。[34]瑞士模式令人深思,如果没有国家权威,缺乏煤炭和重工业,也没有汽车生产,仅以化学、电气和机械制造而获益的"德国道路"会是什么样?或者换句话说,上述这些要素以何种形式影响了"德国道路"?瑞士的工业成功在于对人力的优化利用,从而取代了水力,这一点甚至比德国做得还好。电力在早期被视为是特别适合于瑞士的能源形式,19世纪末的瑞士是"让每一个电力技术人员青睐有加"的国家。实际上,瑞士的电力发展完全不是基于其地理基础条件。因为,直到19世纪末,尽管煤价高昂,蒸汽动力还是比以水力产生电力来得便宜。由此,在最初的对电力的兴奋劲儿过去之后,电力行业产生了严重的危机,不得不加强宣传以应对。法兰克福1891年那场"国际电工展览会上最轰动的事件"就是瑞士欧瑞康公司(Oerlinkon)与德国通用电气公司(AEG)[①]的一项合资项目,他们把电能从内卡河畔劳芬(Lauffen am Neckar)传输到175千米以外的法兰克福。[35]格奥尔格·西门子(Georg Siemens)为之欢呼,称这是电气技术上的攻占巴士底狱事件。[②]

与德国南部的手工业中心类似,瑞士的机器制造业主要是在精密机械传统上发展而来,而不是来自蒸汽与矿冶机器。没有哪个国家像瑞士这样高度认同钟表业,没有哪个国家像瑞士这样将一个特定的行业与国家命运密切相连。这首先得益于瑞士汝拉地区制表匠人在历史上形成的制表匠集

---

① 埃米尔·拉特瑙(Emil Rathenau,1838—1915)(瓦尔特·拉特瑙的父亲)于1883年在取得爱迪生发明专利的使用权,后与柏林的裁判官签署柏林电气化的协议。1887年成立通用电气公司(简称AEG),至此德国更大范围内的电气化拉开序幕。中文品牌为安亦嘉。

② 攻占巴士底狱一般被认为是法国大革命的标志性事件,此处比喻该事件具有重大的划时代意义。

体文化。从 18 世纪以来，尽管纺织业占有最重要的分量，可机械化的发展却举步迟缓。在 1780 年前后，瑞士的棉花产量甚至超过了英国，此后瑞士的纺织工业却因为英国机械纺线的出现而陷入严重的危机，不得不面临抉择。瑞士的解决办法既不是走许多人都赞成的重返农业化的道路，也没有同英国展开技术竞赛，而是另辟蹊径走特色化发展之路，即生产高品质产品，毕竟瑞士拥有比英国更廉价而充足的合格劳动力。这种缓慢机械化的经济理性因此得到了人们再度的关注研究[36]，它肯定是与对劳动力的高度利用密切相关的。在德国各地早期工业化中，我们也能找到类似的例子。

在发展工业的同时要顾及自然环境，这在阿尔卑斯地区令人印象深刻。以自由贸易和食品进口为特征的瑞士必须致力于将自己的农产品尽可能加工赋值为高价值的食品，在食品工业成为领头羊，在技术关系中也是如此。19 世纪，许多瑞士山谷中都盛行的"奶酪热"带来了技术上必要的转型，使之向更大规模的生产单位过渡。阿尔卑斯山农业的扩张是日益增长的出口导向的晴雨表，它也提升了山区农业的生态稳定性。为了保护山区农业，20 世纪的贸易保护主义措施限制了畜牧业的工业化发展。

在瑞士，反对机动车浪潮的抗议活动特别激烈，以至于这里出现了另一种极端的所谓"反汽车党"。20 世纪 50 年代时，瑞士曾计划在莱茵河森林中建设一座水力发电站，该计划因民众的广泛反对而被推翻。在此还相对较早就发生过反对化学工业污染环境的运动：1956—1958 年间发生了瑞士阿尔高地区的农民反对阿卢苏伊瑟公司（Alusuisse）的"氟战争"。这家位于巴塞尔的化工厂曾把废水排放进莱茵河，率先开启了以邻为壑的恶劣行为。当法国工程师在 20 世纪 20 年代在莱茵河下游筑坝以建造凯姆斯水电厂时，化工废水回流到巴塞尔，这才拉响了警报，首次产生了环境政治的行动压力。[37] 总而言之，正因为瑞士的工业化在许多方面都与德国的情况并道而行，情况相仿，因此也能看出一些德国的变通和特殊之处。

4. 德国的科学技术理想与经验的再发现

从 19 世纪开始，最初是在德国，后来在其他国家都达成了共识，那就是技术进步的道路会导向技术的日益科学化，最终会达成科学和技术的统一。技术一旦与人类对知识的渴望相结合，就会产生出一种信念，会认为技术的进步是无止境的。桑巴特（Sombart）宣称，"现代技术"同自然科学一样是"革命的、浮士德式的、欧洲的精神之子"，二者是"完全一体的"，"它们的发展过程"是"相同的"。因为科学不断地进步，所以人们得以"谈及蕴含以科学为基础的技术中存在一种固有的（内在的）趋势，即技术知识的无限和几乎自动化的扩展。"[38]

自此以后，这个信条被无数次重复，直到 20 世纪 70 年代都被人们认为是进步的思想。在后斯大林时代的马克思主义列宁主义语境下，"科学技术革命"的道路被视为历史发展的规律。即使是在联邦德国的技术学院里，大学生们也被教导说，"技术理论要遵循手工实践"这种理论与实践之间的旧关系在现代技术中已经被"最终颠覆了"。在"越来越广阔的领域"中，理论占据了上风。在一定程度上，"在核研究机器和核电站"方面，"研究机器将向生产机器顺利过渡"，其中的意义不啻开辟了"一个新的世界历史性的伟大时代"。"在'基于科学的工业'上蕴藏着未来的希望。"[39]核技术的形成正是基于这种信念而从核物理中产生的，而非别处。自此以后，技术史就经常被认为是更高级别的科学史的附属品。

"技术进步要靠科学"，这种历史与未来的图景对于解释德国技术史具有核心意义，因为外国人普遍认为德国在技术的科学化中扮演了开创性的关键角色。"德国技术"的"本质与世界范围内的成功"基于它对"科学的基本态度":在 19 世纪晚期,先是在德国化学和电子技术领域,后是在追求学术尊严的技术学院那里,这都成了仪式性重复的信条。[40]这个信条当然不是凭空产生的,然而,技术的"科学化"究竟意味着什么,在科学的咒语之后又蕴藏着何种利益,这是值得我们更加细致地去观察的。

布拉迪在这种对整体经济生活的科学化追求中看到的是一种奇特的德国视角:"只有科学才能对德国人那种有名的对秩序、归类和系统的喜爱进行最完美和最丰富的表达。"正是由于技术史的发展趋势过于宽泛,逻辑上不甚严密,对德国走上科学化技术道路的历程进行检视就显得更为必要。如果说现代技术需要采取科学的方法,对自然科学各部分要从技术实用性的角度检验其适用范围,那么就不能不考虑,科学认识与产品开发是不同的事情,需遵循不同的规律方能正常运行。豪森(Hausen)和吕鲁普(Rürup)的说法很有些道理,他们认识到,"将技术定义为应用科学的认识"流传甚广,且"长期以来不被人们认为有何问题",但这种认识对技术史的发展是一种阻碍。[41]如果我们把技术误解为认知系统,就会对技术的历史性及其在经济和文化中的功能产生错误的认识。

即使是在核技术这种从前被认为是理论与大型技术融合巅峰的领域,"从研究机器到生产机器"的平稳过渡也是一种特别具有误导性的思想,这种误判属于核技术历史上的致命幻觉之一。在 20 世纪 80 年代,很多人天真地以为核技术发展将以研究为中心。以美国为榜样,一大批"技术中心"和"技术转移研究所"纷纷成立。数年之后,人们开始冷静下来,认识到这种热情之后并没有带来什么工业上的效应——这种经验看上去每隔些年就会重复一次。

理论与技术的无缝衔接主要发生在战争军备领域。这个领域涉及的不是如何为人类谋利的问题,而是如何毁灭人类,所以完全可以不必考虑费用与实效、损耗与人力的问题，只一心追求理论的最佳值。从伽利略到奥本海默（Oppenheimer），在炸弹的研制中最能完美体现数学和物理发展的过程（尽管伽利略也很难提高炮弹的射击精度）。通过 20 世纪两次世界大战，技术的科学化已成为国际性的潮流。许多人相信技术和科学将会进一步统一，认为军备是技术进步最强大的推动。

在 19 世纪的技术文献中，"科学"常被放在"经验"的对立面。这种对立是工程师对名誉及学术地位的追求所带来的，但最终不过是镜花水月，因为在工业技术上人们不可能完全放弃经验，始终把一切都建立在理论之上。技术学作为与数学和物理相对的独立学科，它首先是通过经验的方法得以建构的。在此关系到的不仅是在实验室中以实验的方式再次获得的经验，而且关系到在实践中获得、与个人相关、限定于某个特定领域的经验。这种实践知识超越了狭义的技术领域。对"技术学"可以如此理解，它包含了"完全属于社会、政治和文化的知识类型"。（伯恩斯／尤伯霍斯特 Burns/Ueberhorst）

诸如"经验""技术诀窍""隐性知识"等概念涉及的是在技术史上随处可见的一种现象。这对大型技术的应用具有特殊的意义：对那些大型且复杂的设施的建造和运行，需要知晓长效材料的特性，厘清众多组件间繁杂的相互影响关系，排除最初作为假想出现的罕见干扰因素，不局限于优化某些基本理念，还要对细节和改进创新进行长期优化。此外，汽车、洗衣机和电脑等采用复杂技术的消费品也以另外的方式适用于这一情况，这些产品是在技术发展与消费经验的长期交互影响下成为大众产品的。经验的意义在新的技术史进程中甚至得到了提升。人们需要掌握的经验范围变得越来越宽广，超越了历史时间维度，自发的回忆对于经验的迁移不再够用。[42]最有价值的经验往往是从失败的教训中得出，然而如果不是刻意为之的话，这些负面经验往往不会公之于众，通常只是作为个人的经验留存，不会留存在相关的公共记忆之中：若非有意识地加以抵制，这会是一种"非常私密的篡改历史的形式"（克隆比 Crombie）。因此，历史重构的角色就显得越发重要。[43]

经验总是不断进入理论和学说的大厦，看上去似乎会在那里得到提炼升华，然而在技术史中它从来就是个没有完成时的过程。这看上去是陈词滥调，然而这一事实的适用性在工业史中多次被重新发现。到 19 世纪下半叶，在采矿与冶炼业、冶金和蒸汽机制造等领先的技术行业中，经验起着决定性作用，这是不言而喻的，因为可靠的理论基础充其量只存在于部分层面。直到 20 世纪，冶炼技术仍然是受当地矿石质量制约的。[44] 自 19 世纪晚期开始，技术理论的信心在德国不断增强。但在实践中，经验仍然具有优势力量，这倒正好可以解释一些人对于经验的激烈批评。对于科学化的热情中蕴含着人们的信心，理论推演就算不能立即就取代所有的经验，也早晚会消解它的作用。

无论是在消费品生产还是在大型机器制造上，对理论的过度重视都没有持久性。德国的技术人员对经验固有价值的再发现显得特别引人注目。发电厂工程师明辛格（Münzinger）特别强调，经验是工程的灵魂，是"技术最坚实的基石之一"。直观感受常常能让有经验的工程师"看得比任何理论和计算"更长远。正因为机器向着越来越复杂的方向发展，所以只有经验才能给人们提供第六感，告诉他们在追求热效率最优化的过程中应当如何在适当的位置停住脚步。借助 40 年的大型桥梁建设工程经验，弗利茨·莱昂哈特（Fritz Leonhardt）批评了某些人对"高度科学理论的信仰"，说他们忘记了"粗糙的实践"并不符合计算模型的"理想化假设"。在计算机模拟时代，莱昂哈特提醒我们："我们工程师首先是从失败中学习。"[45] 经验的本质恰恰存在于那些让人不愉快的意外事件之中。

如果说对经验的尊崇带来的是对通过长期实践而得来的合格资质的尊重，而不只注重形式的话，那么在做技术决断时显然就不仅要听工程师的建议,也要听工人和手工业者的意见。然而,这种与工程师的职业利益相矛盾的结果并非其所愿。1898 年,一位西门子公司的经理对一项新的服务条例草案提出反对意见,其中声称要确保"改良或创新的建议要被所有的员工所接受"。他认为,这样的改良已经太多了,多数时候是没有用处的,只是耗费了多余的人力物力。这段话最终被删掉了。这是那个时期值得注意的事情,当时工程师在新兴工业中还有打破"工匠师傅规则"的权威。[46]

但是,实践者在现场获得的经验知识不会长期被漠视,更多的时候,人们会认识到,哪怕是对它暂时的忽视和贬损都会造成损失,即使对"科学"的工业也是如此。1923 年鲁尔战争期间,卡尔·博施被美国记者们问到,法国人是否能不要德国人帮忙就单独运营路德维希港的工厂,他夸口道:"没有德国工人和管理运营人员的话,这些工厂对法国人来讲无非就是一堆破砖烂瓦。"[47]面对 1945 年之后的一片废墟,西门子公司认识到,对树立新的信心来讲,重要的不是这些物质上的东西,而是长期以来积累的经验。[48]此后,以"新技术"为标志,"技术诀窍"成为充满魔力的咒语。日本人断言,"经验"是电子行业"几乎每个部门的关键",因此"人员的连续性具有最重要的意义"。在联邦德国,以电子技术为基础的新生产理念建立在一个前提之下,即"技术诀窍和经验不被认为是令人烦恼的残留物,而是生产力发展不可或缺的组成部分"。对雇员发明和从实践中获取技术启迪的漠视源自科学化的传统,这被认为是一种障碍。[49]

由于经验与空间和时间,与直观感受,与人力网络和个人传承有关联,从技术的经验基础出发,人们对于地区和国家连续性对技术发展的重要性有了新的认识。与此同时,人们提出了关于连续性中断和经验可积累性的问题。核电站运营者是否真如他们所宣称的那样有"超过百年的高压蒸汽技术经验",甚至加上反应堆运行年限可达千年?抑或核技术实际上不需要太多经验，不需要太多可理解和可利用的经验？这些意见分歧都是关于核能的矛盾中的核心问题，同样也是能否找到欠缺经验的替代品，又如何能找到的问题。[50]

5. 合理化、体制和规模限制：技术中的"专制元素"

即便技术并非应用型的自然科学，我们还是可以把技术与自然科学看作是新时代合理化进程中的核心部分，将二者以此方式联系在一起。由此可以推断，对技术史中的区域性高光时刻的探寻会偏离主线，导致片面性的认识。

谁要是将"合理化"作为"现代化"的行动主体，他一定会对马克斯·韦伯的观点情有独钟。在他后期修订的《新教伦理与资本主义精神》一书中，为了扭转人们的错误认识，韦伯写道："如果说这篇文章有什么作用的话，我希望它能揭示出'合理'这个看上去单义的概念的多义性。""合理化"根本就不是什么单义概念，它的弱项就在于它可能造成相关目标的不确定性。奥斯维辛和广岛甚至就可以被当作"合理化"现象的体现，因为在那里大众化生产与规模经济的方法被用于对人类的杀戮。在这个过程中，"合理化"看上去只具备一种方法及技术上的单义性：作为一种保证尽可能快速、顺利和完整地使手段发挥最大效能，从而达到预设目标的类型和方式。但是，即使是技术上有明确规定的合理化概念，也会在具体的技术中产生出多义性。为了追求效能的最大化，人们可能会建造费用高昂、过于复杂而易发生故障的设施，为了追求速度而造成人力损耗和资源消耗，大规模生产导致危机高发。人们从某个方面出发而优化的技术，通常会与另一个方面的优化需求产生矛盾。从纯技术的角度看，许多情况下都有多种"更优化"的解决方案。技术人员习惯于按照各自的经验办事，而不会以同样的方式去考虑所有方面的问题，由此他们常常会产生一种技术限制的错觉，认为只能有一种解决办法。[51] 在许多典型案例中，技术合理化都与人力这一生产要素的长期利用产生矛盾。对技术最优化的追求与被忽视的人力要素的重新发现，二者的辩证关系是 20 世纪合理化的进程中一个显著的部分。

伴随着系统连接的潮流，在技术史上也产生了类似的张力关系。事实上，几个世纪以来，不同的技术装置间就有了对于交互性、依存性和连接性的要求。创新过程的典型模式看上去是这样的：创新先是只发生在某种单独的机器或零部件上，但随着时间推移，会引起连锁反应，最后进入一个新的时期，即基础发明不再产生于技术细节，而是在于对整体关联性的改进。然而，不一定要把这种动态理解为必然发生的。在许多情况下，单个要素只是以松散的形式相互联系，剩下的空间并不意味着缺陷，而是一种系统的弹性。单个工作流程的部分机械化并不以强制性的逻辑去导致其他生产阶段的机械化：手工与机械化生产可以在很长的时间里共存。[52]

正如刘易斯·芒福德所指出的，在人们制造钢铁机械之前早就有了人类的"超级机器"，即中央控制的统治系统。在工业化早期就存在实现全自动化的理想，人们想象工厂能像巨型钟表一样自动运行，而这也在现实中得以实现：据安德鲁·乌尔（Andrew Ure）所言，阿克莱特①"艰巨事业"的主要内容不是发明独立运行的机器，而是将"机器的各个部分"组装为"一个独立而协调配合的整体"，主要是让人"将自己认同为一台规则严密、设计复杂的机器。"一想到可以用机器来取代不顺从听话的工人，早期工厂主们早就跃跃欲试了。

---

① 理查德·阿克莱特（Richard Arkwright，1732—1792）改进发明了新型的水力纺纱机。1771 年，他与人合伙在英国的曼彻斯特创办机器纺纱厂，改西方原家庭手工业生产形式以及一大群从事手工业的工人简单聚集起来的生产形式，为工厂雇佣式的大机器集体分工合作的模式，因而被誉为"近代工厂之父"。

事实上，19 世纪的绝大多数工厂一般都无法实现机器的无故障运行。保利尼指出，"自动化"的概念"在不同的时期有不同的含义"。"对于一个习惯于看着汗流浃背的工人如何操作车床削钢筋的人来说，会觉得同样的制造过程也可以在导轴和拉轴车床上自动完成。"当"自动化"在 20 世纪 50 年代后期成为时髦话题时，人们必须重新构建其具体含义（这种思考往往一无所得）。直到今天，全自动工厂在许多情况下仍然只是个愿景，不仅是经济和技术机会不能提供这样的动力，而且这至多只是个源于近代早期的机械主义的权力迷梦。当人们不是将计算机视为一个个的组件，而是作为一个完全自动化的系统整体集成中枢去理解的话，计算机化的可能性也就被人们误解了。[53]

理想的"系统"必须具备完美的学习、反馈和复制机制，它必须能以适当的方式对其周边环境做出反应。如此理解的话，完整意义上的"系统"就只存在于生物性与社会性的世界，而不存在于技术领域。在技术史中以经验形式被观察到的系统化趋势，即复杂性、依赖性、连接性的提升，甚至可能削弱其对不断变化的外部条件做出灵活反应的能力。说不清什么时候，这就会以危机的形式显现出来。随着时间的推移，系统内部完善的趋势会被反向趋势所消解。在理想的典型系统和实际的交互过程之间存在差异。

真实的系统大多处于变化之中，与时代和社会背景相关联，并不能反映出抽象的理性。1900 年前后被"合理化"的工厂在此后的数十年里会因为时代变迁而调整变化生产的形式，再次变得像迷宫一般令人困惑。交通系统在某个时期随着铁路的扩建而发展成封闭的系统，而到了 20 世纪又处于一种具有灵活性的混乱状态。尽管技术人员越来越懂得如何将汽车设计成完整的系统，但他们还是不知道如何把机动运输作为整体系统来处理。因此，如果有人认为在生产和技术应用的许多个体方面的系统潮流必然会导致形成一个大型的整体系统，导致那种曾被舍尔斯基（Schelsky）称为"科学文明"的东西，人们不再能从历史出发，而是需要从技术逻辑出发对此进行解释——这样的设想完全是缺乏逻辑性的。历史本身早就对这种思潮进行了彻底的驳斥。如果人们认为，系统内部的高度互联会提升其面对环境的韧性的话，就会得出结论，从整体社会出发来看的话，系统的趋势是张力关系的来源。系统合理性不是从历史中引发的，而是有助于形成技术的历史流动性。根据经验，人们必须提出批判性的问题，所谓的"系统"是否像它们在模型中所设计的那样在现实中存在。[54]

国家和工业的官僚化往往出现在与技术密切相关的历史时期。人们可以构建技术的制约模型，把相关性变为因果性：更复杂的技术要求更复杂的组织，尤其是当技术系统并不完善，而是在与组织连接时才获得完善性时。这种日益增长的复杂性要求把计划与执行进行分离，成立规划机构。高度复杂的技术由此改变了人类的思维模式：他们习惯于以"技术的"方式，通过某种分工的程序，以特定的规则和角色分配去解决问题，把人类的合作工作作为"机器"加以组织。

然而，这一切在多大程度上算是一种技术逻辑，是值得怀疑的。在技术领域绝不是只有向着大型和复杂发展的这一种趋势。简单、轻便、坚固、易于使用的理念至少是符合了技术工人的期望，不管是当前还是 200 年前，这都是不变的。当人们不仅考察生产技术，而且也考察产品性能时，这个观点更显适用。不仅是发电站，就算是自行车也标志着 1900 年前后的技术进步。从全球来看，自行车也许是当今最重要的交通工具。这只是个特例吗？其实在大众消费时代，产品的微型化与易操作性成了标志性的技术新趋势。克努特·博尔夏特（Knut Borchardt）告诫那些以为"越复杂就越重要"的工程史学家，不要迷信工厂企业的盲目性。[55]

计划与执行的分离并不是从技术角度去考虑的，而是纯粹从技术逻辑的角度看就有其矛盾性。因为实践经验是技术见解的源泉，没有在实战中洗礼的人如何能制订计划呢？马克斯·艾斯（Max Eyth）不为泰勒式的程序化所动，他对脑力与手工劳动的严格区分嗤之以鼻，视之为一种在欧洲并不常见的农民习气，并以滑稽的方式嘲讽了一线工作者与那些对他们发号施令的人的长期并存。正是最近，人们重新发现了这种分工方式的荒谬。[56]

技术与官僚的相关性与通行的系统逻辑并不吻合，而是更多地与国家具体条件相关。在寻找"德国道路"的过程中，在国家和大型企业中，技术革新与官僚化倾向之间的交互关系都是关键主题。技术朝着系统的方向发展，与官僚机构联系，这在各个社会的历史中都得到特别清晰的展现，这完全是舍尔斯基观点的反面，他认为向大型系统转化的技术化宣告了技术历史的终结。

规模经济理论与增长的复杂性观点紧密相关，该理论认为存在着部分由技术决定的规模增长规律。德国工业和技术的关键点是规模增长的趋势，这确实是一个核心和划时代的要素。这可以从一些技术到系统的倾向，也可以从物理和技术的基本事实中推导出来：当圆柱体变大时，其体积的外表面积增加得更快，这一几何规律导致了高炉和管道的成本下降。这是规模增长的技术逻辑的论据，但却不是物理学上的普适性，是连接系统在处理余热和余料方面的优点，也是直到计算机时代都有效的经验，即专门用途的机器比多用途机器能取得更高的效率。

规模的优势显得简单而强烈，对经济学家和技术史学家都有影响，而它的另一面往往更加复杂，与其相关的包括高额固定成本造成的灵活性降低、大规模技术的材料问题和残余风险、处理大型工厂的故障所需的储备能力。通常情况下，只有历史经验才能清楚地展现规模增长所带来的好处背后的局限性。[57]德国历史进程让人们看到，美国以市场扩张的方式带来的规模增长，在德国却部分形成了对美国榜样的反对，并且受到政治的影响，打上了两次世界大战的深深烙印。

在奥托·乌尔里希（Otto Ullrich）看来，工业资本主义中蕴含了技术向"被物化的封闭结构"发展的内在逻辑，是一种将人与环境隔绝在外的大型系统。这不只是出于技术逻辑性与资本之间的一致性，而且也是现代技术与科学的本质同一性。他认为科学中有着一种趋向规模增长、趋向大科学（Big Science）的体制限制。[58]但是，大规模技术项目对市场导向型产业的作用是令人质疑的，更谈不上什么普适性。即使以核能支持者的视角去看，核能研究中心的大型项目也只会损害核能利用的最终效果；其真实的用途不过是官僚化的形式，只是为了证明联邦政府具备一定的科学能力。

皮奥里与萨贝尔所持的充满乐观态度的历史全景观与奥托·乌尔里希的观点完全不同。在他们眼中，替代规模经济的并不是什么生态社会主义的乌托邦，而是长期以来的历史现实：市场驱动下，生产适应个体和变化需求的趋势，手工业类型的小型企业得以存续和激活，一些山地区域以其织带工厂和小型钢铁企业提供了优良范例。从这个视角看，大规模生产并没有脱离一般的经济或技术逻辑，而更多的是符合历史特定条件：受到军备和战争影响，有工业集中和国家对规模的偏好，也有福特以及其他范例的启示和置换效应。

事实上，大规模生产的专门技术最早出现在军备领域，包括特殊机器的组合、系列装配、可替换零部件等方面。战争期间及战后的大规模生产的产生条件及其局限性都在德国历史上具有代表性。然而，大规模生产和具有灵活性的专门化生产在历史上并非只能二选其一，著名的福特 T 型车的参考价值有其历史局限性。[59]恰恰是美国的大规模生产方法适应了有着更多限制的德国市场之时，人们才不得不考虑更大的灵活性。直到今天，德国部分工业的特点还是表现在标准化的大规模生产与更灵活的专门化之间所保持的不稳定平衡。技术领域的德国道路是一段未完待续的历史。

6. 技术史分期中的人类学标准

当技术凝结为经验之后，它就成为技术使用者身体的一部分了。习惯、适应、内化——每一种过程都促使特定的机械程序内化到操作者的"肉血深处"，从而发挥作用——这就是人与技术关系的基本点。人的感官知觉、思维结构、欲望体验、行为方式都在与技术的交往中被塑造和改变。对特定技术的态度会因对这种技术的适应而改变。从事一次性手工劳作的工匠对重复性工作的感受与那些只会做重复劳动的人是截然不同的。索林根的磨坊主长期以来就捍卫自主权，反对实施机械化，这让适应了工厂环境和一定卫生条件的金属行业工人觉得非常不适。从古至今莫不如此，提供所谓"丰富的工作"，让传统的手工业理想绽放出多彩的花朵，却并非那些适应单调节奏的工人们心中所愿。[60] 20 世纪 80 年代以来显示屏迅速推广普及，意味着人类学及技术学开始了重大转折。

生产技术的发展导致了异化，也随着时间的流逝而产生了适应性效果。人操控机器，机器响应人的操作，人与技术的内在关系在机器设备上不断发展，这些机器设备又被其使用者所操控，对其冲动产生反应。自行车、摩托车和汽车的大规模普及分别代表了人与技术关系的发展里程碑，尤其从青少年时期就开始的"技术社交"时代，让许多人从小就学会"感受引擎"，从而开启了技术历史人类学的新纪元。当前的计算机普及化在产业工人中造成了明显的代际断层，这也投射于技术自身：正是在"新技术"中常常会以夸张的方式谈及"代际问题"。数学家恩斯特·舒伯斯（Ernst Schuberth）警告说，在可用于交流的家用电脑上明显出现了一个新的阶段，这可能导致社会冲突越来越多地被看成是"程序错误"，似乎可以尝试通过重新编程来解决。[61]

从历史的角度看，机器的发端是游戏行为。提升速度最初是为了满足运动的虚荣心，而不是经济的考虑。许多情况下，新技术都并非仅仅是对某种外在需求的回应，更多的是技术发展的内在需求。从许多项发明的历史看，游戏、偶然和无目的性的因素都不只是边缘现象，它有时更多地指向了事物的本质。作为重要的证明，它将技术的普遍有效性一笔勾销。从古代痴迷于技艺的手工匠人到现代的电脑迷：技术史上很多现象都不符合"经济人"（homo oeconomicus）的理念，而更多的出现的是另一种人的形象，他们吃喝玩乐、争风吃醋、好勇斗狠，然而却并不特别关注明确的经济利益。要理解技术史，需要的不仅是经济方法，也需要用到人种学和伦理学的方法。

技术哲学家德绍尔（Dessauer）一针见血地指出，历史上存在着"一种对技术近乎殉道般痴迷的人"。这种痴迷由来已久，在电脑程序员身上达到了登峰造极的程度。技术的通俗文学一再强调游戏元素和技术史中的激情，这与常见的技术决定论格格不入。"人是一只无可救药的戏鼠"，1912年的《普罗米修斯》杂志上一篇社论文章如此写道。[62] 机械钟是几个世纪以来其他技术无可比拟的自动装置原型，它不是作为精确的时间测量仪器和为满足日常需求而产生的，而是作为象征意义的可视载体，作为艺术化的完美化秩序的展示——当时的日晷甚至精确度更高。现在，如君特·罗勃尔（Günter Ropohl）所注意到的，家用电脑更多地被用来打游戏，而不是用来进行"预算和税收计算"。[63]

在很大程度上，围绕着技术的使用形成了特定的性别心理。正如人们在19世纪早期所认识到的[64]，现代技术显著地扩展了男性能力的范围。尽管1848年的《共产党宣言》发现了相反的规律："手工操作所要求的技巧和气力越少，换句话说，现代工业越发达，男工也就越受到女工和童工的排挤。"但是这主要适用于弗里德里希·恩格斯（Friedrich Engels）所处时代的纺织工业。在早期和盛期工业化的其他行业中，在工具和机器上形成了新型的、往往具有技术特性的男性特征、男性骄傲和男性体验。人们有理由相信，技术与阳刚之气的联系在技术发展过程中起到了源头作用，促成了一种技术进步的"硬朗"印象。19 世纪技术的兴起显然与性别角色的分化和父权制结构的复兴相吻合。[65]工业技术与普遍兵役共同发挥作用，将以前属于骑士骄傲的勇气和武力发展为资产阶级道德。

然而，从 19 世纪末期开始，技术创新的方向不再如此明确地显示出男性化特征，尽管人们不那么直接地以某种流行方式去庆祝自行车、缝纫机和打字机的发明，并将其作为妇女解放的推动力量。在机械化的早期阶段，体力和此类的手工技能还一直被作为男性才能占据的领域从而保留着重要意义，而在 20 世纪，传统上被看作是男性特有的品质被贬低，而且这种趋势逐步得以增强。体力越来越成为无足轻重的因素，要求强劲肌肉伸缩和休息的"男性"工作节奏在合理化运作的工厂中被流水线取代，这种流程更多的是遵循传统的女性工作模式，即有固定工位上"永不疲倦"的活动。如果女性的劣势继续存在，其技术理性会更加暗淡无光。

其实，要求技术发展在生产过程中能带来性别平等，这是错误的想法。直到今天，电脑迷们也绝大多数为男性。试图在技术与生产关系之间找出直接的因果联系，已经被证明是一条歧路。[66]工作和工作组织有顽强的习惯性，技术变革对此无能为力。从来源看，劳动分工是适应于体力劳动的前工业化原则；然而随着工业化的进程，尽管不时会有相反的预测，劳动分工还是扩展到了广泛的生产领域。技术史与工作史之间肯定存在密切的关系，但是它们通常都不以即时显现因果关系的形式出现，而是存在于工作传统与新技术长期相互适应的过程中。

要是有人想在技术史和资质发展之间找到一种直接合理的关联，恐怕也是很难找到普适的结论。从工业化开端直到今天，一直存在着发展高资质和去资质化的观点之争。如果有人认为，机器能使人从繁重单调的工作中解脱出来，让人更专注于那些真正的智力工作的话，那么也就有另一些人表示反对，认为机器逐渐学会了人类的能力，会让人退化为系统中的一个小齿轮，以机器的节奏取代自决的人类工作节奏。

两条论据都只包含了部分真理，在发展高资质或去资质化之争中不可能只有一条大的发展路线，这是极度不现实的。当人们只看到某些特定的领先行业时，就会形成一种片面的整体印象。人们普遍认为，19世纪在纺织工业的优势地位下，机械化导致了去资质化，而从19世纪末期开始，因为机械制造的发展，机械化又导致了日益增强的资质化趋势。[67]但是，这种早期纺织工业所追求的去资质化以及对工人秩序化管理是否真的取得了成功，这是值得怀疑的。[68]另一方面，正是部分机器，尤其汽车工业将基于分工的系列生产发展到极致。如果人们把注意力放在某些技术上特别先进的行业时——他们认为这代表了未来——而忽视发展尚不明朗的领域，包括家庭工作、兼职工作和辅助性工作，就会发现这种印象始终是不完整的。30~40年前，当德国还把福特主义关于未来工作模式的想象奉为圭臬之时，去资质化更多地被看作是主导趋势。在最近一段时期，不断增长的失业率被归咎于现代经济不再需要不具备合格资质的劳动力，却又忽视了对工作资质的培训。

技术转型对资质有何影响，一切试图回答这个问题的尝试都面临一个基本矛盾，那就是不得不面对资质这个概念的多义性问题。[69]某种职业所要求的正规资质与实践中必需的能力之间通常都存在着一条巨大的鸿沟，这种情况在德国尤其明显。在德国传统上一直对正规的资质培训给予高度评价。通过对具体工作流程的研究调查，技术史对"合格"与"不合格"能力之间过于简单的区分提出质疑，并揭示出正规资质要求背后所缺乏的技术基础。贫苦的磨针女工的手艺真的比享有盛誉的刀剑匠人手艺低吗？纤维纺织工人在技术上真的比受人尊敬的印刷工人更简单吗？[70]18世纪行会组织的批评者就说到，长期的学徒制可能实效有限。与此相反，一些不需习得或一学就会的工作却要求有大量经验或通过经验得以大幅改进。一项工作是否被视为"技术性"，并不仅仅取决于其所需技能，而是有关职业团体的实施能力。[71]一些技能属于多数女性的基本能力，通常被视为无须资质培训。

如果人们努力将技术史与工作史结合起来，就会认识到，仅仅以资质概念去衡量工作质量是多么的不充分。工作经验、工作的感性内容以及通过工作所传达的自信必须鲜活，才可以使工作有一个历史的轮廓。也正是在工作的人类学特性方面发生了技术上的变化。[72]由此可见材质作为技术史分期中"引导化石"的重要意义：木料材质与手的敏感度，以及与手工业相关的多元技术文化有关。后来，人们对于铁对技术工人的教育意义津津乐道，俗话说得好，"铁能教育人。"今天，大家在屏幕上都普遍能发现19世纪和20世纪早期的工业技术具有怎样直观、有形的特征。不管是对工程师还是对工人来说，技术都能提供一种身份认同，而且其程度日益加深。

工业化前的工匠就已经努力以其工具和材料来确定自己的行业身份了，这从行会箱子的装饰图案上就能够看出来，也能从与相似行业的边界争端中窥出一二来。木匠、细木工、车工和轮工都无法做到这些。[73]但与现代机器和特种钢材相比，这些工具和材料算得了什么啊！从工业时代直到20世纪，在与人相关的物件中去找到自己的工作身份，这样的机会大大增加了。从这个角度看，机器使得工人趋向平等化的这种想法显然被完全颠覆了，它只不过是受教育程度较高的资产阶级的偏见，不论是在工业化早期还是近期，这种说法遭到的驳斥令人印象深刻。[74]

口述史提醒我们，工作技术和在其中发展起来的技能不仅塑造了"老手艺"和19世纪熟练工匠的意识，也在很大程度上塑造了现代工业工人的意识。[75]是否从中产生了一种阶级意识呢？亨德里克·德曼（Hendrik De Man）生动描述了产业工人在"合理化"时期的"工作乐趣"，但同时也强调，"以组织和阶级斗争思想为基础的团结意识"不是"工作技术工厂经验的产物"，它是在"集会中，而非工厂中"形成的。[76]看来大多数研究工人运动的历史学者也认可这种说法，因为他们也越来越致力于研究各种集会和组织，而非工作场所的经验。

然而，从生产过程中推导出工人意识，这种蕴含在马克思主义理论中的思想冲动不应当被全盘否定。即使不一定是所宣扬的阶级团结，也可以从经验中观察到，工人意识是明显地与生产条件有关的。当然，技术工作经验所唤起的意识各不相同，部分甚至是矛盾的。异化与通过技术工作获得自我意识实现了并存。人们可以从中认识到技术在社会主义意识形态中矛盾地位的情感关联：技术是客体化的异化劳动，但最终也是解放性进步的伟大力量。

直到上一代人之前，工人的活动还绝大部分以手工劳动为主：其中蕴含着工人阶级的人类学整体性——长期以来，夸大的自动化想象大行其道，这一简单的事实却没有得到足够的认识。直到人们看着电脑屏幕工作，其广阔的全景才得以呈现。手工劳动并不能把工人同工匠区分开来，但可以同白领工人区分开；在这方面，20世纪早期白领工人激增，使工人阶级的凝聚力有时显得越发引人注目。在这个背景下，近来的计算机普及化进程代表了一种深刻的裂变。尽管常有人断言，高度复杂、电脑操控的机器对熟练工人提出了新的需求，而"熟练工人"代表的却不仅仅是培训和高收入，也需要有具体的行动。当今，我们正经历着工业化历史上前所未有的转变。今天的技术史不仅带来的是历史的相似，而且至少也带来对当今工作世界深刻裂变的设想，而这些变化还处于历史学家的视野盲区。

第二章

以充分利用可再生资源为标志的技术
（18 世纪到 19 世纪初）

1. 人类历史上的"木材时代"

当费尔南德·布罗代尔漫步于德意志博物馆中时，他不禁对馆内陈列的那些精密的木制机器和机械装置啧啧称奇。因为在此之前，他一直认为技术的进步完全依赖于钢铁的发展。各个技术博物馆内"木材时代"的实物向人们直观地展示了那个时代的整体状况，这种感性印象有它的合理性。传统的工业革命概念被人们以充满技术隐喻的"起飞""起跑"来加以提及和认识，这对于技术史而言已经被证明是不确切的，甚至是起到了误导。它有助于构建那个以蒸汽机和纺织机为先驱，传统而机械单一的工业革命时代场景，同时也会使人忽略工业化早期还存在着大量发明创造，它们延续了工业化之前的技术，其中的部分创新还有待我们加以研究。[1] 有人试图将英国工业化的模式强加于其他国家的工业化进程，而不关注是否存在其他类型的示范性工业化道路。

19 世纪中叶之前，早期德国的大部分工业区仍以水力和木材为主，高炉的燃料以木炭为主，这几乎完全与工业化前的情况相符合。从环境历史的角度来看，向化石燃料、非再生燃料的过渡是一个深刻的转折。只有当人们回顾过往的时候，才能明白这种转折蕴含的跨时代意义。不过当时的人们已经注意到了随之而来的许多变化。技术史可以从人类与环境的关系角度进行时期划分，而不仅是从现代的视角进行回顾。

如果人们从"可再生资源"的角度出发，将从石器时代到 19 世纪初期的整个时期都统统划分为一个时代，这无疑就是歪曲了真实的历史。桑巴特偶尔会不太严肃地把整个前现代时期都划入"木材时代"，并想要证明 18 世纪时的木材短缺是这个时代衰落的原因。然而，把"木材时代"的界限划分到木材变得稀缺的年代才更有意义，那个时代的人意识到木材对经济发展的束缚已成为一个基本问题，如何"经济"地使用木材决定了技术的发展趋势。在 16 世纪，中欧大部分地区的人们首次发现木材资源短缺，后来在 18 世纪和 19 世纪初这种趋势变得越来越明显。尽管不同地区的木材资源大不相同，但在 18 世纪德国绝大部分地区都面临着木材资源短缺以及实施节约木材资源的举措等重大问题。虽然德国成为"木材时代"的典型区域不一定是因为自然资源方面的原因，但肯定与德国对木材短缺问题的认识能力密切相关。从 18 世纪末开始，德国也在加紧寻找解决问题的技术方法。那时人们就形成了以木材为主导的一种时代观念：要将木材匮乏的现代与"木材丰富的旧时代"区别开来。1848 年，黑森林的大部分地区递交了请愿书，请求废除森林砍伐的规定，并且根据需求另行制定合理的采伐政策，恢复现代生态学家高度重视的"择伐经济"①，但巴登州②林务委员阿恩斯佩格（Arnsperger）拒绝了该请愿书，他说："对我们而言，择伐经济早就一去不复返了，在那个时代我们拥有着丰富的森林和木材资源，因此人们可以随意砍伐。"[2]现代是属于"经济"的时代，

---

① 择伐经济，指的是在不断保存和不断再生的森林种植中生产有价值的木材。

② 指巴登—符腾堡州，位于德国西南部，森林水力资源丰富。

也是木材稀缺的时代：此时所谓的保护策略有时倒反而会加剧木材稀缺的问题！

当时，水能在工业地区得到最大限度的利用。人们沿着溪流和山谷来建设以水轮驱动的工厂，从下游到上游，用尽每一米甚至每一厘米的坡度资源。大约在 1800 年前后，在施韦尔姆（Schwelm）就有人写诗来颂扬锤式磨坊和漂白厂的结合，认为这种结合方式最大化地利用了宝贵的水资源："每一滴水都不可浪费，让它白白流走 / 不用其来驱动锤子，那就用来浇灌我们的纱线。"早期的化学工业急需钾肥，这使得人们开始开发利用以前人迹罕至的森林资源，而凭借前现代时期的技术根本无法将森林中的木材运出。木材和水力资源的匮乏形成了工业分散化的趋势，促使工业向农村地区扩张，这与中世纪晚期以来工业集中在城市的趋势相悖。从 20 世纪 70 年代开始，人们就把"原工业化"的时代理解为一个独立的时期，但还不是根据资源条件划分的。分散化的优势可能促进了依赖于木材和依赖水电的行业之间分工的形成和发展，行业间交流的需求促进了分销行业的兴起。

木材和水力——木材也作为一种物料——使得整个技术设备和工作方法别有特色；经济生活越是触及这类资源的极限，改善这些"自然宝藏"的努力就越明显地在技术革新中发挥作用。早期的工业化在许多行业中并不被视为衰落，而是彰显了"木材时代"的辉煌，也代表了以木材为原材料的手工劳动文化的高潮；这种繁荣景象不仅在中欧上演，在西欧也有，在北美更甚。我们大可不必将这一时期视为 19 世纪中叶工业繁荣前的一个不完美的前奏，而是应当将其理解为另一条独特的、充满希望的合理化工业化道路：这条道路的动力源泉并不是不断发展的重工业，而是在努力降低能源成本的同时，提高劳动和加工在产品价值中的比例。从今天的角度看，这是一项未来可期的追求！[3]

如果说使用硬煤的意愿是"一种更深层次的合理性指标"，兰德斯认为这是"明摆着的事"，那么这种合理性就势必有悖于"木材时代"的理性。硬煤的利用在中欧和西欧许多地区的发展之所以如此迟缓，并不是因为人们对硬煤有什么根深蒂固的偏见，而只是因为当时还不需要它。鉴于德国南部地区还未使用煤炭，德国机械工程科学的创始人费迪南德·雷腾巴赫尔（Ferdinand Redtenbacher）早在 1852 年就写道："在能借助水力的地方，水力发动机比其他任何发动机更受人们青睐，因为相较于其他的发动机，水力发电机成本是最低的，其本身根本不需要什么费用，而且一直以来使用水力所必需的建筑和设备的费用较低，通常来说比使用蒸汽动力和畜力的发动机所需的费用都要低得多。"[4]

　　木材和水力——更重要的是居民的手工艺传统——是贝吉什兰地区金属工业的天然地理优势，虽然那里的水力资源稀缺，但水力的使用始终占据着重要地位，直到 19 世纪后期这种情况才得以改变。萨克森地区是德国最早的工业区，"当时发展制造业的主要条件就是薪资低、木材价格低廉、水力资源丰富。"在德国南部的工业中心和施蒂里亚（Styrian）矿区的情况也是如此。在早期工业化中，木材作为一种材料几乎应用在了各种发展中的领域上。恩斯特·阿尔班使用木材作为蒸汽机的衬里，这让"一部分机械师"跌破了眼镜。他之所以推荐使用木材，是因为相比铁而言，木材不仅便宜，而且重量很轻，易于加工。历史上不仅有从木材到金属的进步，也有从金属到木材的进步。[5]

　　早在 18 世纪末，经济持续发展的愿景就已开始萌芽；部分公共知识分子就已预见到了工业化的到来。虽然"木材时代"的发展前景光明，但随之人们也担心会出现木材短缺的情况。随着工业的发展，有关水的争端也愈演愈烈。从长远看，只有当工业发展不再依赖于木材和水力时，工业向前发展才是可以持续的。在人口稠密的繁华工业化地区，大型木材消耗行业（例如玻璃和炼铁厂）通常都被边缘化了。早在 1460 年，纽伦堡就将使用烧柴冶炼进行铜银分离的赛格冶炼厂迁到了图林根森林中；随着木材消耗的轨迹，纽伦堡人也将资金转移到了萨克森 - 埃尔兹山区。在 16 世纪，当地议会禁止烧炭工人走出森林。为了保障木材供应，该市金属行业的发展受到限制[6]。

有关分散性发展的法律规定也限制了技术的发展。即使早期的工业化在这里仍有相当大的发展空间，技术也只能在有限的范围内朝着大规模发展。然而，分散化的趋势不仅促进了地方和地区之间的分工，也促进了技术专业化的发展。[7]如果说最初是"森林锻造"将采矿冶炼与铁加工结合了起来，那么后来就可以看到冶炼厂脱离了矿山，锤子厂脱离了冶炼厂，细锤子与粗锤子也区别开来。在现代早期的钢铁工业中，约 1880 年从西格兰德（Siegerland）向北发展起来的劳动分工发展模式就是越靠近北方，所生产的产品就越精细。[8]

直到 19 世纪，最大的木材消耗行业，如炼铁厂和其他金属冶炼厂、盐厂和玻璃厂等都分布在中欧的大部分地区。当然，不仅有分散化的趋势，也有反向趋势：比如个别行业集中在某些地区，形成聚集区。居住条件是支持集中制的主要力量——有时甚至与国家统治者的想法背道而驰，难怪在那里关于"木材短缺"的抱怨越来越多。但是，正是在这里，政府才能借助木材短缺的论点对木材行业实行官方管控。

早期的工业技术与某些地区的经验和某些群体的工作传统密切相关，这并不利于技术的传播。最重要的是，那些需要较高技术水平和完全以出口为导向的行业往往会"各自为战"。特别是纺织业，在分销业包装宣传的推动下，已经形成了名副其实的"工业景观"。因为木材和水力的分散，这里区域性的聚集才稍稍遭遇些阻力[9]，分散生产方式的痛点在于无法控制劳动过程。当产品的质量不再是一目了然的时候，这种情况就是致命的，因此实行集中生产制是十分必要。

"木材时代"是一个"社会时代"，是工作史上的一个时代，这主要是因为加工原料木材需要一种技术，在这种技术中，手工的灵活性和对材料特性的感觉几乎意味着一切。不过，不应夸大其与后期的对比。在之后的生产中，经验和手工技术仍然非常重要。但是，从木头到铁器的过渡为生产过程的组织工作开辟了全新的视角，这在技术人员的意识中贬低了工作经验的价值。钢制机械装置可实现在生产过程中承受更大的压力，实现更强的动力传输、更快的速度、更精细的生产精度。随着压力的增加、机器的旋转速度及其尺寸的增加，蒸汽动力的作用现在得到了充分发挥。材料接触面越平滑，摩擦力也会随之减小；机器变得可以被预测，或者说至少人们可以想象到，未来机器具备计算能力并且能发挥出最大的功率。在面对快速、高压及其他各种动力传输的情况下，木质的机械装置很快就开始吱吱作响。对于努力追求技术科学化的工程师而言，从木材过渡到铁的是一个原则问题，而不是出于经济方面的考虑。[10]

最大限度地利用可再生资源，这也意味着要消耗人类和动物的力量。正如米歇尔·福柯所指出的那样："18 世纪权力技术的伟大创新之一在于，'人口'作为一个经济和政治问题出现：人口作为财富，人口作为劳动力或劳动技能，人口处于自身增长与资源增长之间的平衡之中。"我们有可能在这里找到历史的主要推动力之一。当时的普遍认识是，人能不知疲倦地勤奋工作以及提高职业道德，这比引进新机器更重要。人们想取得最大化利益的雄心壮志导致了截然不同的结果：一方面是学院研究，另一方面是踏板磨坊。

从人性的角度来看，"木材时代"是十分矛盾的。直到 19 世纪中叶，面对工业竞争的压力，德国工业和手工业采取的措施是延长工作时间。在 19 世纪 40 年代，普鲁士对童工的剥削达到高峰。当时的人已经把童工数量的增加以及 1850 年以后工厂中童工数量的减少与机械化的水平联系了起来。[11]然而，不仅在机器方面的"非技术性"工作中对童工产生了一种强烈刺激，而且如果从事这种工作从小就成为工人的第二天性，那么提高工作速度和产品质量就可以水到渠成了。据说，一个矿工只有在小时候就已经开始从事挑矿工作，才会对矿脉产生感觉。在童工时期的劳动中就不断培养这种能力，这也是最大限度地利用人力资源的地方！

始于18世纪末的农业集约化①，至少与工业增长一样都可以算是当时经济活力的推动力，"与其说是引进了新的节省劳动力的机器和技术"，不如说是"浓缩了农民的劳作时间"，特别是让妇女及儿童的工作负担加重了。马铃薯的种植——这一创新不仅最大限度地改变了广大民众的日常生活——在技术方面让人们重新回到从前使用锄头的时代，而且重新使用了"最初没有达到谷物种植技术标准的劳动工具和方法"，尤其让妇女和儿童因此而开始承担艰苦的劳作。[12]如果说"农业革命"的目的是为了改善作物轮作和耕作畜牧业的平衡，那就意味着这只是传统农业的完善，而不是一个新的开始。在此后的时期，随着农业化学化的萌芽，出现了深刻的转折；利比希（Liebig）一针见血地指出了它与19世纪初农业改革的区别。[13]

旧时的农业改革用简单的技术手段就能取得明显的效果：仅仅是通过在马厩里设置一个底层就可以方便地收集液体肥料，成倍地为农业增加氮的供应量。在改进传统犁工具方面也取得了实质性的进展，例如在犁底上安装铁制配件以及使用长柄大镰刀代替传统镰刀；在此，钢铁的大规模量产促使人们普遍接受一种早已存在的技术。19世纪农场中最复杂的创新就是马或牛蹄铁，这在当时仍是一项有发展前景的技术，同时代的人将其与蒸汽机相提并论。除了人类以外，动物仍然是普遍的动力来源，并且使用动物作为动力来源的技术在当时仍在不断发展。[14]

---

① 农业集约化意味着尽可能集约利用可用土地，即使用农药、化肥和抗生素等来尽可能提高产量。

这个以再生资源为基础的时代从内部就被破坏了吗？这是由于系统性地过度开发破坏了其赖以生存的自然基础吗？利比希谴责前化学农业是一种毁坏土壤的掠夺性经济；今天，这种指责更多的是针对化学农业。[15]在森林方面，人们在很长一段时间内所谈论的主题是前现代掠夺性经济和由此产生的木材供应危机；然而，从经验上讲，这个论点是难以立足的。[16]人们宁可提出相反的口号：今天，从全球的角度来看，对木材供应的需求不再是森林保护的有效动力，因为大多数木材消耗行业都远离了森林；但在两个世纪之前，关于"森林荒漠化"和"可怕的木材短缺"的警告泛滥，也确实反映了完全与今天相反的整体情况。德国的植树造林运动是当时的一项成就，尽管它后来也成了工业化阶段的一部分，因为在工业化阶段，森林的作用也就仅仅局限于作为建材产地和疗养场所。到了19 世纪中叶，随着对煤炭的大规模开采和广泛使用，木材短缺的警报早已消失不见。使用煤炭并不是对木材短缺的应对措施，而是扩张战略的一部分。

使用蒸汽动力是否是对水力枯竭的一种应对措施？埃弗斯曼在 1804 年写道，在贝吉什兰地区"花几个小时都找不到一处未被利用的坡地。"[17]但事实证明，即使到了 19 世纪，只要能利用资本，对水力的利用仍然还有提高的可能性，远未达到绝对极限值。即使在工业时代，合理地利用有限的再生资源也存在广阔的空间。即使是当时特别活跃的一个行业分支，如贝吉什兰地区的拉丝车间在整个 19 世纪仍在利用水力发电，有时甚至还会完全恢复使用水力。"木材时代"的消亡并不是因为生态环境遭到破坏，也不是因为技术上的需要。

2. "木材时代"的创新行为

人们曾经认为，从 16 世纪的"阿格里科拉时代（Agricola-Zeit）"直到工业革命的这段时间，技术基本上处于停滞状态，直到蒸汽机和纺纱机的出现，才给古老的工业景观带来了进步，这种观点已经被最近的研究推翻[18]。"这种研究立足于一种非常具体的进步观：通过基础创新、增大对能源的使用以及用机器取代人类劳动来实现进步。同时代的人对此持有不同的观点。波普（Poppe）在 1835 年首次出版的《发明全史》中已经描述了许多以某种方式影响着人类生活各个领域的创新，其中主要是产品创新。生产过程的机械化还不是人们的首要关注对象，这映射出了当时的创新行为。

不论是在雷姆沙伊德（Remscheid）和索林根，还是在谢菲尔德（Sheffield），即使是早期的钢铁业和机械业这样被视为工业化主导的行业都会在技术和组织方面继续沿用手工生产方式。因为直到 19 世纪，只要将工业活力与可再生资源相联系，就会被迫进行分散化——尽管也存在相反的趋势——所有那些需要更高生产设施成本的技术都放慢了发展的脚步。即使在 18 世纪的英国，创新也不单单指机械化，很多时候也指手工技术的进一步发展和劳动分工的更多应用。就这方面而言，德国的一些行业早在工业化前就这样做了。典型的例子是缝纫针的生产：根据 1800 年左右的一份报告，这个看似简单的产品先后会经手 80 个工人，而根据另一份报告，经手工人也多达 18 人。[19]

当时，一些商业进步代言人，基于自己的经验和知识，对某些技术创新保持怀疑态度，尤其是那些昂贵且复杂、为了取代人力或不符合德国地区自然条件和资源的技术革新。英国贸易的推崇者尤斯图斯·梅瑟（Justus Möser）也在 1770 年左右表达了对农业创新摇旗呐喊的文学潮流的怀疑和讽刺：

"如果所有人都按过去 10 年中提出的改善农田的建议行事，那我们穷人将会如何？如果我们都购置了这次被吹捧的机器，转头就忘掉各种播种机和犁，又该怎么办？如果我们所有人都播种了牧草，并且相互模仿整地，人们又会为我们描绘出何等美好的画面？"[20]。

农业历史学家约瑟夫·莫泽（Josef Mooser）指出，改革者所抨击的农民所谓的"懒散态度"不是因为其懒惰，而是因为其办事只根据经验，"在 1850 年之前，农业创新面临的风险很高，因为缺乏对自然界相互作用的准确认知。"

甚至是在机器方面也是如此。1844 年《西里西亚报》上刊登了一篇文章，不顾及织工的劳苦，将机器称为"上帝手中拯救人类的方法"，并称让一切可以机械化的东西都由机器来完成是一种人性化的原则，这种观点在当时并非人们的共识。1845 年，居利希（Gülich）在他的《贸易和商业史》中宣称，只有在"证明使用机器是为了本国人民的福祉"的情况下，才能在德国使用机器；这种公共福利必须要有事实来佐证，而不是仅仅从理论中推断出来。[21]

什么是经济上的合理性，很大程度上取决于人们对未来经济增长的设想。18 世纪和 19 世纪初的历史经验证明，让经济经历几代人的迅猛增长，以及建造只能在长期扩展的市场中才可获利的工厂，都是极度冒险的。把强劲的增长视为一种短暂的现象才是比较明智的态度。居利希警告说，不要相信当时在繁荣的工业地区存在的乐观信念，说什么"消费不会到达极限"，不断增长的生产会创造出自己的需求。按照他的说法，如果国家经济理论家"多看看历史这本始终打开的书籍，多从中吸取教训"，他们就不会把"生产刺激消费"的学说变成教条，而是会思考"在欧洲人进入的任何地方，市场都有可能会饱和"这句话的现实可能性。[22]

从过去的经验来看，人们有理由认为，长时间以来的高利润不是来自机械化大生产的廉价产品，而是来自高度专业化生产的奢侈品[23]。我们甚至不能确定这一假设是否已完全被历史否定。如果法国在 19 世纪及之后仍然比英国更坚定地走奢侈品生产道路的话，那么——根据某些测算方法——它会取得令人惊讶的成果，尽管与英国相比，法国处于相对落后的地位，机器技术的使用率也比英国低，但法国在工业劳动中的生产率却会高于英国[24]。

如果一个地区的工业增长远远超过农业增长，这是否符合公共利益？当时人们对此持怀疑态度。相较于所谓的工业地区而言，农业地区往往更加富裕，通常农民在这些地区会也拥有最好的生活，他们自给自足，而无须把最好的产品销往市场：没有谁比马克斯·韦伯更关注这一点。在典型的案例中，"工业繁荣"的原因是贫穷和人口过多，生育控制不力，劳动力遭到无限制的剥削。直到 19 世纪，对于德国的大部分地区而言，向英国供应农产品所获得的利润比与之进行工业竞争所得利润要高得多。人们有充分的理由相信，农业创新的成本和收益比工业创新领域的更高。[25]

当时的一部分德国企业家显然意识到了这一切——他们比后来那些以增长为导向的历史学家看到的更多，这些历史学家对事物的看法仅仅是停留在从前。巴默工厂主、州议会议员约翰内斯·舒查德（Johannes Schuchard）从自己的所见所闻中了解了英国的纺纱厂，并对英国式的工业化提出了警告，他认为机器纺纱厂所需的"巨大的资本投入"只是对于其国民不知道该如何投资的国家来说才是可以承受的。在德国，40 年来，人们对"英式纺纱厂"的发展并不满意，因为他们将资本投入到其他领域可以取得更好的收益。1842 年，比勒费尔德的纺织商人古斯塔夫·德利乌斯（Gustav Delius）在一份关于拉文斯贝格的《帆布贸易和纺纱情况的备忘录》中也提出了相似的看法。人们不仅应该把对英国工业化的怀疑仅仅归因于偏见，甚至把它看作是德国民族主义重大转折的预兆，而且还应归因于其清醒、经济、有时也是社会政治性的理性。舒查德主张走一条"从容的'德国式'工业发展道路"（鲁道夫·博赫，Rudolf Boch），该主张获得了柏林政府高官的支持，他认为 1832 年破产的"莱茵西印度公司"的失败证明，如果没有英国的海军力量，没有英国的世界霸主地位的话，投机于世界市场的工业大生产注定是一个惨败的结局[26]——1900年以后，德国的舰队发烧友们永远铭记住了这个警告！

尽管瑞士棉纺厂的棉花生产历史比英国竞争者悠久，在19世纪上半叶，经过一番争论之后，大家似乎不约而同"达成共识：瑞士纺纱厂的竞争力建立在低工资的基础上，而不是建立在使用高效而昂贵的现代技术的基础上"。对水力的依赖也导致了其对以机械传动为基础的工业化战略抱有犹豫观望的态度——即使经过仔细勘察，水力资源仍然有大量未开发的储量。总的来说，直到19世纪中叶，德国的纺织工业中才建立所有生产步骤都实现机械化驱动的"集成工厂"。[27]1854年，在此之前一直处于资金短缺状态的比勒费尔德地区的亚麻商人突然有了足够的资金，创办了德国最大的亚麻纺纱厂：这实现了从家庭工业到大规模工业的飞跃，没有经历中间环节。

在早期工业时期，确定工业发展基调和动力的基本上并非手工业中崛起的技术型企业家，而是出身于商业家族和分销系统的企业家，至少在纺织业和明显突破了手工业范畴的大型企业中是这样的。对于这类企业家来说，技术创新还不是当时的核心问题，也不是发财致富的快捷方法。当时的金融家的看法也是如此。发明者在大部分人心目中还不是一个受人尊敬的角色，而是不靠谱的"项目制造者"[28]。

从当时的经验来看，对于个体经营者来说，如果得不到某些追求面子工程的当权者的支持，那么比较可取的做法就是采取与分销业类似的策略，选择与手工业、家庭作坊以及那些制造商联手合作的经济形式，这样可以尽可能地降低设备成本，减少经营不善带来的损失。在今天看来，这仍然是一种理性的选择，但后来因为规模经济的发展而被人们所忽略。那时候如果购置机器，要尽量选择简单且便宜的，而且不要一次性大量购置。即使是布吕格尔曼（Brügelmann）也只在拉廷根附近的克罗姆福德置办了16个水架和8台梳棉机，这可是家德国最古老的机械棉纺厂（成立于1784

年）。这对于这位大忙人的业务整体来说，这算不上太大的投资，而更多表现出的是一种明智的自我克制；因为克罗姆福德虽然是所谓的"工业革命发源地"之一，但在商业上并不算成功，甚至让同时代的人望而却步。除了机器工作外，仍有大量的手工劳动。当时最具冒险精神的普鲁士企业家也许是纳图修斯（Nathusius）（1760—1835），他以生产烟草和甜菜糖而闻名于世；但如果他仅仅专注于某些技术革新，而不是像精明的批发商那样关注产品种类的广泛性的话，他很快就会破产。[29]

当贸易资本终于决定对一项技术革新作出重大的联合承诺时，这并不是为了增加产量，而是为了促进交通运输：铁路是第一个获得欧洲大陆贸易和金融资本青睐的大型技术。最重要的是，它标志着"木材时代"的结束。

然而，当时也有一些创新类型能够适应可再生资源造成的限制，其合理性正是建立在这些限制条件上。尤其在 18 世纪的科技文献中大量充斥着关于节省木材的建议，这是当时的特色之一。值得注意的是，节材工作的中心就放在家庭厨具上。这还不是用于工程和工厂的技术，而是一项在家庭中运用的技术——以前意义的"家庭经济"中的"经济（oikonomia）"——尤斯图斯·梅瑟宣称其内涵就是："战争中有一些片段是伟大的；而家政中的每一刻都是伟大的，人们不可白白浪费。"[30]。

更进一步说，一些复杂的机器也符合当时的条件。令人印象最深刻的是提花织物织布机，它可以让人使用打孔卡编辑图案，但必须在家里用手操作，而且由于不需要承受高速度和高负荷，长期以来织布机的制作原材料还是木材。1700 年以后，磨坊技术也开始发展；卡尔·马克思引用波普在《技术史》中写的话，"在 18 世纪，磨坊获得了巨大的发展"。[31] 磨坊建造成为专家的工作，也是早期机械行业的重要业务。"木材时代"的一个非常重要的需求是对老式消防车的不断改进。就这方面而言，众多德国发明家脱颖而出。到了 19 世纪中叶，英国老式消防车才开始使用蒸汽来作为动力来源[32]。

重商主义政治与旧社会都欢迎这种有利于节约资源的创新，用国内材料代替国外材料不仅有助于度过困难时期，还有利于提高产品质量。即使是行会也并不像对手描述的那样敌视创新。工匠的迁移有利于实现区域之间的"技术转移"，这可以提高他们的工作技能。在行会制度中甚至出现了促进分工和专业化的趋势。[33] 总的来说，行会提供了专业化的原型，就这一点来看，它的未来充满希望。即使机器让人联想到工人的技能、知识和经验会因此变得多余，这种设想也只是暂时的。机器越是昂贵和复杂，能操作的工人就越少。就国际范围来看，成功的工业化往往是在有行会式职业工作传统的地方才获得了成功，这一点相当明显。

从整体上看，直到 19 世纪下半叶，技术变革本身仍缺乏内部的系统性和动力；技术变革主要是以需求为主，而且这种需求往往是适度的[34]，因此公侯的爱好和军事的影响对其并无作用。即使在非哲学家中，也存在着无欲无求和向往简单生活的旧哲学理想。相较于坐在拥挤的马车里，行驶在颠簸的道路上，在清新的空气中漫步难道不是更好吗？波普根据人类对各个领域的需求来划分他的"发明全史"；当然，最后还留下了一个非常广泛的未划分领域，不太令人信服地将其笼统称为"应用数学"，其中不仅包括化学和电，还包括采矿。偶尔，人们也会为技术性的小打小闹创造需求，所谓"人为的需求"，比如电力，一直以来人们都不知道它的实用价值何在，在 18 世纪时人们还指望着电力会带来所谓的医药价值。[35] 但在现实和想象中还存在着广阔的需求领域，为创新者提供足够丰富的目标。试想一下，人们对柔软轻肤面料的渴望长久以来都未得到满足！或能根据左右脚的情况调整鞋子大小：在 1800 年之前，左右脚上的鞋都是一模一样的！

木材的使用激发了人们做实验的乐趣，也激发了非专业人员的业余爱好。因为木材比较常见，种类繁多，因此用途也极为广泛，最重要的是，它相比于金属而言更易于加工。木材加工机器比金属加工机器的制造更简单，而且运转速度也更快：19 世纪的时候，主要是美国人尽可能地利用了这个机会。直到 19 世纪，除了锯木厂，在欧洲大陆上木材加工的机械化进程一直以来都很缓慢：毕竟木材不仅可以进行手工加工，而且人工费也很便宜。直到 18 世纪末，即使是生产豪华家具的大厂，也会考虑将工具的成本降到最低。在许多工厂中只会用到那些已经在手工业中使用过的工具。

木材虽然有利于手工劳动，但并不一定有利于旧手工业的结构。木制物品不仅有简单的木板和勺子，还有 18 世纪后的钟表，更主要的是在此过程中形成了早期的大规模生产形式。当制作钟表的古老艺术在纽伦堡和奥格斯堡变得不再那么重要时，约在 1720 年前后的乡村钟表业在黑森林获得了发展的机会，这被人们视为对木材的有效利用；19 世纪上半叶，据说有1500 多万只黑森林钟表是通过手工制作的。[36]

早期纺织机的主要制作材料是木材：直到 19 世纪中叶，在钢铁工业发达的埃尔伯费尔德也是如此。因此，这种纺织机易于改造，而且这种情况的发生十分频繁：同一台机器最多可改造 20—30 次。整个创新行为所具有的特点是：没有销毁机器，没有替换机器，而是对其进行了改造。由于木制机械很容易被磨损，所以人们需要不断地更换其各个部件，这意味着人们有机会不断地对细节进行更改[37]，这样一来，工人们就能根据自己的体形比例和变化需求来调整机器。当时"固定资本"的"固定"程度还不像建好的钢制机器那样稳固。

工业化在"木材时代"基本上仍处于一个区域性的进程，在很大程度上受当地手工技能传统、地区农业条件、区域森林和水电资源的影响。[38]在 19 世纪初，虽然努力实现区域间技术转移已是常态，但是仍然需要考虑到是否有必要使从国外引进的创新与区域条件相适应。即使在那时，一些人认为技术进步是一个不可抗拒的自然过程；而另外一些人则认为，是否应该采用某项创新，须通过讨论才能决定。例如，巴伐利亚州公众对优先发展铁路还是运河进行了长时间的辩论。

在之后的时期，相比于之前的任何创新，铁路的胜利更加有力地表明了技术进步是不可抗拒的[39]。面对 19 世纪初的饥荒，围绕"贫穷主义"①的辩论将目标指向对大规模工业的限制，而主要是代表工业进步方向的铁路改变了这场辩论中很多人的观点。1856 年，"快速的交通通信手段"——如铁路、汽船、电报等更加坚定了海因里希·博德默（Heinrich Bodemer）的信念：一切地区和国家差异在工业发展中都是可以被跨越的。当时以森林和水力为主的中小型工业在萨克森州仍占据着主导地位，却并未引起这位格罗森海因印花布厂厂主的重视[40]。

但是，即使在前现代社会中，原则上通常也有一个领域必须采用外国创新：军备。军事技术蕴含着工程学的起源。例如，在给蒸汽锅炉钻孔的过程中，人们借鉴了炮筒钻孔技术。然而，从整体上看，直到 19 世纪中后期军备生产才成为技术革新的重要推动力。[41]然而，贸易所带的战争特征越多——即个体所赖以生存的竞争——对外贸易带来的技术转移的动力就越是强烈和迫切。技术领域失去其在社会决策领域中的地位：这是技术发展的前提条件中最大的变化。

3. 德国——一个欠发达国家?
18 世纪到 19 世纪初德国的地区技术概况

在希腊神话中，普罗米修斯不顾宙斯的禁令，私自盗走火种送给人类，然后宙斯下令将其锁在高加索山巅，再派一只鹰每天去啄食他的肝脏，而他的肝脏第二天又会奇迹般再生复原。在古代的历史中，普罗米修

---

① 19 世纪，传统的贫穷观念发生了巨大的变化。传统上被看作是社会常态和道德问题的贫穷，逐渐作为一个紧迫的社会问题被提了出来。围绕贫穷的定义、贫穷产生的原因、贫穷问题的道德面向、解决贫穷的途径等问题，当时的思想家、政治经济学家、社会改革家甚至小说家们各自提出了自己的贫穷观念。

斯的形象就已经从亵渎神灵者摇身一变成为了人类的恩人。1820 年，英国浪漫主义作家珀西·B. 雪莱（Percy B. Shelley）在其诗体剧《解放了的普罗米修斯》中也是如此塑造了普罗米修斯的正面形象——这是进步的乐观主义一个多么重大的转折！"解放了的普罗米修斯"从此成为技术进步的神话象征。然而，雪莱自己也不确定，技术的进步是否会让人类本已艰辛的生存环境雪上加霜。早在 1819 年，他的妻子玛丽·雪莱（Mary Shelley）就已经将普罗米修斯神话导向了恐怖浪漫主义的方向：她的小说《弗兰肯斯坦或新普罗米修斯》远比她丈夫的《解放了的普罗米修斯》更为出名。

玛丽·雪莱把人造怪物人的创造者弗兰肯斯坦的故事发生地安排在德国的英戈尔施塔特，可谓用心良苦：这恰恰说明，作为产生了浮士德博士的国度，德国在浪漫主义时期（这不是没有理由的）是一个属于潜心钻研的发明家和幻想家的国度，德国也因此享有一定的声誉。但德国不是一个属于成功的工程师们的国度。直到 19 世纪中期，人们往往都是言辞激烈地将德国描述为一个工业落后的国家。即使是注重传统的尤斯图斯·梅瑟也发现，在 1770 年前后德国人在技术行业完全落后于英国人。[42] 在德国的英籍技术工人故事中，他们有意识地通过傲慢的行为和虚高的工资要求来炫耀自己的不可或缺，此时德国的表现就像一个欠发达的殖民地国家一样。1798 年，约瑟夫·冯·巴德尔认为自己在英国已经被"屈辱的真相"说服，即德国人在技术发展上"至少落后了那些岛国人一个世纪"。当然，他也是那些认为蒸汽动力已经成为技术进步标志的人之一。[43]

在大陆封锁的保护下，发达的工业地区在一段时期里自信满满地认为他们在工业发展方面已经快要赶上英国了。而在 1815 年之后，英国的优越性让很多人更加震惊不已。众所周知，在创新程度上德国不仅比不上英国和荷兰，还落后于法国，甚至连意大利和瑞士都排在德国之前：这就是 1821 年人们对德国的评价，人们用德意志民族的迟钝性格以及革新给德国人造成威慑经验来解释德国的落后局面。如果仔细地考察的话，这种劣势主要还是仅存在于非常具体的纺织和钢铁产品中，但是在集体记忆中这种劣势被泛化了。"贫穷的德国，在 1870 年只不过是经济地图上的一块白板"，德国后来的崛起也是因为这种前后的反差让人为之惊叹。[44]

如果把蒸汽机和纺纱机看作当时"进步"的标志，那么在 19 世纪中期之前，我们自然会意识到英国相比于德国绝大多数地区所拥有的无可比拟的优势。但只要我们根据现有需求和区域资源来衡量技术状况时，这种情况就会有所变化。即使是外贸统计数据，也与这种深深的自卑感不符。在最近的研究中，令人惊讶的是在 19 世纪上半叶德国的国家进出口结构与欠发达国家的典型情况并不相符：一般的欠发达国家都会出口原料，进口成品；相反地，德国在原材料进口与成品出口（主要是小规模企业的产品）方面名列前茅[45]。那个时期的小规模生产方式不仅满足了自给自足的需要，而且也在对外贸易中占有相对的成本优势。

在铁路时代之前，德国的工业主要在部分地区得到发展，而不是全国范围。不过，对于当时德国各地区的工业和技术概况，人们也可以做一些概括性的说明。德国各地区参与创新交流的积极性越来越高：不仅在采矿业和采盐业中这种交流特别频繁，在玻璃制造或刀具和缝衣针的生产中等许多其他行业中也是如此。那时候的语言表达习惯也会使用"德式的"这样的形容词去修饰名词"技术"，尽管情况并非总是如此：在阿尔卑斯山东部，锤式磨坊出现了"威尔士式"和"德式"两种风格；"德式"炉子用于玻璃和砖砌建筑；博克风磨被认为是"德式"的磨坊。

中欧地区于 15—16 世纪在采矿和冶金领域确立的领导地位一直延续到 18—19 世纪，并且得到了振兴。与其他经济部门相比，采矿业的经济重要性已大不如前，1843 年,《科隆报》对此表示不满:"德国古老的采矿业和冶金业正在迅速走向衰落。"但是在这些行业，产量下降通常是创新的动力源泉[46]。虽然采矿的难度越来越大，但是这也推动了地质研究和勘探方法的改进。1765 年在萨克森州弗赖堡成立的矿业学院成为1783 年成立的国立巴黎高等矿业学院（Ecole des Mines）[①]的典范，实际上也是采矿业的"世界级典范"。[47] 在经济受限的情况下转而借助科学的优势：这开始成为当时德国的典型策略，与当时人们对教育的热情不谋而合[48]。

但凡受到主权采矿制度管辖的地方，人们都把盐厂视为采矿业的一部分。通常来说，采盐业就像采矿业和冶炼业一样，都拥有木材使用的特权。西欧和南欧大部分地区的盐供应主要依靠海盐矿，但是中欧与之不同，中欧的盐必须通过抽取盐水，然后将其煮沸、结晶，这个过程对技术的要求很高。这样一来，盐的提取就推动了技术的发展。从技术角度看，与采矿业相似的是，抽水系统是至关重要的。位于易北河畔舍内贝克附近的格罗森萨尔扎盐厂在 1770 年前后是有着欧洲最长的制盐厂房之一，但其水力不足，需要 350 人和 32 支马队在踏板磨坊上工作才可以将盐水抽到制盐厂中。在许多地区，盐厂是木材消耗是最大的行业；对木材的竞争越激烈，越是证明燃料已经变成了生产的决定性因素。

腓特烈二世在 1768 年的《政治约法三章》中写道："盐厂的秘密是建立在节约木材的基础上的。"早在 16 世纪，盐厂就是木材节约大师们的首选对象。这一创新方向带动了近代初期的大规模技术的发展：与锅炉房相比，建立的制盐厂不仅规模大，而且还能利用太阳能来提炼盐水。在 18 世纪，这是一项汇聚了整整一代制盐业工程改革者心血的工程，但是也已包含了大型技术工程的明显缺陷：成本效益比固然不容忽视，而财政支出也难免会受到上层的干预。

17 世纪 30 年代，在施韦比希－哈尔制盐厂的项目中发生了一场重大

---

① 国立巴黎高等矿业学院是一所法国顶尖的精英工程师"大学"，由法国国王路易十六创办于 1783 年，旨在培养"矿业人才的领袖"。

的冲突：市议会以"木材短缺"为借口，希望获取盐厂的股份；锅炉工对此嗤之以鼻，尽管一直以来"木材供量充足"，但是关于木材短缺的抱怨投诉"已有 200 多年历史"。一位经验丰富的制盐师傅认为"提倡节约木材的人"才是盐厂的"真正祸害"，他们大多只是"投机取巧者和骗子"。"项目制造者"成了"骗子"的代名词——在近代早期，印刷术、指南针和火药三者让人们第一次对技术产生的兴奋之感，随后也是最先幻灭。正是在节约木材的问题上，人们意识到大型项目可以有更便宜的替代品。事实上，制盐工程很快在技术上就遇到了瓶颈期：因为通过深层钻探使得许多盐场能够开采高富盐水，因此制盐工程开始变得过剩，这是许多制盐厂转型为疗养地的先决条件。[49]

德国各地区——特别是亚琛地区和西里西亚地区——在 19 世纪上半叶成为世界上开采锌矿的领头羊。[50]长期以来人们都是把锌矿以黄铜的形式应用于实际当中，化学家施塔尔（Stahl）于 1718 年证明锌是黄铜的一种成分；可是，在 19 世纪锌的使用范围才变得越来越广泛。19 世纪初，人们开始用轧制法制造锌板屋顶，这种屋顶在德国的普及率比在英国、法国和比利时低；另一方面，普鲁士研发了锌铸件，由此人们就可以批量生产廉价的建筑构件。在 1790 年西里西亚引进硬煤就是为了既可以提取到价格低廉的锌，又不用承担高昂的燃料成本。后来，丰富的锌资源促进了锌漆的发明，该发明是莱茵涂料工业的创立基础，也被用作铁路的保护漆。锌溶解在硫酸中就可以发电，这一事实甚至在 19 世纪中叶以后还刺激了人们的想象，他们当时认为德国因拥有锌资源而会比英国拥有煤炭资源更胜一筹[51]。

18 世纪德国最著名的创新之一是约翰·弗里德里希·伯特格尔（Johann Friedrich Böttger）和他的同事们 1710 年左右在迈森对中国瓷器的改良和创新，这也是采矿业令人激动的成就之一，因为在此过程中面临的主要问题之一是通过适当的窑炉结构来控制高温。作为一名炼金术

图 5：施韦比施地区的哈尔盐泉（即哈尔泉"Haalquell"）有 10 个抽水架，上面是层次分明的巨形木桩。木材供应对盐厂的重要性不亚于盐水泉。对木材短缺的问题保持警惕，这被写入盐厂镇政策纲领之中。由于会有发生火灾的危险，从 1682 年开始，哈尔当地政府就禁止在镇上的巷子里堆放木材。1715 年的铜版画描绘了一个组织合理的大型企业，抽水架上悬挂着的水桶仍需人力搬运。

师，贝特格在与弗赖堡冶炼厂的合作中受益匪浅。在漫长的发展过程中，得益于当时许多地方热衷的节约型窑炉实验，瓷器生产技术才走向成熟。它是以王室的名义经营的奢侈品贸易的雏形；工业化的陶瓷生产则走了另一条道路[52]。

在 18 世纪和 19 世纪，德国在大多数的奢侈品生产领域中都落后于其他国家。在奥格斯堡、纽伦堡等德国南部的老牌商贸中心，工艺美术品一直保持着较高的技术水平；但总体上看来，德国没有像巴黎、伦敦那样的大都市，直到 19 世纪末，上层阶级在炫耀性高消费方面互相攀比的现象比其他地方少。只有维也纳在 19 世纪发行了可以与巴黎相媲美的华丽且有品位的奢侈品牌。[53]德国之所以给人留下了贫困的印象，主要因为相对其他国家而言，德国相对缺少华丽且优雅的风格，而不是因为广大人民群众生活的物质条件不如其他国家，这一点在 19 世纪下半叶人们对世界展览会的评论中就可以得到证实。1844 年法国政府派往柏林工业展览会的观察员们抱怨道，德国的产品虽然价格低廉，在技术上也值得称赞，但却被打上了"冷冰冰和严肃实用的印记"。即使在德国专家的眼中，德国产品确实也在数十年里无愧于这种评价。[54]在高度重视工艺卓越性的人们看来，这是一个缺陷，但同时也表明，德国的廉价批量生产条件在某些方面也是有益处的。

贴面板技术通过加工轻薄如纸的热带珍贵木材发展而来，提高了木材的使用率，是节约木材的主要途径。在 18 世纪，这种技术的发展在巴黎的影响下达到了顶峰，而德国各大城市在这方面则逊色许多。另一方面，19 世纪的德国家具业通过比彼得迈耶尔风格和热弯制作的托内特椅①的创新开创了设计的新纪元。与以往相比，这两类家具更多地利用了木材的天然特

---

① 托内特椅是运用蒸汽压力技术，将木条压成曲线形，许多块弯曲木块可以组合成各种圆条状的椅子和其他家具，产品风格属于洛可可复古式，可以大批量机械化生产，其特点是质轻、廉价、坚固，广泛应用于咖啡厅、餐厅和普通住宅。

性，并且将目标定位于广大小康消费群体。[55] 在此之前，受到殖民主义大都市的影响，外来的红木一直是家具界的主流时尚——以至于到最后世界上优质的红木存量几乎为零——而彼得迈耶尔风格则让国内的木材使用受到更多关注，托内特技术使用的木材是红山毛榉，在此之前人们几乎都是把红山毛榉当柴烧。

图 6：托内特实木曲木工艺（1929 年）中使用的是复杂弯曲技术：将蒸煮过的实木放入弯曲模具中。托内特技术极大地促进了现代木材弯曲和胶合工艺的发展。时至今日，托内特实木曲木工艺都是要求极高的手工活，需要工人具备丰富的经验。由于人工成本越来越昂贵，托内特家具——原本旨在制造让大家都消费得起的便宜家具——变成了"高级家具"。

如果德国没有大都市，而都是许多较小的中心城市，那么当德国大量的贸易壁垒消除时，这种分散的结构所带来的好处要多于坏处。这与自然资源的分散化的状态相符合，而德国大学的多元化也促进了化学业的崛起。缺乏主要中心城市所带来的好处至今仍存在，这造就了在德国工业中，技术上高度现代化的部门和古老的部门之间的差距并没有像在其他许多国家中那样变得越来越大。

直到 19 世纪末，与英国生产相比，德国生产在劳动力要素方面存在着显著的成本优势：德国的工资较低，但是培训水平和职业道德水平通常绝不在英国之下。最重要的是，自 18 世纪以来，各国的德国移民使勤劳的德国人成了出名的类型——这种形象在国外有时比在国内更受到认可。赫尔德 ①（Herder）在他的诗《德国的民族荣耀》中感叹道，"在 / 英国、俄国和丹麦 / 特兰西瓦尼亚和宾夕法尼亚 / 秘鲁和格拉纳达 / 谁是勤奋的人 / 谁是艺术家？ / 德国人，这是唯一的回答！ / 只是在德国并非如此，他们因饥饿离开家 / 到萨拉托夫，到鞑靼，浪迹天涯。"但是本国提供的机会越多，意味着那里的工作量也就越大。以马克斯·韦伯的"新教伦理"精神来看，造就这个局面的似乎是职业道德，而不是技术创新。如果人们重视劳动纪律和灵活适应不断变化的市场条件的程度高于重视机器的话，最早能够与英国产品形成竞争关系的就是德国产品：那个时代的一些人已经认识到了这种竞争优势。在 19 世纪上半叶，德国企业的固定劳动力比英国多。在德国使用机器代替人，以及通过技术创新用技术不熟练的工人代替熟练工人的激励力度比英国要小。[56] 人们从来没有完全失去对人类劳动在生产成功中的关键性的认识，至少在很长一段时间内没有完全失去这种认识。

在 18 世纪，与西欧和南欧的大多数地区相比，德国在木材方面占有成本优势。从国内经济的角度来看，利用这种优势是否明智尚存争议；18 世

① 赫尔德是德国著名哲学家，德国浪漫主义的先驱。

纪末的德国，到处都能听到关于"木材严重短缺"的抱怨。这在一定程度上反映了木材供应日益货币化。当传统上通过权力获得的木柴成为有市场价格的商品时，这是一个具有深刻意义的转折点：当时的情况是，木材价格在短时间内翻了很多倍。铁器生产失去的木材使用特权越多，节约木材的力度就越大。19 世纪初，德国的木炭冶炼厂在节约燃料的创新方面走在了英国焦炭冶炼厂的前面，如风力加热就是证明[57]。

在 1820 年，费尔纳陶瓷厂的节能炉从柏林出口到英国和东欧。德国的节材宣传册指责英国的壁炉就是对燃料的浪费；安德鲁·乌尔则在 1838 年抨击说，在英国市场广受欢迎的萨克森节能炉造成人们"头痛、昏迷和生病"，英国人的健康在很大程度上是要归功于开放性的壁炉。但是 1851 年在伦敦举办的世界博览会上，德国的炉具和灶具却能参与竞争。[58]从 1800 年前后开始，德国各地的一项林业政策在国际上处于领先地位，该政策通过设置专业的长期林业管理员来系统地提高森林的木材产量。在这方面，德国的分散性也是一个优势：与当时集中治理森林的法国（在那之前，法国一直是林业经济的主宰者）相比，德国的政策更具优势，提出了适合各地区的林业理论，尽管往往并非一蹴而就。

1800 年后，关于木材短缺的抱怨有所减少。相反，德国的森林和木制品供应与西欧相比相对较好，人们认为这是一种优势。木制玩具是德国最有名的出口产品之一。弗里德里希·李斯特甚至给德国人提出了一个令人匪夷所思的建议，即把森林资源稀缺的英国那种"铁轨木基"铁路换成"优质橡木轨"铁路，[59]橡木木材是锡格兰和法兰克地区皮革业繁荣的基础；在这些地区，种植森林成为最赚钱的林业形式。[60]在 19 世纪上半叶，木材的广泛用途是制作钾盐，德国的钾肥供应充足，这部分得益于东欧的供应来源，因此，从钾肥到纯碱的过渡在这里比在西欧更为简单。由于木柴和钾肥的销售量下降，劣质木材失去了市场，于是德国发明了木质纤维（弗里德里希·戈特洛布·凯勒 F.G.Keller，1840 年前后）和用纤维素（亚历山大·米切利希 Alexander Mitscherlich，1870 年前后）造纸；米切利希是一位化学家，曾在汉诺威斯 - 明登林学院任教。然而，当他个人创办的纤维素工厂的排放物对森林造成破坏时，他遭到林业同事的非议，最终迫于压力辞去了教席。[61]

在 19 世纪上半叶，各地都已把科学誉为德国技术的特殊优势，尽管从后来的角度来看，这种说法毫无根据。恩斯特·阿尔班（Ernst Alban）堂而皇之地说，"发明史"是"有力的证明，许多外国发明只有在进入德国后才得到科学的研究和完善"。早在 18 世纪，与西欧相比，电力在德国主要不过是教授的研究工作罢了——而且还并不总是对其有利。奥地利第一条"铁路"是在数学教授弗兰茨·安东·里特·冯·格斯特纳（Franz Anton Ritter von Gerstner）的指导下修建的，他的博学弥补了经验主义者史蒂芬逊（Stephenson）的一些缺点，但最终制造出的铁路在第一次试运行（1854 年）时就发生了轨道松动的问题，只能将其用作有轨马车的轨道[62]。

早在 17 世纪德国的大学就把化学设立为一门独立的学科，这比别的国家都更早；当时的德国是一个"化学家的输出国"。18 世纪中叶，一位英国观察员认为，德国人是"欧洲最卓越的化学家"。1811 年，哥廷根语言学家海恩（Heyne）将化学称为"科学女王"。但也正是化学受到了浪漫的自然哲学的蛊惑，李比希 ① 在他的长篇讲话中表达了自己对它的深恶痛绝。随着精准科学的兴起，法国率先成了化学之国。如果人们以李比希那颇受争议的判断为标准，化学在德国就是灰姑娘般的存在，德国化学家在国外会遭到鄙视[63]。后来的记载给人的印象是，使德国科学技术闻名于世的化学，仿佛是从李比希的脑袋里冒出来的一样。但是，莱茵兰地区化学工业

① 尤斯图斯·冯·李比希（Justus von Liebig，1803—1873），德国化学家，创立了有机化学，被称为"有机化学之父"。发明了现代面向实验室的教学方法，被誉为历史上最伟大的化学教育家之一。发现了氮对于植物营养的重要性，被称为"肥料工业之父"。

的兴起则是始于 19 世纪初。只是在很长一段时间内，化学工业的发展并不引人注目，技术设备也较为简陋。当这个行业自誉为"科学"时，它还不是李比希所说的科学。经过几代人的努力，化学工业才被视为典型的德国科学类型，它凭借自己的从容不迫、历史悠久的方法论、向大型系统发展的趋势，以及对长期研究的坚持而达成了工业实践的关键功能[64]。

在 19 世纪下半叶，工业化学的重心放到了颜料生产上：在现代化学早期，这个领域一直处于边缘的地位。一些染料（如：钴蓝）是采矿的副产品。即使按照欧洲的标准，在染料生产以及纺织印花方面，德国的一些工业中心——如：奥格斯堡、柏林、萨克森、伍珀塔尔和下莱茵河地区——在工业化早期及之前就已经处于领先地位。这一点尤为重要，因为彩色印花是纺织工业中工业化的关键领域之一，来自法兰肯地区的染艺工匠克里斯托夫·奥伯坎普夫（Christoph Oberkampf）后来在巴黎成了路易十六和拿破仑时期的法国彩印厂的实际控制人。[65] 18 世纪，棉布印花的进步对奥格斯堡纺织工厂的复兴起到了至关重要的作用，正是在这里实现了首次向大型企业的过渡，而不是在纺织作坊里。1759 年，发明家兼企业家约翰·海因里希·舒勒（Johann Heinrich Schule）于 1759 年在这里创立的棉布印花厂成长为"世界上最重要的印花厂之一"（库雷尔 Kurrer，1844 年）。在奥格斯堡，舒勒的这一家公司并非孤立的样本，1800 年以后，丁格勒、福斯特和库雷尔推动了彩色印刷的新一轮发展，从而进入了第一个科学化阶段。当印刷程序实现机械化，开始采用旋转印刷的时候，英式滚筒印花机的推广速度仍很缓慢，但在化学方面却取得了进展。移民到曼彻斯特的德国棉布制造商特奥菲卢斯·L. 鲁普（Theophilus L. Rupp）在 1798 年还写道，染色艺术"在没有化学家参与的情况下达到了高度的完美"，1844 年，库雷尔十分振奋地说，大约 50 年来，"化学的光明火炬已经照亮了技术工场"，染色艺术"已经具有了科学雏形"[66]。

在 19 世纪，科学和以科学为基础的生产观念发生了变化。按照新标准，19世纪上半世纪的企业是原始的、科学出现之前的产物，发明是从缺乏理论的试验之中产生的。但是作为德国的一种专业，有机化学当时就似"热带森林一般"，像是"巨大的灌木丛"（弗里德里希·沃勒 F. Wöhler，1835）。那些在追求理论的道路上缺乏耐心的人根本就走不远。埃克曼在1831年2月23日的记录中写道，歌德说过："在矿物学世界中，最简单的东西就是最好的；在有机物世界中，最复杂的东西就是最好的。"

　　1700年后不久，有人在偶然的情况下用黄血盐和硫酸铁成功制成了最早的人造着色剂之一——柏林蓝（普蓝）。在19世纪初的柏林贸易往来中，印染工和印花工都十分重要；他们生产的高质量出口产品，可以在英国和法国市场上占有一席之地。在原材料的基础上，印花布的价值翻了一番，因此，从国外进口棉花是完全可以接受的。机械化和劳动纪律的进步被认为是柏林印花布行业取得成功的原因，至少后一个原因可以确认。1819年时有人说柏林花布印厂的地位是不可动摇的，因为它立足于"坚实的科学知识基础之上"，人们此时就已经意识到其中的宣传主题，这已经成为德国工业自我展示的核心内容。至少同样重要的是，纺织品印刷"需要多种多样的种类"，即适应一种优势在于人而非机器的生产方式。[67]

　　1800年前后，亚麻布生产成为"德国最大的贸易行业"，在国内和对外贸易中都占有举足轻重的地位。德国亚麻布作为出口商品强势崛起，在18世纪还是一个相对较新的现象。即便如此，它也因停工而中断过，因此，19世纪初的亚麻布业面临的危机并不能立即被解释为类似的急剧衰退的先兆。亚麻的生产——从亚麻的种植、加工到漂白——都属于巨大的劳动密集型产业，那个时代的人认为这是养活农村日益增长的小农人口的理想方式。因此，在18世纪，凡是有可能种植亚麻的地方，包括英国和瑞士这两个最早使用棉花取代亚麻的国家，政府都推动了亚麻贸易发展。亚麻是一种在德国占主导地位的材料，与棉花、羊毛和丝绸相比，亚麻的机械化制造难度更高。到了1840年，亚麻纺纱机的价格是棉纺机的5—6倍。仿佛没

有哪个别的生产部门像亚麻布生产业那样几乎只在农村兴盛，直到 19 世
纪中叶，亚麻布生产在城市和工厂仍未趋向集中。[68]但从分散的工业化
角度来看，这并不是不利因素，因为它尽可能地利用了当地的劳动力和
资源。

在自然条件和出口机会等因素的影响下，在 1800 年前后，德国对羊毛
的重视程度几乎和对亚麻一样。其实，直到 17 世纪之前，羊毛始终是英国
纺织业崛起的基础。19 世纪初，德国的养羊业达到了一个高峰，并成为一
大特色。即使到了 1860 年，当人们清楚地看到亚麻布业的衰落，普鲁士统
计学家菲巴恩（Viebahn）就特别指出，与英国和法国相比，羊毛是德国纺
织业最坚固的堡垒。但养羊业属于一种典型的粗放型经济形式，从社会政
治方面看来，这与亚麻种植业完全相反。19 世纪末，养羊业在德国迅速走
向没落，因为那时荒芜的澳大利亚成了羊毛生产的中心。

相对来说，羊毛加工更容易实现机械化。在短短几年内，阿克赖特
（Arkwright）纺纱机和梳毛机已经可以对羊毛进行加工。自中世纪以来，
使用整经机进行整经是整个纺织工业中最古老的机械驱动过程，亚当·斯
密也把整经机也视作"复杂机器"的一个缩影。但在羊毛纺纱方面，机器
的优势并不是特别大：根据施莫勒（Schmoller）的计算，棉纺机械化所节
省的劳动力是羊毛纺纱的 24 倍！另一方面，社会政治方面也没有人反对机
械化。1815 年后科克里尔（Cockerill）兄弟在柏林建立了羊毛纺纱厂，这
是当时普鲁士首都最重要的纺织厂[69]。

在 17—18 世纪，德国所有的技术革新中最备受争议的是织带机。人
们将其称为"带式磨坊"，尽管——就目前来看——织带机通常是受人力
驱动，而不是水力驱动。至于织带机的发源地是德国还是荷兰尚存争议。
1685 年，皇帝颁发了禁止建造带式磨坊的诏书；1719 年，又修改了诏书内
容。最迟在 18 世纪中叶后，丝带织布机在德国大部分地区得以广泛使用已
成为不可阻挡的趋势，这也表明了当时政府是如何在行动上阻止技术创新

的。起初，丝带是用亚麻和羊毛制成的，后来也用丝绸和棉花制成。乌珀塔尔纺织业的兴起和享有世界声誉就与织带机有关。[70]

在引进织带机之前，织带生产被认为是"所有织造艺术中最崇高的艺术"，因为根据赫尔尼格克（Hörnigk）（1684 年）的说法，了解它的人必须"拥有所有其他织布行业的基础知识"。从纯粹的技术角度来看，织带机与老式织布机很相似；但借助织带机的话，一个工人可以同时编织 16 条或更多的织带，而不是一条，相比之前而言，对于手艺的要求也不高。生产的改进取决于车间里"计算十分精确的工作流程之间联结"。然而，这种技术并没有促使该行业向大规模发展；相反，直到 20 世纪，织带业仍然是工业上一个典型的例子，尽管它较早地使用了复杂的机械，但仍然保留了其分散和小型工业的生产方法。即使在 20 世纪初，织带机通常都是由当地的木匠使用木材制造的。[71]织带机的优势在于它能灵活应对多样化需求和变化的时尚潮流。在这个产业分支的早期阶段可以将大规模生产和小规模生产结合起来。

与其他产品一样，在此可以看到小型物品的经济和技术历史动态。即使在铁路时代之前，这些小型物品运输也很方便，因此也拥有了潜在的广阔市场。制造这些小型物品时可以相对容易地引入早期大规模生产的方法。一种属于 18 世纪末的典型发现就是，只要是能批量生产和销售，人们就可以用看似很小的物件赚到很多钱。与西欧相比，当时的一些人从中看到了德国不同于其他西欧国家的特殊机遇。[72]

早在 16 世纪，人们就发明了织袜机，在波普眼中这是"世界上人工化程度最高的机器之一"。织袜机在德国所遭到的抵制强度要比织带机小得多，因为相较而言它的采购成本更低，而且也能使工匠个人从中获益。18 世纪末，贝吉什兰最著名的发明也许是皮带输送机。1793 年，一位法国移民在报告中写到，"一些内行的英国人"曾向他保证说，"他们的祖国还没有一台在简便性和艺术性上可与之匹敌的机器"。这个机器也是由人力驱动的。[73]

贝吉什兰和勃兰登堡的小型钢铁工业的生产方式与织带工业相当，因为在这里成功保持了部分小规模工业的特点，较早就已达到的部分机械化水平在很长一段时间内保持了相对稳定。作为出口产品的索林根餐具与出品于邻近巴门地区的织带一样享有盛名。刀具行业的历史可以追溯到中世纪，是"钢铁行业中最古老、最专业的分支"。从中世纪晚期开始，索林根的磨工行业就已经与铁匠行业分离开来，并广受人们的赞誉；直到 18 世纪，这两个行业在谢菲尔德才实行了相应的分工。即使在 19 世纪，索林根在技术上也从未逊色于谢菲尔德；如果在销售额方面英国竞争者偶尔超过了索林根，那也是因为谢菲尔德是一个新兴的钢铁大都市，具有更好的原料供应和基础设施[74]。

总的来说，与英国技术相比，19 世纪德国钢铁加工特点在于其锻造工艺与铸造、轧制和切铁技术在广泛的应用领域中使用的时间更久。著名的施蒂里亚镰刀，以及 1770 年发明的雷姆沙伊德镰刀是经过锻造和锤炼而成。这完全不是技术上的落后，因为研磨会对刀产生破坏，而在野外使用这种镰刀时，只需要进行简单的锤打就可以产生磨刀的效果。通过在锻锤上（锻压车间）预制浮雕，索林根实现了刀具锻造工艺的部分机械化，使灵活的小批量生产成为可能，索林根由此在 19 世纪末取得了对谢菲尔德的领先优势。蒸汽锤促进了德国传统锻造工艺的工业复兴，甚至"弗里茨锤"成为克虏伯公司的标志（他们在 19 世纪 70 年代试图向公众隐瞒用轧制工艺取代锻造的事实）。在 20 世纪 50 年代，当人们不再用蒸汽锤，而是仿照美国模式改用锻造压力机制造曲轴的时候，欧宝公司的工人们对此感到非常惊讶。[75]

音乐和木制工艺品在德国的传播促进了钢琴的早期发展。钢琴是新技术与文化之间的紧密关系的最好体现。18 世纪，锤击钢琴兴起的基础源自人们对锤子技术的改进，以及琴声能够表达澎湃的情感。在浪漫主义时期，钢琴已经从奢侈品变成了资产阶级家庭司空见惯的陈设，舒伯特写道："钢琴的弹奏敲打、高歌低吟让一切都得以演绎。"来自菲尔特的聪佩（Zumpe）于1765年将"锤击钢琴"传入到英国；1768年移居巴黎的艾拉德（Erard）是斯特拉斯堡的一位木匠，他创立了法国第一家钢琴厂。1792年，法国

图7：作为当代隐喻的蒸汽机："拜罗伊特音乐艺术蒸汽机"，摘自1876年的《维也纳幽默杂志》。瓦格纳的岳父弗朗茨·李斯特（Franz List）坐在钢琴旁，钢琴制造商伯森德弗（Bösendörfer）在熔炉旁担任司炉工，从左上角喇叭中飘出的烟雾勾勒出了理查德·瓦格纳（Richard Wagner）的轮廓。在听惯了维也纳古典音乐的李斯特的耳朵里，理查德·瓦格纳的音乐就是一阵轰隆隆的声响，就像新时代的蒸汽动力的回声！费城世界博览会在蒸汽机的敲击声和理查德·瓦格纳的进行曲中拉开了帷幕。

国民议会将建造断头台的任务交给了德国钢琴制造商托比亚斯·施密特（Tobias Schmidt），因为他的要价只是法国竞争对手的六分之一。

管风琴是前现代最大最复杂的机械装置之一，通过脚踏鼓风装置吹动簧片使簧片振动发音。在 15—16 世纪，最早的旧工业中心之一布拉班特（Brabant）一直是管风琴制造重镇。17 世纪，汉堡的管风琴制造者在德国北部占据着领先地位；18 世纪，领先者成了萨克森管风琴制造者戈特弗里德·西尔伯曼（Gottfried Silbermann），他与约翰·塞巴斯蒂安·巴赫（Johann Sebastian Bach）是同时代的人，后者将管风琴音乐推向了历史的高峰。在锤击钢琴的第一个伟大时代，管风琴就成了老古董；但是随着浪漫主义复兴的巴赫音乐让管风琴在德国也得以在工业的基础上复兴，这比当时的法国更为突出。1870 年后，一种"过于技术化的工厂管风琴"——正如后来的管风琴修正主义者所看到的那样——占据了德国的各个教堂。在蒸汽机和被人讥讽为音乐蒸汽机的瓦格纳管弦乐队时代，人们制造"发出主声调"的管风琴主体时尤其注意要"突出力量感"；随着渐进式滚筒的出现，管风琴的声音可以从最柔和的乐曲膨胀到咆哮的强音。然而，1900 年后，在阿尔贝特·史怀哲（Albert Schweitzer）的启发下，巴赫文艺复兴要求恢复西尔伯曼管风琴的地位，要求回归冥想的内心：这也是技术和文化历史的循环曲之一！

工业化前德国最著名的发明是印刷术①。以批判的眼光看，古腾堡（Gutenberg）至今还是一个形象模糊的历史人物；但从 18 世纪开始他就成了一个令人崇拜的传奇，而印刷工人也成为德国人最充满自信的职业之一。17 世纪，在虔信主义者的推广下，《圣经》成为人人传诵的书；而虔信派的冯·坎斯坦男爵（Von Canstein）的《圣经》印刷坊首次有能力实现为将来的版本留下排版，因此此后的版本更新速度很快。维克多·雨果（Victor Hugo）于 1831 年在巴黎圣母院为印刷艺术而欢欣鼓舞，称其为"革命之

① 11 世纪中期，中国的毕昇发明活字印刷术，比古腾堡的铅活字早 400 年左右。古腾堡用金属铸造字母，在 15 世纪中期印刷了《古腾堡圣经》。——编者注

母"。但早在革命者之前，德国的虔信主义者就已经知道该如何使用印刷术为他们服务了。《圣经》在很长的时间内一直是最畅销的书籍。

约在 1800 年，巴伐利亚喜剧作家阿洛伊斯·塞内费尔德（Alois Senefelder）发明了平版印刷，这种对当时的印刷厂来讲是非常规的技术，后来在欧洲迅速传播。德国在造纸方面也并未落后于他国：人们用一种采用轧制方式的"打浆机"来取代之前用的木夯。德国引进这种机器的速度比法国要快。在 19 世纪初，弗里德里希·戈特罗布·柯尼希（Friedrich Gottlob Koenig）是在国外最为著名的德国机械工程师，作为一位经验丰富的印刷工和排字工，他发明了圆桶形的"平台印刷机"，并为伦敦的《泰晤士报》制造了第一批旋转印刷机，然而在最初的时候该款印刷机却遭到德国经销商的拒绝。这种机器的压力、强度、速度和精度依赖于使用铁质材料。柯尼希的制造工作起初只能在伦敦开展，正如他后来回忆的那样，"因为在当时德国人只能用木材制造沉重而笨拙的机器"。1818 年，他在原奥伯泽尔修道院建立了德国第一家印刷机制造厂，从而为今天的德国机械工程专业开辟了一项直到今天都引以为傲的特色领域。[76]

当时柯尼希的这种情况属于个例。只要工厂的生产绝大部分还都是自制的木制机器，机械工程就不可能成为工业的主导部门。然而，德国机械工业绝不是在 19 世纪中叶从零开始的。不过，当时的工场主要是从事机械制造，通常是为满足当地的需求而运营，如磨坊和采矿厂的需要。未来的机械工程先驱们不得不面对这种古老的（但绝不原始）德国机械工程，因为它起源于铁匠铺和木匠坊，而铁匠铺和木匠坊并不考虑专业化和成本计算的问题[77]。

4. 技术转移及对新技术的适应

在人们的固有观念中，德国曾是一个贫瘠荒凉且极度不发达的国家，直到 19 世纪末，德国的技术进步通常都是依赖于引进他国技术。这反映出德国普遍的思维模式是：新事物总是来自国外。历史学家摩西·芬利（Moses I. Finley）对此感到诧异不已："这是一个怪异的习惯，有人竟然会在公正地观察一个民族以后却对其历史上的每一种独创性都视而不见：在他们眼中，一切创新皆源自他国。"

国外旅行和国外商业间谍活动对技术的重要性被人们反复描述：旅行叙事毕竟也是一种历史的原型[78]，然而，只有在国内已经具备一定的技术实力，只剩下一些有待填补的技术空白的情况下，旅行（情报）才能对技术产生直接的影响。在很多情况下，技术文献对国外技术的关注度要高于对国内的关注，因为它认为自己的特殊任务是通报外国的创新成果。此外，还有一种倾向是夸大创新是来源于国外。"过了很久才发现，别国向我们展示的新发明，正是我们已经知道并使用了很多年的东西。"海因里希·韦伯（Heinrich Weber，1819）[79]这句话也可以适用于描述一个世纪后在德国宣传"泰勒制"的情况。

在 19 世纪之前，"技术转移"始终是以人为中心的，人们在面对 18 世纪越来越多的技术文献时不能忘了这一点。机械师们还对这种书面形式的科学传播感到很不习惯：机器毕竟难以根据教科书和论文制造出来，也极少依据图纸就造出来。时至今日，技术人员仍有一种"论文恐惧症（Papyrophobie）"，这在当时是有根据的，因为关于新技术的文献信息往往会传达一种误导性的场景。引进外国技术一直是一个进行中的过程，它令人印象深刻、被各种趣闻逸事包裹、与德国企业家和政府官员的国外旅行见闻以及招募外国人的故事有关。由此产生的技术变化通常比本国人民自己带来的变化更加引人瞩目。新技术来自国外的想法反映了新事物中让人惊讶的一面，而实际过程通常更加复杂。受国外的影响最大的地方，正是国外技术与本地追求产生交汇并对其不断适应之处。[80]这就解释了近代早期宗教难民的特殊创新作用，对他们来说，东道国就是新的乐土。尤其是移民，他们要想在异国他乡获得成功，就要靠他们明智地去适应东道国的发展：至今也是如此。

　　人们认为来自国外的创新浪潮的早期现代原型是"法国人"带来的一系列创新：他们是胡格诺派教徒和来自荷兰的移民。他们把法国奢侈品生产和著名的佛兰德斯纺织品贸易带到了德国。特别是在此之前，勃兰登堡 - 普鲁士一直很贫瘠，但胡格诺派教徒带来大量的"讨好女士之物"和各种奢侈品让这里"蓬荜生辉"，比如有野兔毛做的帽子、果酱和肉酱，甚至有用蚕茧做的人造花。一般认为，法国宗教难民对德国"工厂"——以分工为基础的市场化生产方式——的兴起功不可没。而最近的研究表明，无法从法国和佛兰德斯宗教难民的移民中寻找到乌珀塔尔工业繁荣的蛛丝马迹。即使在普鲁士的丝绸工业这种相对容易找到胡格诺派的广泛影响的行业中也可看出，商业进口的重要性并不像以前人们所认为的那样具有决定性作用。但是相对来说，胡格诺派教徒通常是那种手工娴熟、技术精明的企业家的类型。显然，法国移民为普鲁士的重要技术创新的传播做出了贡献，如织布机和丝线机（丝捻机）。荷兰门诺派将装饰和镶边技术传到了但泽[81]。

　　在引进各种技术的推动下，德国史被赋予了独特的印记，这并不意味着这些创新的动力只来自外国。尤其在纺织、手工业和锻造业等行业，意大利北部和佛兰德斯当属最古老的创新发源地。到 17—18 世纪，法国和荷兰成为这些行业的典范，如荷兰的水利工程、改良版的风车、高效率的钢锯、造纸业中常用的"荷兰人碎布辊"① 以及在煤炭得到推广之前大规模开采泥炭的方法——德国地区一度将泥炭视为未来的燃料。欣策（Hintze）认为，克雷费尔德丝绸业"迅速而辉煌发展的秘密"在于"此地与荷兰的关系"，以及从荷兰引进的技术和生产方法。18 世纪，比勒费尔德漂白厂的情况也与之

---

① 碎布辊把碎布以及类似于纺织品的物品切碎弄细成为细丝状、碎片、碎末、粉末状。

相似[82]。在采矿和冶金方面，瑞典和斯洛伐克的舍姆尼茨是技术上的典范。1800 年以后，除了具有压倒性优势的英国模式外，人们绝对不能忽略的就是最早以英国模式发展而来的欧洲大陆工业国比利时的影响；在 19 世纪，由于煤炭和钢铁决定了德国工业化的活力，比利时的影响越来越大[83]。

然而，早在 20 世纪 20 年代，美利坚合众国的"美国佬"就不仅是一个极富进取心的民族，而且也是一个在技术上特别有创造力的民族，更重要的是，美国当时是德国产品最重要的出口国之一，而美国的贸易——正如马丁·库茨（Martin Kutz）所指出的那样——在 19 世纪初已经为德国做出了重大贡献，使其减少了在出口贸易方面对英国和法国的依赖。普鲁士的专区秘书路德维希·加尔（Ludwig Gall）根据自己在美国的所见所闻（1819—1820 年）向德国人介绍了美国的"高速制革业"；同时，他警告说，欧洲的"工厂国家"正面临着美国这个"可怕的对手"，美国"拥有无尽的精神来源和物质资源，在各种机械工作中拥有十分出色的技术"，其在独立后的短时间内取得的成就几乎让人感到"不可思议"[84]。

美国的汽船和磨坊在当时特别引人注目。从 19 世纪 20 年代开始，"美国磨坊"在德国传播，并在没有美国人的帮助下实现了对传统水磨的改良。恩斯特·阿尔班称赞奥利弗·埃文斯是高压蒸汽机的先驱；博希格公司（Borsig）的第一批机车就是以美国模型为基础。建于 1836—1846 年的路德维希运河将美因河与多瑙河连接了起来，它最重要的模型是从纽约到俄亥俄州的运河。在德国运河支持者的眼中，当时美国人在运河建设方面超越了其他民族。当时的美国与其说是速度最快和机械化成就最高的国家，不如说是建立在无尽的土地资源、水资源、森林和动物资源基础上的物质文化天堂[85]。

18 世纪末以来，反对盲目模仿外国一直是德国文化的基本主题之一，而且也开始了对有关技术问题的讨论。当德国人对法国文化的崇尚越来越多地变成了"恐法症"的时候，作为对亲英分子的回击，这里也已经出现了恐英症[86]。1800 年前后，一些人为贝吉什兰地区被视为"微型英格兰"而洋洋自得，那里的工厂被冠上"克罗姆福德""伯明翰"和"谢菲尔德"的名字，乌珀塔尔崛起成为"德国的曼彻斯特"，此时，医生安德烈亚斯·吕施劳布（Andreas Röschlaub）强烈地抨击了"必须在所有事物上都效仿英国"的固有观念，尤其在燃煤方面。他讥讽道，一个开明的人就不应该相信煤烟有害的说法。如果英国真的是一个完美的典范，那么德国就应该马上效仿它的黑奴贸易、粗劣的大规模住房建设和自杀人数激增。19 世纪初，在勒德主义者①和支持宪章运动者的时代，最令德国观察家们担心的是英国工业化所带来的社会爆炸性影响，并且——与法国和意大利相似——产生了这样的想法：人们必须走一条不同于英国的工业化道路。[87]

到了 1820 年，就连李嘉图（Ricardo）这样的英国自由主义国民经济学家也改变了自己的看法，"用机器代替人工通常会极大地损害工人阶级的利益"。英国几十年来公众辩论的主题都是围绕机械化进行的。因此，在 19 世纪初，对于那种取代人类劳动、鼓励大规模聚集的机械化持谨慎态度都是合理的。德国对此进行了全国性的讨论。对于弗里德里希·李斯特对工业化的热情，符腾堡财政大臣韦克尔林（Weckherlin）说："工厂才是最大的危险，因为它要么把人变为乞丐，要么变为叛逆者。"而在 1823 年，他却又赞扬了兢兢业业的施瓦本人的工业之路："符腾堡的亮眼之处并不是因为个别的大工厂研究所，而是整个符腾堡就是一个工厂，一个制造厂，无论我们是在乡下的小屋里，还是在城镇人口密集的街道上都可以观察到这一点。"即使是 19 世纪 50 年代新工业动力的主角之一梅维森（Mevissen），也在 1845 年时仍然把曼彻斯特视为一个可怕的例子，建议进行发展分散式制造业，就是为了避免英国工业化带来的"公害"后果。[88]

18 世纪末对历史的重新发现也体现在技术文献中：人们热衷于回

---

① 此处指持反机械化以及反自动化观点的人。

顾 15—16 世纪德国技术和工艺的伟大时代，即古腾堡和阿格里科拉（Agricolola）的时代。德国人从中获得了信心，认为本国也有发明天才；德国人提醒自己，英国人拥有的领先优势是暂时的，从而鼓起勇气进行发明和改进技术。[89] 最重要的是做好自己，这样一种认识才是具有前瞻性的：在 19 世纪，德国人成功地实施了对外国技术的改进和适应。

直到 19 世纪中叶，西欧技术对德国国情的适应都意味着机器和工厂的建造成本和燃料成本变得更低了，在不必要的情况下，不再是使用蒸汽机代替人力、畜力和水力，而是使手工生产和机械化生产共存，旧技术和新技术相结合，木制和铁制机器相结合。1850 年前后，当时维也纳财力最雄厚的实业家、砖窑主米斯巴赫（Miesbach）拒绝使用制砖机，并向他的工人解释说："你们的手就是机器，是让我变得富有的原因，因此我想继续使用这台机器。"

技术对当前条件的适应不仅在于对外国创新技术的改造，还包括进一步发展传统技术，而传统技术的发展潜力在 1800 年前后并未被彻底开发出来。在这一领域也存在着技术转移问题，例如风车：自中世纪以来，该技术就广为人知，就如"木材时代"的其他机制一样，该技术只是在近代才得到了广泛传播，风车技术在 19 世纪迎来了发展的高峰时期。与水车不同的是，风车技术不依赖于土地和水的使用，因此——至少在技术上——是不依赖封建统治的。另一方面，风车比水车所需的费用更高，更需要经常维修。

近代早期最重要的创新是"荷兰式"风车，在 18—19 世纪，荷兰式风车在德国多风的平原上随处可见。只有带有翼片的磨粉机最上部（"盖子"）是移动的，其余部分可以进行牢固构建以及配备更广泛的技术装置。在 18 世纪中叶，英国人李（Lee）发明了一种风向玫瑰图 ①，用于盖子部分的自

① 风向玫瑰图（简称风玫瑰图）也叫风向频率玫瑰图，它是根据某一地区多年平均统计的各个风向的百分数值，并按一定比例绘制，一般多用 8 个或 16 个罗盘方位表示，因形状酷似玫瑰花朵而得名。

我调控。尽管卢波尔德（Leupold）在他的《机械科学基础》（Theatrum Maschinarum）中详细描述了荷兰的风车，但他的后继者约翰·马提亚斯·贝恩（Johann Matthias Beyern，1735 年）警告说，不要过于急于采用这项创新，因为按照当时的标准，这种创新所需的成本很高。在德国的大部分地区，风力不如荷兰稳定，因此，不建议人们"在我国的风车上花太多钱……；但在水资源缺乏的地方，要尽可能地安装风车……"。荷兰人可以向德国人出售他们关于如何建磨坊的教材，但却"无法出售荷兰所拥有的恒定海风和荷兰的风力"。因此，他自己要坚持"我们所谓的德意志博克磨坊"。博克风车完全是木制的，这也是德国的风车价格还比较便宜的原因，尽管风车所需的橡树木材的价格已经变贵了。另外，木制风车还可以拆卸和替换。

德国某些州十分坚决地抗拒引进荷兰锯木磨坊。18 世纪时，荷兰已经普及了直锯和多锯片式锯的使用，多锯片式锯子可以一次性锯掉多棵树。但是，当需要锯切各种宽度的木板时，这种创新所需的投资费用就会提高，而且灵活性下降了。另外，当锯片数量增加时，如果驱动力没有同时倍增，则机器的速度会降低。早在 1847 年,《实用磨工指南》的作者就反对所谓的"我们在切割磨房的安装方面一直落后，因为磨房里几乎总是只配备了一把锯子"；相反，以前那些"简单的切割磨坊"，在使用相同的动力的情况下，由于速度快则工作效率更高。[90]

对技术转移的各种推力和适应困难来说，漂白剂的历史是一个生动的范例。在 18 世纪和 19 世纪，荷兰、法国、英国和爱尔兰在技术创新方面有重合之处。借助这些创新，在 19 世纪仍由农村妇女在家进行的工作，其过程开始变得集中化；也是这些创新使得至今需要很长时间、主要借助"太阳能"的工作变得日益化学化，速度也得到了提升。荷兰引入乳清和菘蓝灰进行漂白，这还仍属于传统天然物质的范围。然而，即使是用灰碱处理亚麻纱线，也必须小心地操作以确保达到所需的质量，并且不会损坏纤维，尤其是"在漂白厂的加工过程中"——比勒费尔德市市长康斯布鲁赫（Consbruch）在 1787 年说——"主要问题在于要迎合亚麻布贸易的繁荣发展"。此后，当人们用硫酸和盐酸代替牛奶来加快生产过程时，情况变得让人担忧。比勒费尔德漂白厂在 1800 年左右经历了一场惨败，当时为了完成一个美国大订单，他们在用新的方法尽可能加快漂白过程中弄坏了帆布。现在他们对"新的盐酸快速漂白法"产生了怀疑，并警示说不要操之过急。奥格斯堡的漂白厂特别不提倡创新——也许是因为它们还有足够的空间来扩大草坪漂白① 的使用范围[91]。

18 世纪末，化学家贝特莱（Berthollet）发现可以使用氯气进行所谓的"快速漂白"，这是化学工业化的一座里程碑，但也令人感到形势严峻。当时已经出现了对有关风险的讨论，在今天看来这是有预见性的。多位化学家为气态氯的处理付出了健康和生命的代价，但氯漂白法只有通过粉状氯与石灰结合生产才具有操作性。起初人们并不确定这种漂白法是否既可用于漂白棉花，又可用于对化学试剂更敏感的亚麻纤维进行漂白；英国的资料也显示出人们对此存在意见分歧。在 1810 年，乌珀塔尔的漂白厂将自然漂白法和贝特罗漂白法结合起来。数十年来，比勒费尔德的漂白工人都对这种工艺持怀疑态度；19 世纪 20 年代，为了应对亚麻布危机，西里西亚人在慌乱中引入了快速漂白法，但由于没有专业技术的支撑，这种漂白法对织物造成了损坏。人们对氯的反感一直持续到 19 世纪中叶，特别是在小型企业中，"人们大肆宣扬氯对工人健康的危害，自然漂白厂的老板竭力否认快速漂白的可行性。"奥格斯堡化学家库雷尔在 1822 年抱怨说，"快速漂白对亚麻布造成损坏的妄念"已经成为"我们亚麻布制造厂的天鹅之歌② "；他再次希望"新化学的光明火炬"能在这种妄念造成的黑暗中带来

① 指在草坪上晾晒洗涤物品。经过在阳光下接受自然暴晒、提亮的过程，阳光使得衣物变得色泽如新。

② 传说天鹅在临死之前会发出一生当中最凄美的叫声，因为它知道自己时日无多，所以要把握这最后的时光，将它最美好的一面毫不保留地完全表现出来。

一束"有益的光明"。但他也明白，贝特莱氯气漂白工艺还有待进一步完善，要"因地制宜"。人们在造纸业中使用氯气漂白还是比较草率，因为在造纸业中，一切都以纸张洁白无瑕为追求目标，但即使在这方面的经验也是不足的。当前在氯漂白所做的继续努力带有生态学方面的考虑，在一定意义上也展现了过去的担忧。总的来说，只有谨慎地行动，工业化学才能拥有坚实的基础。正如我们今天所知，人们在之前还远远不够谨慎[92]。

与英国相比，织布业就是一个机械化明显延迟的突出例子。即使是 1738 年约翰·凯（John Kay）发明的滑轮梭子也可以在手织机上使用，但直到 19 世纪初这项发明才在德国得到普及。这与人们迅速接受复杂的提花织物织布机形成了鲜明的对比：与提高灵活性相比，人们在简单地加速生产过程方面领悟力更高。[93]早期的织布机器缺乏灵活性：用只能纺出粗布的机器无法像手工织布机一样编织出更精细的布料。特别是，与手工纺纱相比，机器纺纱表现出色，一度促进了手工织布的发展。但是，销售危机给织工带来的打击最为严重。

直到 1850 年左右，机械驱动才开始投入到织布机的使用中。与轻型纺机相比，这种技术复杂程度更高；最重要的是，这需要过渡到铁制品，而在相当长的一段时间内纺纱机的制造材料仍然是木材。织造方面的机械驱动的技术优势比不上纺纱；18—19 世纪，织造工艺中最重要的技术改进也可以应用于手工织布机。从社会学的角度来看，纺纱机"仅仅"取代了女性的典型副业活动，而机械织布机则给传统的男性行业带来了影响。直到 1840 年左右，萨克森纺织企业家维克（Wieck）也认为，机器织造可能永远不会在德国得到普及。在当时，公众有可能对西里西亚织工的悲惨境遇产生激烈反应，因为他们没有意识到这是技术进步的必然结果。在 19 世纪末，织工仍然遭受了很多苦难，然而，在格哈特·豪普特曼（Gerhart Hauptmann）的戏剧《织工》中所展现的是，人们更多地把这种现象视为一种历史现象[94]。

在对"消防行业"技术革新的改造中，有一条红线一直贯穿到 19 世纪中叶，主要表现在一方面用煤代替木炭只具有部分优势，另一方面比起英国对煤炭的使用，德国人必须更加节约木材。很长一段时间以来，在旧的铁矿地区，存在"一种以木炭为原料的生铁生产"和以硬煤为原料能取代生铁锤的甩干机的"有益组合"。从木炭到硬煤的道路并不像从时间回溯上那样看似简单直接，并且不受任何技术上的限制，即使我们可以看到，钢铁生产与加工的强劲整合是此后最重要的技术进步之一。典型的例子就是，虽然在低水位时期，人们将第一批蒸汽机作为辅助驱动器投入到高炉鼓风过程中使用，但水车仍然是常规的动力来源[95]。

德国以及整个欧洲大陆对煤气灯的接受程度与整体情况相吻合。19 世纪初，就如同 19 世纪末电灯的发明一样，"哲学之光"成了一个新时代的标志；照亮夜晚的不再是月亮和星星，而是人类发明的灯光。不伦瑞克的宫廷顾问文策尔（Winzer）已经用类似于奥斯卡·冯·米勒后来推广电力方式来为煤气灯做宣传；然而，在他去往英国以及改了一个英国化的名字"温莎"之后，他才取得成功。早在 1682 年，在英国担任矿场检查员的化学家兼摄影家约翰·约阿希姆·贝歇尔（Johann Joachim Becher）就发现了这一点，他也是最早对煤气进行科学研究的人之一。尽管从木材中也可以获得可燃的发光气体，但煤气照明起初仅在英国得到了大规模推广。在英国，煤气属于炼焦的一种副产物，量大且容易获得。煤气生产的初始风险是相当大的：净化煤气是为了获得无味且均匀的火焰，但这需要长时间的技术开发工作；此外，只有在拥有较大的客户群体以及有管道系统的情况下，天然气供应才是值得开发的。

地区的技术网络历史始于煤气。因为煤气易于储存，对容量承载的技术要求比后来的电网低。煤气有一定的危险性，因此人们经常会反对在住所附近建造煤气厂。大陆经济中燃料匮乏，直到 19 世纪中叶煤气灯才逐渐被人们所接受；1850 年，柏林的最后一批油灯结束了自己的使命。值得注意的是，大陆第一盏煤气灯是由法国工程师菲利普·勒邦（Philippe Lebon）在 18 世纪 90 年代为木煤气设计的热能灯（同时也是一种"节能炉"的设计），这也可以归入节约木材的悠久传统。后来勒邦毁了自己的发明，最后自杀身亡。然而，人们大可不必将热能灯视为一种历史中的稀奇之物，煤气经济的长远前景不在于照明，而是制热。[96]

有两个领域必须要让引进的技术适应本地区的条件：农业以及对农产品的加工和运输。早在 1769 年，克雷尼茨（Krünitz）就指责德国照搬英国农业的模式是一种有害无益的"盲目崇拜英国"行为。自 1794 年起，德国知识界的报纸上一直在讨论脱粒机的问题，不久前这种机器在英国已经达到了初步的技术成熟。支持者仍然很少谈论节省工资的问题，而反对者则提到农村劳动力会面临的失业问题："脱粒机的使用会使人变成乞丐和小偷。"[97]经历了几代人，脱粒机才在德国农业中得到了使用。

在农产品加工方面，酿酒厂在 1800 年左右引起了技术专家的特别关注，主要是因为酿酒业的木材消耗量不断增大，已经给许多地方带来了困扰，但它由此也创造了大量在技术上节约木材的机会。此外，蒸馏也是化学界的一项关键技术。某些烧酒成了奢侈品，它们的品质越好，人们就越是努力创新，不仅是为了使生产过程更便宜、更快捷，也是为了提高产品质量。法国在这方面创造了一个伟大的范例。

然而，慕尼黑的一位教授警告说，不要模仿法国的蒸馏技术。这一努力注定要失败，不仅是因为巴伐利亚醪液的性质不同，而且还因为很少有德国铜匠——特别是在较小的乡镇中——拥有法国蒸馏技术所要求的技能，"能像法国人那样制作出这种复合的装置"[98]。

自 18 世纪末以来，德国旅客能明显感觉到本国道路建设领域落后于法国。德国长期的分裂状况是值得注意的原因，但人们也都普遍认为，"落后的道路设施也有好处，这样敌人就无法轻易进入德国腹地，人们也会长期关注自己本地的交通"（施纳贝尔 Schnabel）。不论是从 30 年战争的经验，还是从德国作为一个中转国的情况来看，这种观点并非毫无根据。直到 18世纪末，公众舆论才开始发生变化，变成了一种坚信不疑的观点，即交通条件的改善是经济发展的灵丹妙药。

1780 年左右，普法尔茨州区行政长官吕德（Lüder）在考虑未来德国道路系统的同时，也对"为什么德国还有这么多糟糕的道路"这个问题的原因进行了探讨，他认为道路建设的一个主要障碍在于，德国人强迫症似地盯着法国的道路建设，总是把道路建设的改善等同于那些繁华大道的建设，但同时又担心德国的各个地区没有足够的资金、劳力和石材。"有的人想自己也能驾车行驶在他们在外地所见到的那种繁华大道上，这种竭力模仿外国的无尽欲望使得他们被误导，一方面提出高标准的要求，而同时又要别人放弃夸张的外观装饰。"这样的例子使得其他人不敢建造道路。适应德国国情的道路建设意味着采用廉价的建设方法，"没有任何华丽或美感"，仅根据需求来建设；放弃使用徭役，因为强制劳动"难以得到好的效果"。要使用当地可用的石材，尤其德国许多矿山和冶炼厂的废料和矿渣。[99]

德国铁路建设的先驱，如约瑟夫·冯·巴德尔和弗里德里希·李斯特提倡一种比英国所采用的方法更便宜的建设方法，因为他们认为这是德国建成铁路的捷径。[100]当然，可以说幸运的是，李斯特所提倡的带有铁皮橡木轨道的"木制铁路"并未建成，而且他赞赏的美国廉价建造方法也未在德国铁路建设中得到使用。通常人们很难清楚地确定，适应德国条件的技术到底是什么样子？特别是铁路建设在很大程度上不仅受自然因素影响，而且也受政治环境的影响。

5. 国家、技术创新以及主导技术

对"木材时代"晚期的分散化趋势进行抵制，以及对能源密集型工业进行抑制的主要力量来自国家；而且"无可争辩"的是，"整个大规模工业在很长一段时间内都是政府的囊中之物"——德国新历史学派创始人古斯塔夫·施莫勒在 1870 年时曾这样认为。但这种国家影响力应该如何评估呢？普鲁士国家和其他德意志邦国在工业化早期的历史作用问题总是很容易变成一个关于国家创新作用的基本问题，并倾向于从原则性的立场出发对该问题作出回答，而实证研究的结果是模糊的。回过头来看，中央集权的国有企业往往被视为发展的死胡同；有人准确地指出，工业活力主要来自那些极少受到国家经济干预的地区——如贝吉什兰和下莱茵地区、萨克森王国。如果从纯粹的经济和商业历史的角度来看，国家的作用归根结底并不是那么为人称道。但是，当谈到著名的技术创新时，情况就大不一样了，因为在蒸汽机、焦炉和铸铁、纺纱机和机械工程、技术教育和最先进外国技术的信息传递的初始阶段，至少在欧洲大陆中，国家行政管理部门的作用是明显且令人印象深刻的。在一部涉及著名人物和事件的技术史中，国家几乎总是会扮演一个关键角色。如果把当时的德国看作是一个不发达的国家，并假设发展中国家的技术现代化在很大程度上依赖于国家，尤其在军事上雄心勃勃的国家，那么这一点就可以从理论上得到证实。

事实上，很难否认国家机器给技术发展带来的重大影响。我们是否能够由此推断出国家干预对技术进步的必要性呢？这又推导出那个基本的问题：技术的进步是否描述了一条相互关联且没有遗漏任何环节的路线，而把市场仅仅视为一种驱动力还是远远不够的。如果我们认为德国早期的蒸汽机和焦炭炉是后来工业化的先驱和必不可少的开拓者，那么普鲁士国家实际上发挥了关键作用，因为从 18 世纪后期以来，普鲁士的技术政策就一直把重点放在这种引人注目的创新之上，甚至在没有明显的经济需求的情况下也要引进这些创新。[101] 如果我们假设技术发展不遵循指导性的方针，而是发生在许多层面，向不同方向发展，并只通过需求获得其意义，情况就会变得不同。然后，我们需要进行更广泛的研究以阐明国家的作用。现在的问题不再是国家在促进技术进步中发挥了多大的作用，而是国家在这个过程中以牺牲哪些方面的进步为代价去推动哪些技术的进步。

在腓特烈二世统治时期，由国家倡导发展的新兴工业的原型是丝绸生产，国家对手工制造业的补贴有三分之二用于此处。欣策把丝绸行业描述为 18 世纪主要行业的一种形式，当时"所有更精细的纺织工业"都与其相关，法国成为"欧洲时尚的主导者"在很大程度上要归功于该行业的崛起。但是，这个行业在柏林和库尔马克地区的落地真的标志着普鲁士在"欧洲列强的工业竞争中"迈出了"最具有决定性的一步"吗？[102] 从当时的角度看，这种说法似乎并没有错；但恰恰是在 19 世纪初，在丝绸工业中特别清楚地展现了在自由竞争的条件下，普鲁士中部省份在国家支持下建立的工厂如何迅速走向衰落，而在克雷菲尔德地区的工业又是如何在私人倡导下建立起来并因其良好的贸易关系得以蓬勃发展的。勃兰登堡的养蚕业就是一个使用复杂的人工方式，却在地理条件上无法适应的典型例子。在意大利、法国和英国，工厂系统源起于丝织厂引进机械捻丝机，但在普鲁士的情况却并非如此。那里拥有集中化的工厂，但是那里的劳动分工和专业化程度不及里昂地区。特别是克雷菲尔德地区商业化方面颇有成就的丝绸业也是以分散的形式工作并得益于工作的灵活性，直到 19 世纪后期，该地区才引进机械织布机。因为受到自由竞争的冲击，柏林的丝绸业也恢复了小规模的经营和分销。[103]

从政府的角度来看，普鲁士面临的主要问题是人口少，而不必处理那些人口过于密集所面临的问题，因此对可以节省人力的机械化没有提出彻底的反对意见。然而，到腓特烈二世统治后期，技术创新本身并不是普鲁士经济政策的目标；直到 18 世纪末，当手工制造业和商业人士成立"技术代表团"时（1796 年），人们才开始将"技术"作为一个独立要素。在此之前，国家投资支持的创新大多都是带有"木材时代"的特点，无论是节能炉灶还是产品改进都是如此。在以柏林"皇家仓库"的名义经营的羊毛制品厂也没有推动技术发展。[104]

相比之下，应普鲁士的邀请，科克里尔兄弟于 1815 年在柏林建立的机械毛纺厂和相关的机器工厂取得了圆满成功。其实，普鲁士政府的支持仅限于制定关税减免政策以及提供一座旧营房。这些都只是间接地促进创新，在很大程度上都是任其自生自灭，但这远比重商主义的制造政策和设立项目更有效，因为后者在 19 世纪就已声名狼藉。在很长一段时间里，繁忙的普鲁士海上贸易延续了国有企业的旧政策，它的关注点仅限于部分最新技术，但在经济上以惨败而告终。

从 18 世纪末开始，海尼茨、施泰因（Stein）、雷登（Reden）和埃弗斯曼，以及 19 世纪初的博伊特（Beuth）和罗瑟（Rother）等普鲁士工业政策的开拓者尽管存在分歧，但都对技术进步发表了具有指导性的意见，认识到机械化中存在一些偏见，这些偏见并不考虑当前需求的发展，也比许多下级政府和私营企业家的有关想法出现得更早。[105]在 19 世纪 20 年代，柏林工业局"坚持不懈"地引进揉面机，但最终在面包师"无声而顽强的抵抗"下以失败告终。博伊特试图在比勒费尔德建立机器纺纱厂，但并没有成功，他抨击了那里安于现状的"大资本家们"：他们无所事事地等待着，"直到英国生产出好的商品，把刀架在他们的脖子上"。实际上他们只是看到了在西里西亚地区的那些获得国家补贴的机器纺纱厂收益甚微，因此他们不敢冒险不过是出于商业上的谨慎罢了。[106]

国家对技术的影响在采矿、冶金和盐业工程方面自然是最强的：在有王室经济特权的企业中，在传统君主金融体系的支柱产业中就是如此。蒸汽机最早应用于采矿业。1750 年左右，奥地利政府在施蒂利亚埃尔兹贝格地区推广使用"筏式高炉"①，这是一种能连续运转的高炉；18 世纪末，普

---

① 筏式高炉是早期高炉的一种形式，在这种高炉中，通过不断添加矿石和燃料进行连续冶炼。

鲁士政府在西里西亚推广了焦炭冶炼。如果任由经济发展的话，在"木材时代"条件下，工业增长意味着降低了这种"吞噬木材"的原材料工业的重要性，而能源消耗较少的行业却因此而崛起。但是，采矿利益受到主权政府的管辖，其作用在于使人们仍然将采矿业视为经济的核心，一定程度上促进了该行业的发展。[107]有人试图通过科学化来抵消采矿业重要性的下降，以维持这个注重传统的经济部门的社会声誉：亚历山大·冯·洪堡（Alexander von Humboldt）、施泰因男爵和歌德等人都与采矿业有关。采矿业在国家工业体系中的地位为重工业成为 19 世纪的主导工业部门奠定了基础，这与"木材时代"的基本趋势背道而驰。

自 16 世纪以来，各个联邦的统治者就一直在推动盐厂进行节约木材的创新，尤其是在纯热沸腾过程中，化学制热工艺还没有被人们完全掌握，燃烧实验相比之下会更加安全。大型制盐设备就是一个自上而下进行创新的典型例子，这些设备有时因为君主的利益而过分扩大规模，其花销超过了使用老式锅炉的费用。19 世纪初，当人们开采出浓度更高的盐水后，这些大设备很快就失去了意义。[108]

从某种程度上来说，水利工程的所有领域都是国家政策中的特定对象，因为水资源管理会影响到君主的权力，所以每一个国家都很有必要在这方面实施监管。水利工程设备是采矿和制盐厂中最昂贵的装置之一。从事这项工作的人必须具备工程能力，并成为其他行业的典范。约翰·戈特弗里德·图拉（Johann Gottfried Tulla）不仅在巴黎综合理工学院和弗莱贝格矿业学院上过大学，还曾在一位盐厂督察那里学习过。他主持了 1817 年到 1828 年莱茵河上游的水域治理项目，这是德国历史上截至当时规模最大、难度系数最高的水利工程。许多水车依赖磨坊水渠，许多木材消费仰仗漂流设施。总之，水利工程可以被看作是"木材时代"的一项关键技术。

由此就可以推断出国家对技术具有决定性的作用吗？在 18—19 世纪被

人们视为样板的法国运河修建给人留下的就是这种印象。但是，经济需求所要求的倒并不一定是此类宏大的工程，往往是要通过修建较短、较窄的河道以及改造自然水道来满足需求。在德国，人们通常只局限于修建这种比较小型的工程。尽管缺乏总体规划，但从经济角度来看，英国私人企业主导的分散式运河建设工作比法国的国家运河建设更为成功。木材运输尤为重要，而漂流设施的建设完全依赖于伐木工人的经验。1822 年至 1827 年，在一位目不识丁的伐木工人"拉克斯国王"格奥尔格·汗布莫尔（Georg Huebmer）的指导下，人们建成了穿过阿尔卑斯山脉、长达 450 米的拉克斯隧道，这保障了维也纳的木材供应。[109]

在阐明国家的技术优点时，国家机构所实施的教育到底具有什么样的价值，这是一个核心问题。与许多其他国家相比，这个问题更加适合向德国提出。因为尤其是在德国，人们把教育和科学看作是对技术发展起着关键作用的因素。普鲁士议员孔特（Kunth）提出（也是为了捍卫保护性关税的要求）一个信条："在更先进的西欧工厂国家影响之下，我们始终面临受到限制的危险，面对这个危险，国家渠道可以提供的帮助就是一个词——教育。"[110]博伊特在 1810 年建立柏林工业学院，其目的不是为国家事务培养精英工程师，而是为私营经济培养一线从业人员；他的车间是最有用的人才培养场所。但是从长远来看，这里和其他技术学校一样，还是免不了追求精英教育。工业学院并不需要为了满足经济对训练有素的技术人员的需求；事实更多证明的是，该学院的毕业生很难找到专业对口的工作。出乎预料的是，正是那个"工业学院"的准学生，后来的"机车之王"奥古斯特·博希格以博伊特的名字命名了他的机车，该款机车在 1844 年的柏林贸易展览会上获得大奖。博希格当时被工业学院开除了，原因是他在"技术上没有天赋"，后来人们也认为他的理论知识基础"非常欠缺"。[111]这种在工业学院领导层和工作实践考验之间矛盾差异的案例并非只此一例。相比于其他行业而言，机械工程属于工业化的重要部门，直到 19 世纪末，它在很大程度上仍然依赖手工经验。[112] 年少的维尔纳·西门子负担不起在柏林建筑学院的学费，因此选择了炮兵学。

工程师最初是由国家创设的职业，但国家机构无法对在实践中使用的技术知识进行垄断。1837 年，有人对工业理论培训提出了反对意见："工业生活中的所有知识不都是经验的结果吗？人们以感官总结这些经验，将其原样代入到生活中，为一个国家的物质生产描绘出最贴切的图景。"如果说文献资料经常给人的印象是，学术和国家机构在技术创新处于优先地位，这可能是一种错觉，因为制造商有时已经"从实践中了解到博伊特的员工在杂志上所阅读的内容"[113]。

自阿格里科拉时代以来，对科学的赞美已经成为德国的传统，特别是在采矿和冶金方面。海尼茨写道："世界上最值得且有价值的职业就是冶金工作，因为该职业具有广泛用途""比起世界上别的职业，它更与发明密切相关，物理、化学和数学为其提供了广阔的应用领域。"事实上，当时的科学家对高炉工艺仍处于一知半解的状态，在一个行业中强调科学基础主要是为了提高声誉。[114] 在 18 世纪，对矿业官员进行学术培训的实际价值尚未可知，对建筑官员的培训也是如此，他们是 18 世纪末和 19 世纪初的技术精英；当时该职业的学术化不仅广受赞誉，而且极大地促进了当时官方建筑的历史至上主义的发展。

精确测量和技术绘图是基础性并具有划时代意义的正式资质证明。测量设备和精确的图纸标志着人们发明了一种以分析取代经验，将计划和行动分开的方法。自 18 世纪末以来，国家制度化的培训课程以及由国家主持的精确地质勘探在这方面都占有非常重要的地位。自伽利略时代以来，在测量和观察仪器的制造方面，科学和技术之间一直存在着密切的联系，在很长一段时间内，科学从技术中的获益要远比技术从科学中所获得的更多。詹姆斯·瓦特（James Watt）最初是一名仪器制造师；"高效的测量仪器的生产"是巴伐利亚工业化"第一个技术阶段"的标志，它的重要推动力主要来自于政府订单。[115]

在其他方面，国家也为引导技术向某些方向的发展做出了贡献——有些方面是间接的（并不总是有针对性）。国家从很多方面削弱了阻碍经济增长的旧社会的自动控制机制：通过战争和重建项目；通过国家人口迁移政策与广大社会阶层所信奉的马尔萨斯人口理论①做斗争；通过发展居住城市形成了以新产品和大规模生产的早期形式为主的市场；通过"经济"运动促使人们更有效地利用木材这一全能型资源；通过贸易展览为人们上演了一场跨区域的顶级竞争。技术进步指向的是机械化程度的不断提高，而专制国家对技术进步的重要性也就在于这些能取代人类劳动的机器并未得到广泛使用——弗朗茨·施纳贝尔由此得出了这样结论："如果在 19 世纪初就已经存在民主的话，那么人们将无法发展现代技术。工匠、工人和农民会在议会中一起给机器使用投反对票。"[116]在欧洲大陆警察和常备军虎视眈眈的监控下，"捣毁机器"还不可能成为广泛的群众运动；在这方面，德国工厂主从一开始就比他们的英国竞争对手更有先见之明。

作为通过某些固定的、常规的、自动的程序来"解决"问题，这种借用意义上的"技术"行为方式是自 19 世纪初的改革时期以来主要由国家行政部门推动看似中立的"规范"社会事务的一般方法。如果说机器在 18 世纪是一种乌托邦式的国家理想模式的话（"国家机器"），那么在 19 世纪的行政管理现实中，当机器真的被组织化的国家隐喻②所取代时，我们就朝着这样的理想更进一步了。[117]尽管自由主义上升为主流学说，与专制时期相

———————————

① 英国人口学家和政治经济理论学家马尔萨斯于 1798 年创立的关于人口增加与食物增加速度相对比的一种人口理论，其主要论点和结论为：生活资料按算术级别增加，而人口是按几何级数增长的，因此生活资料的增加赶不上人口的增长是自然的、永恒的规律，只有通过饥饿、繁重的劳动、限制结婚以及战争等手段来消灭社会"下层"，才能削弱这个规律的作用。
② 指把国家比喻为一台巨型机器，即国家机器。

比，中央集权统治在 19 世纪实行得更为彻底。行政统治技术的发展使我们有可能免受过分夸大的统治意识形态的影响。

技术网络超出了公民个人的能力范围，这使得国家权力机关能够为此找出合理而恰当的理由。在一定程度上，萨克森州的采矿业在 18 世纪对运河系统的需求日益扩大就已经是这种情况，但在 19 世纪的铁路和电报系统中，这种情况就更加令人印象深刻。1857 年，德国国民经济传统历史学派的代表卡尔·克尼斯（Karl Knies）声称，人类迫切需要电报，并由此衍生出国家的经济和技术使命。[118] 国家本身不是技术进步的起源，但它强化了某些技术发展方向并从中受益。然而，在 19 世纪，至少市政当局从新的技术网络中有所获益，因为这也要求有更多掌握这门技术的公务人员。直到 20 世纪，人们才明显看出现代技术对国家政权的完善能够达到何种维度。

6. 节约木材带来的动力

以再生资源为发展基础的经济活动有其自身的合理性，这种合理性延续到了 19 世纪。在"木材时代"，人们发起了著名的合理化动力以及"经济"运动，如在七年战争后的普鲁士和萨克森地区、18 世纪 90 年代以及拿破仑统治时期；但这些经济化进程的主要目的是为了更好地利用现有资源，而不是为了以后朝着工业现代化的方向发展。然而问题就在于，是否恰好是因为人们始终致力于实现对现有生产要素进行经济化和合理化的利用，所以激起了技术之间的连锁反应，进而突破了"木材时代"存在的障碍。我们可以预料到，在对绞盘、磨坊和后来发明的涡轮机的使用过程中，人们对畜力和水力的利用度也越来越高，这必然会推动机械化的进一步发展，在此过程中，某些特殊机械化工作程序也对其他生产步骤造成了机械化的压力，人们开始越来越有效地利用木材这种燃料，进而制造了更大的炉子、发明了相互连接的热系统以及加快了生产速度。

事实上，在"规模经济"中存在"以木材为基础"的道路。在19世纪初的工业增长中已经可以看到技术自身的发展以及某些技术原理得到普及的萌芽。然而，之前的几个世纪表明，对部分技术原理加以有限利用的趋势可能会持续很长一段时间：在现实中，人们对原理进行概括的想法并不像在教科书中那样迫切。

如果人们想把工业化发展的原因回溯到某种机械原理的持续应用的话，那么很容易就会联想到旋转原理的例子。从勒洛到桑巴特，"旋转原理的应用，转动和往复运动的转换"（桑巴特）被认为是机器发展的基本规律。林恩·怀特（Lynn White）在"持续的旋转运动"中发现了"持续性应用"这一革命性的原则，这个原则促使工作朝着机械化的方向发展，却与生物的自然属性背道而驰；然而，怀特把它归结为中世纪的技术变革。事实上，在蒸汽机中，活塞一上一下地来回运动，旋转原理的应用效果远比不上其在水车中的应用。水车和飞轮已经成为旋转的动力来源，如果与其相连的生产过程也能像磨坊的谷物研磨机一样旋转起来，那么这就是能够最充分加以利用的动力。从纯粹的技术角度来看，水车就是机械化的萌芽，蒸汽动力也因此而有机会得到应用。之后才有可能实现机械系统的连接；在面粉厂中，用于调节谷物进料，将其送入研磨工序的"震动筛"装置的驱动力也是来自飞轮；通常而言，锤式磨碎机和手工磨坊"与研磨磨坊和油磨坊、麻漂和锯木厂等其他工业分支联合工作"，这样也有利于经营者能够灵活地应对当地不断变化的需求[119]。从供水的角度来看，虽然水车的运行经常受到季节的影响，但是蓄水库能够确保水车在一定时间段内持续运行。木制机器的成本一般不太高，这样就不会因固定资本过高而产生机器持续运作压力过高的问题。

在木制的齿轮上，只要经过几次传输，摩擦就会消耗掉齿轮提供的能量。铁器和传动带提升了机械化的潜力。但是，轧钢厂对能耗要求很高

（这是一种具有划时代意义的创新以及旋转原理在生产中的有效应用），而且只能在有限的程度上依靠水力来发电。直到 19 世纪中叶，在德国，人们通常只会在节约木炭的前提下进行金属轧制。[120]

水和蒸汽提供的两种驱动力之间的重要区别在于，安装水轮不仅对某些最小型的公司来说有意义，而且在具备一定水源条件的前提下，也可以安装在小型工厂之中。就畜力驱动而言，彼时已经出现了狗力甚至鼠力踏轮这样的"降维驱动"。在德国，通常蒸汽动力到了一定程度才会带来利润，才带来以技术为前提的量变飞跃和朝着规模增长发展的冲动。[121]

在节约举措中，人们也认可机械化的基本原则以及其他合理化的基本原则：但是这并不意味着要减少产量，而是要提高某些领域的生产效率。在 18 世纪初，雅各布·卢波尔德（Jacob Leupold）已经将机器定义为"人造之作，有了机器，人们可以实现运动的优化，节约时间或力气来完成一些本来不可能做到的工作。"[122]至少从纯粹的技术角度来看，在为提高生产力而实施的节约举措中，限制性的经济模式可能会变成一种扩张性的模式。但是，总的来说，在 18 世纪和 19 世纪初的现实社会中，因资源匮乏实施节约和为提高效率促进增长之间存在着明显的区别。出于资源匮乏的原因而制定的节俭措施更多的是倾向于那种小型的、通常不起眼的解决方案。我们从一份有关上普法尔茨州钢铁工业消耗木材的备忘录（1802 年）中得知，"只有那些真正认识到木材稀缺的人才明白，提出木材保护方案可以大大减少人们对木材的需求"。过分提倡节约木材和实际的节约措施之间是有区别的。在锻造、燃煤和烧砖方面，节约木材算是一个技能和经验方面的问题，而不是技术革新的动力。然而，在技术新闻界、法规和奖项竞赛中，节约木材的方案越来越具有创新性泛化的特点：这是一个质的飞跃。以前，节约预算首先是妇女的美德，新的节约措施旨在提高效率，这是充满发明精神的男性所具有的一种艺术，他不是通过自我克制，而是通过使用技术来实现其目标。[123]

特别是在重工业中，规模的扩大和提高燃油经济性之间存在着直接的物理联系。这种联系是不是在"木材时代"就已经起作用了？1750 年后，出于节约木材的理由，维也纳政府向施蒂里亚州采矿厂施加压力，迫使其用连续运行的高炉（筏式炉）取代"掠夺式烧煤"的块状炉。然而，现在的间接工艺是一种附加过程，因此提炼时非常消耗燃料。如果使用这种提炼方法可能会导致间接工艺消耗的木材达到直接工艺的两倍。只有通过进一步的技术改进才能使高炉具有明显的燃料优势。与此同时，冶炼厂的规模也开始增长，但在木炭作为燃料的时期，其增长速度很慢，高炉高度也没有超过十米，因为木炭在较高的压力下会倒塌。在 1793 年，一台福尔登贝格的高炉向人们证明，"节约木炭是受高炉规模的影响的结果"，但即使是埃弗斯曼也不能完全肯定高炉的优势。尤其是木材运输过程的艰难会使其规模增长被控制在一定范围内。[124]

钢铁生产在坩埚和搅拌过程也像在锻造过程中那样保留了手工的特征。在一个生产流程中，产量与工人个体的身体素质和能力有关。在制造著名的克虏伯巨型坩埚钢锭时，人们注重的是完美的工作组织，而不是那些大型机器单元。如果恩格斯的话可信的话，英国的搅炼工艺导致高炉高度比以前"高了 50 倍"；相反，在欧洲大陆，它与木炭高炉相结合。[125] 在这里，19 世纪中叶通过贝塞麦法才实现了向规模经济的飞跃。纯粹从技术角度出发，这种"无火除尘"法是节约燃料的终极方法，正如贝塞麦法对高炉出产液体生铁直接进行下一步的加工一样，连续快速运行的过程变得更加完美。然而，这种生产系统与物资匮乏时期的节约型技术截然不同，二者存在在巨大的量级差距。

"公司越大，成本价格越低"的说法可以追溯到早期的英国纺织业。但是纺纱机并没有让技术感受到任何向规模化发展的压力。至今人们仍然可以看见的老式纺织厂俨然成了景区，但在看到它们富有纪念意义、宫殿般豪华宏伟的外观时，人们不该忘记，与之相比，早期大多数的纺织厂不仅规模小，而且外观也无足称道。罗伯特·布林科（Robert Blincoe）曾基于自己的亲身经历报道了令人震惊的童工问题，从而闻名至今，即使是像他这样穷得响叮当的人，也想到要用自己积攒的钱来购置纺纱机，以此摆脱其糟糕得无以复加的贫苦窘境！[126]

木材运输的规模逐渐扩大，这部分是出于技术原因：只有在运输大量木材时，才值得建造木制的"巨人"（滑道）以便木材入水漂流，这是筏道的设施。在漂流中，如果将几个"戈斯托"（单筏）连接在一起，就可以节约雇佣舵手的高额花销。18 世纪莱茵河上的"荷兰人"木筏长达 400 米。但这是个例外。可用的木材数量和水道使用者之间的竞争总体上限制了漂流和筏运木材的发展。节约木材的努力导致用雪橇滑道取代了巨型滑道，因为后者会耗费大量木材。

农业方面的改革在一定程度上促进了农业的增长。自 18 世纪以来，奥地利的农业新闻界就提出了规模经济论相反的立场，认为那是"站在农民的中小型企业对立面的庄园式大规模文化的理论，它缺乏盈利能力"。人们可以在 20 世纪 50 年代初的农业新闻找到这种论调：农民在自己的土地上劳作，解决自己所面对的所有问题，然后通过农民自己的集约化取得进步。但是，即使在 19 世纪初的鲁尔矿区，人们追求的也绝不是无限制的增长：1827 年埃森的两位采矿大师在备忘录中写道，"把大量的煤挖掘到地面上"——"由于一切都有其局限性，收益极少，因此这与现在和未来都无法调和。"[127] 在当时，"增长的限度"是个小问题，并未引起人们的重视！在前现代技术中，特别是在建筑方面，人们对规模的要求十分强烈。但那是一种静态的艺术，而非动态的。在建筑方面发展起来的工程文化与 19 世纪崛起的机械工程师的技术思想之间矛盾重重。

从技术和非技术的层面看来，加速都是十分典型的工业化基本原则，早在 19 世纪初就有此说法，而且不仅仅是在纺织业的机械化部门。大量带有"快速"这一修饰的复合词汇出现在新的生产工艺中，如"快速漂白

图 8：下奥地利州的"木头巨人"。这是一种木制的滑道，人们以此将树干从山上滑入山谷，再滑入河流中。人们用水湿润滑轨，使木材能更好地滑动。当在冬季滑道上结冰时，木材就会"像箭一样快"地滑到山下，因此，结了冰的巨型滑道被视为"巨人中的巨人"，而建造这样的"巨人"则是高山伐木工人的"荣誉"。它消耗了大量的木材，只有在大规模砍伐的情况下才值得这样做。人们会在弯道上对巨型滑道进行监控，以便在更大的木材滑出轨道之前清除轨道上的障碍物：这是一件非常危险的工作！

业""快速制革业""快速制皂厂""快速制醋厂"等。自 18 世纪以来，人们很喜欢把"节约木材和时间"（有时还包括"薪资"）放在一起来谈。事实上，在工作间隙期，就算没有生产活动，炉中的火还是得继续烧着，如果工人在工作中毫不停歇地连轴转的话，节约时间才等于是节约了木材。但是，人们通常对此看法往往并不相同，反而认为两个目标之间存在差距。在煮盐过程中，如果"总是带着尽快完成工作的想法赶工，然后下班"的话，木材的使用量也会相应增加。[128] 在"快速漂白业"中，即在化学漂白业中，人们用燃料替代了太阳能。"节约时间"缩短了工人的生命，在当时的技术条件下这种情况并不鲜见。

工业时代技术发展的一个基本特征是用新材料替代传统材料，这通常需要进一步创新。这一发展路线也延续了木材时代的节约策略，早在 18 世纪，替代就已是一种节约方式。今天的读者可能会对波普早在 1812 年发表的言论感到惊讶："我们现在生活在'替代品'的时代"。他想到的肯定是甜菜糖，这是当时德国最著名的发明之一，因为 1812 年拿破仑禁止生产殖民地蔗糖，从而促进了甜菜糖的发明；波普在此也可能是指菊苣咖啡，即"普鲁士咖啡"，从 1800 年左右经济发展的角度来看，这项发明绝对不是无足轻重的，它之所以取得成功要归功于德国历史上首批大型广告的投放。糖和咖啡极大地推动了殖民贸易的发展，替代品的发明是一个没有殖民地的国家的最佳做法，对异国珍稀木材的仿制也是如此。纳图修斯十分富有创造力，他坚持不懈地尝试用当地的水果提取物和糖酿造出令人垂涎欲滴的南方葡萄酒。在传统的自给自足思维与实验的乐趣产生碰撞时，替代品的发明可能就会成为一件激动人心的事。但是，这种实验使得进步和伪造之间的界限变得很模糊。只有替代品不再是单纯的替代品，而是既具有自身特点又充满价值的成品时，替代品才会成为一种工业的驱动力。在煤炭这个方面也是这样，在过去的几个世纪中，煤炭一直只是被当作当地木材的替代品。[129]

现代工业发展的另一个基本过程是将单个技术连接形成一个系统。正如我们所看到的，在 18 世纪的时候人们就萌发了连锁①系统的想法，但这个想法更多的是源于机械模型，而不是源于实际的技术可能性。但是，在那时就有了连锁化的趋势。水利工程的网络化尤其发达：无论是在威尼斯和荷兰的水资源保护和排水系统中，还是在采矿和其他需要利用水力的系统中，以及盐厂的盐水管道及其复杂的泵站，乃至木材运输的漂流和筏式

---

① 连锁是一种相互制约相互影响的关系。

系统中都是如此。由于元件处于潮湿环境，该系统必须处于完全密封的环境，否则许多功夫就白费了。但是，这些"网络"必须适应自然条件；这是一种环境脱钩的系统自主性，它和传播到其他地区的技术的内在动力息息相关。在 19 世纪初的纺织业和钢铁业中，纵向一体化和各个生产过程的协调机械化已经初显优势，但在德国，人们仍然没有谈及更大规模的"体制限制"。[130] 反观以水力驱动的设施，不仅需要建设水库，而且每次扩建都涉及对用水权的争夺，从系统的角度来看，蒸汽动力已经开始向着简化迈进了一步：这就是它具有吸引力的原因之一。

彼得·魏因加特一针见血地指出，"技术被认为是社会之外的东西，避开了社会反思和政治行动，这本身就是一个令人惊奇的现象，可能将成为社会学和思想史分析的重要对象。"似乎从一开始，技术就比起实际来说更多地存在于想象中。直到 19 世纪，人们将技术物化为脱离环境和劳动者的设备，它更多的是一种文学幻想，而不是现实；只有在技术文献上的铜版画中才出现了无人操控的机器。阿格里科拉的书中不仅写到了采矿技术，还写到了矿工可能会患上的疾病，而 18 世纪的王室财政官们在描述制镜厂时，不会提及镜面涂层女工们的慢性汞中毒所带来的可怕后果。[131] 技术发展的自身动力并不在产生在技术的体制限制之中，而是产生于技术的启发下的限制观念，这在歌德的《威廉·迈斯特》（1829 年）中有所体现，文中描写了一副噩梦般的画面，"机器"像暴风雨一样缓缓而来，压在人们头顶，让人无法抗拒。

生产过程仍然很大程度上依靠工人的经验，但 1800 年后，人们越来越痴迷于追求物化的技术，技术和统治之间的结合在国家和工业层面都得以发展。追求最大限度地利用人力资源可以更好地形成分工劳动，但是，人类劳动也因此变得如此"机械"，如此简单且重复的工作进一步的刺激了机械化的产生。居里希在 1845 年警告说，"促进工业发展"应该更多地考虑人力资源而不是资本和机器。他预言："我们也许会在各个地方购买大型的技术设备，但却看到最多的，也是最优秀的那一部分人被置于最大的痛苦之中……"。那时，"工业"一词被物化，其意义不再是"促进工业发展"，同样，"工厂""制造厂"和"技术"等词也被物化。至此，马克思才有可能提出他的观点，资本是隐匿的，它自身的动力漠视人的意愿。这也是技术史上一个划时代的转折。[132]

第三章

德国生产体制的形成

1. 从 19 世纪中叶到 19 世纪和 20 世纪之交： "规模经济"的解放与限制

相较于在前工业技术时期与工业技术早期未能取得突破性进展，德国于 1850 年前后迎来了其工业史、技术史上的一个重要转折点。在德国工业化进程中，动力能源的应用取得了突飞猛进的发展。1848 年，普鲁士爆发资产阶级革命，促进了铁路建设与股份公司的发展，德国经历了其第一次工业发展的大繁荣期，工业化进程呈现出燎原之势。虽然在工业化早期，德国的领先部门——纺织业依然以贸易型与经销型工厂主为主，非专业技术人员往往也能掌握行业内部的技术创新，但在 19 世纪中叶，德国出现了越来越多的技术型工厂主，尤其是在新兴的机械制造、化学与电气技术领域。[1] 这一时期涌现出博希格、西门子、杜伊斯贝格（Duisberg）及罗伯特·博世（Robert Bosch）这样一批工业先驱。还有的工厂主出身于商人阶层，凭借其过硬的技术能力脱颖而出，通过复杂的技术工序证明了自己的实力，如克虏伯以及其他的鲁尔区大亨。埃米尔·拉特瑙通常被视为与维尔纳·冯·西门子这类发明家型工厂主相对的商人型、艺术家赞助者型工厂主，就连他本人也有着丰富的机械制造经验，能够凭借其出色的技术能力准确评估大型机器的优点，预测向电力总站过渡的趋势，并由此取得了不俗的成就。[2]

西门子公司一直以来的传统是技术人员的地位高于销售经理。即使在1897 年转型为股份公司时，"西门子公司"也声称将继续"把握技术最前沿，以此为基础奠定公司的未来和我们财产的价值。"但在 1900 年，银行家乔治·冯·西门子却对公司的领导层颇有微词。他抱怨称，这帮"先生们"不会"算账"，经常出错。[3] 从长远来看，技术利益不能优先于商业利益，至少在以市场为依托的民营经济中不能如此；只有在军工领域，对尖端技术的追求才能在 20 世纪寻得不受经济因素所左右的一隅。总体来看，这套规则适用的情况是：先驱者对技术的领导力逐渐减弱、市场策略决定商业成功、"市场营销"对技术发展具有反向作用力。企业首先必须为新产品创造市场。只要机械化的影响范围从生产过程延伸至产品本身，销路是否畅通就取决于服务网络的建设。到 1900 年前后，技术的创新已不能够吸引消费者所有的目光；对市场的观察、广告宣传、价格低廉的大批量生产方式以及咨询与服务都对销售成功起到了举足轻重的作用。[4]

随着技术的发展逐渐渗入各个领域，筹集资本以其自身的表现形式成为其中的一个重要因素。大多数早期的机器生产尚未产生对规模化资本运营的要求，然而铁路建设却使情况骤变。无论如何，此类大型项目在当时还只是少数例外情况。总体而言，即使在 1850 年之后，资本还是与个人有着较为紧密的联系，通过家庭和个人关系筹集资金的现象仍然十分普遍，而个人在工业上取得的成功也为自筹资金提供了可能。但是，有一些在技术进步有特殊性的行业，前期要求有大量的资金投入，且资金周转较慢，这种行业会受到资金条件的制约。大银行更倾向于在大行业中寻找商业伙伴——规模增长的动力也与融资机会相匹配。而德国工业在使用大型机械作业方面以惊人的速度赶上并且超越了原本有着巨大优势的英国工业，这也要归功于德国各大银行对于工业的投入。这与伦敦市内各大银行家对工业保持距离的态度形成了鲜明的对比。相对较低的利率水平促使资本密集型生产方式在德国得到发展，而当时尚未因劳动力价格而承受相应的机械化压力。[5]

然而，为了使技术的进步在投资方面更加值得信赖，也为了避免唯项目至上的轻率行为所带来的后果，技术的进步必须以某些特定标准为导向，这种标准应至少看起来能够评定创新。而且，这种标准越多，外行人就越不能把技术创新直接转化到应用中。这便是当年在德国如火如荼进行的技术科学化的起源。勒洛是当时最杰出的机械工程理论家，曾在银行担任曼内斯曼公司管材轧制工艺的评估专家。未曾料到的是，该公司的管材轧制过程还是出现了棘手的技术和科学问题。[6]埃米尔·拉特瑙不仅能使金融界对他的创新充满信心，也能使国家机构和市政当局对他充满信任。

1891年，在法兰克福电气技术展览会上演了一出好戏，一万五千伏的高压电被传输了足足175千米。尽管从间接的计算结果来看，这是一次失败的实验，但却产生了极为重要的深远影响。自此，瑞士银行界得知了"电力"这一概念。[7]自19世纪中叶以来，银行和股票交易所成了技术发展的决定性因素，并促进了某些领域技术的发展。比勒费尔德商会在1851年的年度报告中指出："我们的银行在仅2%的有息贷款压力下不堪重负。"[8]这是德国一种新的发展模式——推动投资的资本产生了自己的动力。德国先是在铁路方面大获成功，接着又在19世纪末实现了火车电气化的过程。这一系列的成功使德国建立起信贷推动技术进步的样板。

从1850年前后起，德国的矿石业开始向煤炭业转型。在经历了第一次失败的尝试之后，第一个规模化焦煤炼铁炉于1847到1849年间在鲁尔区诞生，这就是米尔海姆附近的弗里德里希·威廉冶炼厂。如果我们将煤炭和钢铁时代的开始时间确定在这个点，并将其与以前的可再生资源时代区分开来，那么这种划分还有更深层的意义（尽管人们绝对不能以发展最为强势的行业来划定时代）。对于德国来说，1850年前后发生的这场时代更迭所带来的影响比其他国家的要更为深远。放眼当时，德国大部分地区拥有比别的西欧国家相对更丰富的木材资源，但煤炭资源贫乏；而 1850 年之后，普鲁士发展十分迅猛，成了当时世界上煤炭资源最丰富的国家之一。很明显，从这时起，普鲁士就已取代奥地利成了德意志邦联的实际领导力量。德意志内部形成了新的地区状况和跨区域分工，煤炭的利用程度成了决定性因素。随后，有机化学领域取得重大突破，这让人不得不感叹，德国人像是注定被上天赋予了一种使命，他们要从煤炭的同素异形体中生产出一切东西。然而，煤炭也并非全无弊端。雅各布·布克哈特[1] 就在 1870 年悲叹道："硬煤是现代化对我们的入侵"，"是所有令人反感的现代生活的真实象征"。

尽管在 19 世纪初期，技术的主要发展趋势是降低燃料成本，但在 19 世纪末，技术进步已然变成了争夺煤炭资源的撒手锏。在"木材时代"，人们注重的是如何高效使用木材，并根据类型和用途对其加以分类；而现在，钢铁成了所有高标准领域中最具前景的材料。与其他国家不同，德国将此前沿用的"火车"（Holzbahn）[2] 这一说法改为"铁路列车"（Eisenbahn）。以新型材料命名交通工具的这一做法并不是偶然，背后自有其深意与历史渊源。

在此之前，煤炭的开采主要是为了节省当地的木材资源，并且通常仅在农地周围的地表范围进行；现在，它使工业发生爆炸性增长，并实现了从前那种乌托邦式无限增长的想法。从 1850 年到 1855 年，德国的硬煤产量从大约 500 万吨跃升至 1000 万吨。1817 年的年产量还只有 130 万吨，1899 年便突破了 1 亿吨大关。英国的煤炭开采量一直是德国两倍以

---

① 雅各布·布克哈特（Jacob Burckhardt，1818—1897），著名的文化史、艺术史学家，尤其他的著作《意大利文艺复兴时期的文化》一书已经成为处理一般文化史的典范。
② 因为最早的火车使用煤炭或木柴做燃料，所以德文中"火车"一词最早是 Holzbahn，其字面意思可直译为"木车"；而随着钢铁取代木材，"火车"一词在德语中变成了"Eisenbahn"，字面意思可直译为"铁车"。

上，但是法国自 1848 年以来便被德国远远地甩在身后。英国观察家班菲尔德（Banfield）在 1846 年写道，在鲁尔区人们可以看到以"规模化集聚（association on a large scale）"为原则建立的工厂，而这种集聚也曾给英国带来了同样多的财富。[9]"规模经济"曾因木材时代的分散化特征而未能发挥在工业上的作用，如今也释放了活力。19 世纪 40 年代鲁尔区煤炭产量的增长离不开技术与企业在量级上的巨大飞跃。在过去的挖掘中，人们发现深处的煤层被难以穿透的一层泥灰岩覆盖。想要在这种规模下进行深井开采需要大量的初期投资，排水则需要巨型蒸汽机，但是普鲁士采矿部的官员最初对这种巨型蒸汽机表示怀疑。提升井架成了煤炭矿区的标志，人们必须从一开始就把矿道作为一个大型系统来设计，矿道必须用砖建造，而不是像以前那样用木头做材料。在这个过程中，人们找到了质量更好的煤，从而打破了用德国煤制成的焦炭无法冶炼出高品质钢铁的偏见。[10]

同时代钢铁生产领域另一大令人印象深刻的巨大飞跃是 1855 年英国发明的贝塞麦法。1861 年，鲁尔区就引进了该工艺。与 19 世纪 40 年代对待新冶炼工艺的犹豫态度相比，这一次德国显然实现了迅速的技术转移。同时，当时的德国人面对新技术依然充满不安。一开始向贝塞麦转炉中吹风的时候，喷出的火焰发出嘶嘶的声响，把工人们吓得抱头鼠窜。[11]原来的高炉很少能达到房顶的高度，现在却一下子建得像井架那么高；以前在锻工间进行的钢铁生产和冶炼厂没什么关系，现在却一下子要在技术上和高炉打交道。这个庞大的网络就是鲁尔区的基础。从这一刻起，鲁尔区树立了德国工业化的全新标准，让原本备受赞誉的老牌工业区变成了新时代里的落后地区。

从中世纪末期到 19 世纪初，基于木材和水力发电的生铁生产和加工一直以空间上的分散为趋势；从此时开始，生铁的生产和加工走上了集中化的道路。在从煤矿到最终钢产品的过程中，人们追求利用好每一个垂直环节，直到所有煤炭的衍生物都得以利用，直到高炉和焦炉煤气的出现。工

图 9：1911 年以前的克虏伯铸钢厂。图中可以看到 4 个 "贝塞麦转炉"。这种转炉呈梨形，转炉底部的喷嘴会吹出热空气，高炉中的液态生铁遇到热空气产生氧化作用后流入转炉，并在这个过程中转化为钢。如本图右下角，一名工人正在测试铸件。因为此工艺无法降低生铁中的磷含量，所以贝塞麦法并不是一种与德国的铁矿石质量相匹配的冶炼方法。克虏伯也因此收购了西班牙几座含有无磷铁矿石的矿山。

程师们有着宏伟的目标，期待着所有的生产工序不但能实现地区间与企业间的结合，也能形成技术网络。世纪交替之时，这种网络经济得以转为现实，并成了新时代的标志。在 1890 年左右，人们还因所需设备的复杂性而对过于庞大体型的设备望而却步；渐渐地，人们才认识到，从炼焦厂的残渣中是可以获得高价值产品的。[12] 在大批量生产钢铁的时代，废铁贸易自成一部门，废铁的回收利用也以其自身的方式为技术的发展提供了推动力，例如基于废铁研制的西门子－马丁炼钢法。在 1945 年之后，民主德国在很长一段时间里都是使用这种方法。由于缺乏矿产，民主德国的重工业只能在废铁的基础上得以发展。

回溯历史，19 世纪下半叶不仅处于向煤炭和钢铁的规模化生产过渡以及煤矿、冶炼厂和炼钢厂之间的结合中，整个时代还体现出了技术动力和资源利用的局限性。在地下采矿年代，煤炭的开采在多数情况下是一种体力劳动，在运输时较多采用马力；到了世纪之交（19世纪和20世纪）时，各矿场中马的数量迅速增长。[13]在钢铁生产中，贝塞麦法直到70年代适应德国的矿石质量后才得到更广泛的应用。尽管早在19世纪初，人们在使用木炭高炉追求经济利益的同时促进了炉气的使用，但在煤炭价格低廉的早期，天然气技术的研究并没有什么进展。直到19世纪末，机械制造还是一个独立的技术部门，不但有着自己的行业特征，还与重工业缺乏联系。通常，高炉和贝塞麦转炉之间也因两种设备的生产节奏不同而没有整体的联系。在理想模型中，完美的生产流程和优化的热能经济是相辅相成的；而实际上，这两个优化方向的目标之间出现了相互矛盾的情况。[14]

重工业、机械制造，以及后来的化学和电气工业——无论是德国人还是世界上其他人都认为这是德国工业与技术的四大支柱。这四大支柱实现了相互联系，架设起科学技术的拱顶。德国的这种工业形象出现于19世纪下半叶；四大行业的全面关联标志着德国进入了20世纪的新纪元。从理论与实验研究之间的结合来看，工业的许多领域是在进入20世纪后才受到现代科学影响的。

德国重工业的领导性地位不仅基于围绕着它的权力的影响，而且也要归功于这些机械巨兽给人带来的深刻印象。霍奇（Hoesch）在1878年向铁路调查委员会保证，"我们在工业生产上""站位比英国人更高，有着更理想的追求"。这在当时的德国也许听起来很有些可信度。但实际上，直到20世纪初，德国的钢铁工业在与英国的技术较量中都没能占得上风。德国真正占据着领先地位的反而是延续了近代早期冶炼传统的有色金属技术领域。凭借蒸汽机和纺织机，英国直到第一次世界大战都在对外贸易领域独占鳌头，而德国工业则是在机床领域占据了它们直到今天都声称的领先地位。[15]

19 世纪 50 年代以前,焦油一直是炼焦厂生产过程中一种令人讨厌的废物;然而在世纪下半叶,"焦油色"却成了德国化学的光辉象征。这种变化离不开较长周期的技术研发过程和观念的改变。在 80 年代的时候,合成苯胺染料还因其"非天然性"而备受指责,在其日益推广的过程中甚至被称作"危险的祸害";直到 1894 年,普鲁士军事部门才批准将其用于制作军服。到了 19 世纪末,德国的有机化学界似乎面临着特殊的命运——德国注定要成为一个缺乏煤炭资源和殖民地原材料、却在科学技术上领先的国家。德国化学家从漆黑油腻的煤焦油中提取出鲜艳的色彩,并在短短数十年之内赶超英国,甚至在世纪之交(19 世纪和 20 世纪)时对大英帝国著名的"靛蓝贸易"造成了致命打击。至此,这一奇迹般的过程就被载入了德国技术与工业化科学的史册。这英雄般的故事流传到国外,使人们相信"德国人有从泥土里赚钱的天赋",并激发了人们从橡胶、石油甚至食物里寻求创造的灵感。[16] 化学使煤炭从单纯的燃料变成了有着多重价值的原材料。以此为基础,德国人意识到自己已白白浪费了大量隐形煤炭资源,尤其在矿区周围地区。于是,德国人开始追求更加经济高效地利用煤炭资源。人们发现,可以通过化学工艺提高煤的利用价值。因此,煤仅仅用于燃烧实在是太为可惜,而这也成了后来发展核技术的正当理由。

然而,直到 19 世纪末,化学才算是树立了在德国煤炭工业中的基础地位,因为煤炭的相关工业分支,即天然气厂和充满焦油残渣的焦化厂也是在那时才得到相应的发展。德国的工业化学最初并不是从煤炭和科学中产生的,而是起源于"木材时代",是发端于木材炭化的副产品。巴斯夫(BASF)首席染料化学家海因里希·卡罗(Heinrich Caro)在 1891 年谈及合成靛蓝的生产时,是这样描述当时工业化学家最宏伟的目标的:"这就像一道技术难题终有一天会在经济上找到完美的解决方案,木材干馏和煤炭这两个分支工业虽然现在一个生机勃勃,另一个日薄西山,但总有一天它们会携手并进。"[17]

　　早于以碳化合物为基础的有机化学，归类于无机化学的钾盐工业以施塔斯富特的层积盐矿作为原材料基地，使德国一跃成为世界上生产钾盐最多的国家。60 年代在施塔斯富特流行的"氯钾热"意味着传统制盐行业迎来了颠覆性变革。廉价的钾盐被用作肥料，极大地促进了甜菜的种植，开启了德国农业化学化过程。然而，氯钾的生产仍基于简单的传统工序。[18]科技史的主线是科学化与工序复杂化的过程，因此，从这一方面看，这一在经济上占有重要地位的行业在科技史上仍处于边缘地位。

　　提到德国电气工业的起源，就不得不提到精密机械制造；然而德国的精密机械行业是后来才与煤炭、大型机械制造联系到一起的。最初，由于缺乏煤炭资源，水力发电资源丰富的地区似乎注定会率先实现大规模电气化。19 世纪，欧洲涡轮机制造的领导者是法国的工程师；1900 年后，来自奥地利的牧师发明了一种能同样适应低落差河流的涡轮机；直到19 世纪末，欧洲人在蒸汽动力和涡轮机的结合方面才取得进展。[19]在电气化方面，德国优于英国的决定性优势之一恰恰是德国并不发达的天然气网络。德国天然气工业后来才慢慢跟上不断增长的电力需求的步伐。

　　不同技术部门之间产生交叉联系，从而形成跨界，通常这种跨界会开启技术发展的新思路。这种交叉的过程并非全然连续进行，也并不基于技术体系逻辑展开，而是显现出明显的跳跃性。例如电气、化学、机械制造这三个相互关联的行业的跨界：在 19 世纪末，这三个技术领域相互结合的需求变得越来越清晰，而每次结合都需要克服特定的障碍。

　　人们或许会对电气与化学之间的联系感到不解，但它们之间确实有着原始的联系：对于直流电来说，电力的产生同时也是一个化学过程。1866年，第一台直流发电机问世。这台发电机运用了维尔纳·西门子提出的直流电原理，并用于分解金属化合物。可见，化学和电气之间的界限原本并不明显。直到后来化学和电气工业取得了巨大进步，这才使这两个学科有了自己鲜明的界限和特征。这显示出现代科学技术发展中的根本内在张力——所有领域之间的联系日益密切,跨界思维必不可少。但是,由于同时专业化程度日益提高,运用这种思维变得越来越困难。

就连工业电化学创始人之一瓦尔特·拉特瑙(尽管他本人在电解方面的研究失败了)也曾在 1892 年,也就是他 24 岁的时候给他的兄弟写信说:"化学并不是一门科学。人们都是偶尔在入睡前或者是在火车上学习这些东西。"[20] 精神上的束缚也阻碍了化学与煤炭及冶金工业之间建立联系,而它们之间的结合正是规模化生产以当地原料为基础的廉价"焦油色"合成苯胺染料的基础。最初的"焦油色"尚有"铂金价格";但在 80 年代,这一行业经历了价格的大幅下跌,廉价的批量生产给各商家带来了生存之忧。无独有偶,当时焦化业的焦化工序仍与在森林中用炭窑烧制木炭的过程相似,因而被认为是一种原始技术,仅仅是采矿业的附属。当时,一位有名的冶金从业者拜访了一家焦化厂,并在报告中"以十分滑稽的口吻"向采矿业部门描述:"一位来自守旧派的先生尖锐地描述道,他在实验室遇到了穿着木屐的首席化学家。这个形象似乎象征着整个焦化学不过是一种木材时代的科学。"直到 19 世纪末与 20 世纪初,受过科学培训的化学家才取代了炼焦厂中的"全能炼焦师"。自 80 年代以来,苯价格的上涨促使德国人在封闭炉中炼焦,以获得副产品。原本已发展成型且为比利时所垄断的焦化工业在此之后成了专属的"德国技术"。[21]

西门子 & 哈尔斯克公司(Siemens & Halske)秉承其精密制造的传统,一直坚持"没有一位机械工程师是多余的",直到 80 年代强电流技术的推广才改变了西门子公司的这种理念。西门子公司发展的历史本身就是一个生动的例子——它展现出,"电流"是如何与电力、机械制造相结合并成功带来了时代的突破,又是怎样要求新时代的人们具备一种新的技术与企业思维。在 19 世纪末电子行业迅猛发展的时代,强电流技术也突飞猛进,第一批"电力总站"拔地而起。而自成立以来便是电子工业最知名先驱者的西门子公司,却在此时一度濒临瘫痪。在此期间,机械工程师埃米尔·拉特瑙抓住机会趁势而上，带领德国通用电气公司迅速壮大。[22]

回顾这个过程不禁让人感叹——电子工业接受机械制造经验的态度是如此犹豫；那么长时间以来，建造电子设备的方法是如此"原始"。1890年左右，大型动力机械的建设面临特殊的技术挑战。人们在设计新型电力总站时，并没有将其作为传统发电机的叠加，而是计划将其打造成技术的集合体。最初，这种想法遭到了专业人士的强烈反对，这种大型机器无疑代表着超越以往工程经验的大胆飞跃。但对于降低价格的经济方面的考量还是多于对于技术问题的忧虑。就像奥斯卡·冯·米勒在1891年法兰克福电力展览会上说的那样："好比说，现在有一台400马力的机器。与80马力的机器相比，它操作起来不需要更多人手，也几乎不需要更多的润滑剂。这样，您就能判断出，扩大机器规模对电力的廉价供应来说是有着怎样的进步意义了。"

正如米勒所说，在1881年的巴黎电力展览会上，爱迪生公司80马力的机器尚被"赞叹为庞然大物"；到了90年代，就已经很快出现了达1000马力的机器。但是，当时的人们究竟怎样看待此类规模经济的合理性呢？毕竟，就连爱迪生都认为，与大型机器相比，几台小型机器配合工作可以更好地适应电力需求的波动。[23]从技术和经济的角度来说，电力供应的大规模集中化是完全合理的吗？抑或是必须首先通过区域垄断实现其经济利益？主要论点集中在运用中的技术合理性：因电力需求波动而产生的"低谷"必须被填满；那么，就必须进一步宣传电力的好处并扩大供应区域。然而，扩大区域虽可以产生新的扩张推力，却也导致了新的"低谷"出现。此外，扩大供应区域增加了生产线成本，减少了热电联产的可能性。

从纯粹的技术和企业经济角度来看，即便是小型发电厂也可以达到电力供应的平衡状态。与第一批电力总站相比，早期的集成型发电站"工作成本相对较低，因为它们只有一个线路网络。这个线路网络不但使用起来得心应手，而且没有进行任何扩展。"[24]为了使集中型发电站在竞争中取胜，有必要在区域垄断的基础上实现巨大的量级飞跃。在 19 世纪末，人们通常不能理解这种新的规模增长思维。当德国磨坊产业的产值在世纪之交（19 世纪和 20 世纪）超过采矿业和化学工业时，十分之九的磨坊仍然由风力、水力驱动。19 世纪不仅是蒸汽机世纪，也是磨坊建设的重要时期。具有家乡情结的奥地利工程师维克多·卡普兰（Viktor Kaplan）于 1912 年发明了卡普兰式水轮机。其基本思想是，"减小发电厂的规模，从而使其更好地融入周围区域。"[25]

化学工业与机械制造也是一对相互交织、彼此争锋的领域，这在德国体现得比别处更为明显。一方面，不断壮大的大型化工企业对技术设备提出了越来越高的要求；另一方面，德国化学界不断增强的自信心却阻碍了它与机械制造学在培训和专业实践方面的紧密结合。海因里希·卡罗于 1891 年指出，"工程制造的艺术""把控着"化学家的设备，"并将化学家往往仅达到业余水平的作图完善成有着最佳机械性能的设计"。与美国不同，当时的德国高等教育将化学与机械制造学完全分开，两者之间没有任何联系。"化学工程师"这一头衔更是遭到了杜伊斯贝格的严词拒绝。在化学领域，"德国道路"有其特殊性和局限性。例如，合成材料所属的有机化学是德国强项，但德国化学工业也曾一度在合成材料方面不敌国外竞争者。具有理论意识的德国化学家认为树脂是一种"难以下定义的"材料，"并不需要给予重视，只有可结晶的物质才有观察的意义"，因为只有可结晶物质才有可见的分子结构。对于实验室的情感偏好使当时的德国化学界错过了材料研究的发展。[26]

作为技术史上的浓墨重彩的一笔，19 世纪下半叶不仅具有某些稳定的特质，更是一种循环的印证，即某些趋势当达到一定临界值后便会向反方向发展。如此便产生了一些交叉领域，而且这些领域至今都在推动着我们技术的发展。在铁路事业经历了第一个繁荣期后，紧接着在 19 世纪后期，内河航运也迎来了意料之外的发展。维尔纳·桑巴特指出，"没有人有勇气去做出这样的预测"。这种迅猛的发展促进了各个技术领域的独立发展，但也加强了各个领域的联系，而这正是技术科学始终难以做到的过程。化学与工艺学在 19 世纪发展出了各自学科的理论基础；与此同时，单方面理论培训的弱点也日益暴露，人们重新认识到实验技术研究的必要性。新理论的倡导者勒洛于 1896 年从学术教职上辞职，以及他的对手里德勒的崛起，都是这种钟表摆锤式循环的表现。

德国工程师从模仿国外技术入手，一步步实现技术独立，并开始培养独创性；到现在，人们谈的是"全德式制造"。用德国作曲家理查德·瓦格纳（Richard Wagner）的话说，所谓"德国式"就是"按照自己的意愿去做"——在技术方面就是不必考虑经济是否能快速获益，而是要把技术做到最好。然而，在 19 世纪末期一系列"美国制造"的挑战下，德国社会不乏对这种独创性和完美性追求的批判之声，对标准化和以市场为导向的呼吁成了德国技术讨论的主旋律。格奥尔格·施莱辛格[①]就曾告诫一位机械设计师："你不需要对每一个发明细节都考虑得细致入微。"如今，依然会有人讽刺德国发明家"比起为市场工作，更愿意为博物馆效劳"。而每当听到这种嘲笑，也依然会有人提出当年的主张。批量生产还是追求高质量？灵活适应客户需求还是实行产品的标准化？不同观点之间的矛盾日趋紧张。但这二者之间毕竟不是此消彼长、非此即彼的关系。在 1900 年前后，就算是批量生产的机器系列也需要人们像从前制造精密机械和定制品那样进行精细作业。[27]

这种循环的趋势同样也存在于评估工人资质方面。相比于工业化早期，各工厂主主要从手工业招募有学徒经验的工人；世纪中叶时，大量无产阶级的非熟练工人受到青睐，从农村涌入工厂。最初，公司管理层主要需要

---

① 格奥尔格·施莱辛格（Georg Schlesinger，1874—1949），德国机械制造教授，第一个因制造机床而获大学教席的教师。

破除工人在工厂工作时对于手工的固有习惯；随后，新出现的工业需求则要求工人能够掌握一定的手工艺技能。与美国相比，德国又重新发现了经验丰富的技术骨干所具有的价值。

在能源使用方面同样有这种循环的表现。相比于"木材时代"对节俭的不断追求，世纪中叶对煤炭的大规模开采无疑是对燃料的一种浪费——至少从科学技术人员的角度，以能源利用效率的理论最优值标准来看，这是一种浪费行为。在 19 世纪 70 年代和 80 年代，由于煤炭价格低廉，热力学领域也不会有动力对蒸汽机进行优化，而这也使得在科学方面有着雄心壮志的工程师们大呼遗憾；毕竟，只要没有效率利用方面的需求，机械制造的工作大可以交给熟练的技术工人完成。[28] 1893 年莱茵－威斯特法伦煤炭行业联合会的成立标志着转折点的到来——煤炭价格开始上涨，天然气与化工行业也促进了煤炭的提价。与"木材时代"时的经历一样，燃料经济成为技术发展的主要动力。在 20 世纪内，这种趋势在战争期间、两次世界大战之间以及战后时期都得到了巨大的发展，直到 1955 年后出现了石油繁荣期才使人们在接下来的二十多年间放缓了对燃料技术的追求。

19 世纪中期，大型化技术的浪潮席卷德国，但很快就遭遇了反向化的趋势。相比时代伊始的"铁路热"，19 世纪末自行车流行起来，"电流"使小型机械化成为可能。如上所述，在这一时期，人类不仅在大型化方面取得了进步，也在技术小型化、私有化，以及符合人体设计方面有了长足的发展。在 1873 年举行的维也纳世界博览会上，甚至连克虏伯发烧友也对克虏伯愈来愈大的"钢铁大块头"感到厌倦。正当克虏伯全面引进贝塞麦工艺，使炼钢效率猛增到"以前的 70 倍"时，70 年代爆发的"大萧条"给规模经济以沉重的打击，其影响绵延数十年。位于汉诺威－林登的埃格斯托夫机械厂于 1868 年被"铁路之王"斯特罗斯贝格（Strousberg）收购，从 1870 年开始推行更严格的标准化生产，在机车生产方面甚至已超越了博希格公司，但此后不久就因大萧条遭到了更为严重的打击。[29] 大都市的爆炸式发展也时常导致"建筑热",许多砖厂为此引入了环形砖窑,这也成就了德国在 19 世纪 50 年代的一项创新。这是规模经济的典型案例,环形砖窑几乎不能减少单位燃料成本,却大大地增加了投资成本,使得砖厂因建筑行业的不确定性而变得更加脆弱。只要手工作业还占主导地位,制砖厂就可以像随干随走的建筑工人一样,出现在任何城市的建筑热潮中。

还有不得不提到的一点就是时代的标志——蒸汽机的兴衰。最初的德国蒸汽机只有 2 马力的功率。恩斯特·阿尔班(Ernst Alban)希望他的高压蒸汽机"可以开启一种小型化生产模式,将机器生产移植到较小的车间。这对德国尤为重要,因为在德国只有极少部分地区有条件全方面展开更大规模的机器生产。"在 1876 年的费城世界博览会上,德国观察员对"可爱的"小型蒸汽机感到着迷,据说这些蒸汽机"已成为美国家用设备的一部分。"但是这种小型化机器对于德国的煤炭价格来说并不划算,尤其德国的行业监察机构一贯对这种"矮子锅炉"持批判态度。

人们越是提高蒸汽机效率,"向大型蒸汽机发展的必要性"就越强。就此而言,工程技术学和大型机器之间存在着一种天然的亲密关系;但也是出于同样的原因,德国顶尖工程师对蒸汽动力的态度也有所分歧。相比英国工程师"蒸汽独一无二(Nothing-like-steam)"的心态,他们的德国同行对蒸汽机并没有这样的执念。因此,"废除蒸汽机"这一目标对于德国工程师而言颇为诱人,因为这将意味着推翻英国在技术上至高无上的地位。[30]雷腾巴赫尔早就梦想着要"终结现有的蒸汽机";从 19 世纪中叶开始,技术人员开始畅想燃气发动机、电动发动机以及气压传动的未来发展前景。直到 70 年代,人们对电动发动机的早期幻想才宣告破灭。另一方面,勒洛在 1875 年称赞道,只有小型燃气机才是"人民的真正动力机器"。到 80年代的时候,"整个技术界"仍然"在勒洛的带领下向压缩空气技术进军",风头甚至一度盖过电流技术。1890 年的法兰克福电气展览会可以说是"电子派"和"压缩空气派"之间唇枪舌剑的对决现场。

　　与此同时，热风机似乎也与内燃机所在小型发动机领域明争暗斗，但热风机始终不是工程师的宠儿，毕竟对于受过蒸汽机"教育"的技术人员来说，内燃机的优势显而易见。与蒸汽机相比，内燃机可以直接在活塞中完成燃料的能量转换，无须将水加热沸腾为蒸汽，因此更具吸引力。但是，内燃机工作时噪音大，因此也并不符合人们的技术理想。在这方面，液压传动的动力机械最符合人们的设想。不过，为德意志工业家中央协会工作的一名记者曾在 1884 年抱怨说，虽然把这种小型机器用于手工业生产的呼声已经重复了"上千遍"，但实际上也没有做出多少改变。他还指出，美国自 50 年代以来就已经在新机器与手工业的结合方面获得了"巨大的成功"。对 19 世纪的小型企业来说，这种创新比机械动力源更为实用，尤其踏板驱动器仍具有相当大的技术开发潜力，比如在自行车以及缝纫机中的运用。博世的早期高度专业化精密车床也是采用脚踏式操作。还有农业领域，1880 年前后，工程师莱费尔特（Lehfeldt）经过长时间的研究后发明了第一台可投入使用的牛奶离心机。最初，这是一种需要蒸汽驱动的大型技术，迫使乳制品行业开展合作社式经营。后来又发展出了手持式离心机。[31]

　　德国尖端技术的知名度和迅速的增长率给人留下深刻印象，但也很容易使人忽视一点——按不同经济标准衡量时，有时地位排名会完全不同。这不仅适用于内部市场，而且适用于对外贸易。约瑟夫·张伯伦（Joseph Chamberlain）曾于 1897 年发布了一份关于德国竞争力的官方报告，并在当时引发了英国的一场全民讨论。该报告指出，德国较为成功的出口领域主要集中在啤酒、长袜、铁制品与刀具、乐器、药品、盐、糖、玩具以及羊毛制品。波拉德评价称，"几乎没有提及任何来自最现代产业的产品。"[32]事实证明，德国在谨慎摸索中前进的互补型机械化道路并没有展现出狭隘性的一面，反而证明了其经济上的合理性。

　　在描述高度工业化的特征时，人们不能只关注其（真正的或表面上的）领先行业或最复杂的技术，也应把眼光放在这些技术领域的技术边界与传统行业上。正是最现代和最传统的产业领域之间的技术鸿沟以及各行业之间的关系构成了当时的社会条件。德国不充分的农业机械化导致大地主在工业化时代也能建立起自己的势力地位。从工业化伊始，德国就出现了政治保守化与技术进步相结合的现象；这种趋势历经几代后最终成型，使德国最终成为一个保留大量政治封建残余的现代化技术国家。

在技术史中，我们也可以看到重大政治进程留下的印记。例如，维尔纳·西门子早年间主要把目光放在大英帝国与沙皇俄国的全球电缆项目上；但1866年时，他像许多德国自由主义者一样"坚信"俾斯麦"确实是身负伟大国家使命的神圣精神"。西门子的这种思想转变对公司的技术战略也有所影响。根据西门子的回忆录，他本人起初是普鲁士的军官出身，在练习射击的过程中发现了自己在技术领域的天赋。1870年战争的时候，他"从商业角度嗅出其中巨大的商机"。"电报的新风忽然而至——军事电报对现有电报行业的大量需求迫使电报业革新升级。"尤其通信技术亟待新的发展。"简而言之，公司在一夜之间找到了自己的定位，这与人们之前的设想完全不同。"[33] 1871年后，勒维（Loewe）开始大批量生产美式武器装备。蔡司公司（Zeiss）彼时才刚刚从巴黎购得一批透镜玻璃。在这之后，蔡司公司发现了光学对军队的价值，并开始在耶拿为国家生产特殊镜片。1884年，蔡司公司得到了帝国国会的支持。自1870年后，原本与军备制造互不相干的工业圈积极参与到军队生产中去，工程师对战争的兴趣也日益浓厚。

军备和战争具有技术创造力，能带来高度的技术成就，这是在1900年前后海上军备竞赛之后才真正流行起来的观点。对此，里德勒强调，1870到1871年间的战争① 并没有带来实质意义上的技术进步，"而只有各行各业粗暴、不健康的扩张"。一方面，这成就了创业者的时代；另一方面，正如勒洛给德国制造所下的那句著名的判词——"价廉质差"，这是一个粗制滥

---

① 指普法战争。

造的工业时代。德国钢铁行业的技术进步也常因"克虏伯传奇"的先例而被高估。尽管已在铁路、电报和夏塞波步枪领域取得了长足的进步,但若想在技术进步方面取得今后能克敌制胜的秘钥,普鲁士军队仍有很长一段路要走。70 年代的时候,普鲁士王国陆军部长罗恩(Roon)还想用铜制火炮再次取代钢炮。坩埚炼制出的大块成型钢在枪支制造中的绝对地位也是在进入 20 世纪后才被电工炼钢所取代。[34]

在 19 世纪初,人们通常认为德国工业化是对西欧工业化的最好补充,是利用了英法两国留下的工业空隙;然而这种思想在 1871 年前后就变得过时,甚至可鄙。不言而喻,这时的德国需要广泛的工业基础和相应的销售市场。相比过去,如果说英国舰队曾被视为大英帝国规模化产品在全球销路的保障;那么此时,德国规模化生产的趋势使德国人也越来越渴望发展自己的舰队,尤其是大萧条更加刺激了人们对于"充满吸引力的巨大东亚市场"(韦勒)的想象。

德国人对权力的新认识也体现到工程师身上。大家愈发认为,德国不应再仅仅满足于模仿其他国家或低价出售低附加值商品,而是必须制定自己的方针,体现德国制造的最高品质。1866 年从曼彻斯特搬到海德堡的海因里希·卡罗甚至说,德国工业"在战场上"找到了"它一直缺乏的东西——自信,对自身实力的认识"。为专利法而进行的斗争以及随后种种专利纠纷在 19 世纪后期成为技术人员在争夺战中最关注的领域,这标志着技术发展进入到大型工业巨头与国家政治权力相交织的时代。1871 年,工程师海因里希·塞德尔还惬意地哼起《工程师之歌》,将工程师歌颂为和平的缔造者;而在 1899 年柏林工业大学建校一百周年之际,作为学生代表的他却在发言结尾处发出口号式的宣言:"技术大学将永远是战争的学术基地,为我们争取世界统治地位的和平之战提供源源不断的军事人才。"就连俾斯麦都在 1894 年向卡罗这位化学家表示恭维,称"他的发明决定了是战争还是和平"。[35]

德意志帝国有时也会发起技术国有化。80 年代，柏林能在通话网络建设方面迅速赶超巴黎，这主要归功于帝国邮政部长史蒂芬（Stephan）。起初，西门子公司认为电话不过是消遣的小玩意，甚至是"一种把戏"。帝国邮政局并不认为这项创新在当下具有发展的迫切需求（电话的刺耳铃声也只是极缓慢地渗透到德意志人民的生活当中去的），而是意在将这一对权力政治敏感的领域置于国家的管理之下，从而不再受美国贝尔公司的控制。但是，铁路的国有化和电话事业的开展都没能促进这些技术网络的活跃发展。帝国邮政局认为这种"闲聊通话"烦人又无用，直到 20 世纪仍将其主要作为政府部门、商业往来的一种交流手段；之后的联邦邮政局也延续了这种思想，直到 70 年代的时候还在奉行"限制型"电话政策。在很长一段时间内，两个人在德国国内通电话的情况就像德国人与美国人打越洋电话一样少见。[36]

随着技术大学的兴起，德国工程学比以往更具有民族特色，对于技术人员而言，拥有国外的学习经历已不再是高人一等的资本。1899 年，普鲁士的技术高等院校在皇帝的个人干预下冲破各个综合型大学的反对，获得了授予博士学位的权力，技术精英至少在表面上取得了与传统教育阶层平等的学历地位。为提高其社会地位，此时的工程师们孜孜以求，致力于将技术彰显为一流的德国文化成就。

2. 铁路作为使国家走向统一的技术，汽车作为德国式迟缓的对照

在德国人眼中，铁路建设从一开始就不仅是一个技术事件；很大程度上来说，这也是一件文化和历史政治事件。事实证明，这样的看法是完全正确的。无论从经济、文化、建筑史，还是战争、殖民史来看，铁路在 19 世纪的意义都是独一无二的。这个典型例子告诉我们，把技术仅仅理解为工具或是其他先决力量的表达方式是远远不够的；反之，特定技术组合体

才会成为推动历史前进的特殊驱动力。因此，不能把铁路本身直接看作 19 世纪的技术代表。这种技术依靠国家集中的管理和支持，对于资本的要求远远超出了以个人关系为基础的信用体系，与当时崇尚自由与个人、反对国家干预的总趋势背道而驰。起初，有的人不愿去理解，为何铁轨不能像公路那样为大多数人自由使用。各国都相继在结合铁路的经济效益和国家管理方面遇到了难题，并采用了不同办法来解决这个矛盾。从很早开始，各国的铁路系统就展现出个体差异性的特征，如在线路布局和路基建设、车头与车厢设计、桥梁和车站建筑、速度和官方人员组织等方面。

居里希（Gülich）在 1845 年写道："包括英国在内，没有任何一个国家比德国对铁路的期望更高。""众所周知，在欧洲大陆上也没有哪个国家能在这么短时间内建成如此庞大的铁路系统。"[37] 德国的铁路建设采取数条并建的政策，并且与高度工业化的蓬勃兴起密切相关。德国没有像英国那样的运河繁荣，也没有经历像法国那样的公路建设时代。对于德国人来说，交通体系中铁路的重大意义就像从中世纪到现代的飞跃一样，尽管我们如果仔细考察的话，这种转变其实也并非多么突然。铁路建设能促进国土的开发，为工业和技术带来新的动力，因此与其他欧洲国家相比，德国的情况与美国更有可比性。李斯特也在他对铁路的宣传中告诉德国人，比起英国，美国才更应该成为德国的榜样。

在最初计划修建铁路时，德国人发现，德国的铁路建设条件似乎比英国和法国"更加困难和复杂"。作为上升中的工程师阶层的代言人之一，铁路工程师马克斯·玛丽亚·冯·韦伯在 1877 年提醒众人：

"可以说，德国技术是在其'幼年期'猝不及防地遇到了铁路事业的发展机遇。它没能像英法一样经历从幼小到强大的完整过程，因此没有完备的道路和水利设施去支撑它成长变强的过程，不能培养出令人肃然起敬的名家工匠、也没有组织完善的机构和

> 高等技术院校，而铁路却要求它提供成千上万的专业劳动力……
> 一个连土地测量都不会的人现在要去记录铁路线路；砖瓦工头、
> 失败的建筑师、装配工和中型机械厂的小领班突然一下就成了如
> 此重要的铁路事业中的工程师、机械制造师，等等。"[38]

即使德国铁路不是像韦伯所夸张描述的那样实现了从无到有的飞跃，德国的工程业也受到铁路建设深远而广泛的影响，在起步阶段就比英法更具有特色，其踪迹贯穿现代的德国技术史，时至今日仍可见一斑。在过去，人们往往认为德国的特殊机遇蕴藏在那些富裕国家所忽略的小事中，此时人们才发现，德意志技术在大型机械工程方面足以加冕称王。对于一般民众的普遍感受而言，铁路就是现代技术的象征，因为这是第一次所有人——包括从未见过工厂内部运作的人，亲眼见证一个大型机械的诞生；它激发了人们新的感知方式，给予了人们新的感情和精神体验。

除了缺乏相关合格技术人员，德国铁路建设的第二个主要障碍是德国的政治分裂。但正因为如此，自第一条铁路修建起，人们就对这场交通业的革命寄予厚望，期望火车能冲破德意志内部的阻碍。这是德意志人民第一次隐约地意识到，政治上看似束手无策的难题，可以从技术上找到突破口。此外，如果铁路能迅速地将食物从过剩地区运往紧缺地区，并将衣食无着的无产阶级运送到需要劳动力的地方，那么迄今为止普遍存在的饥荒问题似乎也能在技术上找到解决方法，从而不再成为激发社会革命的源头。最初，德意志境内邦国林立的现象是铁路事业发展的桎梏，但在19世纪中叶以后，各邦国之间的公开竞争反而成了铁路事业发展的动力。[39]

最初对铁路建设的怀疑和反对在后来被严重夸大。很明显，有的人想借此说明，一切想要阻止技术进步的做法都是徒劳。据称，来自巴伐利亚皇室

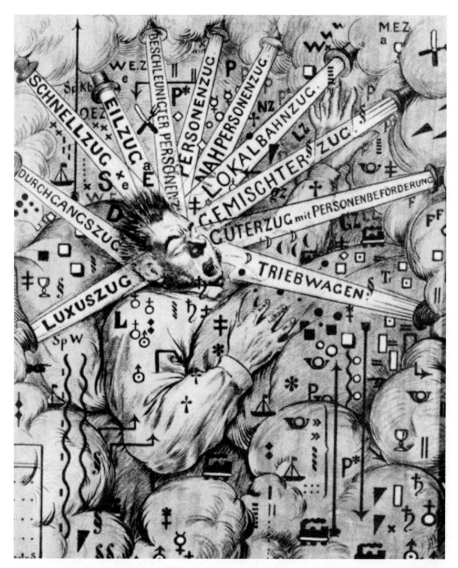

图 10：1904 年的一幅漫画：《平佩尔胡伯先生（Herr Pimpelhuber）在学习了最新的铁路线路书之后的梦想》——当时人们普遍反映现代化的节奏令人焦虑，紧张的现代化生活成为讽刺的对象。速度的提升迫使人与人之间不再用话语交流，而是改用符号。这幅漫画大致反映了当时铁路能提供丰富的选择，嘲笑了小市民对此的顶礼膜拜。在漫画中虚构的小市民角色看来，这种过于广泛的商品供应只是一种令人抓狂的苛求。然而，这种小市民形象是否在当时十分普遍，这一问题仍值得怀疑。

医学院的警告说，仅看到全速行驶的火车就可以让人精神错乱。许多具有广泛群众影响力的读物都引用了这个说法，如特雷奇克（Treitschke）的《19世纪德国史》，马乔（Matschoß）的《蒸汽机史话》，乃至希特勒的《我的奋斗》。不过，巴伐利亚皇家医学委员们想尽一切办法也没能找到相关这个说法的依据。只能说，从一切迹象来看，这只是一个传说，意在讽刺技术批评者的愚蠢。事实上，这种对于火车的怀疑确实存在，且通常是理性的。反对之声主要是基于火车带来的巨大财政风险和经济区位条件的变化。就连本质上并不是铁路反对派的酵母制造商舒查德都表示，"如果所有主要交通都集中在一点上的话"，"这种巨大的变化实在是令人感到害怕"。因为这就意味着，"某些没有铁路的整个地区都可能被隔绝，甚至最终沦为荒漠。"还有的争议则仅仅针对铁路建设的速度。从技术角度来看，等待其他国家的经验也不失为一种理智、谨慎的做法。

如果考虑到铁路建设早期就显露出来的深远影响，那么各位读者就不会对这类担忧感到惊讶，令人惊奇的反而是——为何与法国相比，德国原则性的反对之声是如此之少？[40] 原因之一可能是区位变更的幅度并不大。换句话说，近代早期，城市产生的经济活力又通过铁路回到城市，由于海上世界交通的发展而失去意义的内陆贸易路线也再度恢复活力。就像经济的发展主要依靠可再生资源，只要大都市的经济增长与自然条件相矛盾并导致频繁出现供应困难，铁路的出现就奠定了城市发展的技术基础。也有的地区因为交通闭塞导致一直处于工业化早期，经济生活尚且处于分散化，铁路的出现也给这些地区带来了新的经济机会。

然而，就其本身而言，德国的大部分地区对于铁路没有紧迫的经济需求——尤其德国北部的柏林周边；从地理状况来看，巴伐利亚也有许多运河尚未利用起来。同时，这种需求也并非不能通过其他方式满足。而且，如果从现实和项目工程两个角度去分析英国、法国或美国的情况，在19世纪中叶的人们会认为运河将成为未来交通运输的血管。比如，歌德就曾在 1827 年 2 月 21 日对埃克曼（Eckermann）表示，他很想去巴拿马、苏伊士和美因－多瑙河运河上体验一番。对于木材，水路是最理想的运输路线，对于铁路发展之前的煤炭也是如此。譬如，煤炭运输给英格兰带来了运河繁荣；1780 年左右，鲁尔河也开始进行煤炭航运。然而，在德国铁路事业起步阶段，煤炭运输只起到了一种"完全从属的作用"（弗雷姆德林，Fremdling）。科隆－明登铁路的路线就没有经过当时已开发的采矿场。即使是专门为煤炭运输而建造的铁路在最初也没有达到预期的效果，如柏林市直到 1910 年还有 57% 的煤炭依然通过水路运输。[41]

　　这所有的一切都表明，不同于大众的普遍看法，木材供应危机实际上并没有给煤炭、铁路带来多少迫切需求。如果真的到处都存在着严重的木材短缺现象和对煤炭的迫切需求，那么人们首先想到的也必然是运河才对。然而事实上，即使社会上充斥着对铁路与运河的讨论，人们也很少听到对发展运河的呼吁。李斯特宣称，一旦铁路建成并得到完善，"运河和沼泽也就没什么区别。抽水还是开闸，运河的管理到时候可以完全取决于公共生态效益"。以巴伐利亚国王路德维希一世之名命名的美因－多瑙运河称得上是当时最轰动的"德意志国家项目"，被誉为德国通往亚洲的门户。但与纽伦堡－菲尔特的铁路不同，这条运河是政府出资建设的项目，在股市并没有得到热烈的反响。与英国人不同，德国人对运河航运没有根深蒂固的感情和坚持。只有在后来对抗铁路垄断时，德国人才主动站到运河航运的一边。[42]

　　相比铁路激起文学爱好者创作了一批又一批的作品，19 世纪的公路建设所获得的关注显然要少得多。毕竟，这是一个充满变数和变化的时代。18 世纪法国人在公路建设上的投入实在是让德国人大吃一惊，而 19 世纪初由美国人约翰·劳登·马卡丹（John L. MacAdam）发明的碎石路面（马卡丹化路面）则性价比更高，更具吸引力。象征着交通新时代的不只有风驰电掣的火车头，也有路边缓缓运作的压路机。

在公路建设中也会时不时像铁路建设那样出现德意志内部的竞争。1830 年左右，普鲁士就与一些相邻邦国爆发过"公路战争"。路况的改善使得两轮手推车有可能会被"大型德式货运车"代替。这种货运车是当时的一种创新，其负重量相比两轮手推车明显更胜一筹。钢螺旋弹簧（减震）等技术上不起眼的创新反而大大改善了人们的乘车体验，以至于有人说："直到那时，驾驶才真正成为一种享受。"[43]

1821 年，普鲁士邮政专员施米肯（Schmücken）效仿英国引进了邮政快车，世人皆"为其速度感到震惊"。这种邮车不仅有准确的行车时刻表，而且令人信赖、十分准时——这多亏了系统规划、"计时时钟"和迟到罚款制度的配合与监管。在铁路推出新标准和马拉邮车成为旧时代略带可笑意味的缩影之前，这是一场真正的交通革命。在德国第一条铁路线通车（1835 年）后不久，波普还称赞马拉邮车"出色且十分实用"，"为人类文化的进步和提高生活舒适度做出了巨大的贡献"。特雷奇克回忆称，在铁路建设开始不久之前，所有人都还以为"下一项任务"是"扩建翻新公路系统和配备邮政快车"。[44]其实从地方层面来讲，铁路为公路建设提供了强大的动力，因为铁路的优势只有通过支线公路才能充分发挥。但是，大部分乡村道路已失去在长途交通中的意义。因此，普鲁士于 1875 年下令，将所有道路的建设和维护工作移交给地方政府部门。[45]

铁路的繁荣是德意志发展的转折点，它不仅意味着人们对经济技术观点与视角的改变，也让人们尤其注意到了德国动力在这其中发挥的作用。铁路旅行的经历使德意志精神更具黑格尔式的思维结构。正如大卫·弗里德里希·施特劳斯（David Friedrich Strauss）在 1841 年从海德堡乘火车到曼海姆后说的那样，"这种抽象化的概念，个人就好像被一股大众的力量拉扯着向前"，就是"我们在科学中所提倡的原则"。铁路的巨大成功创造了一定的技术进步范式：这是一个全新的开端，是大型机器、力量完全集中与网络化系统的发展。这种进步，即使在最初伴随着巨大的技术风险和经济风险，也依然能够创造出人们对它的需求。

铁路的安全隐患问题自一开始就备受关注。1830年，从利物浦开往曼彻斯特的首发车把赫斯基森（Huskisson）"碾得血肉模糊"，要知道这位不幸的受害者可是议会中铁路建设最坚定的支持者之一。[46] 但是，铁路的例子已显然告诉我们，最好勇敢地承担技术风险，胆怯的人在最终都只会遭到嘲笑。马克斯·玛丽亚·冯·韦伯生动地描述了铁路事业在各个方面显露出来的民族特征。在韦伯看来，"一知半解的业余人士和及其主观臆想占据主流，他们比完全外行的想法带来的损失更大"，给德国带来的损失比给其他国家更大，而德国早就深受其害。尽管如此，人们在建造铁路路基时还是没有采取李斯特的建议，而是以英国为模板；而德国铁路的"上部结构系统自有特色"，在早期就很明显地显示出缺乏铁矿资源的德国能够利用相对丰富的木材资源进行规模化生产。"因此，建筑物和桥梁主要以木质建筑为主，上部结构由少量的铁制品辅以大量的木材建造而成"，这类似于当时美国的做法。同样地，德国也尽量避免建造成本昂贵的桥梁和隧道，而宁愿去修建更多的弯道。到处都是铁路与公路的平交道口，这种状况一直持续到20世纪。德国的多数路段都是单轨。[47]

此外，彼时德国的工资成本相对较低，铁路的建成速度快得惊人，甚至在施工过程中，一个路段的开通都会带来盈余。德国铁路建设的经济风险相对较低，尤其公路或运河的竞争相对较少。就这点来说，德国的铁路有很大的布局空间。根据当时建造部官员的指示，这些空间主要用于车站的修建。于是，这些车站就成了铁路功能的典型石质象征。在普鲁士，这种趋势在铁路国有化之后的19世纪后期达到了爆炸式的高潮。[48]

进入19世纪40年代后，德国铁路建设对工业发展带来的效果开始显著体现，产量、技术与组织都有了明显的改善。这种情况不仅出现在德国北部的钢铁、机械工业中心，南部的卡塞尔（亨舍尔公司）、纽伦堡（克莱姆－克莱特公司）、慕尼黑（玛菲机车厂）和埃斯林根也是如此。1842年，普鲁士拥有了第一台自主研发的机车；1847年，德国机车数量首超英国进口机车；1855年，国外生产商就被"百分之百"地排挤出了德国市场——在大型机械制造领域，机车成为德国最早的出口商品。[49] 机车发展的过程速度之快、影响力之强让人感到惊讶，这与半个世纪前德国刚开始建造蒸汽机时的弱小状况形成了鲜明的对比。同时，这也明显地对比出，从上而下和从下而上进行的技术创新过程有多么不同。

无论如何，德意志凭借最强大、最复杂的技术进入高度工业化时代，这一点还是十分特殊的。按照格申克龙得出的一般性结论，落后的国家需要最先进、往往是已成体系的技术来作为发展的推动力，但这个理论具有一定的误导性。许多其他国家，如意大利，完全没有考虑将铁路技术作为"腾飞"的切入点。即使是萨克森州的早期工业化，按类型仍可以归类为木材和水力发电时代，铁路建设也没有发挥主导作用。铁路建设只有针对以煤炭、铁的大量生产和已经成为独立分支的机械工程为基础的工业化类型才能充分发挥作用。按照普遍的说法，德国的技术水平还远远落后于英国，且这种差距在19世纪上半叶还在不断拉大。但是，如果这种说法成立的话，那么德国机车、车厢制造、桥梁技术和信号技术的迅速崛起就无法解释。事实上，德国之所以能够"腾飞"是因为彼时德国的机械制造已有了众多发展的萌芽，即使这种萌芽往往不太起眼，甚至隐藏得比较深。此外，铁路建设的技术影响还受到区域、部门的限制。[50]

像电气化的第一阶段一样，在机车建设的起步阶段，柏林也发挥了特殊的作用。大都市的城市状况是这项技术取得突破的决定性区位因素。根据煤炭贸易商埃马努埃尔·弗里德伦德尔（Emanuel Friedländer）的说法，机车建设使博希格公司从手工业起步，一跃成为"德国最大的研究所，也许也是欧洲最大的研究所"。与煤炭的深井开采、贝塞麦炼钢法的发展趋势相同，机车建造从 19 世纪前期也逐渐走上了之前没有过的规模化生产道路。1853 年，在普鲁士境内铁轨上运营的 729 台机车中，有 414 台是由博希格公司（Borsig）建造的；有 34 台机车是另一家柏林的公司韦勒特（Wöhlert）建造的，剩下的其他公司加起来的产量也只有韦勒特公司的十分之一而已。1854 年，博希格庆祝了第 500 台机车的下线；1858 年，博希格（Borsig）为其机车产量突破 1000 台而举行了盛大的庆典。就这样，博希格（Borsig）以其惊人的生产记录被工业世界展览的新时代捧上神坛。《凉亭报》（Gartenlaube）对一千辆机车的成就赞不绝口："普鲁士站在了工业领域中一场无硝烟的民族战争的胜利巅峰。"那时，博希格公司的生产规模甚至超过了美国的标准。即使不以 20 世纪的标准，而是按当时的标准来衡量，这已经属于大规模生产了。大型企业以车间为单位进行组织，产量的提高大致与工人数量的增加成正比。这表明，企业的扩张不再依赖机械化程度的飞跃。另外，机车制造也一直没有按计划的那样走向标准化生产，一直到 1920 年前后修建德意志帝国铁路时，德国国内尚有大约 300 种不同类型的机车，这对合理化改革的推行者来说是一个巨大的挑战。较大的联邦州都有各自的机车设计标准。[51]

不过，铁路对技术以及科学的影响自一开始就惯于被夸大。再次引用马克斯·玛丽亚·冯·韦伯的话来说，铁路"将工程技术科学、测量学、机械学、静力学、动力学如此迅速地提升到了一个非同寻常的高度，而在通常情况下，这需要几个世纪的时间。"正如巴德尔在 1835 年所写的那样，有了铁路才使得机械学成了一门关于运动的学说；"机械学原来只有被动移动，而没有主动位移"，"是对铁路的改进才使我们走出了原本泥泞难行的道路。"[52] 在此之前，所有运动都主要由克服摩擦完成，而铁路的运动方式超出了当时的理论范围。铁路展示了等效力和运动的实用价值，支持了机械学在此基础上展开的理论发展。在 19 世纪 40 年代，德国、英国和法国的一系列研究人员各自独立地提出了力的概念、后来的"能量"以及封闭系统中的能量守恒原理。托马斯·库恩表示："同时代的发现中，科学史上没有比这更令人印象深刻的例子。"同时，这个例子也贴切地说明，技术是如何给予物理学理论以灵感。我们必须承认，即使包含纯理论的因素，能量的概念也并不来自研究者的书房。

当然，铁路对钢铁生产和机械制造的影响才是最直接的，铁路加快了搅炼工艺的普及。直到 40 年代之前，搅炼工艺在德国的普及一直很缓慢。虽然早在 1793 年就在奥地利克恩滕州进行了测试，但几十年来搅炼一直被当作缺少木材而依赖石煤的地区的低质代用品。虽然对枕木的巨大需求帮助建立起现代的木材防腐浸渍处理和木材研究，但铁路也以多种方式确立了木材在燃料与建材领域的决定性地位。1850 年，德意志各邦国达成一致，不再使用木材建造铁路桥梁，这导致人们对木质桥梁普遍失去信任。铁路行驶到哪里，以木炭为基础的钢铁生产就在那里变得愈发关键，焦炉就会在那里高高竖起。

无焊缝的铁路车轮使火车的速度提高到 40 千米 / 小时以上，这树立了克虏伯公司的企业名誉并成了公司的标志。克虏伯钢材的特殊品质基于传统坩埚炼钢工艺与严密的大型公司组织的结合。而另一方面，德国工业的铁轨生产却没有赶上火车头和车厢制造的速度，钢轨轧制技术明显落后。位于纽伦堡的克莱姆－克莱特公司（Cramer-Klett）的崛起对车厢制造效率的提高起着重要作用，这家公司便是曼恩集团（M.A.N.）的前身。这种以批量生产为基础的生产分支加速了木材加工机械化的过程。从生产技术角度来看，这种推动力是值得注意的。如果没有这种推动力，木材加工机械化在德国的发展还将是一个漫长的过程。1854 年，克莱姆·克莱特公司因在慕尼黑建造了玻璃展览中心而引起了轰动，其工期只用了一百天。尽管它在规模上并没有超过位于伦敦的玻璃展览中心，但在建筑速度和材料

图 11：1899 年，克虏伯公司的工人正在手动运输轮胎。各位读者可以认识到，机械化的各个
阶段都对工人的体力提出了更高的要求，尤其是在运输的过程。无焊缝、铸钢制成的极限荷载
铁路车轮在克虏伯大炮之前就已经树立起克虏伯公司的威望。克虏伯的公司标识——三个环状
物其实代表的就是铁路的车轮。[53]

经济性的方面都有了更大的进步。

铁路大繁荣后紧接着是铁路电报通信的发展，然而，电报占领铁路通信系统的步伐却十分缓慢。1870 年时，由于战争打乱了行车安排，西门子公司研发了一种自动双向信号系统以实现单个路段上的自动开关闸机控制，公司暂时性地成了"信号系统建设单位"。看上去不出一二十年，机车电气化就会变成现实。然而事实上，电学实现突破还需再等待半个世纪。[54]

就像俾斯麦的胜利一样，铁路的多维度展开使自由主义的基本原则陷入了迷惘。本来，自由主义者必定反对国家参与到铁路建设中来，有的时候他们也确实是这样做的，如 19 世纪 60 年代普鲁士宪法危机事件。但除此之外，正是普鲁士自由主义者大力推动了早期的国有铁路的建设。德意志大大缺乏的风险资本恰恰是快速推进私有化铁路建设中必不可少的关键，因此社会各界对国有铁路建设达成了广泛共识。即使国家方面有时会在铁路问题上假装让步，但事实上，德意志铁路建设从来没有过真正的"自由时代"。1871 年后的普鲁士铁路全面国有化基于之前的"逐步国有化"时代得以全面展开。1901 年，普鲁士海贸公司前董事长奥克塔维奥·冯·泽德利茨 – 诺伊基希（Octavio von Zedlitz-Neukirch）回忆称，铁路国有化是"普鲁士这个国家有史以来可以想象得到的最辉煌的一笔金融交易"。

在随后的时期中，受农业利益的影响，新线路建设的"绝对重点"转移到"普鲁士东部的农产品供应支线"和小型铁路建设上来，东部成为帝国小型铁路网最密集的地区之一。国家试图通过降低建筑标准和批准窄轨铁路的建设来降低小型铁路的成本，但铁路必须在商业有利可图的程度上实现小型化。遗憾的是，小型铁路未能再现长途铁路国有化的财政成功，也未能如期带动东部经济的发展。

铁路主线的扩展陷入停滞，博希格公司的机车制造也陷入严重的危机。

从一定程度上说，国家也在支持速度的提升，如 1892 年引入特快列车。但主流观点是，现有的上部结构不允许速度超过 100 千米 / 小时。"谨慎行动"是"国家铁路局决策技术人员应尽的义务"。一位建造部委员在 1898 年解释称："我们的时代已足够紧张与匆忙，不应再通过提升铁路速度去助长这种社会氛围。"自 19 世纪 80 年代以来，对"现代化紧张"的抱怨如洪水般影响到人们生活的方方面面。[55]

根据德意志工程师协会理查德·彼得斯（Richard Peters）的说法，国家工程局的传统导致了"异常且不公的事实"，"国家铁路中所有最高的技术职位仅由建筑部官员担任；而机械工程的总负责人，尽管他们有着如此重要的影响力，却无法进入领导层"，1867 年的普鲁士也确实是这样的。大城市的火车站成了名垂青史的豪华建筑，建造火车站成了建筑师最高的目标。然而，直到第一次世界大战结束的时候，铁路建设和路段维护都还几乎完全由手工完成。[56]

20 世纪早期的德国比西欧各国和美国更致力于扩建大众交通，尤其公共短途交通系统。那时，人们所认为的公共利益就是将德国大城市的内部建设得比英美更稠密，以现在的眼光看来，这当然只是一种不明智的虚假繁华。维尔纳·桑巴特预言说，交通运输业的"上一个时代"即将"结束；接下来，火车将经过家家户户的门口。这其中，二级、三级铁路的发展发挥了尤其重要的作用；也就是说，这是窄轨铁路系统的功劳。"可见，如果真的达成了这样的程度，就不会有人再对公路上跑的汽车感兴趣。1895 年，农民联合会要求建立小型铁路网，在平坦的土地上，两个相邻火车站的距离不应超过半德里（即 3.7 千米）。[57] 这也就是说，这需要把普鲁士的铁路网再延伸约 56000 千米，也就是现有铁路网的十倍！

城市短途交通在 19 世纪末的电气化浪潮中受益。显而易见，使用电力驱动是对有轨电车而言最方便的动力形式，许多城市因此建造了"电力总站"，并从一开始就将其作为未来城市网络来进行规划。汽车得到普及后，电车就开始显得可笑且不便于交通的进一步发展。即便如此，维尔纳·黑格曼（Werner Hegemann）仍称他发明的电车"至少在技术上"也像哥特式大教堂的建筑技术"一样巧妙"。1881 年，世界上第一辆有轨电车由西门子制造并在柏林运行。但是之后柏林市政府一直反对架设空中电缆。直到有轨电车在美国城市里发展起来，并于 1890 年左右再度传播回德国后，有轨电车才在德国迅速推广开来；到 1898 年的时候，已然有 69 个城市开通了有轨电车。像其他欧洲国家一样，许多人抱怨空中电缆破坏了城市熟悉的样子，但不久后德国民众的接受度就超过了西欧其他国家。柏林城市电车、伍珀塔尔悬索铁轨等自建路轨的城市铁路网都被国际社会奉为典范。[58] 在这个过程中，人们激烈地讨论了哪种交通技术适合德国国情，而这些讨论也产生了实际的作用。这与汽车的情况不同，汽车的推行就像一个自然进程一样顺利，批评者也只能在谴责中表达愤怒，但并不能改变事情的进展。

自行车和汽车在今天看来不过是两种交通出行方案，然而在世纪之交（19 世纪和 20 世纪），这两种交通方式都被视为现代化速度狂潮的体现。从中，人们不禁体会到一种历史的讽刺——从历史角度来看，自行车为个人提供了一种全新的速度体验，而这又直接导致汽车对自行车完成速度的超越。由于雄心勃勃又经验不足的自行车骑行者往往会突破自己的力量硬撑到底，因此许多初次尝试自行车的人会质疑自行车是否有利于健康，不过很快医生就认可了这种新的运动方式。将自行车与汽车看作一种运动方式，这最初是由一群志同道合的体育爱好者提出的。不得不说，这也是一种技术推广的新方式。这两种新的个体化交通方式也创造了广告史的新时代，其中速度竞赛与新颖特别的技术哲学观功不可没。甚至就连汉斯·德布吕克（Hans Delbrück）这样代表着威廉二世时期"世界政治观"的首席思想家、历史学家也预言称，工人的脚踏车将解决社会问题，而"人民的

图 12:《自行车瘟疫与汽车闹剧》,一位名叫埃米尔·荣格(Emil Jung)的博士于 1907 年发表的论战小册子。在图中,自行车不是汽车"温和"的替代品,而是以同样的方式体现了新交通技术所带来的忙碌节奏是如何打破人们的宁静平和的。实际上,自行车骑行从一开始就主要是以赛车运动的形式出现。副标题看似由一位法律工作者撰写:"一篇关于休息权的文章"。封面图片的绘画作者似乎也在暗地里同情骑单车的人。可以看到,骑车者兴高采烈地超越了那些僵硬而紧绷着的驾车者,他们因带着护目镜而被遮住了面容。

未来"则在"脚踏车上"。

自行车最划时代的意义在于通过骑行实现了技术与身体的结合,给予了骑行新的体验。在自行车上,人们可以体验在木轮车^①上只能去想象一下的风景。科学家们也没有预料到,如果静止,人会从自行车上跌倒,但是通过运动却可以获得安全的平衡。更重要的是,人们可以充分感受到自己的力量,这是未知的力量,深吸一口气便能疾驰如飞!一言以蔽之,这就是现代化的基本体验。自行车突破了人们对技术的想象力。一直到 1900 年左右的时候,技术文献仍局限于能量来源的狭小视角,认为非蒸汽或电力驱动的车辆都是不严肃的。毋庸置疑,自行车使人们获得了新的生命体

① 木轮车(Draisine)是一种由德国人德莱斯(Drais)发明的没有踏板的人力两轮车,是现代自行车的雏形。木轮车的前轮上有一个控制方向的车把子,以改变前进的方向。但是骑车时要用两只脚,一下一下地蹬踩地面,才能推动车子向前滚动。

验，而当时的青春艺术风格[①]和生活革命也对此推波助澜，还包括新生事物对人的刺激。如今的骑行者已无法再感受到世纪之交时人们那种无限的兴奋。世纪之交（19 世纪和 20 世纪）之际，自行车的价格在短短十年内下降到原来的十分之一——从 200—300 帝国马克（1939 年之前，2.5 帝国马克≈1 美元）降到 20—30 帝国马克。自行车展现出几乎其他任何产品都无法比拟的规模化生产的可能性，这种浪潮远远早于汽车的普及。[59]从技术，尤其心理学的角度来看，自行车是汽车乃至早期飞机的起源。卡尔·本茨（Carl Benz）就曾描述过汽车的概念是如何从他骑脚踏车的经历中产生的。然而，尽管世界上第一辆自行车是由巴登的卸任林务官卡尔·冯·德莱斯（Carl von Drais）于1813年建造的一辆几乎全部由木质材料构成的木轮车，自行车最初还是作为一项英国技术而得到推广；就像第一批汽车由德国建造，却作为法国技术得到推广。[60]在人类进入大规模生产钢铁的时代，尤其是进入殖民地橡胶生产时代后，自行车才成为了大众舒适的交通出行方式。

德国的汽车行业相比法国一直落后，直到 20 世纪 60 年代才赶上法国，这也是一直以来人们津津乐道的话题。如果说驾驶汽车不是人类的自然本能，那么法国人的在速度上的迅速发展就难以解释。早先，不仅只有德国存在对早期汽车文化的抗拒，其他西欧国家也普遍有此类问题。地方一级比在中央更加抗拒，这也就是为什么集中制的法国在面对汽车热的时候比德意志帝国更疯狂。在德意志，皇帝本人及其兄弟海因里希亲王（Prince Heinrich）是赛车比赛的支持者，汽车活动背后最强的王牌，其中海因里希亲王在 1900 年左右的时候还是狂热的自行车发烧友。西欧在自行车和小汽车中的领先地位可以在一定程度上从西欧运动与竞技运动的发展起源中

①　青春艺术风格，1900 前后西方的一种艺术创作方向。名称来源于自 1896 年在慕尼黑出版的画报"青春"。青春艺术风格是在 19 世纪末、20 世纪初形成的一种艺术风格。主要表现在工艺美术、房屋的建筑和内部装潢、绘画和雕塑方面。其特点是大量采用装饰性曲线和植物或其他抽象的平面图案。

得到解释。一向被认为是迟缓而谨慎的德国人，其上层阶级一般相比西欧封建贵族精英更加在意马匹与装备所象征的社会地位。无论如何，汽车达人在法国美好年代①的上层阶级中比在德国上层阶级更受欢迎，这种类型的富贵闲人喜欢将运动当作一场表演来展示。

"速度（Tempo）"一词在 1900 年左右从法国传到德国。卡尔·本茨认为 50km/h 的速度已足够快，他希望汽车能够适合现有的公路交通体系，而不是与特快列车竞争，但他对赛车的反对却徒劳无果。亨利·福特也是这样的看法，他认为，相比于对速度的追求，简单性与稳健性才应该是在制定技术策略时首先考虑的因素。法国良好的道路网络无法充分解释当地早期的汽车繁荣，这方面需要看看美国——福特汽车在美国那种差得多的公路上也走上了批量化生产的道路。此外，法国当时最为繁荣的还是市场营销行业，以至于营销可以脱离汽车生产独立发展成一门业务。相比美国，法国才是当时名副其实的"广告之乡"。[61]

最初，德国汽车的燃料是从国内获取的——苯，有机化学的母体。由海因里希亲王倡导，苯自 1904 年以来一直用作汽车燃料。苯原是煤气厂和炼焦厂生产出来的副产品，在那时候产量远远超过需求。[62]然而，当时德国主流的技术范式是基于蒸汽机与电力的技术，因此汽车，尤其自行车与此并不相符，因而遇到了一定的发展阻碍。正如柏林工业大学机械工程教师奥托·卡默勒（Otto Kammerer）在 1910 年所说："发电和配电是新时代技术最重要的两个基本思想。这两种思想的结合构成了过去十年机器技术进步的真正基础。"[63]

这种思想的逻辑首先促进了大众电动交通工具的发展。我们不禁发出疑问，为何技术没有沿着这个方向继续发展下去。奥斯卡·冯·米勒并没

---

① 该年代开始于 1871 年，拿破仑三世被俘，法兰西第三共和国建立，结束于 1914 年，第一次世界大战开始。这个时期的主旋律是和平与发展，经济环境良好，在乐观的氛围之中，科技与文化都收获了长足的长进。

有在他建立的德意志博物馆中展出汽车，而是出于个人的原因展出了有轨电车。从一开始，汽车的吸引力就在于它可以由个人灵活驾驶，对此，社会精英阶层最早表示出兴趣。1900 年左右的《电动世界》杂志首次将电动发动机形容为"最方便、技术上最简单的"驱动装置。当时，西门子致力于研究一种无噪声、无异味排放的电动汽车，甚至保时捷也参与了这项研究。1911 年，《普罗米修斯》杂志还赞誉了这种"从卫生角度来看绝

图 13：1930 年，位于德意志博物馆中的奥斯卡·冯·米勒和亨利·福特。德意志博物馆的建立者米勒有着典型的传统巴伐利亚人的外貌特征，而他对面的是最具美国气质，最能代表美国技术的美国人——福特。福特送给了米勒一辆福特汽车。米勒将它放在博物馆中，但并没有为汽车在博物馆中开辟一个新的单元以表敬意，而是继续在博物馆中展示电车。

对最理想的汽车"。然而,沉重的蓄电池限制了电动汽车的行驶效率和速度提升,对于追求速度与追逐感的汽车发烧友团体来说这完全没有什么吸引力。由于电池的进一步发展陷入困境,电动汽车也暂时陷入沉睡的命运。

其实,现代汽车交通的所有基本问题早在汽车发展初期就已经初见端倪,引起的激烈反应甚至比数十年之后还要强烈。这是因为在 1914 年之前,大众还没有完全接纳汽车,面对交通受害者依然群情激愤;路人被轧伤的景象使人们联想起对驾驶者采取的严厉惩罚。最近,有一位戴姆勒 – 奔驰公司的前开发主管提出一个问题:如果在早期对汽车进行技术影响评估,是否汽车就"不仅仅只是会被禁止了"?[64] 这可以看作是反对技术评估的理由。当然,各位读者也可以有其他的观点。与铁路不同,汽车是第一种机动的个人交通工具,越来越多人将其理解为一个涉及个人的决定,而不是一个政策问题。总的来说,尽管 1900 年前后的技术发展越来越具有政治意义,而不是仅仅遵循纯粹的技术逻辑(在世界大战时期更是如此),但它越来越不被看作是政治决策领域的问题。另一方面,在 19 世纪依然相对清晰有形的新技术,在进入 20 世纪后逐渐建成了一座令人看不透、想不明白的技术城堡。

3. "价廉质差"——世界博览会与技术的民族主义

1851 年于英国伦敦举办的万国工业博览会以及其后的一系列世界博览会都相当生动地展示了 19 世纪中叶的时代鸿沟,深刻地影响了公众对于 19 世纪下半叶技术的认知。19 世纪末,一系列的国际电力展览将这个技术全面繁荣的时代推向了最后的高潮。相比于爱出风头的法国,英国一向以保守形象示人,不愿举办大型博览会。此次世界博览会序幕的拉开,象征着英国从反对工业间谍活动到展示自己技术成就的转变,从保护主义到自由贸易的转变，以及从 19 世纪上半叶深刻的社会紧张局势到社会政治走向乐观的转变。自此，大大小小的博览会都会通过艺术和文化产品全方位地展示各项技术，并将技术呈现为一种文化行为，甚至是一种"仙境"。将技术看作一种公共活动、节日文化及国家民族间竞争的标志和舞台——这一切必须基于一定的技术水平；在这种水平下，技术不再仅仅是纯粹实践意义上偶得的个别产物，而成了一个展示现代化的奇珍异宝陈列馆。此外，德国的工业展览业也乘着 1844 年柏林贸易展览会的东风获得了第一次蓬勃的发展。

在各种世界级展览会上，展品往往以国家分类。以往也有展览会尝试以物品种类替代这种分类准则，但并没有得到沿用。由此，世界展览会就俨然成了世界顶级工业和手工业尖端成就的国际较量场，为人们提供了源源不断的素材，人们对各国技术所展示国家面貌评头论足，获得了前所未有的深刻印象。[66] 同时，世界博览会教会人们不仅从实用性的角度去看技术，而且也从国家声誉的角度去欣赏技术。尖端技术成就通过展览会获得了更多的关注——尽管当时这已经超出了其本身的经济价值，但却影响了人们对工业和技术的看法。

从一开始，克虏伯的铸钢大炮和大型钢块在德国各工业部门中就十分引人注目——尽管当时没人愿意购买克虏伯的大炮。1851 年，除克虏伯外，西门子 & 哈尔斯克公司也凭借其指针式电报机获得了万国工业博览会的最高奖项，而此时的西门子公司正因失去普鲁士政府的支持而为生存苦苦挣扎。以高压热蒸汽弯曲法制造的托内特椅子在风靡市场之前就已引起了伦敦方面的"特别关注"。以机械化批量生产为标志的"美国系统"最初通过 1853 年纽约水晶宫世博会而为人所知，尽管当时它更像是一种理想，而不是一种广泛应用且经济合理的生产模式。自 1862 年伦敦世界博览会以来，德国焦油化学带来的染料技术一直是新的吸引力。这给人一种印象，好像化学已经成了德国经济的领头羊似的。然而，这不过是人们远远超出事实统计的一种心理暗示。事实上，即使在 1914 年"一战"爆发之前的几年中，化学工业也仅占德国工业生产总额的 2.3% 而已。[67] 在 1867 年的巴黎世界博览会上，德国的汽油发动机获得了金奖，其效率可达雷诺煤气发动机的两倍，并因此更受人们的青睐。这一轰动性的事件使汽油发动机在没有经济利益基础的情况下也获得相当的重视。位于德国开姆尼茨的兹莫曼（Zimmermann）公司所生产的机床在 1862 年伦敦世博会与 1867 年巴黎世博会均斩获头奖，尽管此时的机床工业主要面对当地市场，直到 20 世纪才成为德国领先的出口行业。在 1867 年巴黎世博会上，德国弗尔特（Voelters）公司生产的木浆纸获得了银奖，而此时，在德国仍有许多人对木浆纸抱有强硬而确有依据的偏见。1878 年巴黎世界展览会上，弧光灯的"奇迹之光"吸引了公众的目光，而当时专业人士仍对这种电灯持怀疑态度。"高速钢"一直被专家看作是美国方面虚张声势的噱头，直到在 1900 年巴黎世博会上亮相，欧洲才迅速接受了这种钢材。[68]

1881 年在巴黎举行的第一届世界电气工程展览会表明，继法国之后，西门子公司成了欧洲电力领域的领跑者。1893 年的芝加哥世博会使德国的技术人员充满了威廉二世时代 ① 的优越感——德国的技术似乎已站在欧洲的前列。勒洛曾指出，德国机床在精确度方面落后于美国机床。事实证明，他又一次扮演了卡珊德拉式的角色。不过在进入 20 世纪后，人们不难从各个世界展览会上看出，德国在机床制造方面逐步追平，甚至部分超过美国。[69]

进入 20 世纪后，各种世界博览会很快失去了其传播技术进步的价值。当时，德国人普遍认为博览会已经"过时"了。各国之间在技术上的敌对竞争比和平竞争更吸引眼球，不过刻板印象中的克虏伯大炮仍然例外。[70]

---

① 在威廉二世在位时代，德意志帝国顺应第二次工业革命的浪潮，经过了长足的发展而达到了空前的繁荣，民族自豪感高涨。

图 14：柏林机械制造股份有限公司在 1891 年法兰克福国际电工技术展上的展位。电气行业想
要发展，首先必须打开自己的市场。于是，电气行业成了现代广告业的开拓者之一。电气行业
运用了当时正在兴起的青春艺术风格，不仅自带灯光效果，而且还具有性感的吸引力。图片左
侧是一名"古希腊罗马时期的舞女"，她手持白炽灯组成的花环；右侧是一名"杂耍女艺人"，
一只电灯在她的足尖保持着平衡。这些都挑战着当时的世俗传统。电灯带来的新世界是一个奇
妙的世界！

技术除了其使用价值外，逐步发展出了象征、权力、声望价值。这种价值不仅对国家产生了影响，而且越来越多的私人消费者也开始认同这一点。这种趋势在 20 世纪得到了继续发展，广告业的兴起就是证明。

在一次次的世博会中，所赞美的民族工业文化在多大程度上只是一场作秀？反映了多少当时的民族主义时代气候？又包含了多少经济与技术的实质内容？当时的新闻传媒乐于将技术创新的实际应用归功于它在世界展览会上的展出经历，于是博览会的意义就被夸大了。从理性来看，更及时、更深入了解技术革新的方法还是从专业刊物中获取信息。[71]但是，"技术转移"的过程绝不是靠一些数据信息就能决定的，而是要通过具体的观点和对国际趋势的把握。在这其中，世博会确实发挥了关键作用。

这些博览会的另一个明显的作用在于，各国都受到鼓励，比以往更加积极地想要用一定的国际尖端技术来凸显自己的身份。在这些技术领域及其相关的工业部门，人们可观察到在 19 世纪下半叶发生的"国有化"的过程，特别是在克虏伯、西门子等公司尤其明显。在 19 世纪中叶，它们曾一度与普鲁士管理高层交恶，有时甚至只靠来自俄罗斯的订单维持生计。但后来，它们与德意志帝国政府建立起越来越密切的关系，直至后来成了帝国国家机器不可或缺的一部分。这些公司由此在国家层面上塑造了德国技术的形象。作为索林根－雷姆沙伊德地方议会的议员，维尔纳·西门子于1865 年表示反对"习惯于将德国产品贴上英国、法国甚至是美国标签后投放市场的自杀行为"，并与自己选区内的坚持这种习惯的钢铁制造商发生冲突。英国于 1887 年要求来自索林根的产品必须印上"德国制造（Made in Germany）"的标签，这也不无道理。不过此时，"德国制造"已经成了德国公司广告宣传的一种方式。[72]

尖端产品制造商过去通常将目标定位于国外贸易，迅速扩张的国内市场此时则创造了新的条件。19 世纪 70 年代进行的专利法斗争也是人们在

"民族"技术的思想下进行的。尽管到 60 年代时，国家在技术发展中的作用一直在下降，但铁路、电力和军备工业的兴起却形成了一种反向趋势，这些都被认为是技术上尤其有进步空间的工业分支。同时，也是国家一次次促使工业界从提升国家声望的角度参与到世界博览会中。工业在世博会上进行展览，也意味着为自己的政府维护形象。[73]

其实，从纯粹的商业角度来看，这些展览对于德国大部分工业公司来说都没有什么吸引力。如最初的 1851 年伦敦万国博览会，许多德国制造商都将其理解为一种贸易展会，而并没有理解其背后的代表性意义和象征意义。正如德国官方推出的展览报告所批评的那样，铁制品制造商"仅仅是带着他们敷衍拼凑的商品"就来到了伦敦，而没有布置"任何有品位的陈列和配件"，"这使德国铁制品展览实际上看起来像一个忙碌的五金铺"。展览会上并没有展示德国最为著名的传统技术，如哈尔茨山与埃尔茨山脉的采矿业。[74]

在德意志帝国成立后的 20 年中，帝国大部分工业公司对"展会疫病"（西门子公司）产生了强烈的抵触情绪，结果导致原计划于 1885 年举办的柏林世界博览会直接告吹，直到 2000 年汉诺威世博会之前，德国都未再举办过世界博览会。在 1879 年和 1881 年，就连澳大利亚都分别在悉尼和墨尔本连续举办了两届世博会。当时的澳大利亚白人尚不足 200 万，人们必须付出高昂的路费才能到达举办地。可以说，这是一场通往世界尽头的旅程，其经济上的不合理性显而易见。但尽管如此，帝国政府还是派遣了德意志代表团前往墨尔本，这值得称道。[75]

最初，机器并不是世界博览会的主要展品。直到 1867 年巴黎世博会时，机器才成为世博会的一大亮点。即使到那时，后来为举办展会摇旗呐喊的德国机械制造教师勒洛还在指摘称，机器并不是一种适合于"展览"的理想展品。1851 年的伦敦万国工业博览会不仅象征着英国技术的胜利，而且正如众所周知的那样，是印度沦落为英国的殖民地后，印度人民以其

"灿烂的手工艺品"对抗欧洲工厂商品的一场胜利。这些后来的"第三世界"国家所呈现的古老文明在当时的欧洲人眼中是个奇妙的世界，他们并

图 15：1876 年费城世界博览会开幕。美国总统格兰特（Grant）和巴西皇帝唐·佩德罗二世（Dom Pedro II）一起拉动开关，启动了高耸的柯立斯蒸汽机。这台蒸汽机至今仍被认为是技术进步的巅峰！这台柯立斯蒸汽机启动后为约 13 千米外的上百台机器的提供了动力。凭借这些，柯立斯蒸汽机在这场巨型博览会中一举成名。但让德国工程师特别感兴趣的反而是许多美国小型蒸汽机。[76]

不认为这是"欠发达"的旧世界。

展览会的总体追求与廉价批量生产的发展趋势背道而驰，博览会首要打造的是精致而独特的产品。由此，博览会催生出了手工艺品博物馆。但是 19 世纪下半叶的时代特征不仅包括规模化生产的进步和用机器替代人力的趋势，还包括人对机器的反作用和将技术融入传统文化的努力。比如，摄影技术相比银版摄影术的优势在 19 世纪中叶变得显而易见，新型照相机可以对脸部进行修饰并且调试拍出更加理想的肖像照，而这是银版照相机做不到的。

1876 年费城世界博览会的举办是为了纪念美国《独立宣言》发布一百周年。世博会伴随着由理查德·瓦格纳特别为此次世博会谱写的进行曲（尽管瓦格纳的支持者们一点也不喜欢这支曲子）拉开帷幕。以此为背景，德国评委弗朗茨·勒洛与他人进行了那场著名的论战。这场论战很快人尽皆知，并引发了媒体激烈的争论。正如在费城所展示的那样，德国工业是按照"价廉质差"的基本原则生产的。[77] 勒洛特别转述了德裔美国人新闻界的观点，他们对于故乡在新世界中展现自己的方式感到非常失望。这封费城的来信遭到了德国媒体的强烈批评。这明显是一种以偏概全的、不公正的指责，损害了德国的利益。然而，这种侮辱在后来被认为是一项带来丰富成果的挑战，它促使德国工业界从价格竞争走向质量竞争，从模仿走向原创。德国工业发生了划时代的转变。1887 年英国颁布的《英国商品商标法》侮辱性地要求德国商品必须贴上"德国制造"的标签。也正是这场论战，使德国商品从"价廉质差"的形象转变为品质的象征。德意志走向成功之路的故事就此开始！[78]

当然，整个生产技术文化的转折点不会仅仅追溯到新闻界的争论，但勒洛引起的论战还是使人们把注意力聚焦到了当时德国技术发展的关键问题上。作为一个笼统的判断，"价廉质差"当然是不公正的。但这种论断首先是一种出于愤怒而有针对性的挑衅。德国大部分工业企业没有认识到在世界面前展示自我光辉形象的意义，也缺乏对工程师所获成就的尊重。这些成就都是受过科学教育的工程师为提高本国地位而拼搏来的。以勒洛的观点来看，一个缺点会与另一个缺点相互联系。勒洛的批评反映的是创业公司遇到危机后影响工程师就业前景的状况。企业为寻找出路而暂时地降低成本，生产低廉的劣质产品，这无异于毁灭科研技术人员的职业前景。"价廉质差"的路线适合当时德国的一些机械制造产业。这些产业尚以重量计算产品价格，他们轻描淡写地表示，除了俄罗斯，他们不敢在国外任何地方展示自己的机器。"价廉质差"的判断还适用于德国工商界一些处于前工业化阶段的领域。比如一些小型手工业作坊还在使用离心机与机器生产竞争，而不是生产机器无法替代的高精巧度专业产品。[79]

勒洛不仅是机械制造学的学术权威，也是一个手工艺品爱好者。在他的展览会报告中，他经常赞扬这些手工艺品比工业产品更有价值。为了促进纯理论的发展，勒洛从技术的角度出发，拒绝一切源于手工业经验的产物，拒绝在技术大学中设立实验室以提升手工艺品的艺术性。从他的身上，我们可以看到一种时代的矛盾心理。历史主义的兴盛为手工艺品提供了新的动力。勒洛谴责价格竞争，认为价格和质量竞争是不可兼得的选择。看来他遵循的还是旧的手工艺逻辑，实际上机械化是可以将两种类型的竞争结合在一起的。但勒洛得到了维尔纳·冯·西门子的支持，西门子赞扬了他的勇气。"价廉质差"成了改进专利保护的理由，这成为当时的德国技术人员关心的主要话题。1876 年，西门子在致俾斯麦的信中也提到了这个理由。价格竞争的危险性是对垄断组织支持者和对保护性税收征收者的一记警告。新的保护性关税同盟的领导人威廉·冯·卡多夫（Wilhelm von Kardorff）急于在论战中战胜勒洛，但就连社民党领袖奥古斯特·倍倍尔（August Bebel）也认为"价廉质差"原则是资本主义的缺陷，而社会主义制度下更高的人民生活水平将克服这种缺陷。[80]由此可以看出，勒洛得到了多方支持！把这封费城来信仅仅看作是对德国当时技术水平的反映，这样的看法是有误导性的。

德国关于 1851 年伦敦世博会的官方报告就已写道，可以确定"德国已进入机床制造的第二个发展阶段"，"在此阶段，德国不再只是简单模仿国外的模型，而是侧重于独立研发自己的机器"。但是，是否真的存在从模仿到独创的规律化发展吗？模仿是否只是一种令人不齿的方式？为了增加利润和提高国家威望就必须完全摒弃模仿吗？[81] 对于技术来说，工艺独创性并不是有着重大意义的理想追求。相比英国，德国的机床制造工业之所以能够到 20 世纪都处于不败之地，是因为德国在与美国的竞争中更懂得不断学习（模仿）的道理。

在所有的单项发明中，对 19 世纪末的德国工业最重要的是对源于英国的托马斯法 ① 的应用。1871 年普法战争后，洛林地区被割让给德国，德意志的重工业在此时便开始使用托马斯法对洛林的矿产进行挖掘。洛林地区是当时德国重工业廉价的国内矿产基地，并在之后成了德国对抗英国的"成功秘钥"。托马斯法虽十分适合德国的国情，但在一开始却没有受到认可，因为这种源于国外的技术只适用于特定的矿石种类和产品品质。[82] 实际上，从经济学的角度来看，尽管克虏伯大炮和坩埚钢块成了德国向世界展示自我的标签，但对德国重工业而言，托马斯法比这些产品更为重要。20 世纪日本的崛起则模范性地证明，在技术中进行创新性的模仿和适应远比不计代价地追求独创性要有用得多，而世人眼中德国人那种对技术成功的"浮士德式追求 ②"仍然不失其重大意义。

---

① 托马斯法是将高磷生铁炼成钢的转炉炼钢方法。贝塞麦法只能以低磷铁矿石炼出的低硫低磷生铁为原料，但西欧大陆的阿尔萨斯、洛林地区储有大量的高磷铁矿，炼出的生铁含磷量约为 2%，不可能用贝塞麦法炼钢。

② 指探索真理、追求理想、永不满足的精神。

4. 抽象与权威——论科学的作用

技术的科学化是确定技术中"德国道路"的核心问题。因为根据人们一致的判断,德国在技术科学化的过程中发挥了重要的先驱作用(参见第一章第 4 节)。英国的杂志《工程师》于 1870 年的一期中展示了柏林、莱比锡和波恩的大学实验室并深感赞叹,甚至声称由此想起了培根对新亚特兰蒂斯的构想。1896 年,欧内斯特·威廉姆斯(Ernest E. Williams)出版了《德国制造》一书,这本畅销书使"来自德国的威胁"成为当时英国人茶余饭后的热点话题。他认为,德国化学自称的民族主义化最重要的影响就是使"德国将(科学的)化学应用于实践领域,进而征服了世界"。德国技术人员的那种"光辉的培训系统"与英国培训系统相比就像是电灯与煤油灯的差距;德国的技术大学拥有"一应俱全"的实验室,简直是真正的"殿堂"。位于埃尔伯费尔德的拜耳实验室中有"六十多名受过良好教育的化学家在工作,英国人将其称为'无所事事',而德国人却称其为'研究'。在这里,化学家们都能获得一份体面的薪水。"[83]

那么,促使德国工业崛起的科学基础是否是技术史上最有据可查的事实之一? 在此需强调的是,技术科学化的过程其实早在这个概念出现之前就已经强烈地展现了出来。1822 年巴伐利亚工业展览会的官方报告认为:

> "日常的经验清楚地表明,如今已没有什么行业是仅仅依靠传统手工业技巧就能进行的。任何想超越过往的人都需要应用多种的科学知识来保证自己的事业稳定并取得更大的成功。"

这就是"行业发展准则"的开始。由此,科学被证明可以促进行业的发展。毕竟在当时那个时代,科学在绝大多数技术领域中的实际应用无异于"透明"。然而，值得注意的是，恰恰是在德国最早出现了一种趋势，即期望从科学中获取技术，将技术的所有成功归因于科学的应用，并把科学视为稳固事业和更高价值的标志。然而在英格兰，同一时间却出现了相反的趋势，理论知识在创新中不值一提，发明被视为在实践中尝试的产物。[84]

19 世纪末的时候，大多数人已经接受了技术的可靠基础在于科学这一观点，不过其实际内容还有待检验。确切地说，高级技术人员越来越需要有科学的培训与科研的能力。实际上，科学化不止包括这些：技术创新越来越依靠科学理论，科学成为技术发展的驱动力，且两个领域的融合越来越紧密。早在 1840 年在那个几乎完全依靠手工业经验生产的时代，李比希就已对此着重加以强调。在发现氧气之时，李比希宣称，氧气的发现"使无数工厂和作坊、蒸汽机和铁路都做好了准备"，"国家的物质财富"因此"增加了十倍"。他建议他的学生在学习中摒弃所有具体实践的问题，转而致力于解决纯粹的科学问题——这样做之后，实践中的成功将更加辉煌，而且往往会很快就会到来：

> "我认识许多人，他们现在在苏打水厂、硫酸厂、糖厂、亚铁氰化钾厂、染料厂以及各种行业中担任高级职务。他们没有接触过这些实际的东西，却能用半小时完全熟悉制造过程，再过半个小时他们就已经能提出许多有用的改进方法了。"

确实，得益于对化学方程式的了解，李比希能够帮助简化格拉斯哥市普鲁士蓝生产厂亚铁氰化钾的生产。此外，李比希最著名、最有商业价值的发明当属"李比希鸡精"。尽管这种技术并不是来源于当时最前沿的化学理论，但它的发明使德国人民可以在冷藏船发明以前就享受到南美牛肉的美味。不过，李比希对科学及化学的宣传有时也会显得过分夸大，比如当人们看到当时的"化学"公司在实践中还有许多不科学的地方，甚至按照后来的标准来看，这些工厂只能遗憾地被称为毒气厨房；或是当人们想到李比希的学说能带来多少直接实际收益的时候，常常产生怀疑。[85] 尽管李比希的宣传有时听起来天花乱坠，许多工业从业者却还是满足了科学家的这些要求，因为科学对他们来说具有形象价值，而且有的大学会用国家补助购买他们的产品。

此外，我们还应注意，"科学"这一概念意味着什么，与这一概念相关联的又是什么。对 19 世纪的法国技术来说，"科学化"主要是指数学化，但德国的主流自然科学家和技术人员却完全反对数学规则对科学的统治。没有谁比卡尔·杜伊斯贝格更有资格成为化学科学上升为工业权力的象征，他强调，"科学的确定性取代了早年成功的偶然性"，"科学"与"确定性"紧密相连，首先就是为我们带来了可调整、系统化的程序。对于狂热追求组织性的杜伊斯贝格来说，"科学"始终意味着秩序、纪律以及精确控制的程序。瓦尔特·拉特瑙也持类似的观点。他在 1920 年提醒德意志联邦公务员联合会："德国的优势在于，它的整个经济都建立在科学之上，因为技术不过是科学的一种应用。"对他来说，生产过程的科学化与标准化、类型化、一体化经济以及大规模的劳动分工有关。"统一的意志、科学的精神"可以从根本上解决"生产等级的再统一问题"。[86]

一时之间，科学化被人们重点强调，其中的"组织"一词仿佛被赋予了魔力，"系统"成了流行语，组织效率被视为德国大型工业的特殊技能。工业尤其需要科学的权威，科学论证了手工业等级制度和控制的合理性，它证明了合理化与重新组织化的正确性。[87] 在 19 世纪，自然科学不一定是从内部逻辑拉近与技术的距离。物理与化学的兴起也强化了这些学科的整体精神，使它们的内部结构更加紧密。理论不断进步，抽象化水平快速提高，行业术语与日常用语的区别越来越大，使得自然科学在某些方面与之前相比越来越远离实践，因为此时的自然科学还在很大程度上是与感官上的观察相一致的，使用的语言也是受教育程度较高的民众所普遍使用的语言。

人们经常刻板地强调技术的科学基础，这背后显然有利益的存在，其中最主要的受益者就是雄心勃勃的工程师。他们受过良好的教育，自19世纪中叶以来逐渐形成了一种职业团体。工程师的社会地位不断提高，到19世纪后期，他们与手工业者有了明显的界限，逐步进入了知识公民阶层。而当工程师的学术地位刚刚得到保证时，就出现了另外一种趋势——工程师被视为实践经验的代表，与自然科学理论家截然分开。对于19世纪的许多德国工程师来说，"经验"一词意味着"手工业的局限性"，"经验家"无异于一个贬义词。雷腾巴赫尔就提到，"经验家说的全是空话"，让他觉得"恶心"。1877年，马克斯·玛丽亚·冯·韦伯指出，"最优秀、头脑最清晰的技术人员"早应意识到，"有的人主观臆断，认为技术是源于手工业；还有的人存有偏见，认为技术只不过是科学的点缀。当前最重要的是，让这些臆断和偏见在那些占据国家和社会生活主导地位的阶层人士心目中不断弱化。"[89]

实际上，受过教育的人文主义精英有时会采取挑衅的态度表达对技术的蔑视。普鲁士文化部部长法尔克（Falk）从根本上否认技术具有的科学能力。特雷奇克则称他的化学家同事是"药剂师和粪车司机"，对于莫姆森（Mommsen）而言，自然科学就是"一种训练猎狗的野蛮方法"。[90]在一些社会事件上，如专利法的斗争和技术大学要求具有博士学位授位权的事件中，这种偏见是具有现实影响力的。但是，这不仅涉及这些具体的争论事件，还涉及学术工程师能否进入知识公民阶层的问题。化学家及技术人员如果能获得较高的社会地位的话——这通常与德国的教育传统相悖而驰——这种冲突还可能会使双方发展成一种爱恨交加的关系。如李比希（Liebig）与歌德时代的自然哲学进行了激烈的斗争，但是当他声称要通过化学施肥重塑自然循环时，他又彻底倒向了自然哲学的一边。他也想通过化学来解释"生命力的本质",正是这样的话语激发了年轻的杜伊斯贝格对化学的热情。自然科学家和工程师认为,哲学与语言学对精神的统领是蛮横的。但是,尽管二者的分化越来越严重,在技术领域还是基于理论假设开始了对理念和大型系统的追求。勒洛一直在寻找"机器的真正定律"。他探寻机器的本质,并在运动中,而不是在实用之物的生产中发现了本质。奥斯特瓦尔德认为,高校中语义学家的暴政会吞噬掉最优秀的那一部分青年。但是在 1900 年前后,尽管他仍将古老的自然哲学视为一种民族耻辱,奥斯特瓦尔德甘冒"风险"也要"将自然哲学的恶名扭转过来"。[91]

与人们普遍的看法相反,对技术人员进行培训的科学化完全不是因为技术日趋复杂,而是因为社会上有人要求对技术人员的资质进行更为规范的认证。[92]这种科学化培训在工程师和手工业匠人之间建立起社会分界线;但事实上,这种分界在很长一段时间内并不是出于生产的实际需要而产生的。技术史和技术人员的社会史之间也不存在简单的因果关系。

1876 年,专利法终获通过,专利法纠纷以及伴随的专利纠纷终于尘埃落定。自 19 世纪 60 年代以来,科学对于技术的重要性也由此确立。此次专利纠纷之所以如此尖锐,部分原因在于,人们相信技术成功的关键在于科学。在人们看来,"发明"、新思想和知识成就代表了技术成功的关键。专利制度被奉为德国工业性命攸关的问题,其实,其重要性可能远被高估了。人们越来越认识到,使生产走向成熟的实际操作对发明创新的科学化至关重要,工业界对专利制度的讨论也就逐渐淡出人们的视野。

维尔纳·冯·西门子是专利法的发起人之一,而埃米尔·拉特瑙却对为自己的创新申请专利几乎没有兴趣。这是因为在建造电站时①,经验就是

---

① 埃米尔·拉特瑙于 1883 年取得爱迪生发明专利的使用权,后与柏林的裁判官签署柏林电气化的协议,负责修建柏林的发电站。

一切，个人的想法往往没什么意义，甚至是在专利斗争中表现尤为热情的化学工业也是如此。当第一次世界大战中协约国没收德国化学专利时，美国杜邦公司都不得不感叹，"普通化学家根本无法使用这些专利。这些专利是为那些一辈子待在涂料厂的德国工人写的。"[93] 与生产过程有关的专利尤其如此。相对更有价值的是某些产品的专利，比如制药行业的某些产品专利。

自从博伊特时代①以来，在普鲁士贸易监察局一直有一种反专利的传统，这一传统得到了众多商会的支持。专利被视为对贸易自由的侵犯。一些产业依赖于模仿国外创新，专利法无疑阻碍了它们的发展。在 19 世纪60 年代，甚至有越来越多的人主张废除现有的、且日益严格的专利保护。连俾斯麦本人都曾于 1868 年向北德意志联邦的国会提交了相应申请。只要能从国外的技术创新中获得的收益比支出多，德国国内工业就能从专利保护的缺失中受益。（类似于此后瑞士的制药产业取得的繁荣，从德国的角度来看，这就是一场"专利盗窃"。）普鲁士专利局拒绝给予贝塞麦法专利保护，理由是无法阻止其他人也向铁鼓入空气。不过，克虏伯也因普鲁士对专利的敌意而受到损害，甚至连著名的合成茜素（1869 年）也未获专利。

自 19 世纪 60 年代以来，这场专利的斗争改变了专利政策，促使形成了统一的德意志专利法。这场激烈的斗争同时也说明，工商界中有越来越多企业将技术创新纳入自己的业务范围。虽然专利保护本身不包含保护性关税的趋势，甚至使保护性关税变得不再有必要，但专利支持者的成功还是受益于在 70 年代经济萧条中贸易保护主义势力的胜利。[94]

专利法的斗争以多种方式巩固了工业与科学之间的联盟。如果要让技术中的知识产权保护看起来成为一项国家的任务，那么人们就必须相信，德国工业的成功在本质上是基于科学的。有了专利保护法，企业就需要科

----

① 博伊特是国务委员会成员。他通过一系列适当的措施，如创立俱乐部和学校、从国外进行技术转移，为普鲁士的生产者从手工作坊发展到有竞争力的工业生产铺平了道路。

学家来撰写专利，并在法院捍卫自己的专利。有了对专利的保护，公开发表专利就成为可能。至此，担心秘密泄露的工业企业与对发表感兴趣的科学家之间的利益矛盾得到缓解，"工厂秘密与出版困境"得以纾解。但与美国专利法不同的是，德国专利法不仅允许将专利转让给个人，而且还允许转让给公司。这是西门子公司经过艰苦斗争而取得的结果。这样的规定从法律框架上允许相关人通过联系发明者所在的公司而获得发明者的专利。[95]

德国专利法的特点还在于进行了详细的初步审查。申请者需证明其发明的严肃性和重要性，并提供创意点的相关证明，因为受到专利法保护的是创意点，而不是整个复杂的机器。在这方面，德国和美国专利法也有所不同。这种基于对技术理想主义观念而制定的法律符合勒洛从概念构造中推论出具体技术的追求，但也同时使专利法远离实际的机械工程师，转而依赖于科学专业知识。因此，像尼克劳斯·奥古斯特·奥托①这样的伟大发明家有时也会在专利法院败诉，因为他无法用前后一致的有力论证来解释其燃气发动机中的工序。[96]位于波恩的德意志博物馆里也有一份特别怪诞的展品。这是一份专利申请，提出通过往沉船中注入聚苯乙烯可以使沉船浮起。这份专利申请终遭拒绝，原因是这个主意已经被"唐老鸭"②使用过！

多数人认为，德国专利法是专门针对化学工业的利益而量身定制的。因为在化学工业中，研究结果与生产创新之间有着格外密切的联系。但是，一家公司的专利成功通常意味着对另一家公司的威胁，化学公司的专利纠纷成为常态。卡罗抱怨称，就算这些纠纷就像"必要的病痛"一样

---

① 尼克劳斯·奥古斯特·奥托（Nicolaus August Otto，1832—1891），德国发明家。他在 1876 年制造出第一台四冲程内燃机，是至今已生产出数以亿计的四冲程内燃机的样机。

② 即美国的动画形象唐老鸭，这里在讽刺德国专利法中的一些不合理之处。

无可避免，是"工业的癌症"，"最好的人才都被浪费在旷日持久、令人不满的斗争中。"卡罗的话有一定的道理，因为确实就曾出现过这样的事件：公司的老板们在法庭上互相指责，不知不觉中就说出了行业内情，以至于化学作为"科学"行业的名声扫地。拜耳公司曾经想为其刚果红染料申请专利，而海因里希·卡罗表示，就连他实验室的助手都能在不经指导的情况下调配出这种染料。对此，杜伊斯贝格呛声回复，他实验室的学徒也能根据巴斯夫的专利制造出"最美丽的罗丹明①"。这种尴尬的场景也是后来各化学公司合并建立法本公司的原因之一。[97]

最初，专利法与化学工业保持一致，仅保护工业工序，而不保护产品。这样导致一些新的工序出现，它们"仅仅使用新的原料"就可以制造出"大量新物品"（卡罗）。这种保护工序的专利将造成压倒性的垄断。此外，无数种新的物质，只要是使用了已有的工序进行生产，就都无法申请专利。1888年，专利局下令，只有当某工序可以实现新颖且重要的"技术效果"的情况下，才可以申请专利。这种法律概念解释符合事实——技术发展的实质不应仅仅由新的思想构成。后来，甚至连自动游戏机都可以获得专利。1850年，霍夫曼（Hoffmann）在巴特萨尔佐夫伦市建立面粉厂，此面粉厂自成立以来就是利珀河地区最大的工业公司。该面粉厂生产了一款相对简单的产品，它类似于临市比勒费尔德市厄特克尔布丁粉厂的一款产品，但包装不同。这款产品在全国范围内大获成功。值得注意的是，两家工厂打官司的主要矛盾并不在于争夺专利，而是在于他们代表的清洁卫生程度的商标——一只干净漂亮的白猫。这就是为什么他们甚至与挖掘机公司卡特彼勒（Caterpillar）发生争执的原因！[98]

化学工业自19世纪以来就被视为基于科学而建立的工业分支中的典型。然而，除了专利制度以外，科学对化学工业又有什么实际意义呢？尽

① 是一种可以通过细胞膜的选择性染色活细胞线粒体的荧光染料。

管李比希一直为科学奔走呼告，极力宣传，可是在李比希的时代，科学并没有为化学工业发挥过任何重要作用。即便是"凯库勒[①]理论光辉灿烂的日子"（卡罗）——即苯环结构这一理论上划时代的发现（1865 年）也没有产生直接的技术意义；最早的苯胺染料生产也并非基于苯理论而进行。19 世纪 60 年代，拜耳染料厂在埃尔伯费尔德雇用了第一批化学师。但是，"由于没有任何发明或创新，他们在之后又被解雇了"。

只要工业界认为，工业是由可迅速投入使用的发明引导，而不需要长期的研究时，化学师的地位就不会稳固。19 世纪 80 年代的时候还曾有报道称，化学师不得不为手工工匠打工，帮他们在面包上涂抹黄油[②]。到了后来，研究才对生产产生持久且深入公司结构的影响。[99] 当时，无论是与其他工业部门相比，还是从国际角度来看，先进的德国化学公司研究实验室的规模都是独一无二的。但这种研究的多维度展开与其说是工业崛起的原因，倒不如说是工业崛起带来的结果。科学只是彰显其领先地位的一种手段。即便是之后，从本质上来说，德国化工业的成功也是取决于组织管理和市场营销，而并非是实验室里的研究。在化学生产中，不是各个部门都像染料生产一样有着科学依据。即使是在织物染色过程中，染料与纤维之间的联系也缺乏理论的指导。早在 1891 年，卡罗就指出，由于化学师缺乏技术能力，"使科学渗透到生产实践的最后一根血管"只能是长期以来无法实现的理想。对于制药业来说，药品的严格科学依据具有很高的广告价值；然而，这种展示出的科学性掩盖了事实真相——药物仍然主要是通过反复试验而得到的产物，人们并不能预先知晓其副作用。20 世纪初尚有报道指出，在人工丝绸的生产过程中，"师傅们都是向酸液容器中吐一口唾沫来对冒着烟的硫酸进行分析。当发出嘶嘶声时，就说明酸含量

---

① 奥古斯特·凯库勒（August Kekulé，1829—1896），德国有机化学家，主要研究有机化合物的结构理论。据其本人的著作称，他在梦中发现了苯环结构。

② 此处是一种夸张的手法，说明当时化学师的地位低下。

超过 90%。"[100]

另一源于科学的技术典型是电气技术。1894 年发表在《普罗米修斯》杂志上的一篇文章指出，"工程师在这个领域比别的领域都更加得益于科学的运用"。19 世纪的技术以前所未有的方式突破了人们以往的观念，给当时的人们留下了深刻的印象。长期以来，人们不但在感官上感知不到电，在理论上也抓不住电。这种神秘的力量只有在"使用"电时才能为人所理解。维尔纳·冯·西门子通过反复试验发明了直流发电机（1866年）。在此后多年，他一直就不指望研究人员能为他的公司创造价值。直到 70 年代，西门子公司设计机器都从来不进行计算。"遇到更大的机型就全凭感觉进行开发与测试。如果线圈过热，那就使用更坚固的电线。所有细节都按这种方法处理。"就算是大名鼎鼎的爱迪生在发明时也不过是"纯凭经验，没有任何系统性"，他甚至一生都鄙视大学学习和正规教育。灯泡与电话都是以这种方式发明的。1886 年，爱迪生表示，"到目前为止，脚踏实地的电气工程师在工作时几乎不依靠理论"。确实，强电流与交流电的运用又是一个实践远远领先于理论的例子。[101]

到了晚年，西门子对科学寄予厚望，希望借此将精密机械学（"精确工作"）提高到更高的水平。他发挥了自己的影响力，推动建立了物理技术皇家学会（PTR）。但是，当物理技术皇家学会在亥姆霍兹（Helmholtz）①的领导下发展成为一家纯粹的物理研究所时，业界却对此感到失望。根据亥姆霍兹的说法，他倾向于在技术中看到一种"更高的"形态的"钟表作坊"。从科学上讲，德国的电气工程并没有领先于英国，德国电力工业的成功源于其他因素，其中一点就是能源工业与地方政治之间日益顺畅的合作关系。19 世纪后期，电工技术培训的科学化使得德国的专业人士们有时只专注"电流"这样的抽象概念，而错误地忽略了通信技术，认为这只是

———————————

① 赫尔曼·冯·亥姆霍兹（Hermann von Helmholtz，1821—1894），德国生物物理学家、数学家，是"能量守恒定律"的创立者。

"所谓的实践者"才会做的研究。后来，有位专家承认，无线电报对德国科学界来说是"非常耻辱的失败"。[102]

即使在 1945 年之后的重建时期，实践者也乐于引用这样一小节诗文："若问理论为何物？/ 有一些事情，无人知来路 / 若问实践为何物？/ 有一些事情，无人晓出处。"① 沃尔夫冈·柯尼希在他对德国电气技术产生过程中工业与科学之间相互作用的研究中一直以弗里德里希·恩格斯的一句话作为先导和结论——"如果社会有技术需要，那么科学的作用将比十所大学还要大。"恩格斯这句话的精妙之处在于，至少到 1914 年，科学从电气技术中获得的益处都比电气技术从科学中获取的要多。

更加令人感到质疑的是科学对于当时重工业的意义。虽然也有论点认为，自向焦炭冶炼过渡以来引入的"重大而具有决定性的改进""几乎都是得益于科学见识的扩展"（卡尔·赫弗里希，Karl Helfferich），但这也只有"在科学的洞察下"、不考虑系统性、专业性研究的成果时才说得通。使钢铁在批量生产方面取得决定性突破的关键点在于贝塞麦发明了贝塞麦法。亨利·贝塞麦是个冶金外行。他虽然是个职业发明家，但如他自己后来所说的，他的成功基于他恰好出于偶然使用了适合这一工艺的低磷生铁；他甚至认为，他自身缺乏冶金学知识反而是一个优势。贝塞麦对"贝塞麦转炉"的工艺提出了一些错误的见解，这些见解直到一个世纪后才得以纠正。出于一些困难，当时的鲁尔工业区不得不寻找适应当地矿石质量的工艺。1878 年的一份材料承认，鲁尔区在这一过程中"并没有意识到这一目标，是无意中找到了德式的贝塞麦法"，"因为直到今天，人们对德式贝塞麦法的实质仍一无所知"。当时，"贝塞麦法简单、清晰的理论"被"难以理清的次要工作所包围"，以至于人们认为，"从纯粹理论的角度分析实践中的创新似乎并不明智"。20 世纪 20 年代被看作是"合理化"的伟大时代。但

---

① 此段意为，有的实践不需要原理，只需操作即可。

那时的人们依然没有完全从理论的角度理解高炉和轧机中的工艺。[103]直到 80 年代，决定高炉出钢量的依然是技术师傅。在此之后，电子学才迎来了真正的"科学化"。

重工业并不完全如同化学工业那样，生产过程与实验室的研究几乎各不相干，重工业中创新的价值只有在大型技术的尝试中才得以体现。在阿尔弗雷德·克虏伯"最为信任的骨干中，他们的技术能力都来自传承与经验。"据说，当他 1854 年任命自学成才的理查德·艾希霍夫（Richard Eichhoff）担任搅炼厂经理时，他说过这么一句话："就这么一丁点技术，他总归能学会的"①直到 19 世纪末，军用高质量镍钢的发展才使克虏伯认识到研究的重要性。不过持相反意见的是克虏伯当时的对手艾哈德（Ehrhardt）。作为艾哈德式山炮的发明人，他表示自己大多数的知识"都是在车间里学到的"。在进入 20 世纪后，锻造领域主要依靠的依然是视觉上的估量与经验。1907 年的一份工程师指南写道："在锻造过程中不需要有非常明亮的光线，因为恰恰是在光线不太好的情况下，锻工才最容易去检测铁的温度。"当时的重工业声称，"已不存在任何需要用科学来解决的问题"，以此来证明，重工业对促进研究发展不感兴趣，而且这种态度是合理的。[104]

机床在 19 世纪末成为德国铁制品加工行业有代表性且利润丰厚的出口产品。1904 年，格奥尔格·施莱辛格成为首位获得机床专业大学教席的教师。根据他的说法，恰恰这些机床被德国科学界"严重忽视"了。他们不把机床"看作一个完整的机器，只是把它看作机器的生产工具，对于这么一个工具的设计和制造来说，只需要经验丰富的师傅，甚至是有一点资质的技术员就足够了。"美国也完全没有反驳这一观点。在 1900 年前后，美国的机床制造是德国的榜样。在施莱辛格看来，美国的金属加工机床更多

---

① 此处是指工厂中并不会用到科学技术知识，仅凭经验就已足够。

地代表着，"仅凭实践经验就可以设计出一种机床类型。"可以这么说，当时的美国把制模工坊更多地看作是工人的培训基地，而不是综合技术学校。美国的成功符合当时的时代潮流，却动摇了典型的德国观念。美国的例子告诉德国人，科学基础不一定会为技术成功提供最佳保证。在 1900 年左右，美国引进高速钢，想要达到其最佳性能，就必须使用效率更高的机床。这种高速钢与德国重型机械的传统和"德国机械制造注重计算的特性相契合"。[105]

比较需要理论指导的是大型机械制造领域，尤其在大型建筑领域。因为这些领域的风险最高，而依靠日常经验的可能性又最小。因此，技术科学化常常是与对大型技术的追求结合在一起的。恰恰是大型技术领域实现了最大的飞跃。自 19 世纪中叶以来，大型桥梁的建设，尤其铁路桥梁的建设对静力学的发展起了决定性的推动作用。德国萨克森州与巴伐利亚州之间的铁路桥建设始于 1845—1851 年格尔茨什山谷桥①的修建。在工程结束时，这座石制建筑物以其庞大的体型给人留下了深刻的印象，让人联想到古罗马时所建造的嘉德水道桥②。通过运用静力学的知识进行计算，建于 1897 年的德国明斯特高架铁路桥既节省了经费，又展现出了优雅，美国尼亚加拉铁路吊桥正是以此为模型建设的。明斯特高架铁路桥的建设被誉为理论的胜利。但是，因为担心自己犯了致命的计算错误，总工程师在揭幕典礼之前就陷入了深深的自我怀疑。对于大型桥梁，风压和材料问题都要至关重要，计算并不可靠。"目前常用材料的强度系数，有关风压的问题——这一切都是非常不确定的，给予安全问题十倍、二十倍，甚至三十倍的关注也并不为过。"（马克斯·艾斯）[106]

在对大型机械工程的精确计算中也存在类似的问题，尤其在发电厂的

---

① 当时世界上最高的铁路桥，远观十分雄伟。这座桥被誉为"古代世界第八奇迹"。

② 嘉德水道桥是古罗马高卢时代的建筑，历经两千年的岁月而屹立不倒，它位于法国尼姆市附近。

建设上。尽管理论计算的需求以往任何时候都要大，但人们仍然习惯按照感觉和经验，在计算出的材料强度上再增加相当大的安全强度。理论绝不会取代经验，而在实践中正确处理理论结果则需要大量的经验。对科学精确度的追求与对技术创新的追求之间存在着一定的对立。原因在于，如果想要在一项创新中精确地计算出所有内容，几乎是不可能的。[107]

实验室中实验研究意义上的"科学"最初仅存在于化学中。在工程学领域，实验研究下的"科学"最早出现于19世纪70年代末与材料测试相关的领域，随后，德国在国际上率先实现了材料测试的制度化。然而，材料研究在很长一段时间内仍然是纯粹经验性的。直到20世纪中叶，人们才从材料的分子结构中推导出材料的特性。迄今为止，对腐蚀和磨损的研究仍取决于实际经验。单凭实验室的实验并不能提供可靠的结果。即使是摩擦这种在技术实践中如此重要的现象，在20世纪的理论和实验室实验中也只能被有限制地利用。[108]

当然，有很多在国际上被公认为是德国特色的创新在很大程度上受到了科学的启发，例如光学行业的顶级产品和林德（Linde）制冷机——受理论启发而产生的发明。蔡司（Zeiss）、阿贝（Abbe）和肖特（Schott）的三者组合为科学和技术的结合，以及传统手工艺和产业组织的融合提供了完美的典范。制冷机使酿酒业不再受季节的限制，尤其在19世纪末"小冰河时代"结束后，向冰窖提供冰块变得越来越困难。制冷机保证了酿酒业生产的连续性，酿酒业对蒸汽机大规模的使用又释放了规模经济的效应。此外，对发酵过程的质量把控是现代生物技术最重要的工业起源。在此之前，发酵的成功与否一直取决于运气好坏。尤其是现代化的啤酒厂——尽管当时的人们越来越注重保留其前工业化的传统，但啤酒业是一项相对而言非常重视科学基础的技术。

不过，酿酒方面的研究也受到了技术经验的极大推动。技术史一次又一次地表明，理论从实践中获得的益处至少与实践从理论中获得的一样多，只不过有时像原子物理学这样的理论性学科容易使人看不清这一点。德国啤酒大获成功不仅是因为以科学为基础，也要特别归功于瓶装啤酒的运用——虽然最初店主们并不看好这种方式。然而，酒瓶的批量生产、装瓶的机械化以及便宜且便于开启的瓶塞的发明，这些改良确保了即使是瓶装啤酒也一样能始终保持德国啤酒沫①的辉煌。后来成为德国魏玛共和国总理的古斯塔夫·施特雷泽曼（Gustav Stresemann）曾于 1900 年左右在他的博士论文中写下了柏林罐装啤酒贸易崛起的过程，并且生动地描述了啤酒是如何通过装瓶成为柏林工厂工人和建筑工人的日常必需品的。[109]

鲁道夫·狄赛尔（Rudolf Diesel）②最初是卡尔·冯林德（Carl Gottfried Linde）的弟子和"制冷工程师"，是典型的痴迷于"原理"的发明人。他相信正确的理论，怀着"完美"引擎的理想，希望达到理论上的最佳效率。狄赛尔经历了痛苦的困难时期和毁灭性的失败，甚至想去运营一家大型公司。柴油发动机研发的漫长历史向我们展示了，一项原本因大型工业的发展而走向市场成熟的发明如何同时在这个漫长的、受工业利益驱使的过程中发生如此大的变化，以至于到后来，最初的想法已所剩无几。在发明者狄赛尔的最初设想中，他的柴油发动机应该拥有最高的效率，采用劣质的燃油，服务于小型企业。然而长期以来，柴油机一直是大型机器的典型驱动器，其经济效率随着容量的增加而提高，并且主要特征就是对燃料质量有一定的要求。[110]

还有一个类似的故事是关于 19 世纪末曼内斯曼（Mannesmann）兄弟发明无缝钢管斜轧穿孔工艺。其独特的理论激发了技术界对这一发明的兴趣，使人们甚至忽略了使曼内斯曼公司濒临破产的巨大实际困难。勒

---

① 在德国人看来，啤酒沫是德国啤酒令人自豪的发现。

② 鲁道夫·狄赛尔（Rudolf Diesel，1858—1913），柴油机的发明人，被誉为"柴油机之父"。他在技术上取得很大成功，但在商战中失利。1913 年 9 月 29 日，狄塞尔在一艘邮轮上神秘失踪，一般认为他投海自尽，但关于其死因一直众说纷纭。

洛对曼内斯曼兄弟的热情鼓励和支持产生了连锁效应，甚至就连维尔纳·冯·西门子一度对这种辊压方法的独创性表示信服。《普罗米修斯》杂志发现，"众多理论家表示支持这一斜轧穿孔工艺，同时实践家也并没有表现出抗拒，而是持一种观望的态度。这真是一个特别的现象。"[111]

因为按照普遍的观点（且不论这一观点是否正确），当涉及最大效率时，技术尤其需要科学的指导，所以对科学方法的兴趣会随着煤炭价格的增长而增加，工程师们乐于批评浪费现象并致力于在节能方面挖掘更大的潜力。[112]这其中，对技术进行"科学化"的追求具有建设性的特征。此外，在19世纪末期，科学化的趋势与军备竞赛之间也出现了交叉，这在克虏伯公司体现尤为明显——加农炮与装甲在战舰上"矛与盾"的竞争发展促使克虏伯系统化地不断研发出更加坚硬的钢铁种类。

但是，在19世纪下半叶的其他新技术中，科学几乎没有发挥任何作用或是作用很小。例如，摄影一直是一种业余爱好者的娱乐活动；直到20世纪，汽车领域仍然是以实践操作为主。从技术史角度看，汽车是一个横向的混合体，像一个大学一样囊括了各种技术结构。科学化通常意味着专业化，但却与某些技术领域日益的复杂化形成鲜明对比。例如，面对城市技术、污水处理和建立新的交通系统时，科学化就无法满足城市技术的要求。美因河畔法兰克福市曾委托威廉·林德利（William Lindley）管理污水处理项目（1867—1878年），1883年又将地下采矿管理处交由他领导。尽管当地工程师抗议林德利"违背德国传统，从未上过德国的技术大学"，但当地政府并没有更改这一决定。不断扩张的城市需要不断扩大的排水系统，这种污水处理系统必须适应当地的具体情况，而不能从一般的理论中推演计算得出。19世纪70年代，柏林在詹姆斯·霍布雷希特（James Hobrecht）的领导下建造了下水道系统，这套系统成为世界其他都市的样板典范。然而，霍布雷希特不得不面对的事实是，到处开工的建筑工地不断改变着排水网络的水文整体条件。[113]

里德勒既拒绝过多的理论，也反对过度的专业化以及"工程师的无产阶级化"，为此他多次与人论战，作为技术高等教育的主要代表，他多次指出，在德国，知识和科学对技术的重要性被大大高估了。自 19 世纪 70 年代以来，工业界普遍对技术培训的学术化感到不满，这也可能是因为学术化导致技术人员要求提高薪水和地位。[114] 所有这些方面都清晰地向我们指出，在工程师培训的科学化背后，决定性推动力并不是技术的要求，而是精英工程师对社会地位的追求，而这种追求又恰恰契合了德国盛行的教育意识形态。一位英国的观察者写道："当某件事在德国变得重要时，它就会被学术化并获得一个正式的理论基础。"

然而，当最老一代的技术教育体系一部分升级为高校，一部分转变为通识教育的"高级实科中学"（1878 年）时，中级技术教育领域出现了"资格认证的断层"（沃尔夫冈·科尼希）。大约在 1900 年前后，作为新的中层技术教育机构，应用技术大学开始成型，这种学院在某种程度上能够更直接、更灵活地满足行业的需求。在 19 世纪后期，德意志工程师协会发现，协会正陷入对学术地位的渴望与行业实际需求的两难境地之间。因此，尽管遭到了强烈反对，协会仍然对非学术型技术人员保持开放，并参与建立了新型应用技术大学。这种自带德国特色的教育机构类型对技术实践的重要性不亚于学术的培训。现如今，应用技术大学依然在发挥着愈加重要的作用。[115]

奇怪的是，目前很少有人探究应用技术大学的历史与技术史之间的关系。一部分原因可能是因为，人们认为它们之间的关系就是理所当然、不言而喻的；更可能的是，这种联系已经消失很长一段时间了。从技术培训机构发展史的某些时期来看，实践的要求似乎已得到了满足，例如里德勒为将实验室引入机械工程学进行了一番斗争，以及他为反驳勒洛及其理论至上论而进行的"七年战争""实践性"也掩盖了思想上缺乏的连贯性和教学上忽略的一些漏洞，这对完成那些有利可图的委托工作来讲倒是件好事。

里德勒的学生乔治·西门子后来抱怨说："他（里德勒）总是在课堂上丢给我们大量缺乏联系的知识。"

一直到 1900 年前后，机械制造学在实际应用中，也就是在构建机器的过程中不过就是再现实际中已经在做的事情。[116] 在化学领域，实验室自李比希时代以来一直是培训的重点。在进入 20 世纪前后一段时期，高校逐渐对工业中的实践性研究失去兴趣。此时，工业企业开始建造属于自己的实验室。到这一阶段，工业界已经可以分化出不同的角色。如杜伊斯贝格这样的实业家提倡在大学教育中进行广泛的基础教育，而高校中的学术型化学家则在实验室为博士生的研究工作埋头苦干。此外，在化学工业中以氨合成之父而闻名的弗里茨·哈伯则主要致力于从海水中提取黄金。但是，科学与技术之间并不只有愈加亲密这一种关系，两者之间也出现了新的冲突，尤其是在基础研究和应用研究之间存在着紧张关系。这种冲突在一定程度上也是科学与工业技术之间成功合作的结果。[117]

5. 发明者的产业化和专业化——技术的发展观

人们越是深入探究技术的科学化，就越清楚地意识到，在新技术中，不是所有的情况都能事先预料到，人们只有通过长时间的经验积累才能走向成功。因此，在追求技术科学化的同时，人们也在"技术的研发"这一概念上进行了多番艰苦的努力。在英语中，不及物的"进化"（evolution）与及物的主动"开发"（development）是两个需要区分的单词。而在德语中的"发展"（Entwicklung）一词则包含了以上这两层意思。因此，技术的"研发"这一概念暗含了一个有机的隐喻，这也正符合德国人的思辨传统。将进化的原理引入技术领域也有一定的道理——技术创新通常不会突然成功，而是要通过逐步的细微积累；人们通常只能在一定程度上缩短与加速漫长的实践经历和学习过程。有一种技术"研发"的概念仍保留了它的有机含义。例如，奥托·李林塔尔（Otto Lilientha）[①]解释道，人们想要实现飞行的梦想的话就不能仅仅指望任何发明或者巨大的进步，而是需要"不断地积累关于自由、平稳和安全的空中运动的经验"。"是的！'发展！'就是正确的表述！'松绑'就是正确的概念。只要牢记这一概念，我们就一定能在飞行技术中实现跨时代的突破。"其实，德语"发展"（Entwicklung）一词原本的含义就是自如地运用某物。《普罗米修斯》杂志于 1903 年指出，德国快速蒸汽船发展的前提就是"多年以来不断解开思想的束缚"。[118]

总的来说，技术发展观念的转变契合了工程师的学术化趋势，体现了工业界越来越多参与到发明界中去的这一现象。创新被理解为一种系统的、有条不紊的过程，并且，这个过程会一直持续到行业的成熟。在这个过程中会尽可能排除意外情况的发生，虽然也难免有一些奇闻轶事会一直流传下去。在创新链中，一个创新点与另一个有机地融合在一起，并为下一步的发现指明道路。"研究与发展"（Forschung und Entwicklung），即英语的"Research and Development"，这一组概念通常缩写为"R & D"，并且在全世界范围内普遍流传。这一概念给人一种错觉，好像技术的进步是一种预定程序，不需要考虑市场与自然条件似的。与之前相比，人们对"不及物"的"发展"（Entwicklung）越来越多地有了"及物"的理解。比如人们会说，"工程师团队'发展'了技术"，而不是说，"通过经验的积累，技术在时间的进程中得到了发展"。

技术发展观念的背后是工程师对自身地位稳固的渴望。工程师希望这份职业并不是取决于幸运的灵感，而是基于工作能力。此外，工业界也需要有组织地去引导创新。技术创新所需的巨大投入成了 19 世纪下半叶建立大型企业的理由，并促使德国通过专利法实现向公司转让专利。这里有

① 奥托·李林塔尔（Otto Lilientha，1848—1896），德国工程师和滑翔飞行家，世界航空先驱者之一。他最早设计和制造出实用的滑翔机，被称为"滑翔机之父"。

人可能会问，是否应该从历史的角度审视个人发明家以及作为个人行为的发明，专利局也是否应该从历史的角度审视其对于"想法"的保护。在此，里德勒于 1916 年略带夸张地写道：

> "再也没有绝对的创新和发明。虽然还会有绝对意义上的新发现，但这会极少见。在 19 世纪 80 年代，关于新设计、新建筑和完善运营模式的新概念代替了'发明'。所有的一切都可以预知，都有自己的前身，再也没有完整意义上的专利了。"[119]

关于技术进步的载体，人们有不同的看法。这取决于人们认为技术发展的连续性是更多地基于基础研究，还是更多地基于大型工业实验室的小型研究工作。如果说，是勒洛将发展的思想"引入到技术领域"，那么这种思想的目的就是使人们按照某一理论方法，系统地按照相应计划去进行发明创造。[120] 那么在另一方面，由大量人力和财力培育出来的"系列发明"正是化学工业的特征。在系列发明中，发明者会不断地使用新物质检验某一特定的化学过程，这也曾是新型大型企业的王牌。

虽然在 19 世纪，英国和美国人更擅长凭借直觉，进行个性化和多面性的发明创造，但到了 20 世纪 20—30 年代时，系统化、大规模的发明成了德国工业部门的专长，尤其是化学工业。虽然在后来，美国通过开展庞大的"曼哈顿计划"使"研究与发展"成了美国技术领先地位的基础，但组织性、长期性和大型研究机构之间纪律严明的合作在那时一直被认为是德国技术的特殊优势。英国观察家沙德韦尔（Shadwell）在 1906 年写道：

> "德国人在工作中行动缓慢、目的明确、小心谨慎，工作中

有条不紊、细致入微……他们并不是有事业心和冒险精神的民族……他们需要时间去思考和行动；他们需要规律、熟悉的环境、预定的路径。但他们有无与伦比的能力去找到正确的道路并坚定不移地走下去。"[121]

在两三代人之前，即彼得迈耶尔时代，追求进步的有识之士将德国人的悠然闲适视为技术进步的障碍；然而到 1900 年，即使是德国集体心态中的某种惯性也能成为技术进步的推动力。

但我们须警惕，不要掉进刻板印象的漩涡，因为德国人同时还会给人留下别的印象。沙德韦尔所描述的这种印象只适用于某些行业，下一代德国人的形象就发生了彻底的变化。19 世纪中叶，德国的自然科学和技术呈现出不同的景象。1849 年，阿尔班抱怨称，德国人与英国人不同，"每个德国人都只想在自己擅长的领域中打转，他们只想着赚钱。" 1870—1871 年，勒维计划使公司转型为美国的批量化生产，他估计总共需要大约十个月的时间。他对此表示有"无尽的困难"，需要极大的毅力和坚定的意志。[122]

直到 19 世纪后期，除化学领域以外，很少有大规模且具长远前景的技术发展。最早觉悟的是西门子公司。1851—1852 年，早期的西门子公司在电报电缆铺设过程中过于轻率，导致电缆绝缘性不良。经历了此次惨败后，西门子公司就将深思熟虑、有条不紊的技术方法作为公司风格的标志。维尔纳·冯·西门子希望，他的公司最好能被大家认可为一家技术研发机构。然而，即使是西门子公司也没有像拜耳公司那样范围广泛、与生产分离的研究设备。而他的竞争对手埃米尔·拉特瑙宁愿从国外购买创新产品，也不愿自己研发。[123]

直到这个时期，特定创新方向上以行业和学科为导向的专业化才逐渐占据主导地位。不过西门子兄弟依旧是发明的多面手，而且甚至在一段时间内颇有成果。而他们的发明恰巧又在燃气技术领域——这是电力技术在未来的一大竞争对手。在 19 世纪 50 年代的第一次电力潮之后，人们在1870 年左右已不再对电力抱有希望。人们普遍认为，电力领域的创新潜力已基本耗尽！[124] 但正是在随后的萧条中，尽可能地避免价格竞争，并转而在市场地位、产品质量和商品更新的方向上谋求利益成为大势所趋，技术研发成了各公司始终奉行的战略。

从科学与工业联系日益紧密的事实来看，人们常常得出这样的结论：新时代的特点就是科学家的想法在实践中被"闪电般"地落实。时至今日，世人都普遍认为，现代化的规则就是从发明到应用之间不断缩短的时间长度。[125] 靛蓝的合成，即"染料之王"的人工生产成为时代发展的里程碑，并让德国人逐渐相信，可以以化学工业为切入口逐渐战胜大英帝国。拜耳公司从实验室的实验成功到实现工业应用中的盈利用了将近 20 年的时间，从研发到市场成熟成了拜耳公司独特的漫长工业过程，这本身已经超越了科学的界限。这样的超长的研发周期并不典型。在这之后，一般两年的时间就可以研发出一种新的染料。不过也有例外——奎宁的合成生产与靛蓝合成的故事非常类似，相当神奇——从第一次尝试到合成成功，奎宁人工合成的实现跨越了整整半个世纪之久。在 20 世纪，制药行业对于化学工业愈发重要。但在制药领域，新药的过早上市可能会带来危险，只有通过多年的经验才能证明其可用性。[126] 在经济方面，维也纳的边际效用学派①关注人的心理，强调了新产品从研发到市场成熟的时间因素。后来，卡尔·博施这样表述有关规则：

"一个重大的技术问题需要10年才能达到工厂生产的标准，

---

① 边际效用学派在方法论上反对德国历史学派，主张抽象演绎法。他们把人类社会的经济生活归结为人的无限欲望和数量有限的资源之间的关系，把人的欲望及其满足作为研究的对象和出发点。

接下来的 10 年得到应用，而后再过 10 年，这项技术就会过时。这时，人们就必须寻求解决一个新的难题。我们从成功的发明中获得的成果必须投入到对新产品的准备中。"[127]

博施所在的时代已将高压技术应用于化学领域。在当时，德国在合成氨领域作出了巨大努力并积累了丰富的经验，这使得德国能够进一步研究橡胶和燃料的合成。这一例子向我们表明，尽管人们忧心忡忡，但技术发展的理念还是得到了完全的贯彻，与市场保持了相当远的距离。

与后来的重大核技术项目一样，这种长期的技术发展显然包含一种意识形态，这是一种技术进步的理念。如果用合成物质替代天然物质是一种原则上的"进步"，那么只有这样人们才能确定，付出巨大努力获得的合成工作最终一定会通向成功。技术发展的理念直到 20 世纪下半叶才展现出其完整的意识形态动力。在那时，"研发"已成为美国主义的标志，并出现了"研发工程师"这一职业。

从工业规模化发展的角度看，老式的业余发明家单打独斗的样子显得有些可笑。[128]有些工业技术领域通过相应的基础设施变得固化，这种工业规模化的发展方式并不支持非专业性、寻求非常规解决方法的发明家精神，也因此失去了业余爱好者的支持和对技术的主动性。然而，发明的专业化和产业化有着局限性。勒洛的目标——为系统化、有计划、可教可学的发明奠定理论基础，并没有实现。相反，人们抱怨技术大学中的"发明家贫困潦倒"，并注意到恰恰是在进入 20 世纪之后，在发明的制度化本应取得成果之时，德国主要工业部门却失去了创新的兴趣。与其说是基础创新，不如说是更大的维度化、网络化和合理化塑造了接下来一个时期的整体特征。通过这种方式，创新被引导至特定方向，新型替代品受到打压的程度有时令人喟叹。然而，不仅在 19 世纪末，而且在晶体管和微电子时代，人们也一次又一次惊叹于"个体发明家是如何令拥有数千名科学家的大型研究实验室黯然失色"的故事。[129]

6. 美国模式与"美国危险"

从 19 世纪 70 年代到 20 世纪头 10 年，德国国内掀起了第一轮对美国技术的激烈讨论，由此造成的紧张局势至今都强烈地影响着德国技术发展的活力。自 1870 年以来，相当一部分的德国技术史都可以说是对美国化推动力的描述，也可以说是德国对美国模式的模仿、美国技术对德国条件的适应以及对"美国化"的反作用。正如我们所见，美国早在 19 世纪初就开始影响到德国的技术发展了。但直到 19 世纪 70 年代，美国的技术才被视为典范，并且出现了将技术体系的完善完全视为"美国风格"的趋势，尽管即使在美国，技术体系的完善也更多的是一种理想而非现实。有些德国人认为，"美国"就是品质的象征；也有人站在不同的立场上，将其视为尖端技术给人带来的困扰。

在这个初期阶段，机械工业受到了特别的关注。在南北战争中，美国北方各州的胜利也是其优越生产技术的胜利。在 19 世纪初，可替换性零件的批量生产仍然是一种需要支付昂贵薪资的专业工人才能掌握的制造方式。现在，这种批量生产已经越来越机械化，并从最初在武器生产中的大规模运用扩展到民用经济中。这种制造方法引起的最大轰动当属 19 世纪 70 年代胜家缝纫机工厂（Singer）[①]；尽管更准确地说，胜家缝纫机绝不是完全排除了熟练的手工劳动，而是采用了"欧洲式"和"美国式"相结合的生产方式。[130]

早在 1855 年，在纽约见识过美国生产方式的克莱门斯·穆勒（Clemens

[①] 1851 年，一位名叫列察克·梅里瑟·胜家的美国人发明了一种代替手工缝纫的机器——缝纫机。这个革命性的发明被英国当代世界科技史家李约瑟博士称之为"改变人类生活的四大发明"之一。

Müller）在德累斯顿创建了德国第一家缝纫机厂，并在 10 年后使其成为欧洲最大的缝纫机厂。在后来被称为"美国式"制造系统的应用方面，德国最著名的先驱当属路德维希·勒维。他原本是一名商人，并且像其他呼吁采用"美国式"方法的先驱（埃米尔·拉特瑙、施莱辛格、明斯特伯格）一样，也是犹太人出身，看准时机转向缝纫机的生产。1870 年，通过去往"无限机遇之国"的美国之行，他确认了"从一开始就支撑着我们公司的那个想法；而且，这个想法至今在欧洲任何地方都还没有得到实施"。尽管他的言辞有些夸张，但他描述了整个美国的机械工业，并指出了其对比德国机械工业的压倒性优势。他认为，德国的机械工业生产所用的机器"从科学的角度来看实际上根本无法用于工作"，之所以还能勉强正常运转，那只是因为"德国工人太能干"。根据勒维的描述，所有的美国工厂看起来都是"庞大的""伟大的"甚至是"最伟大的"，它们完完全全按照一个统一的系统来组织，"德国人还根本不知道这个系统的必要性和好处"。"系统"——这一被经验主义者怀疑的术语，对勒维来说是一个全新的神奇词汇。他用"系统－经验"这一公式表达出所谓新世界和旧世界之间①生产方式的对比。然而，正如他顺带指出的那样，他所赞扬的美国生产模式在当时根本不实惠，而且要求有"不成比例的高投入"。尽管如此，勒维还是宣称，他的目标是用美国的方法超越美国人，并使他的缝纫机工厂成为"世界上设备最好的"和"欧洲大陆上最大的缝纫机工厂"。勒维所向往的模式是当时最高级的生产方式，是德国人眼中典型的美国模式，但到了威廉二世时期，这种模式也成了典型的德国生产方式。[131]

曾帮助勒维采购美国机床的工程师佩措尔德（Petzold）早在 1871 年就曾警告说，采取这样的措施"需要绝对的谨慎"，因为即使是"最小的错误"也可能会产生"最具有灾难性的后果"。在其新的德国"信徒"手中，

---

① 新世界即新大陆的美国，旧世界则指的是欧洲大陆。

"美国的劳动制度""很容易成为一个危险的玩具"。很快，就在大张旗鼓的建厂初期，事实就证明这种美国式大批量生产的缝纫机在德国并没有市场。不过，尽管勒维继续为美国模式摇旗呐喊，但他迅速做出反应，从大规模生产转向为"稳定的客户"提供高质量的产品，并从这时起将主要精力集中在武器制造上，这才是当时德国大规模机械工业实现生产盈利的唯一途径。但即使是在这一领域，勒维也对自己进行了"明智的限制"，并将基本准则定为放弃规模经济那种无限制的尝试。最初想突破一切阻碍追求美国模式的勒维在此时尤为清楚地认识到了适应德国本国国情的必要性。同时，勒维公司在 19 世纪 90 年代也转向了机床制造领域，并且同样一举成为这一领域中美国模式的先驱，甚至得到了美国方面的认可："现在，美国最好的工具车间在德国。"当时制定的"勒维标准"构成了第一次世界大战期间创建的国家标准体系的基础。后来在 20 世纪 20 年代，勒维公司根据过去的经验，并没有完全采用流水作业系统，而是满足于车间和流水作业系统的结合，以适应灵活的小批量生产。[132]这部公司史鲜活地向我们展示了德国从对美国模式怀有无限的热情到学会适应美国生产方式的全过程。

维尔纳·西门子与勒维相熟。在 1870 年后，他同样也经历了一个对崇拜美国模式的阶段。他似乎想按照理想化的美国模式重组他的整个公司，这种强烈且激进的态度在这个本来相当谨慎的人身上显得十分突兀。1872年，他写道，公司"在过去一年里尤为积极地进行探索，美国人是如何将一切都交给各种专业化的机器的"，"这种模式的卓越性已得到了证明"。

"现在我们都相信，应用美国式的工作方法将拯救我们的未来。从这种意义上来说，我们必须改变整个企业管理方式。在未来，只有大规模生产才是我们的任务！如此一来，我们将能够满足所有需求，战胜每一个竞争对手！……任意改动我们固定设计的行为也必然将变得可笑，就像有的人想要订购一台被改装的缝纫机一样荒谬。"

当时，西门子建立了"美国大厅"用于批量生产特定的鱼雷和电报装置。"美国大厅"的管理者是一名曾被派往勒维缝纫机厂学习过几个月的工人；另一方面，工厂的工匠师傅们却在对这些新方法表示"沉默的反感"。"美国大厅"成了整个公司中的一座孤岛，在它周围依然是众多的工匠师傅们，他们牢牢占据着话语权，工程师们也对这些固执己见的"绅士艺术家"们感到气愤。在随后的几年里，西门子对美国的创新表现得极为敏感，尤其对围绕爱迪生所做的新闻和炒作。以后来人的眼光来看，19 世纪 90 年代的西门子公司已经变成了一家"过时、萎靡不振"的企业。正是在这种情况下，维尔纳的弟弟威廉·冯·西门子第一次体验到了美国模式。[133]

当时大有超越西门子之势的是德国通用电气公司。在成立起初，这家公司名为德国爱迪生公司，因其最初引进美国技术和美国生产方法而独具一格。其老板埃米尔·拉特瑙完全支持新兴的标准化潮流并谴责说，每个机械师都有自己的规则，这是德国工业的"癌症"。按照拉特瑙的说法，是否能从这种陋习中自我解放将是事关德国工业生死存亡的大问题。起初，勒维是他的榜样。他从费城世界博览会上把一台美国螺丝切割机带回了德国。但随后，拉特瑙"惨遭"失败，因为在德国，当时用手工生产的螺丝比用机器生产更便宜。爱迪生的发明不能直接地照搬到德国的工业生产中。拉特瑙吸取了教训，认识到调整美式技术以适应自身情况的必要性。在后来的强电流业务中，系列化生产在只能适用于有限的范围，尤其是发电厂的建设其实更多的取决于各个国家和地区的条件。[134]

虽说 1914 年以前，美国模式在德国化学界的重要性不比在机械和电气工程领域，但 1896 年的美国之行也使杜伊斯贝格下定决心在勒沃库森①建立拜耳的新工厂，并从生产工序开始进行改革。按照他的设想，新的工厂应尽可能用机器取代人力，并最大限度地以一个自动的整体来运转。给杜伊斯贝格留下深刻印象的是他在一家美国硫酸工厂里看到的景象，整个锅

① 勒沃库森是北莱茵－威斯特法伦州的城市，工业主要以化工为主。1862 年，这里成立了一家生产佛青颜料的工厂，城市现在的名字是 1930 年按照这家工厂的名字命名的。

炉房内连一个操作设备的工人都没有，在 20 世纪前后，这对于德国人来说是一个极不寻常的景象。然而，当他 1903 年再度前往美国时，他却对各种美国印象反应表示出不屑的态度。他在纽约化学家俱乐部中发言解释说，德国化学工业的世界地位是基于"科学的精神，这似乎是德国民族性格的一个特点"；同时，他信誓旦旦地表示，美国人在未来也必然要明白，"通往目标的唯一道路是科学与技术的统一"。从威廉二世时代德国化学家的角度来看，他所说的不过是众所周知的事实，但在美国专家的眼里看来，这种教导真是一种令人尴尬的侮辱。杜伊斯贝格对此有自己的理由，他在 1926 年公开警告称："我们太喜欢充当外国人的老师了。如果我们自己想要从国外多学一点，那就更好了。"[135]在这一时代，法本公司的成立使得德国化工界不断意识到团结集中对抗国外化学巨头的必要性；在这一时代，德国大型工业企业比在帝国时期更加毫无保留地鼓吹"美国化"。

在此时，甚至在更早的时候，对美国技术的讨论就已经被摆在一个更大的框架内，延伸到了文化冲突和政治象征主义的领域。"美国"象征着不受任何传统所束缚的进步；且自李斯特时代以来，它也是进步和保护性关税相结合的典范；以此为基础，"美国"在 19 世纪 70 年代又成了富有国内政治意义的象征。德国人对"美国"这个魔力词汇的感受与看法也反映了德国民族主义的各种变化：有时，对美国的迷恋占据上风；有时，受教育的中产阶级或民众中的反感情绪更胜一筹。

在 19 世纪 70 年代的时候，工业界尚没有人谈论"美国危险"，也没有理由去谈这个问题。美国的工业产品在当时的德国市场上普遍过于昂贵。只有德国的农业已经感受到了来自美国的粮食竞争。在工业中，有的领域的确使用美国方法，但并不是为了竞争，而是"出于原则性的原因"（兰德斯），因为人们早晚都会朝着这个方向努力。在费城世界博览会（1876 年）期间，勒洛和他的支持者们援引美国的例子来证明专利制度的好处以及质量竞争相比价格竞争的优势；随后，勒洛强调要反对"在德国普遍流传的观点，说什么美国人似乎只能生产廉价的批量商品"。不仅是美国的机床，美国的工具也受到了高度赞扬。"美国"一词绝不只是机器取代手工劳动的代名词。美国工人的勤奋也被认为是美国成功的秘密。[136]

在进入 20 世纪后的几年里，"美国危险"成为德国新闻界的口头禅。对于这种夸张的恐慌情绪，德裔美国人"工业心理学之父"于果·明斯特伯格（Hugo Münsterberg）的解释是，德国人长期以来都没有正确认识到美国作为一个工业强国的实力。德国人从美国的反垄断法论战①这件事中吸取了教训，开始对美国的托拉斯巨无霸感到害怕。对美国广袤资源的看法反映了德国帝国主义的野心和国内的普遍看法——德国只有作为一个世界大国才能在这个强权林立的时代生存下去。技术文献中到处是"崛起或没落"的主题，如：一个国家如果对于自己在"工作生产力"方面一再被美国超越无动于衷，就会"逐渐走向衰落"，因此，在今天的德国，"任何阻碍技术进步的束缚"都是危险的，因为技术"本身就蕴含着巨大的扩张力"。社会上充斥着对美国技术夸大其词的说法。与此同时，在进入 20 世纪以前受到美国竞争严重打击的德国机床工业，却在 1901 年至 1907 年期间实现了出口量从 90 万千克到 580 万千克的增长！[137]这特别符合那个时期技术新闻界所表现出来的那种德国梦——在美国人的领域去超越美国人。但是，不断增长的出口份额也使德国更容易受到国际竞赛心理的影响。

德国机械工业领域面对美国的竞争展现出截然不同的局面。一方面，缝纫机、自行车和收银机等产品一直使用批量生产的方法；另一方面，在发动机和机床的生产中，根据顾客的不同需求提供多样化生产则带来了决

---

① 19 世纪 80 年代末，在石油、采煤、榨油、烟草、制糖等部门都出现了托拉斯组织。托拉斯的形成，一方面给垄断资本家带来超额利润，另一方面却破坏了自由资本主义的经济结构，导致中小企业主、农场主的破产和广大劳动群众生活的恶化，从而激起群众性的反托拉斯运动的高涨。为了缓和社会矛盾，美国政府采取法律手段，进行国家干预。1890 年 7 月 2 日，美国联邦国会通过《保护贸易及商业以免非法限制及垄断法案》，简称《谢尔曼反托拉斯法》。该法主要为禁止限制性贸易做法及垄断贸易的行为。

定性优势。机械制造的这两个分支在专业技术、工人类型和销售策略上有着不同的发展过程，但前者对机床不断增长的需求影响了后者。缝纫机厂和自行车厂高度专业化，专门生产特定产品，并面临着国际竞争；蒸汽机厂和机床厂通常生产更广泛的产品，并在19世纪一般面向地方市场。前一个工业分支认为自己必将尽可能地应用美国式的大规模生产方法，而后者则更有能力走自己的路。[138]

缝纫机的大规模生产不单是技术史上的一个里程碑，也是妇女工作史上的转折点，它预示着技术进步也可以为家庭劳动带来新的剥削方式。这是第一种可以作为消费品出售给私人家庭的机器。它包含相对复杂的机制，研发需要相当长的时间，而且比纺纱机和织布机更需要对手工劳动运动顺序进行重新思考。与纺织业相比，缝纫机向规模化生产的过渡有着更加强劲的原动力去进行系统性的设计和单工序的叠加。在1914年之前，德国似乎是唯一能够在缝纫机生产方面与美国抗衡的欧洲国家。德国市场狭小、受季节影响大。在这种条件下，事实多次证明，不能将生产设施完全专门用于缝纫机的制造，而是要在季节轮换中穿插其他产品的生产。如在19世纪末，根据季节性需求的波动生产自行车就是理想的互补模式。自行车的销售旺季是夏季，缝纫机的主要销售季节是圣诞节期间。这种组合的缺点是这两种产品都有很强的周期性，并面临着国际竞争。由于这个原因，以及技术上的原因，自行车和枪支制造的结合有时更为恰当。[139]

在技术上与缝纫机相关的是鞋类生产的机械化，这同样也起源于美国。早在19世纪60年代，美国就实现了鞋类生产机械化的第一次突破，并引发了新闻界的激烈讨论。也正是在这个时期，瓦格纳音乐戏剧中的"工匠歌手"歌颂鞋匠的行业文化，赞美传统与创新的结合。缝纫机与制鞋机的应用打击了裁缝、鞋匠这两种人数众多且早已无产阶级化的传统手工业行当。不过，当时的机械化并不一定会导致工厂化运作。早期的缝纫机由手工操作，制鞋机则由脚操作。熟练手工劳动还没有从制鞋业中被淘汰，这主要是因为德国制鞋业的专业化程度远远低于美国。自 19 世纪 90 年代以来，来自美国的铬鞣制皮工艺威胁到植物鞣制的应用，也因此导致了手工鞣制 ① 厂的没落。[140]

如果按照乔治·施莱辛格这样类型化和"美国化"支持者的说法，19 世纪和 20 世纪之交时"德国机床的重生"（即"机床"一词首次获得其现在的含义）其实是"很大程度上对美国模式的借鉴与模仿"。与英国的竞争对手相比，德国机械工程的优势在于，德国不会太过执着于维护传统，也不会沉湎于对传统的骄傲，从而学习能力更强。因此，德国更有可能在发动机制造、机床制造方面走出自己的研发之路。在这两个领域，对德国和美国模式的比较很早就开始流行起来：在德国，由于煤炭价格高，经济效率的极限通常比美国高。因此，德国以重工业为主，如机床制造。德国人更加重视耐用性和燃料消耗的节约性，从而更喜欢强调自己的机器制造的"科学"基础（尽管对于 19 世纪来说，这只能是部分正确的事实）。而另一方面，美国拥有大量小型、轻便、可批量化生产的蒸汽机，简单的结构和舒适的操作比节约燃料更为重要。[141]

支持美国体系的德国先驱们批评了德国机械工程中太过繁复的分类。他们认为，德国制造商们不应以柏林的沃勒特（Wöhlert）公司为榜样，无条件地满足客户的所有特殊要求。这种批评并不是来源于纯粹的经济计算，而也是根植于制造业进步给人留下的一种特定形象。因为，无论是当时还是现在都至少不难看出，德国机械工业的成功正是基于面对个性化客户需求的灵活处理。即使是在位于比勒费尔德的吉特迈（Gildemeister）公司（1905 年后被"美国化"的公司），其"系列"也会有最多 5 种类型的机床。正如维尔纳·桑巴特指出的那样，德国机械工程的成功秘钥具有以下典型特点："首先是适应能力。正是通过这种适应能力，我们确立了我们在世界

---

① 通过鞣剂使生皮变成革的物理化学过程称为鞣制。

市场的地位";而这又归功于德国人的"恭顺和谦虚",这是德国人在建立起自己的民族国家之前就拥有的美德。[142]

长时间以来,农业机械就是"美国体系"的标志。不过,对于德国的国情来说,这种机械农具耗费马力太大,不符合德国节约、密集型的土壤耕作方式。在木工机械方面,美国也领先于其他国家。然而,这些机械产出废料过多,似乎只适合拥有无尽的森林资源的国家,因此,德国木材工业对"美国化"持保留态度。不过,随着机械变得更加精确,德国木材行业机械化的积极性有所提高。1878 年,受到费城世界博览会的启发,凯尔希纳(Kirchner)在莱比锡建立"德美机械厂"。同时,德国木材加工技术方面的自主研发之路在早期也颇为顺畅,如开姆尼茨的兹莫曼公司(Zimmermann)、纽伦堡的克莱姆 - 克莱特公司(Cramer-Klett)。[143] 甚至德国还对美国进行"技术转移"。例如,索林根的刀具工业在 1900 年左右研发出了自动研磨机,此后不久就掀起了美国刀具行业的"革命"。不过在索林根本地,这种自动研磨机在第一次世界大战之前应用极少,因为当地人相信优质产品的生产应基于具有传统意识的专业匠人群体及其手工经验。[144]

在重工业方面,19 世纪末典型的美国式创新是改进运输路线 [如霍奇(Hoesch)的"美国计划"] 和高炉装料器的机械化。德国业界人士对这些创新有诸多讨论,有时也伴随着质疑。比如,这些设备耗能高,且容易出现故障,需要经常修理。德国的一位顶级钢铁技师甚至因此警告:"发光的不一定是金子。之所以搞出这些复杂的建造方式,那只是为了在(美国)工人协会那副傲慢的嘴脸上去踩上两脚。"[145]

1828 年,美国人发明了环锭纺纱机,这是自前工业时代以来对纺织过程最革命性的改变。直到 19 世纪末,德国人才开始接受这种机器;甚至在有的地区,走锭细纱机到了 20 世纪 50 年代才被取代。从欧洲人的角度来看,这是一个典型的美国式创新——产量高、易操作,但设备和能源成本较高，而且在起初产品质量较差。即使在美国，直到 1900 年的时候，老式纺纱机的数量仍在增加。在很长一段时间内，环锭纺纱机只适用于部分类型的纱线；直到 1930 年左右，环锭纺纱机才像走锭细纱机一样被普遍应用。[146]

基于美国的规模化系列生产方法、同时又不太为人所知的成功案例是德国的钟表行业与钢琴行业。19 世纪末，德国成为世界上最大的钢琴出口国；黑森林地区的钟表工业则在木制时钟的规模化生产方面一直能与美国并驾齐驱。从 19 世纪 70 年代开始，黑森林地区就着手应对由辗压黄铜制作而成的"美国作品"所带来的挑战。一些黑森林制造商反应相对迅速，成功地采用了美国组件，并将其与自己的研发相结合。到 20 世纪，荣瀚宝星公司（Junghans）已经荣升为世界上最大的钟表制造商。随后，该公司通过使用带放射性的发光数字表盘这一种危险的方式在竞争激烈的钟表市场上取得了技术上的领先。[147]这也揭示了 20 世纪技术竞赛的危险性。

从整体上看，无论是当时还是后来，工业和技术领域对"美国危险"的探讨其实是对更广泛意义上的"美国主义"政治、文化大讨论的副产品。此外也涉及人们对于生态问题的处理方式。美国实行"森林屠宰"，对自然资源实行极端的过度开发，这在 1900 年左右成为德国人批评美国的矛头所指。其实在当时的情况下，人们需要的只是美国式的自我批评。因为"美国主义"有其自在的内部辩证关系，而德国的批评家很少能理解这一点。美国风格不仅包括无限制的开发，还包括激烈的公众反对运动，如自然宝藏的"保护"与"维持"、技术的"安全"与"效率"等口号。最后，德国人不得不从美国人那里学习一些他们曾经引以为豪的美德。

7. 在机械化的临界点

技术史的分期不仅是由最新和最先进的技术决定的，也取决于各技术变革的临界点和在这些临界点上发生的事情。整个社会对于技术分期的看法是不同的，这取决于现代和传统部门之间是否有清晰的界限；抑或新老之间的界限是否流动变化，两者之间是否存在着广泛的过渡区域。相比于世界上其他大多数国家，德国的特点在于技术与技术之间的临界点往往不明确。高度机械化和手工劳动的共存不一定要被理解为"不同时代事物的并存"，而传统的部门也不一定就被认为是落后的。在很长一段时间内，技术创新并非随时随地都出于理性思考，恰恰相反，德国的工业化往往依赖于手工业已有的广泛基础，并且还产生了对新手工技能和新型经验知识的需求。把德国的手工艺传统整个视为工业化障碍的观点是错误的，就像把这些传统仅仅看成是德国工人运动的桎梏一样，这些都是错误的理解。同理，根据当时的最新技术而将以手工劳动为特征的、较传统的经济部门视为边缘部门也非正确的做法，因为直到 19 世纪末，生产仍然具有强烈的手工业特征。

与工厂的爆炸式扩张相比，家庭作坊的增长相形见绌。纺纱工和织布工因被机器取代而失去生计基础，于是，他们通常会转向烟卷制作业。卫生学家后来呼吁对这种家庭作坊自制烟卷的活动加以禁止，因为工人有时会用自己的口水来粘贴烟卷。工业进步的先驱者和各个工会都一致认为家庭作坊是工业发展的污点。其实，只要仔细观察，人们会看到这个笼统的评价存在一些不当之处。例如，自 19 世纪以来，德国圣诞市场上的圣诞树装饰品和其他闪闪发光的饰品是德国最成功的出口产品之一。尽管那些专注于"基础创新"的技术史学家对此并无兴趣，但这些饰品确实带来了金钱，而且主要由家庭作坊生产。

农业、食品生产、建筑业这些具有最重要经济意义的领域，确定了工业发展的框架。在很长一段时间内，机械化只对这些领域产生了有限的影响。正是在这些领域，传统的手工劳动和大规模的生产可以紧密结合在一起。砖厂、水泥厂和糖厂，蒸汽锯木厂和蒸汽磨坊，犁、镰刀和手工工具的大规模生产与农业、建筑和木工加工的以手工为主的特点非常匹配。

甚至在机械领域实行规模化生产之前，这种模式就已经在工具的制造中得到了实践。钢铁产量的巨大增长不仅加速了机械化的进程，也大大有利于人工劳动工具化的发展。在费城世博会上，美国的斧头、锯子与美国的机器一样给参观者留下了深刻的印象。19 世纪，人们普遍相信手工业正不可避免地走向衰落；然而在 20 世纪，尽管手工业在整个经济中的重要性确实相对有所下降，但手工业以令人惊讶的韧性和有关统计数据推翻了人们的这种观点。[148]

衰落论产生于对旧行会的浪漫想象和对未来的无限畅想。然而，这种浪漫想象只是部分地与现实相符，而对未来的畅想则认为进步就等于更高的机械化程度。如果人们把个体性、房屋和生产场地的一致性、不使用机器以及前资本主义"粮食经济"的心态作为衡量手工艺的标准，那么手工艺确实表现出衰退的迹象。但是，如果从技术操作和人类学的角度来定义手工艺，情况则不然：作为一个工作领域，手工业的关键因素是手工技能、经验和对材料的敏感度；计划和执行不能被人为割裂，或者说，两者主要是相互融合的，而且工艺能传达出手工人的自我意识。以这种方式理解，手工艺也可以存在于工厂中。"工匠工人"（即工业师傅①）不仅是手工与机械之间的过渡，而且应被理解为工业化的原型。[149]

这也适用于手工业中产生出的大量小型工业企业。施莫勒已经从中看到了一种"既包括大型资本，又包含个体经济的新型手工业企业"。"特别是在需要更多个人技巧和艺术性的领域，小型私营经济会与大型企业一起蓬勃发展"。从 1851 年的伦敦万国博览会开始，世界博览会不仅推动了机械技术的发展，而且实际上有时甚至更多地促进了手工业的进步。[150] 此外，

---

① 德国手工业自古以来采取"学徒制"，即入门的学生获得"学徒"（Lehrling）身份，通过学习成为"雇员"（Geselle），最终通过一步步进修成为行业的"师傅"（Meister，也有译法为"大师"）。"师傅"可以自行开店，招收学徒，在行业内具有很高的地位。至今，德国的双元制职业教育中依然保留了这样的特色。

勒洛在他"价廉质差"的论断中也关注到了德国手工业的进步，不过这导致了"德国手工业的一种逞强好胜的心态"。直到 1907 年成立手工业联盟时，手工业者们还在引用勒洛的论断来证明手工业的重要性。[151]

不同于英国与法国，德国的手工业发展出相当大的政治执行能力。在 1897 年和 1908 年，手工业通过《手工业者修正案》和所谓的"小型资格证书"取得了初步成功，并在 1953 年以"大型资格证书"获得了其最大的胜利。从这一角度看，德国的手工业并不是什么"原始"现象，也没有经历一个衰落行业的绝望挣扎。[152] 手工业者利益相关的政策并不是工业发展中的异类，因为这种政策不仅由市场和机械化、也是由组织化的团体力量和与物质性的经验知识决定的。

蒸汽机远不能取代全部的手工工作。一个典型的例子就是索林根的磨工，他们在蒸汽磨坊中也发挥了自己的手工技能和经验。19 世纪 70 年代，索林根以一种令人印象深刻的方式摆脱了"价廉质差"的污名，并一举超过了谢菲尔德①，正是在此，英国对德国商品进行了（主观的）贬损，要求其贴上"德国制造"的标签。② 与我们习以为常的观念相反，索林根的崛起不仅得益于锻造过程的机械化，而且也要归功于将磨工作为合格专业技术工人进行重新改造。由此可见，索林根餐刀具的成功不仅仅是基于其"巴比伦式的多样性"。然而，索林根锻工的命运却与索林根磨工截然不同。由于引入了锻模（钢质模型），工厂不再需要锻工进行塑形。不过，就算是在锻压车间，多年的工作经验也能派上用场。正如现在工业博物馆中的亨德里希锻压车间所展示的那样，模具的制造催生出一种新的专业手

---

① 谢菲尔德（英语：Sheffield）是一座位于英国英格兰约克郡 - 亨伯区域南约克郡的城市。从 19 世纪起，谢菲尔德市开始以钢铁工业闻名于世。许多工业方面的革新，包括坩埚钢和不锈钢，都诞生在这座城市。

② 1887 年 8 月，英国议会通过法案，规定所有从德国进口的商品必须标注"德国制造"字样，以此将价廉质差的德国货与优质的英国产品区分开来。这也被视为是"德国制造"的起源。

工业职业。

在当时的年代，像索林根的磨工以"工匠工人"的身份转型进入工厂的例子并不是个例。邻州勃兰登堡州的拉丝工人直到 20 世纪依然在使用手工业的工作方式，并守护着手工工作的技术奥秘。与藻厄兰的那些以溪流水力驱动的拉丝厂相比，大规模企业并没有技术优势。贝吉什兰地区传统

图16：在 1893 年芝加哥世界博览会上，来自索林根的亨克斯兄弟（Brüder Henckels）站在一人高的刀具后，以自己的身体为例子生动形象地展示其"双立人"品牌商标。早在 1731 年，他们申请双子座（"双立人"）标志的专利，这个标志成了德国具有悠久历史的公司标志之一。亨克斯兄弟的公司在各种国际博览会上展示其顶级质量的刀具，为"德国制造"的声誉做出了贡献。

的织带行业在前工业时代就已经实现了部分机械化，只不过一直在沿用小批量的生产方针，其技术和工作方法甚至在引进蒸汽机后也得以保留。许多贝吉什兰地区的织带工人像索林根的磨工一样，在工厂里租用一个连接蒸汽动力的工作场所，并（至少在形式上）保持独立。在染色和纺织品印花方面，灵巧的手工技艺在19世纪末20世纪初时依然有着重要地位。[153]此外，手工劳动在毛绒制品和丝织品方面直到19世纪末也还保持着竞争力。20世纪初，玻璃品吹制工场依然靠嘴吹制玻璃，玻璃器皿的质量更多地取决于玻璃吹制者的技术，而不是熔炉技术的进步。

在崇尚进步的伯纳尔（Bernal）的夸张描述中，他认为内史密斯（Nasmyth）发明的蒸汽锤"彻底打破了火神伏尔甘锻铁工场①的传统；制造机器不再是需要人类插手的事情，只需要机器就足够了"。然而，正是堪称机械化核心的机床制造，却在整个19世纪都保留了明显的手工特征。有的特征甚至在经历了20世纪初的"美国化"浪潮后依然保留了下来。1950年，作为行会师傅的董事格劳托夫（Grautoff）就在一次监事会会议上评价道："机床制造工并不是普通意义上的工人，而是一种艺术家。和他们之间的愉快合作是成功的首要条件。"[154]从使用者的角度来看，机器工具在一定程度上导致了工匠文化的衰退。然而，直到19世纪末，零件的适配工作仍然需要专业的手工劳动来完成；在早期，机床更是主要是作为"辅助型机器"参与工厂生产的。

工业化的进步为手工业创造了许多新的小生境②。尤其一些因工业发展而起步的生产工艺产生了对手工技艺的特别需求；而传统的大众手工业，如裁缝、鞋匠和木匠等职业却在19世纪末受到机械化的严重冲击。到19世纪末，人们从各种手工艺的命运中认识到一个普遍规律：在应用机械化

---

① 指传统的手工锻造方式，可参见西班牙画家迭戈·罗德里格斯·德·席尔瓦·委拉斯凯兹于1630年创作的油画《火神的锻铁工场》。
② 生物学概念，指稀有动植物能在其中生活繁衍的小区域。

图17：在"湿石"边工作的磨刀人，于1930年左右摄于亨克斯公司。在过去，磨工的平均寿命较低，因为他们吸入肺部的石粉会使他们患矽肺从而早逝。1900年左右，人们借鉴谢菲尔德的经验，认为进行湿法研磨可以大大降低健康风险。然而，正如著名职业医师路德维希·泰莱基（Ludwig Teleky）在20世纪20年代所指出的那样，湿法研磨实际上反而大大增加了风险。因为水使细微的灰尘以更加密集的分布形式进入肺泡，而肺泡正是抵抗微尘的第一道屏障！

大生产的领域，个体的手工业没有活路；但在手工艺产品"不断变化的、可以适应各类需求"的领域，手工业"正可以趁着大规模工业蓬勃发展的东风而获益"。[155] 随着财富的积累和工业水平的提高，绝不只有标准化这一种趋势。至少还有需求的差异化越来越大这另一种趋势。

在这种条件下，手工业形式的工作也在大规模工业中得以保存或出现。直到20世纪前后，克虏伯铸钢厂都必须"不断生产不同形式和尺寸的新零件，而这种需求一再成为克虏伯公开的难题"，为了解决这些难题，克虏伯需要工匠师傅的经验和"克虏伯式"的核心劳动力。此外，炮筒的生产也需要"极其娴熟的工人"。炼钢的搅炼工艺并没有立即被贝塞麦法取代，反而在19世纪70年代的德国遍地开花。从技术上讲，这种搅炼工艺高度手工化，搅炼工人的技艺和经验决定性地影响着炼钢的成功。搅炼的艺术曾是行业的秘密，人们会故意语焉不详地描述这种工艺流程。[156] 甚至在 1900 年后的 "高速钢" 时代，某些特殊的钢种仍然采用老式的、近似于手工业操作的坩埚炼钢法。

19 世纪初，当具有前瞻意识的机械工转型成为受过教育的工程师之后，工业的发展催生出一种新的职业——工业机械师。工业机械师负责将工程师的图纸落实为实践，这种职业包含高度专业的手工业各种要素。由于工作分工越来越细，据说装配工 "在 19 世纪初所知道的知识……只是上一个世纪（18 世纪）的装配工必须掌握的知识的十分之一"；另一方面，在 19 世纪末从事维修工作又需要接受更广泛的培训。[157] 直到 20 世纪，五金车间的工作机器 "更多的用来辅助手工劳动，而不是取代手工劳作"。直到 20 世纪 20 年代，德国的汽车基本上都还是以手工方法生产，就算是号称 "大规模系列化生产" 的品牌也是如此。戴姆勒的师傅们就好像在 "一个独立的工匠共和国" 中工作一样。汽车技师成为 20 世纪最成功的新兴手工职业。在过去的马车、马蹄和铁钉铁匠铺里，铁匠往往是一个微不足道的寒酸行当；而在汽车工业中，这一工作被赋予了新的未来发展前景。[158]

在西门子公司发展早期，当它 "还是一个机械工车间而非一家企业" 的时候，西门子兄弟一再对他们的机械工——这些 "绅士艺术家" 手工业式的自由散漫行为感到恼火。1847 年，维尔纳·西门子抱怨称，机械师们 "艺术家式的慵懒" 和在与精密机械打交道的过程中习惯的工作风格，会让他们自己在这种 "充满活力而又单调乏味的" 工作中堕落。自 1867 年在海夫纳 - 阿尔泰涅克公司（Hefner-Alteneck）下设立自己的设计办公室后，维尔纳·西门子几乎每天都会去那里，却很少再踏进他自己的车间。海夫纳 - 阿尔泰涅克公司公开反对 "工匠的统治地位"。一位曾在此工作的工匠在回忆录中抱怨，"一切的实践经验都被压制，事实上，所有在设计方面的个人意见都被抑制了"。另一方面，西门子的合伙经营人，手工业型技术员哈尔斯克（Halske）却正相反，他"希望拥有一个雄伟可观的车间，但绝非一家工厂"，并因此常常保护这些"艺术家"。实际上，他这种"手工业式的"态度并非完全过时。例如，他认为公司应始终专注于电气领域，而西门子兄弟却有时也在其他方向上进行投机。[159] 这种技术专业化更多源于手工业者的心态，而并不是发明家和企业家的心态。

当西门子公司凭借"电力"进入机械工程领域时，它比以前更加依赖从手工行业招募劳动力。在此前，这种行为在柏林的金属工业中没有问题。但在此时，西门子公司遇到了瓶颈，因为各公司逐渐意识到手工培训的价值。在世纪之交（19 世纪和 20 世纪）后，西门子公司感到不得不将学徒的培训事宜掌握在自己手中。现在回想起来，从"柏林北部多如过江之鲫的人群"中随意招募没有经过训练的"人材"，这种行为简直是"可怕"。[160]

对手工业者的蔑视在崛起中的工程师阶层中表现得相当充分。一位柏林的工程师在 1871 年向西门子抱怨说："……最崇高、最美丽的东西几乎完全交到了车工和锉工粗暴的手中。"工程师对高层阶级的向往使他们需要与企业中"野蛮"、缺乏精神意识的匠人阶层划清界限，这些工匠阻碍了他们的上升之路。但直到 19 世纪末，工匠师傅们仍在许多机械工厂中稳坐"头把交椅"。[161] 推翻工匠体系成了世纪之交（19 世纪和 20 世纪）时受过科学教育的工程师们宣称要实现的目标。在此之前，工程师主要作为设计绘图员参与工厂工作。但随着设计越来越成为常规工作，以及大规模生产的方法使"适配生产的"设计声名鹊起，工程师们越发努力地将生产也归于他们的控制之下。这与当时的合理化趋势有关，它结束了大规模工业中的传统车间结构，有利于生产的流动。

然而，执行日益从属于计划，实践日益从属于设计，如果想要在这样的关系中看出现代生产过程发展的普遍原则，那便颠倒了顺序。实践经验在技术中的地位只是被部分地削弱了。工业公司中的工程师们一再发现，有经验的熟练工人在任何方面都可以比别人做得更好。1907 年的一本工程师手册建议："年轻的工程师或技术员永远做不到像工匠师傅们那样掌握机器的制造。因此，应该借鉴工匠们的经验，而不要独自埋头苦干。"甚至在近几年，一位日本的德国问题专家评论称，"长期以来，对德国经济奇迹做出贡献的传统工匠体系"仍然行之有效，"几乎没有需要质疑的地方"。[162]

农业是长期以来使"科学化"和机械化施展受限的主要经济部门之一。然而这并不意味着农业是与工业相比一个普遍落后的经济部门。早在前工业时代和工业时代早期，农业领域就有了机械化发展的萌芽，并引入了基于科学的生产方法。另一方面，农民对这种创新的抵制并不总是源于传统主义的惰性，有一部分也是来自经验和合理的怀疑。李比希以其口才与自我宣传尽可能地说服农民，阐述从农业经济之外的途径获取矿物肥料的必要性。然而，19世纪德国农业的特点不仅包括了李比希的影响，也包括了农业对他这位化学教皇的抵抗。

虽然在后来，李比希以有机化学奠基人的身份获得诸多尊重，但在19世纪40年代时，他武断地为矿物营养物摇旗呐喊，认为这是唯一有价值的营养物，并且反对有机质、腐殖质和氮气理论。因为在当时，关于氮气的理论实际上并不是基于精确的科学，而"仅仅"源于经验。在这种理论的背后，李比希感受到了那令人痛恨的自然哲学和一些人对生物世界的信念；在这些人的眼中，化学家根本无法参透自然世界的奥秘。于是，当李比希关于矿物肥料的实验一次又一次地失败时，"同时代的文献中充满了对最初一批人造肥料……的讥笑声"（施纳贝尔）。[163]在随后的一段时间里，李比希愤怒地反对从混合下水道向田间抽送排泄物的系统。这场论战暴露出，其实他已对用化学代替天然肥料的想法失去信心。

在之后的数年里，李比希逐渐纠正了他最初的片面性，但最初由他创立的肥料研究却在几十年间在英国发展得更好。在德国国内对肥料研究较为深入的主要是萨克森州。由于人口稠密，萨克森州自很早以来便走上了农业集约化道路。人造化肥的使用量一直在增加，如使用智利的鸟粪石和当地的骨粉，而这与李比希理论无关，甚至恰恰是其理论的反面。到 19 世纪 60 年代，德意志关税同盟内已有大约 600 家骨粉厂。讽刺的是，恰恰是长期被李比希误判的氮肥在后来为科学化的化学进入农业领域开辟了道路。此外，李比希的学说在一定程度上符合了甜菜、钾盐工业的利益。[164] 甜菜成为当时种植最密集的作物，并产生了对人工施肥发展的需求。

对德国北部的一些农业地区来说（例如马格德堡的低原地区就是其中的佼佼者），甜菜糖意味着一种工业革命——不仅通过工厂实现，而且是通过农业本身的转变实现的工业革命。随着种植条件和糖产量之间关系的日益清晰，工厂向甜菜农规定了种子和施肥的要求，并提供了栽培、护理和收获的方法。甜菜糖生产的基础早在 18 世纪就已奠定，并在大陆封锁时期①经历了第一次繁荣；但是，直到 19 世纪中叶，在历经了长期的发展之后，甜菜糖的廉价大规模生产才制造出了与蔗糖几乎价值相等的产品。根据李比希的说法，甜菜糖行业已经实现了"几乎不可能的发展，现在生产的已不是带有甜菜味的、油腻腻的糖，而是最漂亮的精制糖"，而且糖的产量也在急剧增加。在 19 世纪初，产糖量在 3%—4%；1865 年左右引入的扩散工艺使甜菜几乎能够完全脱糖，并使之过渡到大规模加工。到了 19 世纪末，英国的一位卡珊德拉式的人物威廉（William）曾发出对"德国危险"的警示，他认为，德国在别的任何领域都很难拥有像在糖业生产方面这样的绝对优势。[165]

就单位面积产量而言，德国在 1914 年之前就已经成为了世界上农业单位面积产量最密集的国家，甚至超过了他们的榜样——英国。不过，与美国的发展以及德国 50 年代以来的发展相比，当时以及 20 世纪上半叶农业

---

① 大陆封锁是拿破仑在 1806 年 11 月 21 日在柏林启动的对英国的经济封锁政策，该政策于 1814 年结束。拿破仑意图使用经济战的手段使英国屈服。另一方面，该政策也可以起到保护法国经济的作用。

发展的现代化战略主要侧重于提高单位面积的产量，而非提高劳动生产率。1914 年以前，德国农业的资本密集程度远远低于美国、英国和比利时的农业部门。甚至在 20 世纪初，德国西南地区的小型农户仍然喜欢用老式的镰刀收割谷物，以求将谷物损失降到最低。在德国北部和东部推广的甜菜种植甚至加剧了田间的体力劳动，而且当工业的工资对农业造成竞争压力时，德国的农场主会从波兰招募大量农业工人。这种现象让年轻的马克斯·韦伯感到愤怒，他在 1895 年就职弗赖堡大学经济学教授的演说中呼吁，应禁止波兰人移民到德国东部。到了 1919 年，还有人表示"波兰问题"不过是"一个如何薅锄农作物的问题"。

　　1851 年，德国第一个农业实验站在莱比锡附近的默肯建成；在随后的几十年里，又陆陆续续有了其他实验站。尽管长期以来，农民对农业科学的创新持怀疑态度，但无可置疑的是，农业科学领域实验传统的形成要早于机械制造学。相比机械实验，人们更关注作物的育种、作物生长条件的分析和肥料实验。[166]诚然，蒸汽犁（即用绳子把犁和田边的两辆蒸汽机连接在一起，用蒸汽机来回拉动犁）由德国农业协会（1885 年）的创始人、作家兼工程师马克斯·艾斯发明，并通过文学作品而出名，而且德国的机械工业也积极参与到这种机器的生产中来；但对艾斯蒸汽犁发明给予肯定的却是美国和埃及的赫迪夫 ①。在德国，使用蒸汽动力的耕地不超过 1%。1882 年，即使是在拥有 1000 英亩以上土地的超大农场主中，使用蒸汽犁的人也只有十分之一。

　　德国农业的第一种必备大型机器是脱粒机。在最初的时候，脱粒机由绞盘 ② 驱动；自 18 世纪末，对脱粒机的宣传就已经开始，并从 19 世纪末开始在大庄园中得到推广。脱粒机的突破是在面临"巨大困难"的情况下实现的，许多农场工人一开始拒绝使用这种机器。其一，脱粒是极其耗费

---

① 赫迪夫，指 19 世纪后期埃及总督头衔。

② 由人或动物绕圈行走移动的大型旋转装置，用于驱动工作机器。

劳动力的工作，并因此一直是整个日结短工阶层的重要生计来源；其二，为了使脱粒机在德国农民中流行起来，也必须对脱粒机实现技术上的简化。

在 19 世纪，比脱粒机这种机械更易被德国农民所接受的是播种机。阿尔班正是通过售卖这种由马匹牵拉的工具而赚取了一大笔钱，从而使自己在高压蒸汽机方面的研究得以继续。[167] 就其本身而言，农业工作的一系列工序都相对容易实现机械化；然而，在 20 世纪初以前，只有动物和人类才可以充当这些"机器"的动力。作为畜力的农场用马是 19 世纪最重要的"创新"之一；在这之前，农场主要以公牛为畜力。通过这一例子，我们可以发现"马力"这一计量单位依然保留着其字面的意思。投入的机械越多，需要的马匹也就越多。直到 20 世纪 20 年代，德国农业中的马匹数量依然呈上升趋势。[168] 就算是在农业范围之外，工业的动力需求也在促进蒸汽机进一步发展之余大大刺激了养马业的发展。

蒸汽机只有利于大型农场的发展，并因此在一定程度上使大型农场主和中小型农民之间的界线愈加分明。然而，直到 20 世纪，基于人力和畜力的机械化的应用范围要比"纯机械化"广泛得多，在耕地和畜牧业之间保持平衡的中型农场甚至可以比大型农场更有优势。各个地区大大小小的农场犹如农业文化的露天博物馆，展示出这一阶段工业化的生动画面，尽管这些工业化的表现在今天看来已经过时。与制造复杂的机器相比，制造简单工具的方法更容易，从而更适合大规模生产。在 1904 年，莱比锡的萨克农业机械公司（Sack）生产出了该公司第 100 万个犁，乌尔姆的艾伯哈特公司（Eberhardt）则生产出了第 70 万个犁；符腾堡的豪伊森镰刀厂（Haueisen）从 1865 年起就是德国最重要的农具公司之一，该公司每年能够销售 59.5 万把镰刀和镰齿。马匹牵引的绞盘、手工操作的切碎机和手推磨是当时农场的重要创新之一。此外，单马匹牵引的绞盘在早期完全由铁制成，而较大的绞盘仍由木材制成；而绞盘又使其他机器的引入成为可能。[169]

19世纪，磨坊禁令的废除不仅引起了风车建造的热潮（适合建造水磨的场地已基本完全被占用了），而且还使以前受禁令限制的手工磨坊得到了大力推广。直到20世纪初，技术上得到改进的手工磨坊比新兴的蒸汽磨坊更能提高德国西北部风磨和水磨的生产效率。手工磨坊首先引进辊磨机，革新了研磨技术。另外，风车磨坊也进行了各种提高产能的尝试，不过这些尝试未能让风车走得更远——如1905年丹麦的一项调查所指出的那样，"当风车达到一定的规模后，磨坊越是扩大，生产成本就相对越是昂贵"。相比德国大部分地区，邻国的丹麦更易受到西风的影响，并在很早之前就将风车升级为钢制风轮。而且，与德国风力发电的预言家赫尔曼·霍内夫（Hermann Honnef）自大狂妄的态度不同，丹麦遵循"小即是美"（Small is beautiful）的原则。在很长一段时间里，这种方法比追求规模化的动力更成功，规模经济只是存在于理论上而已。[170]

在蒸汽动力时代，德国农业在19世纪末似乎已达到了该领域机械化的最高程度。1893年，霍恩海姆农学院拒绝设立农业技术教席，因为"目前已基本完成了对最常用机器的设计"；而且在一个以小农为主的国家，"农业中使用的机器数量和类型都必然受到自然条件的限制"。[171]直到柴油机出现、适用于中等规模农场的机器类型得以发展，并在劳动力短缺的压力下，农业机械化的步伐才在20世纪再次启动。

建筑业——工业化过程中增长最迅猛的部门之一，以及与之相关的木材业也以德国特有的方式展现出了机械化的临界现象。最初的国家建筑官员受过专业训练，具有地位意识，他们是后来技术精英的原型，是19世纪崛起的新技术群体的典范；而另一方面，建筑过程却一直到20世纪都保持着手工业式的特色，二者由此形成了奇异的对比。在国家建筑项目外，土木工程师不能拥有领导权，而"私人建筑的专家却在过去和现在都是手工建筑大师。"土木工程师和机械工程师有着同样的学术追求，都希望获得大型国家项目的领导地位。在19世纪下半叶，两类工程师之间的关系日趋紧张，土木工程师对地位的追求与机器对建筑业的渗透之间矛盾日益深刻。[172]

另一个案例是地下建筑业与建筑材料生产业。有的砖厂、水泥厂和锯木厂达到了高度的机械化水平，甚至出现了大规模经营的趋势；另一方面，新的建筑材料如钢铁、混凝土、钢筋混凝土则给建筑作业带来了工业的元素。德国的钢结构建筑有利于建筑师和土木工程师两种角色的分离，这在许多火车站建筑中表现为候车楼和站台厅之间的建造区别。与英国或法国同行相比，19 世纪的许多德国建筑师"与铁制材料之间的关系更为复杂"；这导致相比其他国家建筑和工程专业，德国建筑职业与工程职业之间形成了一种分离。此外，这也对技术产生了影响——直到 19 世纪末，德国建筑业才有了一点点前卫特质的发展。在整个 19 世纪，由于德国建筑师对学术成就的追求，建筑艺术主要朝着历史主义的方向发展。再来看邻国法国：法国发明的钢筋混凝土施工方法讲究对弧形、轻盈形式的追求；一直到 20 世纪 20 年代，这种建筑方法都被认为是典型的法国式建筑风格。1901 年，当时的德国混凝土协会主席欧根·迪克尔霍夫（Eugen Dyckerhoff）给他的同行们提出了一个建议，以今天的眼光来看，这个建议并非完全没有根据："如果你想安然入睡，就不要把铁从水泥里拿出来……"有所不同的是，自 1873 年以来，德国的要塞建设就已经大量使用无筋混凝土，并成了国家层面上的第一个标准化对象。[173]

除此之外，19 世纪的德国建筑师和土木工程师也没有表现出对木质结构的实验热情。如木制的预制装配式建筑技术①主要在英国和美国得以发展；甚至在 19 世纪，英国人和美国人建造出了许多令德国旅行者感到脚下

---

① 装配式建筑是指把传统建造方式中的大量现场作业工作转移到工厂进行，在工厂加工制作好建筑用构件和配件（如楼板、墙板、楼梯、阳台等），运输到建筑施工现场，通过可靠的连接方式在现场装配安装而成的建筑。装配式建筑主要包括预制装配式混凝土结构、钢结构、现代木结构建筑等，因为采用标准化设计、工厂化生产、装配化施工、信息化管理、智能化应用，是现代工业化生产方式的代表。

在"颤抖"的木制铁路桥。与英美相比，德国建筑师们在桁架建筑结构的理论方面有了长足的进展。[174]

在遗产保护和历史主义的影响下，德国一直到进入 20 世纪都保留着以木材作为建筑材料的传统。在造船领域，人们经过一番犹豫才放弃了木材。与英国和法国不同的是，即使到了 19 世纪 60 年代，造船厂也依然"坚持认为，以铁作为建造材料有违自然规律"。直到后来在向铁制建筑的过渡中，军舰的生产起到了决定性作用。不过，就算是到了 1880 年，德国船工协会主席还是信誓旦旦地保证，"建造'铁制大槽子'的时代"将"很快结束"，"不久后，我们将再次回到建造木制帆船的时代。"19 世纪不仅是蒸汽船的时代，随着铁的应用，帆船航行技术的高峰也随之而来。到了铁器造船时代，船舶木匠终于失去了他们在船舶工业体系中的强势地位，这个例子展现出在以木材为原料的工作中，工作的自主性使得人们对计划和实践没有办法进行严格的区分。[175]

这种技术上的传统主义并不是落后的同义词。例如，锯木厂以外的木材加工行当在面对机械化时犹豫不决，以及 19 世纪的德国木材加工工业长期拒绝使用圆锯——尽管圆锯将技术上先进的旋转原理引入木材切割，但也同时产生了大量的浪费，并是"最危险的机器之一"。即使在德国的锯木厂中，规模增长一般也是有限的，因为专注于某些类型的木材和市场的小型公司也有其优势。木材工业的机械化一直面临障碍，这些障碍来自地区条件和木材本质的限制。[176]

8. 进步观念与安全管理的技术化
——现代环境观念的建立与大量的表面化解决方案

工程师阶层发迹的历史起源于建筑技术，而"安全性"在建筑技术中有着明确的标准和对象——"安全性"的标准即防坍塌；若发生事故，责任将归于建筑工地负责人。这样一种几乎完美的"安全性"是有可能实现的。然而，当机器时代到来，这一切发生了变化。机器时代中不再存在完整意义上的安全性。1878 年，"安全性"一词在官方文件中被替换为另一个概念："减少危险"。或者不如说，"安全性"成了一种委婉的表达。

凡是在使用机器的情况下发生的事故，人们总是很容易将责任归咎于人为的错误操作。但是，即使是 19 世纪那些拥护进步者们也感觉到，这种责任分配并不能令人满意，他们意识到，"更高的技术和更广泛的机器参与"才是许多严重事故发生的真正原因，"因为被人类征服的大自然会立即对人类所犯的每一个错误进行严厉的惩罚"。[177]早在工业化的早期，人们就有了对"错误友好型"①技术的具体想象，这主要是因为当时的人比后来的人更不信任复杂的技术。

随着蒸汽机的压力越来越高，它的安全问题很快成为核心话题。锅炉爆炸事件令人惊愕，成了与蒸汽机随时相伴而行的潜在危险。"人类凭借微弱的力量突然一跃成为驾驭蒸汽巨人的主人，没有什么比对待蒸汽时更需要认真负责的态度了。"人类还没有丧失感知危险的某种本能，这让他们强化了危险意识。[178]恰恰是当人们按照传统方式将蒸汽机理解为工业技术的原型之时，现代技术就与对巨大危险的想象联系在了一起。因此，不难想到人们会在此时呼吁国家对此进行更严格的监管。

普鲁士以法国为榜样，从一开始就将蒸汽锅炉的安全问题纳入国家的管辖范围内。[179]然而在后来，另一种认识占了上风，即认为技术安全的最佳保证是各部门通过采取联合统一的行动以维护其集体利益。在预防锅炉爆炸方面，公司的利益与职业安全、环境保护的利益是一致的。这样，安全性的难题在表面上看来显得很简单。人们对待蒸汽锅炉（就像一百多年后对待核电站一样）态度不一：有的人认为，理想的安全性

---

① 指即使操作错误也不会造成致命的影响。

就是防止爆炸；而也有的人认为，严格控制爆炸的后果才是安全性所在。1831 年，人们似乎依然没有办法彻底防止爆炸的发生，恩斯特·阿尔班为他的管式锅炉建立了这样的标准："只有那些即使爆裂也不会造成损害的锅炉才能被称为是真正安全的锅炉。"[180] 人们发现，通过技术设计对事故后果加以限制也不失为一种解决方案，不过这种技术并不能达到完全的内在安全性。不难发现，这种后来的核安全理念在德国工业化初期其实已经出现。

其实，绝大多数的这些机器风险只会影响到工厂工人的安全，但机车的发明使公众以一种激动的方式直面蒸汽机。火车使技术的安全性问题一下子成了一个公共问题。尤其在火车发明的早期，人们震惊于火车的威力；由于并不习惯这种庞然大物，人们对火车还抱有一定的警惕。1829 年，自由党政治家托马斯·克里维（Thomas Creevy）在乘坐了史蒂芬逊发明的蒸汽机车后写道："这感觉真像飞一样。而且，我总是臆想，即使是发生最微小的事故也可能造成全员死亡，我没有办法使自己摆脱这种想法。"早期的神经病学夸大了铁路事故对神经系统的创伤性影响。[181] 在整个 19 世纪，铁路事故都是公众极为关注的轰动性事件，并给官方造成了一定的行动压力。这与 20 世纪的汽车事故非常不同，汽车事故是个人的不幸，而且可以说是家常便饭——在现代化的过程中，安全意识不仅有进步，也有退步。随着时间的推移，铁路系统逐渐完善，技术的成熟使铁路的安全性有了很大的保障。有了钢轨、自动刹车和相互阻断的信号，一个相对简单和可信赖的技术安全概念初见成型，尽管它不能完全消除人作为不安全因素的影响。此外，还有一个关于技术安全防范措施的永恒难题：电动信号灯会给人一种欺骗性的安全感，从而诱使人们开车速度更快。最严重的事故灾难无一例外地发生在有信号灯的年代！

19 世纪中叶左右，德国进入到大规模使用煤炭资源的过渡阶段，这不仅是经济史上的一次深刻突破，也是环境史上的一个重要节点：工业活力与不可再生资源被捆绑在一起，二氧化碳对大气的污染以不可遏制的态势在增长。在当时，这一过程的全球性生态后果是无法预见的；然而，基于自古以来的感官感受，人类早已相信煤烟是有害的。冶炼厂附近的农民直观地感受到了烟囱中冒出的烟雾对植被的有害影响；从 19 世纪中期开始，塔兰特农业林业研究所（die land-und forstwirtschaftliche Akademie Tharandt）在弗赖贝格矿区附近进行的研究也证实了这一点。虽然人类对污染很快就有了认识，却没能对污染物进行"无害化限制"。高烟囱的扩散式排布只会造成污染物的分散，而并不能减少污染。

虽然存在一些关于"污染度上限"的规定，但对限度以内的污染所造成的伤害很难找到一个精确的因果对应关系。19 世纪末，"容忍度"这样的概念在工厂检查中盛行起来，它使环境污染合法化，并给人带来假象，就好像人可以精确地控制污染的排放一样，尽管它实际上更像是一种对知识的限制。使用更高的烟囱使污染分散化，从而使整个社会都要承受污染带来的苦恼。除了高烟囱政策，政府还要求工厂关闭窗户来减轻烟雾对附近居民的干扰。政府以牺牲工人工作安全为代价保护环境，特别是在涉及农业利益的情况下更是如此。阿尔内·安徒生（Arne Andersen）表示："很少有人去研究冶炼厂烟雾对人类有何影响，倒是有更多的研究是关注研究烟雾对牛有何影响。"[182]

当小规模企业仍然占主导地位时，化工就已被认定为最污染环境的工业之一。使用路布兰工艺（Leblanc-Verfahren）①的苏打厂用有毒的硫化氢污染了周围的环境，其浓烈的臭味激怒了周边居民。此外，漂白厂的工作日常也使人们得知了氯气的毒性。1854 年，当弗里德里希·拜尔（Friedrich Bayer）从杜塞尔多夫政府那里获得在巴门地区建立第一家化工厂的特许权时，巴门的 23 位市民因担心危害健康而提出抗议。虽然皇家

---

① 即制碱工艺。

技术手工业代表团试图驳回，但医药科学代表团认为这些担忧是有部分道理的。于是，专家之间开始了激烈的争论，这些争论意见甚至会让人恍惚有种已到了生态时代的感觉。这里要注意的是，如今许多属于"环境"范畴的事物在当时还属于"卫生"范畴，是医学界的能力范围。医学代表团"根据自己的经验"指出，"制造商坚信，他们如果获得了特许权，就不需要对任何进一步的损害负责。那些制造有毒物质的生产商要是这样认为的话，那对公众来说这种多么危险啊！"令人惊讶的是，普鲁士贸易部长完全赞同医学代表团，而不是技术代表团，并下令禁止生产铁质媒染剂和蓝粉，因为这些物质会在生产过程中产生有毒气体。

　　早期的苯胺工厂在民众之间被称为"毒药工厂"，可以说是臭名昭著。1866年，《社会民主报》报道了消防队如何干脆利落地把一家"苯胺毒药厂"拆得一干二净，"只有一点油漆和砷的残留物"还暴露出"这家可怕的工厂在哪里藏有其令人憎恶的库存"。报道写道，这家工厂是"整个地区的折磨和恐惧"。当时的苯胺红含有砷。巴塞尔卫生保健院在1860年指出，在嘉基（Geigy）公司发展的早期，其苯胺染料工厂"就是用毒药工作，毒药就是它的赖以生存的要素。它以固体、液体和气体的形式将这种毒药散播到土壤、水和空气中。因此，如果不对它进行严格的限制，它就会对所有人的正常健康状况带来缓慢但实质性的破坏。"1888年，伍珀塔尔市某城镇的一位镇长写道："可能没有哪个行业能像化工厂那样在市民中几乎得不到什么好感。"油漆厂对水的污染最为严重，但本身又需要特别干净的水，因此常建在河流上游。1895年，一位地主在呈文中对埃尔伯费尔德的整个化学工业愤慨道："据我对德国化工厂的了解，没有任何地方像埃尔伯费尔德这样对周围的居民采取如此轻率、不择手段的做法。"这种抗议是当时拜耳公司从巴门迁至勒沃库森的原因之一，尽管从伍珀塔尔市居民的角度看，勒沃库森就像是在"世界的尽头"，而工人们也不愿意搬到那里。[183]

　　化学家们自己也非常清楚，他们的职业绝非没有危险，但他们需要以一种近乎军人的态度来面对危险。查尔斯·曼斯费尔德（Charles Mansfield）是苯胺化学的先驱之一，他在自己的实验室中因苯发生燃烧而丧生。李比希也在实验中经历了无数次爆炸，正如他自己所描述的那样，"铜砰的一声响，铁砰的一声响，锌砰的一声响"。据说，他的左眼就在一次爆炸中严重受损；关于他对"酸砰的一声响"的调查更是"令人毛骨悚然的奇闻"。李比希对自己的助手"非常不满"，因为"他在进行一项不能完全称为无害的实验时表现得有些缩手缩脚"。关于爆炸的新闻只会让李比希的知名度有增无减。不过，没有人能够因此就夸口说化学是一门无害的学科。[184] 人们看待化学工业带来的环境污染绝不像看待实验室中的危险那样友好宽容，毕竟在实验室中主要承担风险的只有研究者本人。

关于技术对生命和健康造成危害的历史以及技术带来的危机意识的历史，学界迄今为止主要还是在一些个案点上开展研究，而关于如何在面上概览历史进程和时代如何自我展现这样的问题，有关研究还只是刚刚起步。然而，我们可以清楚地看到，在工业化以煤炭的大规模生产为基础，通过蒸汽动力不断地在扩张的工业城市中集聚工厂和工人的阶段，工业化也获得了其特有的特征。在最初的数十年里，工业化被许多人贴上了"潜在危机"的标签。要注意的是，社会危机、环境危机和健康危机在当时世人眼里并没有什么区别，都属于危机的范畴。英国于19世纪初进入工业化阶段；德国则在19世纪中叶以后的几十年里兴起了工业化，70年代创业失败的例子激发了普遍的危机意识，德国的工业化在此时达到高潮。在当时，一方面莱茵河沿岸城市制定的污水排放方案可能会将这条"德意志母亲河"变成一条下水沟；而另一方面，德国家喻户晓的爱国颂歌《守卫莱茵》① 曾鼓励着德国人民抵御法国人，人民对环境污染的反抗十分激烈，并在1877年推动普鲁士颁布了一项严格的法令，从根本上禁止将城市污水排放到公

---

① 《守卫莱茵》（*Die Wacht am Rhein*）是一首德国爱国颂歌，流行于普法战争和第一次世界大战期间，歌词内容根植于历史上的法德敌意。

共水域。如果不是很快被限值规定所取代，这项法令将把城市污水排放系统引向截然不同的方向。然而，这项法令是在没有工程师参与的情况下制定的，以当时的技术来看并不具有可行性。

当时，在工厂，尤其是在矿山发生的严重事故也被人们当作是一个政治问题，这当然与当时如火如荼的工人运动所起的推动作用有关。1868 年，《社会民主报》在提到当时的两场矿难和东普鲁士的饥荒时写道："在工人的心上，在数以百万计失去继承权的人们的心上将被深深地烙上卢高、东普鲁士和新伊瑟隆（即发生矿难与饥荒的地区）这三个字眼！"[185]

然而，到了 19 世纪末，无论市民阶级还是社会民主人士，人们的普遍意识已经发生了根本性的变化。"技术进步只要能够自由发展，其本身就能弥补工业技术造成的大部分损害"——这种信念即使不是毫无争议，却也成了主流学说。正如瓦格纳的歌剧《帕西法尔》中的福音所唱的："只有一种武器具有这种功能：创伤只有造成它的矛才能治愈。"一些技术上的、但也是政治上的发展导致了这种乐观情绪。污水处理系统、"卫生革命""清洁"电力的日益普及、技术人员工作在安全方面的进步、"耗烟"烧制、通过化学进步对以前残留的材料进行回收利用，这些都是这种乐观主义形成的原因，但也有使问题缩小化、使解决办法简单化的趋势：例如，对空气和水污染排放设定限值、将许多环境问题简化为外部清洁问题，或者只考虑可精确实证的领域所带来的污染影响。可以肯定的是，这些政策中不乏工作安全和环境保护方面的真正进步，该时期的改革活力至今仍是典范。然而，在这些所谓的成功中，许多只是让问题隐形化、拖延化或者让公众对问题不再那么敏感。这些表象的解决方案掩盖了一个事实——技术的健康风险和环境风险也同时增长到了新的层面。

在高度工业化的第一阶段，人们对环境危机的认识主要集中在供水和污水处理的危机以及居住卫生的危机上。因此，"城市技术"和"城市卫生"在技术后果管控的技术化中具有突出的地位。直到 19 世纪末，英国一直是一个很不错的榜样。德国按照英国的经验，从一开始就将污水处理系统性地交由县级政府管理。但与英国不同的是，柏林市只有哈韦尔河和施普雷河两条河流作为"排水河"，而没有像伦敦那样有宽阔的泰晤士河，因此城市排水必须在早期阶段就进行更精确和系统的规划。能够长久运行的污水处理系统是一项规模宏大的系统技术，在 19 世纪只有铁路的规模可以与之相较。如果一个区县选择了某条路线，就必定会产生深远的影响并阻断其他路线的实施可能。

关于城市垃圾处理系统的争论是 19 世纪科技史上最激烈的争论之一。从来没有什么领域使地方政府如此依赖专家，而这一难题又促进了鉴定人代表团制度的形成。总的来说，问题的难点在于，固体废物连同液体废物一起冲走的冲积式城市排水系统（混合型城市排水系统）是否值得优先考虑；抑或像过去那样，选择一种能将固体粪便作为农业肥料使用的系统。在冲积式城市排水系统的赞成者中，法兰克福市的地方官员格奥尔格·瓦伦特拉普（Georg Varrentrapp）首当其冲，他被誉为是"德国卫生业的路德"，也是抽水马桶的倡导者。反对冲积式城市排水系统的一派则一度以李比希为首。他谴责混合型城市排水系统是英国的诡计，最终会使德国变得像英国一样，土壤肥力遭到破坏。李比希抨击英国人把莱比锡和滑铁卢战场上德国自由战士的骨头磨成肥料，"像吸血鬼一样"悬挂在"欧洲的脖颈上"，准确地说是地球的脖子上，吸吮着地球"心脏上的血液"。

从生态学的角度来看，对混合型城市排水系统的批评是有根据的。这种争论并非全然没有影响，尤其向农民出售粪便一直是房屋所有者的一种收入来源。然而，从一开始，混合型城市排水系统就拥有巨大的吸引力，那就是大型的一体化解决方案——它能迅速而彻底地消除所有的臭味。在反对者鼓吹的各种系统中，没有哪个系统的技术足以达到现代的要求，而混合型城市排水系统的支持者则将其所有努力集中在一个系统上。在支持混合型城市排水系统的阵营中，地方政府官员、卫生学家和建筑官员形成了一个广泛而稳定的联盟，这种联盟能够形成一种预先架构政治决定的"技术阶层"。在这方面，这样的过程也是开创性的。到了世纪末，冲积式城市排水系统的胜利已然成为定局，而且恰恰是李比希宣传的人工肥料促成了这一胜利，因为正是他使粪便失去了作为肥料的价值，从而失去了阵营中农夫和房屋所有者的支持。[186]

　　然而，当时的人们不得不认识到，如果不与污水处理厂相连的话，再完美的污水处理系统也会令人质疑。这在平原和沿海的城市尤其如此，因为从污水处理系统直接排入河流的污水净化速度很慢，而且不彻底。这也是主要卫生学派之间的冲突所在："瘴气学派"将流行病归因于土壤污染，而"传染学派"则归因于细菌。其中只有后者提出了一个要求：污水不能不经过任何处理就排放。19世纪末，这是慕尼黑和柏林两座城市之间的争端，同时也是马克斯·冯·佩滕科弗（Max von Pettenkofer）[1]和罗伯特·科赫（Robert Koch）[2]两人之间的争端。慕尼黑人将污水排入伊萨尔河就可以摆脱污水处理的麻烦；而对于平原地区的柏林，污水有可能会重新回流到水源中。汉堡在1848年成为德国第一个引入全覆盖污水处理系统的大城市，并成了清洁城市的典范。然而，汉堡市过于依赖易北河的清洁力，导致其在1892年受到了德国最后一次大规模霍乱流行病的巨大冲击。这也向我们说明，污水处理不当会带来什么样的灾难。[187]如此，各学派之间的争吵就有了定论。1901年，佩滕科弗在沮丧中开枪自杀。在此之前，为了嘲笑他的对手（或者说已经是出于对死亡的秘密渴望？），他曾公开喝下一杯来自科赫实验室的含有霍乱杆菌的水，但却活了下来。

　　然而，就污水处理厂而言，达到令人满意的"技术状态"是一个漫长的过程。化学并没有提供人们所希望的灵丹妙药。处理技术需要应对不同

① 马克斯·冯·佩滕科弗（Max von Pettenkofer，1818—1901），巴伐利亚的化学家和药剂师。他创立了以他的名字命名的卫生研究所，被认为是德国的第一位卫生学家。
② 罗伯特·科赫（Robert Koch，1843—1910），德国医生、细菌学家。

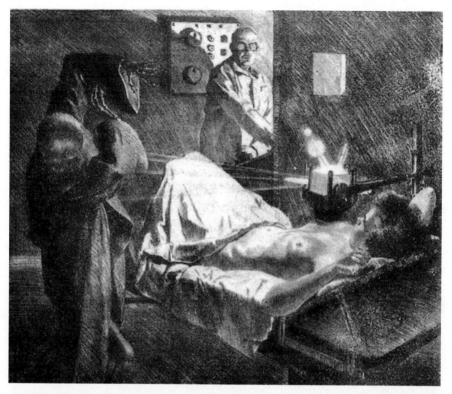

图 18:《放射学家在病人死后拍摄到的 X 射线》，是艾弗·萨利格于 1921 年左右完成的蚀刻版画。画面中，医生从象征死神的骷髅手中拯救裸体女人。萨利格对此类图画情有独钟。这张画包含了当时相当多的宣传内容：在早期，X 射线图像仍然很模糊，诊断价值有限。而且，在使用 X 射线的过程中，会有因常出现的失误操作而致癌的风险，这种风险甚至可能比利用射线诊断和治疗癌症的概率还要高。

成分的废水，还要适应当地条件。尽管如此，处理技术依然无法跟上不断变化的污染物。从 20 世纪 70 年代开始，越来越多的城市迫于上述压力将污水污泥重新投入到农田中。这样的尝试带来的结果不一，有时也令人失望。尽管如此，支持污泥入田的人还是有一种错觉，认为人们正在通往最终解决方案的最佳道路上。他们之所以有这种乐观态度，是因为他们把主要注意力集中在粪便上，而很少注意到工业废水越来越多地破坏了污泥的肥料价值。其实，他们本可以在这方面观察得更仔细一些。[188]

巨大的水塔在 19 世纪末被设计成与火车站类似的具有历史主义风格元素的代表性纪念建筑，并在 19 世纪和 20 世纪之交时通过钢筋混凝土得以完善。这种水塔展示了市政当局新掌握的供水功能连同管道系统一起具有了一种技术基础。从 20 世纪 90 年代起，时不时有装饰奢华的"人民浴池"拔地而起，这对普及"卫生革命"做出了一定的贡献。1900 年左右，医院终于摆脱了从前的贫民救治所气息，一跃成为具有纪念意义的、设备豪华的机械化医学实验室。麻醉、消毒手术以及在诊断中使用 X 射线和细菌学知识都具有里程碑意义。在 1895—1897 年，伦琴（W. C. Röntgen）通过研究发现了"X 射线"。短短几年内，X 射线就获得了普遍应用，因为起初人们不知道其危险性，出于对新的人体透明度的热情，人们也并不想了解更多的负面影响。

考茨基（Kautsky）以当时社会民主主义的典型方式提到了技术发展和医院进步之间的联系："正如现代生产技术只有在大型企业中才能充分发

图 19：X 射线技术员、技术哲学家弗里德里希·德绍尔（Friedrich Dessauer，1881—1963）的照片，他在研发 X 射线仪器时遭受了严重的辐射伤害。他后来写道，几乎所有的同事都"在辐射烧伤中痛苦丧生"。然而，他相信，技术上造成的损害只是技术状态尚不完善的标志，当技术完善后这种损害就会消失。德绍尔因为自己的犹太血统而被"第三帝国"驱逐流亡。他相信，在"第四帝国"，人们终将会得到完美且人性化的技术。

挥其有益作用一样，现代治疗技术也只有在大型治疗机构中才能彰显其有益效果。"须知，机械化医院在当时只是一个对未来的畅想，而不是现实！麻醉剂对手术痛苦的麻醉作用使人们相信科学技术的进步可以为人类带来更友好的体验，甚至是救赎。有了麻醉剂，外科医生的主要技能不再是尽可能快速地结束手术，他们终于可以有条不紊地一步步进展，并有了越来越多技术工具的支持。手术在技术上变得如此完美，以至于人们可能忘记这"总归是一种对抗自然的行为"。细菌学是 19 世纪末的伟大医学成就。它因光学和染色技术的进步而得到发展，取代了对疾病原因更复杂的看法，如生活和工作方式对疾病形成影响的看法，且使医学和社会政策结合的想法落成空，而这种结合正是早期工业化因对危机的觉醒而提出的。"痰盂使用的狂热推动者"取代了医学方面的社会政治家。直到 1900 年左右，"工业卫生"运动 ① 达到高潮（在之后的许多重要展览中都提到了这一运动），才标志这一时代的结束。[189]

在 19 世纪末，不仅是水污染，"烟雾之灾"也使城市中的居民大受刺激。当集中生产电力、远距离运输电力成为可能之后，政府自 19 世纪 90 年代开始对电气化采取整补措施，如将"电力总站"建在城市以外的地区，这样城市居民就不会再看到它们所排放的烟雾。此外，自 18 世纪以来，人类一直想要发明"耗烟""无烟"烧制的方法。人们觉得，如果达到最高的技术完善度，烧制就会变得"干净"。"有烟雾就是有浪费！"（Smoke means waste！）这是美国反烟雾运动的口号。相比于官僚主义的德国，这场抵抗"烟雾之灾"的运动在美国的公民型社会下更具有公开性，德国的工程师们也持这样的看法。

"无烟燃烧"是在 19 世纪 90 年代"工程界以及公共经济生活中讨论最多的话题之一"。虽然在这个时代，人类尚不知道燃烧就是氧化；然而，一

① 工业卫生，又称职业卫生，是对工作场所安全习惯的研究和应用。

个世纪以来的经验已经使人类清楚地意识到，只要燃烧化石燃料，原则上就会不可避免地产生二氧化碳。"对无烟燃烧的徒然追求"（斯佩尔斯伯格）主要集中在消灭看得见的烟雾成分和烟尘、灰烬上。19世纪末，人类在该领域取得了成功。然而，有人说减少烟尘总是能提高企业的经济效益，可是在现实中却并非如此。因此，直到20世纪中叶，工业城市中依然到处可见冒烟的烟囱。[190]

自19世纪末，至少对上层阶级而言，对烟雾最有效的防护就是将城市划分为若干区域。在这些区域内，根据《德国民法典》第906条，由"地方习惯"来衡量可容忍的工业污染标准。这种法律状况迫使工业企业离开"较好的"居民区。而在工业区，"地方习惯"的污染容忍度随着每一个新搬来的企业而不断放宽。由此，环境污染最严重的工业部门就被这样转移到了下层社会。[191]

与此同时，人们开始将"社会问题"定义为住房问题。这种问题其实可以在技术上得到解决，最好的办法就是将大规模生产的方法引入住房建设，这也是年轻的瓦尔特·格罗皮乌斯（Walter Gropius）[①]所向往的目标。不过，这种努力因建筑业的技术保守主义而受到限制。另一方面，"在山清水秀中"建造住宅区的想法有了越来越大的影响力。这种想法与理想社区的乌托邦理念相结合，落实到现实中通常体现为郊区的定居点。与在老城区相比，在这里居住可能会减少社会交往。

最初，化学工业被认为是污染环境最严重的工业之一，并因此更指望得到科学的"神圣"庇护。在19世纪末，化学工业从根本上一改其公众形象，将自己塑造成一个利用科学系统对已有废料进行有效利用的工业分支，并以自己的方式帮助提出技术解决方案，解决工业技术产生的问题。盐酸和硫黄残留物是苏打工业和冶炼工艺中产生的最棘手的废料。

---

① 瓦尔特·格罗皮乌斯（Walter Gropius，1883—1969），是德国现代建筑师和建筑教育家，现代主义建筑学派的倡导人和奠基人之一。

从 19 世纪 70 年代起，这两种化学废料通过处理获得了新的价值。李比希提供的一份鉴定证实了硫化是一种极好的、无瑕疵的啤酒花储存方法，并促成了巴伐利亚州于 1858 年再次解除了啤酒花硫化禁令（1830 年颁布），纽伦堡也得以发展成为世界上最重要的啤酒花贸易中心。然而，其消极影响是纽伦堡的人民不得不忍受一百多个硫黄烘干厂释放出的黄色烟雾。[192]

将煤气厂肮脏刺鼻的废料煤焦油转化为鲜艳的色彩这一事实向我们特别生动地展示了废物利用的技术可能性。基于这一个例子，《发明之书》（*Buch der Erfindungen*）写道：

> "如今，不会再有浪费。我们能从锯末中生产糖，酸败的黄油可以转化为芳香的乙醚……；清洗羊毛的水带走的脂肪成分被回收并加工成润滑油，或者在煤气厂的蒸馏器中转化为上等的照明气体。"

这是否是一个无限的过程，甚至在化学之外？穆齐尔（Musil）①在《没有个性的人》中提出了这样的思考："正如技术早已从尸体、垃圾、破损和毒药中制备出有用的东西一样，心理学技术也几乎可以做到这一点。"从 19世纪末开始，化学工业对焦炉渣的利用效率越来越高；高炉渣成为水泥工业的基础，而托马斯转炉的炉渣则成了抢手的肥料。所有这些都分散了人

---

① 罗伯特·穆齐尔（Robert Musil，1880—1942），奥地利作家。他未完成的小说《没有个性的人》（*Der Mann ohne Eigenschaften*）常被认为是重要的现代主义小说之一，对科学与日常生活的关系有思辨性描述。小说背景设在奥匈帝国的最后岁月。小说并没有一个具体的主题，情节经常转入哲学思辨，以及对人类精神和情感的解剖。小说的开篇就写道：科学不再侧身于社会的边缘；科学不是人生的装饰物，有点用处但可有可无。相反，没有科学，人生则无法想象。科学已经成了撰写现代生活脚本的关键词之一。这部小说提醒读者，一组宏大的历史性安排已经将科学置于现代生活的中心。

图 20：1925 年格尔森废物回收公司的广告手册。进入 20 世纪，人们不得不认识到，废物的完全回收利用决不会像之前所希望的那样，能够在化学工业的发展过程中自然而然地实现；相反，化学工业本身会产生新的处理上的问题。可以看出，在柏林这样的大都市，废物回收早在 20 世纪 20 年代就开始自成为一个工业部门，这个部门有自己的专利。

们的注意力，但实际上，因化学造成的环境问题正变得越来越复杂，化学过程正不可避免地产生越来越多的新的副产品。

到了 19 世纪末，工业废水对河流的污染日益严重，已经到了令人无法忽视的地步。然而，有的人却认为工业毕竟比江河捕鱼业要重要一千倍。有时，农民抱怨河流污染影响种植；与此同时，易北河东岸的大型种植主们也因发展甜菜工业而大规模地污染水源。水域的生态不再是经济手段所能保护的了。1911 年，埃尔伯费尔德的镇长表示："当乌珀河（Wupper）不再具有色彩，我们就可以收拾行李另谋出路了，然后，这里就什么也不会有了。"1912 年，杜伊斯贝格之所以粗暴地多次拒绝实行《帝国废水法》，那是因为，正如他直接坦率地指出的那样，所有人都知道"不产生废水，化学工业根本无法进行，而我们却属于创造巨大经济价值的人。"至于"纯水"，杜伊斯贝格指出，化学家协会现在要求定义纯水的概念，同时又保证化学上的纯水无论如何都不会存在于自然界中。[193]

19 世纪的卫生运动出现了一种趋势，将职业安全和环境保护视为一个关联的统一体。的确，这两个领域因排放问题而联系在了一起。早在工业化早期，人们就认识到，长期接触粉尘颗粒可能对工人的健康构成巨大的威胁，这种威胁甚至比操作机器而发生意外事故的风险还要大。各个工厂从一开始就都架设起排气机和其他通风设备，作为工作安全防护以及各个"工业卫生"展览会上的主要内容，在 1890 年后的"新时代"获得了更好的发展。[194]卫生运动确立了预防保健的准则，在这一点上，确实颇具远见。然而，具体的"卫生"理想往往只限于感官上可感知的清洁。随着冲水马桶和新洗涤剂的出现，对卫生的追求又产生了新的环境问题。

1884 年，德意志第二帝国通过了一项社会政策，决定实施工伤保险。从表面上看，这是对工作防护理念的突破；但同时，这也阻碍了国家加强工业监管和建立统一的技术安全规则，并以（只在有限的范围内的）事

图 21：1917 年第一次世界大战期间的埃森火炮车间。可以看到，几排密密挨着的传动带从高处的传动轴连接到车床上。在引入单一电力驱动之前，快速运行的传动带经常在工厂车间大厅中紧密地挤在一起，是严重的事故来源之一。"许许多多的警示画上都画着被传送带剥去头皮的妇女或被肢解的工人。"

后赔偿的原则取代了预防原则。只能说，赔偿义务间接地给企业家们施压而在一定程度上改善了工作场所的安全性。[195] 工伤保险策略的一个主要缺陷是，该策略仅限于事故赔偿，而忽视了对慢性健康损害的赔偿。直到 1925 年，11 种职业病才被首次纳入赔偿范围；甚至到了 20 世纪 70 年代，还有超过 90% 的赔偿申请被拒绝赔付。

　　19 世纪，职业病的存在就已经不是什么新鲜事了。在旧社会，职业世代相传，人们只需通过行会的装束打扮就能生动地体现出自己所在的职业群体，而某些职业对身体造成的损害早就显而易见。几个世纪以来，采矿业中的铅、砷和汞中毒已经众所周知。由拉马齐尼（Ramazzini）于 1700 年首次出版的关于职业病的专著直到 19 世纪仍被认为是一部经典之作。

在工业城市里，工人们工作不稳定，身负多种压力，而工作和疾病之间的确切因果关系又很难被断定。这是一个糟糕的情况，因为在当时，科学只存在于确切的证明中。细菌学的兴起也分散了人们对疾病的职业性原因的注意力，硅肺病和石棉沉着病起初被误认为是结核病的变种。一些生产方式破坏了工人的身体健康。早在 19 世纪末，这种不可否认的极端案例就引起了劳动监察部门和工程师的注意，例如火柴棒制造商的磷坏死，镜子制造商的隐性汞中毒和研磨工的硅肺病。在所有案例中，法令规定的补救措施都是以"卫生"和技术进步为原则，并不影响生产力的发展。然而，这些法令只有在国家干预之后才会被普遍执行。[196]

1889 年，在帝国的支持下，柏林举办了德国事故预防大众展览会。在展览会中，技术占据了明显的"最佳份额"。[197] 然而，保护装置的实用价值通常有限，因为设计这些装置的工程师不需要亲自参与操作。技术科学和实践经验分离的弊端在工作安全方面变得尤为明显。长时间以来，人们抱怨许多安全装置在实践中根本没有得到使用。一部分原因在于工厂内工人普遍对此漠不关心，安全措施反而会对工作造成阻碍；也有部分原因在于许多工人认为自己的工作经验足以处理风险。此外，当真的执行技术安全措施时，人们往往会变得更加敢于冒险：例如在鲁尔区，"安全灯"导致矿工被部署到以前避开的危险煤层中；1902 年矿业当局规定的"安全炸药"使许多炮手更加鲁莽。这些技术安全措施既是前瞻性的，也是致命的。[198]

从国际标准来看，19 世纪末在德国出现的工作防护思想是否真的具有示范意义？在这里，让我们比较一下索林根和谢菲尔德两座城市的小型制铁工业。这两座城市都曾在英德竞争中备受关注，其磨工也都曾面临着

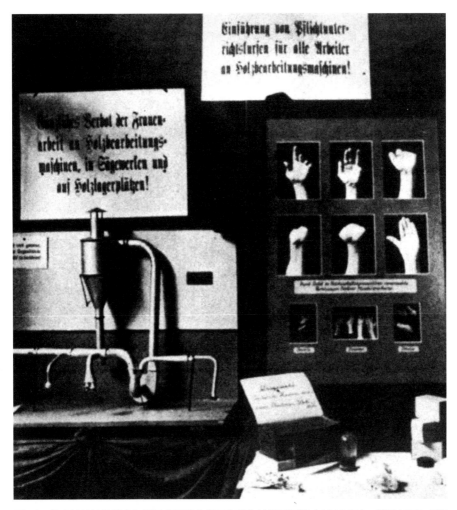

图 22：位于柏林的德国电气通用公司举办的卫生博物馆巡回展览（1912 年）。德国木工协会通过该展览宣传了 1911 年通过的"事故预防要求"。在事故预防方面，工业界和雇员代表早在第二帝国时期就已经开展合作，这也是劳资双方共同协商的历史渊源之一。早在 1900 年的巴黎世界博览会上，德国工业就曾试图以木工加工机器的安全防范措施而扬名。事实上，这些加工机器（尤其是圆盘锯）是主要的事故来源之一，只看图片中机器对人的伤害"切割点"就可见其危害！图片左侧的标牌向我们展示出：木工协会以事故风险高为由禁止妇女从事木工行业！

硅肺病的困扰（而且硅肺病至今仍是严重的职业病之一）。在 1900 年之前，统计结果似乎仍表明"谢菲尔德磨工比索林根磨工寿命更长"。与索林根不同，谢菲尔德以湿法研磨为主，造成的灰尘较少，而且磨石是向远离磨工的方向旋转，而不是对着他们旋转。与索林根的磨工相比，谢菲尔德的磨工可以采取更健康的工作姿势，他们在业余时间也会进行体育锻炼。在索林根，人们则更加强调排气装置和其他"卫生"预防措施。为进一步改善磨工的健康条件，索林根市颁布了这方面的警察令，仅在短时间内就产生了惊人的效果：1908 年，一位来自谢菲尔德的医生访问索林根后得出报告，1905—1906 年索林根磨工的死亡率还不到谢菲尔德的三分之一！因此，只需采取相对简单的技术手段就可以实现工作防护上的根本改善。但事实上，只有在国家的压力下各地才会普遍实施保护措施。自采矿权 ① 时代开始，国家对采矿业的监督在很长一段时间内几乎没有改善任何安全状况，因为采矿当局和煤矿管理部门之间存在着某种密切的社会联系。只有 1905 年的大罢工 ② 和 1908 年的拉德伯德（Radbod）矿难 ③ 才带来了一些变化。德国采矿业的事故记录只有在与美国相比时才显得略少一点，但与欧洲其他国家相比则不然。[199]

19 世纪末，当"德国制造"成为质量的标杆时，德国人努力将安全性能打造为德国技术的一项特殊品质。俾斯麦最初遭到德国工业界抵制的工伤保险制度在此时成了对外宣传的必备广告，这使德国在国内市场上比美国的机械工业更具竞争优势，美国的机械工业不得不"满足德国客户对事故预防措施的一些想法"。在 1893 年的芝加哥世界博览会上，德国馆强调了德国铁路与美国铁路相比的安全性，以及位于夏洛滕堡的帝国技术研究所在材料

---

① 采矿权是欧洲德语区的部分地区对未开发的矿产资源的历史性所有权；拥有采矿权意味着有权获得采矿的权利和特许权使用费。到 19 世纪，德意志各邦国逐渐进行了资产阶级改革，采矿权逐渐被《采矿法》所替代。

② 1905 年 1 月 7 日至 2 月 19 日，因布鲁赫斯特拉塞矿业公司延长劳动时间和关闭矿井，德国爆发了大罢工。罢工者要求 8 小时工作制、提高工资、保障矿井安全和允许参加政治活动等。罢工人数高达 21 万人，并得到国内外无产阶级的声援和支持。后因改良主义工会首领不顾工人们反对，作出停止罢工的决定，致使罢工失败。

③ 1908 年 11 月 12 日，德国康科迪亚电力公司在无烟煤开采中发生的矿难，造成大量人员伤亡和持续数十天的大火。

测试方面的成就。然而，帝国保险局的主席对于德国大庄园主代表所说的事故预防表示出完全的"嗤之以鼻"（沃尔夫哈德·韦伯）。

　　德国馆选择铁路和材料测试作为介绍德式安全性能的两大重点自然有其道理，此二者也确实是德式安全性能的典型代表。此外，由于德国的机械制造业自19世纪90年代以来一直感受到来自美国的威胁，此次选择安全主题也是主要出于对抗美国的考虑。在谈到费城世博会时，我们已经提到了"美国佬""对人类生命的蔑视可谓人尽皆知"，但在那时，也有人批评这是一种误导性的偏见。1913年的一篇文章《美国的人命浪费》（*Die Verschwendung von Menschenleben in den Vereinigten Staaten*）提出了这样的论点："在整个文明世界中，没有别的任何地方的人命浪费达到了如此惊人的程度"，与美国技术的血腥程度相比，俄罗斯可怕的死刑数量甚至显得"微不足道"。排在首位的是美国铁路伤亡的恐怖数字，文章作者计算出，美国铁路员工的死亡风险几乎是德国员工的4倍，受伤风险甚至约为18倍！因此，这里的批评无疑是有道理的，德国和美国的极端对比证明了政府对技术安全的控制是有作用的。当然，德国工程师和工业家自然不愿意得出这种结论。[200]

　　美国和欧洲对铁路风险态度的不同从一开始就受到了人们的关注和讨论。马克斯·玛丽亚·冯·韦伯在1854年解释说，在像美国西部这样的地区，条件无论怎么看都不安全，而偏远的国土都因铁路而得到开发，因此，不难理解为何美国几乎不考虑铁路的风险。而在已有良好秩序的社会中，由于"风险……在所有生活条件下都降到了最低"，情况则完全不同。[201] 19世纪的德国社会还没有把自己看成是一个"风险社会"，也没有做好准备在新技术方面参与到"机遇与风险"的冒险游戏中来。然而，从今天的角度来看，美国人对技术风险的做法已经预示了一个被汽车主义所笼罩的德国社会将在20世纪以怎样的冷漠态度接受每年数千甚至上万起交通事故死亡事件。

　　德国铁路早期享有特别安全的声誉，这不仅仅是在与美国铁路的比较中得来的，也是在与英国的比较中获得的，尽管有时这种比较也并不完全正确。德国在建造铁路伊始就可以借鉴英国的经验，而且国家的控制从一开始就比较严格，不同铁路公司之间的速度竞争不那么明显。早在 1846年，德国铁路就在信号灯方面就领先于英国；1847 年，德意志铁路管理协会成立；1850 年，该协会在柏林召开的技术人员会议就整个德意志地区范围内的安全条例达成一致。从德国铁路诞生的那一日起，"过去的那些美好时光"（old happy-go-lucky days）就不复存在了。就连布鲁内尔①这样的工程师都表示，如果他是一名火车司机，当在同一条轨道上遇到另一辆火车机车时，他就会开足马力，用自己的猛劲儿把对面的机车往后顶。为此，随着铁路网的扩张，德国修建了无数个平交道口，其数量比英国还多。德国铁路的"第一场大事故"发生在 1883 年的柏林－施特格利茨（Steglitz）线上。当时，一个士兵俱乐部推开了一个封闭的护栏，造成了 39 人死亡。早在 1937 年，德国死于平交道口的人数就已经是英国的 5 倍。然而，这类事故常归于有关人员自己的过失。1889 年，德国铁路的事故统计记录显示，有 48 人因非己方的原因而死亡，而因自己的过失而导致死亡的人数高达554 人。[202]

从经济角度来看，像自动刹车这样的核心安全创新也非常有吸引力。因为在过去，每辆货运列车的长车厢内都必须有一个刹车员，自动刹车的出现使公司节省了许多因支付刹车员工资而产生的支出。19 世纪 80 年代引进的美国西屋电气公司（Westinghouse）的"快速制动器"在该方面取得了决定性的突破。另一方面，德国铁路的电力照明进展缓慢。1920 年后，煤气照明仍然很普遍，安全预防措施的目的是使乘客在发生火灾时更

---

① 伊桑巴德·金德姆·布鲁内尔（Isambard Kingdom Brunel, 1806—1859），英国工程师、皇家学会会员。在 2002 年英国广播公司举办的"最伟大的 100 名英国人"评选中他名列第二（仅次于温斯顿·丘吉尔）。他的贡献在于主持修建了英国大西部铁路（Great Western Railway）、系列蒸汽轮船和众多的重要桥梁，革命性地推动了公共交通、现代工程等领域。

容易通过大窗户逃生，而不是消除火灾风险。1924 年，德国民族主义者最大的政治希望——国务秘书卡尔·赫弗里希在瑞士贝林佐纳（Bellinzona）的一场铁路碰撞事故中被烧死，这次事故也成了引进电力照明的最终推动力。在信号灯方面，德国也未能利用好电力的各种可能。一位作者就谈到

图 23：1889 年 7 月 7 日，在当时还是单轨的慕尼黑至英戈尔施塔特①的铁路线上发生了严重事故并造成 10 人死亡。由于搬错一个道岔，一列快车与停放的货车相撞。以后来人的眼光来看，让一条流量不断增加的主干线路保持单轨运行实在是一桩丑闻。1868 年，对于 4 岁的马克斯·韦伯来说，在比利时韦尔维耶（Verviers）看到的一列脱轨火车成为他永恒的记忆："作为一个孩子，对我来说，令人震惊的不是眼前发生的一切，而是看到一个高高大大的火车头像醉汉一样躺在沟里——这是我第一次体验到，这个地球上伟大而美丽的事物也有其易逝性。"

---

① 英戈尔施塔特（Ingolstadt）是德国巴伐利亚州的一座城市，位于多瑙河畔，人口数位列巴伐利亚州第 6 位。德国汽车制造商奥迪公司的总部就设在英戈尔施塔特。

了"铁路对电力的敌意，作为蒸汽的女儿，电力也同样流淌在铁路的血液当中"。1907 年，人们开始尝试从外部以电力方式使机车停车，但直到 20 世纪 30 年代，"感应式列车保护系统"（Indusi）才开始得到应用。[203]

在 19 世纪末，德国铁路推迟了进一步提高速度的目标。从其他运输部门我们也可以看出，当时的德国并不热衷于提高运输速度。在航空方面，齐柏林伯爵凭借其可操纵的飞艇成为全民崇拜的人物。飞艇平静翱翔的样子给人留下了深刻的印象，而德国对动力飞机的热情远不及法国和意大利。德国人也不参加世界各大洋上轰轰烈烈的"快船"比赛，这些船为了提升速度而改造出锋利的龙骨。就算是在德英舰队建设的军备竞赛中，蒂尔皮茨（Tirpitz）上将也明显不怎么重视速度问题。在 1912 年发生"泰坦尼克"号灾难之后，德国人颇为"满意地"注意到，德国的航运公司已经多年没有出现在国际速度记录上了。然而，在 1900 年左右，德国有了新的野心与目标，计划将快速汽船的速度提升到英国船只之上，而建造了"泰坦尼克"号的英国白星航运公司（White Star Line）却在此时选择按兵不动。[204]甚至在半个世纪后，经验丰富的发电厂建造者弗里德里希·明青格尔（Friedrich Münzinger）在撰写他有关核反应堆的教科书时，仍然记得以前各大公司为了创造横跨大西洋的速度记录而进行的"蓝丝带"①之争。

在 19 世纪末，材料研究以及材料测试程序科学化方面的研发成了德国技术安全最重要的加分项之一，这也是安全研究的核心和最困难的问题领域之一。19 世纪，人们只能粗略地认识到材料研究的重要性，当时的大多数工作还是选用人们熟知的旧材料进行，直到 20 世纪，人们才有能力对材料进行重新评估。材料研究领域相比其他领域更加注重技术安全和技术进步，而且关系到德国巨大的工业利益，如对德国贝塞麦法炼钢进行准确的评估以用于铁路建设，证明矿渣水泥对建筑业的价值，以及在国家层面上进行标准化的设定（此项工作后由于"一战"而搁浅）。

---

① 指蓝丝带奖，一项用于授予最快横渡大西洋船舶的奖项，其名称来自赛马。

最初，主动权掌握在客户方面。19 世纪 70 年代，铁路管理部门的奥古斯特·沃勒（August Wöhler）带领德国实现了材料测试的科学化，并引入了定量测量方法。在勒洛对德国工业作出"价廉质差"的判断时，面对钢铁厂的尖锐批评，沃勒主张只有国家管控才能保证良好的钢铁质量。事实上，材料测试的趋势就是走向国家管控，这与安全标准的制定和实际应用以及相应的测量技术不同，而后者相当重要！

从工业界和德意志工程师协会的角度来看，以材料质量为中心的新安全思想是一个挑战和限制国家建筑官员在蒸汽锅炉监管中主导地位的策略。如果"钢"本身不再是固定的，而是需要在各种情况下进行质量测试，那么通过压力和壁厚之间的固定关系来定义蒸汽锅炉的安全性就不再有任何意义；如果固定的规则不再适用，那么根据越来越普遍的观点，这项事务就从政府管辖范围转向技术专家的领域。[205] 自 1869 年颁布的《工业法》以来，技术状态（这也是一个进入 20 世纪以来的一个新的措辞）是官方为保护环境而对工业工厂提出要求的尺度。然而，技术变化得越快，确定其各自的"技术状态"就越属于专家的领域。事实上，技术人员不得不与企业家和各行业监督机构一起制定一个达成共识的程序，以便在变化中仍然能够确定一个固定的"技术状态"。这也是德国工业界发展团体结构的动机之一。无论是标准还是排放限制，都无法通过科学推导得出。"'科学'充其量可以提供一个区间，在这个区间里，各方可对极限值进行协商，而这些极值也会考虑到经济方面的利益。"通过协商，各方最后达成共识，形成法规，不过其法律价值比实际作用"要大得多"（彼得·伦德格林，Peter Lundgreen）。

正如马克斯·艾斯所描述的那样，当时有的地方的安全标准是由另一种形式的团体主义制定的。1879 年 12 月的一个暴风雨之夜，苏格兰泰河河口上的铁路桥的中段突然倒塌，导致一列火车轰然坠落。据艾斯的说法，当时这座桥的首席设计师需要完成一座大桥的订单才能娶到他的新娘。为了确保客户的成本估算不会太高，桥梁的安全尺寸必须保持在一定范围内。在那个时代，安全问题是无法用数学精确计算的。这个倒霉的设计师向艾斯坦白说："如果这样的计算方式能让建筑经理觉得这件事可以接受，我就可以伸出手去迎娶我的新娘。上帝会原谅我们俩。而她的这一吻会换来一个较低的安全系数。"与这种达成共识的方式相比，德国的团体主义还是拥有一些优势的。

监管工作越来越多地转移到蒸汽锅炉监督协会［DÜV，即技术监督协会（TÜV）的前身］。这种权力的转移与工伤保险的情况类似，都在一定程度上抵制了国家在工业管控上的扩张。1900 年，"成为所有工业家的挚爱"的蒸汽锅炉监测协会获得了对蒸汽锅炉的官方监督垄断权，并在 1909年获得了对汽车的垄断权。在随后的几年里，帝国邮政对电气工程进行的官方监督也被成功抵制。1891 年，德国计划架设从劳芬到法兰克福的高压电线，帝国邮政管理局对其环境安全表示出强烈的担忧。对此，人们调侃帝国对工业充满了控制欲，却又对新技术不可预测的风险充满了恐惧。19世纪 90 年代，上升期的化学工业大公司往往会进行自我监测。[206]这种学习过程令人质疑，甚至导致了人们产生这样的观点，即安全问题都是专家的事，最好由行业集体的自我监测来保证。即使如此，这种学习的过程也逐渐发挥了作用。从今天的角度来看，这种发展的一个重要后果就是，德国没有形成技术安全法作为统一的结构领域，也没有形成普遍认可的安全标准。[207]

在 19 世纪末，电力解决了自身的时长问题。于是人们有了新的想法，认为电力是技术进步与技术能力的象征。毕竟，电力是干净的，而且至少在家里是无声的。它不需要工厂的蒸汽锅炉和危险的传动带，使家庭里不再有煤烟和臭气熏天的煤气灯。电力使免费、可再生的水力得到大规模使用成为可能。特别是在早期，"电力"更多地与水力而不是煤炭联系在一起。第一条铁路已经激起了人们对技术的热情，但在当时，工业技术仍然局限于狭窄的领域。只有在电力的作用下，技术的普遍化、生活的机械化、技术与文化的调和才是可以想象的。通过电力，人们可以和马克斯·韦伯一样认识到现代艺术的突破和19世纪和20世纪之交时典型现代性意识的技术历史背景。当时，技术进步甚至会导致新的社会共识的出现。因为在当时，即使是支持德国工人运动的代表人物也坚定地相信这种进步思想，甚至比许多资产阶级更热心。

早在1850年，当电气化还是一个不切实际的未来梦想时，马克思在看到伦敦摄政街一家商店橱窗里的电动玩具火车时就已经"心花怒放"，并更加坚信，在生产力的这种革命性发展的尽头必然会有一场政治革命。他孩童般的热情甚至感染了威廉·李卜克内西（Wilhelm Liebknecht）。甚至比起资产阶级意识形态，当时的马克思更需要的是技术进步自我动力的思想，以及对以奴役工人为目的的具体当代技术与抽象技术发展之间的区别。只有在这个前提条件下，人们才能接受，技术进步会超越资本对技术的计划与企图。对技术和科学日益统一的信念在社会主义理论家中特别流行：技术的"精神化"能确保从工作世界中驱逐蛮力的氛围，恢复体力劳动和脑力劳动的统一。

这样的信念并不符合工业化早期工人的心态，他们对机械化充满了质疑和敌视。在19世纪出现了一种工人协会，这不仅是后来工会的一种不完善的前身形式，而且其本身就可以被看作是一种独特的社会运动。这种以"手工业者—工人"为特色的专业协会并不一味拒绝技术革新本身，而是反对那种贬低熟练手工劳动的机械化。[208] 在19世纪末，这种协会被产业工会所淘汰。新型工会对待进步的态度与资产阶级的进步观念有相似之处，反映了新的工人阶级精英的信心，即技术进步带来的生产力的提高和对能力的需求将使他们自己受益，因为在工业工会中，一般也是由上层的技术工人决定基调的走向。[209]

"每台新机器都宣扬着社会解放的福音"，威廉·李卜克内西获得了胜利。为了技术进步，受到《社会党人法》限制的社会民主党竟然在帝国议会中投票支持带有帝国主义和军事动机的法案，如蒸汽船的补贴和基尔运河的开发。1909 年，《柏林人民报》在齐柏林飞艇升天后写道："对空气的征服是战胜自然界抵抗力量的标志，是对理性最终胜利的承诺。"倍倍尔广为流传的畅销书《妇女与社会主义》包含了对技术进步的忠实热情。即使在倍倍尔提到的资产阶级技术文献中，也不常见到如此的热情奔放。首先，倍倍尔相信电力的"革命效应"，"这个所有自然力量中最巨大的力量"。倍倍尔假设，如果蓄电池可以"随时"储存"大量的电力"，那么电力机车就可以达到 260 甚至 300 千米的时速，而且"整个造船业的电气化"都会唾手可得。倍倍尔赞许地引用了法国化学家和多次担任部长的贝特罗（Berthelot）在参加化学制造商辛迪加①的一次宴会上的讲话："北非的几平方英里"的土地就可以为整个德意志帝国提供太阳能，甚至"化学的最高问题——用化学方法生产食物"都可以"在原则上……得到解决"。当人类以比天然物质"更完美"的化学物质为食的时候，也许"沙漠将成为人类最喜欢的地方"，因为"在那里比……生活在用于农业生产的沼泽和腐殖平原上更健康"。

对倍倍尔来说，工作安全也不过是应用已有的科学知识和技术成果的问题。在 1891 年帝国议会关于劳动监察的辩论中，他相信"今天的技术和科学已经达到了足够的高度"；只要提供资金来实际应用这些进展，"90%的工业疾病和事故都将不复存在"。对此，一些企业出于避免昂贵的强制措施和对其疏忽指责的考虑，对这种乐观主义提出了质疑，并坚持认为"在某些行业和职业中，危险将永远存在"。[210]

工业发展不仅带来了生产的集中化和更复杂的技术，而且还带来了新的家庭式作业，社会民主党人充分认识到了这一点。但在德国的社会主义

---

① 辛迪加（法语：Syndicat），"组合"的意思，属于低级垄断形式，虽然不会垄断整个市场，但会造成局部垄断与规模经济。它是通过少数处于同一行业的企业间相互签订协议而产生的。所有这些加入了辛迪加的企业都由辛迪加总部统一处理销售与采购事宜。

者眼中，这种家庭手工业是历史上过时的、可憎的缩影，是一种有损健康、无限制剥削且脱离工会组织的手工业形态。对有阶级意识的工厂工人来说，这是"肮脏的竞争"。甚至像莉莉·布劳恩（Lily Braun）这样的修正主义者也表示，家庭手工业恶心得令人颤抖，并希望它得不到社会保护，只是希望它赶紧垮台。她表示，尽管自然爱好者有所抱怨，但她希望铁路和工厂的烟囱能够深入到最偏远的山区，以结束家庭式手工业的负隅顽抗。根据当时社会民主党内盛行的信念，整个手工业是注定要失败的。社会民主党是 19 世纪 90 年代帝国议会中唯一拒绝为手工业采取任何保护措施的党派，甚至没有像惯常的其他派别一样，在口头上应允一下以小型发动机拯救手工业的计划。[211]

德国工人运动对技术的统一信仰是否符合时代的总体趋势？英国工会运动的立场与之形成了鲜明对比。英国工人继承了旧的行业协会对机械化的基本思路，认为机械化值得怀疑，需要加以控制。这样一来，英国机械工程在长久以来很少引进美国式的机械化规模化生产方法。对技术进步的信念最初并不是民主进步思想的一个组成部分；相反，在 19 世纪末，进步思想经历了以牺牲其传统政治内容为代价的机械化过程。

在威廉二世时代，德皇本人就是一个技术爱好者，他已经摆脱了旧的政治进步概念，有一种新的技术进步的观念。斯皮森伯格男爵夫人（Spitzemberg）在她 1913 年 12 月 19 日的日记中指出："非常奇怪，贵族男孩们充满热情的领域是技术。"从俾斯麦的孙子开始，他们"对技术日思夜想，就像前几代人一直梦想着狩猎、马驹和猎狗一样"。[212] 的确，技术为狩猎热开辟了一个新的领域。在第一次世界大战期间和之后的很长一段时间里，德国的孩子们都会学习这样一首朗朗上口的曲子："小小兴登堡①，躺在摇篮中 / 母亲亲吻他，父亲诉衷情 / 兴登堡，送你一架飞机 / 兴登堡，

---

① 保罗·冯·兴登堡（Paul von Hindenburg, 1847—1934），德国陆军元帅，政治家，军事家，魏玛共和国的第二任总统。

送你一架飞艇/兴登堡，送你一辆汽车/我们要到圣彼得堡，明天就启程！"

　　正当技术进步的信念在德国工人运动的意识形态中牢固确立的时候，工作场所的经验预示着一种趋势可能出现，这种趋势会动摇相关人员的信念。很快，这种预示就在19世纪的钢铁和机械工业上应验了。回想起来，这是一个舒适的时代；接下来，合理化的需求推动了新时代的开启。传统的技术工人资历受到质疑，生产节奏的压力越来越大，以至于这成了一种新的事故原因，紧张不安的氛围变成了一种大众现象。莱文斯坦（Levenstein）关于"工作愉悦"的调查令人印象深刻，马克斯·韦伯也不太情愿地对此表示赞许。这份调查中充满了令人痛心的证据，揭示了金属行业无趣、单调和疲惫的工作常态，而这种手工业式的工作方式由来已久。[213]罗莎·卢森堡（Rosa Luxemburg）①认识到，如果像她那样，假定工人阶级的集体解放道路是通过技术进步来实现的，就会出现政治上的两难，因为目前对具体技术改进感兴趣的是资产阶级。而她认为，通过使工人的工作"更紧张、更单调、更痛苦"，"每一次技术革命"都会使直接相关工人的"直接处境"更加恶化。[214]自19世纪末以来，工作中的心理压力越来越凸显。这是一个至今仍未彻底解决的问题，因为这种因果关系最难得到证明，而且这种压力没有简单的技术方法可以补救，人们只能把焦点对准生产的社会体系。

　　总而言之，在进入20世纪前后，人们对技术的欣喜绝不是一成不变的；恰恰相反，与以前相比，工业发展反而伴随着人们强烈的不安和悲观倾向。然而，这些都很难被调动起来成为技术发展的反作用力或制动力。越来越多的批评导致了一种听天由命的文化悲观主义，这种悲观主义最终鼓动德国争夺世界权力，也促使德国扫除所有妨碍权力政治要求的技术革新障碍。

　　我们生活在一个"紧张的时代"，现代人的紧张不安源于节奏的加快和

---

① 罗莎·卢森堡（Rosa Luxemburg，1871—1919），国际共产主义运动史上杰出的女性马克思主义思想家、理论家、革命家，被列宁誉为"革命之鹰"。

过度的刺激——从大约 1880 年开始，这种观点几乎是突然一下就传播开来。作为社会政策以及学校和生活改革运动的精神基础，这种恐惧是有作用的；然而，这种恐惧更多的是促使一座座自然治疗基地的建立，而不是唤起了人们对技术的重新掌控。世纪之交（19 世纪和 20 世纪）出现的自然保护运动也是如此，尽管在自然保护区内存在对技术的反感，但这一般不再与工业发生矛盾。[215] 因此，那个时代有其深刻的矛盾性：作为"卫生"政治的第一个伟大时代（在当时，许多有关"卫生"的概念我们在一个世纪后称为"环境"），但同时也是表面型解决方案的盛行时期，通过对许多问题的遏制、表面上的消除、迁移和隐蔽，许多仍然存在的、阻碍无限制的技术进步的障碍消失了。如果不是世界大战完全改变了发展重心，也许在当时的一揽子改革设想中会出现类似于 20 世纪 70 年代"环保运动"①的倡议。

---

① 环保运动于 1970 年 4 月 22 日由美国哈佛大学学生丹尼斯·海斯发起并组织。人们高举着受污染的地球模型、巨幅图画、各种表格，高呼口号，举行集会和演讲，强烈要求政府采取措施保护生存环境。1972 年全球人类环境会议在斯德哥尔摩召开，1973 年联合国环境规划署成立，此后保护环境的政府机构和组织在世界范围内不断增加。正是因为这次行动产生了这样的结果，人们将 4 月 22 日命名为"地球日"，这一天也成为 140 多个国家的民众进行大规模环保活动的共同纪念日。

第四章

战前、战中和战后阶段：
大规模生产的合理性，权力与困境

1. 从19世纪和20世纪之交到20世纪50年代：
各种生活领域的技术化周期

1900年的新年夜，人们觉得自己正处在一个新时代的起点，这并非毫无道理。从1890年到1910年，在当时的德意志帝国中，一种新的超越过去眼界的现代化意识出现了。这来源于当时的社会状况，当时的僵化思维盛行，人们起初难以预料到这种情况的出现。在艺术和建筑的发展中，设计师们的设计和品味愈发凸显。这种氛围的转变最有可能在技术、生产方式和运营组织的历史中找到具体原因。由基尔多夫（Kirdorf）建造的位于多特蒙德·伯文豪森的卓伦二号和四号煤矿（1902年）①不仅是鲁尔工业中最重要的青年风格纪念碑，而且还投入使用了世界上第一台电动提升机。由彼得·贝伦斯（Peter Behrens，1909年）设计的位于柏林的德国通用

---

① 多特蒙德卓伦二号和四号矿井，1969年该煤矿作为具有历史意义的德国第一座现代化矿区得以完整保留，被地方政府接管后更改为煤矿博物馆。

电气公司（AEG）涡轮工厂大厅是现代工业建筑的开创性作品，它宣告蒸汽涡轮机战胜了蒸汽机。这两种建筑都证明了建筑与技术史在新世纪之初的交汇。在 1914 年之前的 10 年中已经形成的这种文化现代性与后来 20 世纪 20 年代的情况非常相似，许多内容在 1918 年以后被认为是"新技术"，其起源一部分与战争有关，一部分与美国有关。[1]

当然，在帝国的历史背景下，要是将此种现代性与社会以及民主的进步，理性的提升等量齐观，这一切都会显得纷繁复杂。然而，从长远的角度可以清楚地看出，当时正在取得突破的现代风格并不像它所声称的那样具有社会性和功能性。弗里德里希·瑙曼（Friedrich Naumann）在他的纲领性著作中谈到了建立德国工业同盟（1907 年）①，他在书中提出了"让德国舰队走向大众"的思想。这些都表达了德国精神向世界经济和世界政治的转变；德国工业同盟也是如此，因其坚持原创，也因德国风格得到世界上各个国家的广泛认可，所以德国产品能够占领世界市场。工业艺术家中的上层阶级以火山喷发般的速度快速崛起，为此时的工业产品赋予了新的独特形式，将"工业艺术提升到国家事务的层面"，造就了一场"艺术家中的上等人"运动。将工业同盟比作舰队，这有着具体的意义，即着眼于出口的工业同盟想要创造出一种现代的、具有技术含量，同时又彰显德国风格的形式。此前，人们曾想在纽伦堡的凯瑟琳教堂举行工业同盟成立大会，这是想要暗示瓦格纳的"工匠歌手"与手工业的荣耀。德国工业同盟一直以来都尝试与手工业结盟。然而，这种联盟从来都不会持久。最后，现代设计的这位先驱反倒"被广泛认为是手工艺业的敌人"。[2]

现代设计和现代技术都包含着精英主义与表现欲。1910 年，柏林工业大学的机械工程教师奥托·卡默勒在给社会政治协会做演讲时发表了一

① 德国工业同盟，是一个在各界推广工业设计思想、制定工业规范的组织，规劝美术、产业、工艺、贸易各界人士，共同推进"工业产品的优质化"，工业同盟的口号就是"优质产品"。

个显得有些过于超前的预言，他说机械制造的发展"并不会如人们所想的一样"使得越来越多的工人去操控机器，而正与此相反，"越来越多的工人将会被淘汰"，"少部分高质量的工人会被保留"。在 1900 年前后，在工程师精英们当中产生了一种恐慌情绪，部分出于对"技术粗俗化"（格奥尔格·西门子）的担心，以及合理化运作的大型工业企业中对大规模和熟练工人的使用带来的工程师人数的减少。[3]

威廉二世时代的海军装甲随着德国政治的第一次宣传攻势而得以普及，这使得军事技术成为钢铁行业技术创新前所未有的推动力。对车辆和武器要进行大力整合，但当时的蒸汽动力和火药动力还达不到这种程度，这并不是真正意义上的技术军备竞赛，以迫使人们通过持续不断和系统的努力来提升钢铁的质量。从此时开始，人们的头脑中逐渐有了一种认识，认为军备就是技术进步的原动力，只不过这在威廉二世时期不如 20 世纪 60 年代那样深入人心——那时的军备竞赛几乎已经扩展到了外太空。从技术的层面讲，军舰制造比所有陆军所提供的大项目都更具吸引力。[4]军舰热潮以前所未有的规模表明，工业利益、技术迷狂和系统见解三点结合在一起影响着军备，但这种方式在军事的角度上看是不合理的。因为在紧急情况下，舰队对帝国而言弊大于利，这也是 1900 年成为技术史转折点的另一方面原因。

在 20 世纪初，鲁尔工业巨头中的新型规模经济先驱者奥古斯·蒂森（August Thyssen）在 1902 年论述了进行新的合理化调整的必要性，并发出警告："德国工业不能持续地负担铁路垄断、煤和焦炭、生铁等半成品和成品昂贵的费用。"1900 年以后的"新技术"在某种程度上具有共同的基本特征，即以汽油和石油、轻金属和塑料、电力驱动和汽油机动摇了煤炭、钢铁、蒸汽机和蒸汽机车的垄断地位。这一变化造成了新的区域状况，于是最重要的汽车行业都集中在了斯图加特地区，这里远离原材料和销售中心，但拥有能熟练操纵精密机械的工人和手工业者。

人们还着眼于"人类生产力"去谈论新一代技术。1900 年之后出现了硬度更高的"高速钢"，这种材料被用于提升生产速度。德国工程师在20年代开发了一种由钨、钛、钽组成的硬质合金，与高速钢相比，这种材料再一次提高了机床的切削速度。施莱辛格要求在机床制造中保持千分之一毫米的精度——毫无疑问，连最有经验的专业工人都不具备这种敏锐的感知度，所以"精度"在机械制造车间无论何时都是一个具有争议性的话题。人们曾采用手工方法加工钢和铁；硬质合金和轻金属加工却是以手工方法无能为力的。这并不意味着，在使用新材料的过程中，经验已经完全被理论所代替：这里的重点在于，随着时间的推移，工人们要对材料建立起"感觉"。[5]

在电气工程技术中，电动机、无线电报及无线广播带来了划时代的突破。电动机要求电气技术和机械制造相结合，轻金属需要电气工业和金属工业合作。无线电报改变了电缆敷设在早期电气工程中举足轻重的地位，人们不再需要敷设电缆，因此它不仅受到军队和舰队的推崇，还受到了民兵部队的欢迎。英年早逝的物理学家赫兹（Hertz）发现了电磁波，他根本不会料到自己的发现会带来如此的技术成果。高压合成需要像卡尔·博施这样的化学家，他懂得如何将重工业和大型机械制造结合在一起。新的技术时代不仅使单个的特定技术和技术网络进行交汇，还具有组织上和系统上相结合的特点。直到现在，"技术"这个抽象概念名词才成为日常语用中常见的说法。

"技术"在当时也是马克斯·韦伯研究的重要课题之一。在一张并未完整收录韦伯全部作品的光盘中，"技术"和"技术方面"的内容甚至出现了1145次以上，而且这些内容往往并非平庸的老生常谈。但迄今为止，依照马克斯·韦伯学说组织起来的工业部门却对此毫无所知。韦伯在柏林的夏洛滕堡区长大，他看到了当时世界领先的"电力大都市"灯火通明的夜景，这使他完全相信了技术决定论，而且着眼于现代的"艺术文化"。1910年，韦伯在首届德国社会学家大会上表示，"技术能够通过现代化大都市的存在而产生。现代化大都市里的有轨电车、地铁、电灯和其他灯笼……以及其他所有声音和色彩印象的狂舞，这些声色犬马的交织激发人们的性幻想，制造精神结构变化的经验，让人们如饥似渴地为生活和幸福的行为酝酿着各种似乎取之不尽的可能性。"现代大都市是一种光学现象：这是"一个点，在这个点上纯粹是技术对艺术文化造成了深远影响。"

新技术甚至还是政治系统里不可分割的一部分。那个时代的特点在于其行动方式和自我演述方式，而不在于其利益和思想。很难想象没有广播和电台，没有飞机和探照灯的社会是什么样。19 世纪民主的影响力要归因于技术的进步，而 20 世纪早期表现得比当前更为明显的是，技术不仅能够加强人们对自然的利用，也能增强对人类自身的控制。约翰·亨德里克·雅各布·范德波特（Johan Hendrik Jacob van der Pot）撰写了迄今为止有关"技术进步评估"最详尽的情况，据他回忆，当他还是一个集中营的囚犯时，他发现，"一个配备机关枪和电网的岗哨就可以控制成千上万个集中营囚犯"，这时他意识到了现代技术的意义和随之产生的矛盾。[6]

"速度"在 1900 年前后成为新时代振奋人心的标志。美国历史哲学家亨利·亚当斯（Henry Adams）从整个世界历史中认识到了"加速定律"，对此他在美国之外的德意志帝国发现了特别明显的例证：到处都能感受到新的能量，莱茵河地区已经比哈德逊河地区变得更加现代化；靠近火车总站的科隆大教堂与芝加哥大教堂相比也更加世俗化。里德勒在一场主题为"高速运行"的演讲中将"运行速度的提升"称为"技术进步的永恒目标"，正因为有这样的目标，"技术才能不断完善"。克虏伯公司的房屋历史学家，工程师威廉·伯德罗（wilhelm Berdrow）在 20 世纪初的一篇通俗文章中宣告，"提高所有技术操作的速度"将会成为 20 世纪的"主流"。

在那个时代，"速度"这个词被赋予了新的意义：如果说在以前，速度表示"在合适的时间跨度内"，那么此后速度就仅代表"高速"——这是一

图 24：德国当时著名的机械工程教师阿洛伊斯·里德勒在世纪之交（19 世纪和 20 世纪）出版的《高速运行》一书。人们注意到，不仅是封面画家的画风被青年艺术风格所影响，他对里德勒的"高速运行"理论的阐释也是一种青年艺术风格：在书名周围是一圈兔子，它们蹦跳着超越了蜗牛。屋外有一个骑着自行车的光屁股小孩，他蹬着脚踏板，散发出神一样的光芒，他向上方的老鹰伸出一只手，老鹰的一个爪子上握着一束闪电：象征"驯服的闪电"。而自行车则是"新速度"的象征！画面的前景是一位长胡子老工人在以传统方式敲敲打打，面对新时代，他惊讶得抓耳挠腮。

种新的"速度快感"。随后先是产生了自行车，再后来生产出了汽车，这就是对现在来说"合适的时间跨度"。自从世纪之交（18 世纪和 19 世纪）以来，人们对不断打破体育记录的痴迷不断蔓延，在舞蹈领域中则"受到爵士乐启发产生了美式滑步舞蹈"：在那时的工业史、技术史和人体运动技能之间产生了一种非同寻常的惊人联系。

　　这不仅是一种时尚，还是思维、生产方式和工作上划时代的转折。它反映了在 1900 年左右迅速增长的紧张情绪，这种情绪在 19 世纪 80 年代还曾被认为是"美国病"。位于贝利茨的柏林国家保险养老院在 1879 年有 18% 的人入院是因为"神经衰弱"，这个比例在 1904 年上升到了 40%。从那时起，在大规模的组织项目中，工程师们就特别注重缩短交通运输路程和增大工作强度。[7]

以高精密度著称的德国蔡司（Zeiss）公司从 1900 年开始采用 8 小时工作制。1901 年，当公司持有人恩斯特·阿贝在德国机械师大会上承诺，减少工作时间能提高工作效率承诺，决定同意引进普遍的 8 小时工作制。为此，他遭到了质疑和激烈的反对。此后，蔡司公司的生产速度不断提升，"博世速度"成为明日黄花！而且没有因工作时间和工资补偿问题引发罢工事件。须知，在过去的几十年中，新的社会共识基础已经形成，与提高工作强度、和压缩工作时间相联系的是工作时间的减少和工资的增加。在这种情况下，工人逐渐习惯在工作中保持更高的速度和更强的连续性，同时也失去了他们在准手工业时代中自主安排时间的那份闲适。

当索林根的磨床在电气化的影响下可以部分实现像旧时代一样在家作业时，新的家庭工人已经压缩了相应的工作时间。相比于之前，过去的磨工在半自动的机器面前自豪于自己能够随心所欲"自由自在地工作"；战后时期的磨工认为，家庭工人"一直致力于尽可能高效、快速地工作"。现在的一切都围绕着速度旋转。对于很大一部分工人，特别是对于没有技术的人来说，他们的满足感当然不在工作中，而是在闲暇时间里，而更高的工资为业余活动提供了可能性。提升"工作乐趣"成为德国社会工业学的核心和独特的主题。[8]

粗略地说，人们认识到工作的社会历史和人与技术关系之间是一个循环。从世纪之交（19 世纪和 20 世纪）到大萧条时期①，"合理化"与"快速""流

---

① 大萧条，指 1929 年至 1933 年源于美国、尔后波及整个资本主义世界的世界经济危机。

图 25：20 世纪早期，电话接线员仍在总机房工作，此时仍然必须用手工插线的方式连接电话。一位办公室女士需要负责 10000 个连接（"插孔"）。在当时的新职业中，这被认为是使神经疲劳最严重的职业。神经学家认为，迟早所有电话接线员都会变得歇斯底里或神经衰弱。1902 年，西门子在柏林新开设的总机房里，所有员工都因接电话不堪重负而尖叫不已。心理调节已然束手无策。这种职业很快成为女性专属的工作，因为人们认为只有女性才能忍受此种压力并一直保持友好的语音语调。

动"这些概念相互结合，共同发挥其作用。相反，从 20 世纪 30 年代到 50 年代，由于战争和重建，在生产方式上人们继承和修改现有的合理化方法，并对早期的流水作业进行评估，吸收负面经验，调整生产使之适应发生重大变化的需求。可以设想，在这种情况下，工人们在一定范围内拥有了新的自主权，这也使工厂的氛围比此前更为轻松，纳粹和基民盟政府都从中受益。[9]

在世纪之交（19 世纪和 20 世纪），国民经济学历史学派领军人物之一的卡尔·毕歇尔（Karl Bücher）撰写了《工作与节奏》（*Work and Rhythm*）一书。这本书充满工作歌谣的韵律，是有关旧日工作乐趣的经典著作。他抱怨说，经济的发展速度加快，机器的转动破坏了工作中的节奏感（此节奏感在老式机器中仍然存在），进而摧毁了工作乐趣的主要来源。当时的经济学就是如此生动直观，令人惬意！1901 年，毕歇尔将大规模生产的趋势描述为"资本主义运作的一般规律"，资本主义"用闪光灯照亮了迄今为止孤立存在的许多现象，并将它们从整体上联系起来"。该法则基于以下前提：技术进步会令公司固定成本骤然增加。

事实上，在从世纪之交（19 世纪和 20 世纪）到 20 世纪 50 年代的这段时间，建立在技术和组织网络上的规模经济大获成功，机械化和典型的大规模生产在德国进入全面运行阶段。最终，大众汽车实现了长达数十年的梦想——在经历了苦难和绝望的阶段之后，达到了以前仅在美国才能想象到的大规模繁荣。在当时的德国日常生活中上出现了史无前例的"经济崩溃"与"经济奇迹"交替发生、饥肠辘辘与"饕餮狂食"相伴而行的现象，德国似乎成了童话中那个不用工作也能安享生活的"安乐乡"，其实这背后是大量艰苦卓绝的工作。

大规模生产在当时是实现大规模繁荣的逻辑条件，但是只有在特定的历史环境中才能达到这样的程度，也就是当人们对大量生产的产品产生巨大补充需求和新需求的时候。这种生产方式的持续优势只有在一种"用过就扔"的富裕社会中才能体现，但是这样的社会却忽略了垃圾清理这样的生态问题。20 世纪的德国历史揭示了大规模生产的历史性。

直到 20 世纪初，对于德国应该划归于资源丰富的国家还是资源贫乏的国家这个问题，人们有不同的意见：从煤和铁的方面（即对洛特林根地区火成岩的利用）上来说，德意志帝国拥有与资源有关的区位优势，造就了德国技术的鲜明特征。随着石油、轻金属和有色金属重要性日益凸显，洛特林根地区①被法国收回，德国又成了资源贫乏的国家。在工资方面，德国在与其他西欧国家的竞争中也不再具有优势。须知，工资优势直到 19 世纪末都是出口及技术发展的前提条件。

主流学说认为，德国出口的未来在于高度发展的技术和以熟练工艺为基础的精准生产，这种观点比从前更为盛行。与 1913 年相比，1938 年德国原材料和农产品出口份额从 29.2% 下降到 13.4%，而机器、运输设备和化学产品的份额从 19.9% 上升到 40.8%。[10] 从统计学的角度上看，化学工业如今被视为德国的领先行业。作为资源贫乏国的一种弥补，德国必须通过科学的方法，以化学合成才能获得天然材料，而这种"缺乏的化学"与其他殖民国家和美国那种"过剩的化学"形成了鲜明对比。[11]

美国热在 20 世纪 20 年代到达了第一次高潮，这种趋势比以往和以后任何时候都受到技术化的国家社会主义的影响。一位与桑巴特齐名的学者将"美国主义"批评为"一种类似于鼠疫、霍乱、麻风病的流行疾病"，德国人十分容易被感染。从来没有哪个时期像战争时期和自给自足的 20 世纪 20—30 年代那样整天把"德国技术"挂在嘴边。美国化的想法会陷入权力和军备的政治漩涡中，人们想要让美国化的技术适应德国的条件和需求，却得不到持续的机会去实施。由于德国工业大部分都需要出口，自给自足的需求不可避免地与相反的趋势相结合，正是由于这种自给自足的愿望与扩张欲的混合，在部分人那里滋生出了"夺取更大生存空间"的政策。

---

① 洛特林根地区位于法国东北部，与比利时、卢森堡、德国接壤。公元 1736 年正式并入法国版图，1940 年至 1945 年再度被德国占领，直至第二次世界大战后法国才重新收回该地区。

即使在纳粹时代，美国榜样也丝毫没有失去其吸引力。纳粹德国首席技术师弗里茨·托特（Fritz Todt）也把泰勒和福特当成榜样；希特勒（Hitler）本人也痴迷于美国技术，对外他声称"德国工人的工作"不能被机器所取代，对内却说这是"自欺欺人"。尽管在 20 年代有很多关于流水线的讨论，但是通常来看"流水作业"的实践却磕磕绊绊。在纳粹德国时代，流水线的使用更加普遍，在汽车和洗衣业中尤其如此。直到现在，在汽车行业中的熟练工人才被大规模地替换为半熟练工人。[12]

尽管 19 世纪在大多数行业中，技术已经达到了极限，但 20 世纪上半叶无限技术化的前景凸显，如在采矿和建筑业、农业和食品加工业、家庭和办公室中。

尽管 19 世纪中叶，煤炭已经成了经济增长的关键领域，可是德国矿山

图 26：1938 年的可口可乐广告海报。虽然可口可乐是现代美国消费方式的缩影，但在纳粹德国时期，可口可乐的销量还是取得了爆炸式的增长：从 1934 年到 1939 年，可口可乐集团在德国装瓶厂的数量从 5 个增加到 50 个，增加了 10 倍。德国人对可口可乐唯一的妥协体现了当时的德意志自恋狂——让德国的圣诞老人为这种美国饮料打广告。当然，可口可乐是给自己，而不是给孩子喝的。

在 20 世纪初仍然在挖掘工作的机械化方面保持了明显的克制：这反映了在地下建立起来的非正式社会系统，是如何重视将新来的大量非熟练工人融入其自身并试图整合其流动，使其不影响功能的发挥。1914 年以前，德国采矿业的机械化程度不仅落后于美国，还逊色于英国；但是鲁尔工业区的轮班产量与英国矿山差不多持平。1900 年后不久，地下机械化开始实施，但是英国和比利时研发的切割机和震动槽首先得适应鲁尔区的地理条件。新技术最初遭受了许多失败，而矿工们却对此幸灾乐祸。

第一次世界大战使现有的机械化局面陷入停滞阶段，20 世纪 20 年代则出现了突破。当时，鲁尔区在机械化方面远远领先于英国采矿业。尽管矿工们对冲击电钻表现出消极的抵制，但电钻的数量从 1913 年的 264 台增加到了 1925 年的约 5 万台，这使得原本就有害健康的挖掘工作雪上加霜。进入老年后，桑巴特认为切割机也是技术进步"反人性"的例子：在20 年代，由于地质原因，切割机在鲁尔工业区的普及度并不高。由于采用了新技术，矿工的工作转为学徒制，这时候新人初学者要掌握的就不仅仅是地下作业的"同志关系"那么简单了。随着摇动滑道的采用，一种类似于传送带的运输技术被引入采矿业。工作控制和工人之间的配合度得到了强化；随着自主权的降低，工人们对工会组织的需求增加。直到 20 世纪 50 年代，矿山开采实现了完全机械化，这才彻底改变了矿工的传统劳动世界。[13]

在 19 世纪晚期之前，德国的建筑业在技术上和艺术上都保持着传统，而进入 20 世纪后，德国成了建筑先锋派的中心。与西欧相比，这种计划将建筑和工业以及大规模居民房建造联系在一起。1918 年的政治变革激发了这一点，当时普鲁士的法律规定，提供小型住房是国家的任务之一。[14]如果说普通住宅建筑以前是中小型建筑公司的业务领域，那么现在它已经被归于大型项目的范围之内了。位于法兰克福的菲利普·霍尔兹曼（Philipp Holzmann）股份公司是德国最大的建筑公司，在纳粹德国时期专门从事大型代表性建筑、大型水处理工程、土木工程和铁路建设（威廉皇帝运河／基尔运河、巴格达铁路），1918 年以后，公司策略转向了社会住房建造。

但是，工业化的房屋建造只停留在计划的层面。住房单元按照系列批量设计，但需要手工筑砌。1921 年到 1922 年，一份在柏林腓特烈大街火车站旁建造高楼的草图引发了一场轰动性的竞争。建筑师以"德式"高楼的理念参与竞标，与"美式"摩天大楼形成了鲜明对比，但这个方案也像其他的建楼方案一样失败了。在寻找住房的群众口中广为流传的"呼唤高楼"这一说法主要是来自追逐轰动效应的设计师那里。正如格罗皮乌斯在 1929 年抱怨的那样，德国的高楼建造受到了《德国建筑法》的限制。直到 20 世纪 60 年代，德国才出现美式风格的"摩天大楼"，但也仅限于少数几个地方。建筑美国化新时期的标志在于马鞍屋顶①，它与德国的天气状况相适应，却在建筑师群体中遭到了一些人的反对，不过这种反对并未成功。从德绍包豪斯（Dessauer Bauhaus）屋顶开始，许多平屋顶采用了防水处理。[15] 对于此种形式的现代性，一场反击已呼之欲来。

在 19 世纪，大多数德国工程师都不重视木材建筑。直到 20 世纪早期，一种"木制工程"才发展起来。木材是建筑构件预制件的理想材料；一些现代建筑的先驱者很重视它，因为它能为着重于使用天然材料的建筑物提供丰富多样的可能性。1918 年以后，德国的木建筑方式契合了一个口号，那就是要使用廉价的当地的原材料建筑房屋。在大型建筑的木料使用中，具有决定性的技术飞跃是木材的胶合，这需要使用到化学上的新型合成树脂。在那之前，仅有木匠会使用胶水，建造房屋的木工并不使用它。胶合木结构可以在无支撑的情况下扩展宽度，建造起来既轻松又灵巧，木材建筑现在可以与能自由塑形的混凝土建筑进行竞争。胶合木结构的工艺已经超出了手工经验的范围；涂胶时，不允许木工再"凭感觉"进行操作。胶

---

① 马鞍形屋盖，其结构特点是：自防水、抗震、防火、防爆、耐久免维修，形状如同马鞍，波浪形。

合是一项专门的工作，并受到官方的监督。甚至在木制工程中紧固件的安排和尺寸也只能"在特殊情况下留给承包商来完成"。[16]

刨花板[1]这种人造木板也首次投入使用。刨花板起源于 19 世纪下半叶的单板技术，在德国木材工业中的使用的时间比英国和美国更长。另一方面，产生于自给自足政策期间，能有效利用木材废料的刨花板直到 20 世纪 50 年代才得到更有效的推广，因为此时才实现了高度机械化的大规模生产。联邦德国由此成为世界上最大的刨花板制造国。[17]

办公室和行政管理的技术化在 19 世纪末 20 世纪发展迅速：技术变革与社会结构之间的联系呈现出新的维度。1890 年，美国首次使用霍列瑞斯穿孔卡片制表机[2]对人口普查进行了成功评估，奥地利也紧随其后。而 1896 年，普鲁士国家统计局仍认为"人类的头脑"比霍列瑞斯穿孔卡片制表机更便宜和可靠。这种情况一直持续到 1914 年。1910 年，拜耳推出了打卡技术。"打字员"成了一种新的女性职业。自 1897 年以来，各州的联邦办公室都普及了打字机，打字技术在秘书行业"女性化"过程中得以广泛传播，从女性的角度看似乎也促进了这一趋势。[18]复写和模版印刷使文书工作倍增。电话收效甚微，但可以使高层和底层越过正式的审批过程进行直接沟通，从而促进了中央控制。施里芬[3]受到电话和无线电报的启发，塑造了未来的战争中首席战略家的全新形象。[19]从 20 世纪 50 年代起，电话在德国成为工作之外的一种通用而持久的通讯方式。

于果·明斯特伯格是德裔美籍工业心理学家，在他身上体现了美国和

---

① 刨花板，也叫颗粒板，将各种枝芽、小径木、速生木材、木屑等切削成一定规格的碎片，经过干燥，拌以胶料、硬化剂、防水剂等，在一定的温度压力下压制成的一种人造板。

② 穿孔制表机，是早期计算机输入信息的设备，通常可以储存 80 列数据。

③ 阿尔弗雷德·冯·施里芬（Alfred Graf von Schlieffen，1833—1913），德意志帝国陆军元帅，德国总参谋部参谋长，资产阶级军事家和军事理论家。1905 年，他提出了著名的"施利芬计划"，成为日后闪电战的雏形。

德国合理化运动之间的联系。他在 1912 年的时候表示，"科学生产率"将"可能在厨房和杂物间中受益最大"。其效应在这些领域"重复了数百万次"，"最终实现了节能和可观的成效。"战后，许多中产阶级中的家庭仆人减少，这强化了人们对技术的兴趣。机械化和合理化，甚至"家政的科学化"在 20 世纪 20 年代成为一个火热的话题。而在家庭这一传统的女性领域中，现实的概念遥遥领先于工业上的概念。1929 年，玛丽－伊丽莎白·吕德斯（Marie-Elisabeth Lüders）对此提出的批评自有其道理，她认为"家政合理化这种概念过于狭隘。""经济性不一定总需要用数字来表达，减轻家庭主妇的负担同样重要。"厨房按照美式设计，浴室以英式为样板，但是在当时的德国家庭中，"合理化"更多地着眼于经济性而不是舒适性。

在当时的理念中，家庭的机械化主要与电气化相结合。电力第一次为私人领域的无限机械化开辟了可能性。而在此之前，需要人工驱动的机械化计划与集体主义的思想联系在一起，阻碍了其传播。20 世纪 20 年代，在德国的厨房中发生了天然气与电力之争。同时，一些社区最初对与烹饪电气化有关的扩张和低价政策并没有感到不安。柏林市政府一度禁止发电厂为电炉打广告，其他城市也纷纷效仿。能源产业的规模经济仍然具有竞争力。瑞士和挪威等水力发电丰富的国家成为"欧洲电厨房的创造者"。这并不意味着德国的厨房在 20 世纪上半叶之前就一成不变：在厨房中还有大量小型的以及基于手工业而实现机械化的可能性。20 世纪 50 年代之前，家庭中的"技术革命"一直受阻于节俭的习惯，因为人们想尽可能长时间地使用现有设备。

家庭主妇的日常生活中最深刻的转折也许就是"大洗涤"的机械化。洗涤可以说是最艰巨的工作。但是，设计开发出一种大多数家庭能够负担得起的洗衣机，不仅要求它能高速运转，而且在不需要后期处理的情况下保持清洁干净且对衣物温和，这些都需要花费相当长的时间。在这个过程中出现的问题很具有典型性，即基于男性世界经验的男性技术人员试图去适应女性经验的领域。[20] 熨斗也需要解决危害儿童健康与安全的问题，而天然气熨斗则对健康有害。

食品生产的机械化也与家务劳动的社会历史密切相关，这种情况囊括在 19 世纪德国的最初发展之内。在当时，这种趋势在瑞士更具特色，因为瑞士工业化的主要途径之一就是奶酪和巧克力等奶制品的工厂化生产方式。从 1900 年到 1914 年，德国的罐头厂数量从 172 个增加到 322 个，仅在 1907 年至 1914 年，它们的产量就从 350 万千克增加到了 8000 万千克。第一次世界大战加速了罐装食品的传播，尽管当时已经证明冷冻食品比罐装食品更容易保质。1900 年，比勒费尔德布丁粉的生产商厄特克尔（Oetker）搬入了第一座工厂，并使用了由燃气发动机驱动的专用粉末混合机。1890 年之后，德国最大的巧克力工厂在汉堡 - 旺兹贝克引进了一台带液压和蒸汽轮机驱动装置的"巨型轧机"。巧克力和香烟的大规模生产在世纪之交（19 世纪和 20 世纪）带动了第一波自动售货机的产生。自 1896 年起，德国城市中"自动餐厅"① 的发展甚至已领先于美国，尽管此处的这种自动化的意义令人存疑。在酿造业中，加速发酵的实验始于 1900 年以后。第一个新发明和进行工业化生产的大众食品是人造黄油；20 世纪 20 年代时，德国在产品质量上还远远落后于外国。但是到了 1933 年，可能是由于经济危机的原因，德国人造黄油的产量已占到黄油产量的 90%。相对而言，人造黄油生产在市场营销上比在技术上的创新更多——这是整整一代人的童年记忆缩影。

第一次世界大战使德国的卷烟需求量翻了一番。自 1901 年以来，德累斯顿的亚斯马茨股份公司（Jasmatzi AG）就按照美国模式以机械化的批量生产方式生产这种快消费的特色享乐品。德累斯顿在 19 世纪下半叶由于俄

---

① 指自动售货机。

罗斯和希腊移民的涌入而成为德国的卷烟城市，在民主德国结束后，仍可以看到像清真寺一样的耶尼（Yenidze）卷烟厂大楼（1909 年建立）屹立不倒，焕发着光彩。1925 年该处生产了约 100 亿支卷烟。这种超大规模的同质化大规模生产使该行业极具竞争力且容易发生危机。机械化的另一极端反例是雪茄，它一如既往地由手工制作而成，部分在家庭作坊里，部分是在小型农村企业中。雪茄行业中的机器禁令于 1933 年颁布，这是一项具有历史意义的禁令，它使雪茄的手工生产状态一直延续到第二次世界大战之后。[21]

自 20 世纪初以来，在蒸汽机时代几乎无法超越极限的农业机械化开始显著发展。汽油发动机具有划时代的意义。一些武器制造商在 1918 年后试图转向农业机械生产，这也有划时代的意义。1920 年，"农业技术帝国委员会"（从 1928 年更名为"帝国委员会"）成立。这个部门为中小型企业研发农业机械和拖拉机，自 1928 年以来，它还致力于使美式联合收割机适应德国的条件。

经济危机粉碎了这些努力。德国国家农业政治家斯朗格—宣林根（Schlange-Schöningen）在 1930 年迫切地发出了对"农业美国主义"的警告。"有经验的农民比肥料播撒机播撒得更均匀，受过训练的农妇比割捆机捆得更仔细。"在第一次世界大战期间及之后，从智利进口硝酸盐渐渐停止，德国农民不得不转向合成生产的氮肥，这给德国化学带来了新的"民族"形象。1918 年后，火药工业转型生产肥料，化学肥料的价格比以往任何时候都便宜，但德国农业也第一次遇到了土地因过度施肥而遭到破坏的问题。以今天的标准来看，两次世界大战之间农民经济的机械化和化学化①还显得无足轻重。当时的多数情况是将个别创新并入传统的农民经济体系。从 20 世纪 50 年代起，创新才被纳入一个新的系统中，这才使农业的

---

① 化学化，德国国民经济中广泛发展和采用化学生产方法。化学化是改造技术、发展社会产力的重要途径之一。

全貌发生了翻天覆地的变化。[22]

最后，但同样重要的一点是，工业技术产品也推动了对于性的认识。布雷斯劳①的经济学家尤利乌斯·沃尔夫（Julius Wolf）于1912年出版了一本有关避孕发展史的书，题为《我们的时代里性生活的合理化》，他甚至在马克斯·韦伯之前就采用合理化的概念来阐释其观点。电缆和自行车的发展促进了轮胎橡胶加工技术的进步，这使得橡胶避孕套在1900年以后也成为技术上基本成熟的产品。起初，这些避孕套来自法国和美国。尽管进入20世纪后德国出生率的下降已然向人们发出警示，避孕套仍在德意志帝国被源源不断地制造出来。右翼人士呼吁禁止使用避孕药具。避孕套的优点是可以作为"卫生用品"。用绵羊的盲肠制成的避孕套是最舒服的，但是它们对于下层阶级来说太昂贵了，只有橡胶避孕套才能成为大众产品。然而，在1914年，社会医学专家阿尔弗雷德·格罗腾（Alfred Grotjahn）抱怨道，橡胶避孕套的体验感极差，以至于"让人们不愿意使用避孕套"。这就为尤利乌斯·弗罗姆（Julius Fromm）这样精明的企业家提供了提升产品质量的机会。

"避孕技术现代化"的发展势不可当，在战争中最为猛烈——避孕套在第一次世界大战中打开了市场。当时，它突破性地实现了百万量级的大规模生产。与此同时，它还帮助西线上从枪林弹雨中幸存的德军战士免于遭到"法国病"②的侵袭——这么一个小东西不管它有没有什么道德上的意义，也不管人们怎么看，也算是为国家出了力。控制生育越来越少地需要采取抑制和规范性行为，以及对女性身体进行有害干预的办法。预防措施的进步使考茨基和格罗腾等社会民主派人士接受了优生主义的思想。在自给自足政策的实施过程中，合成橡胶不仅广泛应用在汽车轮胎制造方面，而且也大量用于生产避孕套，而这就不那么显眼了；避孕套甚至也一度成为德

---

① 波兰城市。

② 指梅毒。

国特殊道路的一个组成部分。但是，鉴于这是一种特别敏感的亲肤产品，德国人在 1945 年之后重新开始采用天然橡胶。[23]

我在此重复一下本段论述的主题：技术史的时代不仅以创新和其传播范围，而且还以机械化的阻碍性和局限性，以对传统技术的进一步发展为特征；技术在何种程度上还会继续适用于现阶段，这从目前的角度看一目了然。在德国工业界，尽可能长时间使用现有机器的趋势仍然广泛存在。如果创新会干扰现有的生产秩序，那么出于组织稳定性的考虑也会阻止创新的引入。除了战时以外，基本上没有劳动力短缺状况的发生。尽管在缩短工作时间的过程中一直推动加大工作强度，但用机器取代人还没有形成一个普遍的趋势。1927 年，在德意志工程师协会的会议上，有人提出了一个反问："在纺织、皮革、木材、食品、化工、制砖、磨坊、陶瓷等许多行业中，技术人员的地位在哪里？"[24]"科学化"是 20 世纪 20 年代的一种潮流，大量研究所纷纷成立，但许多行业对受过科学教育的工程师仍旧没有迫切的需求。

由于技术必须征服新的生活领域，因此，尽管有军备、战争和世界强国竞争这些因素影响，技术发展仍然能够从人类需求的动态发展中获得巨大的推动力，或者说至少相对容易地唤起了技术创新的需求。在 20 世纪初，里德勒甚至强调新技术的特征是以市场为导向，这与 19 世纪的情况不同，在那个时候，即使没有合理的生产方法，一个优秀的机械工程公司也能找到买家。[25] 20 世纪 20 年代的"合理化"策略和 1945 年后的重建策略都趋向于以不同的方式使技术发展服从于经济。

然而，在 20 世纪上半叶，技术进步与军事装备之间的联系得到了极大的加强。德国公众与技术的联系也由此打上了灾难性的印记。从第一次世界大战可以看出现代技术所暴露出的凶残一面；但与此同时，这次大战似乎又表明了技术进步会不可避免地导致阴暗面。奥斯瓦尔德·斯宾格勒（Oswald Spengler）写道："对于机器日益增长的撒旦式欲望决定了精神层面的选择"。但是不久之后，面对"极其聪明的偏执种族主义者"中的精英们大肆挥舞手中金钱的力量，斯宾格勒又让"技术思维的绝望斗争"重新焕发了生机。出身于 X 射线机制造行业的技术哲学家弗里德里希·德绍尔经常以反权威的姿态抵制斯宾格勒的悲观理论，后来他承认，他的前雇员几乎"都因放射线灼伤而痛苦地死掉了"；但是，他没有在对技术转化进行评估和控制的方面归纳出任何基本思想，而是以牺牲者姿态提出某种技术神学的观点去克服这些沉痛的经历，这使人想起了战争中"坚持到底"的口号。[26]

在战争和贫困中，环境问题排在最后。大多数联邦州在 1914 年之前为制定一部有效的水资源保护法而做出了很多努力，然而第一次世界大战使之付诸东流。后来针对德国"荒漠化"，提出了对水利工程进行生态性建设的动议并得到弗里茨·托特①的支持，但第二次世界大战又阻碍了其实施。自第一次世界大战以来，化工行业一直受到纳粹分子的吹捧，发展得比从前更为迅猛。在经济危机时期，冒烟的烟囱成为经济繁荣的象征，而鲁尔战争期间（1923 年），鲁尔区的大地上竟然开出了朵朵鲜花，证明了当时此地区工业的低迷。

1912 年"泰坦尼克"号灾难的惨烈已在社会公众中引起了长时间的热烈讨论。悲剧来源于造船业追求最高级的技术，渴望达到更高的速度以及凭借完美技术生出的安全感幻觉，这点已经广为人知。德国境内最大的技术灾难是奥堡（Oppau）事故②（1921 年），硫酸铵和硝酸盐的储存库发生大爆炸，造成 561 人丧生。德国国会调查委员会追溯了这场事故的起因，但其具体原因仍未完全公开，委员会得出的结论是"对责任问题无需说明"。奥堡当地的左翼团体"苯胺无产者"试图将此次灾难归咎于计件

① 弗里茨·托特（Fritz Todt, 1891—1942），曾任德国军备军需部长。

② 奥堡事故，1921 年 9 月 21 日在德国奥堡工厂发生的硝酸铵爆炸事故，该事故造成 561 人丧生，约 2000 人被严重烧伤，7500 人无家可归。

工作和奖金制度，但他们并未得到广泛的响应。现代技术未知的风险残余（或者换个更合适的表达："假定风险"）是人们根据经验判断为非真实存在的风险，此时却以前所未有的规模展示出灾难性的后果，但是社会却无法对这种警示信号作出回应。甚至连众所周知的工业产生的长期有害影响也被认为是生存的必然悲剧。舍辛格（Schenzinger）的《苯胺》是德国发行量最高的工业和技术小说，它把德国化学史描绘成了英雄史诗，却也并不讳言其负面影响："从苯胺蒸气中衍生出了癌症"。

奥斯瓦尔德·斯宾格勒在其代表作中将西方的没落（1918—1922年）归结于对现代"机器的撒旦主义"的展望，偏偏又是他本人在20世纪20年代成为德国重工业圈子中广受欢迎的报告人。重型工业培训机构德国技术工作培训学院（Dinta）的创始人卡尔·阿恩霍尔德（Karl Arnhold）就受到了斯宾格勒的启发，以培养坚韧的新青年为自己的理想，这些青年可以将战争精神转化为技术。[27] 在经历了战争中的技术化大规模杀戮之后，世纪之交（19世纪和20世纪）的技术乐观早已成为过去，剩下的只有灾难性的技术撒旦崇拜。这是一个对灾祸已司空见惯的时代，人们已习惯于认为现代文明内在地蕴含着高风险。如果我们认可"风险社会"这个术语的话，可以在20世纪初的德国去追溯其起源。不畏风险和灾祸的认识赋予德国的帝国政治一种充满危险的特征，这也对技术产生了影响。

2. 战争的不完全技术化，技术人员的"背后捅刀"① 和闪电战概念

第一次世界大战在开始后不久就被英国首相大卫·劳合·乔治（David

---

① "背后捅刀"是第一次世界大战后德国流行的传言，具有政治宣传的作用。由于德国战败，不少德国民族主义者怀恨在心，就用这个传说谴责外国人与非民族主义者出卖德国，"从背后捅了德国刀子"。

Lloyd George）称为"工程师的战争"。的确，这场战争极大地提高了技术在胜利者和被征服者中的政治威望。正如德国技术战专家所言，在这场战争中，技术得到了发展，"这种发展不仅是全新的，而且是人类战争史上前所未有的。"建筑师弗里茨·舒马赫（Fritz Schumacher）在1918年年初写道，这场战争将群众转变成人类机器，并且不可逆转地加速了机械化和合理化的趋势。最重要的是，西方的阵地战以技术装备的竞争为依托，机关枪和大炮制造出枪林弹雨，毒气和坦克的进攻此起彼伏，许多战争的参与者将这些视为技术恐怖，也有人也沉醉于这样的技术迷狂。与以往相比，技术在德国和西欧取得了进步，尤其朝向"科学化"、大型化和标准化批量生产发展的技术已成为不可逆转的趋势。

随着德国战败，一种"'科学'作为权力要素"的迂腐观点浮出水面。（布里吉特·施罗德–古德胡斯，Brigitte Schroeder-Gudehus）。这种技术进步不可战胜的信念，虽然不一定能使技术人员在德国更受欢迎，但却在历经战争和失败的德国长盛不衰。德国工程师协会（VDI）主席康拉德·马乔是德国技术史的奠基人，在他看来战争几乎就是对勒洛关于德国产品"价廉质差"评语的最佳修正，而战争取得的收益本身倒无足轻重。他感悟到："战争告诉我们要提高质量。价高质优，这就是当时的口号，而不是价廉质差。"——至少在1914年至1915年，他认为情况看来就是如此。德国工程师协会的独立精神领袖之一，斯图加特机械工程教师卡尔·冯·巴赫（Carl von Bach）发出警告并指出，由于年轻一代缺乏专业的技术培训，战争使德国在工作质量方面出现了倒退。他的观点遭到了强烈的反对，有人训斥他说，"在工业生产中，生产情况不再取决于工人，而是取决于独立于工人运作的组织系统"。[28]

曾担任德国财政国务秘书的赫弗里希参与了战时经济的组织工作，他声称"历史上从来没有"像在"一战"中这样，"在这么短的时间内，有这么多的新发明和新工艺得以设计、尝试并付诸实践"，"工作效率和材料也得

到了类似程度的提高和完善"。化学家瓦尔特·格雷林（Walter Greiling）
表示，"第二次世界大战的材料之战"是"检验新型钢材技术的效果和提
高机器性能与新型高压化学效能"的"首次机会"。"更高形式的技术总
是会获胜"，说这句话的人是氨合成的发明者——弗里茨·哈伯，他是世
界大战的科学人物之一，他的发明催生了毒气战。戴姆勒（Daimler）公
司的总经理安慰自己："无论这场战争多么可怕，对于汽车行业来说，这
都是可想而知的最大宣传。"还有需要补充的一点是：正是在第二次世界
大战中，数百万人的人第一次坐车并学会了开车！后来成为联邦国防部长
的弗朗兹·约瑟夫·施特劳斯（Franz Josef Strauss）在 1939 年获得了
驾照并加入了"机动部队"，他认为正是学会驾驶这件事拯救了他的整个
人生。[29]

　　1918 年以后的战争机械化进程表明，德国的失败可以部分归因于技术
设备的欠缺，据此可以对德国工程师指摘一番。然而事实清楚地表明，军
方对技术缺乏了解和认识才是唯一的问题所在。工程师发现自己在军队
中被低估，他们对于贵族的骄傲自大和高级军官的无能表现出了平民阶层
的不满，从而在技术方面找到了发泄愤怒的机会。正如欧文·维夫豪斯
（Erwin Viefhaus）所说，这些积怨"有时甚至差不多快被逼至'背后捅
刀'的程度，而这些积怨主要是针对帝国军事领导层的"；有时他们也会
越过这个边界（同时提供了相反的证据来反驳那则卑劣的'背后捅刀'传
言！）。在 1917 年的德国工程师协会杂志中可以读到这么一句话：最好用
工程师代替军人！

　　战争爆发后不久，军方必须仓促通过化学合成物来保障弹药供应；工
程师们不得不努力教军方人员学会新技术；军方对机枪和装甲武器的忽
视以及机动化不足的问题，这些已经为德国的失败提供了足够多的证据。
根据广泛流传的说法，正是盟军的坦克给了德国西部战线以致命性的打

击；而这恰恰是古德里安 ① 争取自动坦克武器的出发点。回想起来，恰恰是拥有克虏伯钢铁和重型机械制造的德国却没能生产出具有战斗力的装甲武器，因此导致了失败。正如 1919 年德国工程师协会（VDI）杂志所说，如果当时最高陆军司令部听从了德国工程师的建议，那么德国工程师将会取得极高的军事技术成就。"当军国主义妨碍了德国技术的时候，我们的失败就是在军事上，而不是在技术上。"工程师在战争期间仅享有"建议权"，"技术专业联合会"［1920 年更名为"德意志帝国技术联合会（RDT）"］早在 1918 年 11 月，就以此认为他们——"完全不应该"为军事溃败负责。易怒的里德勒在德国刚刚战败的背景下就表达了他的尖锐态度：由于"在保障和指挥方面"缺乏"技术精神"，仅仅发挥其"最狭隘和非独立的辅助作用"，"每一次充满胜利希望的进攻很快就变成死亡冲锋"。

"甚至连整场战役的指导性原则从技术上来说都是错误的……最需要保护的是人类，因为人类无论在数量还是力量方面都迅速地落于下风。人类被无情地投入到这场战争之中，被要求长年累月地完成超出人类极限的事情。技术手段被误解：机关枪能取得当时最高效的火力效果，它是最小的作战单位，拥有最大的机动性以及最好的技术手段，这种武器被人遗忘，得不到应有的重视。"

当然，里德勒还在这篇文章中表达了对齐柏林飞艇的坚定信心，并认为飞机空袭没有什么军事意义，他无意间证明了技术专门知识在军事预测中的不确定性使用。

1918 年以后，哈伯对毒气战的意义也完全没有产生动摇或停止幻想，1920 年，他对德国国防部的军官遗憾地说，要是能在 1914 年以前就

---

① 海因茨·威廉·古德里安（Heinz Wilhelm Guderian，1888—1954），德国陆军元帅，著名军事家，"闪击战"的创始人，他同时也是装甲战、坦克战的倡导者，被誉为"德国装甲兵之父"，是第二次世界大战中著名的德国陆军将领之一。

采用毒气战就好了。如果是这样，现在德国的化学工业将"轻松"超过战争期间取得的"成就"。"德国广播之父"汉斯·布雷多（Hans Bredow）确信，如果有更好的无线电设备，那么战争会进行得更顺利。埃尔哈特（Ehrhardt）回忆，他的反冲枪已经被陆军司令部以"太复杂"这个理由拒

图 27：第一次世界大战末期的英国装甲车。这些"装甲车（坦克）"在当时虽然很笨重，也没有炮塔，但它的意义在于能够以密集的阵型突破阵地战中牢固的防线，使敌人士气低落，而德国陆军领导层在很长一段时间里也没能认识到其威力。在当时，装甲板的生产还完全集中用于战舰。

绝很多年了。他解释道，这场战争就"差那么一个头发丝的距离"就可以打赢了——要是有关圈子的人能够早一些了解到"每一次现代战争都是技术战争"的话。德绍尔（Dessauer）认为，"对技术的低估最起码是德国战败的原因之一"。有迹象表明，技术人员内部对军方的指责非常为严厉。就连前总理伯恩哈德·冯·比洛（Bernhard von Bülow）也坚持这一立场，而倾向于忘记自己对此应承担的责任。[30]

不只是在工业家和工程师的眼中，世界大战看来给人们带来了一种警示，即经济和技术不能由军事当局，而是应由来自行业的专业人士进行有效的引导。这种观点在第二次世界大战中占据主流。甚至在战争开始之初，希特勒就多次强调："经济必须由经济学家来管理，而士兵则必须遵循指令要求。"就像国防军最高统帅部的军事经济负责人托马斯将军抱怨的那样，工业可以做到在战争中发出"反对士兵的呐喊呼声"。在施佩尔（Speer）①的领导下，尽管国家拥有"政治优势"，但战争经济实际上还是由工业自治组织管理的，这可能导致武器生产中的工业利益对的军事需求形成阻碍。1944 年夏天，当武器工业装备出现巨大缺口时，施佩尔以令人惊讶的开放度解释了这种武器生产的失误，他与工业界的观点不谋而合："从我们的角度来看，坦克和高速枪的制造在工业上比轻步枪、卡宾枪或机枪的制造更具吸引力。"[31]通过对第一次世界大战及在此之前这段时间的客观研究，人们本来可以尽早地认识到这种工业生产占主导地位的危险。

第一次世界大战看上去给人们带来了一个教训，只有不断使用新技术才能在未来的战争中胜利。这就是古德里安的基本思想，也是希特勒的闪电战战略成功的秘诀：通过动能，借助新技术的速度来弥补德国的大量劣势。针对 20 世纪 30 年代令人质疑的军事指挥，有人指责其缺乏对技术的理解。[32]第一次世界大战的一个更重要的教训是，由于战争的技术化，战

---

① 阿尔贝特·斯佩尔（Albert Speer, 1905—1981），是一位德国建筑师，在纳粹德国时期成为装备部长以及经济领导人，在后来的纽伦堡审判中成为主要战犯。

争结果的不可预测性正在增加，而且，对于在紧急情况下使用的新技术，人们无法有效证实其军事价值。这样的教训却被技术迷们刻意忽略。

1914 年之前，德国总参谋部与技术部门之间的联系并不紧密，这属实吗？施里芬计划几乎可以说是技术思维的典范，对技术创新的兴趣在那时已然成为一种传统。图灵根的约翰·尼古拉斯·德雷塞（Johann Nikolaus Dreyse）发明的点火撞针步枪与普鲁士的战斗精神一起被认为是 1866 年那次胜利①的原因；在当时这并不是一项孤立的创新，甚至点燃了"全世界武器技术人员真正的热情之火"，并引发了一场"发明热潮"。弗里德里希·恩格斯在 1878 年认为，自从有了撞针步枪，陆战技术就不会再有"任何革命性影响的新进步"——对现有技术的痴迷会使人们对未来可能性的想象停滞不前！——但是工业家和军队更清楚这一点。对西门子的业务部门来说，1870—1871 年的战争是一场愉快的惊喜，从那以后，军队始终对电工技术的创新持开放态度。

迈克尔·盖耶（Michael Geyer）认识到，1890 年后的德意志帝国军事政策从人员密集型装备转变为物质密集型装备。大炮和装甲板之间的技术竞赛开始了。传统的国家枪支生产和武器组织已经不再能够满足新的要求。克虏伯作为帝国"军械库"获得了最高的垄断地位；在埃森，武器制造现在可以通过更科学的系统提升钢铁和火炮的品质，而克虏伯的技术发展决定了柏林的军备政策。对军备技术的进步漠不关心，而是努力追求最新技术，这一点决定了德意志帝国德国陆军司令部的特点——对工业"专家"的依赖程度很高。[33] 当然，以这种方式购买的不是技术进步本身——因为不存在这样的东西——而是某种符合主导工业利益的技术进步。

总参谋长施里芬冷嘲热讽地说，无论如何不能只看到武器技术给进攻方带来的"最精彩的胜利"："知道如何使用这些强大的武器击败并消灭敌

---

① 指 1866 年普鲁士王国与奥地利帝国为争夺德意志领导权的战争，普鲁士军队装备精良，被认为是获胜原因之一。

人，这并不难。但如何避免自己被歼灭，这是一个难题。"[34]

但是新技术在当时和后来一样为我们打开了丰富的想象。技术越多样化，用技术证据来证明预判，并以此找到外在客观逻辑依据的可能性就会越大。如果大规模的正面进攻在现代火力面前不再奏效，那么对于仍然想进攻的一方来说，广泛分散的战线和巨大的包围运动也不失为一种办法。作战由一名新式统帅来指挥，他待在"有宽敞办公室的房子里"，不需要亲眼看着战士们如何作战；"有线电报、无线电报、电话和信号装置都在他手边。用于远途作战的汽车和摩托车在他附近集结，等待着他的发号施令"。从技术主义者的立场出发，现代经济像一组"齿轮"，而战争却使齿轮进入停滞状态，施里芬因此得出了一个自欺欺人的结论，即现代战争将出于经济的迫切需求而倾向于速战速决。在这种情况下，没有必要为长期战争做经济准备。[35]

1914 年前最糟糕的战争指挥官之一——伯恩哈迪（Bernhardi）将军对施里芬的"机械战争观"也表示认可——将军也要"在一定程度上成为一名机械师"。[36] 补充一点，施里芬计划附着于当时的大型生产和官僚化的大型组织。这个计划基于这样的幻想：一场大战可以像巨大的钟表一样事先进行设计和组织。施里芬计划可以被比作一个巨大的旋转门，在西部执行包围运动，在南部执行些许撤退。这项宏伟计划的第一个致命后果就是政治上的考虑不周，这让帝国政府轻信了比利时的中立立场。在这一点以及其他方面上，技术官僚主义思想绝不会导致人们对真实的技术可能性做出一种确定的判断。

这也适用于技术人员本身。总的来说很难看出，第一次世界大战开始时的技术新闻业比军事战略更具前瞻性，即使是在它自己的领域也是如此；相反，人们注意到各个技术分支的观点，并且倾向于将技术上的趣味与军事上的有用性混为一谈。机械工程杂志《战争与技术》（ *Krieg und Technik* ）在 1914 年年底刊发了一篇社论，文章高调宣扬了新技术在军事上的重要性，特别强调了克虏伯重炮、潜艇、飞艇和电气工程，但却忽略了化学反应、机枪和机动车。

马乔认为战争是汽车的"考验"，但他只是顺带提到了"装甲车"，而且还将其排在最后一位。如果他用"价高质优"作为战争中的座右铭，那么这就只不过是一种技术人员的幻想，与现实的战争属于两个不同的世界。在战争过程中，最重要的是尽可能地使用低价值的材料进行廉价的大规模生产。在第二次世界大战中，甚至德国工程师协会的代表也对"这种'致命的'精细癖"发出警告。在前线，人们重视的是简单粗暴，可以在雨水和泥浆中也可以发挥作用的技术，而且组件之间的装配精度不高，使用报废材料都能制作出备用件。"T-34 坦克"因其简单性而几乎坚不可摧，这体现了苏联装甲车的优势，它所带来的震撼出现在许多战争回忆录中。[37]

直到 1914 年，德国陆军司令部都忽略了机关枪，那是因为"它最多适合作为攻坚战中的防御武器"。战争开始前不久，不少人像鲁登道夫（Ludendorff）①一样拒绝使用带有防护罩的重型机枪，他们把这种武器看成"终结进攻"的工具。MG 机枪②的"浪费子弹"的问题被认为是典型的法国或美国射击方法。人们回忆起 1870—1871 年，"我们大炮只需要几发炮弹就打得很准"，这就足以把法国机枪这种机枪鼻祖"打成一堆破铜烂铁"。

因此，按照克虏伯式的技术进步模式，通过发展重型火炮来增加火力更有可能成功。大炮从过去到此时仍然对德国工程师特别有吸引力，因为它符合"科学"技术的理想："大炮装置是所有武器中最复杂的，同时也是要求最高的，其本身包含了数学、机械、物理和化学所在分支的经验、知识和科学。"正是这种迷恋成了第二次世界大战中研制核武器和导弹武器背后的推动力。第一次世界大战的过程中已经显示出军事上对高级技术的非

---

① 埃里希·鲁登道夫（Erich Ludendorff，1865—1937），德国陆军将领，1908 年任陆军总参谋部处长，在总参谋长小毛奇的领导下对修改施里芬计划曾起到重要作用。

② MG- 机枪，MG 系列机枪是"二战"时德国研制的武器，其射速极快。

理性痴迷：重型大炮很快就"达到了直径、效力和射程的极限"，然而这些极限又在不断提升，如"大伯莎"^①和克虏伯生产的"巴黎大炮"^②。只不过这也意味着浪费：武器升级是非理性的狂妄自大！

"大型大炮"和"大型快速大炮"的战略概念造成了史无前例的大规模屠杀，超过50%的战死者成为大炮齐射的牺牲品。制造大炮所需的大型钢铁生产行业是当时德国重工业的中坚力量。坦克的制造横跨当时德国的两大工业部门——重工业和发动机工业，他们必须协同工作，但那时两者还处于两个世界。正如埃克哈特·克尔（Eckart Kehr）所指出的那样，对于克虏伯集团而言，大炮不是"发动机"，而是"铸钢块"。另一方面，钢铁工业和舰队之间更容易产生联系，尤其是在19世纪末，80年代"鱼雷失灵"^③事件之后的军舰建造倾向于更大尺寸，尽管威廉二世时期的海军精神领袖蒂尔皮茨海军上将就是从鱼雷兵开始自己的职业生涯的。^[39]围绕战舰形成了一个强大的"社区"集群，从重工业家到"舰船教授"应有尽有，仅在生死攸关的潜艇战争中才会考虑替代政策。

对大型尺寸的迷恋主导了德国航空业的早期发展。虽然可操纵飞艇的想法对于西门子老先生来说是低劣项目运作的范例，但齐柏林伯爵于1900年首次驾驶他的机动飞艇在博登湖上空飞过时，他得到的祝贺超过了历史上所有的德国发明家。人们对它赞不绝口，从"天空的统治者"到"20世纪最伟大的德国发明"等溢美之词充斥于耳。因充满氢气而胀鼓鼓的"齐柏林飞艇"很容易遭到损毁，飘浮在天空中的这个庞然怪兽似乎就是威廉二世时代的一个象征。甚至到了1929年，从德国元首与商界要人的"私人

---

① "一战"由中克虏伯集团所研制，1914年，为了攻克比利时的列日要塞，德国率先将口径420mm的列车炮"大伯莎"投入使用。作为特殊的攻城武器，"大伯莎"不负众望，帮助德军摧毁了列日要塞的堡垒群。

② "一战"中德军研制的武器，是一门超射程炮，起初命名为"威廉大炮"，后因为炮击巴黎而闻名，故得名"巴黎大炮"。

③ 鱼雷失灵，指"二战"时期的鱼雷不能命中目标，甚至有的不能引爆。

通信"中还能表明德国人通过齐柏林飞艇环游世界，开辟世界权力空间的雄心壮志：这项飞入云端、环绕世界的技术还将带来"政治形态和形式的变化"。

更为引人注目的是，自战前几年以来，德国的军备政策在认清其军事优势的情况下转而推进飞机建造的速度。在战争期间，德国军方验收了不少于47637架飞机，包括来自35家公司的约150种不同类型。尽管战机来源多样，而且大部分仍是由当时规模还不大的公司以作坊式生产方式制造出来的，但已部分出现了一种大规模生产的形式。最高陆军司令部甚至让飞机制造优先于坦克生产。从当时仍然占主导地位的步兵角度来看，空军是一种受欢迎的防守武器，而步兵和坦克的结合则需要一种新型的战斗方式。

在第一次世界大战期间，"空中骑士"是所有兵种中最受欢迎的。其作战方式仍然是人与人的单打独斗，必须精确估算个体的射击效果。"骑士般的"高空个人格斗在那些以前对骑兵情有独钟的社会精英眼中受到青睐。尽管公众特别关注的是飞行员之间相互搏斗的战争，但从那时候就开始了空中轰炸，它自然而然地殃及了平民百姓。技术的可能性席卷了数百年来的战争法和国际法传统，其中的核心要素之一是将战争行为限制于战斗人员之间。[40]

技术诱惑和表面上的迫切性在多方面影响了军备和战争，即使从纯粹的军事角度来看也是致命的方式。技术工业动力的原型——威廉二世的舰队在外交政策和军事方面造成了灾难性的后果。该军备在战前最后几年吞噬了德国武器预算的60%，但对德国的整体战略几乎没有起到什么作用。有件事听起来令人难以置信：施里芬和蒂尔皮茨在没有任何相互配合的情况下制订了他们宏伟的水陆作战计划！1916年，军事局势毫无希望，陷入停滞，在某些人看来，政治出路是和平谈判的先导，然而在这方面却没有协商的余地，而潜艇战倒是可以为此提供一种技术出路。帝国宰相贝特曼·霍尔维格（Bethmann Hollweg）竭尽全力抵制了这场无限制的潜艇战，因为这会危及民用船只的安全，并会激怒美国参战。另外，从技术角度来看，最大限度地使用这种"超级武器"似乎是箭在弦上，不得不发。在没有任何警告的情况下击沉商船，并且不接纳任何船只失事人员，这倒是符合"这种武器的性质"。

　　首次投入前线的毒气武器是可以导致人窒息死亡的氯气，这要追溯到哈伯的建议，而军方仍对化学武器始终持怀疑态度。在西部前线通常会有西风：盟军一旦也开始使用毒气，就会对德国人不利；只有抱着夸大德国化学优势的想法，才能觉得西方的敌人没有使用毒气的能力。在战争结束前不久的 1918 年 10 月，传令兵阿道夫·希特勒成为敌人毒气攻击的受害者，导致他暂时失明。那时，在他心里第一次萌发了用毒气消灭犹太人的可怕幻想。

　　总而言之，毒气被证明是一把双刃剑，对战争产生不了任何决定性作用，反倒会引发复仇欲和报复行动。正如索尔仁尼琴（Solschenizyn）所说，在"使用毒气之前"，俄罗斯方面发动的战争都"不带个人仇恨情绪"。1925 年《日内瓦议定书》中禁止使用化学和生物武器，尽管如此，战争结束后一部分军事新闻媒体还是对未来的化学战争浮想联翩。在军事界内部和外部肯定存在对毒气武器的理性和情感上的厌恶；但是，这符合化学创造进步的思维。鲍尔（Oberst Bauer）上校在 1919 年的一份备忘录中写道，"化学武器"不是战争的偶然产物，而是武器技术发展所创造出的必然结果。[41] 这是一种新的技术决定论！然而，在第二次世界大战中，毒气却仅用于屠杀手无寸铁的犹太人。

　　技术强化了机动性能，这也为发动战争提供了虚假的事实论据。根据 1938 年的一份手册，未来的技术战争几乎可以肯定是先发制人的战争；因为新技术这张王牌最好是在突袭中亮出来。古德里安的战争理念受到机动化和无线电广播的启发，造就了希特勒的闪电战策略："技术上的成就被强加于士兵。""机动性"在历史上从未有过像现在这样的机会得以一展身手。

古德里安要求使用不依靠步兵的坦克武器，这在德国军界引发了长达十年的争论。一直有种偏见认为："技术使人胆怯"。更加严重的是，机动化战争使将军们陷入了对技术专家的依赖。弗里奇（Fritsch）在 1933 年被任命为陆军司令官，他向古德里安保证："技术人员全部在撒谎。"根据第一次世界大战的经验，独立的装甲武器无法实现。1930 年左右，坦克在德国的演习中呈现出一幅可怜的画面。1938 年，专家断定"坦克幽灵"已经失去了其威慑性，坦克防御倒还暂时有一些技术优势。装备各种其他武器的机动部队到位后，装甲编队才具备行动能力；在军队中，机动化也是一个综合过程。但是毫无疑问，这项完全基于新技术的战略得到了"元首"的支持。希特勒承认："我就是个技术白痴。"[42]

德国军队在第二次世界大战初期的成功似乎以一种胜利的方式证实了古德里安的正确性。但是战争的结果却还了古德里安的对手贝克（Beck）一个公道，后者不相信能以闪电战的方式赢得一场大规模战争。尽管第二次世界大战时在东部战线进行了激烈的坦克战，但苏联的军事学说还是得出了这样的结论：步兵是至关重要的部队形式。然而，联邦国防军的建设至少还是以工业和军事角度为导向，按照古德里安的传统路线进行，甚至到了放弃步兵部队的地步。

除坦克外，飞机是闪电战的技术基础。在塞克特（Seeckt）的领导下，德国空军被理解为一种战术工具，戈林（Goering）将其确定为战略武器。航空研究在此时期达到了更高的规模，超出了以前在技术研究中的一切其他领域。1944 年，这个领域拥有约 10000 名员工。但是，空泛的研究无法转化为实际可用技术的问题相当突出，这也先期呈现了后来的"大科学"所面临的困境。从没有一种武器像俯冲突击轰炸机那样，从闪电战的精神中诞生，它像猛禽一样对准目标俯冲而下；但是在闪电战失败的时候，对俯冲轰炸机的痴迷仍然支配着航空工程；远程轰炸机也因此被忽略了。在防御性的雷达技术方面，德国军备也处于落后地位。德国空军在第二次世界大战中的作用让人想起"一战"中舰队的作用：它是最昂贵的武器，在战争的最后几年消耗了德国军备预算的 50％，却成为"最大的失望"。它没有取得任何胜利，但为盟军对德国城市的轰炸提供了合法化的口实。

纳粹德国的"铀项目"更是没有什么出彩的机会，倒反而很容易招致第一批原子弹落在德国的城市上。与美国罗斯福（Roosevelt）政府相比，德国在此时期培养出来的领导人似乎对大型科学技术项目的领导能力较低。这使得领导人的精神使意志凌驾于智力之上，不利于智能和有效的技术网络的产生。然而，在许多人不太相信国家宣传的时候，戈贝尔（Goebbel）的"神奇武器"宣传仍然取得了一时的成功：这就是人们对技术进步奇迹的深深信念。[43]

战争是万物之父，这个信念在现代技术史上如日中天。第一次世界大战似乎以一种历史上全新的规模，镌心铭骨地揭示了这种信念的真实性。第一次世界大战期间，巴斯夫（BASF）建造的大型化工厂——洛伊纳（Leuna）化工厂专门生产爆炸物，它在和平时期使用与氨合成相同的方法生产化肥。在和平时期，科学家们从有毒气体中开发出了用于农业的杀虫剂。1915 年，人们在比特费尔德附近建造了戈尔帕·佐尔纽维茨（Golpa-Zschornewitz）发电厂，它以128兆瓦的装机容量成为当时世界上最大的发电厂，引领了"整个大型发电厂和联合供电经营体制的时代"。当时，此发电厂为皮斯特里茨（Piesteritz）制氮厂供电，该厂消耗的电量是当时整个柏林的两倍。德国机动化和航空业从战争中获得了强大的推动力——1914 年之前民用需求相对较弱，还遭到反对者的抵制。但是 1918 年之后，《凡尔赛条约》对军用飞机的生产禁令反倒成了德国民用飞机制造的有效推动力！

1914 年之前，德国是唯一一个没有铝工业的大型工业国。尽管铝这种轻金属最初是由德国化学家沃勒（Wöhler）发现的，但首先对其产生兴趣的却是法国公众。德意志帝国的人们嘲笑这个"大国"竟然让它的整个军队"戴着闪光的铝制头盔和铝制铠甲"。从德国的角度来看，这种轻金属就是为随性自由的国家所量身定做的！1909 年，德国的铝进口量是出口量的18 倍以上。当时，电力密集型的铝工业被认为是仅适用于"汽车国家"和水力资源丰富的地区的一种生产分支。然而，在 1917 年，帝国基金会成立了大型铝业联合铝厂（VAW）。在战争期间，部分轻金属被认为是铜的替代品，并且在战后，也就是失去洛林铸币局之后，铝被视作"唯一来自故乡土壤的金属"；但是，在战争期间强行使用这种金属并没有提高平民购买者对这种新金属的信心。铝从一开始就不局限于某些特定的应用领域，而是必须找到其需求市场。在 20 世纪 20 年代，它让家用电器变得更轻，成为"通用金属"。受德国空军装备的影响，到 1938 年，德国在世界铝产量中的份额上升到 32%。[44]

　　战争（尤其是海战）在无线电广播中引发的"彻底革命"产生了更快的效果：以前只有"少数内部人士"接触过，而现在则有"数十万人"使用了摩尔斯电码机，甚至其中许多人在和平时期把无线广播作为一项运动来发展。但是德国的无线电广播，特别是广播电台，就像之前的电话一样走上了与美国不同的发展道路，很快成了一项国家事务，成了国家与工业界进行技术合作的必要条件。不同于两代人之后的计算机，业余运动作为技术发展的动力只是暂时性地发挥了作用。战争和战后时期的局势要求人们向国家垄断妥协。新旧统治者则对此表示同意。对于邮政部长斯廷格尔（Stingl，1923 年）来说，无线电设备这种私人消遣是来自外国的不良风潮；对于德国帝国总理鲍尔（Bauer）来说，这始终关乎叛国的风险。普鲁士内政部长塞弗林（Severing）担心，如果每个人都根据个人喜好进行广播活动，那不仅仅是一件"宣告君主制的小事"。1918 年 11 月底，德国邮政局、内政部和中央无线电管理局的代表在战争部开会，在革命即将到来的局面下，对如何规范无线电的使用进行协商。中央无线电管理局的发起者——工程师梅延堡（Meyenburg）希望这种新媒体能脱离"僵化官员"的管理。汉斯·布雷多这位未来德国广播电视时代的强势人物"像所有无线电广播的先驱一样"（沃尔夫冈·哈根，Wolfgang Hagen）痴迷于此领域，他在会议上现身说法，尽可能地驳斥了关于"僵化官员"的陈词滥调。[45]

但是，所有的这些创新都不是源于战争，战争充其量为加速传播、大规模生产、标准化、扩大规模和政治化起到了推波助澜的作用。工业标准的执行与许多企业家的个体生产线和需求的多样性部分地存在背道而驰的情况，并且在民用条件下进展缓慢，最终在战争的压力下系统性地在国家框架内得以实施。1917 年，德国标准委员会（Deutsche Normenausschuß）成立。[46]现在，使男人从生产中解放出来参与服兵役，让不熟练的妇女代替熟练工人的机械化已成为一种"爱国"义务。在战争开始时，陷入恐慌的机械工业在几周后意识到了现在所面临的特殊机遇。卡车司机在战争中得以随意行驶，破坏了尚未建好的适用于此类交通的道路，并使房屋产生震动；他们对路面造成的损害只得列入战争损失。只有在战争结束之后，当事人和市政当局才能再次宣泄对"汽车肆虐"的怨气。

战争期间，不仅是德国的技术人员，就连家庭主妇们也在搞到替代材料方面和表现出了自己的创造力。"替代（Ersatz）"这个词成了日耳曼主义渗透进其他语言的表现。但是，在战争结束之后，这些曾被替代的材料仍然不能摆脱过去的缺陷，甚至连特别具有高发展潜力的合成纤维也是如此。福格勒（Vogler）在 1918 年 10 月写的备忘录中提出了惊人的论断，他认为军备和战争的创造力出乎意料地对钢铁业几乎没有产生多大影响，"从科学的角度看，在过去 15 年中的德国钢铁业不管是在质量提升还是在副产品的开发利用上都几乎没有取得任何值得一提的成功"。[47]

从"一战"到"二战"，有一种相反的的经验令人印象深刻，情况与军备合同所带来的追求最高技术性能的效果是一样的：高质量的军用装甲只能通过广泛而扎实的民用技术基础得以保证，因为演习永远无法像在日常生活中那样通过不断的使用来检验技术组件的质量。即使是战争资源部的负责人科特（Koeth）中校也在 1917 年大力强调："人们不能认为……战争的准备工作必须强大到影响我们和平时期经济的程度。"这种论调让工业界相当满意。对于古德里安来说，不言而喻的是，"装甲车的发展只能紧密依赖于各种商用车并与之交替使用"。鲁尔工业界新闻发言人约瑟夫·温舒（Josef Winschuh）于 1940 年宣布，他非常强调并有充分的证据表明：德国武器质量"之所以如此上乘，因为它包含了我们在和平政策方面取得的一切物质经验和建设进展"；工业公司如果仅仅成为纯粹的"军械库"，将会"僵化并生锈"。这可能是对克虏伯含沙射影的抨击，不过其公司的确在 20 世纪失去了对鲁尔区其他公司的技术领导地位。[48]

自从 19 世纪末以来，军备合同中对专业化的要求越来越高，与工业上的抵制态度相比，另一种情况变得越来越普遍：军备对某种类型的最高级技术的要求越多，它对工业的专业化程度的要求就越高，民用目的的生产设施中运用到这种生产技术的机会就越少：这是"高科技"军备的两难境地，只要对这种尖端技术发明没有民用需求，矛盾就会变得越来越尖锐。威廉二世时期的海军装备没有给商业和客船造船带来任何重大的技术优势；直到 1914 年，英国在军舰上的优势仍然远超德国。罗意威（Loewe）[①] 机床工厂的负责人帕耶肯（Pajeken）当时是美国生产方法的顶尖级专家，他对于 19 世纪 90 年代的那些用于制造武器的特殊机器大订单"见怪不怪"：根据他所说，"这些大订单阻碍了设计办公室和车间中技术领域的进步，并且切断了罗意威公司与国内外机床市场的联系。"公司老板最终同意了他的观点。第二次世界大战期间，德国的军事装备主要就是在这些同时也用于民用生产的设施中制造出来的。[49] 对被民用技术吹捧上天的"高科技"

――――――――――

① 成立于 1923 年，在 1929 年开始正式生产电视机产品，公司定位为高端、简洁的"德国制造"电视机生产商。

装甲的全面开发标志着技术史进入了一个崭新的时期。同时自相矛盾的是，关于"高端军事技术是多余的垃圾"的这种"分立"神话也得到了最广泛的流传。

3. 电气化与化学合成作为技术路径和集团化过程

《幽默杂志》在1900年新年时发表的一首诗中这样写道："我们需要新的能量承载／向你致敬，电气时代！"如果细致观察，我们可以发现电气行业与其他行业一样，在1900年左右经历了一次危机——受世俗文学的刺激，人们总是倾向于在世纪之交（19世纪和20世纪）的技术中反复去强调新鲜的东西，这有时会让人误入歧途。然而，当时的人们有这种感受却是有原因的。在20世纪初期，化学行业和电气行业有所不同，当时说的电气还代表着电报，而化学仅表示苏打水和染料。在20世纪，技术的这两个分支不再能够通过特定的产品来区分。他们已经成为这样的"技术学"：使用者需要具备一定的特殊能力才能完成一般的操作程序。

这是技术史上的新鲜事物。蒸汽机的应用范围受到限制，实际上，如果人们想要获得更高的效率，蒸汽机的应用范围将变得更加有限。与此相反，电气化和新材料的合成生产自19世纪末以来就开始了永无止境的发展：如果说这种发展最初主要是在想象中，那么随着时间的流逝，现在也美梦成真了。如果直流电仍然占主导地位，那就只能在本地范围内使用，并且只能用于某些特定的应用领域；而交流电则让电力应用随处可得。"新型技术思维"由此而产生：这是一种思维方式的转变，从"从单体到原则，再到一般法则"。电气工程师与传统的机械工程师是不同的类型：他们的长项在于对看不见的隐形力量的利用。

在大众眼里，技术的形态也在发生变化。这种抽象形式的"技术"不

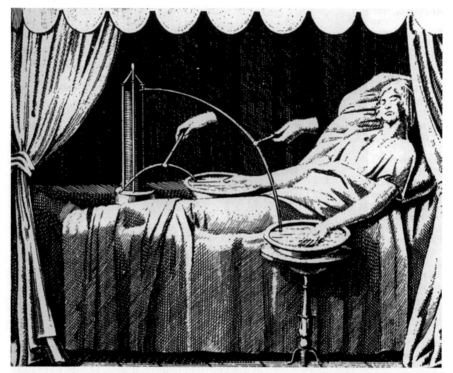

图 28：通过电柱产生电击来唤醒假死的人。自从伽尔瓦尼（Galvani）从青蛙腿电流实验中发
现电脉冲在生物体中的作用以来，人们就一直在猜测："生命力"是否与电有关，此后越来越多
的治疗师尝试了弱电流实验。19 世纪末的"神经衰弱"时期，电疗在美国和德国盛极一时。但
正是由于高压电的成功发展，自身陷入了危机：高压电事故层出不穷，让人们把电流与生命危
险联系在了一起。

是 19 世纪的主题；现在对"人与技术"和"文化与技术"的思考开始流
行。抽象的"技术"一词被以一种夸张的方式加以使用并因此出现了许多
复合词：从祷告技术到心理技术和爱情技术。对技术的思考并不一定会随
着抽象思维而变得更加清晰。比起具体技术，人们可能喜欢对"抽象技术"
夸夸而谈。可以将"抽象技术"归类为一个包罗万象的集合，使用单个技
术去解释很难将其具体化。

　　技术的进步征服了越来越多的生活领域，它不仅与科学息息相关，而
且还与源源不断产生的实践经验（尤其是消费者体验）紧密相连。1936 年

的罗伯特·博世纪念文集中写道，"即使具有最佳的科学先决条件，也无法将点火系统或惯性起动器……开发成可销售的产品。"后来成为联邦总统的特奥多尔·豪斯在他所写的罗伯特·博世人物传记中生动地描述了，博世想用自己的电磁点火器来对抗戴姆勒（Daimler）的辉光管点火器。他在公开场合警告说，辉光管点火早晚会"把每辆汽车烧毁掉"，这让戴姆勒恨得咬牙切齿。赛车手们发动赛车，引擎隆隆作响，对点火器提出了极高的要求，他们帮助博世点火器最终获胜，很快把别的点火器淘汰出竞技场，就像

图 29：鲁希安·伯恩哈特（Lucian Bernhard）于 1911 年为博世点火器设计的广告。在此之前的几年，博世的产量几乎不能满足需求，罗伯特·博世认为广告宣传是一种浪费；但是，当竞争变得愈加激烈时，他聘请了才华横溢的青春艺术风格版画画家伯恩·哈德。请注意右下角来自不同国家的赛车！这则广告透露了博世将主要目标定位于赛车手，以及那些想要成为赛车手的人。渴望凭借博世点火器一展身手的司机不是"普通的汽车消费者"，而是运动员和花花公子的混合体！

汽车很快淘汰掉蒸汽机和电动车一样，尽管从纯粹的技术角度来说，最初它们都是内燃引擎汽车的有力竞争者。市场和消费者需求已成为技术创新的要素，这种开发路径与此前遵循的技术逻辑经常产生冲突。但是，也有一些汽车制造商以企业家非理性的方式陷入了对速度的追逐之中。弗里茨·冯·欧宝（Fritz von Opel）生产的火箭赛车在 20 世纪 20 年代引起了轰动。在此期间，他靠着模仿雪铁龙（Citroën）制造出的廉价汽车"树蛙"赚钱。[50]

当法本公司于 1925 年成立时，这家欧洲大陆最大化学康采恩的名气已大打折扣。新管理层的投资政策过于集中于橡胶和燃料合成，以至于忽视了传统的染料部门，尽管在面对高压合成风险时，这才是化学业务的坚实基础和保障。

焦油涂料是有机化学在 19 世纪末迅猛发展的产物，除此以外发展起来的第一个新领域就是药品制造，这在化学上与涂料生产有密切联系。赫斯特制药部生产的首批"畅销品"是解热镇痛的安替比林和匹拉米洞，而拜耳药品开发过程中的"第一次大飞跃"则是作用与上述药品相同的阿司匹林。罗伯特·科赫发现的结核菌素被寄予了更大的希望，此项技术的制造权于 1892 年被赫斯特染料厂收购；这种药本应该可以治愈当时最严重的流行病——结核病，而科赫却要求普鲁士政府提供三百万帝国马克来购买制造权，这笔钱多到当时令人吃惊，最后以收购失败告终。通过一种名为撒尔佛散的梅毒特效药，科赫的学生保罗·埃尔利希（Paul Ehrlich）和赫斯特染料厂之间建立了联系。

但是，许多医生仍然对新化学产品表示怀疑。特别是在 1900 年左右，德国经历了自然疗法的第一次繁荣时期，当时来看来"药丸医生"①这个职业注定走不长远。即使从主流化学家的角度来看，"医疗化学"这种医生的化学方法也只标志着由巴拉赛尔苏斯（Paracelsus）建立的前现代化学时

---

① 药丸医生，此处指偏好化学药品治疗的医生。

代。长期以来，制药业一直被认为是不安全的，就算是成功引进一种药剂并且在销售中带来"其成本的一百倍以上"的收益，情况也没有什么改变。如果回头看看，法本公司在制药部门的投资与可期利润机会相比，明显是小巫见大巫：尚无法预见，在一个服药成瘾的富裕社会中，这一生产分支将会具有多么大的扩展空间。[51]

1914 年之前，德国化学界几乎完全被染料生产占据。然而，一代人之后，这种自我形象发生了根本性的变化。1938 年，一项对约 40 位德国化学领域的顶尖人物进行的调查显示，德国出现了泛化学论和对化学普遍适用性的信念。材料研究在不久的将来得到了特殊的机会："这种情况下，人们为各种目的而开发特殊的材料，而不是使用以前通用的材料——钢铁和木材。"但是，依此预测钢会被塑料取代还为时过早。20 世纪 30 年代的那个过分夸张的四年计划之后，人们开始走向清醒。1941 年，希特勒认为"不可能通过合成工艺或其他措施，由我们自己生产出我们所缺乏的一切"：这是他对苏联发动攻击的理由之一。[52]

1901 年，威廉·奥斯特瓦尔德发现使用催化剂可以加速化学反应，他是物理化学这一门世纪之交（19 世纪和 20 世纪）后变得越来越重要的跨专业学科的先驱。他的发现与 20 世纪初的"速度"热潮相吻合。在随后的几十年中，一直处于"方法测试"阶段的催化剂研究越来越受到重视——为了获取氨催化剂，在巴斯夫公司进行了约 20000 次测试，而德国实验室在测试中走在前列。在那个时候，专注于高质量生产的德国化学愈发转向大规模的生产和提高生产速度。

第一次世界大战极大地促进了氮气的生产，将一种大规模技术带入了化学领域。比起焦油涂料行业迄今所采用的生产设备，这种化学技术所需的设备更多地让人联想到重工业的高炉。钢铁与化学之间的横向联合成为高压合成技术成功的关键，而老一辈的化学家对此并没有产生不安的情绪。在其他地方，化学工业的进一步发展也与化学家和工程师之间的紧密合作有关，这些合作与当时的德国化学传统背道而驰，需要长期的适应过程，甚至在某些情况下需要新一代化学家的产生。受此影响，法本公司内部也受到"技术思维方法上的巨大差异"的影响（温纳克，Winnacker）。[53] 在重工业中，化学和电气工程已成为关键学科。因为电轧钢推动了钢铁材料的发展以及新合金的不断发展。[54] 在 1918 年前后，系统性研究也在鲁尔地区被视为时代的信条。与英格兰不同，当时的德国重工业还不是与"新"行业形成对照的"旧"工业。

与钢铁和化学间横向联系的产生相类似，在 20 世纪早期，化学与电气工业、电气行业与机械工程以及汽车工业之间的跨界同样重要而具有代表性。电化学在 1914 年前的一段时间推动了发电厂容量的量变以及德国莱茵集团（RWE）进入褐煤生产领域：戈登伯格发电厂于 1914 年完工，与邻近的电化学工厂一同建成，一度成为欧洲最大的热能发电厂。[55]

在制造业中采用电驱动装置时，决定性的步骤是从电驱动器群组到单个驱动器的过渡。在群组驱动中，电动机仅仅是取代了蒸汽发动机，但仍然需要机械传动装置。单个驱动器则可以对其进行单独调节并从技术上将其集成到机器中。对于工程师来说，这是一个高光时刻。因为在此之前，从事机械工程实践的专家们的经验知识已达到极限。最重要的是，传输链的增长使速度减慢，而单驱动器可以保证速度稳定。1930 年，西门子－舒克特工厂总经理卡尔·科特根（Carl Köttgen）在柏林国际动力会议上宣告了"驱动技术的基本法则"：要以最直接的方式而不是通过传动来输出马达驱动力。然而，这种创新的引入拖延了数十年。即使在像博世这样的电气公司中，20 世纪 20 年代盛行的仍然是驱动器群组。通常，传动系统只要能够运行就会加以保留：德国企业家仍然保持着不愿意废弃有用的生产设备这种心态。

电动机促进了内部运输的机械化，尤其货物的提升工作：这在以前是传统的艰苦体力劳动，一直以来也代表了工人的形象，甚至阻碍了生产流程的流畅设计；如今，尽管在此流程中还会有很多艰巨的体力活，但可开始得到逐步减少。生产过程进行重组时，单个电驱动装置就可以带来自从蒸汽机问世以来前所未有的自由，因为生产设施不再需要围绕一个电源集中。但是，人们通常没有好好利用这种自由，已习惯使用的生产条例根深蒂固。即使使用单独的驱动器，机器也经常被固执地排成一列，正如蒸汽动力传动系统所要求的那样。流水作业通常采用一种僵化的模式，它对应的是蒸汽时间而不是电力时间。单独的电驱动器为每个工人自主确定本人的工作速度提供了技术上的可能性；但是实现这种可能性却与人们几十年来所理解的"合理化"背道而驰。直流电动机的调节最为灵活；但是人们通常不希望有这样的灵活性，并且没有采取任何行动来阻止直流电应用范围的减少。[56]

在主要针对公众、政府和地方当局的电力广告中，电动机通常被誉为买不起蒸汽机的小型企业的救星。实际上，电力标志着中小企业机械化进入新阶段。在第一次世界大战之前，当大公司仍在寻找自己生产所需要的能源时，公共发电厂仍然很大程度上依赖小公司用户。称赞电动机为手工业的救星，这也是广告宣传的重要背景。正如 1896 年一位对这场宣传运动的批评家所注意到的，"手工艺人本身很少会有小型发动机的需求，他们必须首先知道鞋子的那个地方挤脚。"经历了一代人的时间以后，小型企业中电动机的赢利性就变得毋庸置疑了：正如德国国会在 1930 年进行的经济调查所确定的那样，小型企业通常每天只使用两个小时的电动机。电气化在手工业机械化的进程中并不是从零开始。正如 1914 年有人在利珀确定地指出，德国的手工艺人"看上去并不需要新能源，因为他们可以用汽油、酒精和石油发动机制造出更廉价的动力"。小型工业不是靠电力拯救的，而是靠对商品和服务的不断需求。相比于基于灵活和以需求为基础的小型企业，商品和服务的需求并没有给大型企业带来任何好处。[57]

一个来自墨尔本的工程师团队曾于 1912 年环游世界，他们认为柏林至少在欧洲范围内算是"最重要的电气城市"。那时的柏林已经成为"电气大都市"。在 19 世纪 90 年代，电气行业就已经超越了之前的领先行业——机械行业。1913 年起得到官方正式认可的"西门子城（Siemensstadt）"[①] 的建设反映了这个大型康采恩在 1902 年的危机之后为扩张作出的努力。直到 20 世纪 20 年代，柏林才实现了家庭的全面电气化，同时还进行了主干线的布线和地下安装。尽管当时的德国电气工业抱怨德国当局思想狭隘、惧怕风险，但是跟国际上对比，电气工业与德国政府算是合作迅速，关系良好，尤其柏林一路领先，成为集中式能源供应的典范。这种集中式能源供应使电力公司获得了垄断权和市政收益，公司通过大力扩张，使每千瓦时的价格从 30 芬尼大幅度地降到了 2 芬尼，这轰动一时并有利可图。在这个过程中更加值得注意的是，这个水力资源丰富而煤炭资源匮乏的国家似乎注定要实现大规模电气化。从劳芬到法兰克福的高压电线在 1891 年法兰克福电工技术展上引起了轰动，这充分展示了电力与水力之间的联系，后来奥斯卡·冯·米勒的瓦尔兴湖[②] 发电厂项目（Walchensee-Kraftwerksprojekt）也是佐证。普鲁士缺乏水力资源，但在电气化方面具有政治方面的区位优势。[58]

这样的优势很重要；因为，正如瓦尔特·拉特瑙在 1907 年公开承认的那样，电力必须"在某种意义上强加给消费者"。"把这种电力发展寄托于消费者的国家只能部分和间接地维持这种经济结构。"因此，"当前集中化的电力"实际上产生于德国。在这里，州议会委员会提醒那些"磨磨蹭蹭的"社区赶快连接电网。在 1905 年的罢工运动中，柏林电力工人以一种令人惊讶和不悦的方式感受到了国家机器和电力工业新近得以强化的亲密关系所造成的后果：当时，有关当局为了防止电力供应中断这一公共

---

① 西门子大聚落城，是联合国教科文组织认定的世界文化遗产柏林现代住宅群落的六个组成之一，兴建于 1929 年至 1934 年。

② 瓦尔兴湖，德国规模较大的高山深水湖泊之一。

事件的发生，不惜代价地镇压了德国通用电气公司经营的柏林电力工厂的机械师和司炉工的罢工。在第一次世界大战期间和战后时期，当能源供应公司成为国家性质或混合经济性质时，"电气化的政治特征变得更加明显"。[59]

对按照国有大型企业结构进行组织的早期电力企业而言，发明创造活动并非必需，尽管在从收音机到吸尘器的新型电动消费品的广泛领域中都有其存在。在这里，最主要的是以想象力和灵活性来开拓市场；没有系统的技术发展逻辑可以说明电气工程如何在普通消费者的日常生活中得到最好的推销。[60]西门子和德国通用电气公司的双头垄断地位一度看来将会被新公司推翻。电气工业寡头垄断结构的巩固，靠的不仅是大型工业的大规模生产方式和服务网络，而且常常是大型政府或国家资助的项目。

但是，国家承担大型电气工程项目的意愿在"一战"以及两次战争之间受到了限制：这在铁路电气化方面尤其明显，铁路电气化触及了传统的蒸汽动力领域这个核心。维尔纳·冯·西门子在1879年建造了世界上第一台电力机车，这是"后来的电气化机车的灵感来源"。当时最出色的德国电力广告策略大师奥斯卡·冯·米勒领导了"铁路电气化运动"，电车和柏林城铁也在19世纪末取得了良好开端：西门子的铁路业务"盖过了"其他所有业务。尽管竞争异常激烈，西门子和德国通用电气公司还是于1899年共同成立了"电动快速铁路研究学会"，1903年，在特快列车的最高时速还停滞在100千米的时候，电动列车在军事测试轨道上的时速已超过200千米。但是，德国铁路局对电力机车速度进一步提高的可能性态度冷淡；长期以来，对铁路进行系统的电气化大量初始投资所产生的寒蝉效应愈发明显。后来，在遭受空战威胁时，军事方面对电气系统的可用性表现出了怀疑的态度，除此之外电气化对铜的高需求也使工业部门产生了能否自给自足的忧虑。人们一度认为柴油机车的前途光明，美国铁路也在20世纪30

年代经历了"柴油革命"。直到 20 世纪 50 年代，德国长途铁路的电气化仅限于个别路线，蒸汽机车派主导了铁路这一领域。当电气化出现广阔发展前景时，德国铁路建立了自己的发电站。

一旦人们注意到技术中的效率问题，蒸汽机车就成了一种极其不完善的构造，因为人们很难将其效率提高到 6% 以上，而固定的带有涡轮机和废热利用的蒸汽动力设施的效率在 20 世纪能达到 90%。在机车方面来讲，人们一度承认：蒸汽轮机的引入是"革命性的发展"，但是这条路最终被证明是一条死胡同。通过提高压力和蒸汽温度，采用气缸复合系统，人们可以将效率再提高几个百分点。缺乏煤炭资源的法国和德国南部地区借助四缸复合机车超越了德国北部，然而在普鲁士，不可能指望铁路工作人员接受这些机车的繁杂维护。但是，在 1930 年左右，工程师们提高蒸汽机车热能效率的努力在德国达到了极限。同时，人们还追求标准化的机车结构；然而，20 世纪 20 年代创建的"标准机车"并没有获得普遍认可。[61]

在电力的竞争压力下，蒸汽和天然气技术都得到了进一步发展。白炽煤气灯甚至被电气工程的拥趸称赞为"天才发明"，它比传统的煤气灯更明亮，更美观，甚至更经济，而煤气灯则显得阴郁暗淡。19 世纪 90 年代中期，德国煤气灯公司（Gasglühlicht-AG）成为"德国股票市场上的童话般的幻影"，而"狂暴的电力"（里德勒）却遭遇了挫折。大约在 1900 年左右，煤气厂比电力厂发展更加繁荣，最重要的是煤气厂可以存储煤气，这就可以克服供应量不统一的问题。此外，煤气厂用对副产品的利用取得了很大进步。在这种情况下，电力最初很难发展。在多特蒙德，煤气厂从申请到竣工仅用了 3 年时间，第一座电力厂的决策过程拖延了 11 年，直到 1900 年左右才建成：那时，电气化还没有成为技术进步的化身，即使在鲁尔区也是如此！

但是，在 1900 年之后，对电力利弊的辩论很快就成为过去。尤其是

1918 年以来，由于煤炭短缺而提供劣质煤气时，煤气照明遭遇了"巨大的灾难"。几年之内，煤气从其最古老的应用领域中被排挤出去了。但是争夺更大的热能市场，即炉灶和供暖系统的战争那时才真正开始；这场战争至今仍未分胜负。毒气在战争中曾作为一种可怕的武器上过新闻头条，所以人们认为在家庭中使用煤气比使用电力更加危险[①]。认同煤气应用的技术人员群体无法发出与支持电气的群体能够相提并论的呼声。

煤气工业的主要障碍在于技术社会学层面而非技术形式层面；困难还在于，由于与市政关联的原因，煤气没有能够跟上大型互连系统建设的发展步伐。从纯粹的技术角度来看，用鲁尔区的煤气就能供应整个德国，在鲁尔区也一度有这样的计划。但是鲁尔区煤炭以电力的形式扩张更加容易。规模经济在用电的情况下远远比用煤气更能过够显示其进取的精神。为了填补照明用电发展所带来的消费"缺口"，工业"电力"得到了大力宣传，从 20 年代中期开始，广告宣传了家庭的完全电气化，以填补在工业用电消费增高的情况下伴随而来的其他"缺口"。人们在巴伐利亚州的施韦因富特－施万多夫（Schweinfurt-Schwandorf）建造了带有完全电气化厨房的"德国第一个电气化住宅区"，但这种模式并没有大获成功。人们仍然普遍认为，用在其他方面的电量多于照明用电是一种浪费的行为。[62] 在私营部门中，技术进步的不同途径清晰可见。但是，这些方式并不是备用方案，而是在原来的基础上加以补充。

化学在 20 世纪初也像电力供应一样成为一个"国家"的问题。与电气行业一样，它已成为一个极度集中的部门，并且是看起来会是一个拥有无限发展和扩张机会的关键行业。但即使是在化学工业中，问题导向的技术发展方向和选择不同道路的可能性也清晰可见。

如果说电气行业在成立之初就已经通过电报业务与国家机构建立了密切

① 毒气与煤气此处是用的同一个词"Gas"。

联系，那么就可以认为在第一次世界大战期间，化工业的政治化帷幕突然被拉开。在第一次世界大战爆发之际，这个染料出口占比 82% 的行业充满了灾难色彩。位于奥波（是德国莱茵河畔路德维希港的一个地区）的巴斯夫工厂（BASF-Werk Oppau）① 不得不暂时关闭。由于担心受到行政干预，染料公司最初拒绝与计划中的战争化学品公司合作。考虑到出口的需要，他们宁愿在战争期间保持中立。不久之后，化学成了关键的军事工业，并成为解决德国缺乏炸药和化肥问题的救星，这是一场剧烈的转变。赫尔曼·施密茨（Hermann Schmitz）来自法兰克福金属工业公司，他当时是陆军少尉并担任战争部化学生产事务全权代表，后来升任法本公司董事会主席。

尽管海因里希·卡罗早在 1891 年就庆祝有机化学成为"德意志精神"而取得的成就，并宣称"德国没有哪个技术分支能以民族工业之名享有相同的权利"，但从统计学上和与国际上比较，化学只是在第一次世界大战起才被视为一个特别"德国"的工业；在 20 世纪 20 年代的意大利，化学在国民工业生产中所占的比例甚至比德国更高（1929 年时意大利为 13%，德国为 12%）。世纪之交（19 世纪和 20 世纪）的德国著名化学家威廉·奥斯特瓦尔德是世界语的先驱，也是和平运动的拥护者。自第一次世界大战以来，化学工业的代言人很自然地被宣称为"民族的"——当时字面意义上的"民族"。这种情况甚至极端到在洛迦诺公约 ② 时期，德国与法国没有再度在科学交流方面进行合作。这倒并没有阻碍法本公司私下与新的英国化学巨头——英国帝国化学工业集团（ICI）之间进行临时合并谈判。[63]

尽管合成化学最初追求的是用人工的方式制造出已存在于自然界中的

① 巴斯夫工厂，是一家德国的化工企业，也是世界较大的化工厂之一，公司业务范围很广，主要包括化学品及塑料、天然气、植保剂和医药等。

② 洛迦诺公约（Locarno Treaties），1925 年 10 月 16 日英国、法国、德国、意大利、比利时、捷克斯洛伐克、波兰七国代表在瑞士洛迦诺举行的会议上通过的 8 个文件的总称。

物质——无论是靛蓝还是氨水，但在 20 世纪，化学领域却越来越多地致力于生产超越天然物质的新物质。这条在染料领域取得成功的道路在理论上来说没有什么限制。然而，当 20 世纪初进入新产品领域时，这条道路就遇到了成本限制和前所未见的接受度问题。

当发现新染料时，化学家在实验室里的喜悦似乎会自动地指向市场机会。在 19 世纪末，甲醛被认为是一个"最好的例证之一，能证明一种新的反应性化学物质很快就会创造出自己的应用领域，即使从前不存在这样的领域。"[64] 在化学领域里，技术刺激与市场价值之间的差异会长期存在。当化学工业在第一次世界大战期间采用大量合成氨的大规模技术和使用高压工艺时，销售问题不足为虑：因为合成氨在战争中可以用来制造炸药，在和平时期可以用作人工肥料。然而采用相关的高压工艺生产合成燃料时，如使用加氢工艺用煤生产汽油时，法本公司一度陷入了紧张局面。

最开始，燃料合成在似乎早晚一定会取得成功。寇松勋爵（Lord Curzon）曾发表言论称，"胜利者在燃料的海洋中游向胜利"，这句话在 1918 年后的德国可谓家喻户晓。第一次世界大战让人们感受到石油在机动化日益增长的时代所具有的强有力的政治意义。在这种情况下，对于像德国一样石油短缺但在有机化学方面处于世界领先地位的国家来说，生产合成燃料是不是正确的道路呢？前帝国经济部国务秘书尤利乌斯·希尔施（Julius Hirsch）在 1928 年干脆将汽油的人工生产简单描述为"合理化"的要素。1925 年左右，当燃料合成项目开始时，法本公司的领导层似乎没有对军备政策和自给自足政策进行过预评估；只要相信汽车业的增长势不可挡，相信石油资源有限以及合成生产的主要优势就足够了。地球的石油储量在当时被大大低估了；法本公司的合成项目也给美国人留下了深刻的印象，标准石油公司（Standard Oil）起初倾向于与德国人合作，以应对油井耗尽的局面，但不久之后就叫停了合作。[65]

　　即使氢化燃料项目的规模已经可以让人预想到后来的核技术项目，但这并不是基于任何真正的商业计算。虽然化学工业多年习惯于在油漆和药品生产中常年开展研究和测试，但高压合成仍意味着一个巨大的飞跃和一种新的技术发展方式。卡尔·博施周围的化学家团队就代表了这种带有世界大战期间氨合成工艺印记的新方式，他们通过合成技术获得了国际上独一无二的丰富经验；新技术在此形成了团体并以这种方式形成了自己的动力。用煤生产汽油时，还有一种采用低压的替代方法——鲁尔河畔米尔海姆市马克斯·普朗克煤炭研究所开发的费托合成法（Fischer-Tropsch-Verfahren.）[①]。然而在当时，这项技术背后并没有一大批拥有类似动力的工业技术团队，直到 20 世纪 30 年代的它才达到了可以接受的大规模技术成熟度。

　　即使在法本公司内部，卡尔博施不顾杜伊斯贝格的强烈反对也必须推动汽油加氢项目作为康采恩政策的新投资重点。杜伊斯贝格代表了染料和药品生产的古老传统，并且能够"完全在实验桌上"完成自己本人的发明。后来证明这种怀疑是正确的：从 1929 年到 1931 年，美国出口汽油的价格从每升 11 芬尼下降到 5 芬尼，而与此同时法本公司原本计划的价格为 20 芬尼。[66] 法本公司领导层出于技术而非经济思维所一直坚持的汽油加氢项目的唯一希望是德国的自给自足政策。尽管法本公司最初与纳粹党的关系并不好，但基于这个项目基础，它开始了与和纳粹党的合作，这导致这个化学康采恩最后被世人认为比别的大型企业更加具有纳粹统治的色彩：不仅在于它在国家自给自足政策中的作用，更是由于它在奥斯维辛扮演的角色。

　　在发展燃料氢化的同时，法本公司仍然在橡胶合成领域保持少量的投入：这也是对即将到来的汽车时代的预测。天然橡胶在 1930 年左右经历了

① 费托合成，是以合成气（一氧化碳和氢气的混合气体）为原料在催化剂和适当条件下合成以液态的烃或碳氢化合物的工艺过程。在 1925 年，由就职于位于鲁尔河畔米尔海姆市马克斯·普朗克煤炭研究所的德国化学家弗朗兹·费歇尔和汉斯·托罗普施所开发。

图 30：1941 年法本公司主要管理人员的绅士之夜笑话卡。上面的图案源自索林根刀具公司双立人（Zwilling J.A.Henckels）的商标；双立人的双胞胎图形在这张卡片上变成了四胞胎，4个人加起来形成的图案让人联想到"吐金币的驴子"[1]。这家在奥斯维辛（Auschwitz）新建的工厂想要再次将洛伊纳工厂（Leunawerke）[2] 与路德维希港总部联系起来，卡片上的图画和文字也暗示了这一点。[3] 奥托·安布罗斯（Otto Ambros）位于四人组的下方最左侧，他是奥斯维辛附近布纳工厂（Bunafabrik）的负责人。奥斯维辛直到 1942 年才成为一个灭绝集中营；正是考虑到在那里可以使用强迫劳动力，法本公司将工厂规划在此处。这张笑话卡记录了人们在精神上对这个陷入深渊的项目保持着距离。

价格下跌；在这种情况下，法本公司决定暂停开发工作。但人工合成橡胶在当时投入的资本还没有那么高，以至于公司有了一种继续下去的强迫症心理。1933 年后，面对着纳粹政权的失去耐心，法本公司在人工橡胶（即丁腈橡胶）领域先是采取了一种相对保守的策略，其地位也由最初的受追捧变成了后来的被排斥，这与汽油加氢项目的情况不同。然而总的来说，

---

① 《格林童话》中的一头驴子，吃的和拉出的都是金币。这里喻指法本公司盈利巨大。

② 洛伊纳工厂，德国重要的人造油工厂之一。

③ 图案上方的文字是"奥斯维辛双胞胎工厂"，下方文字是"不会生锈"。

在纳粹时期法本公司在橡胶合成领域投入了比别的领域更多的资金。法本公司于 1938 年创立许斯化工集团公司，此公司的丁腈橡胶生产与汽油合成有着技术上的双重联系：煤加氢产生的废气是丁腈橡胶生产的基础，橡胶生产又为加氢厂提供氢气。

随着合成橡胶技术的成功，集团在 1945 年后获得了国际竞争力，即使这时的法本公司已经被拆分了。与石油相比，天然橡胶仍是一种可再生原料；但不同的是，合成产品比天然产品更具有质量优势。另一方面，煤加氢气化①的发明者贝吉乌斯（Bergius）②从第一次世界大战以来一直致力

图 31：卡尔·克劳赫（1887—1968），他在 1944 年担任法本公司监事会主席和四年计划中的化学工业专项问题的全权总代表。虽然担任多年领导，还一度身居政治领导高位，但他仍然看起来像是实验室里的化学家——他手里拿着一个看起来像地球仪的大烧瓶！直到"经济奇迹"时代，化学工业都是由化学家占据主导而非商人。

① 煤加氢气化，煤加氢气化属于先进的第三代气化技术，既能实现煤高效清洁转化制备天然气，同时又能副产高附加值芳烃油品，是煤制合成天然气的重要工艺路线之一。

② 贝吉乌斯（1884—1949），德国化学家，1931 年由于对化学高压的研究，为现代化学工业特别是高压力化学的发展，做出了不可磨灭的贡献，并获诺贝尔化学奖。

于"木材水解"①，自 1928 年起在国家支持下这项技术在曼海姆－莱茵地区进行大规模工业化，尽管它一度被作为新"木材时代"的一种方式而受到欢迎，不过后来又再次变得无关紧要。[67]

化学经济集团的负责人克劳斯·翁格威特（Claus Ungewitter）在 1938 年结合前面提到的那份调查报告坚定地表明，化学的未来不再是不可预测的。他用这个工业部门的技术基础证明了这种信心：根据他的说法，化学"将沿着今天在大学和工业实验室中的研究工作所走的道路前进"。[68]这就是适应于重大长期项目的"哲学"。但是就其存在而言，可预测性本质上是自我实现的预言，由预言家的权力而得以保证。集中在法本公司中的权力使得技术专家在追求大规模合成项目的过程中可以独断专行，然而这种权力绝不是在化学的所有产品领域都能发挥的。在某些领域的成功更多地取决于对不断变化的个人品味和需求进行灵活和富有想象力的反应，法本公司在此并没有发挥先锋作用，而是依赖于购买其他领域的创新。

德国在 1913 年是世界上最大的人造丝生产国，然而在 20 年代，德国的地位被意大利化工行业所取代。卡尔·博施在 1926 年决定，从法本公司的项目中移除油漆业务，尽管公司的油漆销量甚佳，这是其思维方式的典型体现。根据博施的说法，油漆业务属于纯粹的经验领域，应该留给那些纯粹凭经验运作的公司。[69]同年，他收购了位于勃兰登堡州普雷姆尼茨的瑞致达人造纤维工厂（Vistra-Zellwollefabrik），该工厂不仅亏损，还面临破产。10 年后，在四年计划的背景下，瑞致达的产品在汉斯·多米尼克（Hans Dominik）所写的一本书中被热情颂扬为"德国的白金"和"从史前到今日所有纺织纤维历史的顶峰"。1933—1943 年，人造纤维在德国纺织纤维中的消费比例从 0.7% 上升到 32.3%，而棉花的比例从 53.7% 下

---

① 木材水解，指的是木材在酸或酶的催化作用下，其纤维素和半纤维素加水分解为单糖，同时生成糠醛、甲醇和水解木素的过程。

降到 2.9%；德国在当时成了世界上最大的人造纤维生产国。聚酰胺纤维（Perlon）是第一种全合成纤维，由法本公司于 1938 年发明，它具有更广阔的前景，而人造丝和含有纤维素的人造毛只是"半合成"产品。聚酰胺纤维不再是德国特有的开发产品，在同一时间美国杜邦公司（DuPont）也推出了尼龙纤维。据德国人说，尼龙纤维是偶然发现的，而聚酰胺纤维则是系统研究的结果。然而，对于赫斯特公司来说，化学纤维的制造在 1954年仍是未知领域。[70]

如今看来，在化学合成和电气化甚至仍有待讨论的机动化的发展历程中，今天尤其令人感兴趣的是，新"截面技术"的群组效应和技术社区的产生第一次得以模范的清晰度表明：专家垄断组织的形成能够推动技术的长期发展，从而实现扩张，甚至跨越失败和低谷期，并获得政治和公众的必要支持。现在，围绕蒸汽机发展起一种技术人员行会组织；但蒸汽动力的应用领域有限，在这个有限领域内它长期保持着无可匹敌的地位，不需要任何特殊的许可证明。20 世纪风格的"专业性"条件要么尚未具备，要么仅部分具备。可以想象，最大的反差莫过于不幸的李斯特，他想在铁路事务中扮演公共顾问的角色，但有关部门并不怎么需要这样的人员，以至于他得偿还日益增多的债务；另一方面，奥斯卡·冯·米勒这位"电力宣传的组织者和预言家"却大受欢迎，同时他拥有巴伐利亚人那种与生俱来的乐观与热情。[71]

从本质上讲，工程师并没有特别强的团队精神。这几个条件有利于新型专家及其技术社区的产生：团队合作需要，并且逐渐能适用于其他领域的"关键技术"的产生；以及具有相应活力、魅力和整合力的程序性工艺技术的出现。但也存在需要抵制替代方案以及社区有机会形成共同阵线，以确保政治当局和公众舆论支持大型技术项目的情况。这些社区的凝聚力不仅是通过技术问题和经验产生的。担任政治咨询职能的技术"专家"的特点更多地体现在，他所代表的立场具有所谓的技术逻辑，而对此进行证明则超出了技术员的能力。专家担任政治领导角色的需求成为德国技术官僚运动的一个特征。这与许多政治家寻找新的指导方针和权威来源的努力相呼应，用希法亭（Hilferding）的话来说（1927 年）就是为了"最终摆脱政治上的业余段位"。[72]

在合成产品带有"替代品"污名和遭遇战争困境的时候，卡尔·博施宣示了一种关于永恒合成的哲学："没有什么无法合成的天然产品。昨天是染料，今天是肥料，明天是蛋白质。人类营养将发生革命性变化。""博施流派"是一个纯粹文化意义上的男性社会，不仅共享技术经验，还通过共同承受失意，一起借酒浇愁来取得联系。法本公司还试图在战争期间以一种可靠的方式合成生产新的特效药青霉素——一种由霉菌产生的天然物质；起初他们看不到生物技术的优势。然而蒂罗尔州①昆德尔村的啤酒酿造商拥有发酵工艺方面的经验，在 1945 年之后他白手起家，创建了一个成功的青霉素工厂：正如电影《第三人》中所展现的那样，在当时的奥地利，人们实际上只能在黑市上买到青霉素。[73]

这种生产的"路径依赖"②与其说是植根于技术本身，不如说是植根于围绕技术路线发展起来的技术社区的心态——一旦生物技术的优势清楚地呈现出来，德国化学就能不费吹灰之力将此技术收入麾下。以在高压合成中形成的集体坚韧不拔的心态，最能支撑着以后的增殖体项目不断克服新障碍和失望情绪。就在越来越多的替代路径在技术中愈发明显的时候，一种攻击性的技术决定论仍然坚守其立场。在 20 世纪 20 年代有关合理化的论著中，布拉迪发现了基于所谓科学的权威性而反复出现的定型观念，即"只有一种最好的方法"。[74]"合理化"是当时含义最为

---

① 蒂罗尔州，位于奥地利西南部，分为北蒂罗尔及东蒂罗尔两部分，面积合计 12647 平方千米。

② 路径依赖，指人类社会中的技术演进或制度变迁均有类似于物理学中的惯性，即一旦进入某一路径（无论是"好"还是"坏"）就可能对这种路径产生依赖。

模糊的口号之一。

4. 合理化运动、心理技术 ① 和 "为工作的乐趣而斗争"：
泰勒制和福特制在适应德国国情时所面临的问题

从 1918 第一次世界大战结束到大萧条期间，"合理化"、流水作业、泰勒和福特系统是德国的时兴话题和重大讨论焦点。成立于 1921 年的帝国经济研究所（RKW，自 1949 年起隶属于德意志联邦共和国经济合理化建议委员会）在 1927 年将合理化定义为："运用技术和计划规章所提供的一切手段来提高经济效率，从而提高商品的生产量，使其更便宜，使商品变得更好。"让人更能接受的简单说法是："合理化就是理性的组织。"在这种情况下，合理化似乎是一种与时间和地点无关的一般经济理性，"合理化"在 1988 年的德国工程师协会（VDI）宣言（《今天的合理化》）中被定义为"一种普遍且理性的人类行为和贸易"。[75]

然而，1918 年后在德国风靡一时的合理化是受到战败后的历史形势和时代情绪所影响的。"合理化"似乎是一个外来词，但正如《泰晤士报》在 1930 年所写的那样，它来自战后时期"笨拙的日耳曼单词"。人们无法统一确定这个词的具体含义是什么。1927 年，帝国经济研究所的一位成员写道，无法精确验证以往的合理化结果，但无论结果如何，也不可能停止合理化。[75]这也难怪：超过一定的复杂程度，企业战略的精确计算就无法进行。"合理化"在宿命论的时代就成了旧时"进步"的替代品。马克斯·韦伯对阴郁的宿命论情有独钟，他早在 1918 年之前就已经为合理化这个概念后来的流行埋好了伏笔，但同时也强调了它的多义性和价值自由。20 世纪

---

① 心理技术，在 1903 年由德国心理学家斯腾首先提出心理技术学的概念，20 世纪 50 年代以前，心理技术学曾经盛行于世。在 20 世纪 50 年代以后，由于心理学应用分支的迅速繁衍，而被应用心理学的名称所取代。

20 年代的合理化预言家们忘记了这一点。

当时的合理化进程一直以美国模式为榜样，这在那时被认为是德国历史上最强有力的一次美国化运动。以前从未有过这样的时机让人们能对这个问题进行如此热烈的讨论，那就是美国的生产和生活方式是否可以转接到德国并加以修正以适应德国的条件，或者是否应该直接予以拒绝。泰勒和福特是合理化主义者的权威，但他们个人彼此之间没有任何关系。然而在德国，他们的理论部分被视为互补，部分被视为有原则性冲突。对泰勒来说，提高生产力是提高人的积极性和工作效能的问题；在福特看来，这是技术系统的问题。尽管泰勒首先发明了高速钢，从而提高了机械工程的机械化程度，并让他以此出名，但他用非常简单的手工业（例如装载铁件）展示了他的"系统"，这刺激了福特公司立即进行机械化，从那开始泰勒模式就显得不如福特那么"现代"化了。另一方面，泰勒考虑到工程师在此之前一直忽视的事实，即高度机械化的工作流程中仍然包含大量人工劳动。如果人们认为无论如何不能将人从生产过程中消除的话，那么把人看作是有待于提高到最佳效率的一种机制，这就是机械化的巅峰。

在实践中，"泰勒制"往往等同于时间研究，人们可以算出最佳运动过程中的工作流程时间，并使之成为标准。在美国，泰勒的"科学化企业管理"在 1918 年后主要作为一种组织工作的方法进行实际的使用。而与之相反，德国在战后的形势下则把泰勒的"科学管理"提升到公司社会哲学的地位：这种哲学指导人们如何经济节约地使用人这一最宝贵的资源，如何指导企业内部走向和谐，在这种情况下，工作量和工资的确定看上去才是客观的，并且工匠的意愿被事实逻辑所取代。[76]

"福特主义"通常是通过完美的流水线系统以最大化的方式进行大规模和系列化生产，从企业家的角度看就是调解资本和劳动这两个因素，对工会方面来讲就等同于最高工资。1914 年之前，工人运动的口号是："计件就是谋杀!"但 1918 年之后,当计件工作制度带来了更高的工资时,计件制在工人中得到越来越多的认可。泰勒主义在持续运行中就意味着办公室对工作的完整规划和控制,致力于官僚化和加强中层管理,而福特的学说则带有技术专家式企业家的特点,他厌恶所有的官僚化中间部门和所有的文书工作,希望生产过程通过流动工作自我调节。

与泰勒学说早在 1914 年之前在德国的专业领域引发了讨论不同,福特的影响始于 1924 年左右,当时他的自传——《我的生活与工作》德文版出版,同年,德国向美国打开了信贷和汽车业的大门。福特的自传以及后续的两本书在德国的影响似乎比在美国要大,尽管当时很少有德国人买得起福特汽车。福特反对美国干预第一次世界大战,给一些德国人留下了好印象,在德国比泰勒更受欢迎,从德国总工会联合会(ADGB)到纳粹党

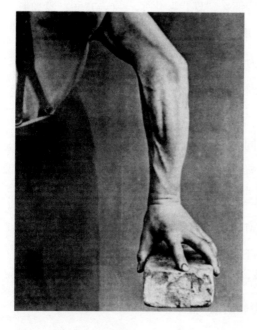

图 32: 砖瓦匠的肌肉。这张 1926 年的照片显示,一名砖瓦匠把砖块抓在手里,并在此过程中绷紧手臂肌肉。人体工学[①]家在当时不仅要检查机器的机械装置,还要检查人身体的运动机能,如图中所示,人体工学家要确定,人类用这种抓握方法可以一只手握住多大尺寸的砖块,以及什么时候砖瓦匠必须使用双手。20 世纪 20年代,"泰勒制"和"心理技术"进行的工作研究在人性化和更严格的工作控制之间存在矛盾。

---

① 人体工学,在本质上就是让工具的使用方式尽量适合人体的自然形态,从而使人在使用工具工作时,身体和精神不需要任何主动适应,并尽量减少使用工具造成的疲劳。

（NSDAP）都对他青睐有加。福特或他的代笔人用迷人的自信和热情爽朗的方式，同时以高度可塑的风格，宣传了生产过程的不懈合理化所带来的无限繁荣的福音。在德国战后的苦难中，福特的幻想就像一剂迷魂药，让德国人重新回到威廉时代的亢奋状态，重新进入无限可能和"全速前进"的乐观情绪中。

对于许多德国人来说，福特学说中相当陌生的一点是轻视传统和正式资质，这是在此过程中最有可能被忽视的。一位德国工程师在去美国旅行后写道，每个公司的人都应该到福特的工厂去朝圣，就像信徒要前往麦加的先知墓一样。福特的学说是"实际上是一种启示，是解决压在德国人身上可怕重压的办法。""大众汽车"的狂热宣传者——路易斯·贝茨（Louis Betz）在经济危机最严重的时候称赞福特是个"杰出的天才"，对德国来说是"杰出的引路人"。他宣称："福特的计划就是我们的计划，福特的胜利是我们的救赎。"贝茨在 1928 年就已经警告说，"在我们德国的汽车大环境下盲目模仿美国流水作业的工作方法"是"完全不可能的"。对于很多德国的福特痴迷者来说，福特不仅仅代表着流水线系统，他还体现了一种信念：一个人只要下定决心，所有问题都有技术解决方案。[77]

以一直延续到 20 世纪 20 年代的传统德国观点来看，美国就是个铺张浪费，推崇粗俗的实用主义的国家，而德国则是重视经济预算和科学技术的国家。现在人们对美国的生产方式产生了一种新的接受度：泰勒与福特都对生产要素进行严格的经济统筹，对生产过程进行系统整体规划，他们将此作为原则加以重视，因而在赞赏泰勒和福特的德国人心目中，他们就像是日耳曼与美利坚特质的结合。泰勒手下的一位模范工人是一个在宾夕法尼亚州的德国人，泰勒在《科学管理原理》中给工人起了名字——施密特①。大规模生产和精确性，这两个迄今为止相互矛盾的理想，在福特那里

---

① 一个典型的德国人姓氏。泰勒给工人起的这个名字就是为了突出其日耳曼人的特质。

似乎成了一个技术统一体。

随着泰勒的"科学"的企业管理，在此之前主要在德国技术领域传播的那个充满魅力的"科学"一词得以穿上了美国的外衣再度回到了德国。只是偶尔有人注意到泰勒的学说不是德国意义上所谓的"科学"；因为泰勒用以确定最佳工作技术的方法基于经验丰富且积极性高的工人的观察，他非常尊重他们传承的技能和知识。严格来说，他并没有用科学去代替工作经验，而是用一种经验来代替另一种经验。在泰勒和福特，以及德国合理化运动的代言人看来，"科学"具有使其合法化的功能。在"科学方法"的指导之下，福特证明他的机器能够比在世界上任何其他工厂中更紧密地布置在一起。柏林城市规划官员马丁·瓦格纳（Martin Wagner）是城市规划中"福特制"的实施者，他以"科学城市发展"为标准，狠抓旧楼改造。[78]

在 1918 年和 1945 年之后，对美国模式的援引在德国也具有使其合法化的价值；因为像两次世界大战之后那样，在德国人眼中的美国都充满了吸引力。1914 年之前，美国权威在德国当局那里不一定是王牌。1913 年，有人指责说"泰勒制主导着博世"，博世领导层不得不对此进行辩护；尽管博世此前在工会中比在企业家同行中更受欢迎，但按照泰勒制进行的公司重组却是一场轰动一时的罢工的诱因之一。然而在 1918 年后，人们的普遍态度发生了变化，这其中也包括了社民党和工会。泰勒和福特现在可以解释说重组措施实际上起源于德国，因为在 1918 年左右，德国先于英国和法国拥有自己的合理化传统。[79] 20 世纪 20 年代的"美国化"在很大程度上可以被解释为强有力地继续推行标准化、典型的大规模生产和"大型经济"，这种趋势在第一次世界大战中得到了强有力的推动，但在战争结束后需要一个新的国内基础。

到 1914 年，德国工业在标准化方面落后于英国，德国工艺联盟（Deutsche Werkbund）在典型化问题上几乎崩溃。战后，这些问题不再是原则问题。相反，标准化从一开始就是德国商业和工程界所谓的"合理化"的核心。美国一直被认为是标准化和类型化的典范；然而在实际上，1917 年成立的"德国工业标准委员会"（Normenausschuß der Deutschen Industrie）建立的国家标准体系代表着当时国际上并不通行的一种普遍标准化原则。福特对自己的内部标准化感到满意，一般来说，他反对制定长期规范并警告说，"制定一个错误的标准比制定一个正确的标准更容易"。

在德国，标准化通常被认为是一种简单的技术理性的要求，甚至是"人类追求秩序的共同渴望的逻辑产物"，在螺钉和螺纹标准化的经典案例中就是这样；但在许多其他情况下，规范的制定是随意的，要迎合某种最大的公司利益，相反的则一笔勾销。标准化可能会抑制技术创新，对于使用其他标准的地区，出口机会也可能大受影响。最重要的是机械工程这样能在国外市场上处于主导地位的行业，固定的标准体系可以使它们具有出口优势。战争结束后，当标准不能再强加于其他公司时，从德国标准化学会（DIN）支持者的角度来看，德国工业"又回归到它的孤僻"。这时的合理化意味着重新激活在战争压力下实现的秩序。民营企业家的意志坚强，不断尝试走出困境。1930 年前后，德国工业标准在工业中还经常被人忽视，而到了 1936 年，即四年计划之时，在帝国经济部的干预下，标准才被强制执行。但在第二次世界大战中，如何减少各种不同机型也是德国飞机制造中最棘手的问题。正如 1920 年在《世界舞台》上发表的一篇文章所揭示的那样，容克飞机制造厂"制造失败的系列机型"，浪费了"数目庞大资金"。[80]

在德国和其他的欧洲国家都曾经存在公司官僚化和以扩大管理层来取代"工匠主导"的过时趋势，泰勒制在一定程度上修正了这种趋势，符合时代发展的潮流。在部分机电工程行业，时间研究①在 1914 年之前就开始

———————————

① 时间研究，是指以设计最佳工作方法为目的，对作业动作和时间进行的测定和研究。时间研究的创始人是泰勒。他测定了各种工作所需要的时间。

进行了，但"全时段研究运动"在德国"声名狼藉"，被视为挑起对美国的仇恨和一味追逐金钱的畸形产物。在德国，对"福特制"的接受能够建立在已经存在的系列化、批量化生产的传统上，例如在自行车和缝纫机行业。在机床和汽车行业，"系列"意味着比美国的数量少得多，但就德国的市场状况来说，这是合理的。[81]

是否真如人们有时所说的那样：泰勒和福特的想法，乃至于德国的整个合理化，都不是什么新鲜事？然而，上述所有情况在 1914 年之前的德国是一个相当零星和缓慢的过程，并非尽人皆知。另一方面，在 20 世纪 20 年代，不管是对于公众还是公司员工来说，所有这些征兆都以合理化为标志，是集成和系统化的整体过程，也是美国成功秘诀的应用。经济学家莫里茨·尤利乌斯·博恩（Moritz Julius Bonn）在 1928 年指出：

> "过去，在市场形势需要且财务状况允许的情况下，总是由单独的个体在没有听到太多消息的情况下就调整公司。今天，合理化是由群体进行的；有时人们只是听到些嘈杂的声音，却很少看到合理化。"

"合理化"口号能够让"各个阶层的德国人民"都陷入"狂热的兴奋"之中。"合理化"甚至为大行业与工会达成基本共识提供了基础！在这样一个时代，在新技术越来越多地以过程的形式进入社会的各部分的时候，此时的公众气候也是重要因素。从 1924 年开始，当时成立的德国企业管理协会（REFA）把时间研究作为一项具有某种科学体系的国家任务，这项研究便不再像过去那样声名狼藉，该协会骄傲地宣布，德国在此方面研究成果远超美国。确定公平的工资成为德国企业管理协会（REFA）一个技术问题。大型工业向美国规模发展的趋势在本世纪初对于大部分公众来说更多的是一种狂妄自大的病症，但是这种趋势在福特制条件下却成为技术理性的要求。[82]

技术本身是一种意识形态的抽象事物。在合理化方面，特别强调技术这一特性；因为这种特性是合理化中最受欢迎的部分。现在回想起来，这导致了一种奇怪的角色分工，本来是最尖锐抨击合理化中剥削性质的工会成员，却指责企业家忽视了合理化的技术层面。事实上，在工业实践中，尤其在1918年之后的最初几年，合理化通常作为一种无须昂贵的新投资即可提高生产力的方法来应用：即通过优化组织、节缩开支和集中工作的方法。事实上在工业实践中，路德维希·普雷勒尔（Ludwig Preller）是当时研究工作世界的著名专家，他认为公司管理层对新的"技术奇迹"的执着更像是战前时期的遗留问题，而发现"人作为生产要素"也值得"合理设计"这个观点则是战后时期的特点。然而在世界经济危机期间，有人抱怨说，合理化在技术上被理解得过于片面，并被过分等同于流水线作业。[83]

在20世纪20年代的合理化运动中，公共讨论也活跃了起来。与目前的"新技术"类似，实施总是会在政治和公众中激起一片喧哗吵闹的不同意见，很难从话语历史中辨认出真实的历史。在实践中到底什么是"合理化""泰勒制""流水作业"？泰勒系统可能很少被完整地实践，即由相应的办公室来规划和决定每个工作步骤和工作流程，在德国甚至比美国更少。泰勒制违背了德国工业的传统，德国凭借这种传统在世界市场上一直取得成功。在小型系列和多样化生产计划盛行的地方，计划和执行的严格分离是没有意义的。德国企业管理协会（REFA）人员想要重组生产，就不得不与工匠打交道，而他们中的一些人宁愿不涉及这个问题。即使在引入德国企业管理协会研究之后，确定工作流程仍是工匠的事情。早在20世纪50年代就有人抱怨："非常多的德国企业管理协会人员"的出发点就是，现有的工作过程是"完美的"；在"许多"公司中，"工作流程和工人的工作方法"是由公司和工人自己决定的，因此形成了某种具有顽强生命力的工作"风格"。一种通过观察多种行业实践而得出的制造理论（1946）认识到，工业工作的外部控制有一个辩证的来回交锋：

> "总的来说，现在的普遍观点与泰勒相反，认为分工基本上是工匠的事情……有那么一段时间，人们对工匠要求过度，此后又有一段时间不让工匠产生什么影响，由此也使其失去权威。目前，人们正在努力恢复工匠的自然权利。"[84]

此外，"合理化"具体意味着什么？这因行业不同而不同。在重工业中，1918 年后，供热工业和使用高炉和焦炉煤气所需的技术互联是首要任务。正如帝国议会调查委员会所说，化学工业的合理化首先意味着"公司结构的合理化"，而这必须通过集中的方式实现。在 1914 年之前，博世公司的产品种类就使批量生产的形式成为可能，这里的合理化意味着流水生产，但不是普通的装配线工作，也不是以前手工业界的系统机械化；这与快速变化着的小型系列点火器生产相矛盾，由于汽车型号的变化，点火器被迫需要进行改变。在这里，合理化最吸睛的地方是节省了 70% 的空间。正如 1932 年所确定的那样，德国的机床是当时"发展水平最高的特殊机器"，此种机床专门以单一生产过程生产单一产品，符合完美的"福特制"理想。但很少有企业使用这样的机床，因为这样不能够实现生产的灵活多样性。[85]

早在 1905 年，汉诺威的百乐顺饼干厂就使用了第一条传送带，但只有在生产非常复杂的产品时，传送带的引入才成为一种技术上具有彻底变革性的过程。传送带上的工作打破了原有成熟的车间系统，而且需要大量专用机器。因此，从早期到现在，传送带在汽车行业中一直显得特别奢侈，引人注目——要制造和装配数以千计的独立部件，还必须按照相互关联的顺序进行组织。尽管"福特制"在两次世界大战期间的德国引发热潮，但引入传送带还是充满了困难和争议。设计师的自我意愿、市场的狭隘以及当时德国客户的需求这几种因素的共同作用下，统一的批量生产的产品很难满足大众的需求。又或者是汽车制造商习惯了重型汽车和富有的买家，所以感觉在德国缺乏轻巧廉价的大众产品的市场吗？难道他们没有足够的胆量和创造力来创造这样一个市场吗？这是 20 世纪 20 年代未解决的大问题。

戴姆勒公司在 1918 年后开始引进所谓的群组生产。这是流水线生产的前奏，但戴姆勒在 1921 年一年的汽车生产量仍不及当时福特公司的一天的产量。股票经纪人雅各布·夏皮罗（Jakob Schapiro）在 1924 年控制了戴姆勒公司 40% 的股票，并公开要求公司管理层改用流水线和大规模生产。在德意志银行的干涉下，这个建议作废，而且被民族主义者诬陷说是犹太人的阴谋。戴姆勒和奔驰的合并（1926 年）也与类型缩减毫无关系，甚至拓宽了产品种类。就连 1932 年四家萨克森汽车制造商合并的"汽车联盟"也没有进行大幅的类型缩减。福特制的拥护者恰恰对拓宽产品种类极不满意，如雷纳·弗利克（Rainer Flik）总结的那样，这种不满最终萌生出一个革命性的成功故事，"甲壳虫"横空出世，占领了世界市场[①]：

> "危机的选择压力导致了产品创新的竞争，逐渐产生了具有卓越驾驶特性和低油耗的紧凑型小型车。令人惊讶的结果是，四分五裂、无利可图、负债累累的德国汽车工业对汽车技术的进一步发展做出了最重要的贡献。"

欧宝公司很早就引入了传送带（工厂行话称之为"爵士乐队"），并且

---

① 甲壳虫，是德国大众汽车公司生产的气流牌小客车，首先采用了流线型的车身外形。

图 33：1927 年左右戴姆勒公司（Daimler）的变速箱组装。这张照片比当时对"福特"的一片赞美之声更清楚地显示出，福特的传送带如果只是在"孤岛"上引入，那么在当时的德国汽车工业中，其生产的产品系列要比底特律少得多。这张照片的前景就是一个此类的"福特式孤岛"；画面后方的左边是老式的车间生产。即使是在技术较新的行业，手工生产方式也一直延续到 20世纪，整个工厂车间大厅里都挤满了工人。

在大规模生产自行车中就已经积累了相关的流水线工作经验。欧宝的工厂位于被占领的莱茵兰①，1918 年后失去了海关保护，所以它不得不坚持与美国和法国进行竞争。然而与公众的印象相反，20 世纪 20 年代的汽车生产从未在一条连续运行的传送带上进行，反而大量使用单独传送带，其速度由工头设定。增加的生产能力甚至从未得到充分利用，生产的月度波动之大与流水线的稳定生产目标相矛盾。20 世纪 20 年代，欧宝仍没有引进可互换的单个零件的生产，于"适应性"来说，合格的技术工人仍然是不可或缺的。由于工人的工资只占制造成本的十分之一，工厂对于在装配中节

① 莱茵兰，"一战"后莱茵河西岸的领土（莱茵兰）由协约国军队占领 15 年，东西岸 50千米以内德军不得设防，1936 年 2 月希特勒宣布德国重新占领莱茵兰非军事区。

省熟练劳动力的意愿并不强烈。在 50 年代的联邦德国汽车工业中，合格的磨工使零件互换成为可能；汽车工业直到 60 年代才达到福特式的机械化水平，只是这一跨越也被认为是有问题的发展历程，因为这导致生产没考虑市场。[86]

引入流水线工作的经理和工程师们是 20 世纪 20 年代首批前往美国观摩学习的人，即使是这批人也提出，美国的合理化模式必须要适应德国的条件，这一开始这就成为相关新闻报道的固定基调。尤其在德国汽车行业，针对德国市场的现状，完全有理由强调要把生产限制在小批量的范围之内；对汽车行业来说，福特热潮就意味着不断的指责。1915 年，戴姆勒公司的主管贝格（Berge）谈的还是汽车生产的"德国系统"如何优于美国的大规模廉价生产，那么在 20 世纪 20 年代，尽管德国的汽车宣传采用了坚决的民族主义腔调，但这种自信已变得摇摇欲坠了：德国的小批量生产越来越被视为福特制的不完善初级阶段，这样的生产方式适用于那些贫穷的国家，在那些地方，汽车仍然是上层阶级的特权。在保守的圈子里，旧的座右铭"要质量，不要数量"或它的新变体"要高级，不要一般"可能仍旧适用，但缺乏依据福特制进行大规模生产的机动化的进步理念。即使是福特 T 型车（1927 年）的停产，一般也不被认为是僵化的大规模生产的根本缺陷。福特后来转向怀旧，转向"欧洲的"榜样，并对权力下放和"新手工艺"大加赞赏。[87]

在一个连续的流水线系统中，工人的表现对其效率几乎没有任何直接的积极影响，但缓慢的工作却会扰乱生产流程；在这种情况下，以绩效为导向的工资差别几乎不可能。帝国劳工法院于 1928 年裁定，在自动传送带上工作时只能按工时支付工资。但流水作业系统并没有严格地一致执行这一项规定，至少从生产过程的技术方面来看，"绩效工资危机"只是暂时的；而制造技术的发展将导致个人或与集体相关的绩效工资持续走低，这样的预测直到 20 世纪 70 年代也尚未实现。[88]

从纯粹的技术角度考虑，正如德国金属工会在 1932 年的一项研究中表明的那样，通过从外部加强工厂车间的秩序，强化传送过程的机械化，合理化将显著降低事故发生的频率。传送区直到那时仍是最严重的事故区域之一，随后用单独的电力驱动装置替代了危险的传动带。然而，现实情况大有不同：所提到的"合理化"通常只部分地进行，并且与工作节奏的加快有关。特别是在五金、机械和车辆行业中，20 世纪 20 年代后半期的合理化导致事故频率显著增加。在 1914 年之前，博世为低事故率自豪，1909年至 1918 年，1000 人中平均有 2.76 人受伤；到 1928 年，尽管"博世速度"已经家喻户晓，博世的事故率却上升了 25 倍以上，每年 1000 名员工中有68 人受伤！在服装和织物工业中，电动缝纫机取代了踩踏式缝纫机，而以前那种踩踏的工作方法会导致女工下肢的疾病；但织物和衣物数量的增加却使"合理化"工厂里的工人健康状况进一步恶化。[89]合理化在实践中并不是一个由更高的理性引导的"更明朗"的过程；更清晰的秩序这种优势往往被更狭隘的范围和更快的速度所抵消。

德国关于合理化的文献一再强调："流水作业"是一种多层次、适应性强的结构，它不一定等同于装配线和采购高度专业化机器，相反，它可以通过加速资本的周转从而节约成本。在德国的大环境下，1926 年出版了一部关于流水作业的作品，里面是这样总结的：在德国的条件下，"首先……应该先将流水作业的原则转变成一种精神上的传送带，这样可以通过便利的组织措施取得部分成功，即提高工作速度，减少资本需求和制造成本费用"。[90]但完美的流水线工作仍然是一种理想状态，而在世界经济危机中，事实证明，向资本密集型流水生产方式的转变已远远超过德国的销售能力。当流水生产被持续地机械化后，就产生了一个带有新的投资动力的技术连锁反应。经济学家欧根·施马伦巴赫（Eugen Schmalenbach）是当时的合理化项目的评审专家，他在 1928 年评论道：

　　　　"在无数次股东大会上，你可以听到行政部门的演讲，说公司时
　　至今日也还没有完全令人满意地运作；但如果再购买几台机器并进
　　行扩展，那么公司将有利可图。但由于同一行业的其他公司也在做
　　同样的事情，所以行业分支经过自我合理化就产生了产能过剩。"[91]

　　所以这个问题在世界经济危机之前就已经出现了。通常缺少的是这样
一种意识，那就是手工劳动和机械化、车间和有限的流水生产的结合不只
是一种不完善和临时的妥协，还是具有自身特点的最佳生产模式。"德国
生产制度"——用维尔纳·阿贝尔斯豪塞（Werner Abelshauser）的话
来说，就是在德国的民族主义中，很大程度上缺乏自我认识和自信。尽管
许多德国工厂一直具有高度的灵活性，但直到 20 世纪 80 年代，人们才
学会将这种灵活性转化为能够自我优化的系统；必须克服僵化的等级制度
和规则思维，才能达到这种认知。尽可能快、尽可能多地生产产品并不重
要，重要的是在正确的时间完成正确的事情，这一实际上平庸的见解成为
新的日本启示录上的"准时制哲学"。与严格的技术网络不同，供应商公
司的区域"集群"成了王牌：这种模式在德国长期存在，但没有相应的
理论。
　　过去，工业界强调，德国不是美国，不能完全照搬泰勒或福特系统。
简而言之，这首先意味着德国企业家绝不能指望美国的最高工资。1926 年，
当福特公司在柏林安装第一条流水装配线时，福特公司为德国工人提供的
时薪为 3 个帝国马克，为此，就算是当时的德国工程师们也会去装配线工
作。正因为德国工业家不想也不能支付福特式工资，所以他们指责福特和
泰勒是用赤裸裸的物质主义来诱导工人，而不关心如何使人在工作中获得
内在的满足。工资也是德国主要的工会组织热衷于福特主义的原因，尽管
如大众所熟知，福特对工会的态度非常负面。福特在《我的生活和工作》
写了这样的关键句子："工资问题消除了十分之九的心理问题，而工业设计

解决了其余的问题。"

德国文学中常常出现对泰勒的工作规定和福特的流水线的控诉，因为这些体制忽略了所有的心理问题。"心理技术"一词产生于于第一次世界大战末期，成了德国合理化运动的标志性口号之一。现代工程师应该接受关于工业心理学的培训。乔治·施莱辛格于 1918 年在夏洛滕堡建立了一个"心理技术研究所"。通过与战争相关的科学人造假体 ① 工作，他逐渐转向了人类的技术视角和人与技术混合体的问题。"心理技术"讲座和研究所的建立随后成为技术高校的时尚浪潮，尽管其实用价值仍然非常值得怀疑。"心理技术"这个词本身就是当时"技术"刺激的表现，它主要是指与某些工作的特定要求相对应的能力测试的发展。新兴工作心理学的另一个焦点是工作倦怠：这也是泰勒制和福特制的盲点。[92]

德国的合理化代言人在一定程度上明确拒绝了泰勒和福特的教义中所包含的贬低技术工人的倾向。德国重视技术工人的传统在合理化运动的宣传话语中得到了延续。1925 年由重工业部门创办的德国技术工作培训学院试图将职业培训完全置于工业控制之下，并针对符合重工业要求的年轻工人精英开展培训和"人格教育"，将其与带有浪漫主义色彩的"工作共同体"灌输式教育相结合，成为当时教育政策的范式。[93]

然而，如果认为部分合理化宣传所说的"为工作的快乐而斗争"只是一种意识形态上的花招，它旨在转移对工资问题的注意力，这样的看法是不对的。毫无疑问，许多关于"工作快乐"的研究是认真的，而不是单纯的企业宣传。"工作的快乐"成为德国工作科学中最受欢迎的话题，这是有一定道理的。在灵活小批量生产和单件生产的条件下，与福特的生产模式相比，德国确实更需要一支对工作保持认同的技术工人队伍，因为福特的生产模式可以允许大量的员工流动，而德国的大多数企业无法承受这一后

---

① 人造假体，如假肢、义眼、假牙等。

果。对工作有着明显的情感认同——"快乐"这个概念简直太令人欣喜了！这种情感最早在技术工人中出现；20 世纪 20 年代的合理化运动并未严重动摇他们在工厂中的主导地位。为了工作的"快乐"而苦苦"抗争"的主要是那些非熟练工人。

尽管德国工业中的一些在传统上多样化、手工性的职业（如车床操作员）敏锐地感受到了在合理化中工作能力贬值的影响，但从整体上看，20 世纪 20 年代合理化进程对工作能力贬值的影响并不十分明显。[94] 合理化甚至部分地有利于新的技术工人精英的崛起，他们也强烈地影响了工会领导层的意见，这也解释了工会对合理化的友好态度。即使对于尽可能争取高收入的计件工人来说，有限的流水线工作也是有益的；因为工作的流动减少了等待和站立的时间，这是车间系统日常工作的一部分，也是从工资中扣除成本的一部分。[95]

1927 年，比利时的社会主义者亨德里克·德曼（Hendrik de Man）出版了一本书——《为工作的快乐而斗争》，他在 1929 年获得了法兰克福大学新设立的社会心理学教席。德国人为"工作的快乐"而进行的斗争当然不能在工业进步的另一种理念中找到其基础，那是与完全机械化的大规模生产的理想相悖的理念；即使在相对自主的技术工作形式仍然存在的情况下，缺乏前景的情况也掩盖了工作的乐趣。很久以后，通过半自主的团队工作获得工作满意度的模式才从美国和瑞典的沃尔沃公司（Volvo）再次引进到德国，在这种模式下传送带被旋转装配线所取代。传统的索林根刀具行业因其种类繁多而在 20 年代经历了新的繁荣，然而索林根道刀具商却宿命地看待自己的行业，认为它会就此没落。在世界经济危机期间，许多失业者咒骂使人失业的机器；然而，资产阶级和社会主义经济学家却教导人们说，不是合理化本身，而是不一致的或被误解的合理化（即"错误的合理化"）才是危机的原因。埃米尔·莱德勒在 1931 年宣称"技术发展的社会限制是对欧洲国家生死攸关的重要问题"，只有不懂经济学的人才会产生技术会造成持续失业的想法。后来，在流亡美国期间，他对自己的这个论断产生了动摇。

在更有限的条件下，想要依照美国模式摆脱合理化的基本困境，可以在政治上创造一个适应大型生产系统的大区域，然后从中寻找解决方法。恩斯特·冯·斯特雷鲁维茨（Ernst von Streeruwitz）是奥地利"经济管理委员会"的创始人和负责人，并曾担任奥地利总理。他在 1931 年出版了一本 540 页的大部头巨著《合理化与世界经济》，在书中他宣称，对"地球上的生存空间"的重新分配就是"宏大而真实的合理化"。[96] 合理化已经走入死胡同，扩张的需求实属孤注一掷，这并非没有思想的一致性。

人们是否也对"合理化"的世界观进行了原则性的批评？钢铁协会的副总干事恩斯特·彭茨根（Ernst Poensgen）曾在合理化措施上费了一番功夫，他在 1931 年的一段发言中反复提到"科学"这个词：

> "让我摆脱科学的纠缠吧！无处不是科学，科学技术、科学管理、材料科学、市场调查科学、会计科学等一大堆的科学充斥着我们的生活，而且还会继续下去。而这些科学究竟把我们带到了何处？"

世界经济危机证实了这样的经验：运营战略首先不能以生产系统的最高完善度为主要导向，而要考虑与市场灵活的相互作用，这种实用主义在纳粹统治期间没有用武之地，但是在 1945 年后成了联邦德国的主流态度，与生产主义者对贸易的排斥相反。这种排斥表现在瓦尔特·拉特瑙对时局发表的言论中："大城市的柜台后面潜伏着数以万计的强者"。纳粹为谋杀瓦尔特·拉特瑙的凶手树立了纪念碑，从而为被危机所动摇的生产主义提供了新的保障。纳粹以自己的方式，或直接或被动地成为合理化的追随者。

5. 唯能论要求 ①、煤气经济和大型技术

1930 年，魏玛共和国国民议会中负责调查德国经济生产和销售条件的工作委员会在其总结报告中指出："集中的基本目标是使公司在技术和商业方面合理化。"当时的德国与美国相比，合理化中更多地包含着集中的意味。因此，在已成为历史的现实中，尽可能有效地处理生产要素意义上的合理化与经济集中，能源供应和大型技术的集中。相比 19 世纪的规模，德国在 20 世纪初期实现了量级上的巨大飞跃。尽管这种对规模的追求并不总是遵循技术逻辑，但正如里德勒强调的那样，这种追求仍然符合那些为推翻工厂中的"工匠统治"而奋斗的工程师的利益。里德勒 1916 年时仍对那些新型集中发电站记忆犹新，根据他的说法，在"大规模经济"中，"所有基本的工作都成为……工程师的工作"，"深化分工就是最进步的大规模组织工作"：

> "应用的多样化，需要不断地更新设计，不断地克服凭借现有经验不能解决的困难，因此工程项目在大规模经济中得到了几乎无限的扩展。"

这些是战争时期的言论，当时的空气中弥漫着一股对于大规模经济的热情气息，节约资源的迫切冲动仿佛天生就与大型组织和大型技术密切相连。但这个情况并不是由战争产生的，只是通过战争得以保持稳定。

这种想法在 19 世纪和 20 世纪之交及其后的这段时期再次出现并成型。

---

① 唯能论，出生于拉脱维亚的德国籍物理化学家威廉·奥斯特瓦尔德提出了"能量学"的概念，他认为能量是唯一真实的实在，物质并不是能量的负载者，而只是能量的表现形式。列宁将此观点称之为"唯能论"。

19 世纪 90 年代的一个春天的早晨，就像"真正的圣灵降临节 ① 到来，得到圣灵的启示"一样，化学家威廉·奥斯特瓦尔德突然意识到，工业和生活中的一切归根结底都是能量，所有的艺术都是为了很好地利用这些能量。他通过熵定理 ② 推导出了自己的假定正确的理论，熵定理意味着在所有能量转换过程中减少的可用能量，但他的理论在当时不被人们理解。他的"唯能论"最初在同时代的人看来是离奇的，但后来却家喻户晓。甚至泰勒也引用了他的理论，因为奥斯特瓦尔德想把节约能量的学说也运用到人的身上。奥斯特瓦尔德后来身心俱疲，精神崩溃，更加深了自己寻求"唯能论"的使命感。[98] 他将能量的物理概念与作为人类活力的另一个更古老的"能量"概念相结合，这就是其学说哲学特征的基础。

1900 年左右，"煤炭紧缺"的警报不时响起，"唯能论"获得了越来越多的共鸣。如果说在此之前，技术人员的主要关注点是机器的高效能，那么接下来的关注中心则转移到了对最佳效率的追求上。迟至 19 世纪 90 年代，五分之四甚至更多的生产能源仍然被浪费在矿山和冶炼厂中。据里德勒说，甚至大多数工厂负责人都对这种可悲的状况一无所知，不知道他们的具体能源成本。煤炭价格上涨，竞争加剧，工程科学的进步带来了人们态度上的改变，而不仅仅是动力和热能方面存在这样的情况。弗里茨·诺伊豪斯（Fritz Neuhaus）是博希格 ③ 工厂的总经理，也是标准化和泰勒制的先驱，他在 1913 年的德国工程师协会（VDI）全体成员大会上向众人表示，那些"最重视并最有效地利用其资源和力量"的国家将会"抢先一步，赢得先机"。

战后的困境使这种智慧具有了新的现实意义。1929 年，物理学家沃尔

---

① 圣灵降临节，即五旬节，根据《圣经》记载的公元 33 年的五旬节，早期基督徒接受来自天上的圣灵，很多人拥有了常人看来非同一般的能力，例如可以说外语、治病等。

② 熵定理，即热力学第二定律，不可逆热力过程中熵的微增量总是大于零。在自然过程中，一个孤立系统的总混乱度（即"熵"）不会减小。

③ 博希格，一家德国公司，为建筑、工业、手工业提供构件。

特·萧特基（Walter Schottky）写道："利用自然界提供给我们的能量来源和物质储备，不假思索地开展经济活动，这样的时代对我们的孩子来说可能只具有过去经济时代的意义。"正如我们今天所知，他的预测很不准确，实际上这样的时代还远远不会到来。"从效率方面考虑"——奥地利社会主义者奥托·鲍尔（Otto Bauer）在 1931 年说，这是"时代的口号"。"唯能论的思维方式"是"远程发电站和高压线、高压蒸汽和巨型涡轮机、内燃机和热能经济时代"的特点。技术统治学说的登峰造极体现在对"能源货币"的要求上。[99]

"一战"后，合理化的重点完全在节约上，特别是节约使用硬煤。由于赔偿义务以及失去了萨尔地区和上西里西亚①，硬煤已经变得稀缺。"热能经济"是当时的口号，新成立的德国蒸汽锅炉和设备工业协会的一位发言人说，"这已在一定程度上：可以说是深入人心"。1920 年初，德国工程师协会、发电厂协会和德国钢铁工人协会联合成立了热能经济总部，致力于传播"更好地利用燃料"的技术知识，这些知识主要针对重工业，也可用于其他工业部门。当时，工业公司内部也建立了"热能中心"。

因此出现了几种解决硬煤稀缺的方法，它们之间既相互补充又相互竞争：在德国南部大规模开发水力发电（水力被称为"白色的煤炭"）；在北部人们则对"水力发电迷"持批判的态度；萨克森州和下莱茵河左岸地区的人利用大型技术露天开采褐煤；而鲁尔区的人则更好地利用劣质煤、高炉和焦炉煤气，并在技术设备中处处提高热效率。瓦尔特·拉特瑙在 1920 年着重强调：

> "我们认为，我们的各种机器、发动机和机械仪器的技术水平是不可能被超越的，但是，如果你开车到乡下走一走，你会发现一些

---

① 萨尔地区和上西里西亚，"一战"前属于德国的管辖地，战败后德国失去了管辖权。

相当缺乏经济性的发动机，频繁使用这样的机器无异于犯罪。"[100]

始终如一地在各个方向上追求热能经济的改善，这是一个永无止境的过程。1925 年，当煤炭稀缺不再是问题时，人们对热能经济的"低级"和"高级"进行了"相当严格"的区分，并对后者作了说明："热能工程师不仅应该是一个卡路里捕捉者，而且应该把目光投向其领域最接近的边界，因为有时在这些领域可以获得比节省燃料多得多的东西。"主要应该考虑的重点是"耦合过程"，即利用此前的废热和废气。热能行业总部的负责人克里斯托夫·埃伯尔（Christoph Eberle）在 1925 年宣称："我们的热能技术几乎没有比现在更丰富的新的可能性了。"人们可以看到一个技术社区是如何围绕着热能经济而逐渐形成，但其目标又是如何从节约的观念转移到效率的大幅提高。以节约为目的的生产力的真正提高，必须限于这种技术战略——不同时要求扩大生产综合体规模；然而，在当时的条件下，热能经济陷入了规模经济的漩涡之中。毕竟重工业是其主要支柱；1924 年鲁尔战争结束后，鲁尔区的问题不再是煤炭短缺，而是煤炭供应过剩。此外，美国贷款也是从那个时候开始大量涌入德国。[101]

从纯粹的技术角度来看，实际上在节约和扩大的措施之间有一个流畅的过渡；因为通过扩大蒸汽锅炉、增加压力和合并多个生产过程，可以减少热损失。因此，整个过程示范性地在纯粹的技术意义上展示了与工业追求结合的资源节约问题；类似的事例在历史上曾多次出现过。在 18 世纪末 19 世纪初，几个世纪以来为节约木材所做的努力呈现为效率的提高，这与生产设施的扩大有关。1900 年前后的"热力学教派"（欧根·迪赛尔 Eugen Diesel）为暴风雨般急速扩张的大型工业吹响伴奏进行曲。在 20 世纪 30 年代，自给自足政策远非真正的自给自足，反而加剧了扩张的压力。

第二次世界大战后，节约煤炭再次成为技术和经济上的当务之急，然而，我们可以再次追溯到如何从节约走向扩张战略的：当时更加以市场为导向，而且没有像 1918 年以后那样在社会中处处充斥着对合理化的一片赞美膜拜之声。"唯能论要求"仅仅是处于困难时期的准则，世界上的大多数人还没有认识到，不是增加能源消耗，而是节约使用能源的做法才能算是一种进步的标志。即使像库尔特·普里茨科莱特（Kurt Pritzkoleit）这样的具有批判思维的人也对以下事实感到震惊：1950 年，德意志联邦共和国每个居民消耗的初级能源① 比民主德国少 3%。[102]

第二次世界大战后的形势为许多人提供了回忆"一战"后那个时期的机会，尤其是两次战后时期热能经济的主旋律仍有一部分是相同的。1949 年的一篇回顾指出，第一次世界大战后，"发电厂工程师的口号"最初是"电力和热能经济的结合"，然后是"高压蒸汽"，最后是"使用低品质燃料"。当热电联产② 越过公司限制时，它与能源供应公司的区域垄断追求发生了碰撞，这种追求向着更高压力过渡时遇到了安全方面的限制。在 1918 年"一战"结束后的初期，人们的注意力更多地集中在人身上，而不是大型的技术项目上。当时有很多关于如何改进司炉工培训的讨论。1924 年人们讨论了"大型锅炉房"的创新，与此相反的是"炉工的艺术被工程师的艺术所取代"。锅炉工程师们更愿意在向更大单位的过渡中寻求技术进步，但没有充分考虑升级的问题。长期以来，锅炉一直是科学的"黑匣子"，人们对其内部情况所知甚少。"廉价的小燃烧室"被认为是一种"美国方式"，不太受重视。然而，在纳粹时期，为了防止遭到空袭破坏，单个涡轮机组的容量被限制在最大不超过 85 兆瓦，而美国的发电厂已经超过 200 兆瓦。[103]

在那之前，煤粉是一种劣质燃料，由于环境原因，当局禁止城市中

---

① 初级能源，即一次能源，指自然界中以原有形式存在的、未经加工转换的能量资源，又称天然能源，如煤炭、石油、天然气、水能等。

② 热电联产，是利用热机或发电站同时产生电力和有用的热量。

在当时的锅炉装置里燃烧煤粉。然而，当煤炭燃料不得不与气体和石油燃料竞争时，煤粉才符合一种近乎完美的燃烧技术：机械装填、任意调节和近乎充分的燃烧。1924 年的一则评论说，工业在此之前"可能没有像对待煤粉的燃烧问题那样，对其他任何燃烧技术问题做出……如此多的精神和物质投入"。20 世纪 20 年代前半期，"美国发电厂在粉尘燃烧方面取得的惊人胜利"吸引了许多德国工程师的关注；然而，这样的胜利是以更高的资本和运营成本为代价的，是加重了环境污染换来的。1929 年在赫恩黑尔讷 ① 附近投产的一个煤粉发电厂出人意料的喷出了大量飞灰，这件事成为整个能源行业的"重点事件"。事实也证明，煤粉燃烧需要更大的燃烧室并改进冷却设备。这种燃烧技术即使在热效率方面是最佳的，但是它是否真地提高了整体的经济性还不好说，于是又回到了以前的机械加煤燃烧炉。[104]

从一开始液化煤和气化煤就比煤粉燃烧更吸引人。煤气直到现在都只是煤炭燃烧和焦化的副产品。1913 年，列宁将从煤层中直接提取煤气的技术描述为"巨大的技术革命"，并将其认为是一件已实现的事实。然而直到今天，气化煤仍然处于实验阶段；高温反应器一度被证明有可能用于气化煤生产，但该设备仍然停留在纸上谈兵的环节，没有得到很大的发展。不仅是经济问题，严重的生态问题也阻碍了这一进程。[105]煤加氢成为法本公司风险最大的大型项目，只是由于自给自足政策才使其免于完全崩溃。这些项目不再与谨慎的"热能经济"相关；相反，它们有助于使燃煤在技术上更加考究，并扩大煤炭的应用范围。

原则上，如果电力不是由水力产生，而是通过转换热能而产生，并且电厂附近有热能需求，那么热电联产就是一个理想的选择。因此，它特别适用于在社区靠近消费者的地方建立的发电厂，以及需要大量动力和热能

① 黑尔讷，位于德国北莱茵－威斯特法伦州。

的重工业。只要人们从热能经济和"唯能论要求"的角度考虑，热电联产的优势就一目了然。1900 年，欧洲第一个同时提供远程供热的发电厂在德累斯顿投入使用。热电联产一度成为德国的特色。工业界自己发电，这也是工业界利用废热的机会，这在 20 世纪 20 年代还是广泛使用的生产方式：不仅是出于能源自主的考虑，也是出于操作安全的考虑，因为当时的远程输电线仍然很容易受到雷雨的影响，存在绝缘体损坏的风险。特别是在像鲁尔区这样的工业聚集区，那里有大量的工业废热，分散式热电联产的条件非常理想，而且最初对大型电力生产商争取区域垄断的反对声音也相应很强烈。在其他地方则有人抱怨说，对于余热利用，"电力公司的垄断往往就像中国的万里长城一样将其拒之门外"。

在 1918 年后煤炭紧缺的情况下，为实现热电联产而付出的努力达到了极致，但在 20 世纪 20 年代这一趋势又出现了下滑。当急性需求过去以后，机械工程师和供热工程师的不同思维方式对热电联产产生了抑制作用。优化机器的效率与努力利用余热的方向不同。更重要的是，电力驱动分散了对热能经济的考虑。一位热能工程师在 1924 年抱怨说："这是多么可悲，只要能源还被称为'热能'，人们就会小心翼翼地想去保证和调试锅炉以及机器的效率，只要能量还作为一种看不见摸不着的'力量'，人们就会轻率地去使用它。"

1907 年，奥斯特瓦尔德指出，"能量的真实性"在"电能中表现得……最为明显"。抽象的"能源"在无形的、无处不在的电力中找到了它的技术对应物；作为电力的同义词，能源这个概念在 20 世纪 30 年代的官方语言使用中也习以为常。但电力群体的趋势是扩张，而不是最经济地使用初级能源载体。能源和电力的等同催生了"唯能论要求"。1924 年前后，在工程界有时会出现电学家和热能经济学家之间的对抗；他们互相戏称对方为"卡路里捕手"和"卡路里小偷"。然而，电力的先驱们处于合理化运动的中心，他们的实施能力远远超过了热能经济学家。[106]

在 20 世纪 20 年代和 30 年代的重工业中,"德国道路"被强调为"热能经济"意义上的"企业做出的总结"。"热能经济"是指高炉和焦炉燃气的使用,以及"在高炉和炼钢厂迄今为止各自独立的能源预算之间实现经济上最佳的能量流动的技术"。高炉燃气的使用首先从洛林的重工业开始,并在那里已经与铁加工纵向集中的趋势相结合,这种趋势向鲁尔区的地位提出了挑战。大约从 1908 年开始,斯廷斯(Stinnes)和蒂森(Thyssen)在鲁尔区大规模地推进高炉燃气的使用。在这里,热能经济是狂风暴雨般激进的扩张政策的组成部分。燃气现在也被用作燃料,为此,为小型企业而设计的燃气发动机必须进一步发展为大型机器。早在 1911 年,在《德国作为世界强国》的文集中,有一篇关于"技术科学的胜利"的文章就指出,大型燃气发动机是"在德国得到出色发展的特色机器",德国在这方面"远远领先于所有其他国家"。在燃气发动机的大小方面,当时的德国工业甚至远远超出了在美国常见的尺寸。用燃气发动机来联合重工业和电气工业,这是斯廷斯康采恩的基本技术理念;然而,这在通货膨胀后的合理化阶段瓦解了。"高炉燃气的经济性"(索恩·雷特尔 Sohn-Rethel)仅与企业整体经济部分吻合;由于一贯的偏执,它成为"合理化"非理性发展的典型例子。[107]

纵向集中——"向上的道路是原始产品,向下的是成品",在 1918 年的瓦尔特·拉特瑙眼中,这是特殊"优势"的标志。最初热能经济的特点是高炉和钢厂、矿山和炼焦厂的结合,但 1921 年古特霍夫隆矿山开采公司进入了机械工程领域,将业务延伸出了南德的北部边界,掌握了德国曼恩集团(MAN)① 中的大多数股份,这是非常引人瞩目的一步。总的来说,纵向集中并没有真正遵循技术逻辑;在一定程度上,它与技术专业化相抵触。对于许多单独的部件,专门的公司相比于大公司能够更

---

① 德国曼恩集团,总部位于德国慕尼黑,旗下有三大业务领域,分别生产卡车、客车、柴油发动机和透平机械。

好地利用大型生产的方法。虽然大公司想要尽可能地在内部生产所有部件，但从技术角度来看，大型生产不仅有利于大企业，也有利于配件行业。

即使是有直接联系的钢铁厂和轧钢厂——他们在热能经济方面的优势看起来很是明显，但带来的好处其实也是有限的；正如调查委员会在 1930 年所认定的那样，通过互联实现的热生产"只有使用少数无须特殊要求的材料才能进行"。这不仅是一个技术问题，更主要的是一个组织问题。即使是在"合理化"的高潮期，也差不多没有谈到对高炉燃体的完全利用；1928 年，鲁尔居住区协会（Ruhrsiedlungsverband）还在抱怨说，"日复一日，在大型冶炼厂里，剩余的燃气没有得到利用，就那么点起巨型火炬[①]，漫无目的地熊熊燃烧。"

如果人们想要始终沿着"向上的道路通往原始产品"，对德国的资源进行最佳利用，就应该努力利用德国普遍存在的贫矿；特别是制定自给自足政策的政治家们从中看到了重工业的"德国道路"，然而工业界唤起了这一意识：这一任务在技术上是无法解决的；在建造赫尔曼·戈林国家工厂（Reichswerke Hermann Göring）时，不得不请来德裔美籍冶金工程师赫尔曼·布拉塞特（Hermann Brassert）。[108]

这就是 20 世纪 20 年代在工业集中里常见的情况，法本公司的成立被认定就是"合理化"的体现，特别是日益昂贵的工业研究的要求——德国化学企业不会采用福特制的大型生产模式。然而，即使在合并之后，研究仍然是分散的。这家当时最大的德国康采恩公司在成立，也看不出任何技术逻辑。相反的，新的公司规模给予了煤加氢项目更广泛的支持，资助了经济上并不合理的偏执项目，这影响了公司的技术战略。

通过规模增长改善经济，将大型经济和大型技术相联系——这个学说

---

① 指多余燃气在冶炼厂的高炉上被点燃，像一个个巨型的火炬。

在别的任何地方都没有像在 20 世纪成为公共事务的电力生产那样得到如此有力和积极的拥护。在埃米尔·拉特瑙的电力集中化项目中，"用数千马力的机器自动、无声地给拥有数百万人口的各大城市提供照明和电力"，此项目最初是一种领先于当时技术水平的设想。当时，德国工程师仍然对大型机器心怀惧意，他们对这些机器的风险还认识不足。然而，早在必要的技术基础存在之前，大型联网供应系统的想法就是"电气工程的童年梦想"。当第一座发电站出现时，根据计算，德国与美国相比拥有大型工厂的特定成本优势；而在美国，人们更谨慎地推动发电厂技术，发电厂最初是通过增加小型高速机器来扩大规模的，但埃米尔·拉特瑙依靠的是大型、运行缓慢的直流发电机：这个技术上的大胆飞跃最初遭到了西门子的怀疑。[109]

由于战争经济的需要，发电厂的规模增长趋势得到了新的推动。莱茵集团的戈登伯格发电厂是当时的大型发电厂之一。起初，这家发电厂似乎并不盈利，但铝的生产挽救了它。在美国，战争期间蓬勃发展的"大力神"计划在和平时期遭受挫折，而这一趋势在战争结束后继续在德国延续。增加区块规模在当时是德国的一种特殊道路，就像全国范围内的联合电网计划一样，该计划至少已部分得以实现。甚至巴黎的中央集权主义在当时也没能在法国激发出类似的项目。意大利的电气化是在更小的区域范围内进行的。在德国，规模增长的优势是不间断、均匀地充分利用发电厂的负荷，总有一些"电力缺口"需要通过开辟新的销售区域来填补。法国和意大利对联合电网计划的不同态度可以部分地解释为水力发电在那里被认为是国家能源。当前的能源需求下降时，水可以被拦截起来；另一方面，在燃煤电厂中，必须加热蒸汽锅炉以提高效率：在这方面，从纯粹的技术角度来看，燃煤电厂对均匀负荷的需求更强烈。然而在水电站来说，高昂的资金成本也会引发类似的兴趣。

但是，对均匀负荷的追求并不一定导致规模经济。在早期，最可靠的利润是通过一个需求相对均衡的直流电消费者的小型网络来实现的。正如后来《能源工业法》（1935 年颁布）的倡议者亚尔马·沙赫特（Hjalmar Schacht）在 1908 年强调的那样，国家不得不进行干预，以确保电力行业的集中化进展。当时，在一个可管理的地方范围内，确定的电力消费者最有可能保证每日负荷曲线的平衡。当电气化渗透到平坦的农村时，情况最初变得不明朗和不稳定，只能通过进一步刺激电力消费和进入乡镇来巩固。这决定了电力行业的宣传态度和对电力供应商的地域垄断的要求。这是因为农村地区电气化对经济有着刺激作用，而随着区块规模的增加，成本又得以降低。然而，不确定这种下降会持续到什么程度。[110]

对于私营部门来说，大型电厂和大型互联理念最初是一把双刃剑，因为它们为战时和战后的国有化计划提供了技术上的合理性。覆盖全州的互联系统首先在巴伐利亚成功，这不是巧合，在那里，奥斯卡·冯·米勒受到时代情绪的青睐，从 1914 年开始重新激活了国家经济传统。该项目涉及瓦尔辛湖工厂，这座工厂在战后成为欧洲最大的水力发电站；就大型水力发电站而言，国家的责任是不容置疑的，燃煤电厂的情况则不同。德国通用电气公司的主管格奥尔格·克林根贝格（Georg Klingenberg）是当时大型发电厂的主要专家，瓦尔特·拉特瑙将其带入战争原料部门，他在 1916 年提出了普鲁士国家的电网互联计划时，不仅遇到了来自莱茵集团的阻力，也遭到了来自地方电力公司的反对。莱茵集团在 1920 年授予参与的地方协会以多数股权，并以这种方式扩大其与地方利益的联盟，从 1924 年开始推进其南北铁路项目，该铁路可以将北方的煤炭与南方的水力发电连接起来，这是对国家电网互联计划的战略反击行动。莱茵集团和普鲁士之间围绕法兰克福展开了一场真正的斗争：但这一争端在 1927 年的"电气和平"中通过划界得以解决。[111]

电厂容量的增长伴随着新技术规模的增长。不仅是水力发电的发展，还有褐煤开采，它是山丘总厂（后来的戈登伯格发电厂）和高尔帕－茨施翁内维茨发电厂的基础，褐煤开采在德国的发展速度超过了当时世界上的其他地方，其开采方法很快就达到了大型技术的水平，与硬煤开采形成了鲜明的技术对比，后者的井下机械化进展缓慢。早在 1907 年，号称"铁矿工"的第一台可实际使用的挖掘机就被用于露天褐煤开采。保罗·西尔弗伯格（Paul Silverberg）是莱茵褐煤工业的领军人物，他在魏玛共和国一度站在鲁尔区大亨们的政治对立面，并宣称自己赞成社会民主党①的主张。开放性的技术基础在褐煤开采的高度机械化中得以体现，这造成了褐煤开采工作的工资增长远远慢于硬煤开采。1929 年，褐煤生产的电能首次多于硬煤。[112]

大型发电厂之间的互联需要具有"超高压"线路：在 1891 年法兰克福电气展览会上，15000 伏的电压已经让技术人员感到兴奋，而电压在 1918 年则达到了 110000 伏。然而，最重要的是，建造大型发电站要求驱动机的容量有一个相当大的飞跃，以便能够利用在技术上集中化的可能性。世纪之交（19 世纪和 20 世纪）后，建设发电总站带来了蒸汽轮机代替活塞式蒸汽机的突破，与蒸汽轮机相比，活塞式蒸汽机必须要大得多才能有同样的输出。蒸汽轮机是一项"真正革命性的发明"（马耶尔 Mayr），它利用旋转和加速的原理改进了蒸汽动力的使用；此外，它也需要受过更多理论培训的技术人员。蒸汽锅炉这种看上去传统且安全的技术仍得以保留。但是蒸汽轮机对蒸汽锅炉设计提出了新的要求。

1920 年 3 月，在杜塞尔多夫附近的莱索尔茨发电站中，一座 1917 年刚建好的锅炉爆炸，造成 28 人死亡，引起了极大的恐慌，因为人们当时以为已经能够完全避免锅炉爆炸的危险了。随后对所有大型锅炉的检查产生了"破坏性的后果"，以至于很多人被"诊断出""感染了

---

① 德国十一月革命后，德意志帝国被推翻了，德国社会民主党多数派为了自身的利益，与旧军人兴登堡妥协，于 1919 年 2 月 6 日在魏玛召开国民议会，选举艾伯特为总统、谢德曼为总理。同年 7 月 31 日国会通过《魏玛宪法》，正式宣告废除帝制，成立共和国。

锅炉恐惧症"。此时成立了"德国大电厂技术协会"（VGB），该协会通过明确事故风险，对钢铁和锅炉制造业提出更高的质量标准。锅炉的性能和负荷继续增加：在莱索尔茨爆炸的锅炉的工作压力为 10 个大气压，而到了 1928 年，锅炉压力已经可以达到 100 个大气压。曼海姆大型电站的建造者、蒸汽轮机技术的先驱之一弗里茨·马格雷（Fritz Marguerre）在大约 30 年之后承认，回顾过去，人们当时在大型机器建造中所谈论的东西是一种"被安全系数所蒙蔽的无知"。虽然里德勒曾嘲笑那些坚信在大型机器建造时可以依靠"经验"的人，但 76 岁的马格雷（Marguerre）坦言，电厂建设者只能通过"基于经验的直觉"取得进步。[113]

电力提供的技术机会有利于提早形成一种在形式上追求规模效应的迷狂。埃米尔·拉特瑙在 1914 年断言，"大规模生产电力的技术可能性几乎是无限的，在一个地方生产满足欧洲全部需求的电能是完全可能的"，甚至可以将集中生产的电力输送到欧洲以外。输电的高成本显然只被认为是一个暂时的问题；热电联产和发生故障时电厂巨头所需要的储备容量根本不是值得考虑的问题。1930 年在柏林召开的国际动力会议上，工程师奥斯卡·奥利文［Oskar Oliven，罗意威股份公司（Loewe AG）的董事会成员］制订了一个欧洲高压电网计划，该计划将把从斯堪的纳维亚到巴尔干半岛、从西班牙到伏尔加河口的水力发电结合起来，并将利用这一广阔地区的煤矿资源以作支持。1925 年，里德勒计算出，以同样的 1 芬尼价格，一千瓦时的能量可以输送 165 千米，相应数量的煤炭可以输送 500 千米！若是这样，就算是从鲁尔区向北海[①]输送电力也变得很不划算。相反，运输煤炭会更便宜。[114]

里德勒的学生、发电厂工程师弗朗兹·拉瓦切克（Franz Lawaczek）

---

① 北海，大西洋东北部边缘海，位于欧洲大陆的西北，即大不列颠岛、斯堪的纳维亚半岛、日德兰半岛和荷比低地之间。

把这些数据看作重要的依据，作为政府的技术专家，他试图以此脱颖而出，并向能源产业的集中化和互联战略宣战。从另一方面来看，德国电力公司的每日负荷曲线非常一致，大面积的互联只能保证负荷的轻微提高。从当时国家的角度来看，重要的理由是集中的能源供应在发生战争时的脆弱性。因此，在 1933 年，最初预计会有一个相当分散的能源政策。然而，这种计划与纳粹党的小资产阶级社会改革派有关，它在夺取政权后很快就黯然失色。1935 年的《能源工业法》甚至给能源中心的区域垄断提供了在此之前一直缺乏的法律依据。德意志"第三帝国"作为中央供电的模范国家在国际上脱颖而出。重整军备和四年计划中的几个工业项目——铝生产和化学工业中的高压合成，也让使大型发电厂的地位不可动摇。[115]

即使经过了第二次世界大战，大型电力产业和联合供电经营体制还是变得更强大了，因为不知什么原因，它受空袭的影响比工业自备电力小。1945 年后在莱茵河和鲁尔区再次爆发的褐煤和硬煤对能源市场的争夺战也得到了解决，双方利益集团共同合作，进一步扩大南北互联，与抵制它们的地方能源供应商竞争。如同 1918 年前后一样，在第二次世界大战和战后初期，出现了"转向水力发电"的情况，由于煤炭的短缺，煤和水力发电互联变得有吸引力。1948 年，为了捍卫联合供电经营体制，莱茵集团甚至表示水力发电是"至关重要"的，并宣告了可再生的"永恒能源"哲学。围绕联合供电经营体制的新一轮讨论一直持续到核能发展的初期。褐煤"不值得运输"的提法是支持大型远距离输电线的主要依据；对于铀来说，运输成本不值一提。因此，人们可以理解，起初一些地方发电厂在核电中看到了它们的机会。相反，莱茵集团在第一个实验性核电站和第一个示范性核电站 [卡尔核电站（Kahl）和贡德雷明根核电站（Gundremmingen）] 之间开通双向对开的火车，由此强化了南北铁路的作用。然而，莱茵集团的技术总监海因里希·舍勒（Heinrich Schöller）

用了一个经典的理由为建造卡尔核电站的决定进行辩护，"如果国家想通过匆忙建造（核）电厂来做蠢事，那么我们最好自己做这些蠢事，以便能将其控制在自己手中"。[116]

在这一过程中，是否有其他选择？集中联合供电派拥有坚定且具备实施能力的利益联盟，提出的理念宏伟而令人印象深刻。然而直到20世纪30年代以前，反对大型集中联合供电联盟的派别也并非无人关注；从普鲁士财政部和地方协会到中小型电力企业都有反对派的成员。即使是联邦总理、前科隆市长阿登纳（Adenauer）①也试图支持地方当局的能源自主权。但这个反对派总体上具有一种特殊的防御性特征：至少在"合理化"时期就是如此。甚至连热电联产的武器都没有得到持续使用。

然而，拉瓦切克有一个宏大的想法：他的分散能源经济概念与未来氢能时代的愿景，以及从利润动机中解放出来的技术相结合。但是，氢能经济是一个幻影，即使希特勒在内部对他的观点表示赞同，他还是很快就被政治边缘化了。弗里茨·马格雷（Fritz Marguerre）是一位得到地方支持的重要的电厂工程师，他在"二战"后与大型供电联合体的绝对权力进行了斗争。然而，正是在他的身上以独有的风格和一种引人注目的方式体现了对容量提升的追求。在他看来，能源供应公司也只有另一个选择：增长或"久病不愈和缓慢死亡"。他是第一个大胆提出锅炉压力可以设定为100个大气压的人；1960年左右，这位80岁的老人仍然主张建造带有蒸汽过热的反应堆，这是当时的一个前卫概念。[117]规模经济的历史替代方案只存在于个别元素中，而不是在一个具有实施能力的活跃分子联盟中。

---

① 康拉德·阿登纳（Konrad Adenauer，1876—1967），德国政治家，联邦德国首任总理。在他的领导之下，德国在政治上从一个"二战"战败国到重新获得主权，进而成为西方国家的一个平等伙伴；经济上医治了战争的创伤，并通过实施社会市场经济，创造了德国的"经济奇迹"。

6. 机动化的德国道路

在 20 世纪的技术史上，几乎没有别的技术工具比汽车更能体现人们对机械的研究兴趣。一部真正的汽车史不仅是一部发动机的研发历史，而且是一部销售和设计的历史，是一部技术设备和客户愿望共同发展的历史，甚至不仅仅是汽车生产的历史，而且是机动化过程及其巨大影响的历史。这个过程在历史上的影响是毋庸置疑的：不仅是城市和道路，工业结构和外部经济的相互交织，还包括大多数人的日常生活和度假行为，技术和环境的关系。总之，人类的整个"第二天性"已经被汽车改变了。汽车是"第一台可供其主人自主使用的高技术含量的机器"；它能够使非技术人员与机器技术建立密切关系。[118] 然而 20 世纪的机动化洪流至今没有真正显示出任何历史学的形态，或许其原因正是在于这样的多面性。与 19 世纪铁路的胜利不同，20 世纪的机动化似乎是一个没有历史性的自然过程，其中没有活跃人物、历史决断和时代分期。从历史方面难以把握这个主题，这与社会在面对汽车交通问题时的束手无策倒是相当一致。

正因如此，以历史为抓手才有助于人们意识到机动化进程是如何关系到社会决策领域的。

这样的机动化进程似乎不需要任何特殊的历史解释，它在此期间或多或少地发生在几乎世界上的每个国家。在这一过程的细节上，各国还是存在着重大的差异。在国际比较中，人们不难认出德国所扮演的某种特殊角色，德国与机动车交通之间关系出现的历史性变化也异常引人注目。因为 20 世纪上半叶，即使考虑到汽车最早是在德国发明的，德国的机动化进程也相对缓慢。直到 20 世纪 50 年代，联邦德国才对汽车形成了一种历史上独一无二的国家认同感。从德国的角度来看，法国和美国是 20 世纪 20 年代和 30 年代之前的汽车国家；以美国人的角度来看，此时的联邦德国也已完全成为一个汽车国家。很长一段时间以来，德国民众对汽车的狂奔都表示非常愤怒，然而，最终联邦德国却成了限速规定最坚定的反对者。这种角色转换让人联想到 "对攻击者的认同"[①] 这样一种心理模型！

然而，从道路建设、交通法规、执法实践、赔偿责任、汽车税收和税收减免，到铁路和电车政策，如果没有这么多由国家制定的框架条件，机动化进程是不可能实现的。早在 20 世纪 20 年代，人们就意识到，通过地区自行车道的建设，也可以有力地控制自行车交通的范围：马格德堡[②] 就是以此方式成了 "德国的自行车之城"。另一方面，柏林的城市规划者则根据他们的美国愿景，在自行车真正被汽车挤到路边之前就已经让它居于边缘化的位置。从一些老照片的记录来看，即使在 20 世纪 20 年代的波茨坦广场上，行人和骑自行车的人仍然占多数。[119]

尽管通货膨胀使部分中产阶级陷入贫困，但第一次世界大战还是为汽车带来了第一次突破。1914 年之前的 "国家" 动机往往有利于铁路的发展，而 1918 年之后的机动化似乎是必要且不可阻挡的，尤其是从国家强权政治的角度来看就应如此。此外，美国的优势似乎证明了汽车对经济的 "刺激" 是必不可少的。德意志国交通部的常务次官弗里德里希·普夫鲁格（Friedrich Pflug）在 1928 年断言，自战争以来所有人都认同这一点，"机动车对于我们强化经济来说是不可或缺的"。战争首先直接使卡车受益，卡车的发展在 1914 年之前就得到了军方的资助。然而，由于卡车交通对不具备条件的道路带来了最严重的磨损，因此卡车立即与地区和房主的利益产

---

① 认同攻击者，弗洛伊德提出的自我防御机制。个体模仿和学习自己害怕的人或经常受其攻击的对象的行为，使自己在心理上感到与那个令人惧怕的人或对象的认同，以此消除恐惧心理。

② 马格德堡，德国东部城市，位于易北河畔。

生了尖锐的冲突；此外卡车交通也遭遇了国有铁路公司的反对。在客车技术的发展中这种情况显而易见：战争结束后，许多飞机制造商试图在汽车行业谋生。这加快了发动机向着小型、快速和相对嘈杂的趋势发展，汽车排量的税收要求推动了这一趋势，20 世纪 20 年代中期这种趋势被证明是面对美国竞争者时的一个不利因素。[120]

1918 年后，对于那些仍然有钱的人来说，拥有一辆汽车成为一种身份的象征。即使在黑尔福德①这样的小城镇也发出此类报道，"从 1920 年 7 月起，在批发商、贸易和工业的富人圈子里，轿车就如同雨后春笋般涌现。一些自由职业者，如律师和医生也已经开始购买汽车"。大规模机动化在那时只是一个时间问题吗？时间作为证据在这方面反映了一种矛盾的情况。从 1921 年到 1929 年，德国的轿车数量从大约 6 万辆增长到 42.2 万辆；从急速增长的汽车销量来看，这种在 8 年内翻了 7 倍的增长简直是"美国式的发展"。美国通用汽车公司于 1929 年收购了德国欧宝公司，根据它的预期，德国的大规模机动化时代已近在眼前。然而联合钢铁厂在其成立之初（从 1926 年开始）的扩张计划中似乎并没有推测到即将到来的大规模机动化。能拥有一辆汽车的成年德国人只有不到百分之一！但经济危机很快就使增长曲线出现拐点。机动化作为经济繁荣的发动机这一期望很快就痛苦地落空。[121]

尽管如此，《金属五金工人报》的主编弗里茨·库默尔（Fritz Kummer）在 1930 年宣称，"革命性的汽车"将为"革命性的工人阶级事业服务"。这个"建立在车轮上，咕噜咕噜跑得飞快的可恶工厂"已经"彻底改变了我们的整个公共生活和社会生活"，并带来了技术和生产方式的变革，这种变革也会转移到工资政策上来。然而，这种"福特制"的观点主要反映了汽车工业工人的利益。工程师和汽车评论员路易斯·贝茨是位颇有争议的支

---

① 黑尔福德县，德国北莱茵－威斯特法伦州东北部的一个县。

持"国民汽车"①的意见领袖，1928 年时他就相信，"今天"人们希望"远离铁路，走向汽车交通"，但 3 年后他注意到，有"一些团体"正试图阻止汽车化的进一步发展，并且这些团体也能说出这样做的理由。福特的成功本来是大规模机动化的恰当理由；然而现在贝茨责骂道，说起美国，"机动化是美国提出的最愚蠢的事情"。因为现在美国是一个铁路不发达的国家。《世界舞台》在 1926 年的一篇文章嘲讽了那些"沉迷于美国汽车的人"，当他们从百老汇回到柏林时，会对"波茨坦广场上空无一车的柏油路"感到十分沮丧。本书作者计算了一下，如果德国如同美国一样，每五个居民中就会有一人拥有一辆汽车，并且拥有相似的公路网络的话，那么德国的大街上"每 11 米就得有一辆车"，因此任何一个想把美国机动化嫁接到德国的人都患有"汽车综合征"。不仅有对美国化的迷恋，对美国化的嘲讽也是那个时代的特征。斐迪南·弗里德（Ferdinand Fried）早在 1931 年就坚信机动化结束了；联合收割机②只不过是"机动化时代的余响"。[122]

　　然而，20 世纪 20 年代的新闻界中处处都可以感受到汽车散发出的魅力。即使不是大众的观点，那么新闻界公开发表的舆论可能也会给人留下一种印象，好像一切都在向大规模机动化靠拢。在某些情况下，档案馆和地方报纸则向人们部分地传递了截然不同的画面：对汽车的抱怨声不绝于耳，如汽车交通不断增加，以及汽车化带有狩猎传统意味的那种肆无忌惮。不只是对车的喜爱有其历史，而且对车的厌恶也有自己的历史。尽管公众对汽车事故的态度已经明显比 1914 年之前平淡了许多，当时即使是三匹马被汽车撞伤，也会让慕尼黑当地的媒体兴奋好几天，而 1925 年，一位汽车

---

① 国民汽车，希特勒在 1936 年曾提出一个设想，要生产一种廉价的"国民汽车"。他说，每个德国人，至少是每个德国职工，都应该有一辆自己的汽车，就像美国一样。国民汽车计划大大推动了大众汽车公司的发展。

② 联合收割机，是指一次性完成谷类作物的收割、脱粒、分离茎秆、清除杂余物等工序，从田间直接获取谷粒的收获机械。

的支持者也写下了人们"对汽车的普遍敌意"。赫尔曼·黑塞（Hermann Hesse）的小说《荒原狼》（*Steppenwolf*）（1927 年）中的主人公沉浸在这样的幻想中：被汽车追赶了很久的行人反过来追捕"那些肥胖的、衣着华丽、散发着香气"的司机们，要"连同他们巨大的、咯咯作响的、恶毒咆哮的、像魔鬼哼哼的汽车一起毁灭"。

大部分人还没有理由觉得自己是未来的车主，显然也没有把买车付诸实践，他们反而觉得汽车对道路的征服是一种不合法的侵占行为。那些对汽车出现之前的时代还记忆犹新的人经历了汽车是如何彻底改变了街道的功能，在那之前街道也是一个交流的地方和首选的居住地。若要抵抗日益增长的汽车交通，那么与政治相关的核心在于较小的乡镇，这些乡镇当局一再坚持在当地保持每小时 15 千米的速度限制，这个速度也就是旧时的马拉车速度。[123] 然而这种反抗在当时类似于乡镇对电力生产集中化的反对；带着一丝狭隘的地方分治主义，乡镇缺乏有效的替代方案，无法将各种力量与其自身需求联系起来。

1900 年后的头几年，"国民汽车"的呼声就已经在人们耳边响起，这种呼声在亨利·福特的影响下于 20 世纪 20 年代在汽车媒体中成为主题。但对许多汽车爱好者来说，市场上不断出现的廉价汽车看起来就像怪物和漫画形象。魏玛共和国最成功的汽车——欧宝的"树蛙"是雪铁龙的翻版；但即使是这种已经在流水线上生产并有时达到每天 100 辆生产记录的汽车，也没有成为真正的"国民汽车"。当德国汽车制造商试图推出一种"国民汽车"时，他们无法摆脱这种进退两难的窘境，买车通常不是纯粹出于实用的原因，也是出于某种迷恋：这种迷恋是小型汽车所无法给予的，然而对于冷静精明的普通工薪阶层来说小汽车还是太贵了。这种认识深深植根于大多数德国汽车行业。回想起来，即使在 1933 年之后，尽管新政权对于大众汽车计划的成功信誓旦旦，做出宏伟的承诺，但该行业仍顽固地抵制纳粹独裁者的这项计划，这种情况简直令人惊讶。纳粹政权不得不亲自接手大众汽车的生产。该行业的阻力是基于现实的市场评估：尽管纳粹政权进行了大规模的宣传，但愿意攒钱来买"甲壳虫汽车"[①]（KdF-Wagen）的人为数甚少，远不足以使这款"国民汽车"盈利。[124]

图 34："没错，车身是全钢制成！"这句话摘自 1939 年甲壳虫汽车宣传册——《你的甲壳虫汽车》。此后不久战争开始了，甲壳虫汽车对于德国那些存钱买车的人来说只不过是个未来的梦想。德国驾驶员与美国驾驶员不同的是，他们不仅想使用汽车，而且还想搞懂汽车上的技术，这也是德国驾驶者的特点。"全钢"：在此之前，许多汽车的车身仍然含有木质的材料。20 年后，"特拉贝特[②]（Trabant）"的设计者们却为车身不使用钢材而感到自豪！

　　未来的国民汽车在很长的一段时间内仍然都只不过是个虚幻的想象：是仍处于防御状态的汽车说客们的想象，他们必须证明汽车所具有的公共利益特征。喧嚣的利益卡特尔集团以协会和杂志为依托，常常用激昂的语气号召所有驾驶员团结起来反对这项新技术。在 1905 年到 1907 年的

———————————————

① 甲壳虫汽车（"KdF"汽车），"Kdf"取自"Kraft durch Freunde"（快乐就是力量），是当时德国劳工阵线下属的度假组织的名称。1934 年，费迪南德·保时捷竟标成功，开始设计与制造国民车。1938 年，国民车的最终样式确定，希特勒在德国下萨克森州的沃尔夫斯堡大兴土木，建设"KdF"汽车城来生产这款国民汽车。

② 特拉贝拉，民主德国汽车品牌。

议会辩论中，他们围绕着限速和赔偿责任展开了最初的一系列斗争，自那以后，这些利益集团的商业活动一直是汽车推行中的一个标志性因素。在这里，新技术在用户群体和生产者群体中都产生了相当明显的群体关联。直到 20 世纪 50 年代，汽车的胜利可以算是"奥尔森悖论[①]（Olson-Paradox）"的例子：紧凑的少数利益比分散的共同利益更有可能得到实现。迟至 1954 年，阿登纳在与德国工业联合会（BDI）主席弗里茨·伯格（Fritz Berg）的一次谈话中调侃道："如果我不是德意志联邦共和国最强大的政党的主席，我就会成立一个反对汽车主义的政党，它会变得更加强大。"[125]

在战争期间汽车工业并没有认真地把"国民汽车"当作追求的目标，但在 20 世纪 20 年代，德国出现了另一种机动化的方式：更便宜的摩托车。在那之前，英国在摩托车以及自行车运动方面一直处于领先地位；而在美国，摩托车已经被汽车甩到了后面；1925 年后，摩托车在德国取得了领先地位。自 1926 年起，德国摩托车的数量超过了汽车的数量。而这种领先优势一直持续到 1957 年：它标志着一个机动化的时代。比起汽车生产，"福特制"在摩托车制造中产生了更适应德国情况的形式。位于乔保的 DKW 车厂在 1925 年引入流水线技术，这座工厂自 1928 年以来一直是世界上最大的摩托车工厂，它在 1931 年以 420 帝国马克的价格推出了一款"国民自行车"。然而，当时摩托车制造和汽车制造一样，仍然是业余爱好者的乐园，他们充满热情，不从商业角度计算得失，摩托车的种类也相对比较丰富。此时还远不能确定，汽车是否能成为机动化的最终目标。直到 20 世纪 50 年代后半期，工业界看到了摩托车和汽车之间大有可为的市场差距。1958 年到 1959 年间，小型摩托车和微型汽车的生产战略才遭到了彻底的失败。[126]

---

① 奥尔森悖论，著名经济学家奥尔森（1965 年）在其《集体行动的逻辑》一书中得出一个惊人却颇有影响的结论：在集体选择过程中，在许多情况下，多数人未必能战胜少数人。

在 20 世纪 20 年代，德国汽车工业还没有预想到大规模汽车化的时代。其部分生产线是由具体的德国技术传统决定的，如对重型汽车的偏爱：当时德国主要是一个生产钢铁的国家，铝的生产不多；德国的技术专长是重型机械制造。这可能导致了德国小型汽车的生产甚至连国内市场的需求都不能满足。戴姆勒－奔驰公司的生产战略有一部分是由柴油发动机决定的，也是由其在制造飞机和军用车辆方面的经验决定的——这是第一次世界大战留下的遗产；为应对全球经济危机，该公司决定更加专注于卡车和客车生产。

受到飞机制造的部分影响，流线型造型从 1932 年开始在德国确立，尽管它最初激怒了那些还把记忆中的马车造型当作美学标准的公众。"这种

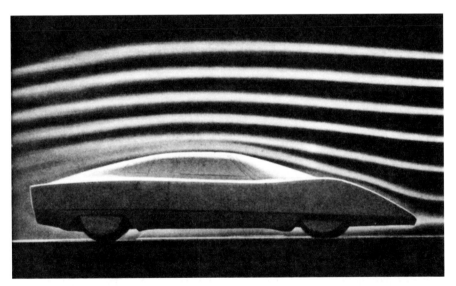

图35：风洞①中的流线型汽车黏土模型，在这里技术人员可以确定哪种设计能使空气阻力最小。空气动力学首先在飞机制造中得到了实际应用。直到很久以后，它才开始对汽车车身产生重大影响：汽车能达到的速度越来越快，空气阻力的存在变得越来越明显。这时，驾驶员的审美也就不再偏好旧式马车的样式。

---

① 风洞，以人工的方式产生并且控制气流，用来模拟飞行器或实体周围气体的流动情况。

在空气动力学上近乎完美的形状于 20 世纪 20 年代就已经为人所知，但在那个以速度适中和燃油价格为重点的时代却并不重要——相反，由此产生的形状反而成了购买时的心理障碍。"（卢茨·恩格斯尔基兴，Lutz Engelskirchen）这场设计革命的动力来自技术，而不是市场销售。根据美国的判断，这种技术上的优先甚至在 1980 年左右都还是德国汽车工业的典型特征。然而就汽车而言，技术本身几乎不包含标准化和典型化的推动力。某些基本结构仍然得以顽强地保留着；但与蒸汽机或涡轮机不同的是，这种复杂的产品有多种优化的可能性，它必须适应完全不同的情况，并在很大程度上作为一种划分社会阶层的手段。时至今日，哪款汽车最好这一问题是一个永不枯竭的话题。1938 年成立的汽车工业合理化委员会迫于上层压力而进行的讨论也并没有对此得出任何结果。[127]

不仅是公司和工程师追求独创性，德国的市场条件也有利于汽车的多类型发展。即使是德意志银行也在 1926 年左右倾向于迫使汽车公司进行重大合并，同时重视保持广泛的产品品种。当时德国并没有出现广泛的大规模机动化，而是出现了与某些群体和消费者类型结合的几个具体的机动化进程。1929 年的一项研究指出，尽管汽车在德国不再是纯粹的运动品和奢侈品，但"与大西洋彼岸相比，人们对购买汽车的重视程度要高得多"；因此汽车也应该更加坚固。一位汽车爱好者在 1938 年写道，美国人希望发动机尽可能安静，而德国人则希望感受到发动机的"活力"，同时也要"知道发动机是如何运行，如何工作的：德国人在没有发生故障的时候也会查看引擎盖下面的情况，美国人从来不看"。然而正是在那个时候，奥地利移民欧内斯特·迪希特（Ernest Dichter）开始指点美国人如何做汽车广告，与流行的看法相反，在美国购买汽车不是将其作为一种运输工具，而是作为一种身份的象征。[128]

1931 年，宝马公司（BMW）的老板波普（Popp）中肯地指出，德国的"大众汽车一号车"是公共汽车，它提供了经济的大众交通出行方式。

图 36：刊登在 1926 年《柏林画报》上的哈诺马克（Hanomag）小型汽车广告。嘲笑这款车的人编了个打油诗："两磅金属一磅漆/哈诺马克（Hanomag）就凑齐！"而广告则称赞这款小车"售价空前便宜，使用成本很低"。然而这款车很难达到后来甲壳虫汽车那样的流行程度。对于汽车迷来说，这不是一辆真正的汽车。马车般的车身表明这种车型仍然没有考虑到任何空气动力学的影响。这车应该也不是赛车！

在魏玛共和国时期，德国的短途公共交通迎来了其最大的成长发展期，而在美国，公共交通在 1908 年就已经达到了顶峰。柏林运输公司（BVG）成立于 1928 年，它自诩为世界上最大的地方公司，也是继国有铁路公司和法本公司之后的德国第三大公司。当时柏林交通政策的重点是昂贵的地铁建设；因此街道已经被认定为汽车的领地。建筑师维尔纳·黑格曼也是如此，他痛骂了"过分的地铁狂热"，但支持并宣传高架铁路的建设。1934 年的《国家道路条例》取消了有轨电车对其他道路行驶者的行驶优先权。纳粹政府下令关闭魏玛的有轨电车，因为这对于出现了歌德和席勒的城市来说显得格格不入。[129]

　　1936 年，希特勒在柏林国际汽车和摩托车展览会的开幕式上发表讲话，指责魏玛共和国执政的社会民主党人造成了他所声称的"机动车工业乃至整个运输业的惨淡衰退"，因为他们"……将汽车视为不必要的东西，甚至视为多余的东西，并对其征收相应的税"。他的出发点是，"正是由于人们对汽车的渴望被抑制了，所以汽车才尤为让人印象深刻"。甚至在 1933 年之前就有魏玛共和国有意抑制"机动化"的说法，在后来的历史学书写中仍然能找到这种说法的余音。从汽车利益集团的角度来看，汽车税和赔偿责任，甚至是强制性的驾驶执照都证明了官方对汽车的仇视态度。1931 年，想要废除这一切的路易斯·贝茨怒斥"官方机构"，批评他们所谓与汽车的"斗争"是"反工业的，是马克思主义的统治方式"的组成部分，而这正在毁掉"病入膏肓的新德国"。针对铁路管理部门，他尤为愤怒："这不是说，数万人在铁路上苦苦糊口，他们安静平和但不会促进经济发展。这关系到的是，有了汽车这个新的交通工具，数以万计的人将被带入一个不同的节奏。"

与 20 世纪 50 年代类似，汽车利益集团受制于国家的交通政策。然而这种说法的正确性在 20 世纪 20 年代就已经大大减小。在魏玛时期，铁路网不再扩大，尽管直到 1929 年，铁路货物运输仍呈上升趋势。道威斯计划①使新成立的国有铁路成为赔偿负担的主要承担者：这种状况抑制了慷慨的创新政策。机车的库存减少了，电气化仅仅只是小幅推进；国有铁路的"合理化"主要意味着节俭。德国在 1932 还没有行驶速度接近 100 千米／时的火车。1933 年夏天，国有铁路公司的一辆最高时速为 150 千米／时的高速柴油机火车在柏林和汉堡之间投入使用，乘客从施普雷到阿尔斯特只需 2 小时18 分钟。然而在国际上相比，德国在高速列车方面长期滞后，这很大部分原因在于其对蒸汽机车的坚持。国有铁路公司虽然获得了长途卡车运输的强制性特许权，但它也试图拉拢只限于短途交通的卡车作为"联邦同志"。"货车交通与铁路交通的有机结合"在 1926 年被赞誉为德国特色。[130]

与战前不同，德国在 20 世纪 20 年代对公路建设的投资远远超过了对

---

① 道威斯计划是道威斯委员会提出的解决德国赔款问题的报告。

铁路的投资。但是将现有道路改造为机动车道的任务非常艰巨，这可能会使负债累累的地方当局陷入绝境。1928 年，地区建筑委员会在一项研究中指出，"我们的任何一条道路都无法承受住平均汽车流量，因为所有道路的地基都不牢固"。在那之前，德国的道路建设缺乏工程科学传统。从 20 世纪 20 年代中期开始，转折点出现了；汽车交通道路的改造成为有针对性的研究对象。焦油和沥青把道路建设和化学相互联系在了一起。技术上的最佳解决方案并不容易确定，因为它取决于地区条件，如冬季的耐寒性，而且确定一个方案需要长期的经验。因此在最初产生了许多失败案例以及对不同方案的争论。然而直到 1933 年，几乎所有启动的计划都有一个共同点，即它们的目的都是对现有道路进行适合汽车的改造，而不是建造新的道路。[131]

1933 年，高速公路的计划早已经蓄势待发；短途的科隆—波恩高速公路路线已经建成。早在 20 世纪 20 年代，高速公路的问题就引发了热烈的讨论。特别是一些汽车爱好者在当时却是高速公路项目的激烈反对者；因为在有限的交通预算下，这些项目会不可避免地涉及对现有道路的改造。1930 年左右，德国国家汽车工业联合会表示反对所有的高速公路计划。某些地方当局对于汽车占据城市内部街道的情况持反对意见，在当时的情况下，如果将规划重点放在汽车专用交通网络上，将会巩固这些地方当局的地位。"静止的住宅大街"与"纯粹的行车马路"在逻辑上相互关联。人们要么建设高速公路，要么对现有道路进行扩建以适应汽车的发展：这种选择与汽车功能的不同理解有关。在概念和想象中与铁路对应的高速公路意味着汽车应该能够成为与铁路竞争的长途运输工具；另外，"汽车作为适应性最强、最自由和最灵活机动的交通工具的特殊性"，最好由"广泛分布的公路网"来满足。在当时的机动化水平下，修建高速公路几乎毫无意义；即使在今天，汽车的主要功能也是作为中短途交通工具来使用。[132]

　　然而，是什么促使纳粹政府如此关注高速公路建设？当时要回答这个问题比后来要困难得多，毕竟后来高速公路的意义不言而喻。如此堂而皇之地偏爱个人交通工具而非公共交通工具——希特勒不仅正式宣告了对汽车的喜爱，而且明确强调了他对铁路的反感——这直接违背了国家社会主义原本宣称的基本原则。在 20 世纪 20 年代的小说中，汽车被视为具有一种精致、"美国化"、自我中心的生活方式的特征。因此，对于国家社会主义者来说更恰当的说法是，不是与汽车本身作斗争，而是与把势不可挡的汽车化作为深陷沼泽的"犹太化"所带来的城市文明作斗争，更是培养不受天气影响进行自行车和摩托车运动的男性气质。

　　后来的高速公路建设领导者弗里茨·托特在 1931 年抱怨说，"汽车对乡村道路的入侵"已经发生了。而"贫穷的德国"没有能力通过适当的扩建来保护道路"免受汽车主义的攻击"。70 岁的桑巴特呼吁控制技术进步，努力在民族意识形态中树立反对无节制的机动化的思想。此外，一旦煤炭加氢项目无法提供廉价汽油，或者罗马尼亚和巴库不被纳入德国权力范围，那么大规模机动化就会与自给自足的政策相矛盾。军事动机对高速公路建设的影响不像人们通常想象中那样强烈；陆军司令部并不相信这些道路的军事用途，反倒是担心它们对敌方飞机起到导向的作用；在各段交通线路上，出于军事方面的考虑出乎意料地少。[133]

　　与纳粹后来的宣传相反，希特勒修建高速公路的决定显然并非一个长期酝酿和深思熟虑的计划，而是迫于 1932 年至 1933 年的形势才形成的。然而从本质上讲，这一决定并不是孤立的，而是整个战略的一部分，其中不仅包括"国民汽车"计划，还包括燃料合成、通过道路建设创造就业机会以及大力推进机动化的战争理念。这些不同的行动路线相互促进。但在希特勒关于汽车和高速公路主题的言论中，也明确无误地表达了当下的心理、感性的计算和为子孙后代留下不朽伟业的冲动。在 1933 年的柏林车展上，希特勒宣称，汽车"就其本质而言属于飞机，而不是铁路"，他是基于技术史做出的这一惊人论断："汽车和飞机在发动机工业中有一个共同的本源。"事实上，驾驶员只有在高速公路上才能享受飞行的快感，而且最好是飞驰在桥梁建造者保罗·波纳茨（Paul Bonatz）的指导下建设的横跨山谷，而不是沿着谷底的高速公路上。根据希特勒的愿望，德国人要"对宽阔的空间有一种感觉"，这是美国人迄今为止在感知领域唯一领先于他们的东西。高速公路的建设与战争之间没有逻辑联系，但有心理联系。"我们不想绕道！我们正在为自己创造足够的前进空间，我们需要一条能够让我们在足够长的时间内保持适合我们速度的道路"——这是施工负责人弗里茨·托特所宣称的，他被希特勒称赞"有史以来最伟大的筑路大师"，从他那青云直上的职业生涯中，我们不难看出技术专家在"第三帝国"能获得什么样的机遇。[134]

然而，大多数德国人直到 1945 年后很久才享受到高速公路的便利。现在可以发展出一种集体的伪记忆，将高速公路置于奥斯维辛的对立面。① 后来，有人辩解称"经济奇迹"时期的大规模机动化得益于国家社会主义的高速公路建设，乃至国家社会主义的战争经济：这种技术思想十分荒谬，就像有人以"和平"的核能为借口试图恢复使用原子弹，或者为证明某些副产品的有用性就能为高科技军备找到理由一样，简直不值一驳。

1918 年左右，当汽车工业正在为战争所推动的重型越野车寻找民用出路时，农业是除了货物运输以外的主要选择。然而当君特·弗朗茨（Günther Franz）让"农业的拖拉机时代"从 1917 年开始时，这似乎为时过早：直到 1927 年，德国农业中的马匹数量仍在增长，随后的下降更多是由于危机而不是机动化。直到 1945 年以后，当时一辆拖拉机归几个农民共同所有，它主要是作为辅助手段来应付高峰期的工作。直到 1954 年左右，

---

① 1945 年后，德国的高速公路名扬世界，成为德国人的骄傲，而奥斯维辛集中营则是令德国人蒙羞的罪行，所以德国人的集体记忆倾向于记住好的，忘记坏的，因而是一种"伪记忆"。

联邦德国的拖拉机产生的牵引力才超过了马和牛的牵引力。[135] 在1918年，机动化的推动力更多的是源于外部，而不是来自农业本身，后来农业不得不比以前更多地抱怨债务，但较少抱怨"缺乏人力"。

亨利·福特也对农业机动化提出了挑战：在第一次世界大战期间，轻型的"福特森"拖拉机已经占领了英国农业市场，这在战争造成劳动力短缺时被视为爱国的行为，也在和平时期向德国渗透。1921年，位于曼海姆的兰兹公司将第一台"斗牛犬"拖拉机推向市场，它的销售起伏决定了这家德国最大的农业机械公司之后的命运。从1926年至1927年起，兰兹公司在流水线上生产"斗牛犬"；与福特森拖拉机相比，它宣传自己具有更高的牵引力和更省燃料。与轿车相比，拖拉机在20世纪20年代更有效地应对了"美国的挑战"，其成功主要取决于对地区农业条件的适应。事实证明，拖拉机的建造是一个独特的技术领域，需要特定的经验和开发过程。

工业技术的趋势是将驱动力和工具结合起来，当时的农业需要一种通用的驱动力，只要它能负担得起发动机就可以。因此拖拉机取代了机动犁；它代替了马，而不是人，就这点来说适合传统农业。当汽车设计师不停地试验高级的发动机时，兰兹公司的口号是："农业拖拉机的发动机根本不可能只是单缸的"。直到20世纪50年代，拖拉机发动机所使用的技术比较简单，不易过时，坚持传统，这是其成功的保障。研发快速起效和易于操作的点火器是轿车中的一项关键技术，而斗牛犬拖拉机的热球① 在点燃发动机之前必须用喷灯预热，这显然促成了这种拖拉机的普及和有情感的人机关系。② 尽管如此，斗牛犬拖拉机并没有成为在农业上可以与大众汽车相

---

① 热球柴油发动机前部的热球是发动机的燃烧室，通过外部火焰加热，内部燃料蒸发后被点燃来工作，因此热球有着蒸发燃料、蓄热点火的作用，通常设计为灯泡球形状。通过灯泡外部预热后，喷入的燃料与灯泡内炽热金属表面接触而被点燃，从而推动活塞。上升时的活塞将压缩的空气引入热球室，喷入燃料时就会点火。
② 指人必须对其进行预热操作以点火发动，此处所谓"有情感的人机关系"似乎是指其类似于使用牲畜劳作前先给它喂草料，有所互动。

提并论的对应产品。即使是大众汽车的创造者保时捷，由于缺乏农业知识，他也没能成功设计出"国民拖拉机"。将报废汽车拆解用于生产农业车辆的想法比较成功；在柏林废车处理厂，这种工艺催生了自动控制系统。拖拉机直到 20 世纪 50 年代才在德国农场普及。农民越是依赖补贴指导方针和顾问人士，拖拉机就越是成为农民自主权的最后堡垒。因此，农民倾向于使用不必要的大马力拖拉机，而这就关系到"过度机械化"的问题，所以他们经常受到农业专家的批评。[136]

但农业机动化在战争中以及两次大战之间那段时间仍然是遥远的未来。1930 年前后，德国引进美国联合收割机的首次尝试失败了。无论是由马匹还是发动机驱动，联合收割机仍然是一种明显的美国技术，不适合德国农业。它不仅比以前的农业机械更昂贵，而且在德国的天气条件下，它还需要操作者有颗"大心脏"，因为人们必须等到谷物"完全熟透"后才能进行收割。在这种情况下，不仅机器必须适应农业，而且反过来，农业也必须适应机器。因为联合收割机最适合用于单一种植的作物。福姆费尔德（Vormfelde）是机器"联合收割机之王"的科学导师，该产品由位于哈瑟温克尔市的德国克拉斯农机公司生产，正如他在 1931 年明确指出的那样，联合收割机的引进确实与"一种新的世界观"有关。农民经济的从业人员缩减到小型家庭规模的"联合收割机时代"，直到 20 世纪 50 年代末才在联邦德国起步，在这个时候，其他技术领域中也出现了社会历史上的重要转折点。[137]

第五章

大规模量产的边界

1. 联邦德国技术史上的断层：从消费的主导地位到对高科技的狂热

"没有任何领域的新发明可以像对已熟知的应用一样对工业产生如此迅速且有益的影响"，这是战后重建时期技术史的典型特征。一旦人们只盯着重大的技术创新不放，"经济奇迹"时代似乎就是前一时期的附属品。与民主德国截然不同的是，在联邦德国建国初期，技术进步既不是重大话题，也不是政治话题。威廉·勒普克（Wilhelm Röpke）是国民经济"新自由主义"的倡导者，他对技术持反宿命论的态度，认为这种想法是"完全不准确的"，"好像我们必须被动地接受偶然而得或自然形成的发明似的"。那时候，康拉德·祖思（Konrad Zuse）[①]发明的可编程计算机尚摆在阿尔高的一个马厩中无人问津；声学控制车床的发明者沃尔夫冈·施密德（Wolfgang Schmid）在德国通用电气公司中被人称为"说谎者施密德"；还有就是一位在任的联邦总理，[②]

① 康拉德·祖思（Konrad Zuse，1910—1995），德国土木工程师、发明家，现代计算机之父。

② 指联邦德国第一任总理康拉德·阿登纳。

他发明了能发光的电动织补蛋[①]，而他最成功的竞选口号却是"不做实验！"[②]。

无论是政治方面还是技术方面，战后联邦德国的文化在很长一段时间内都比较保守；在这一点上，它与民主德国的风格截然不同，而这个全新的西方国家也并未因此表现不佳。即使联邦德国后来成为德国历史上最富有的国家，但源自货币改革时期的流行歌《谁来为此买单》还在人们耳边回响；在所有项目中，第一个问题是"该项目成本是多少，将会带来多少利润？"20 世纪 50 年代的德国航天权威欧根·辛格（Eugen Sänger）曾在 1955 年建议发展太空飞行项目，说这将"在经费花销和冒险程度上与军事上的太空项目相差无几"，许多同时代的人都觉得他精神不太正常。正如人们所看到的，曾经被许多知识分子所鄙视的联邦德国建国之初确实有其堪称典范的一面。

德国工业联合会（BDI）主席弗里茨·贝格（Fritz Berg）曾经是阿尔特纳市的拉丝车间的一名员工，主要从事自行车辐条和弹簧坐垫的生产。至少从外部因素来看，他仍然具有工匠企业家的特点，并在重建时期获得了新的机会。他完全不关注当时的知识分子十分喜欢讨论的"第二次工业革命"的话题。战后重建取得的巨大成功表明，人和市场是最重要的发展因素，而即兴创造往往比震撼的创新更为重要。在 20 世纪 50 年代初，轧钢机是重建时期最突出的技术标志；但 1950 年开始在专用机器上大规模生产一种名为"黑人之吻"的巧克力，也是象征着"吃喝风"[③]兴起的标志性创新。

---

① 一种德国人用于缝补的小工具，外形像一个蛋，可用于垫衬在需要缝补之处便于使用针线。阿登纳发明了从内部发光的缝补蛋，但没有流行起来。

② "不做实验"是基民盟在 1957 年联邦议院选举活动中的口号。基民盟想通过这个口号呼吁选民投票支持维护联盟在战后所取得的成就，而不是投票给社民党或其他政党。此处含有一定的讽刺意味，因为他的发明肯定是通过实验获得的。

③ 第二次大战后德国社会生活中普遍存在的一度追求享受的风气。

1955 年，多特蒙德 - 霍德尔钢铁联合公司 [1] 和一家美国钢铁公司之间的比较结果表明，美国公司的"高级技术人才"数量是德国公司的 10 倍。

然而，当时德国工业界信心高涨（这并非毫无根据），他们认为追赶美国的技术领先优势是很容易的（如果说真的存在这样的优势的话）：货币改革后，大众汽车厂已经是"世界上规模最大和现代化程度最高的汽车厂"（帕特里克·克雷斯，Patrick Kresse）。它是联邦德国"福特制"最引人注目的实例，但是，正如沃尔克·韦尔赫纳（Volker Wellhöner）所说的那样，如果仔细观察的话，它不只是"美国模式的复制品"，也是"美国影响和德国传统的创造性结合品"。大众的"甲壳虫汽车"击败福特的"T 型车"成为有史以来全球最畅销的汽车，其创收一度为联邦德国带来大半的外汇盈余。

在德国工业家期望从美国的创新中大赚一笔的情况下，"技术转移"通常不存在什么大问题。在法本公司占据市场的时期，人们对尼龙这种合成纤维没什么好印象。1949 年 11 月，巴斯夫老板伯恩哈德·蒂姆（Bernhard Timm）在纽约期间试穿了尼龙服装，主要是为了亲身检验这种合成纤维的质量，从而坚定了对尼龙制品未来发展的信心，带领巴斯夫进入这一生产领域。我们有充分的理由无须仅盯着曼哈顿计划这种核能大科学项目。为了让德国企业家了解美国的创新技术，经验丰富的合理化专家库尔特·彭茨林（Kurt Pentzlin）引用了一个来自大西洋彼岸的实用型合理化想法的典型例子，即一家巧克力公司委托发明的坚果裂解机，该机器通过小型的气体爆炸从内部炸裂开坚果的外壳，从而保证了坚果外壳的完整性。在他看来，这证明了技术"奇思妙想"的价值——而不是基于科学的"研究和开发"的价值！尽管 20 世纪 50 年代是属于美国科幻小说的黄金时代，但战后的德国人对这种文学体裁表现得相当冷漠——至少直到 1958 年左右都

---

[1] 多特蒙德 - 霍德尔 - 休顿公司（Dortmund-Hörder Hüttenunion AG，缩写为：DHHU）是一家位于多特蒙德的矿业公司，成立于 1933 年。

是如此。[1]

就连当时的化学工业制定投资政策时，也更多考虑的是短期，而非长期政策。然而，卡尔·温纳克在 1945 年之前就在法本公司中参与了茜素和橡胶的合成项目，并在 1952 年升任为赫斯特涂料厂的负责人，后来成为工业领域中核技术最著名的倡导者；由此，法本公司这种大型项目自给自足式的传统日益兴起。但是，就连核能源部长施特劳斯（任期为 1955—1956 年）也认为，更有利的做法是等待其他国家在反应堆开发方面获得的经验，他反对建立核研究中心，担心这会吞噬掉"数百万的资金"，花费"数年"的时间——当时的人们还没有想到，后来在这上面花费的资金会达到数十亿，花费的时间会是数十年！哲学家恩斯特·布洛赫（Ernst Bloch）当时认为，从对民用核技术的"犹豫"中可以看出"晚期资产阶级抑制技术发展"的迹象。在重整军备的初期，联邦德国工商业联合会对建立德国航空工业的作用表示怀疑，而当时力量弱小得多的民主德国则将发展方向转到航空领域。[2]

另一方面，在 20 世纪 50 年代末，技术史上开启了一个新时代。从那时起，技术创新受到了广泛的关注。虽然在战后重建时期，技术本身并不是一个公开的话题，但从那时起，新闻业开始出现报道"高性能"和"尖端技术"的宣传板块，"新技术"和"高科技"的宣传力度高于之前的任何时期；几十年来，这方面的流行语不断变化。与两次大战之间的合理化运动一样，对技术的狂热与时代的总体氛围有关；如当时一样，人们必须区分话语历史①和真实的历史。

一系列的观察表明，1957 年前后的几年可以看作一个"山鞍时代"②：

---

① 话语历史是有关知识的历史，有一定的理论和方法论。最重要的是，会受到所调查的理论、思想和科学"历史化"和"背景化"的影响。

② "山鞍时代"（Sattelzeit）是德国著名历史学家莱因哈特·科泽勒克在 20 世纪 70 年代创造的一个术语，用来描述早期现代性和现代性之间的一个过渡时期。"鞍子"（指山鞍）代表着逐渐过渡的比喻。汉斯·布卢门伯格把这种过渡称为"划时代的门槛"。

图 37：1951 年，联邦经济部长路德维希·艾哈德（Ludwig Erhard）在柏林工业展览会上与英国的尼姆罗德游戏电脑比赛下棋——连输 3 局，而在后面的联邦德国总理康德拉·阿登纳原本就对他的经济部长评价不高，现在更是被逗乐了。当计算机在联邦德国的工业生产中仍是无足轻重时，人们在谈论它的时候只是将其看作是一种游戏消遣品！在工业自动机械出现之前，自动游戏机已有长达百年的历史，这始终激发着人们对未来工业自动化的幻想。

无论是从技术、经济历史还是日常文化的角度来看都是如此。在此之前，经济方面的增长已经越来越转向粗放型，而从 1957 年开始，人们认为技术进步在维持增长方面发挥了关键作用。从这时起，专利申请的数量剧增，以至于联邦专利局一度陷入忙乱得不可开交的境地。1957 年，德国失业率首次降至 4% 以下；在德国历史上，此时的劳动力短缺对机械化发展的推动比之前任何时期都大。从 1950 年到 1956 年期间雇员的比例始终没有变化，到 1957 年开始出现"急剧"上升的事实中可以看到转折的出现。

部分巧合的同时出现，助推了人们对技术创新越发重视的趋势。1957 年，苏联地球卫星"斯普特尼克"号成功发射升空，"'斯普特尼克'号冲击"对西方国家的影响持续了很长一段时间。维恩赫尔·冯·布劳恩（Wernher von Braun）——佩内明德的前纳粹德国火箭制造者，当时是进行得如火如茶的美国火箭竞赛中的领军人物，在联邦德国广受人们的欢迎：没有任何一个德国技术人员在美国有过这样的职业生涯，没有人比他更能代表现代的老沙特汉德神话[①]：一个流落到美国的德国人变成了美国的英雄！1957年，德国起草了第一个核计划，尽管还只是非正式的；同年，德国莱茵集团[②]开始在美因河畔的卡尔市建造德国的第一座实验核电站，而这与核计划无关。同样在1957年，德国政府确定将对德国国防军进行核改装；军事和未来技术之间有了明显的联系。1957年，西门子获得第一份电子计算机的订单。

在之前联邦德国的原油进口量的上升趋势还比较缓慢，但自1957年以来一直处于急剧上升的趋势，燃油的价格"大幅下跌"；煤炭在1956年仍然处于繁荣时期，但却十分突然地陷入了持续性危机中，这完全出乎同时代人的意料。联邦经济部长艾哈德在鲁尔煤炭的能源垄断中看到了市场经济的"阿喀琉斯之踵"，他想通过放开矿物油进口的方式来为鲁尔地区创造竞争；这一政策让所有人都大吃一惊，波恩的政治家对此感到不知所措。当时，大规模的机动化造成了对汽油的需求急剧上升；炼油厂中开始生产燃油，从那时起，煤炭开始面临巨大压力。

这是一个时代的终结。在很大程度上来说，一个世纪以来，煤炭都是决定德国经济和技术发展的动力；现在这个时代即将要结束了。那时，即使是化工业的主要动力来源也是煤炭，化工业在1945年之前最辉煌的成果就是用煤炭来生产合成油，而现在开始效仿美国模式转而使用石油。甚至是曾以鲁尔区的煤为基础的赫尔斯化学工厂也改用石化产品。实施这个打破传统的行动在化学工业内部并非没有激起强烈的争论。即使在1973年的

---

① 老沙特汉德是指德国移民卡尔·梅和阿帕奇酋长温内图的友谊，被描述为在美国狂野西部的冒险经历。

② 德国莱茵集团（RWE）成立于1898年，总部位于德国埃森。是德国第一大能源公司、德国第一大发电公司、德国第一大可再生能源公司、欧洲三大能源公司之一。

"石油危机"[①] 中，巴斯夫的"煤化工老兵"也察觉出清晨空气中的异样，他们团结在奥托·安布罗斯[②] 周围——第二次世界大战期间，正是安布罗斯通过强迫劳动和使用上西里西亚硬煤的方式建立了法本公司。当然，在当时，向煤化工的转变只是"自 20 世纪 60 年代中期以来的技术时代疼痛的幻觉，这终于成为过去了"（维尔纳·阿贝尔斯豪塞[③]）。现在塑料生产是化学工业中增长最快的部门，石油中含有制造塑料所需的碳氢化合物，比煤炭更接近成品。德国北部地区的工业逐渐失去其领先地位。从 20 世纪 60 年代起，巴登－符腾堡州和巴伐利亚州作为"新技术"的中心脱颖而出——在此之前巴伐利亚州是一个相对贫穷且工业落后的联邦州，现在也成了化工和石油新组合的首选之地。

20 世纪 50 年代，因为大型电力生产商实行的费率政策[④]，蒸汽机以及风车和水车的时代才真正走向结束；在煤炭短缺和战争破坏的时期，人们很庆幸仍然保留着旧式磨坊，并对其进行进一步的技术改进。1957 年，曾经作为德国工艺品质象征的传统索林根餐具业开始走向衰落。在大时代背景的影响下，家庭手工业者受危机的影响很大，年轻人则对这一行业避而远之，从而加速了其衰败的进程。1957 年，欧共体和欧洲原子能共同体条约开始生效。农业机械化承受了前所未有的压力；人们普遍感到国际竞争越来越激烈。次年，德国马克实现了自由兑换。1960 年，美国在联邦德国

① 由于 1973 年 10 月第四次中东战争爆发，石油输出国组织（OPEC）为了打击对手以色列及支持以色列的国家，宣布石油禁运，暂停出口，造成油价上涨。

② 奥托·安布罗斯（Otto Ambros, 1901—1990），德国法本公司的研究者，德国化学家和纳粹战犯，特别涉及化学神经药物研究，尤其是沙林和塔崩。他在莫诺维茨工作，并使用奥斯维辛集中营的奴工。战争结束后，他在纽伦堡被审判并被判犯有危害人类罪。

③ 维尔纳·阿贝尔斯豪塞（Werner Abelshauser）出生于 1944 年，1973 年获波鸿大学经济学博士学位。为德国比勒费尔德大学经济史教授，是当前最重要和最权威的德国战后经济史学家和工商业史专家，德国新工商史学的核心人物。

④ 费率政策涉及工资确定问题（分组、津贴、附加费、工资金额等）和劳动法框架（假期、退休福利、特殊情况下的休息日等）。

的投资额增长到 10 亿美元，并以平均每年 3 亿美元的速度增长。"脱钩"
的时代终于结束了；在当时的漫画中，艾哈德与卡特尔集团的斗争也被描
画为"唐吉诃德大战风车"；规模经济得以重获发展动力。[3]

　　直到 20 世纪 50 年代末，两轮车和小汽车业务仍在蓬勃发展；另一方
面，在 60 年代和 70 年代，汽车成为生活中的普通物件。后来有了大型飞
机，也成了大众化的交通工具：1961 年德国的航空旅客的数量只有 27000
人，而 1971 年则上升到 200 万人，1981 年则达到 4400 万人。[4]虽然 50
年代人们提倡节俭和清教主义，思想上具有一种复辟倾向，但 60 年代和
70 年代的日常文化中发生了深刻的转折：这不仅对联邦德国，而且对整个
现代历史都具有划时代意义。冰箱、洗衣机、冰柜里的熟食、自助商店、
一次性用品、避孕药、每日淋浴、地中海之旅、比萨店、摇滚乐、可以狂
舞的迪斯科舞厅——从所有这些生活必需品中发展出一种新的生活方式。
起初，德国文化界嘲讽电视是"荧光屏"，这引发了激烈的文化批评争议，
但电视对休闲习惯的影响远远超过了任何早期的创新发明。由于休闲时间
越来越多地决定了自我意识，拉平了阶级差距，从而给人们带来了"无阶
级社会"的印象。

　　西格弗里德·吉迪恩 ① 在 1948 年就充满渴望地梦想着，日常生活的机
械化最终也可以使"再生浴"重获新生并得到改进。自 20 世纪 60 年代以
来，随着桑拿浴场的普及，这个梦想的一部分已经得以实现，"桑拿世界"
令人感到舒适惬意；裸体禁忌早在 1900 年就受到生活改革者的挑战，与世
界上大多数国家相比，德国两个州对裸体的包容度更高。但是在吉迪恩看
来，对有机物的技术操作是最令人震惊的机械化形式，在当时芝加哥的屠
宰场达到顶峰，即"美国主义"的恐怖，后来这也成为德国肉类生产中的
必然会采取的方式。

---

① 西格弗里德·吉迪恩（Sigfried Giedion，1888—1968），波西米亚出生的瑞士历史学
家和建筑评论家。

图 38: 1950 年左右的带拧干器的电动木制洗衣机。缸体由橡木制成，底部由沥青松木制成，绞拧器安装在松木框架上：即使电气化也没有马上就造成各地"木材时代"的终结！因为木材不会生锈和腐蚀，所以木制洗衣机被认为是不易损坏的。但是，此洗衣机没有加热功能，衣物仍然必须在水壶中煮沸，然后趁热转移到洗衣机中。"洗涤日"仍然是家庭主妇每周例行活动之一。图中所示的机型在今天看来已经是过时的老古董，但在 1950 年之前，它是最畅销的米勒型洗衣机。

　　比起所有其他主要经济部门，从 20 世纪年代末以来，主要在农业领域发生了一场技术和工业变革，用"革命"一词来描述这种情况最适合不过，尽管这场变革在很长一段时间内并未引起公众的广泛关注，对所谓的"第二次工业革命"的研究也一般只针对受变革波及不大的经济部门。在 70 年代，德国农业中的每个工作岗位的资本投入都比工业的要高！在 50 年代，机械化延续了之前的趋势，主要集中在农业上；拖拉机取代了畜力耕地，联合收割机的应用使得许多农场鲜少见到人影。在战前，化学肥料是一把一把手工撒播的，而现在则是以公担 ① 为单位，按机械化的方式在田间撒播。从 60 年代末和 70 年代初可以明显看出，畜牧业的机械化甚至比耕种业更先进。1960 年后，奥尔登堡南部养鸡的数量急剧上升，民主德国的歌曲《我们的农场有一百只鹅》充分表达了这一状况。在家禽饲养方面，规模增长的动力几乎是无限的；按照荷兰的模式，联邦德国在短时间内建立了可饲养数十万只家畜和家禽的工厂。这此动物饲养工厂采用了机械化模式，从饲料投放、鸡蛋采集、粪便清理、笼架清洗到幼鸡孵化等设备。有效节约人力成本，提高了工厂生产效率。然而，荷兰农业普遍没有达到工业化水平。在 20 世纪 80 年代，仅仅是在育种中引入基因工程的计划就遭到了许多人的反对。

在林业方面，曾对来自北美和斯堪的纳维亚的大型木材采伐机进行过短期试验；然而，人们认识到，这些机器对德国的森林土壤造成了破坏性影响。直到最近，单人电锯也是符合德国森林条件的机械化形式，并成为德国林业技术最大的出口商品。[5] 环保法规颁布后，联邦德国作为全球最大的木浆消费国，其纸浆工业的增长态势戛然而止。20 世纪 60 年代，家具业开始进行大批量生产；但是，自 70 年代末以来，它受到大规模生产危机的严重打击。

自 1960 年以来，原则上这类技术在工业界占据主导地位，这降低了产品中的工资份额比重。有了这类论点，即便在当时无法进行准确的成本核算，人们也认为核能与煤相比具有绝对的优势。在过去，不惜一切代价的机械化在欧洲被认为是典型的美国式发展；充分就业和工资不断上涨的态势保持得越久，联邦德国中就有越来越多的企业有类似的心态。柏林墙自 1961 年起阻断了民主德国的技术工人的输入之后，这个趋势更加明显。

为此，企业开始从南欧和东南欧加大工人招募力度，与来自民主德国的人不同，这些人一般都没有学过任何技术。联邦德国的外籍工人比例在

---

① 1 公担 =100 千克

60年代里增长了5倍,从2%增至10%,尽管在1973年石油危机后颁布了招聘禁令,但外籍工人的比例仍在增长。与美国一样,因为受到移民的影响,在德国业出现了一个新的下层工人阶级。在此之前,工业领域中的这些部门适应了专门针对德国标准化的大规模生产,一直保留着技术工人这样一个核心,而现在这种新的潜在劳动力有利于执行机械化策略,这些策略与德国的传统背道而驰,是为非技术工人和服从严格管理的工人而设计的,在那之前,这些都是美国的特色。在科隆福特工厂的发动机生产中,外国工人的比例早在1965年就达到了70%。后来五金工会(IG Metall)的发言人认为,在20世纪60年代,随着对美国机床的接受,"许多来自美国的'罪孽'也被人们所接受"。直到现代,联邦德国的部分汽车工业才达到了严格意义上"福特制的"大规模生产水平;除了装配线之外,雷诺公司早在1947年就引进了一种新的"传送装配线",它可以在一个机身上连接起不同的工序[6]但恰恰是采用"福特制"的工作岗位最容易在后来借微电子技术而兴起的自动化潮流中被取代。这是自20世纪70年代以来失业率不断上升的主要原因之一,对移民造成了极大的影响。

在20世纪50年代,消费者需求的变化成为工业发展的动力,这在历史上是前所未有的。被压抑的累积需求在相当长的时间内掩盖了技术发展和人类需求之间的潜在矛盾。但是,正因为消费狂热达到了前所未有的程度,受到强烈刺激的工业增长动力最终在国内市场上却受到越来越多的限制。

工业对新形势的应对措施有所不同。在战后重建阶段,人们对商品的普遍渴求似乎是无止境的,而自从20世纪50年代末以来,当市场从卖方市场转为买方市场,要使用现有的和容易采购的机器进行生产时,市场研究和开发新市场就变得更加重要了。但政府和军备订单带来的利润更大;货物出口以及最终的资本出口达到了前所未有的水平。经济世界变得更加复杂；公司很少是依靠自己的经验：咨询业就是这样兴起的——这是一个极具特色，但在近代甚少有人对其进行研究的行业。人们必须要探索大规模生产之外的机械化新途径，也要探索服务业，这是自20世纪70年代以来增长最显著的部门中的机械化新途径。

如果说大规模生产面临着普遍性的危机，那就太言过其实了；但最迟从20世纪70年代开始，大规模生产的范围扩大一般不再是适合持续增长的战略选择。德国经济的领头羊——汽车工业就是这样的典型。随着经济社会的繁荣发展，客户的需求和愿望变得千奇百怪。亨利·福特的一句名言"顾客可以选择他想要的任何一种颜色，只要是黑色"就是过时的产品主义的缩影，这不可避免地会导致危机的产生。从那时起，模块化原则就在汽车生产中盛行开来：人们继续大规模生产汽车的基本零件，但在设计方面开始有所不同。

对大规模生产极限所在的分析，或者说对通过商品来满足人类需求的讨论，是最近一段时间内许多技术和营销趋势的一个共识，而报废品的处置难题则更是这个极限的标志。正因为技术在生活中变得无所不在，技术进步从生活需求中得到的推动力就随之减弱。仍然存在许多未得到满足的需求，但这些需求越来越集中于服务业和富有个性的非大众化产品。请注意，规则总有例外：微电子产品激起了新的消费狂潮。但是，即使是这种热潮也会随着时间的流逝而幻灭。从2001年起，"新经济"的大面积崩溃清楚地表明，互联网所带来的繁荣是历史上独一无二的景象，不可能被随意复制——就像20世纪50年代联邦德国的"经济奇迹"一样。

另一个关键过程是，联邦德国经济与国际经济的相互依存度不断提高，最终达到了极高的程度；因为技术创新的重要动力主要来自对外贸易。1945年后，这种情况甚至比以往更甚，因为从目前看来，国际贸易的动力主要由高度工业化的国家之间的贸易关系所决定的，而以前工业国和农业国之间的商品交换被认为是理想的贸易形式。就以出口导向的程度来说，1945 年后不久就在联邦德国出现的经济心态与战时和战后的原则有着很大的不同。克努特·博尔夏特（Knut Borchardt）曾谈到一种迂腐的"出口意识形态"：在主流的经济理论中缺乏对出口依赖性进行限制的尺度。对路德维希·埃哈德（Ludwig Erhard）而言，强制性的外汇经济是"一切邪恶的象征"，贸易壁垒是"过时的诅咒"的体现，而对德国经济来说，更广阔的世界意味着"充满了不可估量的机会"。甚至在国内市场爆炸性增长的同时，战后初期国内市场的疲软形成的以出口为主的态势仍保持延续。从一开始到现在，联邦德国一直把出口增长看作衡量成功的标准，而出口额哪怕出现一丁点儿的小幅下降也会让人们紧张不已。从 20 世纪 50 年代到 70 年代，联邦德国工业的总营业额增加了 5 倍，而国外的营业额几近增加了 10 倍。

联邦德国成了世界上最大的出口国。在 20 世纪 80 年代，三分之一的工业产品出口到国外：这意味着联邦德国在出口方面已经远远超过了日本这个当时世界经济中的冉冉升起的夺目之星。尽管社会上顾虑之声层出不穷，但人们仍是追求出口的攀升；因为饱和的联邦德国国内市场对主张经济增长的战略家来说没有什么吸引力，他们对长期发展趋势的预测简直是一场"灾难"。建筑部门经常被视为衡量标准。20 世纪 80 年代，旧建筑的翻新价值超过了新建筑的价值。这种新发展趋势对城市的美化做出了很大的贡献，但其实施却在建筑行业遭遇了一定的阻力。虽然这能够创造足够的工作量，但对技术进步的前景而言并非福音。[7]

在 20 世纪 50—60 年代，因为德国马克的贬值，联邦德国工业轻而易举地拥有了出口优势。德国马克的贬值促进了出口贸易，同时也阻碍了进口贸易的发展，自由贸易和保护性关税的早期支持者也因为反对升值的斗争而团结起来。1971 年美元汇率降低后，这种情况得以改变；竞争条件也变得更加严峻。一些发展中国家也朝着相同的工业化方向发展。联邦德国强烈反对保护主义政策。只有在技术进步方面处于世界领先地位才能使经济免受危机和衰退的困扰——这是联邦德国当时始终信奉的信条。自 90 年代以来，"全球化"的论调席卷各国，并将这种趋势推向了高潮。过度依赖出口使得它与技术进步的关系变得生硬而紧张。"高科技"是联邦德国的未来：这个口号与国际技术等级制度的理念相结合，其中许多廉价产品的大批量生产越来越多地转移到低薪酬国家。曾经被认为是"自动化"程度极高的纺织业注定要将生产转移到发展中国家，并且率先成为原始技术产业的缩影。随后，钢铁业也面临着同样的命运。

如果假设工业发展的坚实基础不是通过全球国际化分工，而只是通过国内需求来获得的话，那么人们无法不对这种全球发展的规模生疑。核能是德国第一个大规模技术，其发展动力来自出口以及全球未来的尖端技术。无论是在经济方面还是在技术政策方面，核电的命运都体现出了"出口意识形态"的问题。

联邦德国与国际经济的相互依存度越来越高，这对技术发展也很重要：这就是资本市场的日益国际化。与以往相比，寻求资本投资成为实施技术创新的动力，尤其自 1970 年以来，大部分现有技术能提供的增长机会有限。自 60 年代末以来，虽然人们不断推动核能的发展，但这主要是由于能源行业有着对利润进行税收优惠后再投资的需求，而不是出于对能源本身有什么迫切需求。自 80 年代以来，将化学工业运用到基因工程中的情况也是如此：几乎看不出目前有什么需要来促进这种大笔的投入；基因技术方法相对于传统方法的优势在许多情况下仍然是不确定的，并且难以计算。当前，化学只展示出有限的发展潜力，而德国也担心在技术竞争中落后于美国和日本，在这样的情况下，技术革新毋庸置疑是必要的，对工业活动起着决定性作用。[8]

在马塞尔·赫普（Marcel Hepp）于 1968 年发表的反对《核不扩散

条约》的论战文章中，可以明显看出重建时期与之后时至今日的后续阶段之间的断层；时年 32 岁的赫普既是弗朗茨·约瑟夫·施特劳斯[①]的私人顾问，也担任《巴伐利亚信使报》的编辑一职。他描绘了一幅耐人寻味的画面，那就是如果德国人面对核能和导弹技术仍表现得无能为力的话，那么整个技术发展都会变得毫无吸引力可言。

> "技术的狂欢、计算机的盛宴、控制技术的胜利和涡轮机的迅疾：在封锁协议的干涉下，德国工业将再也不能参与到以上领域的发展中。夸张点说，那就是德国能参与的不外乎就只是剩下的是完善厨房设备、办公室自动化和改进交通工具……一个管理或研究高层人员对技术的渴求不会再受过时的工业消费品生产所束缚。因此，与过去相比，掌握一定技术的工人移民人数可能会增加……研究的目的不在于用德国的方式去仿制外国的发展。我们财政投入的目的也不是要为外国输出德国技术人才"[9]。

新的技术意识形态的情感基础和权力梦想更加明显，这与前一时期对技术的实用主义态度的对比也更加明显。创造了"经济奇迹"的技术遭到了轻视，满足需求被认为是农民的工作，这真是出乎意料！所有关于"经济奇迹"的经验都遭到了断然否认。更没人会说，创业行动必须要以市场和需求为基础；没人会想到那句格言："不聪明的人可以通过学习俾斯麦的经验变得聪明，而聪明人则从别人的经验中学习"，并据此认为外国在昂贵的尖端技术方面可能具有优势。

引人注目的是，直到 20 世纪 60 年代联邦德国和日本都没有值得一提

① 弗朗茨·约瑟夫·施特劳斯（Franz Josef Strauß，1915—1988），德国右翼政治家，巴伐利亚基督教社会联盟（CSU）重要成员。

的军火工业，但是经济方面却取得了飞速增长，而英国和法国的核军备不仅没有对这些国家的核能发展起到太大作用，反而在与联邦德国进行核工业竞争时成了对自己不利的条件：尽管如此，尖端军事技术能带来"副产品"的信念在政治和新闻界中盛行。对于一些技术爱好者来说，成本和效益方面的考虑是微不足道的。一位天体物理学家的发出了具有威胁性的预言，"因为人们总是担心会不合时宜"，所以未来谁也不会提出为什么要探索太空的问题。

然而，就技术进步的某些方向而言，赫普的观点是正确的，尤其当人们不惜一切代价地追求最高级的技术时，技术进步就会与人类生活的需要脱节。更快、更高的导弹，更强的爆炸力，更硬的材料：如果说这种追求在 20 世纪初还能与民用结合起来的话，那现在就不再会有这样的技术可能了。与之相反，北约的"灵活应对"战略引入了灵活性原则，为每一场可能发生的军事冲突做好准备，为尖端技术创造了一个无限的潜在市场。但是，这种尖端技术在某种程度上更多的是用于科幻战争中，而不是真正的军事需要，特别是因为这些超级项目往往是以牺牲其可靠性经过检验的常规武器作为代价的。

施特劳斯经常强调军事"高性能技术"对民用领域的"辐射"及其"副产品"。人们不得不怀疑，波恩的军备政策基于一种默认的前提，即联邦德国在紧急情况下很难实现自我防御，因此，如果要说军备还有什么意义的话，那就是它必须有利于技术的发展。"星际战斗机"在 1960—1987 年发生的 269 次坠机事故显然不是贿赂丑闻，而是其采购的工业和技术政治动机没有考虑到军事和实际需求：一种专门用于特定目的的美国技术要按照典型的德国方式去适应不同的情况。然而，这种类似于火箭的飞机"优雅、敏感、像女神一样充满复仇欲望"，对"人类的错误"毫不宽容，却适应中欧的地理和气候条件。即使是（所谓的）多功能狂风战斗机

（MRCA-Tornado，俗称"下蛋的毛猪"①），实际上只适用于非常有限的任务范围，这似乎是表现德国灵活性战略的一幅漫画，它表面上是合理的，但与尖端技术没有什么关系。最终，这个迄今为止德国历史上最昂贵的军备项目最终只满足了很少的军事需求，以至于"多功能战斗机"在空军竞技场中被讥讽为"军事需求姗姗来迟②"。[10]

担任弗劳恩霍夫系统和创新研究所（ISI）负责人长达 17 年的赫尔玛尔·克虏伯在 1989 年得出的结论是："我们仍然有一个以供应为导向的技术和创新政策"，该政策与大公司进行融合，但没有过多考虑到人类的需求，推动"技术发展浪潮遍及联邦德国和其他国家"。然而，在 20 世纪 60 年代，不仅是基社盟和宣扬军备活动的集团鼓吹市场和消费不足以推动技术进步的相关学说，而且至少在相反的一方，无论是社民党还是《明镜》周刊都以某种不同的形式对其进行了宣扬。当时，新的技术意识形态仍然遭到部分群体的反对；包括对复古的惰性、对有限的波恩实用主义以及对市场和私营企业过度依赖的批评。1968 年，塞尔万·施赖伯（Servan-Schreiber）的《美国挑战》的德文版出版，弗朗茨·约瑟夫·施特劳斯为该书撰写了前言。但在《明镜》周刊上反对施特劳斯的人当时也持相同的立场：联邦德国是一个现代技术"不发达的国家"；如果不"以最快的速度"赶上与他国的差距，那么再过 30 年德国工人的收入可能只有美国和日本工人的一半。对于新技术的追随者来说，"技术差距"变成了一个教条；但是，当时清晰可见的是，如果我们关注的不仅是个别尖端技术，而是将美国和联邦德国进行更广泛的比较时，"差距"论就会消失。[11]

尽管如此，工业的作用要一分为二地看。虽然支持最新技术这样的

---

① 所谓"下蛋的毛猪"是一个臆想中的完美家畜，它能下蛋、产奶，还能提供毛和肉，唯一的问题是它并不存在。所以德国人用这个俗语来表示对一件事、一个物品或者对一个人要求过多。

② 这是个文字游戏，"Military Requirements Come Afterwards（军事需求姗姗来迟）"，首字母连在一起还是"MRCA"，但却成了讽刺。

漂亮话谁都会说，但在实践中，人们还是会从传统出发，对花费巨大的创新保持谨慎的态度。无论如何，人们在战争和战后已经承担了足够大的风险。当路德维希·伯尔克（Ludwig Bölkow）在 1966 年由德国工业联合会（BDI）组织的一次会议上称赞航空是一辆"驱动马车"，"它引领着我们前进……它对完成任务所需的技术提出了最极端的要求。"然而，1988 年当戴姆勒－奔驰在联邦政府推动下成立梅塞施密特－伯尔科－布洛姆康采恩（MBB）①，成为"驱动马车"之时，这家汽车巨头却非常犹豫，后来戴姆勒－奔驰的新任老板埃德加·罗伊特（Edgar Reuter）放弃了"犹豫的智慧"，十分果断地收购了 MBB 集团，结果给该公司造成了数十亿的亏损。

在 20 世纪 70 年代的核冲突中，在口头上为发展核能辩护，承诺放弃增殖反应堆的建设，对核能进行后期处理以实现"燃料循环的终结"，这在工业界成为一种关乎荣誉的事。但事实上，工业界越来越不热衷于参与未来的核能项目。在 20 世纪 90 年代，西门子领导人海因里希·冯·皮耶尔（Heinrich von Pierer）曾经私下做过预算，核能业务只能给公司创造百分之二的营业额，但却占到所有烦恼的百分之九十！1985 年，联邦青年企业家协会（BJU）甚至要求废除联邦研究部，因为鉴于未来市场的不可预测性，它对所谓的"未来技术"的"发展"是毫无意义的，从历史上看，这种看法是很有道理的！

在 1987—1988 年，联邦政府的航天计划遭到了工业和技术界的公开的批评，"有用的副产品"这一论断被人们断然否决，人们嘲笑这就是为了制造特氟龙锅而必须飞往月球的愚蠢想法。1958 年，火箭科学家欧根·辛格宣称，"航天飞行的开端"是"人类 50 万年历史上最具影响力的历史事件"；20—30 年后，没有人会相信苏联"人造地球卫星"的成功对民用技

---

① 梅塞施密特－伯尔科－布洛姆（Messerschmitt-Bölkow-Blohm GmbH，简称：MBB）是德国较大的航空航天和国防公司之一。

术的总体水平有任何意义。在 1987 年弗朗茨·约瑟夫·施特劳斯访问苏联期间，就公开谈论的"那里存在的两种技术"让他大开眼界：一种是"高度发达的军事技术"，一种是已经与之相比落后的民用技术。苏联就是对"有用的副产品"论最有说服力的反驳：只是长期以来许多西方观察家没有看透这一点，或者他们是不想看透罢了。

机械工程的出口成果证实了这样一个传统观点：拥有广泛的技术工人基础比建立高科技孤岛更有价值。在 20 世纪初，如果合理化的先驱们曾想过把沃勒式的"如顾客所愿"的观点从德国机器制造商的脑海中驱除，并教他们说服客户购买统一的机器类型。而在 1970 年，一位成功的机器制造商认识到了其中的"人生哲学"："绝不说不"。1988 年，人们建议机床行业把学会制造作为成功的秘诀，他们要知道"小批量制造也能盈利"，"要比以往任何时候都更强烈地响应客户的愿望"。

计算机技术在 20 世纪 70 年代适应了这种灵活性，并在克服了相当大的困难后才在机械工程中得以应用，而美国大规模生产的传统仍然继续存在。帕德博恩计算机制造商——前联邦总统冯·魏茨泽克（von Weizsäcker）在 1986 年对海因茨·利多富（Heinz Nixdorf）的悼词中称之为"联邦德国最具想象力和最成功的企业家"，并认为其成功秘诀在于，基本理念适应德国特有的中型工业的问题，这些工业最初对新技术的使用并不熟悉，"不是简单地向客户出售一台计算机，而是尽可能地以用户的实际需求和愿望为导向，尽可能提供完整的解决方案。即要摒弃那种自命不凡地宣称要教育客户的想法！"20 世纪 60 年代，"中等数据技术"（MDT）成了德国的一种特殊的数据处理方式。利多富承认，由于专注于中型公司的业务而错过了许多个人电脑业务。当被问及为什么不涉足个人电脑行业时，他的回答是，"术业有专攻"。

最近，电子技术和传统技术形成的"组合技术"被视为德国的特色，但似乎也存在很多松散的平行联系（"楼上的 IBM 电脑吐出纸张，楼下的师傅们一如既往地发号施令"）。购置电子数据处理（EDV）设备常常是出于虚荣，因为它的实际使用并不符合完美的计算机化模式。机械工程师、钳工、锁匠、焊工等在"数字化革命"的高峰被视为过时的职业，在迈入21世纪后又开始变得越来越抢手。[12]

2. 环境对汽车的适应性

几十年来，汽车工业一直被认为是德国经济的象征。但是在联邦德国建立后的第一个十年里，其重要程度还没有达到如此地步。20世纪50年代中期，联邦德国在机动化方面不仅远远落后于美国，也落后于英国和法国。1954年，美国的一位观察员预言，"如果不由国家采取紧急措施，德国将永远无法赶上英美国家的发展。""因此，专家们担心，迄今为止，汽车行业的有利形势在不久的将来会面临终结"。整个20世纪50年代，德国的公路网仅在原有基础上扩大了6%。在战争爆发之前，道路上机动化的发展越来越充分，这使得越来越多的人遭受了交通拥堵带来的痛苦。"联邦德国的道路恐怕是被彻底地堵死了"。与西欧人相比，许多德国人缺乏全民汽车化所要求的交通规则意识，这导致情况变得更加糟糕；当时交通教育方面的文献中全是对这方面的抱怨。20世纪初那种汽车精英追逐速度的时代结束后，开启了一个平民化的汽车时代。在20世纪50年代初，在车辆性能相差无几的情况下，德国公路上车祸造成的死亡人数是美国的12倍！

社会上对此非常不满，多年来抗议之声不断，并成立了行人交通协会①，其口号是："各国行人，团结起来！"当时的大环境存在这种抗议的土壤，20年代的经验告诉人们，汽车工业并不是一个可靠的经济动力。就其

①"德国行人交通协会"描述了几十年来以机动化出行为中心的交通规划的弊端及行人必须面对的问题。他们强烈呼吁"步行友好"的规划理念。

传统而言，德国汽车工业在此之前几乎不以出口为导向；在纳粹时期，汽车才不得不出口。1956 年，进口关税降低，戴姆勒－奔驰还一度担忧美国汽车的技术优势会影响自己的发展。但到了 1959 年，美国就已经成为该公司最重要的出口国。[13]

"二战"之后，卡车交通也像"一战"后那样获得了前所未有的自由化发展；政府下令让交通警察进行大规模的轴承载荷检测①。1953—1955 年，联邦交通部部长赛博姆（Seebohm）为《道路救济法》②的实施进行了徒劳的斗争，该法旨在规定长途载重交通道路只能通过铁路进行。赛博姆推动该法实施的主要原因显然是出于对财政方面的考虑，而不是为了制定替代的运输方案，因为联邦铁路的赤字在不断增加。然而，另一方却将其视为一个原则问题；因为新自由主义者很反感对铁路的垄断，偏好使用私家车。联邦经济部长艾哈德坚持认为，"只能通过增加交通路线的方式解决交通问题"，即对道路进行相应的扩建。而直到 1957 年，这都与财政部长舍弗尔（Schäffer）所提出的严格节约政策构成矛盾。舍弗尔的下台也标志着运输政策迎来了转折点，现在终于能够发挥自己的原生动力了。根据铁路、卡车和汽车的技术特征形成合理的相互补充的传统，被大规模汽车化所打破。

1960 年，联邦议院颁布法律，规定将矿物油税专门用于公路建设：这非同寻常的举动违背了自普鲁士改革以来一直实行的国家预算的统一规则，这是联邦德国交通史上一个划时代的转折点；机动车税收不断增长，对公路建设提出了长期的强制性要求。公路交通的社会成本远不是公路建设所能涵盖的，这已成为人们的共识。"公路建设代替军备建设"是当时社民党

---

① 轴荷就是车轴所承受的载荷。轴荷（前后）的载重质量在车辆的合格证上都有标明。但在实际生活中，载重量往往都要比规定的大，因此为避免极限载重，交警需对其进行监管。

② 该法案旨在让铁路恢复部分垄断地位。

的竞选口号。德国汽车俱乐部（ADAC）在60年代主导了一场反对种植林荫道树木的正式运动。但是，越来越多的道路建设根本没有减少交通死亡者的数量，反而助长了驾车飞奔的气焰；1970年是"生态革命"之年，约有2万人死于交通事故，创造了一个悲惨的纪录。

另一方面，从1960年开始，联邦铁路公司的盈利能力急剧下降。政治上的趋势并不是投资铁路建设，而是投资建设高速公路和周边道路。然而，在传统的汽车交通大国——法国，行政管理部门在1970年前一直反对建设高速公路，因此法国成了高速列车发展的先锋。[14] 自20世纪20年代以来，德国人在原则上一致认为，铁路的未来在于电力驱动；然而，联邦铁路的电气化直到20世纪60年代才取得重大进展。英国铁路工人工会强制要求，电气机车上仍要配备司炉工，这被德国人被视为英国工会荒诞不经的典型例子；但德国铁路管理部门的团队也有明显的惰性，这种惰性因投资资金的稀缺而愈演愈烈。因此，直到20世纪70年代，联邦德国的铁路在现代化方面一直落后于法国和意大利。

道路扩建影响了德国的汽车技术。在20世纪50年代，宝沃（Borgward，位于不来梅）是极具探索精神的品牌，该品牌仍然采用手工方法来制造汽车，是汽车爱好者的宠儿，尽管流传着"谁不怕死的话，就去驾驶劳埃德吧"的戏言，劳埃德（Lloyd，"Leukoplastbomber"[①]）仍是最受欢迎的小型汽车；1961年宝沃的破产是时代的一个标志。当时的大众汽车集团是"经济奇迹"的缩影，其车型"甲壳虫"是战时开发的项目，甚至超越了福特"老爷车"（Tin Lizzy）的传奇。然而，到了1970年，"甲壳虫"的销售额开始下降；戴姆勒－奔驰成为行业的引领者。疾速的汽车越来越代表了德国汽车工业的形象。大众汽车的老板罗德霍夫曾威胁一个经销商要取消对他的授权，因为该经销商放肆不羁地四处参加汽车比赛；大众汽车的经

---

① "二战"后，德国钢铁无法得到大量供应，所以这个车用胶合板制成，上面覆盖着人造皮革，车身的质地很快在德国为劳埃德赢得了"创可贴轰炸机"的绰号。

典广告（"大众跑—跑—跑"）宣传了"甲壳虫"的可靠性。另一方面，在 1988 年，一个汽车广告中出现了一个眼波流转、眉目含情的女性形象，她说："我不想要一个可靠却无聊的人，我想要的是动力澎湃的你！"

与大众不同的是，作为豪车生产商，戴姆勒－奔驰公司长期以来对使用高度机械化的方式进行批量生产无甚兴趣；但是，1973 年，戴姆勒－奔驰却是第一家成功使用工业机器人的德国公司。[15] 大众汽车的老板罗德霍夫和亨利·福特一样，在抵制"一切改变车型和基本设计的试验"方面感到十分自豪，同时也在努力使汽车制造更加灵活。早在 1927 年，僵化的大规模生产的极限在美国福特的 T 型车时代已经十分明显，1970 年前后的德国汽车工业中也出现了同样的情况。在 1974—1975 年的危机中，大众汽车公司解雇了 26% 的员工，其中有 66% 是外籍工人；在生产灵活化的过程中，人们寻求的是与未经培训的"外籍工人"截然不同的类型。20 世纪 80 年代，从英国汽车制造商的角度来看，废除流水线式的工作、建立规模更大的劳动分工和降低速度都被视为"德国方案"。现在，人们在谈论汽车生产的"科学化"时，也涉及产品本身，电子产品也因此进入了汽车领域。

然而，汽车史很难被归入以创新为导向的技术史，但它指出了改变 20 世纪技术史风格的必要性。尽管汽车广告中一直都提到有关创新的问题，但汽车的许多基本技术要素仍然是非常僵化的。这种保守主义最著名的例子是汪克尔发动机 ① 的命运，这是费利克斯·汪克尔（Felix Wankel）从 1950 年起与纳苏公司（NSU）② 一起研发的旋转活塞发动机，它本可以成为德国在汽车技术方面开辟出的一条特殊道路。20 世纪 60 年代，民主德国和联邦德国都出现了"汪克尔热潮"，但后来被事实证明是一阵风而已。

---

① 汪克尔发动机是指一种活塞在气缸内作旋转运动的新型内燃机。

② 1886 年，以生产针织机为主的纳苏公司推出自己的第一款自行车。1901 年，该公司全面进入摩托车和自行车产业。最早的纳苏摩托车使用的是瑞士的泽德尔（Zedel）引擎，1903 年的时候，纳苏才开发出自己的引擎。第一次世界大战之前，纳苏公司已经成为德国摩托车出口量第一的公司。

这个基本思想让人想起从活塞式蒸汽机到涡轮机的过渡，后者的旋转是直接产生的，而不是通过活塞的往复产生的。1963 年，新款的 NSU Ro80[①]汽车配备了汪克尔引擎，加上通过风洞实验完善的空气动力学设计，它在汽车爱好者中引起了轰动，但销售成果并不可观。正如技术领域经常出现的情况，问题存在于（未充分完善的）细节中：理论上这种发动机的能源效率应该是最高的，但实际上，该发动机的油耗相对较高。在引入"溃缩区"设计后才创造了汽车的历史。"甲壳虫"最引人注目的不是它的技术，而是设计，而且最重要的是设计上的变化给波澜不惊的汽车技术史带来了活力。[16]

汽车历史的划时代意义并不是因为其技术，而是因为汽车大众化的影响。20 世纪 50 年代，"适合于汽车的城市"的理想开始产生影响；考虑到这一点，西柏林早在 1952 年就决定废除有轨电车，尽管正是在这个已经成为政治孤岛的城市中，汽车是最不值得消费的。建筑师汉斯·伯恩哈德·赖乔（Hans Bernhard Reichow）宣传过"有机"城市，并因此被昵称为"有机的伯恩哈德王子"，对他来说，"适合于汽车的城市"是一项具有远见的政策。他宣传建设分散的新住房和无交叉路口的路网；他抨击"机器交通灯"是"侮辱人类尊严的劫匪"。直到 20 世纪 60 年代，这些趋势才随着道路突破和城市高速公路的出现得到充分体现。

从 1960 年左右开始，公众舆论开始发生了变化。"烟囱工业"时代开始实行的隔离住宅区和工业区的城市规划信条开始动摇；荒凉的城市中心和单排的景观独栋别墅曾经是"村落中城市"的乌托邦，越来越多的人觉得这是一种无聊的体验。比勒费尔德附近的森讷施塔特以及赖乔（Reichow）在 20 世纪 50 年代提出的石化的城市乌托邦，后来被认为是比勒费尔德人避之不及的贫瘠城市。"都市风貌"成为新的理想。然而，要以

---

① NSU Ro80 搭载双转子汪克尔引擎可榨出 115 匹马力，并于隔年获得德国年度风云车的奖项。

一种愉快的方式实现这一点并不容易。[17]步行街区是过去几十年的一项特色创新（1961 年首次出现在卡塞尔），交通也因此从市中心的主要商业街上转移到邻近的城区。人们必须穿过广阔的城市地区，才能到达愈来愈光鲜亮丽的"历史中心"，这已成为一种寻常的旅游经历。直到新的城区倡议对此提出相反的意见。同时，大规模的机械化使许多工厂从城市迁移到农村，因为那里仍有足够扩建空间。这成了许多制造过程进行系统重组的前提条件。

3. 一场新的工业革命？

技术"发展"的隐喻是有道理的：仔细观察，所有技术"革命"都有明显的进化因素。然而，用黑格尔主义的马克思主义行话来说，这是一个"从量变到质变"的现象，往往在技术方面比在经济数据方面体现得更加明显。铁路、大型发电站、汽车和飞机不仅仅是持续发展的延续：它们代表了飞跃式的发展。对过去的半个世纪的德国技术史的描述到底是应该把重点放在其连续性还是变化性，这真是让人难以抉择。自 20 世纪 50 年代以来，人们一直把以"核能和自动化"作为"第二次工业革命"的特点挂在嘴边，很明显这个概念经过几十年的演变已经远远偏离了实际情况。核能并没有创造一个积极意义上的新时代，也没有创造罗伯特·容克①所反感的"原子国"。从 20 世纪 50 年代到 60 年代初，人们谈论得最多就是"自动化时代"，当时"核能用于和平"在现实中尚未实现。同样，在那个时期，人们谈论最多的是自动化的新时代，而实际上的生产技术并没有发生根本

---

① 罗伯特·容克（Robert Jungk，1913—1994），奥地利作家、新闻记者、历史学家，他的《比一千个太阳还要亮》是第一部论述曼哈顿计划和德国原子弹项目、并对两者进行比较的著作。他在书中提出了德国科学家出于道德考虑，不想为纳粹制造原子弹，因而故意拖延研制过程的说法，曾引起不少争论。他是探索未来的批判性和创新科学或所谓的未来学的联合创始人，是 20 世纪 70 年代初期国际反核和环境运动的先驱之一。

性的改变。自 1950 年以来，新技术产生新型生产结构的可能性出奇地小，尽管在技术文献中从来没有像近代那样对"系统"和"创新"进行过讨论。虽然有种种让人感到新奇的预测，核能还是被完全纳入了现有的能源产业，并在很大程度上融入了传统的电厂技术。在联邦德国，基因工程从一开始就扎根于传统的化学和制药工业。虽然电子学经历了一些波折，但大体上还是融入了电气和机械工程行业；它所带动的"新经济"在大多数情况下只是经历了短暂的发展。然而，人们已经相信"电子时代"是一个与以前的"原子时代"相类似的一个概念，在此之后在电子基础上还是发生了一些革命性的变化。对此今天已经没有任何疑问了。当在工会中进行的关于"自动化"和"第二次（以及第三次）工业革命"的辩论陷入沉寂时，许多事情其实正在悄然发生。

虽然不全都是如此，但在许多情况下这更多涉及的是新方法要素的问题，而不是新产品。在世界经济危机时期，埃米尔·莱德勒对能节约人力的工艺创新与能给人创造就业机会的产品创新做出区分，因为战后工艺创新和产品创新在一定程度上是重合的，这种区分在战后似乎就失去了意义，如今对二者的区分又再次变得重要起来。几十年来，人们似乎都认为莱德勒关于技术决定失业的理论不过是经济领域的积年旧物罢了，现在该理论重新获得了很强的说服力，尽管经济理论早就超越了这种具体的思维。作为研究主任和企业监事会成员，汉斯－于尔根·沃内克（Hans-Jürgen Warnecke）在这方面有着丰富的经验，他于 2004 年就对无论何种创新都是创造就业的手段这种流传甚广的观念提出了批判："直到 20 世纪中期，创新确实创造了财富和就业……虽然今天的创新也可能在自身的生产领域创造就业机会，但在其应用领域却减少甚至是消除了就业机会。"20 世纪 50 年代是技术史上的一个分水岭，至少从劳动的角度来看是这样的！

钢材可看作德国工业化的基础，时代的变迁首先体现在钢材危机上。钢材危机从各个方面来看都不是一种新型的危机：就像 19 世纪 70 年代和 20 世纪 20 年代一样，合理化与产能增长相结合会导致普通钢材易受危机影响，而特殊钢材生产则能保持稳定。重工业规模增长的合理性比以往任何时候都令人怀疑；因为灵活而专业的"微型钢铁厂"比"钢铁巨头"更容易度过危机。尽管联邦德国在 20 世纪 60 年代成为世界人均消费塑料产品最多的国家之一，但半个世纪前就出现的以塑料取代钢铁的预言并没有发生。对"新材料"时代的宣扬也颇具广告宣传的特点。至少在 1970 年之后的生态时代，因为人们逐渐重视钢铁的回收利用，进而对塑料代替钢铁的未来设想产生了阻碍，因此旧的、完全可回收的材料重新获得人们的青睐，在职业范围内也没有发生革命性的动荡。1973 年的一份职业指导手册指出：

> "有时人们认为，随着技术的发展，会出现大量的新职业，但这一观点尚未得到证实……从需求来看，未来的职业不是电子工程师、测量和控制技术人员、核物理学家和系统分析员，而是仍然需要诸如钳工、机械师、混凝土建筑工和泥水工等。"[18]

1970 年第二产业中手工业的占比几乎与 1950 年一样高（分别为 35% 和 36%）。然而，由于手工业被认为没有什么前途，而计算机化的进步景象也意味着对手工技能的贬低，因此，即使在大规模失业的时期，手工业也担心后继乏人。同时，人们一再发现，新职业的出现远比世俗的技术变革所预计的剧烈变化要缓慢得多。

从 20 世纪初到 60 年代，人们谈论的主题一直都围绕着"自动化"，从 20 世纪 50 年代起，也有很多关于"机器人"的讨论，但在大多数情况下并没有真正解决机器需要手动控制的问题。在大多数情况下，"自动化"在具体含义和技术含义上仍然是模糊不清的；在提到"自动化"的时候，经常会有一些所谓上层人士认为工人不过是"工厂中的一个个默默运转的小齿轮"这样错误的陈词滥调。科恩（Kern）和舒曼（Schumann）的开创性研究发现，"自动化"几乎总是一种完全不同类型的半自动化。当时，大多数工人并不担心自动化的未来前景：经验似乎表明，工人在合理化进程中保留了他们"作为实践者的专家角色"。

自20世纪60年代以来，工会一直都是《合理化保护协议》①的合作伙伴；与魏玛共和国的美好年代相似，他们认为合理化是一个机遇而不是威胁，特别是经济增长平衡了70年代初之前机械化造成的裁员情况。雷达工程师莱奥·勃兰特（Leo Brandt）从前是施莱辛格的学生，也是50年代社民党的主要技术专家以及热衷于核技术的先驱，他当时甚至表示担心德国可能在"自动化"方面落后于其他国家。君特·弗里德里希（Günter Friedrich）是五金工会自动化和核能部门的负责人，他在1968年回忆说，在宝沃破产之前，"为了让博格瓦公司实现生产合理化和自动化"，他是如何"与劳资联合委员会斗争了两年之久"。

1965年，五金工会在奥伯豪森组织了据称是关于自动化"风险和机遇"的一次规模最大的国际会议，对"风险和机遇"进行辩论的声音压倒了20世纪50年代在讨论新技术时"要么诅咒，要么祝福"的声音。但五金工会主席奥托·布伦纳（Otto Brenner）介绍说，会议主题是对"已经大众化的自动化主题"的妥协。对于工会来说，"自动化"的实际含义在当时早就是一个缓慢而寻常的过程，人们相信自己已经能够把握住它。事实上，当时的自动化过程主要集中在僵化的大规模生产领域；人们可以认识到这种"自动化"的局限性。然而，从今天的角度来看，真正的自动化在那个时候几乎还没有开始。工会会员兼前技术部长汉斯·马特费尔（Hans Matthöfer）如今承认道，他一生中最大的错误就是相信自动化会

---

① 《合理化保护协议》通常以集体协议的形式在雇主和工会之间达成，以保护员工免受技术和组织创新的影响。

带来社会革命![19]

即使在工业界，人们早在 20 世纪 60 年代就想象他们已经走在"电子时代"的前沿。1966 年，联邦德国拥有约 3000 台计算机，位居世界第二，仅次于美国。1970 年之后，微电子学的出现带来了一个伟大的转折点，联邦德国最开始时对此感到十分惊讶，因为德国长期以来一直设想电子计算机将发展为一种巨型机器。从 1970 年到 1979 年，联邦德国的计算机数量从 7260 台增加到大约 18 万台，而这仅仅是一个开始。[20]

如此说来，用"革命"一词难道不合适吗？目前无法对这个问题作出明确的答复。从纯粹的物理技术的角度来看，微电子技术与早期技术相比是一种"完全不同且有质量的新技术"，至少半导体研究员汉斯·奎瑟（Hans Queisser）是这样认为的。然而，以前对电子产品的使用很大程度上都遵循长期以来追求的合理化路径。原则上，新技术提供了分散化的机会；但在实践中，这使得网络化大规模组织的趋势在某些方面继续发展，否则就会因组织过于复杂而受阻。如此看来，电子学是保守的而不是革命性的。

正如魏森鲍姆（Weizenbaum）所抱怨的，"有强迫症般的程序员"的主要兴趣"不是小程序，而是大型的、有挑战性的程序系统"。计算机化的最高阶段——"计算机集成制造（CIM）"①可以作为某种情况下的目标视角，将其与"技术合理化的机会似乎已经用尽"的情况相对应，只有规划、设计、生产、质量控制、仓储和销售的进一步网络化才有可能带来更多的优势。在这方面，从纯技术性的历史角度来看，"计算机集成制造"与其说是一个开始，不如说是一个结束。[21]

———————

① 计算机集成制造系统是随着计算机辅助设计与制造的发展而产生的。它是在信息技术自动化技术与制造的基础上，通过计算机技术把分散在产品设计制造过程中各种孤立的自动化子系统有机地集成起来，形成适用于多品种、小批量生产，实现整体效益的集成化和智能化制造系统。

自 20 世纪 80 年代以来，基因工程领域的情况差不多也是如此。一方面，有人声称新的分子生物学与经典生物学的关系"就如同喷气式涡轮机与单缸蒸汽机的关系一样"；与牧牛的自然蛋白质产量相比，理论上新的生物方法可以提高生产速度！至少提高十万倍甚至更多。无论是治疗癌症还是解决能源和环境问题，今天几乎没有哪个领域不把基因工程看作一种未来的机会。然而，事实上，到目前为止，至少在德国，这种新技术主要用于以不同的工艺方法来生产一些已有的药品，而且其工艺还并不是越来越便宜——根本谈不上什么"革命"。[22]

虽然"新技术"会以特殊的方式影响到生产过程的组织，但也没有带来翻天覆地的变化；工作社会学的最新研究表明，已经实现了"将新技术与既定的工作组织结构融合在一起"。1989 年，工业社会学家格特·施密特（Gert Schmidt）总结道：尽管有许多不同的主张，但如果人们试图在组织层面上掌控"所谓的第三次或第四次工业革命和技术革命的进程，那么这个进程就会变得出奇的缓慢"。然而，在联邦刑事局发生了一场"技术革命"。霍斯特·赫罗德于 1971—1981 年任职总统期间，出于对恐怖分子的担心，对所有刑事档案引入了永久性的计算机辅助评估：这是一种值得质疑的合理化，因为这种做法极大地增加了嫌疑人的数量，待处理的案件数量因此也增加了。[23]

1986 年，德国工会（BDI）主席朗曼（Langmann）指出，尽管"所谓的高科技领域"呈上升的发展趋势，但它们目前只占"工业产值的5%"。1987 年，人们从一项"管理回报"研究中得出了"令人惊讶的发现"："并没有证据表明信息技术对商业成功有任何影响"。一般来说，这条规则似乎是在涉及工人活动方面相对容易实施，但涉及管理能力时实施起来则要困难得多——计算机本身并不能消除权力结构。由此可见，计算机控制只作为单个组件发挥作用，而不是人们经常误解的一个超级系统。

正如 1988 年的行业专家所判断的，大多数公司迄今为止都未能引入电子数据处理辅助生产组织。"自动化工厂的空中楼阁变成了一片荒凉的废墟。"[24]到那时，引入"现代办公通信系统"的相关经验也没有好到哪里去，取消分工往往被归咎于此；在实践中"混乱和挫折是常有的事""系统崩溃导致整个办公室的工作瘫痪。"难怪虽然联邦邮政局启动了一个耗资 3000 亿欧元的项目（ISDN，综合服务数字网络），计划在 2020 年之前将各种通信技术与光纤电缆连接起来，但办公系统的习惯在新技术前却表现出"巨大的顽固性"，尤其因为将进步理解为交流的去语言化。最近出现的"新通信系统"，如苯（Btx）和智能用户电报从经济方面来说是失败的；对综合服务数字网络的需求远没有预期中那么高。[25]

那些几十年来一直萦绕在科幻文学中的与人相似、可移动并配备传感器的机器人，在现实工业中仍然很少见，而且也没有快速增长的趋势。人们必须清楚，即使每个人都能在短时间内学会打磨处理家具部件这样的小事，也不能"通过理智"去教会机器人。在对"人工智能"进行了长时间的讨论和专家听证后，联邦议院的"技术评估"调查委员会做出了一个惊人的论断，人们甚至无法对"最基本的问题给出明确的答案，即人工智能究竟是什么？"模糊的关键词实际含义是接受新技术的特征，在更大程度上也是关于电子学讨论的特征，在这种情况下，信息、信息存储、测量、计算和控制技术之间的界限是模糊的。[26]

但是，微电子技术的迅速普及显然伴随着深刻的变化：对某些变化还缺乏理论概念方面的解释，例如使用灵活的技术手段所带来的变化。然而传统意义上制造业的灵活性意味着占比较高的手工劳动和较慢的生产速度，而微电子技术可以在一定程度上将灵活性与高度机械化的大规模生产结合起来。以前，提高机械化程度和效率方面的进步导致了从通用机器到专用机器的转变，从而导致了生产单位规模的扩大，而现在这一规则的应用范围有限。科恩和舒曼在 1984 年发现了一条与美国的皮奥里和萨贝尔的发现相类似的"新的合理化原则"："通过灵活性提高效率"。这一原则本身并不新奇，即使在机械化的大规模生产中也必须时刻注意需求的变化，这一见解贯穿了德国工业的历史；但就算是现在，人们还很难将这一见解转化为技术合理化战略。

在某些特定的可能性框架内，实现产品多样化所需的程序化灵活性依然存在——难道还有别的可能吗？在这个领域之外，就目前所见，生产的僵化程度反而增加了。"灵活的制造系统""要求规划保障才能进行有效使用，而这是大多数机床制造公司未来无法指望自行生产的原因。"[27] 在公司内外都会发生与非计算机领域的碰撞（"接口"）。生产主义一直以来面临的困境是，对特定的生产系统进行完善会使公司更容易受到外部条件变化的影响，这一点在电子领域似乎也没有找到明确的技术解决方案。大众汽车公司于 1983 年秋季启用的第 54 号装配车间很快就以其配备的80 个机器人闻名于世，是当时世界上汽车工业中最现代化的装配车间，但其仍摆脱不了与特定类型生产的联系：新款车型"高尔夫"在相当长的时间都是在复制"甲壳虫"的成功。主要问题是"技术的复杂性几乎让人无法掌控，这一开始导致了生产中故障频出以及高额的生产损失。"（托马斯·海皮特，Thomas Haipeter）新信息技术也没有成为人们所希望的"神器"。同时，电子控制的进一步优化了高度自动化和灵活性相结合的机会，而这条规则仍然一直适用："灵活度最高的是始终还是人类。"

技术本身能有多大的灵活度，这在一定程度上是个角度问题；然而另一方面十分清楚的是，现代的技术发展要求人们具备更高的灵活性：由于技术原因造成的工作损失和再培训的需求，工作性质的变化以及工作时间的逐步灵活化，这让人们曾经为之苦苦奋斗的周末假期变得越来越像是痴心妄想。在这方面，我们不应过分强调近几十年来的延续性因素。这不仅是第二次（或第三次）工业革命的论题，而且对它的批评也有一部分受到利益的影响：如果工会和职工企业管委会在 20 世纪 60 年代已经预见到新一轮的自动化浪潮对工作岗位的破坏程度，那么对"自动化"问题的处理方式可能会有所不同。虽然在关于合理化的公开讨论中，总是工人代表积极参与讨论；但人们并没有觉得这在本质上决定了事件的真实进程。作为"高科技"的结果，之前预计的工业"再专业化"已经逐渐部分地产生，近几十年来，非技术工人变得越来越难以安置；诚然，这种新的个人主义类型的技术工人往往与工会格格不入。

与计算机有关的工作岗位意味着技术在工业工作感观方面取得了深刻的变化，是一种对世俗观念的突破。工人与机器的联系已经变得很少；随着计算机技术的不断变化发展，这种联系将更多地成为阻碍。在过去的几十年里，这种长期以来被认为是"典型的德国人"的那种对工作的认同感已经大大下降，现在只有一小部分员工身上还有这种气质的残存。这种言论本身并不具有判断性；实事求是不一定需要损失掉生活的艺术，倒是可能对其有所促进。如果人们顺带回顾一下技术史进程中的所有习惯化过程，那么在适当的条件下，电脑屏幕前会出现新的个人体验和对工作的认同，包括对自我的剥削，这不足为奇。然而，与过去进行的简单类比并没有得到历史事实的支持。技术交流的巨大便利和倍增也有其反面：人们对交流能力和交流速度的期望也大幅增长。人们如何对待这些期望，直到今天历史尚无定论。不管是不是"技术革命"，人类处理外部自然和自身天性的技术方式在近几十年发生了深刻的变化：其激进程度可能超过了工业化之前的一切变化过程。[28]

4. 技术愿景和能源经济之间的核能：
德国、欧洲和美国的核技术发展之路

核能是获得政府大力资助而开发的第一种技术，尽管当时还看不出这样大的投入能满足什么长远的实际需求。虽然在20世纪50年代初的战后还周期性地出现煤炭短缺的情况，当时就有人谈论到"能源缺口"的问题。而随着核反应堆的建设，这个问题变得更加严重，德国能源政策的主要问题就是煤炭供过于求。对于核技术的起源，甚至比早期大多数技术更需要进行历史的解释。

各类"新技术"随之而来，"新技术"通常是指引进美国技术，对其实用价值尚难以全面考察，而且这需要政府支持。对联邦政府来说，这些都是针对各联邦州展示自己推行科学政策能力所采取的一种措施。联邦核事务部设立了科学部、研究部和技术部。核研究中心成为脱离出大学的"大科学"先驱。大学都在仿效美国模式，试图将大规模的技术设施变为科学的核心，并在某些情况下通过"相对简单的信息让人联想到工业条件的大规模生产"（卡特列，Cartellieri），但却渐渐变成了一个精神的"杂货铺"。然而主要是因为核能所引发的争议，使其在德国技术史上留下了痕迹。核技术是绝对具有划时代性的和前瞻性的技术，但其技术方式与20世纪50年代人们的想法不同。

20世纪50年代，人们普遍认为德国有必要参与核技术，这是理所当然的，只是在速度、国家的作用以及首选的反应堆类型等方面存在争议。直到很久以后，人们才想到技术进步的其他途径是否会更有利。电气工业相对反应堆建造方面处于领先地位，对于电子工业而言，电子技术本身可以成为替代技术，而日本电气工业优先考虑电子技术，并为此放弃开发本国的反应堆。早在20世纪50年代的德国就有很多关于"电子大脑"的讨论，而对其幻想的破灭也比核电来得更早。当时，所谓的新时代定义往往不仅是源自核能，也源自自动化。

在电子管生产高度发达的情况下，当时德国领先的电气公司却像日本电气工业那样专注于电子技术而不是核技术，为什么这在当时是不可想象的呢？这不仅在全球趋势中可以找到答案，而且在根深蒂固的德国工程师思维中也可以找到答案：这是一种通过机械工程塑造出来的性格、能力和可靠性的理念。德国几乎没有注意到小型晶体管的发展潜力，这并非是巧合。在电子领域，大规模的工业与大型计算机捆绑在一起，但在一个没有高科技设备的国家，其销售前景似乎很渺茫。最初德国几乎无人注意到在小型化方面取得的快速进展。

1960 年后，电子消费产品领域的竞争变得越来越激烈，其呈现出来的增长前景越来越不具吸引力。保障垄断地位的大型项目在这方面起一种制衡作用，总体上更符合西门子和德国通用电气公司的传统。电子领域符合德国的传统，最初将大部分工作集中在"硬件"，即设备上。"软件"的开发，即程序，在一开始并没有被视为是一个可以进行深度开发的领域；在很长一段时间里，软件工程师在德国机械工程师心目中是一种非常不可靠的职业。此外，软件热潮始于电脑游戏，对于以科学为荣的工程师来说这简直是愚蠢至极，这种情况还绝不只是德国独有。即使是老牌公司也迟迟没有意识到这些东西能带来多少盈利。[29] 恰恰是在 1990 年左右，也就是私人电脑热潮开始之初，西门子解散了自己的软件部门，把相关合同交给了小型分包公司。然而，因为软件必须适应特定客户的需求，德国工业在软件方面至少要和硬件一样拥有同等的机会——利多富的成功就是证明。

在德国经济发展史上，最初掌握主动权的主要是化学工业而不是电气工业，更不用说能源工业。当时，人们经常谈论的是放射性物质将彻底改变整个化学生产过程；但工业界本身是否相信这场"革命"，本身就令人怀疑。化学将成为主要通过后处理①的关键核工业。事实上，钚的提取在波恩的核政策中占有优先地位，而钚的民用方向没有得到保证。在其他方面，瑞士的化学通常能与德国的化学相媲美，但对核技术

---

① 此处是指废核燃料的再处理。

表现出的兴趣则小得多。与瑞士的对比揭示了德国核政策的权力政治影响，即使这不允许公开以明文形式表达。增殖反应堆项目的负责人黑费勒（Häfele）在 20 世纪 60 年代就暗示道，大型技术项目是"民族主张"的体现，即使"为其要付出巨大的代价"；在联邦德国，它们将"引发出政治问题"。[30]

图 39：《伙计，他们现在吃药了》。这是 1969 年《工业信使报》（*Industriekurier*）① 的漫画，当时德国获得了第一批核电站建设的订单，但大多数德国人对核电站仍没有具体概念。这幅画上的核反应堆其实与真正的反应堆没有什么相似之处，看起来就像煤电厂的炉子和蒸汽锅炉。明显的区别只是所需的裂变材料数量很少，核电站外部清洁度极高，操作核电站的"白领"也与煤电厂工人截然不同。"药片"一词在 20 世纪 60 年代往往特指"避孕药"。这就引起了人们对于性的无限幻想。在当时，从某种比喻角度来说核技术具有"性吸引力"，特别是对那些有"进步"思想的人而言！

---

① 位于杜塞尔多夫的德国商业报纸。于 1948 年 10 月首次发布，并在 1970 年之前的每个交易日发行。这家工业信使杂志代表了德国工业的利益，但无法与《德国商报》竞争，并于 1970 年 9 月 1 日被后者接管。

如果我们想把马克斯·韦伯的超凡魅力概念 ① 应用到技术上，核技术就是一个典型例子：无论是力量与疯狂的一面，还是魅力的转瞬即逝。在核能发展的参与者中，从一开始就有明显的一致性；这一领域的人都全身心地投入其中。专家社区，或者说专家"家园"一词就成了这个领域的固定术语（一代人之后，人们会使用"网络"一词）。

与其他国家一样，德国的核物理学家也是核政策起始的推动力，尤其以维尔纳·海森伯（Werner Heisenberg）为核心的一众科学家。进一步利用在第二次世界大战的核项目中获得的技能，并尽可能迅速而强烈展示遭到广岛事件所破坏的原子物理学的民用效益，这样的渴求让核科学家们变得迫不及待。然而人们的怀疑是，核能是否能证明军事技术是"有用的副产品"。相反，核技术的发展与计算机技术的发展走的是一条相似的道路，这也表明一项新技术是如何因其军事渊源而被诸多问题压得喘不过气来的，如果不是这样，它可能就不会遭受此等程度的困扰。

在一定程度上，是军备导致的速度加快产生了这些问题。如果没有军事压力，核技术的发展会与蒸汽机发展相类似，需要经过几代人的努力，很可能会没那么大的阻碍。本来有足够的时间来尝试不同的反应堆方案，等待结果的同时通过建造小规模的设施来将风险控制在较低水平。在反应堆研究领域和工业界，人们普遍认为，无论如何都要缓慢而谨慎地跟反应堆打交道；然而，在较早的技术历史背景下，人们感受到了推动反应堆发展的急躁情绪。在 20 世纪 50 年代的原子能热潮中，作为一名经验丰富的大型发电厂建设经理，弗里德里希·明辛格警告说，不要强行加快核能发展的步伐！德国原子物理学的杰出人物维尔纳·海森伯并不对任何发电厂负责，也对核电站的技术细节一无所知，然而他在 20

① "超凡魅力"最初为神学概念，经韦伯重新阐释后被用来界定以领袖的超乎寻常的魅力为推动力的政治支配形式。"超凡魅力"不仅确立了领袖的绝对权威，而且成为打破官僚体制的政治组织动力。

世纪 50 年代初迫不及待地推动在波恩建设反应堆的进程！1962 年，有化学工业背景的联邦核能部部长巴尔克在联邦议院负责的委员会面前对核电推动者嗤之以鼻，斥责说联邦德国暂时不需要核电——最多"在北极、南极或海洋岛屿上"才可能设置合理的核电站点。

早期的德国的核政策倾向于重水反应堆，这是从战时核项目中延续下来的反应堆概念。军方关注钚的高产量，而核物理学家关注的是中子的有效利用。然而，这种反应堆的开发方法在 20 世纪 60 年代被美国轻水反应堆成功超越。从那时起，人们通常把高温气冷堆核电站（HTR）视为特殊的"德国"方式，尽管这一方案起源于英国；在 20 世纪 70 年代，只有联邦德国还在继续进行这种类型的反应堆建设。高温可以提高效率以及利用工业用热，正如长期担任项目经理的舒尔滕（Schulten）所强调的那样，"每个工程师的心跳都加快了"；另一方面，轻水反应堆迫使人们背离这种传统的技术人员偏爱。但恰恰是轻水反应堆成为 20 世纪 60 年代德国核工业的成功秘诀——德国是欧洲率先建造轻水反应堆的国家。这类反应堆的实施象征着经济学家战胜了技术人员，同时也象征着美国崇拜者战胜了德国核技术自我形象的倡导者。[31]

在德国与美国百年的技术之争中——始终伴随矛盾的心态，要么是模仿，要么是出于嫉妒地划清界限——核政策标志着高潮的来临。1964 年，卡尔·维尔茨［Karl Wirtz，在卡尔斯鲁厄核研究中心（Kernforschungszentrum Karlsruhe）工作］作为德国原子能委员会核反应堆工作组的发言人宣称，"必须完全从德国工业与美国工业在世界市场中竞争的角度来看待"德国反应堆的整体发展。[32]特别是在其第一个十年，波恩的核政策急于将本国的反应堆路线与美国区分开来，在某种程度上，这条路线的特点是效率更高，并保证德国裂变材料实现最高水平的自给自足。因此，对高温、最佳的中子利用有效性、增殖特性和天然铀的偏爱，意味着可以不依赖于美国的铀浓缩厂，这是当时所有追求核发展的国家重视"本民族"

反应堆政策的标志。

然而，德国莱茵集团和与通用电气公司（GE—General Electric）关联的德国通用电气公司在早期就表现出对价格更为便宜的美国轻水反应堆的偏爱。这类反应堆取得的突破改变了德国专家们的战略思维：不久后美国传出的最新消息就被视为内幕消息，这在增殖反应堆开发中尤为明显。虽然德国通用电气公司从通用电气公司手中完全接管了沸水反应堆，但是最终在核技术方面还是失败了：而对德国通用电气公司而言更为致命的是，它不具备足够的核专业知识，不足以支撑其在没有美国技术的加持下独立应对问题，虽然经过了长时间的试验和测试，但由于技术缺陷，沸水反应堆最终还是输给了压水反应堆。西门子最初是重水反应堆的推动者，接管了西屋电气公司（Westinghouse）的压水反应堆，但还是选择尽快将自己从美国合作伙伴的限制中解放出来，获得自主权。两家公司在对待美国时的行为反差让人想起 19 世纪 80 年代的"电力"初建时期。

在模仿美国的过程中，有几个问题被忽略了。美国是一个核大国；选择民用反应堆是为了从军用铀和钚工厂中获益；军事技术的边界并非是一成不变的，这是反应堆发展的基本条件之一。如果联邦德国在未来明确地将自己定位为无核国家，那么德国就理应审视一下美国反应堆技术的适用性。除此之外，虽然"安全理念"在美国受到认可（尽管也有人对此持批评意见），但必须要考虑到最坏的情况。因为与早期讨论的其他反应堆类型相比，轻水反应堆的固有安全性较低，因此核电站只能建在人口稀少且易于疏散的地方。德国人无法像美国人一样奉行"安全距离宗旨"，因为在人口稠密的联邦德国，如果奉行这样的前提条件，那就几乎找不到合适的反应堆场址。为了将不利条件化为有利条件，在 20 世纪 60 年代末德国核工业界的雄心是在大城市附近（路德维希港附近，一度也建在法兰克福附近）建造核电站，来为化学工业提供工业用热，并在世界范围内进行发展，从而展示德国反应堆的高度可靠性。但即使是维尔茨（Wirtz）也对这个项目大吃一惊，并与本无意与比布利斯（Biblis）竞争的莱茵集团联合起来阻止该项目的实施。

总会有人反复提起建造地下核电站的建议：这一概念是放弃"安全距离"后能得到的合乎逻辑的结果，甚至获得了大部分人的支持，但又常被业内搁置一旁。1981年，德国西门子股份公司发电集团（KWU）当时已经在德国的核电站建设中获得了既定的垄断地位，它威胁说，审批机关如果坚持要有一个测试地下建筑方式的原型的话，它就会放弃核电站的建设！[33]

虽然德美两国在传统的汽车和机器方面存在着实打实的竞争，但核技术方面的竞赛却掺杂着一些想象的成分。1964年左右有报道称，美国工业界将在十年内以固定价格将快速增殖反应堆推向市场，这一消息在卡尔斯鲁厄被有关人士用来作为跃升到增殖反应堆原型的论据。实际上，该报道在当时就显得不是特别可信。1968年左右，美国经验成了有争议性决定的论据，该决定就是主要以钠增殖反应堆为主，并放弃蒸汽增殖反应堆；即使在那个时候，如果仔细观察美国的情况，人们也可以对整个增殖反应堆的发展提出质疑，因为自从"恩里科·费米（Enrico Fermi）"（1966年）实验性增殖反应堆发生严重事故后，对此持怀疑态度的人就越来越多了。

迄今为止，从整个核技术历史中汲取精华是有道理的，未来的技术项目应以需求和市场机会为导向，而不是以竞争心理为导向。尽管如此，增殖反应堆政策的风格似乎在新芯片"世代"的领域重复上演。仅仅是美国和日本之间的"芯片之战"就足以让波恩和东柏林①有理由不顾投入地去推动本国的芯片开发。这种"技术政策"的具体意义令人怀疑。如果芯片本身代表了一种伟大的创新，这并不意味着在创始时其生产也具有强大的创新动力。1989年，一位专家证实了来自《德意志工程师协会新闻》（*VDI-*

①　两德统一前，波恩是联邦德国首都，柏林是民主德国的首都。

Nachrichten)的采访人的印象:"当你与芯片专业人士交谈时,你经常会有这样的感觉,如果他们的工厂只是用现有的技术运行并且不受任何影响,他们就很高兴,这没什么新鲜的。"[34]

因此,核"技术政策"的争议性具有样本化的特点。核能的未来前景不只是在 20 世纪 70 年代被蒙上了阴影,而是从核政策的早期就一直笼罩在阴霾之中。通往经济型核电站的道路和通往快速增殖反应堆的道路比人们在 20 世纪 50 年代中期所设想的要长得多。石油繁荣和煤炭危机阻断了核能最初的发展之路。1957 年美国第一座示范性核电站西平波特(Shippingport)投入运行后,结果发现核发电的成本是燃煤发电的 10 倍。20 世纪 60 年代,当第一批核电站在合理的经济条件下投入使用时,天然气热潮兴起,展示了天然气清洁无害的形象,并减缓了电力向热力市场进军的步伐。1966 年年底,在给研究部长斯托尔滕贝格(Stoltenberg)的一封信中,莱茵集团进入核能领域的条件是遏制"对天然气宣传",克服"对天然气的依赖"。[35]

在 20 世纪 70 年代之前人们对此还没有争议,也没有充分的理由中断核能开发或将其搁置一旁。但是没有想到会发生这样的改变;人们普遍认为,无论历时多久,遇到多少困难,核能时代终会到来。正是传统的技术进步观念促进了 20 世纪中期的核能发展,这是符合逻辑的。康拉德·马乔认为自古以来技术进步的本质是"征服自然力",是动力的不断增长。从德国核政策的决定性时刻,人们可以看到这种历史观的有效性:1955 年,温纳克在日内瓦核会议的报告中宣布"文明的民族发现自己的处境与维尔纳·冯·西门子发明蒸汽机或发电机时的情形类似"。"在技术史上这种时刻所采取的立场将决定我们未来几十年的生活水平"。

不仅是蒸汽机,化学合成方面的进展也将许多资源问题转化为能源问题,从而强化了高能的历史画面。理论上,这种进步的想法也能够促进太阳能的发展。然而,如果电力被视为"最宝贵"的能源形式,并且进步与越来越大的功率集中之间被画上了等号，那么核能正是进步的能量图景中尚未达到的高潮部分。当然，从18世纪开始，人们就有了另一种技术进步的想法：通信手段的改进即为进步。然而，只要这等同于增加能源消耗，人们最终还是会回到核能上来。

技术进步的方向逐渐朝着科学化的方向发展，而科学无疑为技术指明了方向，这在德国也是一种根深蒂固的观念。自从原子物理学取得成功以来，这种观念也有利于核能的发展。1956年，西门子反应堆部门的创始人和负责人芬克伦堡（Finkelnburg）在德国工程师协会的百年庆典上讲到，技术科学化的趋势正在使科学发现和实际技术应用之间的时间间隔变得越来越短，将"绝对肯定地"继续"引导"扩展技术应用领域和影响范围。芬克恩堡是重水反应堆最坚定的拥护者；后来有人说他把经济学和中子经济学混为一谈了。

因为核能后来的命运清楚地表明，大规模技术的发展遵循的是科学以外的规律，科学解决问题的方案对技术可行性仍然没有太大的意义。20世纪50年代前期，芬克伦堡和他的亲戚海森伯给人留下的印象是：增殖反应堆技术好像能在实际中应用——因为在1951年，第一台实验性增殖反应堆已经在美国投入运行（1955年，因严重的核心熔化事故而被毁坏）。但恰恰是增值反应堆项目在后来发生的事故驳斥了科学与技术之间联系日益密切的论调。[36]

在德国核能发展的早期，理论家占据的主导地位令人十分惊讶。黑费勒长期担任增殖反应堆项目负责人，其主攻专业竟然是天体物理学。然而，在1977年，他承认物理学家"通常低估了在工程方面哪怕是让单个的反应堆启动和运行所面临的困难"。他说，作出采用钠冷式增殖反应堆，而不采用其他增殖反应堆设计的决定是令人"痛苦的"过程。"这不是符合逻辑的论点，而是大量相互支持的技术证据。"这取决于"最大程度的信任"在哪里。"如果这在商业上是可行的话，那不是出于物理理论的考虑，而是出于对项目的技术实施的考虑。"一个了不起的声明,可以适用于许多技术领域,特别是复杂和令人困惑的技术领域!诚然,钠的增殖反应堆也并非在"商业上具有可行性"。只有历史的进一步发展才会显示出十分明显的"大量技术证据"!

反应堆方案是否可行须根据电厂建设的经验来判断:由于核技术的新问题,这一过程并非完美。最终就核技术的工业相关领域而言,核研究中心几乎是无关紧要的,但是其在核工业中发展的大规模项目也制造了本来不存在的冲突。大型研究和核工业的发展开始分道扬镳;工业化的研究绝不会形成研究和工业的同一性。从核能的历史发展来看,这一经验包含了可概括的内容。

然而,在关于技术政策的讨论中,人们始终面临这样傲慢的偏见,即所有的科学和技术进步都是一条紧绷的绳,我们一旦从某处切断它,一切就会随风飘散。1959 年,核能部部长巴尔克明确地说过:"如果我们无法建立核电站,那么有一天我们将无法销售真空吸尘器。"一位为核能辩护的人士在切尔诺贝利事故后声称,"从以前的技术史知识来看,跳过个别创新阶段或人为延长已经结束的创新周期似乎是不可能做到的。在这两种情况下都存在社会灾难风险,与之相比,切尔诺贝利事故的规模与一场工业事故不相上下。"切尔诺贝利事故发生几周后,巴伐利亚州政府的代表宣布:如果奥斯卡·冯·米勒以前工作的地方——慕尼黑已经成为"欧洲微电子学的麦加圣地",那么瓦克斯多夫附近的后处理厂将成为"这个链条上的另一个环节"。关于核能和电子学之间的协同作用,业界对此有一种夸张的想法。德国第一个实验性反应堆的重要计算是用计算尺进行的;在反应堆建立之后大型计算机程序才启动。[37]

近几十年来,长期的技术发展概念越发广泛,我们在谈到技术时提到"代"的频率越高,不仅是谈到"新"技术,甚至谈到卡车也是如此。"代"的概念在核技术方面尤为盛行,因为吸引人的不是一个事实,一条通往未来的道路。因此，人们认为反应堆技术的发展道路经过几"代"后延续到增殖反应堆和核聚变发电站；与此相关的观点是，核技术有一个内在的倾向，即"燃料循环"的封闭系统。这两种对未来的看法都给了增殖反应堆和后处理项目一种确定性，在很长一段时间内都不会因费用暴涨或技术困难而动摇。

这种情况意味着高温气冷堆核电站面临着一个障碍：在球形燃料元件①方面不存在后处理技术。然而，自20世纪70年代初以来，关于无须增殖和后处理的核能的可能性的思考在美国引起了更广泛的关注，而联邦德国尽可能系统地打消人们的这种想法。[38]即使核电的反对者一开始也对这种观点不感兴趣，因为他们想通过增殖反应堆和后处理的风险来对整个核技术给出不合格的判定。最近在核技术方面的经验提醒我们，技术中的系统、周期和"代"的概念充其量只是起到隐喻的作用。本应根据太阳能的利用原理产生能量的聚变反应堆——"第三代"核电站早已消失在一个不确定的未来之中，甚至许多聚变研究人员都认定，该核电站将永远不会存在。

核能的发展具有示范意义，这也是欧洲技术化理念第一次失败的尝试。1955年前后，当欧洲原子能共同体（Euratom）的计划成形时，核技术似乎已经成为欧洲理念的实质内容。"欧洲"和"原子"：当时的两个宏大愿景肯定会在许多旧战线中建立起联系，在欧洲原子能共同体中结合起来。这种逻辑很简单，也很有说服力：据说，大规模的技术项目需要一个欧洲框架，此外，在许多人看来，共同致力于技术的未来似乎是克服欧洲过去负担的最佳手段。"技术成为欧洲的一种意识形态"。究竟是让技术为欧洲服务，还是让欧洲为技术服务，对此还需权衡利弊。然而，阿登纳知道自己想要什么。在1956年10月5日的内阁会议上，他宣布，通过欧洲原子能共同体，他想"尽快实现自主生产核武器"，因为他不再信任美国的核保

---

① 传统的反应堆采用燃料棒，新型的反应堆采用燃料球，有更高的安全性。

护伞。在公开场合,波恩政府的政策听起来完全不同。从 20 世纪 50 年代至今,"欧洲"都是推动技术进步和发展大企业的力量。[39]

但是,欧洲原子能共同体的历史随着接下来的一系列新举措而成为一场悲剧。欧洲原子能共同体非但没有促进欧洲的统一,反而造成了一连串的国际争执,如果没有原子能共同体,这些争执是不会存在的。欧洲原子能共同体的反应堆项目(ORGEL,用有机物缓和的重水反应堆)受到了德国核工业界的嘲笑和讥讽。德国核工业对法国核政策的官僚集权主义深感恐惧,这并非是毫无根据的,而欧洲原子能共同体的某些部门正面临这种情况。然而,正如赫普(Hepp)所指出的那样,最重要的是,核技术"揭示了国家自我表达的隐藏需求"。难怪当时以核电作为统一欧洲的基础会显得特别不合时宜。直到 20 世纪 70 年代,当德国反应堆专家的雄心因成本的急剧上升而受挫时,才甘愿将后续的反应堆未来留给法国和意大利的合作协议,但协议的履行条款仍有待商榷。"欧洲"已经不在这个范围之内!

在随后的一段时间里,欧洲的内部市场前景使得欧洲不关心的项目制定重新生效,仿佛欧洲原子能共同体的败局从未发生过。德国欧共体专员纳杰斯(Narjes)从"通信技术革命"中得出的结论是,加强欧洲一体化是必要的。欧洲机构的一份联合报告希望人们相信,在太空中,欧洲可以"巩固一个共同的地位"。因此,欧洲必须"在太空中要安排有自己的耳目"。人们认识到,这是一种科幻世界的语言。欧洲理念再次面临着与不必要的技术追求相联系以及被淘汰的危险。

迄今为止,空中客车公司(Airbus)是法德技术项目中取得的最引人注目的成果,它在与波音公司的竞争中取得了胜利:但这些成果的背后离不开国家给出的巨额补贴,这也是航空业"成功"的规则。德国政府在空中客车项目上始终未作出决断,对此展示出任何远见,这一点遭到了技术未来主义者的批评;然而,在对空中客车的历史进行详细分析后,乌尔里希·凯尔希纳（Ulrich Kirchner）提出了一个合理的问题："我们是否应该责备德国政府在推动民用航空方面作决定时太过迟缓，抑或这也有其合理之处？毕竟，德国加入空客项目的代价比起比法国来说太小了。"空中客车公司的经验表明，从核电争议中存疑的见解也可转移到其他"未来技术"上。[40]

在早期的核时代，尽管有"欧洲原子能共同体"的存在，但是对"和平原子"局部小型化的反对观点盛行。从裂变材料中极高的能量浓度来看，在 20 世纪 50 年代，人们通常得出的结论是，核电站的一个特殊优势是可以按照需求将其尺寸设定得很小。人们预言"盒式发电厂"是一种为飞机提供动力的小型反应堆、甚至是用于空间加热的"婴儿式反应堆"。一些市政发电厂认为，核电有助于他们从能源行业的大公司中重新获得自主权。20 世纪 60 年代发生改变，上述想法让人觉得十分荒谬。在能源行业的影响下，随着规模的扩大，成本递减的理念已经成为主流。20 年代的 100 兆瓦和 50 年代的 300 兆瓦已经是大型电厂的容量，而 1960 年后，在核能领域容量 300 兆瓦的电厂只够做示范电厂；20 世纪 70 年代，SNR-300 反应堆①甚至不能再被认为是示范性的增殖反应堆。莱茵集团的核能先驱曼德尔（Mandel）在 1964 年就表示他"有些失望"，这反应堆也就只是能够节省点人力资源，不过超过 300 兆瓦"基本上来说也没有带来什么益处"；同年，能源行业的另一位发言人称，这种 300 兆瓦的计划是"不负责任的"。不久之后，仅是最小规模的经济型核电站的基本标配都是 600 兆瓦，1970 年左右则达到 1000 兆瓦的容量。1970 年，曼德尔甚至预测"未来几十年"的反应堆将达到 2000 兆瓦，"甚至容量更大"。舒尔滕最初称赞高温气冷堆核电站（HTR）适合小型反应堆，他当时正计划建造一个 3000 兆瓦的高温气冷堆核电站。1970 年左右，建造 1000 兆瓦容量的发电厂成为一个大胆的飞跃，超出了以往工程建设经验的范围。然而 20 世纪 70 年代之后，

---

① 德国的快速钠冷反应堆，总发电量为 327 兆瓦。建成后由于政治原因没有投入使用。此项目属莱茵集团。

世界各地的核电站规模的增长在达到最高 1450 兆瓦的时候戛然而止，核电站的正常规模仍然低于 1000 兆瓦[41]。

美国很早就显露出"扩大规模"的趋势，核物理学家阿尔文·温伯格（Alvin Weinberg）早在 1952 年就有此担忧，即完全专注于大规模工厂会使核技术"有可能变成所有大型技术中最不灵活的技术"。情况正是如此，尽管核能在物理上具有新颖性，但保守主义成为大型核技术工程最显著的特征之一。因为人们认为获取这方面经验的时间过于短暂，因此在 20 世纪 60 年代时人们普遍倾向于那些已经有相对丰富经验且与常规电厂技术最接近的反应堆概念。高昂的费用使得试验无法开展，某些类型的反应堆发展到能上市的阶段，阻碍了替代概念的进一步发展。不同类型的反应堆之间几乎不会出现真正的竞争，即使在专家圈子里，回顾曾经非常简陋的反应堆生产线，他们普遍认为，与其他反应堆类型相较而言，轻水反应堆不失为最佳解决方案。正如有时人们所说那样，核能的发展是否可以属于达尔文意义上的"适者生存"的进化论，这是值得怀疑的。

作为轻水反应堆以及未来的项目中钠增殖反应堆的唯一替代方案，高温气冷堆核电站（HTR）因为其不断追求规模的扩大而陷入了困境。当哈姆·温特洛普（Hamm-Uentrop）的样机达到 300 兆瓦时，这种小型反应堆的安全优势已经开始令人怀疑；这也降低了工业用热的可能性，这是该类反应堆生产线的特殊吸引力，也十分符合德国的条件要求。[42] 总的来说，容量的增长促进了反应堆的裂变材料库存的增长，尽管采取了所有安全预防措施但仍然存在"残余风险"，在这种情况下，这远远不止是一种"残余"。同时，规模经济降低了核工业在面对 20 世纪 70 年代批评的冲击时的可操作性。在 80 年代，切尔诺贝利事故之后，聚解（Downscaling）的口号流传甚广。人们重新启动以前制定的小型高温气冷堆核电站计划，希望通过出口机会、提高受众接受度、单独的场地和批量生产来弥补聚解所带来的经济劣势。到目前为止，所有这些都是徒劳的：这样的反转与德国能源工业和电厂技术一个世纪以来的发展背道而驰。

但是，关于核能的争议给公众对风险领域的辩论带来了划时代的突破，而在此之前，政治监管能力和社会反应能力都没有做到这一点。核风险的程度迫使人们考虑尚无根据的假设性和完全不可能的事故，如可能有不可预见的外部影响或由一连串巧合引发的灾难。对这种风险的防范与以往的技术传统不符；在这里，核能具有"探路者的角色"（黑费勒，Häfele）。[43]批评者除了坚持要求认真对待官方宣布的高安全标准之外，不需要做其他任何事情。20世纪70年代，反应堆安全管理局提出，至少在假设的原则上，假设的风险也必须涵盖到安全评估中。另一方面，就计算机技术、基因工程等其他"新技术"而言，这种"安全理念"迄今几乎没有从原则上被人们所接受，更不用说最新的纳米技术。因此，就核技术而言，原来假设的风险在某种程度上还是可以确定的，但是现在变得越来越不明确了。政策应该如何处理这个问题——毫无疑问，那就是将其完全公开。

但在核技术中也是如此，原则上承认风险的新颖性是一回事，而从中得出实际后果又是另一回事。直到20世纪70年代，许多参与其中的人的实际行为都被以前的态度所影响，他们也认为安全防范措施是十分令人讨厌的，如果可能的话，应该对其加以抵制，而愿意承担风险则被视为男子气概的标志。1983年，甚至联邦外交部部长根舍（Genscher）也对技术政策提出"第一要求"——"回归勇气的美德"。工程师往往比物理学家更为谨慎；但对他们而言困难的是，遵循新的要求以及对那些从未发生过的事故采取预防措施；因为过去要提高技术安全性，通常是需要通过反复试验、错误以及分析已经发生的事情才能做到。

从中人们可以看出，基于常规电厂技术的安全方法在核电实践中占了上风，这是不可避免的。人们可以将重点完全放在控制、关闭和紧急冷却装置上。即使是铁路中众所周知的技术安全核心领域的材料测试，在最强放射性辐射的条件下也是一个棘手的问题，处理的时候仍然会犹豫不决。

只是人们逐渐发现，德国重工业无法满足处理反应堆压力容器材料的要求：刚开始的时候德国对此感到不知所措，20 世纪 70 年代德国引入了更高质量标准的反应堆钢材，因而不得不暂时从日本采购压力容器。针对保护核电站免受外部事件影响（"EVA"）的假设只能在十分有限的技术预防措施中实施。[44] 除此之外，过往的历史经验使人们没有理由希望通过部分新型技术确保预期安全性；计算机模拟是否在这里创造了一个全新的局面，对此还没有明确的答案。归根结底，核能的发展不可能避开试验和错误；只是可能错误的后果影响是整个世界的实验领域。在技术史上，从经验中学习比以往任何时候都要困难，因为在重大事故的情况下，事件及其后果最初都是难以评估的。

排除和重新发现"人为风险因素"在反应堆安全讨论过程中发生了巨大的变化。从技术史以往的发展来看，在考虑安全问题时，本应长期特别关注"人为因素"，因为在技术事故的原因中，人为错误总是排在第一位。如果假设人是一个不完美的存在，就会得出这样的结论：人为错误引发的事故体现了技术存在的错误，这是对整个技术安全考虑的一个开创性想法，它导致了对"错误友好型"技术的假设。然而，在很长一段时间里，德国核电站的人们相信，由于容易出现人为失误的情况，没有人参与的技术是必要的。最大自动化的理念在早期就与反应堆技术联系在一起；与美国的反应堆建造者相比，自动化和技术与人类分离开来，有时甚至被认为是一种特别的德国安全理念，因为后者"非常依赖人类"[45]，尽管德国在对自动化的热衷上传统上落后于美国。明辛格很早就警告说，不要被美国核电站高度复杂的自动安全防范措施所蒙蔽，因为经验表明，"特别是那些只在很少情况下才投入使用的自动装置，它们在投入使用时很容易失效"。

所以我们重新注意到反应堆控制室里的人。但是，如果我们仔细思考核技术需要什么样的人和社会类型，最后就会得出荒谬的结论。阿尔文·温伯格假设存在一个"核之神职（nukleare Priesterschaft）"，其政治和道德的稳定性与钚上千年的半衰期相符合。任何受过一点历史教育的人都明白这种假设的荒谬性。反应堆安全专家通常犹豫不决且不愿意解决"人为风险因素"的问题是有原因的；就核技术而言，这个问题很棘手，而专家能力在这方面明显已经达到极限。正是由于公众的争议，这个问题最终变得无可辩驳；从那时起，它一直是一个开放的问题[46]。

　　抗议的主要目标是增殖反应堆和后处理。联邦德国后处理计划的历史就是一个关于误导性语义和系统幻觉的典型例子。通俗而言，根据其军事渊源，后处理意味着钚的生产。然而，在后处理的名义下，钚的生产也属于民用核技术的一个系统性的必要组成部分：即通过钚的回收来"关闭燃料循环"。1975 年前后，面对日益高涨的抗议运动，后处理也被合法化为"核废料"最终储存的必要先决条件。讽刺的是，恰恰是德国将后处理分配到"处理"这个新的特定领域，才迫使人们迅速建造大规模的核废料处理设施；仅是适度的钚回收计划根本不会存在大型的戈勒本项目（Gorlebenprojekt）①。正是在这种情况下，后处理的高风险被暴露出来，在此之前，公众几乎没有注意到这一点。20 世纪 80 年代，当人们意识到即使没有西澳大利亚，地球上的铀储量也能维持几个世纪，而不是像以前假设的那样只能维持几十年时，随即对后处理的经济兴趣都减弱了；核处置困境引发的激烈讨论在 20 世纪 80 年代扩大为对工业文明中的处置困境的普遍讨论。

　　从原则上来说，在民用核技术尚未发展到超越小型实验设施时，即使不用通过所有的细节，也能明确地看出核风险。核能的历史表明，即使采用新型技术，也有可能进行前瞻性的技术评估，真正的问题在于将评估结

---

① 1977 年戈勒本盐矿被选为高放废物地质处置库候选场址；2000 年德国绿党执政之后，于 2001 年 6 月 11 日通过一项协议，决定德国今后放弃核电，并决定暂停戈勒本场址的工作。

果转化为实际结论。尤其当还没有尖锐和明显危险时,情况就是如此,比如蒸汽锅炉爆炸,这是技术安全研究的经典课题。在核能方面,私营部门承担的风险在早期阶段十分有限,剩下的巨大风险则由公众承担。[47]但最终,恰恰是这一点促进了公众讨论和问题的政治化。承担风险的人有权利获得充分的信息和自由决策权。

核技术的起源可以追溯到世界各国的国家措施,与其他国家相较,在联邦德国核能的工业用途大多数时候属于私人部门的事情。国家发布的文件中普遍缺乏对国家在核能方面决策自由的认识;大多数负责任的部级官员以及议员似乎都认为自己主要是实际约束的执行者和接受者。核能的历史表明,国家对某些技术的积极参与丝毫不会加强对技术的政治控制,相反,国家会被卷入到部分利益中,使政治依赖于专家联盟。

长期以来,特别是在左翼派中流行着这样的论调,技术进步所需的费用不断增加,在法律上需要国家越来越多的承诺。但人们对这一论调的各个方面都表示质疑。在今天通常被奉为典范的日本,1977 年用于研发的费用占工业营业额的 1.6%(联邦德国 3.3%);其中公共份额为 28%(联邦德国 46.7%)。就日本的电气工程和电子学而言,1975 年国家的研发支出份额仅为 2%![48]即使有人认为核能是不可或缺的,这也不意味着需要国家补贴;因为德国工业将轻水反应堆推向市场的做法与国家和核研究中心的政治方向背道而驰。另一方面,如果没有国家的压力和公共资金,增殖反应堆和后处理项目很可能会停留在早期阶段,核能也就不会成为最持久的冲突来源。整个历史经验表明,国家官僚机构的主要工作是拖延和控制,而不是成功开发新技术。出于原则和实际的原因,环境政策比技术政策更符合国家的职能。然而,经验表明,只有公众施加压力,国家才能履行这一职能。

公众情绪在一项新技术的推出中发挥着作用,这在技术史上屡见不鲜:自从第一条铁路、世界博览会、早期的激动人心的电力以及赛车时代以来,依靠公众支持和激发想象力的新技术曾经伴随着公众的兴奋潮流。虽然最初的清醒通常是在最初的幻想破灭之后才出现，但一直到今天还在不厌其烦地上演这种前奏，关于新技术的流行文学的风格之一就是将事实和猜测混合在一起，而且往往是无法区分的。所有这些似乎都证实了大众传媒时代令人生疑的公众形象，据此，"公众"已成为"发表意见"和"反馈"的主体。民意调查显示，20世纪50年代的"原子时代"的欣喜主要发生在新闻界，但并没有得到绝大多数人的认同。70年代的抗议运动①一直到1974年左右才能够与媒体抗衡；只有通过诸如占领威尔核电站建筑工地这样引人注目的行动以及核技术的风险才具有新闻和轰动性价值。[49]

然而，在随后的一段时间里，大众的总体情绪发生了变化。公众在一个意想不到的程度上成了一股批判力量。这股力量并没有停留在议会外，而是为技术政策提供了动力，使其在历史上首次成为议会多年来激烈辩论的主题。在专家讨论中被忽视的新问题成为焦点：大部分的核"剩余风险"、人为错误或恶意行为导致的风险，以及最后在和平运动影响下的扩散问题。在专家委员会中无法想象的事情可以在公开场合阐述：放弃核能是有可能做到的。

抗议运动产生了不同寻常的效果，这不仅仅是因为核技术的经济可行性和对核电的需求比许多人在此之前所认为的还要糟糕，还因为在核能或至少是未来的核项目方面，工业和科学界存在着相互冲突和竞争的利益关系；核冲突为获得利益提供了机会。在那之前，人们假设未来通过高温反应堆工业用热就能进行"煤炭精炼"而获得的煤是核能的合作伙伴，但这个假设现在也渐行渐远了。在20世纪80年代，联邦德国分裂为"煤炭国家"和"核能国家"。如计算机科学和基因工程等基于其他技术进步的"新

---

① 1975年，巴符州南部的威尔小镇当年发生了德国历史上第一次大规模的反核运动。近3万人上街游行，反对在威尔建造核电站。这次游行示威使得当地政府最终放弃威尔核电站的建造计划，反核运动取得了实质性的成功。

技术"为瓦解"有活力"的进步形象做出了贡献。

20 世纪 70 年代，美国在有关核冲突方面引发的关于基因技术的辩论，自 1984 年左右以来也与联邦德国的这一争议有相似之处。核能争端的示范意义在技术辩论中越来越明显——有时也存在构建与核技术十分相似风险的危险。尽管如此，基因工程也是一个有可能威胁人类的风险领域，尽管潜在的危险在很大程度上只能是假设性的确定。德国和其他欧盟国家对基因工程秉持相对谨慎的态度，这也证实了核电争议所扮演的是一个"探路者角色"[50]。

5. 通过技术进步实现技术的人性化，又或：人类友好和环境友好是技术变革的意外副产品？

如果说过去几十年里技术史发生了一场"革命"，那不仅是由于技术本身的发展，而且至少是由于以技术必需物品为标志的生活方式的改变，以及随之而来的生产和消费造成的问题。1957 年前后是第一个转折点，无论是问题本身还是人们对问题的看法。1957 年，德国工程师协会将此前的一个委员会升级为"空气清洁维护"委员会，这表明在德国工程师协会和工业自治的层面上，愈来愈重视限制排放的技术规则的制定，以走在国家法规的前面。在煤炭占主导地位的时代，工业城市对排放有害气体的烟囱习以为常，人们的态度不是反对，而是妥协。然而这个时代因石油繁荣和"核时代"的到来而终止。鲁尔区必须转变思路，重视本地区对新工业的吸引力。20 世纪 50 年代末，钢铁厂上空的"褐色烟柱"引发了民众激烈的抗议浪潮；1961 年，"蓝天鲁尔区"是社民党的竞选口号之一。1960 年，一家私营空气污染控制研究机构成立。在工业交叉融合后，它于 1963 年被北莱茵 - 威斯特法伦州接管。1974 年的《德国空气质量控制技术指南》在很大程度上仍然是基于"先进的技术"和德国工程师协会以及工业界很早之前的情况建立的技术标准。1970 年左右的"生态革命"最初主要包括由空气污染控制、水资源保护、职业安全和卫生等历史悠久的部门组成的公共网络，当时联邦内政部根据美国模式制定了"环境政策"。

1957 年，联邦职业安全研究所（自 1972 年起改为联邦职业安全局）成立。当实现充分就业以及劳动力变得稀缺时，人们就有理由重新关注长期以来被忽视的职业安全和健康问题。1961 年，职业事故的数量高达280 万，这个数据令人震惊！1962 年，联邦德国核能部部长巴尔克呼吁工业界将职业安全归为企业的责任，但实际上并没有什么有效的改变。在20 世纪 70 年代初，意大利是西欧工业事故率最高的国家，德国排在第二。20 世纪 70 年代末，工业界中过早残疾的工人数量仍然"急剧上升"。不断攀升的失业数据以及对失业的恐惧破坏了职业安全措施。[51]

1961 年，联邦卫生部成立。正是在那个时候，沙利度胺事件引起了人们的热议：不少母亲在怀孕期间服用含有沙利度胺的安眠药导致胎儿畸形，该药是由联邦德国格兰泰药厂（Chemie Grünenthal）于 1957 年 10 月 1日推向市场的。这是第一个显示出滥用药物引发的重大灾难警报。然而在20 世纪 60 年代，当避孕药成为进步的缩影时，左翼分子却对此并未作出任何反应——没有任何抗议运动。现在回想起来，难以置信的是，公众竟然没有表现出过度的愤慨。药品——医疗联合体竖起的沉默之墙犹如黑手党一般冷酷。针对该公司的诉讼使得涉事双方掀起一场笔墨官司，但该诉讼于 1970 年 12 月被中止，法院并没有作出判决。与美国相比，联邦德国的制药业因德国的伟大过去而受益于"几乎无条件信任德国的文化"（威利巴尔德·施泰因，Willibald Steinmetz），而今却由于缺乏产品责任而成为一个丑闻。瑞典的一项研究指出，联邦德国虽然是"受沙利度胺灾难影响最严重的国家"，但并"没有从这一经验中吸取教训"。只是随着自然疗法的日益普及，公众的情绪才在 20 世纪 80 年代得到缓解。然而，与 19 世纪末德国国立卫生研究院早期类似的方法一样，有效和系统地检查新药效果的努力同样没有取得成功。[52]

在 20 世纪 50 年代末，人们开始意识到，用水供应和废水处理正将社会带入危急之地。自 20 世纪初以来，国家对水资源管理的法规迟迟不能出台，直到 1957 年才通过了一项框架法案，即《水资源管理法》。同年，联邦的水管理权限被移交给核能部，尽管（或因为）当时对核电站最有效的反对来自水资源管理界。这样一来，矛盾更为激化，完善框架法内容的努力遇到了来自水资源界的激烈抵制；即使在 20 世纪 70 年代，利益双方的态度仍然强硬，而州政府则犹豫不决。同时，在减少水污染方面表面上看起来是大获成功。实际情况是，虽然河流变得更干净，但更危险的是，从长远来看地下水污染正在增加且不可逆转。过去和现在一样，对流水的污染防治是国家法规最能有效介入的领域。因此，环境问题的"解决"往往包括将其转移到处理起来更棘手的领域（地下水、土壤、空气）。

对污染问题的认识追不上问题本身的增长。污染如果只是因为汽车交通，自 1960 年以来，随着机动车税的专门化，汽车交通比以往任何时候都更自由。高烟囱的政策在 1960 年后达到顶峰，烟囱高度达到 150 至 200 米。20 世纪 80 年代对森林破坏的研究表明，这一时期在多大程度上代表了环境史上的一个尾声，20 世纪 80 年代对森林破坏的研究表明，大多数同时代的人都没有注意到：在 1960 年前后，在许多情况下，被伐的树木的年轮变窄。同时，氮氧化物的排放曲线持续上升。其实工业排放物一直在损害工人的健康，当其对森林的影响越来越明显时，公众震惊不已。[53]

以前在德国历史上分散的、相互分离的动机和群体心理逐渐汇集成一股以美国模式为基础的潮流，并在 1970 年以"环境"一词的形式出现。自然保护与自然疗法，生活改革与热爱手工，社会主义与怀旧思潮，妇女运动与和平运动，社区对集中能源供应的抵抗，以及居民对交通噪声污染的抗议。社会进步与技术进步的理念之间出现了冲突，长期潜伏的矛盾已经

公开暴发。在 1970 年之前，就已经出现了环境运动的苗头。自 20 世纪 70
年代以来，德国环境运动的流行和激情让人了解到，在此之前，有多少不
安被压制或压抑成了一种看似超然的文化批评。但是，大量关于环境的论
坛和出版物、法令以及政治家的承诺遮蔽了一个事实，那就是效果与承诺
不相符，而且在许多领域没有针对越来越严重的环境污染采取措施！

　　环境问题难以解决，一部分在于问题本身的难度，另一部分是由于工
业利益和消费者的惰性。但是，人们还必须问，解决方案能在多大程度上
解决问题？不能像 19 世纪和 20 世纪之交时那样，通过虚假的解决方案过
早地给大众传达了一种满足感之后什么都解决不了。尽管有一些限制条件，
但教条仍然存在，即认为从长远来看，技术进步会自己解决后续的问题，
只要人们始终明智地追求技术进步。1988 年，德国工程师协会发表的宣言
"今天的合理化"包含了这样的论点：即合理化包括通过最大限度地减少
"能源和物质资源的消耗"来保护环境，也包括"合理化的废物处理理念"。
需要在电脑前工作的岗位越来越多，为职业安全和健康方面创造了一种新
局面：传统的身体压力已经大大减小，取而代之的是一种新的心理和颈椎
压力，时至今日，职业安全和健康还没有真正适应这种压力。

　　即使在批评主流技术进步对环境有害的阵营中，也有人倾向于把"替
代方案"的核心理解为技术。他们有时会重提刘易斯·芒福德的"新技术
（Neotechnik）"概念，这个概念仍然可以追溯到电力愿景的时代：人类友
好型以及环保的新技术可以治愈黑暗的煤炭时代的创伤[54]。新的术语"生
态系统"，作为一个"硬"的、量化的计算生态学的概念，也导致人们把生
态政治理解成是一个系统或循环过程的恢复；就这方面来说，这个概念可
能包含一种象征性的技术倾向。环境保护技术化更加诱人，因为这样一来，
至少从思想上，资源的节约所造成的硬性分配冲突被掩盖了。然而，在迈
入 21 世纪之后，人们开始普遍意识到他们可能一直都知道的事情：从纯粹
的技术角度来看，生物燃料与核能相比可能是一种的"温和的方式"，但从

社会政治的角度来看，情况并非如此，因为以这种方式开采能源会与粮食生产形成竞争。

石油危机、核电以及将"所有生物的相互作用简化为能量术语"的生态系统概念，使能源政策成了环境辩论的主题。这有利于技术解决方案的制定和实施。技术进步与资源保护可以同时进行，最令人印象深刻的例子发生在 20 世纪初和 70 年代，那时能源使用情况得到改善。70 年代初，人们仍然认为，德国工业在经历了所有的合理化推动后，几乎已经满足了"能源要求"，但在 1973 年秋季石油价格上涨之后，人们惊奇地发现，在节能方面仍然大有可为，这使人们对工业技术的历史有了新的、更清晰的认识，同时也对当前的技术机会有了新的认识。节能带来的新机遇使得核电支持者在能源预测和扩张计划以及反对派的太阳能愿景方面目瞪口呆。"节约是未来的能源"在 20 世纪 70 年代末成为美国模式的口号，在核冲突的白热化阶段（1975—1979 年）后，人们又达成了某种共识。

相比之下，长期以来多次提出的太阳能技术应获得与核技术相同的发展机会的要求，至今只有部分得到满足。到目前为止，对于德国的太阳能是否应被视为一个已经适应技术的缩影还是一种被气候条件限制的技术，还没有进行过重大的公开讨论。几十年来，联邦德国的能源政策一直由能源工业的既定势力和可再生能源的倡导者之间的僵局所决定。此外，对高科技的执着往往忽视了最有效的节能技术，即生活的点滴之中：即生活区的保温隔热以及用自行车代替汽车！[55]

极限值（Grenzwert）变化的历史显示出了巨大的进步。1873 年，工厂工人自己认为每立方米空气中超过 30000 毫克的二氧化硫是可以忍受的；目前，世界卫生组织建议将平均值设为 0.05 毫克。[56] 早在 20 世纪 30 年代，水泥厂的粉尘排放量超过每立方米 10000 毫克；现在，联邦德国规定粉尘排放量不超过 50 毫克。极限值策略始于 19 世纪末，主要是一种象征性的政策：在许多情况下，最初无法监控对设定极限值的遵守情况。后来随着测量方法的改进，这才变成了一项实际有效的政策。诚然，进步也有其弊端：这些过程揭示了官方认为可以接受的东西在多大程度上是技术上可能以及经济上可以接受的。甚至原子能部部长巴尔克也一再指出"容忍限值"在科学上的不确定性，并称其为"平静限值（让人平静下来的限值）"。[57]

残余材料的回收利用重新被视为生态时代的指导性原则。一百多年来，它在一定程度上与化学技术进步的主线相吻合。亨利·福特也宣布了有关废物有效利用的原则。从美国开始，回收利用自 20 世纪 70 年代以来已成为一个发展型行业，在某些情况下，还成为一个具有自身特点、高度专业化的技术部门。然而，对钚和镉这类剧毒物质的回收利用增加了困境：与直接处置截然不同，回收会促使它们的污染范围扩大而且处理成本高，得不偿失。据计算，在污水处理厂过滤掉一公斤市价为三马克的镉，成本在 6 万马克左右，还不如进行简单的处理，让其留在原地。正如核"燃料循环"已经表明的那样，大规模的回收利用基于危险的系统和循环幻觉。[58]在 20 世纪 90 年代，"德国双重系统"——废物分离与最大限度的回收利用——成为德国环境政策的招牌。然而，这种"管末处理"战略前景如何值得怀疑，或者确切地说这根本就是一条死胡同，仅仅是向公众表明这"避免了浪费"而已。

废物处理——这个词是核技术的发展带来的而为各领域共用——在 20 世纪发展为大规模技术，因此也相应地已经产生了自己的专家同业联盟（Expertenkartellen）和社会影响力。通过机械、化学和生物工厂的组合，污水处理厂成为同类工业的综合体和自然科学的一面镜子。1876 年，英国已经出现了垃圾焚化炉；德国汉堡是欧洲大陆第一个在霍乱传染病（1895—1896 年）后建造垃圾焚化炉的城市。20 世纪初，人们普遍认为焚烧是德国未来的垃圾处理方法。但战时和战后的贫困时期，垃圾中的可燃物太少，使得这些计划难以实施。在 20 世纪 60 年代和 70 年代，垃圾焚烧是联邦德国的一项创新。经过一段时间的发展，垃圾焚烧被视为是解决废物处理问题的最佳方法，新的垃圾焚化炉在建筑艺术方面可以与现代大学相媲美。然而，1984 年，当媒体报道汉堡焚烧厂带来的二噁英损害（Dioxinschäden）时，人们的情绪发生了变化；垃圾焚烧时代几乎还没有开始，就预言了"垃圾焚烧时代的结束"：正如我们今天所知，这种预言为时过早了。在 20 世纪 80 年代，越来越大型的处理技术更多的是象征着两难境地，而不是处理技术的解决之可能性。1989 年，联邦德国的污水处理厂有望得到"改造"，估计总共需要 1000 亿德国马克，这有可能超过当局的财政能力。人们一度将基因工程誉为未来的救世主，因为人们期望新组合的微生物能够分解那些顽固的废物和污染物，从而使其变得无害；但这种希望在 1986 年被赫斯特公司的发言人所否定，该公司是第一家从事基因工程的德国大公司。[59] 另一方面，基因工程带来的处理问题在原则上甚至比核工程的问题更难解决，因为释放的微生物不能被回收，也没有半衰期，还可以繁殖并适应环境。即使迄今为止培养的大多数微生物不能在实验室外生存，研究人员的目标也是致力于使其具有更强的抵抗力。在这方面，内部的"进步"和外部世界的安全之间存在着差异。

通过技术维持和平：早在1914年之前和战间期①，人们就预言技术"即将摧毁战争"，不幸的是这些预言都为时过早了，这种通过"威慑平衡"在技术上保证和平的梦想似乎已经实现。在核武器技术的某个阶段，当其威慑作用比军事行动的威慑力更大时，这个梦想可能会成真。然而，自 20 世纪 70 年代末展开以"改进"为题的辩论以来，公众开始意识到，导弹工程师的雄心是使核战争也变得切实可行，并再次创造出由技术优势确保的优势假象。在 1966 年左右开始的关于《不扩散核武器条约》的世界性辩论中，德国右翼一直持强烈反对的立场。联邦德国特别具有建设性的贡献在于将控制问题技术自动化，从而在政治上化解了矛盾，即"仪器化（自动化）的裂变材料流动控制"。这个想法得到了普遍的赞誉，因而人们的注意

---

① 战间期，指的是自第一次世界大战结束到第二次世界大战爆发的这段时期。

力被分散，但它的有效可行性却没有得到任何澄清。核设施原则上是大型自动机的错误想法，导致了人们做出错误假设，即裂变材料流的控制也可以自动化。实际上，有效控制需要相关人员——或至少是大多数人——的良好意愿，这一规则时至今日仍然适用。[61] 东西方冲突的结束使核扩散的风险，以及新技术发展所固有的战争风险暂时从公众讨论中消失，但这个问题并没有得到彻底的解决。

20世纪50年代以来，劳动世界的"人性化"一直是"享受工作"这个过时概念的新名词，与美国的"人际关系"相类似。对此社会上也有一种观点很流行，即计算机化有一种内在的趋势，就是再次强化人在生产过程中的中心地位。乍一看，计算机前的工作岗位在前所未有的程度上实现了过去工业工作的"卫生"之梦。因为工人不再需要直接接触机器和加工材料，因此工作场所中最明显的是危险的源头被消除了。另一方面，工作带来监控和神经压力也随之增加。技术创新能够自动"结束劳动分工"的希望没有历史依据：劳动分工是工业化前的产物，人们没有理由相信它将被新技术所废除。由于技术进步的目的是最大限度地控制过程，因此它往往（尽管并不总是和必然）也加强了对人的支配，除非反作用力发挥作用。近几十年大规模失业的情况愈来愈严重，尽管对此有各种委婉的说法，却不得不将其归为一种无情的合理化趋势。新技术备受推崇的就是其灵活性，至少人们可以利用灵活性来强化现有生产结构的可能性。与20世纪20年代的希望相似，技术进步会带来丰富的内容以及提出更高的劳动资格要求，我们有理由怀疑乐观的预测是为了对某些技术工人精英进行（明示或默许）限制。

即使使用工具也不会在技术进步的过程中变得更加拟人化。正如一位专家简明扼要地指出的那样，符合人体工程学的完美工具不可能存在，"原因很简单"："因为工具是大规模生产的"。总的来说，人机工程学和企业管理计算之间仍然存在着直接矛盾。随着计算机的出现，一个表面上看起来全新的劳动世界出现了；但是众所周知的问题——用今天的行话说——"人机界面"以一种新的形式出现在计算机的用户界面上。计算机技术史用这么一段理智的回顾对 2001 年做出总结:"鉴于过去 15 年中与计算机的互动在数量上取得了巨大的进步,如更快的运行速度、更大的存储容量和更好的输出设备,但是在界面质量上还没有取得显著进步。"[62]

虽然最近的一些技术变革趋势在环境和人性化方面部分是积极的,或者至少是矛盾的,但其他主要趋势更让人担忧。有问题的"特殊垃圾"数量越来越多,而且毒性也"愈来愈大"。尽管联邦内政部前国务秘书君特·哈特科普夫(Günter Hartkopf)对在他的指导下实施的保护措施感到自豪,但也不得不登记劳动世界中"已观察到致癌或具有促癌作用的物质呈指数增长"。从 20 世纪 60 年代到 80 年代,即使是官方承认的致癌物质的数量也增加了 20 倍;据巴斯夫毒理学部门的负责人说,1979 年对可疑物质进行分类的标准在涉及慢性而非急性影响时是"完全开放的"。特别是在化学品方面,德国的环境政策需要来自外部的推动力;化学集团的传统力量在这方面得到了体现。[63]

尤其塑料生产使得氯气成为"化学工业状况的主要产品和衡量标准",但与此同时,氯气也是现代化学中一系列最严重危险源的关键物质。这一发展的开端可以追溯到 20 世纪初,但在 20 世纪 50 年代和 60 年代,这一问题达到了历史上前所未有的程度。1940 年至 1970 年期间,许斯化工厂氯气年需求量从 1 万吨上升到 25 万吨,到 1977 年上升到 45 万吨。普遍使用塑料使危机处理变得越来越严峻,特别是涉及稳定和高抗性的"新材料"时,情况更是如此。在材料开发中,"技术进步"与生态安全的处理之间往往存在直接矛盾。自 1986 年以来,"新材料"特别展一直是汉诺威博览会的一部分,"与金属相比,有关回收可能性的问题通常会遇到令人尴尬的沉默"。不同材料层的"复合材料"被视为未来的材料,但"新材料越复杂,处理起来就越困难"。今天,通常是根据计算机计算结果来组合新材料。联邦职业安全与健康研究所的一名雇员早在 1988 年就报告说，已经有 600 万种"无人能够识别的混合材料"[64]。

在过去的几十年里，生态学和技术化在农业中存在着十分明显的矛盾。从历史的角度来看，这种转变更为致命，因为直到 20 世纪初，农业利益从某种程度上来说就是对工业环境的破坏。目前，农业硝酸盐对地下水的污染比工业水污染更严重。1971 年，联邦德国禁止使用杀虫剂滴滴涕（DDT），其对生态环境的破坏性影响在 20 世纪 60 年代引发了环境警报，但仍允许出口被禁止使用的杀虫剂，并且联邦德国毫不费力地就进入了生态时代，但仍是"世界上最大的杀虫剂出口国"[65]。

即使发电厂的硫排放量正在减少，但交通产生的氮氧化物排放量仍在增加。根据联邦环境局主席的说法，在这一点上，德国人是"欧洲最主要的污染者"。必须要谨慎地对待这种对比式的"恭维"：一旦美国和其他出口市场实行限速，逐步升级发动机就没有什么价值了。1976 年，达伦多夫（Dahrendorf）发现，"几乎所有邻国都已实行了高速公路限速，但在联邦德国，甚至都没有人对此展开讨论过。"[66] 在随后的时间里，人们确实对此进行过讨论，但并没有什么实际效果。1988 年，联邦交通部部长沃恩克（Warnke）甚至一本正经地宣布，限速 100 千米 / 小时的规定"违背了驾驶者的天性"；1989 年，德国汽车工业用菲亚特的赞美之词做广告："只要德国高速公路没有限速规定，汽车工业就有明显的竞争优势。"

即使是基社盟和绿党两党联合执政时期也不敢实行普遍限速规定。只是在近几十年里增设许多交通安宁区①。这不禁让人想起一百年前通过划区来"解决"城市环境问题的做法。这可能是"限速"这个话题在相当长的时间里被环保运动或多或少地忽视的原因。然而，有很多迹象表明，德国汽车生产商正因为高速行驶把自己推入了死胡同。1985 年，联邦共和国在车祸中死亡的风险"大约是日本或英国的两倍"。（汽车）溃缩区只能增加

---

① 交通安宁区是指在社区内部，道路优先权首先被提供给步行者，没有受到限制的汽车则规定以步行的速度行驶的区域。

车内人员的生存机会；如果驾驶者因此而超速行驶，就会增加车外潜在受害者的危险。从现代技术运输系统的可能性来看，汽车并不是一种非常令人满意的运输工具。但是，汽车集团的力量却在这方面与个性化驾驶的大趋势不谋而合。

正是在"生态时代"航空交通大幅增加，飞机成了一种普通运输工具。随着汽油税的增加，煤油免税给航空交通带来的优势愈来愈明显。环保运动也从未表现出解决这一问题的强烈愿望，因为许多"生态场景（die Öko-Szene）"的成员至少和其他民众一样怀有强烈的异国情调。最近，由于强劲的国际增长势头和欧洲的航空交通自由化，德国的航空交通安全受到了质疑；从德国飞行员组织的角度来看，地小物稀的联邦德国受到了"航空领域过度拥挤"和"安全标准恶化"的威胁[67]。

20 世纪 80 年代，德国联邦交通政策在铁路方面的大型项目颇具德国风格，因为一个多世纪以来，铁路在技术方面没有引起什么轰动：高速线路需要新建的轨道——卡塞尔和富尔达之间的 111 千米路程中仅有 8 千米的平路——以及需要全新轨道技术的"磁悬浮列车"。这两个项目是相互竞争的关系。尽管联邦德国的小规模意味着这种扩张很快就会受到限制，但迄今为止在区域运输中获得最高利润的就是铁路。磁悬浮列车在铁路和航空之间制造了一个"速度差距"，考虑到德国空域过度拥挤的威胁，磁悬浮列车宣传将其称为飞机的替代品。

磁悬浮列车可以避免铁路运输的摩擦损失，从而节省能源并减少了材料磨损，一度被人们视为是相对环保且温和的交通工具。在恩斯特·卡伦巴赫（Ernst Callenbach）的《生态乌托邦》（Ökotopia）（1975）一书中，描述了虚构的生态国家的居民非常高兴地乘坐磁悬浮列车。虽然列车以每小时 360 千米的平均速度前进，但"没有车轮颤动，没有发动机嚎叫和震动"。对于雄心勃勃的技术专家来说，这项技术还具有"基本创新"的吸引力，是一项以科学为基础且相当优雅的高科技：魅力十足的技术，给其粉

丝带来"希望的曙光"。德国磁悬浮技术项目的起源可以追溯到 20 世纪 70
年代初,即生态时代的开端,对其拥护者来说,它是德国通往未来铁路的
道路。1989 年,在快速增值反应堆消亡后,德国联邦研究部发出了强有力
的宣言:"磁悬浮技术将决定我们是否仍然是一个现代工业化国家。联邦研
究部的沃尔夫冈・芬克(Wolfgang Finke)曾经对核社区持不同政见,现
在大力支持磁悬浮技术项目。"

关于磁悬浮技术的争议是德国技术史上最激动人心的辩论之一,因为
德国国内对此从一开始就没有统一战线,各党对此各抒己见,这项技术从

图 40:磁悬浮列车的先驱以及早期铁路和航空技术结合的尝试。工程师弗朗茨・克鲁肯伯格
(Franz Kruckenberg)在 1928 年开发"铁路齐柏林"号,它尾部有一个螺旋桨,用以推动
列车前进——当时齐柏林飞船仍然激发着用德国技术征服世界的梦想!克鲁肯伯格在海德堡成
立了一家"航线公司",并于 1931 年 6 月 21 日在柏林—汉堡的航线上创下了最高时速 230 千
米的纪录,这是前所未有的。与后来的磁悬浮技术类似,从纯技术角度看,铁路齐柏林是一个
绝妙的想法;然而,正如卢茨・恩格尔斯基所总结的那样,它与目前所有的铁路技术相差太远,
没有机会实施。

能源和环境方面来看都十分矛盾。正如技术史上经常发生的那样，一旦项目成为现实，问题就会出现在细节中。事实证明，节能效果只有在距离较长的高速行驶时才会发挥作用，但所谓的高速"低声之箭"造成了低空飞行器的噪声。更重要的是：在此之前一直有效的假设是轮轨系统不允许速度增加超过每小时 250 千米，结果证明是不正确的。实际上，这一点早在 20 世纪 60 年代就可以从日本的高速列车中得知；但这些东西"在当时看来还太遥远，在德国的技术科学中可以忽略不计"（汉斯－莱杰·迪内尔，Hans-Liudger Dienel）。回过头来看，磁悬浮技术的失败十分典型：它清楚地表明，尽管理论上有优势，但在长期被其他大型系统占据的领域中，新型填补空间的技术系统是没有机会的——而且这样的"基本创新"也无法保证成功。德国的空间越是狭小，新的交通系统能否与现有的交通系统相互连接的问题就越关键。

从历史中我们可以窥见真正的交通转型[①]是什么样子的：如果大城市的私人机动交通工具被公共交通和自行车所取代，如果在铁路和高速公路旁边建立一个大型的无交叉口自行车道网络，那么人们就可以经常在政治和商业领域投身环保事业。到目前为止，这样的想法是很难做到的，也很难不被嘲笑地宣之于口。在部分工业领域，环保运动暗中引发了激烈的防御反应以及建立了反战线；最明显的例子是核工业在大争论中形成的"地堡心态（Bunkermentalität）[②]"。已经发生的情况是，即使是受益于环境保护行业的发言人也加入了对环境法规的防御反应。

与世界上其他国家相比，在处理技术带来有害后果方面，德国有着悠久传统，即令人印象深刻的表面化解决方案：比如外部清洁、秩序和精确，

[①] 交通转型是为了减少对交通相关的环境和人员的破坏。

[②] 在 20 世纪产生了这样的一个词语"地堡心态"：随时准备着战争爆发，赶紧躲进安全的地堡里跟敌人作战。的确，在战事频发的 20 世纪，被入侵和被攻击的时候，地堡的确是可以暂时保证人身安全的避难所。然而今时今日，"地堡心态"却变成了一个贬义词：在面对挑战的时候赶紧躲进安全的区域消极作战。

优化能源效率、化学废物的回收和在有限的保护区内保护自然。另一个阻碍作用可能来自工业和技术顽固捍卫的工业自治的传统以及对法律法规和国家控制的防御，技术造成的创伤只能由新技术来医治的想法获得了支持。这一想法更具有诱惑力，因为确实不乏技术和生态进步之间融合并且给人留下深刻印象的例子。

但总的来说，以商业利益为导向的技术发展与环境问题之间的基本矛盾是不容置疑的。[68]因此，如果存在有效的解决策略的话，就需要有强有力的法律和行政支持。另一方面，如果反对政府的介入，而把工业和技术的重点放在从业者的个人责任上，那么情况可想而知，（20世纪年代中期兴起的）环境保护运动中大部分人就得准备好迎接冲突了，因为两者之间不可调和。也就是说，工业的反官僚主义就会在实际后果上与国家，尤其是民族国家的"另类"恐怖相遇。就像20世纪初一样，一个虚假的解决方案时期之后可能是一个宿命论时代。

然而，在强调全面政治整顿的必要性时，人们面临着一个两难的问题。过去的经验表明，环境政策很容易成为一种单纯的"象征性"行动，在原则、法律和法规的声明方面环境政策有着悠久的"成功"记录，然而，这样做往往会掩盖解决问题的实际失败。就新技术而言，政府更倾向于通过将许可性与"技术水平"联系起来，从而将责任推回给技术人员；这样做有利于专家同业联盟的出现，他们对这种"技术水平"提供了可靠的法律依据。然而，如果环境政策本身没有具体影响到"技术状态"和安全研究，那它就徒有其表。环境政策主要取决于技术人员之间的生态共同体的合作。

在目前的工业和技术领域，有相当多的方法可以实现这种专家文化。长期以来，在安全、环保、废物处理和回收方面的业务早已成为可能；全世界的环保意识越强——有一个明显的趋势——产品的环保性越高，出口优势越大。对于工程师来说，这意味着会有许多极具吸引力且要求苛刻的技术任务。有时我们可以观察到，受过科学训练的工程师在面对实践者的经验法则时是如何重拾自信，在环保意识中获得新基础的。然而，因为安全和环境友好只能作为技术发展的固有属性才能永久稳定下来——迄今为止，技术上的环境保护仍然具有太多"附加技术"的特征——人们很难想象一个由技术人员组成的生态共同体是一个自身一致且能与强大利益产生冲突的共同体。[69] 如果没有来自公众的强大压力，环境保护的前景并不乐观：根据以往的经验，我们可以非常肯定地做出这一陈述。

尤其谈到环保意识的时候，我们没有理由鄙视技术想象力：这不仅仅是要密切关注社会结构，同时我们也看到节约资源和减少排放的各种可能性。卡尔·阿梅里① 有理有据地指出，环境运动绝不是敌视技术，相反，它在努力弥合斯诺（Snow）在 1959 年指出的"两种文化"之间的差距：一方面是文学和人文科学，另一方面是自然科学和技术科学。"自 1970 年以来，……我的朋友圈子和熟人圈子完全改变了，而且……几乎完全是来自科学技术文化的新人。"自 20 世纪 70 年代以来，在联邦德国人们普遍的态度是——根据增殖反应堆建设的前技术总监克劳斯·特劳贝② 的说法——不是机械风暴，而是对技术的"除魅"，以及一种"可以称之为自主闲适的生活方式"。超级技术项目的魅力似乎对德国人没有什么吸引力，他们在 20世纪比其他任何民族都更明白自大狂会带来什么后果，并且比许多项目制定者更清楚地意识到，他们生活在一个人口稠密的脆弱国家。《金融时报》问道：联邦德国是否会成为"欧洲的迟钝之国"？对此不必杞人忧天。[70]正如历史所表明的那样，缓慢并不一定是一种缺点；相反，它为技术发展成为社会进程提供了机会。看起来，这似乎是实现技术与人类需求共同发

---

① 作家卡尔·阿梅里（Carl Amery，1922—2005），是环保运动的先驱之一，主要研究晚期和后现代世界所走向的灾难是否发生以及如何发生的问题。

② 克劳斯·罗伯特·特劳贝（Klaus Robert Traube，1928—2016），是德国环境研究人员。在 20 世纪 70 年代，他从核能行业的高层领导转变为能源工业的公开反对者。在他改变主意后，他被德国宪法保护办公室非法窃听，由此发生了"特劳贝窃听事件"的政治丑闻。他是德国反核运动的象征性人物。

展的唯一途径。

6. 民主德国技术史上的德国道路与技术困境

1985 年，迪特里希·斯塔尼茨（Dietrich Staritz）在其当时被认为是标准著作的《民主德国史》中得出了这样的总体印象："至少在与其他经济互助委员会①成员国的比较中，民主德国在面向国际经济和技术发展的经济政策方面是成功的。"[71] 当时，甚至联邦德国的反共人士都在几十年中一直警告称，以人口数量而言，民主德国比联邦德国培养的工程师要多得多（这在后来的时代已不再适用），并因此认为，民主德国从长远来看必将在技术上超过联邦德国。其实，自 1957 年 10 月 4 日苏联发射第一颗人造卫星"斯普特尼克"号而震撼世界以来，联邦德国就已经是这样看待苏联的，而且不仅仅是在航天方面——甚至著名的观察家都想当然地认为，苏联就是整个技术水平广度的一个指标。1957 年，对苏联并不友好的社会学家赫尔穆特·舍尔斯基（Helmut Schelsky）指出，"这是一个明显的事实，迄今为止，自动化在美国和苏联都得到了最成功、最大限度的实施。"[72]

因此，连民主德国的许多聪慧而富有批判精神的伟大人物都被太空技术的激情所迷惑，这也就不足为奇。1963 年，克里斯塔·沃尔夫（Christa Wolf）出版小说《分裂的天空》（*Der geteilte Himmel*）。故事围绕着 1961 年 8 月 13 日柏林墙的修建展开；以当时民主德国的国情来看，这是一项相当勇敢的壮举。在小说中，女主角丽塔（Rita）和男友曼弗雷德（Manfred）（他后来去了联邦德国）之间关系的第一道深刻裂痕就是因首次载人航天飞行而产生的。相比于丽塔一听到消息就兴奋涌上心头，曼弗

① 经济互助委员会（德语：Rat für gegenseitige Wirtschaftshilfe，简称：RGW），简称经互会，是由苏联组织建立的一个由社会主义国家组成的政治经济合作组织。经互会是一个相当于欧洲经济共同体的社会主义阵营的经济共同体，总部设在莫斯科。民主德国于 1950 年 9 月加入。1991 年 6 月 28 日，该组织在布达佩斯正式宣布解散。

雷德对此完全没有反应。丽塔与其男友反映的是共产主义面向未来技术的热情与资本主义平庸的局限性之间的隔膜！联邦德国的技术型"德意志觉醒"文学也有类似的思想。德国统一社会党的领导层相信技术进步会服务于社会主义和集中型的计划经济。

1989 年 11 月 9 日柏林墙开放后，情况翻转急下。此时，西方观察家不再只是沿着菩提树下大街漫步，眺望东柏林的电视塔。他们涌入民主德国的各个角落，走进样板工厂和破旧的建筑物。民主德国工业完全过时和破旧的印象占据了他们的心头。技术史学家感到自己仿佛坐上了幽灵列车回到了过去。民主德国的大部分地区看起来就像一个工业化的露天博物馆。1989 年圣诞节，《时代》杂志以"马克思经济博物馆"为题，刊登了德克·科布维特（Dirk Kurbjuweit）参观"人民企业萨克森灵自动车制造所"（VEB Sachsenring）位于茨维考的卫星轿车 ① 工厂后的访问报告。来自联邦德国的科布维特写道，通往车身制造车间的小门就像是穿过"时间机器的闸门"，他感觉自己"至少回到了 20 年前"。"首先映入眼帘就是人，一大群人。他们在焊接、拧螺丝、干活、交谈……金属相互碰撞，锤子轰鸣不断，焊枪嘶嘶作响。噪声震耳欲聋，好像把空气都切断了一样。"生产线上一个转台的顶柱坏了，而这竟然已经坏了有十年！于是，"转台就像是土路上的一辆卫星牌轿车一样发出咕隆咕隆的声音。就是在这样摇晃的过程中，男人们必须将微小的螺纹板焊接到卫星牌小轿车的前板上。"[73] 这一场穿越回过去的旅程简直像一场梦。

此时，民主德国的技术史突然间就像整个民主德国的历史一样透露出一种特别的风格。曾经的《明镜》周刊主编、后任德意志联邦德国常驻民

---

① "卫星轿车"又音译作"特拉贝特"牌轿车，是由民主德国汽车制造商人民企业萨克森灵自动车制造所生产的汽车。作为民主德国最常见的汽车，卫星牌轿车不仅行销各个华约国家，在芬兰等国也可觅其踪迹。卫星牌轿车采用低效、高污染和过时的两冲程引擎，行驶起来浓烟滚滚。该车自投产之日起近 30 年来没有任何改进措施，但却有 3096099 辆的产量（平均年产 10 万辆）。尽管如此，这款汽车在民主德国时期一直处于供不应求的状态。

主德国代表团第一任团长的君特·高斯（Günter Gaus）在柏林墙倒塌的几年前就曾焦急地问道："联邦德国的领导人是否可以接受一个有着'人民企业'和液化石油气①的统一的德国？"柏林墙倒塌5个月后，《明镜》周刊的编辑迪特尔·维尔德（Dieter Wild）对这种"盲目"摇了摇头。他惊愕地发现，尽管全世界范围内信息泛滥，但似乎并没有人注意到"与蒙古国不同，民主德国这一中欧的工业国家已经在繁荣中变成了一个经济废墟"，而其最高权力执行机构实际上是"一群缺乏作为的人所组成的内阁"。[74]

图 41：1984 年，奥钢联②在艾森许滕斯塔特市建造的钢铁厂中的转炉。艾森许滕斯塔特市旧称"斯大林城"，从 1951 年开始建造，是民主德国的"第一社会主义城市"；图中的钢铁厂是民主德国第一家也是唯一一家使用氧气炼钢工艺的钢铁厂。然而，奥钢联 32 年前就开始在林茨和多纳维茨运用这种工艺。这是否直接反映了民主德国的落后？由于国内缺乏铁矿石，民主德国的钢铁工业在很长一段时间内仍然依赖废钢，而废钢只能依靠西门子－马丁工艺来冶炼，所以民主德国在长期坚持使用旧工艺方面表现得十分理性。

① 即卫星牌轿车所需燃料。

② 奥地利钢铁联合公司（VOEST-Alpine），简称奥钢联，是奥地利最大的国家垄断资本主义集团，奥地利政府拥有全部股份。

在写作关于民主德国的材料时，作者须提醒自己这种特殊的视角变化——对于使用的任何文献，各位须看一下出版的年份。在德国技术史上，没有任何其他主题（甚至核技术史也没有）像这个一样，甚至让人很难给出一个客观的描述。时至今日，价值标准的问题仍然完全没有得到解决：人们该如何衡量民主德国中各项事务的发展进程？是应该像越来越多的民主德国公民那样以联邦德国为标准，还是以类似捷克斯洛伐克这样的东欧集团国家为对比更好？从世界市场的角度来看，有的标准确实荒谬，但如果按照民主德国的框架条件和需求来衡量，却也是合理的。[75] 然而，就连乌布利希（Ulbricht）在执政后期也以"世界水平"为目标，但这里的"世界水平"指的其实就是西方水平。在资源方面，民主德国有哪些机会？民主德国是否错失良机，还是国情的限制最终压垮了这个国家？

现如今，历史学家不是世界的法官。像对待历史上的其他所有现象一样，历史学家的首要任务是了解民主德国——从它所处的时代和它的历史状况入手去了解它。如果把民主德国当成一个截然不同的另类，那么人们自然是无法真正了解民主德国的。这样一来，人们也就不能从这一历史经验中学到什么。重要的是，人们需谨记，民主德国大部分工业和技术政策所基于的基本思想是与德意志的成功传统紧密相连的，而且在 30 年或更早以前也曾被联邦德国广泛承认的。德国人坚信，创造能力不仅来源于竞争，也来源于合作、"团体"和经验交流，来源于由社会保障、社会认可以及企业内部共同决策所促进的工作安全和"工作愉悦感"——这些都是德国人喜爱的老话题了！因此，尽管许多德国经济学家对美国表示钦佩，德国依然还是能够自 19 世纪起就将德意志的现代化道路与美国的现代化之路区分开来。无论是过去还是现在，竞争虽然有助于刷新最高效率的纪录，但也造成了大量精力和资源的浪费，以及不必要的重复劳动。而一定程度的闲适状态往往比追逐竞争更有利于技术研发的质量和稳定。

此外，德国也有悠久的国有经济传统，这可以追溯到 18 世纪的重商主义。虽然这种经济学派在经济上并不总是成功的，但往往有所创新，特别是在技术方面。就像林业奠基人之一海因里希·科塔（Heinrich Cotta）曾反驳那些推动森林私有化的人说的那样："唯有国家才能实现永恒的管理。"[76] 当然，这句话并不总是对的；但现如今，经济对私人股东的依赖确实越来越不是各经济体可持续发展的保证，人们很难记起大众汽车集团最繁荣的阶段是它被收归国有、作为国有经济的时期；[①] 奥地利林茨和多纳维茨的钢铁厂也是如此，它们首先引入了以其命名的氧气炼钢工艺，这是 20 世纪钢铁生产中最伟大的创新。国家所有制本身并没有使民主德国的工业技术发展陷入停滞！

时至今日，尽管偏执于创新的人对此嗤之以鼻，但在德国工业界，继续延续久经考验的传统道路往往比追赶美国最新技术要有利可图得多。德国道路所基于的技术以科学和合格的技术工人为主要力量。自 20 世纪 50 年代以来，技术在民主德国的整个教育系统中所占的比重远远高于联邦德国，而且令许多自然和技术科学家心理失衡的是，人文传统也在民主德国得到了传承。技术的日益科学化和大型技术系统化的趋势有利于中央计划和国家技术政策的实施，这在很长一段时间内也是联邦德国各重要领域的主流意见。

民主德国生产力则更像一个谜团。民主德国生产力（这里指的是技术和受过技术培训的人）的进步原应脱离内在规律性，并打破个人主义—资本主义生产关系的束缚。在民主德国后期，这样的思想模式在民主德国的科技知识分子中传播。然而事与愿违，自 1976 年昂纳克（Honecker）上台以来，民主德国忽视了"技术革命"，因此，最终数字革命时代的生产力会打破民主德国的生产关系。[77] 统一社会党中央政治局委员、书记处书记

---

① 大众集团在纳粹时期曾收归国有。

甘特·米塔格（Günter Mittag）是 1989 年 10 月之前在引导经济上最强有力的人物，但他在"技术革命"上表现出的智慧和对微电子革命力量的洞察力却被他在社民党高层的对手抨击为"魔鬼作为"。就连米塔格本人都在两德统一后对民主德国持不同意见。[78]

然而，如此一来，事情的发展岂非前后矛盾？民主德国的领导层不是自 20 世纪 50 年代起就对技术进步十分热衷了吗？难道不是从 20 世纪 60 年代起就从原则上认识到了电子学的巨大创新潜力，并采取了不断的新措施来推动它的发展吗？然而，恰恰是这种对最新、最先进技术的执着才是根本性的问题。《分裂的天空》中那个丽塔的前男友曼弗雷德触及了问题的关键——民主德国领导层的行为难道不就是典型的只知道抬头望天，不知道低头看路吗？他们目不转睛地盯着太空飞行而忽视了地面上日常技术的广泛基础。

民主德国历史学家中的重要人物尤尔根·库琴斯基（Jürgen Kuczynski）曾在昂纳克上台后不久就一度成为"技术革命"方面的首席思想家。1975年，他疾声斥责民主德国的"一些人""只会肤浅地自说自话，眼里只有所谓的技术革命，而这是几十年后才需要去考虑的重大任务"。他们忽视了"第三次工业革命的延续"（即他的历史模式中的电子技术革命）。在这里要提醒各位读者的是，当时民主德国大多数的公民尚且连一部电话都没有！但是在 1979 年，库琴斯基却坚持认为正是在这个造成资本主义国家失业率越来越高的电子时代，社会主义下"科学技术进步的前景"将"越来越光明"。[79]于是接下来，民主德国迎来了一个新的、也是最后一个强行推进电子学的时代。

此外，根据今天对民主德国工业的了解，我们也很容易想到另一个对民主德国的解释：社会统一党领导层层出不穷地推出新运动来强行推动新技术的发展，而这恰恰证明了社会统一党没有对现实的发展进行有效的引导。这些政治运动反映出民主德国的计划经济在内部的创新动力极小，定量而非定性的计划目标在事实上反而鼓励着企业继续像以前一样保守生产，而不要进行有风险、有困难的创新。正因为创新不是计划内的常规要求，经济体系也没有内在的创新驱动力，所以民主德国总是需要开展一些特别运动或建立新的工厂来推动创新，例如民主德国必须为半导体的生产建立一个单独的工业区。

　　然而，虽然半导体技术符合德国"组合—技术"的传统，但这种推动创新的方式却不适合融入已有的技术世界。在外界看来，这是由联邦德国无法理解的民主德国制度特点决定的，这就是为什么联邦德国曾非常认真地对待民主德国的会议决议，并认为这些决议会真正得以贯彻落实。但之后发现未必如此，特别是在新技术的问题上，民主德国的很多会议决议似乎常常是自我满足的修辞性宣言，而缺乏有效实施的手段。正如从 1961 年起担任微电子部门负责人的维尔纳·哈特曼（Werner Hartmann）在其回忆录中所感叹的那样，他不得不一次又一次地意识到，作出决议和指令本身就是一种目标的达成！[80]德国技术史家汉斯-莱杰·迪内尔（Hans-Liudger Dienel）指出，"重大的创新项目不仅是社会主义国家经济生产能力合法化，而且特别是在制定新的规划和决策结构方面也发挥了重要的作用……"[81]这正是问题所在——凭借这种合法化功能，创新项目往往甚至在没有得到有效实施的情况下就已经发挥了其作用。

　　在 20 世纪 60 年代，"控制论"在相当长的一段时间内是瓦尔特·乌布利希最喜欢的话题。基于对民主德国控制论道路的设想，他在 1968 年 11 月 28 日提出"无需追赶，直接超越"，而这一口号也在后来受到了质疑。[82]民主德国领导层更愿意把新电子学理解为控制论，而不是计算机科学，控制技术的进步预示着计划经济的最终胜利。直到 1968 年"布拉格之春"后，控制技术才因有可能在没有上级指示的情况下实现自我控制而备受争议。但仔细来看，人们会发现民主德国整个关于控制技术的论述显得十分特别但没有实质意义——很多时候，人们很难看到"控制技术"的具体含义。[83] 此外,"电子"一词在很长一段时间内也是一个模糊的术语;无论是在民主德国还是联邦德国,许多东西都可以投射其中。长时间以来,对电子技术革命的承诺并不意味着国家会在这个领域中有何建树。相反,"控制论"和"电子"这种流行语的散布会使人产生一种错觉,好像民主德国的计划经济在本质上是一个技术问题,而与制度无关。[84]

在民主德国技术史的初期,人们还没有想出什么伟大的创新,此时的民主德国曾尝试激活"人的生产力",但这种做法简直近乎荒谬:1948 年 10 月 13 日,矿工阿道夫·亨内克(Adolf Hennecke)在萨克森州厄尔斯尼茨的煤矿内完成了自己日作业量的 380%,简直堪称泰勒制模范工人"施密特"转世。然而,亨内克的超级效率事实上是一场由上级刻意准备的表演,普通工人在正常条件、良好的意愿下的工作效率都难以望其项背。不出意外,亨内克如此的作为遭到了工友的记恨,他们一怒之下烧了上级奖励给他的汽车。工作量的增加成了民主德国"6·17 事件"的导火索。官方将亨内克塑造成一种一生坚定不移信仰民主德国的文化形象;但显而易见,政府用"亨内克方法"以致民心尽失。于是民主德国领导层越来越多地把劳动生产率的提高转移到技术的改进方面去。粗略来看,我们可以将民主德国的技术发展划分为三个阶段。在这三个阶段中,促进技术进步(按照当时人们理解的概念)都是通过重大的运动来实现的。

第一阶段从 1956 年左右开始,在世界上第一颗人造卫星发射成功的兴奋中达到高潮。也是在这一时期,联邦德国结束了重建阶段,并首次将技术创新作为一项重要政治议题放在核心位置。民主德国于 1956 年至 1960 年的五年计划中首次提出"科学技术革命"的目标,具体来说,就是发展自动化、核能、塑料化学以及发展本国飞机制造产业;同一时间,联邦德国工商会联合会质疑飞机制造这个工业分支对本国的作用。[85] 1956 年,莱茵堡核电站投入使用。由此，民主德国的核工业得以领先联邦德国多年（但只是在项目规划方面，而非在现实中）。

在人造卫星诞生的这一年，人民汽车"卫星牌汽车"投入生产。尽管它车身使用的热固性塑料①在一开始就因为汽车技术人员坚持使用铁质材料而遭到反对，而且它确实也在后来备受嘲笑，但它还是一种从金属到塑料的进步，并且也在后来得到了联邦德国的认可。起初，"卫星牌汽车"广受国际关注；到了后来，人们才笑话其为"纸壳跑车"。[86]从1956年起，民主德国开始建设"黑泵"（Schwarze Pumpe）联合公司，这是世界上最大的褐煤提炼综合体，远超其他煤矿提炼厂。这个巨大的项目可以追溯到纳粹时期的专制政策，甚至一度能吸收民主德国总投资的一半以上。[87]

1958年11月，民主德国社会统一党中央委员会在小镇洛伊纳召开了一次化学工作大会，本次会议的口号为："化学带来面包、富裕和美丽"。会议整整一天都在乌布利希的演讲中度过，演讲稿上的文字密密麻麻地印了足足60页。总而言之，这是一次典型的泛化学主义宣言，就连法本公司都想不出比这更好的宣传文案！显而易见，社会统一党领导人乌布利希对这一方面下足了功夫，而且进行了相当深入地研究。在当时乌布利希的眼中，民主德国注定在化学方面别有优势。他曾说道："世界上几乎不会有另一个国家像我们的共和国一样，化学工业在工业生产总量的份额高达14.5%。"[88]尤其引人注目的是，乌布利希宣布民主德国将逆石油化工的国际趋势，转而进一步发展煤化学工业。[89]这给人一种印象，就好像社会统一党的领导层是以"邪恶的化身"——法本公司为秘密蓝本来制定自己的工业技术政策的。民主德国1950年上映的电影《群神会》（Rat der Götter）既讲述了法本公司与纳粹政权的勾结，但也介绍了其与标准（美孚）石油公司的合作。影片以法本公司研究员肖尔茨（Scholz）博士在贝多芬欢快的乐声中加入

———————————
① 热固性塑料（Duroplast）是棉纤维和树脂的混合物，其坚硬程度使人感觉起来像纸板一样，因而备受批评。不过这种材料还是有其优点，至少不易生锈腐蚀。

工人阶级而圆满结局。毫无疑问，乌布利希会希望法本公司的科学家多多效仿这一做法。

1956 年，在赫鲁晓夫的激励下，农村地区开始了声势浩大的玉米运动。"玉米热情"成为一个意识问题（联邦德国也同样在联邦农业部长的命令下，在 1956 年于波恩成立了联邦德国玉米委员会）。赫鲁晓夫的核心口号——玉米就是"长在秆上的香肠"，成为热门歌曲的常见歌词。在宣传中，玉米种植就像是一种魔法武器。没有人关注化肥的使用和土壤的耗损，就好像除了玉米种植之外就没有其他任何需要担心的事一样。[90] 正如史蒂芬·梅尔（Stefan Merl）所指出的，赫鲁晓夫的农业政策在本质上不过是一场"生态赌博"。在雨水充沛的年份，收成自然良好；但一旦发生灾难性的水土流失，就会加速对土地的破坏。[91]

在民主德国，未来技术在历经第一次发展的几年后就走势衰微。一直到 1961 年 8 月 13 日柏林墙修建之前，技术工人持续大量流向联邦德国，打乱了民主德国的所有计划。20 世纪 60 年代初，当 50 年代世界范围内的原子弹热潮消退后，民主德国放弃了建设自己的核电工业。1960 年，乌布利希宣称，得益于国内的褐煤资源，国家并无能源缺口，并因此断然拒绝了罗森多夫核研究中心负责人、前德英核能间谍克劳斯·福克斯（Klaus Fuchs）[1]关于在民主德国发展独立反应堆甚至增殖反应堆的计划。乌布利希认为，民主德国缺乏这方面的工业基础，而且这只会牺牲人民的生活水平。[92] 这无疑是现实的，因为甚至是联邦德国也没有能力长期维持独立的反应堆项目。自此以后，民主德国领导层内部更加怀疑核技术，其程度比人们从外部看到的更甚。

1961 年，尽管局势紧张，社会统一党还是突然下令放弃了原本大张旗鼓进行的自主飞机工业。这一决定伤害了工程师们原本雄心勃勃的志

---

① 克劳斯·福克斯（Klaus Fuchs，1911—1988），德国理论物理学家，曾直接或间接地参与了美、苏、英三国的核武器研发计划。

向。[93] 从那时起，有一种说法就流传开来（当然，这种说法在联邦德国是一种猜测和设想，民主德国人民则是道听途说）：社会统一党的领导层缺乏技术知识。事实并非如此，民主德国的航空野心从经济上来看是毫无意义的，而且，正如汉斯·莱杰·迪内尔所说的，民主德国的相关政策反而因"工程师的过度影响"而受害。[94] 这在民主德国早期的核能政策中也存在类似的情况。乌布利希比阿登纳更忠实于科学，但只有当苏联同意让民主德国成为整个东欧集团的高科技工厂和军事尖端技术工厂时，民主德国的核项目和航空项目才有意义。然而，苏联是不会允许自己在这方面大权旁落的。在民主德国，人们曾希望有朝一日能从苏联手中拿回对本国铀矿（也是欧洲最大的铀矿）的掌握权，从而实现核能的自给自足；但苏联始终坚持不放手。

乌布利希直到下台之前都一直是科学的信仰者。柏林墙的修建使民主德国领导层的计划实施起来更有保障；同时，由于与联邦德国的隔阂，苏联对民主德国技术发展的影响变得更为深刻。[95] 从 1966 年左右开始，民主德国与联邦德国的发展趋势再次同步，民主德国开启了其对高科技和未来技术的第二次探索。此时正值"科学技术革命"理论的黄金时期。时至今日，前民主德国的技术科学家们都认为乌布利希执政后期是一个大有可为的时期。前后相比，社会统一党的主流方针甚至以牺牲传统工业为代价来大力支持某些技术上特别先进的部门，这些经济部门拉动着整个经济的发展。

曾经备受诟病的电子行业一跃成为这些关键行业之一。乌布利希在1967 年社会统一党第七次党代会上解释说，在未来的发展中，"电子技术将渗透到所有生产领域并……改变传统部门的技术基础和整个行业的生产状况"[96]。在今天，这种见解至少以一种一般的形式听起来很有预见性。"科学性"成了一个神奇的词汇。[97] 在联邦德国的核研究开启"大科学"发展时期之时，民主德国也尝试进入大型研究领域，甚至表现出想要成为经互会国家先锋的野心。

作为民主德国建筑研究所的所长，建筑师格哈德·科塞尔（Gerhard Kosel）是这个"科学技术革命"时代中的建筑学以及其他方面的先驱。他近乎痴狂地宣扬着科学的崛起，宣称科学将不仅是一种生产力，而且是最重要的生产力。对他来说，建筑学的"科学"具体意味着系列和流动生产的方法下混凝土铸件板装配式建筑方式。在包豪斯熏陶下的他在新型钢铁城市马格尼托哥尔斯克和新库兹涅茨克中找到了他最高的城市主义理想。他对所有"手工作坊"的憎恶与对他的父亲水管工、装配工身份的强烈仇恨相结合起来。对他来说，最光辉的技术是火箭，因为它最完美地体现了科学和技术的融合。然而，当人们发现他的"科学"建筑比以前使用的方法更昂贵、建筑尺寸过大，而且钢筋混凝土并不能为所有的建筑问题提供解决方案时，他就失去了影响力。从此，他感到十分恼怒，认为虽然人们口头上仪式性地宣扬着"科学技术革命"，但日常的工业实际却与之相去甚远。[99]德国著名作家、编剧乌尔里希·普伦茨多夫（Ulrich Plenzdorf）在他模仿歌德名作而创作的《少年维特之新烦恼》中引用了一句诗句："若是一无所有又一无是处，那就去搞建筑或修铁路。"从 1970 年起，在民主德国盛行的单调的全装配式板材建筑方式与现代"科学"并无太大关系——它压根不过是旧福特主义的表现。民主德国人民私下里将这些仓房中的住宅称为"工人寄存箱"。

在乌布利希执政后期，高科技也在繁荣几年后就丧失了发展动力。事实证明，这条道路不能使经济状况得到明显改善。[100]与继任者昂纳克相比，乌布利希更不允许弄虚作假现象的存在，他在对技术的憧憬中越来越失去脚下的现实根基。1970 年 8 月，他在莫斯科向勃列日涅夫和其他苏联领导人夸下海口："到 1971 年年初，我们将在 80 个联合公司实现自动化。这是一个新的步骤，需要新的科学技术知识，我们必须始终如一地应用这些知识。……亲爱的列昂尼德同志！尽管放心吧！……我们将进一步推进与苏联的合作。……民主德国将作为一个真正的德意志国家在合作中实现发展。我们不是白俄罗斯，不是一个苏维埃国家。总而言之，真正的合作。"[101]这是乌布利希在执政结束之时对德国传统高度发展的科学技术的自白！

然而，勃列日涅夫似乎完全没有因为民主德国这种具有挑战性的自信精神而感到安心。从那时起，民主德国领导层中潜在的反对派力量就获得了莫斯科方面的支持，乌布利希也因此下台。1971年，政治局认为乌布利希主张的是"与生活格格不入的、伪科学的、有时还带有专家统治主义倾向的理论"[102]，并表示他忽视了"发展的比例问题"。霍斯特·辛德曼（Horst Sindermann）埋怨道："我们真的应该对消费品的生产……只字不提，而只关注机器人的发展吗？"[103]这就是库琴斯基后来抨击"关于所谓实施科学技术革命的表面空谈"的背景。事实上，"科学技术革命"只是说说而已。许多西方观察家都被骗了，民主德国的实际日常生活看上去与其宣传的效果大相径庭。在这种背景下，昂纳克以"经济和社会政策的统一"为口号，以消费品生产为导向降低原本野心过高的技术项目的要求。如果民主德国的经济体系能够对消费者的需求做出灵活的反应，那么这种新路线就是有意义的。

然而，正是在昂纳克当政的20世纪70年代，民主德国的制度变得更加僵化——许多在那之前幸存下来的小手工业企业被国有化。甚至连君特·米塔格（Günter Mittag）在两德统一后进行回忆时也认为取缔独立手工业是一个严重的错误。[104]老生常谈的传统进步观宣称，"手工业会在现代不可避免地消亡"。很明显，取缔小手工业企业就是这样一个典型的传统进步观中糟粕内容的产物。在农村，剩余的农民经济成为新的集中化趋势的牺牲品；农业和畜牧业相互分离，并分别转变为类似工业的大规模农场。这种发展势头甚至超过了联邦德国类似的发展趋势。[105]在民主德国经济危机不断加重的情况下，社会统一党的专家特质恰恰获得了新的发展空间。因此，日常技术被忽视了。开放柏林墙后，中央委员会成员君特·沙博夫斯基（Günter Schabowski）①第一眼就对联邦德国家具市场中抽屉简单的开合方式印象深刻——这是民主德国在 40 年里都从未做到的。[106]

　　20 世纪 80 年代，民主德国进入了其技术发展的第三阶段，也就是最后一个阶段。无论是对于联邦德国还是民主德国，"电子革命"都具有前所未有的魅力。民主德国理所当然地把所有的雄心壮志都集中在硬件及其核心部件上；以芯片作为切入点，而不是软件（即程序），因为软件确实不是一个适合中央计划统筹的领域。[107]联邦德国"以硬件为主要导向的工程界"[108]在很长一段时间内也有类似的偏好。最终，民主德国耗资巨大的芯片开发以牺牲机床的计算机化为代价，而机床的计算机化在民主德国本已初见成效。[109]实际上，只有这种将微电子技术融入机床生产"组合—技术"才能使这个民主德国曾经最有价值的出口部门保持原有水平。因此，正如圣约翰大学的历史学副教授德洛丽丝·奥古斯丁（Dolores L. Augustine）所写的那样，微电子项目只能像一个"黑洞一样吞噬了越来越多的资金，并在很大程度上将民主德国带到了破产的边缘"。[110]

　　以彼得·C. 卢茨（Peter C. Ludz）为首的西方社会学家曾经为民主德国构建了一种以技术为导向的"反精英"形象。这个形象包含着非意识形态的理性可能，其主要代表人物是君特·米塔格。[111]民主德国消失后，他被塑造成了旧制度的恶灵。还有人认为，20 世纪 60 年代初的民主德国经济改革者埃里希·阿佩尔（Erich Apel）则代表了另一种充满悲剧色彩的可能性。被米塔格排挤出政治中心后，他于 1965 年 12 月 3 日自杀身亡。阿佩尔曾于纳粹德国秘密研制导弹的基地佩内明德内服兵役，对火箭技术颇有了解。随着这位前佩内明德火箭技术员的死亡，民主德国在电子领域的成功起步也宣告落幕。[112]但是，阿佩尔是否真的有着更高的理性，这

---

① 君特·沙博夫斯基（Günter Schabowski，1929—2015），社会统一党官员。1989 年11 月，他下令开始拆除柏林墙和两德边界，开启了两德统一的序幕。

仍值得怀疑；在 1958 年的化学大会上，他曾呼吁在化学工业中普遍使用放射性同位素，并抨击那些"躲在安全条例后面"犹豫不决的人。

　　大致回顾民主德国的历史，我们可以明显发现上述强行推动技术进步的三个阶段与政治、社会的创新推动力完全不一致，反而与使民主德国逐渐瘫痪、最终导致其消失的那种可怕推力相契合。可以说，技术上的进步完全取代了民主化和人性化的进步！在斯大林离世后的"回暖"时代，民主德国内出现了关于改革集中的计划体制的讨论，但在 1957 年就被乌布利希粗暴地扼杀了。尽管 1968 年捷克斯洛伐克的杜布切克时代和联邦德国的新左派运动①蔓延到民主德国，并给予了其一定的改革动力，但民主德国的情况依然没有什么改善。20 世纪 80 年代，社会统一党领导人坚决与苏联的"戈尔巴乔夫改革"划清关系，这一举动也决定了民主德国的命运走向。

　　对"科学技术革命"不断进行的新尝试本应完善社会体制，但始终伴其左右的遏制政策却破坏了社会体制的活力。在很长一段时间里，社会统一党领导层认为电子"控制论"对中央计划经济是有效的；直到最后，他们才发现微电子学和以其为基础的信息技术、通信技术的胜利在很大程度上反而影响了社会统一党的国家治理。其实，联邦德国内部也曾在很长一段时间里蔓延着一种幻想，即"电子大脑"可以拥有人类大脑中所不能拥有的理性，并带来对社会的理性引导。在许多方面，两德分裂时期的德国技术史完全可以合并为一部历史来书写！当然，这也不仅仅只是一部有关德国的历史。

　　最迟自 1989 年东欧剧变以来，民主德国已经很明显地以自己的方式成长为一个非常"德意志"的国家，在外界看来如此强大的苏维埃化并没有深植到民主德国的大脑中。乌布利希甚至对德国"科学"技术和大规模工

———————————

① 即六八运动（68er-Bewegung），指的是在 20 世纪 60 年代中后期主要由左翼学生和民权运动共同发起的一个反战、反资本主义、反官僚精英等抗议活动所使用的一个活动口号。该运动在 1968 年发展至高潮。

业组织的传统有一种近乎夸张的尊崇。不仅是联邦德国的历史，民主德国的历史也提供给了我们关于德意志技术之路优劣之处的启发。

　　民主德国的技术史不但包含着一串串的失败，它也包含着一段段充满希望的乐章；在一件件经典的事件中，德意志的成功传统也得以延续。例如，在机床和印刷机的生产[113]以及在蔡司光学产业中，德洛丽丝·奥古斯丁直言："作为民主德国工业皇冠上的明珠，蔡司需要不断创造和维持一个令人羡慕的研究基础设施"。[114]当涉及在出口中带来外汇的老牌德国顶级工业时，民主德国的领导层也有着传统意识。如果说联邦德国为德意志传统如何在美国化面前坚持自我或进行改革提供了试验案例，那么民主德国则以自身发展说明了如何以其他方式定义德意志之路，同时也向众人展示出了德意志之路的薄弱之处。

　　社会主义经济不是以竞争为基础，而是以团结合作为原则。德意志公司主义传统下的"团体""合作社"也有类似含义，这些传统形式在过去被证实有助于工作效率的提高。但似乎民主德国的"联合公司"形式只是不充分地继承了这一传统。成功的公司还需要足够的自主权。但是在民主德国，国家（在理论上）是万能的。但事实上，许多公司不得不依靠自己。它们不得不看清形势，知道如何使自己在计划经济体制下生存下来，并有自己的、往往是隐蔽的方法来做到这一点。除此之外，从 19 世纪末保留下来的德意志公司主义虽成功地缓和了竞争[115]，但并没有完全消除竞争因素。相反，民主德国的经验表明，尽管"德国人勤劳"是众所周知的事实，但没有竞争的刺激，纯粹的惯性法则也不能使民主德国有明显高于它国的工作效率。

　　民主德国完全秉承了对科学和技术的尊重和信仰，发展技术教育，培养技术人才。正如我们看到的，民主德国继承发展了德意志以科学为基础的技术传统。联邦德国的观察家经常不无关切地注意到，就毕业生的数量而言，民主德国在技术教育方面做得比联邦德国要好得多。然而恰恰是在这一领域，民主德国的教训告诉我们，必须仔细观察，看清我们的传统，也看清在什么条件下才能促使我们的传统再度走向成功。社会统一党的领导层看似十分尊崇德意志传统，但却高估了正式的、国家机构化的资格教育的价值。"综合技术教育"、中小学教育或高等教育都不能替代对效率的刺激，也不能替代在充满活力、技术设备齐全的公司中的实践经验。行业和地区"集群"的广泛经验交流对于"德意志生产体制"的成功至少与雇员的正式职业资格同样重要。沃尔夫冈·科尼希将德国工程师的"学校文化"与英美工程师的"实践文化"、车间文化进行了对比；但德国技术人员的文化不仅包括学习理工科①的工程师，还包括广泛的职业培训，如职业学校与公司内部培训相结合的"双轨制培训体系"。双轨制教育的一切都取决于公司的质量。不过，令人遗憾的是，现如今在联邦德国提到"双轨制"，人们首先联想到的是垃圾分类！

支持民主德国的人常常认为，西方借巴黎统筹委员会禁运货单对东欧集团国家实行高科技禁运措施，这是导致民主德国与联邦德国相比技术日益落后的主要原因之一。而另一方面，还有一部分人认为"史塔西"与技术有关，称该组织在刺探西方技术方面发挥了突出作用。[116] 无论是一前一后哪种论调，此二者是否为民主德国技术发展的决定性因素，这仍值得怀疑。通常情况下，工业的决定性因素是广泛的经验基础，而不是某个具体的细节、某个特定的研究结果。就这一点上，民主德国为将自己与西方世界隔离开来而修建的柏林墙可能比西方的技术禁运重要得多。柏林墙的修建使民主德国开始缺少对西方生产、技术和营销加以认识的生动渠道。

在民主德国的成立初期，对苏联的赔款（1946 年甚至不少于民主德国社会总产值的 48.8%！[117]）、拆分大型公司和不平等贸易协定都是沉重的

---

① 德国在过去长期以来所实行的学位体制不同于其他欧美国家。德国的学位没有学士和硕士之分，学生们通常需要一次性面临五六年，甚至更长的学习时间，毕业后即获得该学位。学位主要分为理工科学位和文科学位。

负担。然而，从长远来看，最有害的影响可能不是来自苏联给民主德国带来的生活困难，而是来自它给民主德国工业带来的太多便利——民主德国几乎全无限制的市场让那些即使放在联邦市场上没有机会的过时产品也能分得一席之地。由于失去了美国的竞争——美国的竞争本来是 20 世纪以来对德国机械工业的刺激，民主德国部分工业退化到 19 世纪"价廉质差"时代的状况。据当时民主德国机械制造商的说法，他们按重量出售他们的产品，而且不能让产品出现在除苏联以外的国外地区；这种模式简直与 19 世纪如出一辙。

　　"桶状意识形态"[①]成为民主德国批评者常提起的一个概念：计划鼓励生产面向纯粹的数量，而不太考虑质量和消费者的不同需求。于是，这种政策执行起来十分矛盾：与西方隔绝的民主德国可以比联邦德国更彻底地实行福特主义的标准化大规模生产方法。这样一来，早期还能以创新吸引西方关注的"卫星牌汽车"最终只能沦为技术的化石，成了民主德国衰败的象征。君特·米塔格在 20 世纪 70 年代末将整个工业集中在"联合公司"中，并使其中包含所有的生产阶段；这是福特主义精神的重组[118]，加速了民主德国工业的固化过程[119]。而与此同时，联邦德国以日本为榜样，为了促进经济的灵活性而扩展供应商公司。不过，同样不能忘记的是，联邦德国的部分工业也在相当长的一段时间内采用了福特主义的方法，并造成了更加深远的不利影响。由于标准化的大规模生产特别容易受到经济危机的影响，而且重复性的局部工作最容易实现自动化，所以在一定程度上，西方国家自 20 世纪 70 年代以来不断增加的大规模失业现象也可以从这里找到解释。

　　让我们把话题拉回到民主德国。当今天的人们打开档案时，人们会惊

---

① 桶状意识形态是一个贬义词，指的是生产计划只规定简单的、可测量的和可计算的数量，而不考虑需求、效用或质量的作用。此术语来源于斯大林，他曾以数量为标准，要求苏联在生产的吨位上超过美国。而"吨位"一词在德语中来源于"桶"，故以此借代。

叹于民主德国经济的许多弱点在内部被认识和命名的敏锐性——尤其是在国家安全部（即史塔西）[120]！这也是民主德国经济的一个特点。然而，民主德国领导层却并没有就这些弱点采取任何有效措施。特别是在技术方面，自20世纪60年代以来，民主德国就将电子技术当作一项关键技术进行了最着重的强调，并不断反复强调推广其发展的重要性；与之对比，彼时的联邦德国还没有将其作为须优先考虑的政治问题。然而，最终恰恰是这一点成为民主德国技术发展中最致命的悬崖！人们又该如何解释这一悖论？可以肯定的是，像微电子这样非常需要从用户和他们的自由交流中获得活力的产业，国家技术政策只能在非常有限的程度上推动它们的发展。在民主德国环境下，即使大型国家项目提供了重要的硬件要素，现代信息和通信技术的发展也必然滞后。

此外，可能还有一个重要原因。马克斯·韦伯曾在1895年弗赖堡的就职演说中宣称，国民经济学作为一门"人的科学"，首先面向的是"人的品质"，而这种品质是"由各自的经济和社会生活条件所孕育的"。[121]如此看来，不仅在经济史上，而且在技术史上，社会中蓬勃发展的人格类型都是决定性的。

民主德国的政权最初来源于一个革命者的政党，但在后期却发展成了一种"保守政治"。因此，像微电子这样在很大程度上依赖于有着独立见解的新一代来推广的技术在民主德国是很难获得成功的；而在联邦德国，"穿着凉鞋的长发怪人"却可以给行业领导人展示个人电脑的各种可能用法。[122]君特·米塔格这样的人物可以总是用威胁的口吻呼吁进行"电子革命"，但他和他的下属们却并不是能将这种话语转化为有效实际行动的人。社会统一党于1981年举行的会议上有这样一个口号："微电子学——我们在八十年代的革命营垒。"[123]但是，这种煽动性的传统风格可能并不适用于新的技术世界，甚至让年轻人觉得可笑。格哈德·巴克莱特（Gerhard Barkleit）认识到，在民主德国消亡前不久，向昂纳克移交（据称是）民主德国制造的微处理器部件的仪式被赋予了划时代的意义，这在联邦德国看来是无法理解的上级领导中是一种"神奇的思维"。[124]

实际上，即使是像西门子这样的传统联邦德国公司也不是快速而轻易地就进入微电子领域的。只要卡尔·克诺特① 以元老的身份在公司内只手遮天，而且根据传闻中公司的第一条戒律"我是主子，我是你的克诺特，除了我以外，你不需要别的主子"，那么硅谷人就没有机会进入西门子的领导班子。克诺特可以指导公司进入核技术领域，但不能使公司成功进入微电子领域。其实两德都有类似类型的人；仔细观察我们会发现，对于今天在民主德国历史上被嘲笑的许多事情，在联邦德国的历史上也有对应的例子。因此，民主德国的经验只是更鲜明地揭示了德国工业传统进一步成功发展所必需的动态因素而已。

就在民主德国将在原本其他领域所需的数十亿资金尽数投入到芯片生产时，联邦德国的西门子公司也在要求国家为建设芯片工厂提供补贴。西门子公司威胁道，如若不然，整个半导体生产将从联邦德国消失。1992 年，在新任西门子副总裁海因里希·冯·皮埃尔（Heinrich von Pierer）的领导下，事情出现了令人惊讶的转机。西门子放弃了芯片生产，并对相应的国家补贴失去了兴趣；因为西门子已经很清楚，最新一代的芯片在世界市场上很容易购买到。虽然芯片的开发最初需要大量的智力投入，但以此推断认为常规的芯片生产也需要大量的智力却是一个错误，这一点我们可以反观印度报酬少得可怜的流水作业。1994 年，时年 80 岁的伯恩哈德·普莱特纳（Bernhard Plettner）已担任西门子总裁多年，他在回顾以前毫无根据的担忧时说道："想要通过提高存储芯片的价格或减少其储量而将世界电气工业收入囊中的可能性是零。"他表示，芯片即将成为一种"大众产品"，"几年后，它将像一个标准化的螺丝钉一样几乎没有任何意义"。[125]

---

① 卡尔·克诺特（Carl Knott，1892—1987），德国工程师，军事企业领导者。

对芯片的神奇信仰是非理性的，是由数码的业余爱好者的无助而产生的！西门子转而专注于研发有着特定应用的半导体。[126]《明镜》周刊的一位记者曾在对时年 90 高龄的哲学家卡尔·R. 波普尔（Karl R. Popper）的采访中指责欧洲和美国担心"在与日本的芯片战争中失败"，波普尔用老年人的智慧回答道："所有这些问题都不需要认真对待，也不需要以这种方式进行讨论。"[127]当时，在日本半导体行业第一次大崩溃前不久，长期担任联邦德国外交部规划负责人的康拉德·塞茨（Konrad Seitz）曾以仍然很技术化的"德意志觉醒"的文学风格预测，如果不对芯片行业和其他高科技进行大力支持，欧洲将成为日本和美国的"技术殖民地"。[128]可以看出，在"技术政策"方面，民主德国和联邦德国的思想结构惊人地相似。

民主德国消失的深层原因可能在于社会统一党的统治是一种由占领国强加的统治。这一弊端贯穿了民主德国的发展始末。自 1989 年以来，我们比以前更清楚这一点。我们不应高估技术政策的细节对民主德国命运的重要性。技术的历史也仅仅是整个历史的一部分。

后 记

技术人、游戏人、智慧人 以及协同问题

寻找各种历史背后的历史。当人们在今天谈及技术创新，首先映入脑海的是计算机和互联网，而不是像百年前那样想到的是蒸汽机车。早在1973年，时任法国政府技术顾问的格奥格斯·埃尔戈齐（Georges Elgozy）就写道，"计算机是有史以来为这个世界带来最多美好幻想的机器。"数十年来，"电子革命"一直被当作是各种事情成功或失败的根本原因：不合理的企业战略设定、企业家失败的托词、屡次要求国家提供补贴。而今天的互联网也是因它而产生的！如今，早已没有哪个技术话题像"互联网"这样充斥在我们的日常对话中——我们已经无法想象没有互联网的世界，人们几乎忘记这种新媒体以及这前所未有的信息量仅诞生了十几年。即使是上了些年纪的人，也很难想起他们在没有计算机，没有电子邮件，没有万维网的时代，究竟是如何生活的。

各种新技术正在引领全球的繁荣，这又是怎样的一段历史？这段历史从何时开始？其本质是什么？证明了什么？它又是如何改变了技术史迄今为止的形象？在这段历史中，是杰出创始人物引领了世界前进，抑

或这只是一段没有个人参与的发展浪潮？名人故事不再是真正的历史了吗？国家道路方向的问题是否还有意义？关于技术创新，人们从未见过如此大相径庭的各种历史观，它们之间甚至往往毫无关联：从理论家和实验家，科学家和业余爱好者，军方和平民，美国人和日本人——从计算机发明者、半导体先驱[1]、美国火箭技术人员到日内瓦欧洲核子研究中心[2]的粒子加速器以及蒸蒸日上的"车库企业"①。在计算机的成功发展史中，有的人着重展现基础研究的优越性，另一些人则强调尖端军事技术的关键作用，还有的人关注的是以市场为导向的先锋企业的创造力，他们对潜在买家的最新需求有着敏锐的洞察力。对历史学家来说，这段历史的混乱简直让人望而却步。然而，这也让我们意识到，比起老旧蒸汽机的历史而言，这一幕正在我们眼前展演的技术最新发展过程对我们提出了更加迫切的批判性技术史研究的要求。经过数十年的成功发展之后，个人电脑和互联网的成功发展使技术批判中产生了一种新的信念，那就是技术进步不可抗拒。但恰恰没有哪种重大创新推动给比这段历史更能展现出技术"进步"的曲折与艰难。也正是这种观念在一段时期内被有关文献系统地抹去了：日益发展壮大的计算机和互联网历史被描述为偏向于线性、偏渐进式的演化，尽管这些历史其实含有偶然的事件及怪异的转向。

　　但是只有那些活在当下，失去早期记忆和过分改写自己记忆的人才能相信这样的说法。此外，历史常常跟人开玩笑，它总是充满了错误的预测以及大量连亲历者也无法预料的事件。[3]国际商业机器公司（IBM）的主管托马斯·J.沃森（Thomas J. Watson）曾在1943年认为，全世界对计算机的需求量极小！在20世纪60年代，联邦德国的一台计算机月租金约为10000马克，只有大公司才能承担得起这笔租金，那时几乎所有人都认

———————

① 指那些通常刚创立时，第一间办公室、仓库或车间设在车库里的公司，许多著名的公司都诞生在车库之中。

为这种情况会保持下去。[4]直至 60 年代末，人们才逐渐相信对这种大型计算器的需求会变得越来越大。那时实行"地方重组"，这些并无历史关系的城市新聚落对此有一个冠冕堂皇的理由，那就是它们无法单独负担将来使用大型计算器的费用。70 年代，西门子与德国通用电气公司曾计划建立一个"大型计算机联盟"。那时，几乎没人预见到个人电脑的诞生。20 世纪 70 年代，当个人电脑进入许多办公场所时，也只有极少数人想到，个人电脑未来也会进入私人住宅。[5]70 年代的"计算机"其实对当今的人们来说是个化石般古老的概念，当时的这项技术被认为是用于计算而不是文字处理，更不是"电子大脑"！信息科学家克劳斯·布伦施泰因（Klaus Brunnstein）回忆道，将计算机视为"电子大脑"是一种误解，自最著名的现代计算机之父约翰·冯·诺伊曼（John von Neumann）之后，信息科学便被打上了这个误解的烙印。[6]

不带面具的游戏人。通过个人电脑和互联网，"交互性"成为神奇的咒语。在对人形机器人和"电子大脑"的昔日幻想早已过时的时候，计算机与之前的任何机器都有所不同，它几乎差不多成了人类的一个交流对象，串联起了人与机器之间无尽的交互链条。电脑诱使狂热的用户"在线"建立一个虚拟的身份并以这种虚拟的方式进行交流。[7]从历史的角度来看，最令人惊讶的便是游戏在这项技术传播中的发挥的巨大作用。年轻人发现了这项技术新的使用价值，这也是曾经研发它的工程师未曾想到的。严肃的父亲为了让孩子开心而第一次买一台电脑，这类事并不少见。

仔细看来，这类推动在技术史上并不陌生。电话的发明者也未想到，这个最初安装在政府机关和企业办公室的机器将成为不可或缺的必需品以及业余娱乐用品[8]，电话里的声音有时比面谈听起来更加有吸引力。玩具火车直到我们现在这个时代也一直都是最受喜爱的玩具——即便是成熟的男人们也会兴奋地在地上围着它爬来爬去——但是玩具火车对铁路的更进一步发展几乎毫无贡献。在这方面电脑瘾恰好能带来一些新鲜事物。此外，

"令人肃然起敬的海盗"在计算机历史上也扮演着重要的角色:"正是黑客在 70 年代狂热地推动了计算机的使用。"[9]早在电子时代之前,霍列瑞斯(Hollerith)穿孔制表机①便已通过推出大量消遣的小玩意儿而远远领先自动机技术。甚至在打孔机之前,带孔盘的机械自动音乐播放机在德国就取得了成功。

还有互联网!它似乎蕴含着不可估量的财富,但是如何利用互联网来赚大量的金钱,而不是仅仅休闲娱乐,仍然可以进一步发掘。在 20 世纪 80 年代第一次"硅谷热"中,许多人认为,在新的数字世界中,人们不再需要任何技能和资质就可以赚大钱:"所有人都可以创业,甚至是一个 11 岁的小女孩。"[10]在千禧之际的新经济狂潮中,互联网公司如雨后春笋般冒出,他们希望通过简单的网址和信息费就能够赚取大量钞票——直至 2001

图 42:互联世界,2000 年 2 月 21 日出版的《明镜》周刊封面标题,此时还是互联网公司"炒作"的高潮期。就连各种社会科学也普遍认为,一个"世界性的社会"正通过互联网而得以产生。这幅图片也像别的《明镜》周刊封面图片一样具有双重含义:人用鼠标控制整个世界——或许也可以通过鼠标"松开"世界? 在 2001 年新经济的大"崩溃"后,插画家为《明镜》周刊设计了好几个封面插图,其中有掉进水里的鼠标,也有坠入瀑布的鼠标,然而这些插图并没有得到主编的认可。

———————————
① 计算机穿孔卡输入设备。

年，纸牌屋突然倒塌。因为在那几年中出现了人们在 90 年代中期还无法看清的东西：人们可以通过互联网免费获取无限增长的海量信息。数百万人出于纯粹的娱乐消遣和满足在公众面前的表现欲而上网发布信息，并不以赚钱为目的。

这样看来，信息与通信技术的时代并不像人们到处听到的那样是一个信息社会的时代；恰恰相反，这是一个信息贬值日益严重的时代，所有人都可以免费获得信息。与传统的观点相反，有的人认为，我们所面对的并不是经济的"去物质化"，而是在信息贬值、原料和能源价格上涨的过程中出现的一种新的物质商品赋值化，只需要点一下鼠标，商品价值就能成百上千倍地增长，而这一过程中几乎没有能源消耗。互联网首先为邮购快递业务的发展提供了前所未有的推动力。[11] 作为企业软件领域的新的世界市场领导者，思爱普（SAP）① 在某些方面简直就是利多富（Nixdorf）② 再世[12]，公司主席哈索·普拉特纳（Hasso Plattner）在 1999 年承认互联网公司的成功给他带来了"无尽"的挫败感，这种情况不能这么一直持续下去！他的回忆很有些道理："我们设计并生产汽车、计算机、飞机、房屋、机器和其他产品，然后将他们运送给客户并收取费用，所谓经济一直都应该建立在这样的基础之上。"[13] 互联网经济的狂热信徒没有预见到，人类的游戏冲动在万维网上会迸发得如此强烈，会不受经济利益驱使就掀起如此凶猛的信息巨浪，这简直令人难以置信！

荷兰历史学家约翰·赫伊津哈（Johan Huizinga）早在 70 年前就展示了如何在历史整体的基础上，即文化史、战争史、经济史以及科学史中去认识游戏和运动带来的推动力。至少在那段希腊人的小爱神埃罗斯战斗的

① 思爱普公司成立于 1972 年，总部位于德国沃尔多夫市，是全球最大的企业管理和协同化商务解决方案供应商、全球第三大独立软件供应商。

② 海因斯·利多富（Heinz Nixdorf，1925—1986）于 1952 年创立公司并将其迅速发展为欧洲第四大计算机公司。历经半个多世纪的扩张，如今的利多富已经是一个业务遍布 70 多个国家和地区、并在 28 个国家拥有分支机构的国际性集团。

图 43：杂志《计算机技术》上的一幅漫画，一个巨型金刚对影院中的观众发出警告：盗版电影是违法行为。现代复制技术威胁了版权所有权——这标志着我们不仅生活在"信息时代"，也生活在一个信息贬值的时代，而这正是因为人们对信息可以毫不费力地进行复制而造成的。

故事中，可以看出这种推动力，这种传统原则上讲无可置疑！[14]事实是：在非常多的技术创新中，经济收益在开始时根本无法计算，而发明者自己也没有得到多少好处。但是直到这个被游戏性占据的计算机时代，那些伟大的技术玩家通常也会考虑如何把自己伪装起来。[15]在某种程度上可以说，如今技术的潜在推动力逐渐地显现了出来。更快，更高，更强本是体育上的追求，只要其在某种程度上没有满足经济的合理化要求，它就会一直被掩盖。

抑或是——满足真实或所谓的军事的合理化要求。只要冷战还在继续或者重启，在民用需求极低的情况下，炸弹和导弹技术也可以在国家的大力资助下毫无阻碍地发展到顶尖水平。有时民用技术也会因此受益。特氟隆平底锅曾是航天技术衍生产品的证明，而如今我们很难再去相信军备升级有何军事意义，计算机和互联网才更有效地展示了尖端军事技术有何民用效果。

对这段历史有多种解读：它也展示出尖端军用技术无法直接转化成在市场上进行销售的产品，事实上，大型军事研究机构的特质反而更会对受游戏冲动驱使的民用技术的想象空间形成障碍。特别是日本，它没有庞大的军工研究机构，却对微电子技术的突破做出了决定性的贡献。在这段历史中，军事只是个偶然因素；没有理由可以由此推导出军备升级对技术进步能起关键作用的历史规律，但历史规律使得军备竞赛在冷战时仍被认为是正当的。只要互联网仍是军事及核研究的内容，那它就不会在大众面前揭开神秘的面纱。[16] 总的来说，个人计算机和互联网与联邦德国战后的"经济奇迹"类似，具有历史上独一无二事件的所有特征。要是认为只要有相应的国家资助，这类创新推动的事件便会再次发生，这其实是一种误导。

这是微电子与生态之间的融合吗？最近，太阳能利用方面的创新也证明了衍生的存在。太阳能光伏技术在 1960 年首次用于宇宙飞行，并且将它的巨大成功延续至今。与在地球上不同，作为能源，太阳能光伏技术在太空甚至能代替核技术。自登月成功之后，航天飞行便失去了它的独特魅力，1970 年前后，航天飞行发展开始衰退，太阳能技术似乎也从太空降临到地球上并在地球上寻找新的应用领域。1970 年的"生态革命"恰逢其时，随后几年里爆发了对核能的大规模抗议。但是可以理解的是，显然这些德国的核电反对者以及环保主义者（通常都是和平主义者）长期以来并不十分清楚，他们该如何对待这个来自军工复合体的新潜在盟友，太阳能技术在"新旧交替的环境"中显得如此格格不入。联邦共和国的路德维希·伯尔克（Ludwig Bölkow）（1912—2003）是太阳能领域中最出名的和最活跃的捍卫者，他是在德国市场中占主导地位的军火康采恩梅塞施密特 - 伯尔克 - 布洛姆（Messerschmidt-Bölkow-Blohm，MBB）的创始人之一，是德国航天飞行的推动者，也是弗朗茨 - 约瑟夫·施特劳斯的朋友。[17]

研究太阳能技术成为伯尔克退休后的爱好。1986 年切尔诺贝利核电站事件后，在他的倡议下于上普法尔茨州的诺因布尔格建造了一座太阳能氢气生产厂，该厂被誉为世界上最大的氢气生产场，当然，按照能源工业的标准来看，它根本什么都算不上。[18]切尔诺贝利事故发生的几年里，德国社会掀起了一波对"太阳能氢能产业"的狂热追捧。[19]1987 年 8 月 11 日，《明镜》周刊将太阳能氢气作为封面主推标题，这本以讽刺闻名的杂志此时却对这一新事物展现出非同寻常的热情欢迎态度。

在阳光充足的撒哈拉沙漠铺设太阳能电池板，从水中分离出氢气，从而为欧洲提供丰富而廉价的燃料，同时为非洲的发展做出贡献，这一看起来充满独创性的主意引起了人们的特别关注。诸如此类的想法很古老，而且起源于非军事领域。奥古斯特·倍倍尔在其 1900 年左右出版的纲领性作品《妇女与社会主义》（*Die Frau und der Sozialismus*）中，就对此激动不已。特别是在社民党内，这个愿景在 1986 年切尔诺贝利事件后重获生机。但是在没有任何政治和基建基础的情况下，撒哈拉计划显得有一些天真烂漫。当诺因布尔格太阳能工厂生产氢气时，人们发现以这种方式生产的燃料极其不经济实用。

因此，不能排除这样的可能性：在航天集团中金钱的作用无足轻重，但它却将可再生能源的使用推向了经济窘境。最终，最古老的太阳能使用方式被证明是最实用的：用木材生火！（这可拿不到诺贝尔奖。）因为树林通常生长在不适合农作物耕种的地区，与其他能源作物相比，它与粮食作物之间的矛盾更小。树木的生长通常是不知不觉的，但如果它们被砍伐便会轰然倒下：因此与石油增长极限截然不同，森林增长极限一直以夸张直白的方式出现在大众眼中。几个世纪以来，在大规模使用木材的同时，木材短缺一直是人们所担心的问题。[20]

微电子时代的到来，使得之前由早期蒸汽机和过早出现的核能热情为主导的能源技术进步黯然失色："动力提升"方面的进步与不断增长的能源生产和能源集中是密不可分的。取而代之，一种新的进步图景给人们施加了强烈的心理影响：世界联系将更加紧密，交流将更加迅速、更加全面，人们沟通以及自我沟通的媒介也将得到发展。在这一视角下，技术史的很大一部分值得我们回过头去重新解读。从第一条铁路和电报诞生的时代开始，这一进步蓝图实际上早已初具雏形。如果仔细考察，它甚至比通过蒸汽机证实的能源进步还要早得多：想想 15 世纪人们对印刷术这一"神圣艺术"的热情讴歌吧，这一技术开辟了知识的新纪元。[21] 即使是 20 世纪的统治者也从一开始就认识到，现代权力是多么依赖于对信息和通信网络的掌握。早期的技术交流原型通常都是与增长的能源和原料消耗量相联系的，不论是蒸汽机车、电力总站及其电力网，还是大型印刷厂和其庞大的纸浆消耗量都是如此。直到微电子学开始发展，新的进步方向才能与旧的脱离开来。

甚至莱茵集团时任能源应用部主任的贝恩德·斯托伊（Bernd Stoy）也在 1978 年宣布经济增长应与能源消耗"脱钩"，尽管莱茵集团的领导人对此并不是十分满意。他很快就致力于促进太阳能的发展。[22] 于是，电子时代和生态环保时代之间形成了一种趋同关系。1973 年秋，石油危机爆发，这一事件最初看来是给核能提供了大显身手的好机会，它第一次有力地推动了长期以来的工业节能战略，后来又在对能源效率的提高中显现出前所未见的新潜力。在此之前，谁要是认为能源效率的优化是一个早已被解决了的问题，那他现在就得被重新上一课了。

这些经验也为当今的技术史带来了新的曙光：就能源方面而言，所谓的技术进步并不像人们之前所认为的那么合理。于是关于节能的各种观点很快就在唯能论盛行的形势下占据主流。1956 年苏伊士运河危机便证明"能源危机"这一臆想是个拉响的假警报。太阳能发烧友痴迷地认为，照射到地球的太阳能是整个人类所需能源消耗量的 1.5 万倍。"人类缺乏的不是能量，而是想象力！"

技术史学家不完全赞同这种乐观主义。与其他经济领域不同，能源产业以及其相关联的交通业和燃料业在世界范围内由成熟的电力设施和基础设施所支配。在这一方面，不仅创新永远盛行，而且以结构、技术途径和固定网络为基础的保守主义占了上风：这也是 20 世纪整个技术史的特征，同时也贯穿了核能的历史。能源的价格因对未来能源短缺的预估而被推高，同时能源业的利润也因此提升，但这并未产生能源转型的压力，情况恰恰相反。某些新的能源转换技术理论上虽然是可行的，但这并不能表示它真正的有机会实现。在技术史上，"今天的梦想就是明天的现实"这一说法从未被证明是一条铁律。

大型供电网在当时被认为是"大型技术系统"的原型，与其相比，互联网在 20 世纪 90 年代中期带来了一种当时几乎没人能想到的新型网络：一个没有控制中心，松散的网络系统，至少它对普通用户没有明显的管控，用户可以在其中任意建立自己的网络和交流论坛。在此之前，技术发展已经呈现出两种主要的不同趋势：一种是向大型系统发展的趋势，另一种是向个人化和私有化发展的趋势。这两种趋势以令人惊讶的方式在互联网上结合在一起。与太阳能技术一样，微电子技术也利用了硅的半导体特性：这是否表明经济与生态之间存在一种富有前景的技术融合？但这无法通过技术的逻辑自发产生。在硅谷，由环境引起的疾病风险异常地高。[23]

技术的私人化——人类需求这一老问题的现实性。互联网是否将我们引向一个完善的大型技术系统与个人自由最大化所结合起来的新纪元？是人们必须考虑到，这种对立统一的形式是独一无二的。即使以可再生能源为基础的能源供应市镇化重组取得成功，它仍将因为供应的安全性而依赖于跨区域供应网。将铁轨用于个人运输的想法从第一条铁路建成起便存在，尽管电子控制在这一方面提供了理论可能性，但此后这一想法的实现毫无进展。

同时，人类长久以来最美好的技术梦想——像鸟一样轻柔、安静地在天空中翱翔，也没有能够接近实现，反而是更清晰地揭示了其在技术上的荒谬。小心谨慎地在天空与大地之间保持飞行的高度，不可太高，也不可太低，人便可以成功地飞行，代达罗斯和伊卡洛斯的希腊神话便包含了这样一种信念。威廉·奥斯特瓦尔德在 1909 年就展望到，"海鸟无需拍打翅膀便可以获得极高的速度，人们将像大型海鸟一样学习飞行"。[24] 今天，这种梦想已经结束了：悬挂式滑翔机便能体现无动力飞行的局限性。20 世纪 50 年代的私人轿车热潮之后，不来梅的汽车制造商卡尔·宝沃预计会出现一个潜在的直升机热潮（尽管消费群体非常有限），并指望从中大赚一笔。令人没想到的是，这家公司在"经济奇迹"时期却破产了，而昂贵的直升机研发费用就是导致其破产的一个重要原因。[25]

此外，技术产品的迷你化和私人化是 20 世纪技术史的主要趋势之一：譬如从之前的塔楼钟到怀表，从火车到私人轿车，从蒸汽机到电子驱动器，从冷藏库到冰箱[26]，从洗衣房到洗衣机，从抽气机到吸尘器，从电影院到电视，从大型计算机到个人电脑……这种趋势为超大规模生产提供了机会，使新的产业得以扩张，这种趋势明显与人性中的个人主义基本特征相吻合，就算是经过几十年的共产主义时代也无法使之消除。产品不是通过"研发"就能上市，而是要靠生产者和消费者之间的相互关系，这一规律再次被证实。这一情况使得电子设备的上市面临诸多困难障碍，使得许多用户陷入绝望！[26] 人们不清楚这种趋势所引发的井喷式的增长在未来是否会多次重演。尤其过去几十年的工业史向我们展现了，为大规模批量生产寻找新的用武之地有多困难。

对于那些不想了解"人性"的人来说，人类需求的问题早已完全成为无聊的老生常谈。这类人不明白技术是一种强大的文化现象，它不是因为人类需求而产生，而是反映了人的本身。那些曾经以自然需求的名义与"非自然"的奢侈行为作斗争的道德哲学家极大地低估了人类需求中包含的潜力。人性远不像 18 世纪以前的自然法学者所认为的那样固定不变。它包含着逐渐被发掘的潜力。即使是对高速驾驶毫无兴趣、不开车的人也会认为，汽车的成功与人的天性相关，即人类对自主运动的兴趣。

如果从这些推断出，所谓的人性根本不存在，或者新的需求可以被任意创造，那或许就是一个谬论。在极权独裁的印象下，人类的操控能力被高估了。赫尔穆特·福尔克曼（Helmut Volkmann）是西门子公司的一位固执的未来主义风格的公司建筑师，他认为经济发展缓慢的原因大多在于人们专注于利润的最大化，而忽略了人和社会的需求。因此一些人们并不想要的方案被设计出来：适合汽车行驶的城市、无人工厂、无纸化办公室——"谁想出来的这些乱七八糟的东西。"[28]人类对新事物和新世界的需求是否是无穷无尽的？这一点仍需思考。媒介理论家马歇尔·麦克卢汉（Marschall McLuhan）预言了"书本时代的终结"（见于其作品《古腾堡星系》）；然而，图书行业是互联网的最大受益者之一。

在创新方面，视觉与味觉似乎有着不同倾向：人们希望通过媒体每天看见新的东西；而餐厅则大力宣传他们的"古老的德国美食"和其他传统风味，即便是来自异域的美食也会追求传统，所以技术创新在这方面的机会十分有限，或许人们并不关心这些。例如，当代的德国啤酒厂是一个非常现代化的工业分支，它是迄今为止利用微生物学的生物技术最成功的工业部门——然而，酿酒厂凭借其对1516年巴伐利亚啤酒纯酿法的使用，将自己包装成一个可以追溯到16世纪的传统工业：这一做法成功到当人们讨论生物技术时，通常会将它遗忘！在格奥尔格·齐美尔（Georg Simmel）的《感官社会学》（1907年）一书中，他认为视觉属于高级感官，味觉和性欲一样，属于低级感官；但是齐美尔当然不会轻视这些低级感官，而与人类生存的日常方面相关的技术史学家也应当这样做。在尼采的《查拉图斯特拉如是说》中，生命意义在对永恒回归的肯定中达到顶峰。另一方面，不断地创新与生活的充实感是不相符的。

死亡对人类来说一直是一种无法克服的恐惧，因此当人类面临这种恐惧时，人类的创新需求是无止境的。医疗技术是近代技术史上发展最蓬勃的一个领域，德国的医疗技术在世界上更是数一数二的，医疗保险几乎涵盖所有疾病治疗。[29] 这方面的技术史研究仍处于起步阶段。一般来说，如果技术的完善可以使得身体手术的过程更加温和，损伤更小，那么人们便越容易相信技术取得了真正的进步。但就像之前外科技术的进步一样，这没有提升外科医生的认真程度。在某些法律条文的支持下，巨大的科研开销被用于重症监护学，而这一领域往往只对延缓死亡有帮助，而非延长生命。然而资源是有限的，这意味着，改善可治愈病人生活护理的质量被作为了牺牲品。此外，对于普通人来说，重症监护的费用是无法承担的。于是，因重症监护过度发展而产生的复杂的伦理问题出现了：延缓老人死亡的花费比维持孩子的健康教育要多一百多倍，社会能包容这种现象吗？

如同预防排放的原则被耗资昂贵的"末端治理"环境技术所取代一样，古老的智慧"预防胜于治疗"正因为医学的技术化而被人忽视。在多特蒙德－多斯特菲尔德联邦工作安全局举办的德国职业安全健康大型展览会（DASA）上，最引人注目的是 20 世纪 60 年代的带有巨大排气装置的废钢熔化炉，这个装置使得工作卫生问题变为了一个环保问题。通常，技术尝试用转移问题和转化问题去替代解决问题：将可见的烟雾转化成不可见的废气排放，资源问题转化为能源问题，通过燃烧垃圾将土地污染转化为空气污染。但这些并不意味着技术对预防性的环境保护没有贡献！

皮特·博夏德（Peter Borscheid）将近代以来的整个文化史描述成加速的历史，即"速度病毒"传播的历史。显然过去五百年的主要事件都与技术史息息相关，从旧式整磨机和印刷机到如今快如闪电的电子仪器。但是可以有所盈利的技术必须满足人类的需求。未来，通过技术达到的加速能发展到什么程度？博夏德提出无可置疑的论断："生活中最美丽的大部分时光"都不需要"时钟"，"很多以巨大开支建造的加速和测速系统""如今已经在很大程度上沦为纯粹为自身目的而服务，这很荒谬。"[30]

那些曾经每天写两封信的人，如今已经习惯于每天回复 20 封邮件——

但是如果这个数字在10年、20年后达到每天200封，他还会习惯吗？这很值得怀疑。老话说，"凡事都有限度"，这句话放在今天依然有道理。当然，在新技术的快速发展机遇下，人类新的需求也随之产生。人类对速度的迷恋，在早期的狩猎时代就有所显露，它或许是人类学上最有意义的现代新发现（尽管今天看起来十分矛盾，但是自行车在这一新发现上扮演了重要的角色）。然而人类的基本生理活动——不论是心跳、呼吸、睡眠或者消化——都不能很好地加速；训练自己这样做的话，既不舒适也不健康。

在技术发展趋势和人性之间的现代关系史中，似乎还有个隐秘的基本矛盾，那就是速度的提升阻碍了性愉悦的实现。从19世纪末如雨后春笋般出现的精神病疗养院的病人档案中，便可初见这一基本困境。[31]整个现代媒体世界证实了色情的欲望是多么漫无边际、难以满足。在2001年互联网泡沫破灭期间——就像有关文献略显尴尬地指出——"色情网站"却"毫发无损"，这归根于"该产品的性质——对性的需求通常是最后才下降的"。"事实上，互联网经济很大程度上要归功于色情行业。这一行业不仅提供了相当可观的一块收入，而且还被认为是特别具有实验性的。新的广告形式往往首先出现在色情网站上，然后才会出现在主流商品中。"[32]当然，色情的幻想永远无法通过数字方式去满足，因此，它是一个潜力无限的市场——又或是电子化的愿望实现方式最终会像泡沫一般破灭。

为新技术开辟无限的领域，人类的游戏本能在其中究竟可以发挥多大作用？人们可以从电脑游戏中对其有所了解。然而，在老虎机生产商中，那些没有立刻紧跟"电子潮"的人却取得了特别大的成功，他们坚持生产那些让赌徒走火入魔的嘎嘎作响的老式机器。人性中的运动本能似乎也能防止年轻人长时间坐在电脑前。尽管各类新技术涌现，最受欢迎、激起最强烈情感的游戏仍是古老的足球运动。尽管足球运动已经成为媒体热议的话题，但这一不断变化的运动完全基于人体技术。健身中心已经形成了一种自己的技术，当然，它完全是因为基于现代的身体崇拜而产生的。尽管新的塑身技术发展迅速，但由于人体结构保持不变，因此至少在某些基本特点上，它为健身技术的"更快，更高，更强"设置了发展的界限。

德国工业界中新技术的前景以及因此产生的对传统的轻视。有的人认为，技术创新的光辉时刻是一个受限于历史的时代，而不是一个可以无限现代化的时代。过去几十年经济和技术发展的框架条件主要有以下这些主要趋势：来自美国的理念在股东强压下的公司董事会中日益蔓延——即公司的意义只在于"股东价值"，在于为股东创造最大的利润，而不是员工的福利——似乎从长远来看，一家企业的成功并不取决于员工对公司的认同感！这一理念通常都是一副咄咄逼人的腔调，将反对者斥为顽固派。直到前一段时间，一种几乎不为人所知的对最高红利的贪婪情绪开始在德国蔓延。恰恰是红绿联盟政府从 2000 年起开始实施公司税收改革，这是一项连基民盟政府都不敢实施的税收减免政策，这使得资本交易的吸引力提升：自 2002 年起，公司的股权可以进行出售且不必为利润缴税。资本应尽可能快且不受阻碍地流向当时能获得最大利润的地方，甚至连前左派人士也认为这一理念十分先进，是当前的全球化和数字化革命提出的必然要求。

20 世纪 90 年代，一位名叫于尔根·多曼（Jürgen Dormann）的人被誉为"年度最佳经理人"：他将一家传统企业"切碎"，砍掉当前最有利可图的部分，卖掉其余部分，并嘲讽员工队伍中所有的愤慨都不过是"感情用事"。到处都有人抛售那些以年利润两位数为目标，收入平平但稳健的行业公司。由于年度利润两位数的百分比不可能长期存在，因此赢家往往是那些知道该何时退出的大股东和投机商。这是社会重陷早期资本主义运气论和绿林好汉心态的体现，从急剧上升的管理层犯罪现象也可以看出这一点。这与马克斯·韦伯所分析的职业伦理恰恰相反，他认为是职业伦理创造了稳定、可持续发展的资本主义。短期利润最大化和长期的技术发展间存在巨大矛盾：这或许是对国家技术政策的呼声越来越高的主要原因之一。

这听起来十分矛盾：在这新一代管理者对传统的蔑视中，仿佛打破传

统就是现代化和未来的标志。尽管他们对社会主义有最基本的认识，1968
年那一代知识分子看起来就像是他们的模板——前者专注于不切实际的共
产主义乌托邦以及个人自发性对制度敌视的狂热，后者忽视和蔑视德国真
正的社会政治传统，且无论愿意与否，他们对传统的侵蚀做好了精神上的
准备。[33] 与旧的"新左派"类似，"新经济"的先驱们以一维的、数字化的
"非先进即落后"的方式思考。如今来看，人们认识到"德国生产制度"的
特性，知识分子长久以来既不赞誉它也不重视它。在过去，德国工业盛行
的绝不只有纯粹的传统主义；相反，自 19 世纪以来，德国工业史很大程度
上可以写成一部美国方法挪用史：根据本国国情修改的选择性挪用。同时，
人们意识到，许多企业家早就不像卡尔·马克思和他的对立者米尔顿·弗
里德曼（Milton Friedman）所声称的那样（即"做生意就为了赚钱"），始
终如一地以资本收益为导向。当前的形势给历史带来了新的启示。

今天，人们难以置信地发现，商界将对员工的合理化清理等同于成功。
1945 年后，尽管充满不确定性，许多德国公司重新雇佣从战争和监禁中回
归的前职员，以及保留那些战争时期在公司工作的妇女。这一做法是理所
当然的。用于投资公司设备的固定资金被搁置（公司老板因为去纳粹化被
拘留调查），但是由企业职工所体现的人力资本也是十分关键的，它是重建
公司的主要经验。此后很长一段时间里，对许多公司来说，在经济动荡期
间裁掉有经验的专业人员是无法想象的：职工的经验和忠诚度被认为是宝
贵的资本——未被拜物教所占据的技术史学家也只能认同这一观点。关于
股息百分比的计算不再是热议的话题：今天的现代化者对这一态度（计算
股息）嗤之以鼻。

卡尔·杜伊斯贝格于 1912 年升任拜耳-勒沃库森公司总经理，从此以
后，在所有董事经理的合同中规定，他们的住所必须在工厂的附近，"以便
能随时掌握工厂的运作情况"。[34] 这古老而又传奇的时代啊！20 世纪 80
年代，一位欧宝的老员工还记得，一个美国人曾在 1933 年参观公司，当这

个人无意听说一位员工在公司庆祝他工作 25 周年纪念日时，却对此不屑一顾。"在美国没有这样的事情。25 年？最后也就是被公司在脑后开一枪而已①，没有别的价值"。[35] 那是当时美国主义的一个可怕例子；与此同时，机动性在德国也是最有价值的。即使是教授，相较于他们的研究成果，他们更倾向于炫耀他们的变动。全身心投入、职业经验、认同感渐渐不那么重要。如今一些高层管理人员不会再认同自己的公司，而是认为只在一家公司就待好些年"不够酷"：这在德国经济史上完全是前所未有的事情。

在"经济奇迹"那个时期，公司的上层人员和骨干们以公司聚会和集体郊游来强化公司作为"大家庭"的印象。而如今，对此取而代之的是具有游牧生活特点的"全球玩家"，他们一直按照"任何时间——任何地点"的宗旨各处旅行：前社民党联邦高管彼特·戈洛茨（Pete Glotz）用电信老板罗恩·萨默（Ron Sommer）为例子来形容这类人的特征——在电信股票跌入谷底前，戈洛茨对其大加吹捧，充满赞赏。[36] 股票市场崩盘后，随之而来的便是他们坍塌的道德。[37] 这些骤跌也是人们在世界上碰运气的结果，更因为这类想要碰运气的人对历史缺乏了解，从而对这些深渊视而不见。正如君特·奥格尔（Günter Ogger）所讥讽的那样，自 20 世纪 80 年代以来，许多德国管理经理最喜欢的词就是"全球玩家"，他们想象着通过无国界（"无国界"已成为一个时髦的词语）的流动来逃避所有风险。[38]

在很长一段时间里，人们似乎没有明白，无边界也意味着无止境的混沌：现代的信息和通信技术助长了一种假象的滋生，让人以为能通览全球，以为委托代理的矛盾不再存在——即在与生产技术相关的问题上，只有当地的代理人才有准确的理解，但他们在这过程中却只顾追求自己的利益。[40] 只要反传统的人自己不处于高层，他们往往便会化身为反对陈旧等级制度的斗士；但如今，高层管理者给自己开出的工资畸高，前所未有。

---

① 指被公司解雇，一脚踢开。

战后，美国是团队合作的典范，如今则是天价高薪的例子。正如全球化分析师哈罗德·舒曼（Harald Schumann）于 1999 年所指出的那样："在肯尼迪时代，美国的高层管理人员的收入是普通工人的 44 倍；而今天则是 326 倍"。与之前那些本地领导人员相比，如今的这些高层管理人员更加远离员工的视线。一直四处旅行的"全球玩家"不是能在本地建立起信任关系的合作团队的理想人选，尽管他们在各方都十分开放。美国福特主义的企业理念："领导层就是一切，员工是可以被替换的"——与德国传统的"工匠师傅制度"形成鲜明对比——这一理念迎合了管理人员的自信以及美式最高工资的合法化，但是它同样将美国方式的弱点带入了德国。

　　最近一段时间，最初是被美国采用[41]且以电子数据处理推动的全球化话语体系和咨询业务在德国比在世界上任何别的地方都更流行和普遍[42]，这在经济圈的主流之中产生了一种脱离具体知识技能的奇怪氛围。因为许多顾问没有管理经验，甚至没有技术经验，因此企业的老员工们无法理解，为什么要让没有经验的人给自己提供意见，并且了解自己的计划；新型的经理之所以欣赏这类顾问，却正是因为他们无视公司传统的态度。老工程师们经常会在技术会议上抱怨说，这些年轻的知识分子们对具体技术了解得越少，谈论"技术"和"以技术为基础的产业"就越是振振有词。这种现象已经在工业的高层会议上出现了很长一段时间了。奥格尔说，"戴姆勒的任何一位学徒都比埃查德·罗伊特更加了解汽车"[43]。作为戴姆勒—奔驰公司的负责人，罗伊特对所有的传统都不留情面，试图把他的公司转变成一个"技术康采恩"。结果，他以这种方式给公司带来至少 80 亿德国马克的损失。[44]这场惨败具有典型的特征。

　　以某些流行文学的方式从某些管理人员的个人缺陷中去寻找原因是徒劳的。经济状况良好的赫斯特康采恩因自己的老板而分崩离析，这在整个德国工业史上是前所未有的荒谬事件。但这并不能只用多曼的性格来解释，当时的固有观念也是原因之一。[45]人们渐渐认识到这背后的一个普遍问题：

在世界范围内寻求投资的资本正变得越来越庞大，与此同时预期利润和平均盈利之间的差距也越来越大；因为真正的重大创新领域正在收缩，新的需求必须通过越来越多的宣传才能被唤起；大多数不富有的人的需求，在商业上往往不被重视，而那些家庭条件良好的人对于没有压力的生活，对"健康"，对爱，对天然环境的需求无法或只能十分有限地通过技术创新来满足。

不断波动的资本追求高收益，这必然产生早晚会破灭的投资泡沫；时下关于新经济的陈词滥调助长了这一泡沫的膨胀。世界经济的日益混乱似乎减弱了人们具体思考的能力，因此也促进了固有观念中理性思考的发展。[46]德国《金融时报》的一篇文章《伟大的竞争——社会市场经济的终结》沉浸于全球化的话语体系中，声称"在全球化的世界中，不再有"外国"这个概念"。[47]因为工业可以无所顾虑地跨国界进行合并。显然，过去几十年来，大部分经济精英和知识精英的思维被少数几个简单想法所支配："摆脱民族国家，奔向全球化；摆脱旧产业衰退，奔向新产业增长；摆脱物质经济，奔向非物质新经济。"不清楚是否一定会有"旧产业复苏"或"新产业衰退"的情况发生，这种可能性不会出现在线性的固化进步观念之中。

人们可以从存在于各类事物中模糊的"生态革命"趋同性中认识到历史的讽刺：在商业中与"生物"有关的东西都声名卓著——"生物技术""生物化学""生物物理学"、生命科学——就连汽车行业也试图从这样的认识中得出结论，即汽车大众化不可能像如今这样一直进行下去：当然，至少在德国，这些工业到目前为止在新型、高度节能的交通工具的研发上力度不够。或许是人们这样的机会过于忽视？但为什么它在别的地方得到了更多的认可？企业家失败的原因或许并非只像君特·奥格所说的那样，高层管理者是"穿着条纹衫的无用之人"，而且也因为经济在全世界的无国界化中变得越来越难以琢磨：当创新或结合失败时，人们才会在事后不断变得更加明智。特别是对汽车行业来说，自 20 世纪 70 年代开始出现的趋势都是相互矛盾的：一方面创新者宣告了福特主义的终结，并转向个性化、高性能的汽车。另一方面，在 1973 年的石油危机之后，专家们都一致预言了汽车行业的终结：但正如我们今天所知道的那样，这一看法为时过早。历史又一次提醒我们，未来是不可预测的。

对根深蒂固的公司等级制度的攻击和对"经济奇迹"成功的过分自满并不是没有现实理由的，尤其在战后最初几十年的经济繁荣之时，许多德国公司对企业家的能力要求很低。因为有过在传统公司中被条条框框束缚的恼人经历，很多人倒向激进的反传统主义；[48] 但是仅仅用刻板的二分法去看待被超越的旧事物和着眼未来的新事物，而不是以一种批判性的眼光去对具体事物多样性进行全新思考——特别是在技术领域——往往导致普遍的反传统主义，这一再被证明是有害的，甚至是灾难性的。

鉴于德国的历史批判意识普遍较差，因此这些都不足为奇。以某种逻辑来说，狂妄自大的民族主义后往往会有这样的反转：那就是对德国传统的普遍轻视，即使人们确实从中获利。这一点在德国的历史意识中普遍存在，特别是在经济和技术方面。一个十分矛盾的事实是，根据维尔纳·阿贝尔斯豪泽的说法，德国工业在一个多世纪以来取得的大部分成功都归功于"德国生产体制"。这一体制被德国思想先驱们所轻视，但是日裔美国人弗朗西斯·福山（Francis Fukuyama）却盛赞德国传统企业文化中的职业道德和企业的团结，并在这方面认识到其与日本的成功秘诀有"迷人的相似之处"："德国经济中总是贯穿着公共组织，而在欧洲外没有类似机构。"[49]

虽然听起来很矛盾，但马克斯·韦伯对本国的那种新教职业伦理视而不见，却在英美国家社会中发现了它的存在，他对这一德国传统的理解比被他攻击的德国民族经济学历史学派的领头人[50] 古斯塔夫·施莫勒更加糟糕。人们甚至可以补充说，阿尔伯特·施佩尔比路德维希·艾哈德（Ludwig Erhard）更了解这种传统。路德维希·艾哈德在施佩尔的"国防经济"结束后，试图让德国企业家摆脱"不健康的团结"，并试图教育他们，让他们感受到相互之间不再是"同事"，而是竞争对手。[51]企业内部员工共同决定的传统使得企业免于许多社会摩擦损失，[52]但对自由主义经济学家来说，这就跟激进左派一样令人怀疑。

源于实践而非理论的"德国生产体制"一直在观念的真空区与主流的讨论之间运作。它最不被大部分流行经济文献所赏识：在美国股市崩溃之前，这些文献中充斥着对德国的嘲笑——嘲笑它缺乏风险资本；嘲笑企业工作委员会在裁员时的谨慎；嘲笑它的创新惰性以及它从生产型社会过渡到服务型社会时的闲散淡定。2003 年，美国经济疲软变得明显前不久，彼特·戈洛茨（Peter Glotz）在一篇充满全球玩家腔调的文章中称，"美国的计算机行业中，冒险精神、赌徒精神、速度以及市场导向远比欧洲更加坚定不移。"[53]2007 年年底，《明镜》周刊嘲笑道，在美国，第三产业社会"不能填补"过去工业社会留下的"空缺"。"曾经春风得意的工业国家如今憔悴得只剩骨架。"[54]

在第一产业、第二产业、第三产业经济产业领域中——即农业、工业以及服务业——长期以来，人们习惯于谈论第一产业被第二产业取代，第二产业被第三产业取代，仿佛这就是现代的规律，并以此指责德国经济在提到的第三产业取代第二产业的进程中远远落后，并由此指出技术史就是恋旧怀古。又或是数字 3 的魔力暗示了其中的规律？只有用抽象的高度才能将这三个领域清楚地相互区分开来；在现实世界中，它们交织在一起。而当人们具体思考时，"第三产业"就变成了一个由官僚、顾问、警察、精神病医生、军士以及酒吧老板组成的杂乱无章的全景众生相——这些人群的增长一般来说绝不是进步的体现。在"第三产业"兴起的背后，是帕金森定律中官僚主义不可阻挡式的增长。如果联邦德国在这方面的国际比较中稍稍落后，大可不必横加指责。如果注意到近段时间很多原材料价格的飞速上涨，人们甚至应该想到有这么一种可能性，即在未来，不仅是"第二产业"，甚至是"第一产业"都将重铸荣光。人类必须进食的自然规律比所有的所谓的历史规律都更加可靠——当然它也比概念性的目的论三阶段说①更可靠。

德国的生产体制真的在千禧之际成为不合时宜的制度了吗？仔细观察就会发现，"全球化"这个所谓没有传统性的新时代信号，其实并不新颖；这是一个有着百年历史的进程，早在19世纪的世界展览会上便呈现出令人震撼的形态。从那时起，以"世界"为前缀的词开始激增："世界交通""世界经济""世界地位""世界政治"——以及最后的"世界大战"。德国的工业形象不只是源于德国内部的传统，而本质上更是对于当时全球化进程的反应。今天的成功之道并不是模仿美国人或中国人，而是回到自己的优势领域。然而，许多"全球玩家"似乎根本不理解这点，而且大部分经济文献对他们并没有什么帮助。

1989年，当所有的迹象都表明裁军即将到来时，戴姆勒－奔驰公司的老板埃德加·罗伊特在"离开汽车—走向综合技术康采恩"的口号下收购了军备和航空航天巨头梅塞施密特－伯尔科－布洛姆公司（MBB）。企业高层所期待的"协同效应"——这可是新的万能咒语！——具体来看，并不存在，且预期中的尖端武器技术的衍生产品也不存在。戴姆勒－奔驰对德国通用电气公司和航空航天公司的收购也没有因为费用高昂而使"协同效应"得以发挥：其所有的技术领域都超出了戴姆勒－奔驰的能力范围。罗伊特的继任者于尔根·施伦普（Jürgen E. Schrempp）试图通过坚持汽车业务将公司发展得更好，但显然没有大胆的行动这是不可能的，于是他扮演"全球玩家"的角色，收购了克莱斯勒。德国和美国企业文化之间的差异使得这次合并成为一场闹剧。

在"远离钢铁——走向通信技术，远离传统德国公司——走向全球化

---

① 指在历史上农业的主导地位是合法的，随后是工业，现在是服务业，即"第三产业"。

集团"的口号下，1999 年 11 月，曼内斯曼电信公司（Mannesmann）与英美电信集团沃达丰（Vodafone）达成的交易被认为是"有史以来最大的收购"，同时也是"德国战后经济秩序的终结"[55]。曼内斯曼的老板克劳斯·埃塞尔（Klaus Esser）着迷于"欧洲移动通信康采恩的幻象"，同时他心中也计划摆脱煤钢共同决策——这就是跨国并购的特殊吸引力。经过漫长而艰难的谈判，曼内斯曼被沃达丰以几乎之前市值两倍的价格所收购：股东们可以欢呼雀跃——至少目前是如此——公司的管理层也为自己的转变做足了准备，但这个迄今为止都十分稳固的传统公司的员工们却面临着不确定的未来。据冶金工业工会主席兼监事会副主席克劳斯·茨维科尔（Klaus Zwickel）称，在此之前，曼内斯曼一直是一家"完全健康的公司"，员工对公司都十分有认同感。这场交易的结果便是，公司的员工从 13 万人缩减至 3 万人，最终缩减到 7000 人：仅剩曼内斯曼电话业务员工。[57] 曼内斯曼的前任首席经理因谈判让步而中饱私囊，导致了德国战后历史上为期最长的经济刑事诉讼，经过七年的讨论，联邦法院宣布对经理们的指控是合理的。[58]

一个多世纪以来，德国大型化学工业一直扛起德国以科学为基础的技术大旗，但是最近，他们的命运却引人注目。1988 年，拜耳公司和赫斯特公司在它们公司历史介绍中展示着他们的传统意识。赫斯特的公司历史学家恩斯特·博伊姆勒（Ernst Bäumler）又一次将他的世界性大公司描述为一个大家庭——"各级员工"与"红色工厂主"的大家庭——且据他说，公司对这一理念"十分坚定"："赫斯特希望公司里的事情都是人性化的。""有了这句话作为发展理念，'红色工厂主们'就尽管放心地踏上通往未来的旅程。"但这可是大错特错！10—20 年后，这些公司已经变得面目全非了。尤其在拜斯亭危机事件（Lipobay-Krise，见下文）的压力之下，拜耳公司从 2002 年起转变为"新拜耳"：农药部门与安万特（Aventis）相应的业务部门合并，形成一个独立的公司，而传统的化学部门则以新的名字"朗盛"

（Lanxess）完全从康采恩中脱离。哀悼"拜耳母公司"的主要是公司的普通员工。企业工作委员会抱怨道："那些认为在拜耳就像在自己的家一样的员工，如今感到自己被排斥在外"，不久前，企业工作委员会咬牙切齿地同意了这种"之前想象不到的"公司解体。2006年，拜耳以近170亿欧元的价格收购了以"避孕药"闻名的柏林的先灵（Schering）公司，这是一次为整合截然不同的企业文化的冒险尝试。[59]

赫斯特公司在打破传统方面做得更加决绝。于尔根·多曼被《明镜》周刊形容为"德国最激进的经理"，他自1994年来便一直领导赫斯特康采恩，推动公司按当时最流行的思维模式来大幅度重新定位，以至于这家著名的传统公司最后分崩离析。[60]他试图将赫斯特一举打造为世界上最大的"生命科学"康采恩——我们这个时代的又一典型的概念泡沫！[61]——这一"壮举"使得他的公司欠下160亿德国马克的债务。最终，公司被迫肢解化纤部门，并在世界范围内将其售卖给出价最高者，赫斯特化纤部此前在这一领域一直是顶尖水平。这一举动"仅"为公司带来百分之八的利润；而多曼本想追求达到百分之二十以上利润的。然而不久后便发现，在"生命科学"这一标签下的制药业务和农业业务之间所谓DNA重组的协同效应，与罗伊特在戴姆勒康采恩所期待的协同效应一样，都是不存在的。[62]2000年1月1日，赫斯特与法国制药集团罗纳普朗克（Rhône-Poulenc）合并；合并后的安万特制药（Aventis-Pharma）由法国方面管理，且很大部分从赫斯特脱离。2004年《德国商报》评论道："欧洲第一个全球玩家"已经"变身为法国的跨国康采恩"。在前一年的秋天，"赫斯特工业园"强颜欢笑，在"和我们一起走向未来"的口号下邀请来自全世界的孩子们参加了它的开放日活动。[63]

特别值得深思的是，在这里和别的地方一样，对最新科学话语的过度信任来自最近新晋高层的经济学家们，而不是习惯于具体思考、珍视公司技术传统的工程师和化学家。那些经济学家们所追求的就是不计成本地成倍提升利润，哪怕只是很短暂的眼前利益。据《明镜》周刊报道，法兰克福的赫斯特公司所在城区后来变为了荒凉的"鬼城"，部分与美国陶氏（Dow）集团合并，部分与法国鲁塞尔于克拉夫公司（Roussel Uclaf）合并。不再被允许说德语的员工们只能"用一种极其难懂的语言"结结巴巴地发言。[64] 多曼在《西塞罗》（*Cicero*）杂志上称，"如果带上民族的眼镜，你当然可以抱怨"。[65] 然而作为商业杂志《欧元》（*Euro*）的主编，罗兰·蒂奇（Roland Tichy）并没有展现出民族主义的狭隘，他强调这次失败的负面示范性："赫斯特事件展示了，如果将这些经济组织的旗帜折断，将他们的文化基础摧毁，那么它们就会成为较小竞争对手收购的对象，它们的创新能力和竞争力就会降低。"[66]

占据化学工业领导地位的经理人自己制造了部分危机，他们需要这样的危机来重组公司。[67] 又或是以前的传统真的无法延续，不论如何都有必要进行彻底的重新定位？德国化学三巨头中排名第三的巴斯夫公司的最新发展却指向相反的方面。[68] 巴斯夫公司早在拜耳和赫斯特之前，从 20 世纪 60 年代就开始实施重新定位的战略，这一战略在 80 年代更加深入。它尝试作为一家德美合资企业来运作，并涉足迄今为止在路德维希港一直处于边缘地位的制药领域，甚至踏入信息技术领域，这是 20 世纪末"新"工业的缩影。但当混合式的德美合资企业文化起不到作用，员工的不满成为明显的负面因素，以及向新行业的进军既未带来期待的盈利又未带来协同效应时，巴斯夫的高层及时收回成命，退回到创新者认为无聊的传统生产线，如塑料或植物杀虫剂，这被证明比冒险进入新领域更加有利可图得多。大学里，学生们从传统的化学蜂拥转向生物化学和生物物理学；但是如果传统化学从科学的角度看变得不那么吸引人，这远远不代表其不再赚钱了。

经过对德国企业历史最详细的研究，维尔纳·阿贝尔斯豪泽得出一个值得关注的结论：最终，巴斯夫的企业文化在面对高层管理的变革意向时展现出强大的抵抗力。它的体制深深扎根于各级员工的思维和行为方式中，并在整个 20 世纪被市场和政治一次又一次地激励和强化。"巴斯夫企业文化的核心"已经在巴斯夫的"技术能力"中存在了一个多世纪并会继续存在下去，这更能使公司将用于化学的连接系统发展到比竞争对手更加完美的水平。而相反，若放弃这一基础，则与创新有关的期望都将落空。[69] 当然，没人能预测"回归本源"在未来是否会被证明是成功的秘诀。历史表明，没有绝对可靠的成功秘方。但它可以避免大众的错觉，误认为基础创新就一定是通往成功的钥匙。

据推测，上文所述过程不仅与流行的思维模式有关，还与迄今为止尚未被满足的人类开发创新产品群的需求有关。在很长一段时间里，富裕社会对成瘾药物的渴望似乎永远也无法被满足，制药业似乎是继毒品黑手党之后最有希望挣大钱的行业领域。然而，制药企业也有其自身的隐患：其成功很大程度上取决于数量有限的畅销药品；他们的发明并不是经常能取得成功。只有经过漫长的测试，他们才能获得日益挑剔的公众社会的信任。1934 年，化学家罗伯特·威辛格（Robert Wizinger）描述了让雄心勃勃的科学家感到沮丧的药物开发行业的现状："平均而言，600 种新试剂中可能只有 3 种真正能进入市场，而其中的六分之五在很短的时间内又会消失。"他教导人们，"优秀的化学家最重要的品质"就是"耐心！"[70] 因此，制药发展的条件与以短期高利润为目标的战略是矛盾的。由赫斯特及罗纳普朗克合并而来的安万特公司每年大约会向市场推出两种新的医药产品，有经验的医药学专家会对这一目标讪笑不已。[71] 选择向美国出口药物具有相当大的风险，因为如果药物意外表现出有害副作用，那么产品的负责人将面临来自当地的大量诉讼。

自 1899 年来，拜耳制药公司就因止痛药阿司匹林而闻名于世。阿司匹林或许是世界上长期以来最有名的药物。但是拜耳公司也于 1898 年向市场推出了所谓无副作用的止痛药海洛因。甚至长时间被失眠所折磨的马克斯·韦伯也一度海洛因上瘾。[72]"科学界上最让人失望的事情叫作海洛因"前巴斯夫老板马蒂亚斯·西弗尔德（Matthias Seefelder）写道。[73]对这家勒沃库森的公司来说，幸运的是，"海洛因"在公众已经忘记这一药物的来源后才成为一个可怕的词。另一方面，拜耳公司推出的降胆固醇药物拜斯亭（Lipobay）在千禧年之际使其陷入一场严重的危机，原因是拜斯亭会引起肌无力以及致死性横纹肌溶解等副作用。美国的患者提出的损害赔偿要求高达数千起。这一事件对公司的声誉和股票行情造成的打击是致命的。这次失败成为公司重组的主要导火索之一。[74]

多曼认为，赫斯特制药公司曾经的成功是无法复制的，这并非没有道理："如今这个时代已经与赫斯特用感冒药'安替比林'征服世界市场的 19 世纪末大不相同。"（《德国商报》）[75]虽然人类对药物的期望仍未被满足；但是人们应该能想到，许多期望是无法实现的。经过数百年的尝试，人类仍未研制出理想中既可靠又没有令人不适的副作用且不上瘾的安眠药、止痛药、镇静剂和抗抑郁药物：或许研制这种专利药是无法完成的任务。这一点也同样适用于一些被高压力人群所渴求的奇效药。瑞士制药集团霍夫曼罗氏（Hoffmann-La Roche）很早就认为维生素药品会是在热衷于天然药物的时代的新热销品，并将其投入市场；巴斯夫放弃在这一领域与霍夫曼罗氏竞争。[76]然而，在生态时代快速发展扩张的情况下，天然治疗的大多数领域几乎都没有提供基于高科技的垄断机会。

高科技、绿色技术和清洁技术有什么关系呢？ 然而，联邦环境部出版的《德国环境科学图册》[77]中称，"绿色技术通常是高科技"。在计算机科学领域中谈不上有什么"德国技术"，但是在环境科学领域则完全不同：没有任何领域能这样自豪又响亮地喊出"德国制造"的名头！而曾经是德国特色的"双轨制"职业培训[78]，如今却只有少数人略知一二。自 90 年代来，一个新的"德国双轨系统"宣布诞生：垃圾再循环系统。"在这方面，占据世界上三分之二市场的德国沼气商的作用十分突出"[79]：只有一百年前德国钾盐和染料化学可以和他们的世界地位相提并论！除了联邦环境部以外，德意志银行也在2008年宣布了他们的投资信息——在谈到环境技术时，它们将其描述为清洁技术而非绿色技术："环境技术将成为德国的增长产业的头把交椅。"德国的政治指导方针使其环境技术在国际上占据领先地位，这是否是资本寻找新的投资对象时产生泡沫的主要原因？这里并无太多关于世界市场的讨论："在所有主要市场中，国内市场对德国的企业来说有重要意义。它是迄今为止最重要的市场"。[80]然而德国对出口也有很大的期望；因为全世界都有发展环保技术的趋势，这不仅受到政府的政策推动，也受到消费行为的影响。让那些顽固的愤世嫉俗者惊讶的是，自20世

图44：2000年汉诺威世博会上的巨型木制屋顶，其建造理念是"人、自然与技术——一个新世界的诞生"。为了建造这个当时世界上最大的屋顶——160米长，120米宽——用了5300立方米木料。它展示了木材作为建筑和工程材料所具有的无限可能。木材曾因其不稳定性和易腐性长期被"现代"建筑工程排除在考虑范围之外，而现代粘合技术却使木制建筑得以复兴，特别是在人们清醒地认识到混凝土建筑会迅速过时，以"环境"为标志的天然物质会大放异彩的时候。因其拉伸强度高，相比之下质量更轻，木材更适用于超大跨度的连接体。如何利用好木材的技术优势，这是当今建筑标准中的一个重要问题。

纪 90 年代以来,"认证"已经蓬勃发展成为一种特殊产业,即对产品及其制造方法符合道德和生态的书面保证。

"环境技术"与煤炭、钢铁、化学或机械工程这些部门不同,它主要通过国家的环境政策将不同的技术部门整合在一起共同发挥作用。其中包括可再生能源、提高能源和材料效率的技术、废物再利用、隔热工艺、减排技术以及节省燃料的运输技术。不同的部门由不同的企业主导。技术方面的协同效应十分有限。环境政策不能只依赖于环境技术的内在动力。

卢茨·恩格尔斯基兴在他的作品《高速交通史》中勾画了一副新时代的技术与超技术协同作用的全景图:"在技术史上,计算机化的突破、(新)媒体、数字化技术以及与之相关的信息快速交流都在一同进行……,传统小规模的社会环境最终瓦解,国际经济和政治交织在一起……。"[81] 环境技术在很大程度上是这种结合产生协同效应的副产品[82];这种协同效应并未完全达到环境保护的目标。尤其是 1970 年以来的生态时代,航空交通呈爆炸式增长。即便在今天这个许多人热衷于长途旅行的环保时代,本该征收的航空燃料税在大部分地区却成为禁忌之谈。"无纸化办公室"是与计算机有关的错误预言之一,如今产生的海量电脑打印文件使其显得特别荒谬[83]——或者这仅仅是纸张时代的遗留物?计算机报废得越来越快,这又无疑产生了新的处置问题。

技术私有化和工作人性化有什么关系呢?数字化时代的另一个副产品就是解决了许多因人工接触机器和材料而产生的劳动防护方面的老问题。直到 19 世纪 90 年代,工业技术中越来越快的速度,越来越强大的动力以及工作时产生的尘埃加剧了许多行业的风险;而运用计算机的场所创造了一种截然不同的工作环境,尽管不是在所有的工作领域,而这一点往往都会被忽视。19 世纪 70—80 年代,"工作的人性化"一直是一个热议的主题,而如今,即便在工会圈它都几乎被完全遗忘。"人性化"包括预防工作时间日益被压缩;然而这些努力都因计算机的使用而付之东流。计算机使休息形同虚设，使不间断地监控工作成为可能并进一步推波助澜。面对屏幕由心理产生的精神负担比传统工作的风险更加隐蔽和复杂。在这个工作越发向个人化靠近的时代，这一问题主要被看作是私人问题。[84]工会一度试图以"人性化"的名义实行电脑工作者的休息规章制度，然而这一做法却遭到了许多员工的反对，他们不愿意有人来干涉自己的日常规划。劳动学的兴起可以追溯到泰勒制和福特制的早期，但面对数字化工作的隐晦复杂性时，却陷入了沉默。[85]

　　1968年由德国金属工业工会首次提出的合理化保护协议。在这一代人之前，工会对这一协议还曾寄予厚望，如今它却已经成为一个被遗忘的话题。计算机的普及以极快的速度使得排字工作变得多余，并迫使这些一度

图45：一家报纸印刷厂中的莱诺铸排机前的排字工（1942年）。排字工是工人中的知识分子类型：他必须能读懂自己需要排字的文章，以避免拼写错误，他会为自己的技能而自豪。排字工在德国属于最自信的职业阶层，他们也是唯一对引进电子数据处理持反对态度，通过罢工维护自己权益的工人群体，因为电子数据处理使得他们的技能变得一文不值。在1900年左右，他们已属于少数工人群体，一方面是由于现代化的速度增加了工作压力，同时另一方面也是因为印刷工传统上就具有健康风险：铅中毒是20世纪之前最常见的职业病。

非常自信的员工只能去从事低水平和低工资的工作，1978 年 3 月，德国印刷造纸工业工会开始罢工。当时，一台光学排字计算机的工作效率是传统排字机的一百多倍。正是因为此事，"电子革命"成为一个社会政治事件。[86] 对技术创新的罢工在德国一直是独一无二的，且很容易被讥讽为"卢德主义"——即对新技术的盲目指责和反抗！然而，工会的要求并不是禁止创新，而只是满足那些之前老员工的社会保障要求（而不是为将来的从业者寻求保障），而这一点已经实现了。

"关于引进和使用计算机控制的文本系统的劳资协议"是劳资政策方面的创新，它将成为未来合理化保护协议的样本；从今天的角度来看，它仍只是一个小插曲。据传，多亏了电子数据处理，排字工人终于再也不会被铅中毒这个延续百年的职业病所威胁。然而，排字行业的这一危险在 1900 年左右就通过实施卫生措施基本消除了，其他行业则没有。总的来说，印刷业罢工期间担心"数字革命"将导致工作去技能化的情况并没有发生。相反，越来越多的要求新技能的职业应运而生。然而，在这些引人关注的新工作领域之中，我们很容易忽略这样一个事实，即如今仍像之前那样存在着大量艰难而枯燥的工作。在 20 世纪 80 年代的拜耳公司中，对"公开透明"持反对意见的人士将电子数据处理中的合理化保护作为反对企业职工委员会的主题。1989 年，化学工业工会的报刊做出了反击，他们用一幅漫画讥讽了一个主张"公开"的女性发言人，在这幅漫画中，这位女性"几乎被画成一头猪的形象"，她大喊大叫道："危险物质，轮班工作，电子数据处理设备。"后面加上这样的注释："人们听见她到处尖叫，她认为这真是太恐怖了！"反抗者表达出通常难以表达的"基本"恐惧。1982 年,《明镜》周刊的一名记者观察到："无法表达的恐惧让许多受微电子学影响的人闭上了嘴，合上了眼。"[87]

从批评到赞赏的标准。一些难以界定的情况特别值得关注，人们对这些案例是否属于"环境技术"存在激烈的争议。将单一种植的"能源作物"

作为生物燃料，这究竟算是卓越的环境技术，还是说这更像一种对生态的摧残？当化石燃料用完或出于气候保护的原因不能再继续使用时，当生物燃料以社会无法忍受的方式与人类的食物产生竞争关系时，通过太阳能产生的氢是否是绝对且持久解决燃料问题的最佳方法？还是说这一源自军工研究集团的昂贵技术忽略了利用太阳能的简单方法？水电站和海上风力发电站的效果又如何呢？卡伦巴赫曾在《生态乌托邦》（ *Ecotopia* ）中描述了一种供人们乘坐的磁悬浮列车，这种构想最近在慕尼黑遭遇了失败，它又会如何发展？用巨大的风帆作为巨型油船的动力，这一工程有可能实现吗，风能可以用于石油运输吗？

　　一项最离奇的项目如今已经早被人遗忘了，那就是德国浮空货运飞艇制造公司建造的一个可运输 16000 千克货物的 260 米长的超级飞艇（ Cargolifter ）。这家成立于 1996 年的德国公司早在 2002 年就申请了破产，在柏林南部留下了一个 360 米长、200 米宽的机库，这个机库可以容纳 14 架巨型喷气式飞机。[88] 有人认为这种荒诞不经的事情也是片面强调节能减排，忽略其他重要问题的结果——这是当时气候保护问题压倒所有其他环境问题的大趋势下的一个反面警示。"细节决定成败"也适用于潜在的环境技术，难道这还有什么问题吗？

　　操纵生物进程的技术是目前为止最著名且最具争议的例子。作为"生物技术"，它看来是环保的，但作为"基因技术"，它却饱受环保运动的批评。正如吕特加德·马歇尔（ Luitgard Marschall ）所描绘的那样[89]，"在化学合成技术的阴影之下"，德国的生物技术在七十多年来仍是一种"小生境技术"——同为"小生境"技术的啤酒厂一直都有巨大的生存空间，而它现在才开始成为"主流"。我们至今仍不清楚，使用 DNA 重组的基因技术与其他操纵生物进程的技术相比，会有多大的风险空间。而最新的"横断面技术"——纳米技术的成功机会和失败风险则更加模糊。

　　正如早期历史所展示的那样，对自然的模仿与对自然的操控并不是被深渊隔开的对立世界，恰恰相反，两者经常是相似的。环保运动的未来不仅主要取决于它对技术的拒绝会达到何种程度，也取决于它对技术接受和支持的标准制定会起到何种作用。近来，这一方面取得了重大进展，但仍有许多问题未得到解决。环境保护要吸引的不仅是批评者和制止者，也包括行动者，尤其是技术人员，他们共同组建行动联盟，环境保护才能对事

图 46:《伊卡洛斯》油画，伯恩哈德·海西奇（Bernhard Heisig）为 1975 年民主德国的"共和宫"所作的油画。这位 1925 年出生的画家 [同作曲家沃尔夫·比尔曼（Wolf Biermann）一样] 最钟情于以希腊神话中那个坠落的飞行者作为创作主题。这幅画很少见地具有双重含义：从前，人们认为这是伊卡洛斯的形象，他成功地在飞向太阳的过程中保持了空中飞行的姿态——或许是在飞往人造地球卫星的过程中？但他也一度更会让人联想到十字架上的耶稣（耶稣也是海西奇喜欢的绘画主题）。"共和宫"中还有另外一幅关于伊卡洛斯的油画：那是瓦尔特·沃玛卡（Walter Womacka）的一幅画作，在那幅画上，坠落的伊卡洛斯象征着资本主义必定走向灭亡！

件的发展有力地起到建设性作用。以"非好即坏"的简单二分法去思考问题往往会导致误入歧途；更确切地说，这取决于学习的过程，也就是说：取决于回到之前所在位置的能力。

海因里希·赛德（Heinrich Seidel）是柏林安哈尔特火车站的建设者，也是抒情田园小说《虚馨传》（*Leberecht Hühnchen*）的作者，他于 1871 年以《烧酒》（*Krambambuli*）的旋律所写的《工程师之歌》（*Ingenieurlied*）以这样的诗句开头："对工程师来说没有难事，他笑着说：'如果这样不行，那样肯定可以！'他的乐趣便是架起桥跨过河海，不停穿过山脉。他堆起拱门，鼹鼠一般在墓穴中钻来钻去，对他来说，没有什么障碍是无法克服的。他说干就干！"对于爱好自然的人来说，支配自然的野心是他们最不可容忍的；但是他们应看到工程师乐趣的其他方面：这是一种有趣的消遣——而不仅仅是狭隘的利润计算——是相信问题一定通过某种方式得以解决的信念，是对其他可能性的思考："如果这样不行，那样肯定可以！"工程师们并不是总是随时随地都要按固定的"技术路径"行事，也还有另一种情况：对其他方案充满想象力地进行实验是工程师的原动力。而这正是使得技术更加人性化和环保所需要的。

时任大众首席环境主席的乌尔里希·斯德格（Ulrich Steger）在 1992 年对《时代》杂志的采访者抱怨道：长期投资计划的"最大问题"就是："我们没有 2010 年交通系统的样板""我是带着深深的遗憾这样说的，因为这使得工业界的业务出奇的困难。"[90] 直到今天，尽管联邦政府颁布了许多声称将推动"可持续性"的政策，但仍未产生对交通系统有一定约束力的样板。在这一点上，汽车行业当然不能说是无辜的。德国成功的秘诀就是大量生产发动机，汽车的游说团体一如既往地宣传着这一固定观念，这揭示了一些人对历史的高度无知。这种说法现在怎么还能继续大行其道，这真是奇哉怪也。长期以来，环保运动和汽车行业一直处于政治僵持的状态。即使在生态的背景之下，也没有任何一个联邦政府敢认真地去对待汽车游说团体。

"生态汽车"是否会成为世界范围的发展趋势，它会是解决这场冲突的灵丹妙药吗？面对气候危机的警报和持续上涨的油价，它已逐渐成为讨论的焦点。但是今天的讨论会成为明天的现实吗？仍有一些情况表明，环保汽车是一种幻想，它让人们分散了注意力，其实人们很有必要对交通进行彻底的调整：转向公共交通和自行车的组合。正如汽车历史学家库尔特·梅瑟（Kurt Möser）所展示给我们的那样，迄今为止，许多所谓的"环保汽车"取得的进步都被证明是虚假的。"大多数使发动机更经济节能的花招同样也可以很好地提高发动机的性能"，[91]这就是通常会发生的情况：就是那种从节省木材的时代起便众所周知的对于"节约"的矛盾心理。就像一百年前那样，尽管取得新的进展，电池问题仍像一块拦路石一样阻碍电动汽车的发展前景。此外，它是否能真的被称作"生态汽车"仍然是个相当大的问题。

然而，在可预见的未来，在政治上可行的模式可能不是交通的完全"自行车化"，而只能是一种哲学上无法令人满意的妥协；但这仍比让交通不受约束，不顾环境地发展要好。未来的技术战略必须使得环境能够承受，必须汇集成为可以实施的方案——大话已经说得太多了。"环境技术"需要技术上的想象力，但也始终包含着对政治进行考量的任务。

在希腊神话中，代达罗斯为自己和儿子伊卡洛斯制作了一大一小两对翅膀后对儿子说："一定要在中间飞行，如果飞得太低，翅膀就会被海水浸湿而变沉，你就会被拖入海浪深处；但如果你在天上飞得太高，你的羽毛离太阳太近，你就会化为灰烬。"这是源自古希腊的智慧，是对中国中庸之道的阐释。虽然代达罗斯在艺术和文学史上不如伊卡洛斯有名，但是他的智慧为我们处理现代技术提供了神话样本。正如人们所看到的那样：基本的问题其实都是古老的问题，它为成功的创新带来的是谨慎和经验。只有小心翼翼地走中庸之道的人，才能保持领先，继续前进并存活下去。

重印译后记
在国别科技史学术研讨会上的发言
（节选）

　　2021年，我带领自己当时的德语笔译研究生饶以苹、陈莹超和张晨妍共同完成了《德国技术史》的翻译工作，勉强算是半只脚踏上了德国技术史研究的门槛。2022年，我和方在庆老师一起参加了一次线上学术会之后，今天我来到北京和方老师同场参加中国科学技术出版社组织的国别科技史学术研讨会，聆听方老师和各位专家的报告，再一次增进了科技史的学识。今天一起参会的还有北京科技大学的晋世翔教授，在不久前，我受邀给北京科技大学外国语学院德语系师生做了一次线上讲座，专门谈了《德国技术史》中的德语翻译问题。当时我结合实际翻译工作，列举了很多实例，毕竟翻译才是我的专业领域。但在今天这个会上，我不打算谈德语翻译本身的问题，主要谈谈这本书带给我的一些启示，特别是受科技史翻译问题启发带来的思考，也是我个人最为关心的外语专业新文科建设的话题。

　　《德国技术史》的翻译工作从2021年3月底开始到9月初交初稿，时间紧，任务重。但在我看来，这正是一次我长期思考、却苦于缺乏抓手的专业转型发展的天赐良机，不可错过。虽然行政和教学工作任务繁重，还是主动要求承接这个翻译工作。关于这个项目与我所在的德语专业发展关联度的思考，我后面还会讲到，而关于这本书的翻译、修改等那简直是一言难尽。在此我只想谈两点，一是三名研究生的初译稿，我审译修改，几乎都是满篇标红，后来倒成为我教学中的重要素材；二是整个 2021 年的暑假我只休息了两天，艰苦备至。但是，翻译稿最终达到出版要求的最重要一步，却是方在庆老师的审译修改，并为《德国技术史》撰写了 6000 字的导读。

2022 年 1 月初，我终于见到崭新的刚刚出版的《德国技术史》。就是这样的大部头，在短短几个月的时间内完成翻译和出版。所以，我后来发了个朋友圈，大大感慨了一番。但现在回想起来，其实我应该至少还有一个感慨点：那就是"需求"——正是因为存在各级领导和有关人士，以及我们国家人民大众对了解德国技术发展历史的迫切需求，才会令出版社有强烈的翻译出版需求；正是出版社有强烈的需求，才会令译者得到这样的工作机会和压力；正是译者本人也需要这样的专业转型实践契机，译者所带领的学生也需要这样的翻译实践和毕业选题的需求，才会全员努力，限时完成并保证达到较好的质量。这就是"需求"的力量。其实本书作者拉德考先生并不完全赞同以需求作为技术发展推动力的说法，他也举了不少例证，但就我的工作范围而言，我时刻都体会到需求对于我们完成一项工作的重要性。

此外，我顺便"吐槽"一下拉德考先生给译者带来的巨大困难——这本书是写给专业读者的专业书籍，而非一般意义上的科普性读物，因此他的叙述风格常常是天马行空，旁征博引，信手拈来，在讲到 A 的时候突然跳转到 B，甚至直接跳到 X,Y,Z，其中的逻辑关系、背景知识对外行人而言并非那么一目了然。拉德考本人也常会做出一些判断性的表述，省去其中的论证过程，还会时不时流露出一些冷幽默，至于理解其中的术语概念、历史背景、社会文化语境等，更是困难重重；更不用说这本技术史书籍中还包含了大量的文学元素，有希腊神话、小说、诗歌、戏剧等，欠缺一定文学修养的译者在初次遇到这些问题的时候还真会闹出一些笑话。当然，这样的技术类读物也更需要读者静下心来细品，这可不是快餐式阅读的消遣读物，光是厚达 70 页的原书参考注释就显示出其高度专业性。由此，更凸显出方老师《导读》的必要和宝贵。

本书的另外一个关键词是"适应"。在导论中，作者开宗明义就写到"存在另一种书写技术史的可能，写一部关于技术如何适应不同的国家和地区条件的历史"。他认为越发达的国家，越会注重技术的本土适应问题，而越是不发达国家，才越对所谓国外尖端技术抱有盲目的热情，丢掉自己的传统和优势，往往事倍功半。"技术适应本土发展"已经成为重大的时代主题，世界主要工业化国家都不会简单地一味引进技术，还会去思考外来技术对本土情况的适应问题。例如德国的机床制造商在 1900 年前后就对美国机床痴狂入迷，亦步亦趋。在 20 世纪 50 年代，德国汽车业也曾把仿造美国福特汽车作为自己的最高目标。而拉德考说，成功的道路并非唯一，1945 年以后的德国历史证明，只要拥有大量受过良好培训的劳动者，并存在必要的技术需求，很快就会解决技术落后的问题。而我们对"适应性技术"的意义认识还不够充分，甚至包括取得成功的工业化国家有时也会认识不到技术的局限性，例如全民汽车时代对城市生态的破坏，狭小领空上飞机密度的不断增长带来的问题，等等，这些都是德国技术项目与德国生产关系和市场不相适应的反映。

作者在中文版序言中说，他非常想了解中国是如何通过"适应"去掌握他国技术的，同时他还告诫，"如果陷入技术民族主义，不会欣赏那些已经从他国学到的技术和可以从他国学到的技术，那就不可取了。"我想，对于我们中国学者或者再具体到德国工业技术文化研究者而言，是不是在研究外国技术之外，也应该更多地去了解掌握，并对外介绍我们中国在"适应"这个方面究竟是怎么做的，做到了什么程度。毕竟如拉德考所言，不存在一个超越国别差异，完全建立在自然规律之上的技术。既不盲目崇外，也不保守排斥，中外互鉴才应该是一种可取的研究态度。在这个中外话语体系传播的过程中，我们外语专业的师生今后应该能起到更大的作用。

第三个让我感慨的关键词是"细节"。拉德考说，"正是这种处处让人感受到的细节，把机器与活生生的人联系在一起。"书中所讲到的很多历史细节对于我来讲都是很新鲜有趣的素材，例如说 1800 年以前，人们左右脚的鞋都是一模一样的！又如，1821 年前后，人们普遍认为在创新性上，德国不仅比不上英国和荷兰，也落后于法国，还排在意大利和瑞士之后。人们用德意志民族的迟钝性格和革新给德国人造成的威慑经验来解释德国的落后局面。但是经过拉德考的仔细考察，德国当时的劣势主要是仅存在于非常具体的纺织和钢铁产品中，但是在人们的集体记忆中这种劣势被泛化了，甚至认为德国在"1870 年只不过是经济地图上的一块白板"，这才使得德国后来的崛起因其前后反差巨大而让人惊叹。从这里的例子看出，历史研究，或者是任何一项研究都应该去探究细节，不能人云亦云，才能破除偏见，还原历史真相。

此外，我脑海中还有一个词挥之不去——homo faber，也就是《后记》标题中的第一个词"技术人"。初识这个词实际上是当年读书时读到的马克斯·弗里施（Max Frisch）的同名小说。当今社会的每一个人都无可避免地成了所谓"技术人"，"我们已经无法想象一个没有互联网的世界"，离开了技术的现代人已经无法适应生活。而作者拉德考在中文版序言的最后一段强调，"重要的是人，不管技术如何进步，总有一种人性的存在，它会在某种程度上对技术发展速度的不断提升进行抵制，或许也会抵制以电脑屏幕前的沟通取代人与人之间直接接触这一越来越普遍的情况。"对此，我们各位经历了三年新冠疫情的各种线上会议，终于能面对面坐在一起开会交流的专家们肯定会很有感触。我想，作为横跨自然科学和人文科学领域的科技史研究专家们，也许还是在适当的时候应该扯一扯只知道一味高歌猛进的前行者的衣袖，保持一种对人生，对世界的谨慎和反思的基本态度。

今天与大家交流的最后一个方面，也是才是我今天的真正重点，但我同样不打算展开讲，主要还是引发思考，那就是回到翻译任务的"需求"问题。我最初为什么明知任务重时间紧，却还是要接下这个自己原本并不太擅长领域工作的原因——肯定不是为了那一点翻译费，翻译是最费力不讨好的工作——其实就是为了探索一下长期困扰我的道路问题：中国外语专业的多样化转型发展之路的问题，或者用当前时髦的话语体系表达，就是外语专业的新文科建设路径问题。我所在的四川外国语大学德语专业是一个有着六十多年的历史，全国最老牌的德语专业之一，国家级一流专业建设点，无论是师资规模、学生规模等都位居全国德语专业前列。它的传统优势就是德语语言文学，德语文学课程虚拟教研室最近也刚刚拿到了教育部第二批虚拟教研室试点。然而，众所周知，近年来所有外语类专业都面临着极大的发展困局，招生分数不再高高在上，学生热情大幅下降，课程设置饱受诟病，专业培养千篇一律，学生就业不再令人羡慕，就业率一跌再跌……2020 年 11 月 3 日，全国新文科建设工作会议发布的《新文科建设宣言》指出，新科技和产业革命浪潮奔腾而至，社会问题日益综合化复杂化，应对新变化、解决复杂问题亟须跨学科专业的知识整合，推动融合发展是新文科建设的必然选择。毫无疑问，不论是个人发展还是某个专业、学科、学校的发展，都必须抓住"需求"，"适应"形势，从"细节"着手，一步一个脚印地走，一件事一件事地做。一方面，不能放弃自己已有的条件和优势，例如川外德语一定要继续做强自己的语言文学，就像德国人在面对"美国热"之时一定不能轻易放弃自己的工业传统；而另一方面，以川外德语现有的规模而言，又必须为广大师生提供走多样化分类发展之路的可能。其中一条可能的发展道路，我认为就是从语言入手，从最基础的翻译开始，开展德国工业技术文化的学习和研究。下面是我今天的发言中最核心的一句话，作为生活在 ChatGPT 这样的最新科技发展浪潮汹涌澎湃的年代，作为最深刻感受到危机和使命的外语工作者，我特别希望能借此机会与在座诸位科学界专家和单位建立起更多的合作，共同探索组建学术共同体与人才培养共同体。正如《德国技术史》告诉我们的，创新中失败的案例很可能大过成功的案例，而成功的取得往往是通过渐进式、迂回式的发展。我想，技术发展是如此，专业发展也可能是如此，不保守不冒进，多元融合，顺势而为，必有所成。

廖峻

2023 年 3 月

注 解

导论

[1] F. Braudel, Civilisation materielle et capitalisme, I, Paris 1979, 326 (in der deutschen Ausgabe: »Als die Dampfmaschine erfunden war, ging plötzlich alles wie von selbst«); C. Matschoß, Geschichte der Dampfmaschine (1901), Hildesheim 1982, 14; ders., Ein Jahrhundert deutscher Maschinenbau, Berlin 1922, 31.

[2] W. Weber, Innovationen im frühindustriellen deutschen Bergbau u. Hüttenwesen, F. A. v. Heynitz, Göttingen 1976, 50f.; H. Otto u. ders., Die Hettstedter Feuermaschine im zeitgenössischen Schrifttum, in: TG 44.1977, 241f.; O. Wagenbreth u. E. Wächtler (Hg.), Dampfmaschinen, Leipzig 1986, 122f.

[3] W. Weber, Preußische Transferpolitik 1780–1820, in: TG 50.1983, 192; F.-W. Henning, Die Industrialisierung in Deutschland 1800–1914, Paderborn 1984⁶, 116; R. Schaumann, Technik u. technischer Fortschritt im Industrialisierungsprozeß, Bonn 1977, 262.

[4] D. S. Landes, The Unbound Prometheus, Cambridge 1970, 142; Weber, Innovationen, 50f.

[5] J. M. Schwager, Bemerkungen auf einer Reise durch Westfalen... (1804), Bielefeld 1987, 45; J. Beckmann, Entwurf der allg. Technologie, Göttingen 1806, 473; M. Becken, J. Beckmann, Leipzig 1983, 6, 89.

[6] J. Radau, Holzverknappung und Krisenbewußtsein im 18. Jahrhundert, in: GG 9.1983, 513ff.

[7] Beckmann 481, 478f.; J. H. M. Poppe, Geist der englischen Manufakturen, Heidelberg 1812, 47, 31.

[8] Amtlicher Bericht über die Industrie-Ausstellung aller Völker in London 1851, 1, Berlin 1852, 238.

[9] A. E. Musson, Industrial Motive Power in the United Kingdom, 1800–1870, in: EHR, 29.1976, 415–439; W. Hoth, Die ersten Dampfmaschinen im Bergischen Land, in: TG 47.1980, 370; Schaumann, 263; F.-L. Hinz, Die Geschichte der Wocklumer Eisenhütte 1758–1864 als Beispiel westfälischen adligen Unternehmertums, Altena 1977; W. von Siemens, Mein Leben (1892), Zeulenroda 1942, 39.

[10] H. Weber, Wegweiser durch die wichtigsten technischen Werkstätten der Residenz Berlin (1820), 2, Berlin 1987, 46ff.; H. Behrens, F. Dinnendahl 1775/1826, Köln 1970, 37.

[11] Weber, Innovationen, 61f.; I. Lange-Kothe, J. Dinnendahl, in: Tradition 7.1962, 190ff.; Chr. Bartels, Das Wasserkraftnetz des historischen Erzbergbaus im Oberharz, in: TG 55.1988, 177–92.

[12] L. U. Scholl, Im Schlepptau Großbritanniens, Abhängigkeit u. Befreiung des deutschen Schiffbaus von britischem Know-how im 19. Jahrhundert, in: TG 50.1983, 214; W. Treue, Wirtschafts- u. Technikgeschichte Preußens, Berlin 1984, 335.

[13] S. Kellner, G. v. Reichenbach (1771–1826) – Industriespion u. Erfindergenie, in: R. A. Müller (Hg.), Unternehmer – Arbeitnehmer, München 1985, 88; W. von Dyck, G. von Reichenbach, München 1912, 76.

[14] K. Weinrich, in: Dinglers polytechn. Journal 18.1825, 53f.; J. von Baader in: ebd., 18.1825, 54f.; K. Lärmer u. W. Strenz, Die Bedeutung Berlins bei der Einführung der Dampfkraft in Preußen, in: Stadtarchiv der Hauptstadt der DDR (Hg.), Berliner Geschichte, H. 5.1984, 54 u.a.

[15] F. J. Redtenbacher, Prinzipien der Mechanik u. des Maschinenbaues, Mannheim 1852, 268; Matschoß, Jahrhundert, 12; A. Esch (Hg.), Pietismus u. Frühindustrialisierung, Die Lebenserinnerungen des Mechanicus Arnold Volkenborn, in: Nachrichten der Akad. d. Wiss. in Göttingen, I, 1978, Nr. 3, 72.

[16] E. Alban, Die Hochdruckdampfmaschine, Rostock 1843, 516f., 9; M. Matthes, Technik zwischen bürgerlichem Idealismus u. beginnender Industrialisierung in Deutschland, E. Alban u. die Entwicklung seiner Hochdruckdampfmaschine, Düsseldorf 1986; Matschoß, Dampfmaschine, 411ff.; M. Schumacher, Auslandsreisen deutscher Unternehmer 1750–1851, Köln 1968, 170ff.; Dyck, 102ff.; Lärmer u. Strenz, 52ff.; G. S. Sonnenberg, Hundert Jahre Sicherheit, Düsseldorf 1968, 29ff.

[17] Hoth, 377; R. Boch, Handwerker-Sozialisten gegen Fabrikgesellschaft, Göttingen 1985.

[18] L. Kroneberg u. R. Schloesser, Weber-Revolte 1844, Köln 1979, 175; K. Goebel u. G. Voigt, Die kleine, mühselige Welt des H. Enters, Wuppertal 1979³, 58, 63.

[19] F. Rehbein, Das Leben eines Landarbeiters (1911), Hamburg 1985, 212f., 285; H. Kern u. M. Schumann, Industriearbeit u. Arbeiterbewußtsein, I, Frankfurt/M. 1973², 270–276.

[20] Landes, 481; A. E. Musson, in: ders. (Hg.), Wissenschaft, Technik u. Wirtschaftswachstum im 18. Jahrhundert, Frankfurt/M. 1977, 10ff.

[21] A. Paulinyi, Kraftmaschine oder Arbeitsmaschine, in: TG 45.1978, 179; ähnlich E. J. Hobsbawm, Industrie u. Empire, I, Frankfurt/M. 1969, 59f.

[22] D. McCloskey in: R. Floud u. ders. (Hg.), The Economic History of Britainsince 1700, I, Cambridge 1981, 151.

第一章　技术史与"德国道路"——理论基础、模式与原则

[1] W. Fischer, Wirtschaftswachstum, Technologie u. Arbeitszeit von 1945 bis zur Gegenwart, in: H. Pohl (Hg.), Wirtschaftswachstum, Technologie u. Arbeitszeit im internationalen Vergleich, Wiesbaden 1983, 245, 244; zum Begriff »Technologie-Transfer«: U. Troitzsch, Technologietransfer im 19. u. 20. Jahrhundert, in: TG 50.1983, 177f.; VDI-N. 28/ 1988, 9 (»für den Bonner Entwicklungshilfeminister Hans Klein ein unpassendes, weil zu hochtrabendes Wort«).

[2] U. Jürgens u.a., Moderne Zeiten in der Automobilfabrik, Berlin 1989, 136L; H. C. Koch, in: ZfB 1/1986, 216; K. Buchwald, Integration der amerikanischen u. deutschen Kernkraftwerkstechnologie, in: TÜV Rheinland (Hg.), Die Qualität von Kernkraftwerken aus deutscher u. amerikanischer Sicht, Köln 1979, 199; K. Hausen u. R. Rürup in: dies. (Hg.), Moderne Technikgeschichte, Köln 1975, 16f. Foucault: »Der Spiegel« 30. 10. 1978, 264.

[3] G. Mensch, Das technologische Patt, Innovationen überwinden die Depression, Frankfurt/M. 1977, besonders 88, 144, 198, 205, 210; kritisch dazu: Paulinyi, Kraftmaschine, 176ff.; U. Troitzsch, Technische Rationalisierungsmaßnahmen im Eisenhüttenwesen während der Gründerkrise 1873–1879 als Forschungsproblem, in: Hamburger Jb. f. Wirtschafts- u. Gesellschaftspol. 24.1979, 285ff.

[4] H.-J. Braun, Der deutsche Maschinenbau in der internationalen Konkurrenz 1870–1914, in: TG 53.1987, 211; F.-J. Brüggemeier, Leben vor Ort, Ruhrbergleute u. Ruhrbergbau 1889–1919, München 1983, 77, 91, 98f., in: K. Herrmann, Pflügen, Säen, Ernten, Landarbeit u. Landtechnik in der Geschichte, Reinbek 1985, 183.

［ 5 ］ S. Pollard, Die Übernahme der Technik der britischen industriellen Revolution in den Ländern des europäischen Kontinents, in: T. Pirker u. a. (Hg.), Technik u. Industrielle Revolution, Opladen 1987, 163.

［ 6 ］ W. L. Bühl, Die Sondergeschichte der Bayerischen Industrialisierung im Blick auf die postindustrielle Gesellschaft, in: C. Grimm (Hg.), Aufbruch ins Industriezeitalter, 1, München 1985, 205ff.

［ 7 ］ F. Schnabel, Deutsche Geschichte im 19. Jahrhundert, 6, Freiburg 1965, 49; W. Köllmann, Wirtschaftsentwicklung des bergisch-märkischen Raumes im Industriezeitalter, Remscheid 1974; VDI-N. 49/1987, 23 u. 35/1988, 9 (G. Zimmermann).

［ 8 ］ P. O'Brien u. C. Keyder, Economic Growth in Britain and France, 1780–1914: Two Paths to the 20th Century, London 1978, 176.

［ 9 ］ U. Menzel, Auswege aus der Abhängigkeit, Die entwicklungspolitische Aktualität Europas, Frankfurt/M. 1988; D. Senghaas, Von Europa lernen, Frankfurt/M. 1982.

［ 10 ］ L. Winner, Building the Better Mousetrap: Appropriate Technology as a Social Movement, in: F. A. Long u. A. Oleson (Hg.), Appropriate Technology and Social Values, Cambridge/Mass. 1980, 28; H. Brooks, A Critique of the Concept of Appropriate Technology, in: ebd., 56,47.

［ 11 ］ P. Loewe, Technikgeschichte als Ressource für Entwicklungsländer, in: TG 51.1984, 335–44. A. Emmanuel, Angepaßte Technologie oder unterentwickelte Technologie? Frankfurt/M. 1984, 153, 152; Pollard, Übernahme, 165; Ch. Säbel u. J. Zeitlin, Historical Alternatives to Mass Production, in: Past & Present 108.1985, 133–176.

［ 12 ］ U. Troitzsch u. G. Wohlauf, in: dies. (Hg.), Technik-Geschichte, Frankfurt/M. 1980, 22f. W. Roscher, Nationalökonomik des Ackerbaues, Stuttgart 1903, 135.

［ 13 ］ Schnabel, 230, 262.

［ 14 ］ Schwager, 97; W. Rathenau, Die neue Wirtschaft, Berlin 1918, 38f.; A. Binz, Geist u. Materie in der chemischen Industrie, Leipzig 1922, 2; Röpke: Entwicklungsländer – Wahn und Wirklichkeit, Zürich 1961, 35.

［ 15 ］ A. Gerschenkron, Economic Backwardness in Historical Perspective, Cambridge/Mass. 1962, 127, 260ff., 265.

［ 16 ］ H. Hauser, Les methodes allemandes d'expansion economique, Paris 1916³, 242ff.

［ 17 ］ R. A. Brady, The Rationalization Movement in German Industry, Berkeley 1933, 407, Fn.

［ 18 ］ E. Sciberras, The UK Semiconductor Industry, in: K. Pavitt (Hg.), Technical Innovation and British Economic Performance, London 1980,295.

［ 19 ］ A. Shadwell, England, Deutschland u. Amerika, Eine vergleichende Studie ihrer industriellen Leistungsfähigkeit, Berlin 1908, Anfang u. 599.

［ 20 ］ Th. P. Hughes, Networks of Power, Electrification in Western Society, Baltimore 1983; Amtlicher Bericht (London 1851), 1, 588; A. Peyrefitte, Was wird aus Frankreich? Berlin 1978, 26 (A. Schweitzer); A.-L. Edingshaus, H. Maier-Leibnitz, München 1986, 177.

［ 21 ］ U. Wengenroth, Unternehmensstrategien u. technischer Fortschritt. Die deutsche u. britische Stahlindustrie 1865–95, Göttingen 1986; ähnlich S. B. Saul, Technological Change: The U.S. and Great Britain in the 19th Century, London 1970, 141ff.

［ 22 ］ K. Pavitt in: ders., 13, 6, 12; M. Kaldor, Technical Change in the Defence Industry, in: ebd., 103; S. Pollard, The Wasting of the British Economy. British Economic Policy 1945 to the Present, London 1982, 123f., 160, 186; R. Heller, The State of Industry. Can Britain Make It?, London 1987, 7, 12.

［ 23 ］ Th. Veblen, Imperial Germany and the Industrial Revolution, London 1939² 195f.; L. Mumford, Technics and Civilization (1934), New York 1963, 155, 233, 255, 257.

［ 24 ］ M. J. Piore u. C. E. Sabel, Das Ende der Massenproduktion, Berlin 1985, 160, 165ff., 254ff.

［ 25 ］ B. Nussbaum, Das Ende unserer Zukunft, Revolutionäre Technologien drängen die europäische Wirtschaft ins Abseits, München 1987, 91, 94, 101, 98, 100, 107, 112ff.; über Nussbaums Resonanz in den USA: H. Queisser, Kristallene Krisen, München 1987², 270f., 277; Gegenpositionen: Handelsblatt, 13.4. 1988 (J. Eckhardt); Der Spiegel, 5.1. 1987, 114; VDI-N. 12/1988, 2 (H. Steiger) und 39/1988, 27.

[26] G. Pellicelli, Management 1920–1970, in: CM. Cipolla (Hg.), The Fontana Economic History of Europe, 5/1, Glasgow 1978², 188ff.

[27] C. Kindleberger, Germany's Overtaking of England, 1806–1914, in: ders., Economic Response, Cambridge/Mass. 1978, 188.

[28] H. J. Habakkuk, American and British Technology in the 19th Century, The Search for Labour-Saving Inventions, Cambridge 1967; O. Mayr u. R. C. Post (Hg.), Yankee Enterprise, The Rise of the American System of Manufactures, Washington 1981; D. A. Hounshell, From the American System to Mass Production, 1800–1932, The Development of the Manufacturing Technology in the United States, Baltimore 1985²; Th. P. Hughes, Emerging Themes in the History of Technology, in: Technology and Culture 20.1979, 706f.; E. S. Ferguson, The American-ness of American Technology, in: ebd., 20.1979, 6f.; G. H. Daniels, Hauptfragen der amerikanischen Technikgeschichte, in: Hausen u. Rürup, (Hg.), 56, 61.

[29] D. F. Noble, America By Design; Science, Technology, and the Rise of Corporate Capitalism, New York 1977, bes. XVII, XXIIf.

[30] S. Giedion, Die Herrschaft der Mechanisierung, Ein Beitrag zur anonymen Geschichte (1948), Frankfurt/M. 1987, 103ff.; Mayr u. Post in: dies., XVII; Hounshell, 3f., 26f.

[31] Habakkuk, 45, 34; Daniels, 57; N. Rosenberg, The American System of Manufactures, Edinburgh 1969, 72, 343; ders., America's Rise to Woodworking Leadership, in: ders., Perspectives on Technology, Cambridge 1976, 33, 43. A. Wilke (Hg.), Das Buch der Erfindungen, Gewerbe und Industrien, 9. Aufl. Bd. 3, Leipzig 1897, 614; H.-L. Dienel, Eis mit Stil. Nationale technologische Stile in der deutschen und amerikanischen Kältetechnik 1850–1950, in: G. Hurrle (Hg.), Technik – Kultur – Arbeit, Marburg 1992, 35–55; ders., »Hier sauber und gründlich, dort husch-husch, fertig.« Deutsche Vorbehalte gegen amerikanische Produktionsmethoden 1870–1930, in: Bll.f. Technikgeschichte 55, 1993, 21.

[32] Habakkuk, 60; E. R. Ferguson in: Mayr u. Post, 7; Hobsbawm, Industrie, II, 20.

[33] Giedion, 60; Hounshell, 88, 155; Mayr u. Post in: dies., XIII.

[34] Menzel, 31–158; Senghaas, 268; J.-F. Bergier, Die Wirtschaftsgeschichte der Schweiz, Zürich 1983, 200.

[35] Die Zweite Industrielle Revolution, Frankfurt/M. u. die Elektrizität 1800–1914, Frankfurt/M. 1981, 177; zur Rolle des Staates vgl. M. König, Angestellte am Rande des Bürgertums, Kaufleute u. Techniker in Deutschland u. in der Schweiz 1860–1930, in: J. Kocka (Hg.), Bürgertum im 19. Jahrhundert, 2, München 1988, 242: »An der staatlichen Bürokratie ausgerichtete Berechtigungskämpfe, die deutsche Ingenieure und Techniker so nachhaltig in Atem hielten, hatten wenig Sinn u. Chancen in der offenen Gesellschaft der Schweiz.« Dabei war das 1855 gegründete Zürcher Polytechnikum, ab 1911 Eidgenössische TH, Pionier bei der Akademisierung der Ingenieursbildung. D. Gugerli, Redeströme. Zur Elektrifizierung der Schweiz 1880–1914, Zürich 1996, 307f.

[36] Bergier, 279, 182ff.; ders. in: Pohl (Hg.), 73, 57; Menzel, 31ff.; B. Veyrassat, Les voies suisses, Mskr. für die internationale Arbeitsgruppe »Historical Alternatives to Mass Production«; P. Dudzik, Innovation u. Investition, Technische Entwicklung u. Unternehmensentscheide in der schweizerischen Baumwollspinnerei 1800–1916, Zürich 1987; D. S. Landes, Revolution in Time, Clocks and the Making of the Modern World, Cambridge, Mass. 1983, 302ff.; Wilke (Hg.), Buch der Erfindungen, Bd. 3, 613.

[37] Bergier, in: Pohl (Hg.), 166; W. Bätzing, Die Alpen, Naturbearbeitung und Umweltzerstörung, Frankfurt/M. 1984; 50 Jahre Schweizerische Milchwirtschaft, 1887–1937, Schaffhausen 1937, 27f., 234f.; »Käsfieber«: J. Gotthelf, Die Käserei in der Vehfreude (1850), 12. Kapitel. Geschichte der Schweiz und der Schweizer, Basel 1986, 896; M. Fortner, Farbenspiel. Ein Jahrhundert Umweltnutzung durch die Basler chemische Industrie, Zürich 2000, 62ff.

[38] W. Sombart, Der moderne Kapitalismus (1927), III/1, München 1987, 78, 79, 85.

[39] M. Buhr u. G. Kröber (Hg.), Mensch – Wissenschaft – Technik, Versuch einer marxistischen Analyse der wissenschaftlich-technischen Revolution (aus dem Russ.), Köln 1977; J. D. Bernal, Sozialgeschichte der Wissenschaften (1954), III, Reinbek 1970, 746ff.; M.Hussong, Mythen der Technik im »Neuen Universum«, Frankfurt/M. 1983, 166; H. M. Klinkenberg, Geschichte der ingenieurwissenschaftlichen Forschungen in Rheinland-Westfalen, in: K. Düwell u. W. Köllmann (Hg.), Rheinland-Westfalen im Industriezeitalter, IV, Wuppertal 1985, 13; VDI-N. 11/1988, 6 (W. Mock).

[40] Schnabel, VI, 118; aus ausländischer Sicht: P. Tafel, Die nordamerikanischen Trusts u. ihre Wirkungen auf den Fortschritt der Technik, Stuttgart 1913, 39; H.-J. Braun, Technologietransfer im Maschinenbau von Deutschland in die USA 1870–1939, in: TG 50.1983, 247f.; R. Gilpin, France in the Age of the Scientific State, Princeton 1968, 21f.

[41] Brady, 6; Hausen u. Rürup (Hg.), 14; ebenso G. Ropohl, Die unvollkommene Technik, Frankfurt/M. 1985, 185.

[42] A. Riedler, Wirklichkeitsblinde in Wissenschaft u. Technik, Berlin 1919, 53; H. Petzold, Rechnende Maschinen, Düsseldorf 1985, 18ff.; J. Radkau, Kerntechnik: Grenzen von Theorie u. Erfahrung, in: Spektrum der Wissenschaft, H. 12/1984, 74ff.; »tack knowledge«: W. E. Bijker, in: dies., The Social Construction of Technological Systems, Cambridge/Mass. 1987, 5, 168; T. R. Burns u. R. Ueberhorst, Creative Democracy, New York 1988, 25.

[43] A. C. Crombie, Von Augustinus bis Galilei, Die Emanzipation der Naturwissenschaft, München 1977, 2.

[44] Wengenroth, 278ff., 286ff.

[45] M. Fores, The History of Technology: An Alternative View, in: Technology and Culture 20.1979, 854, 858f.; F. Münzinger, Ingenieure, Betrachtungen über Bedeutung, Beruf u. Stellung von Ingenieuren, Berlin 1941, 11f., 105f., 108f.; ders., Dampfkesselwesen in den Vereinigten Staaten, Beobachtungen u. Erfahrungen auf einer Ingenieurreise, Berlin 1925, 35; F. Leonhardt, Ingenieurbau, Darmstadt 1974, 201f.

[46] J. Kocka, Unternehmensverwaltung u. Angestelltenschaft am Beispiel Siemens 1847–1914, Stuttgart 1969, 488f.

[47] K. Holdermann, Im Banne der Chemie, C. Bosch, Düsseldorf 1953, 193.

[48] L. Machtan, Zum Innenleben deutscher Fabriken im 19. Jahrhundert, in: AfS 20.1981, 194; Stahlschmidt, 99f.; A. Sohn-Rethel, in: M. Greffrath (Hg.), Die Zerstörung einer Zukunft, Gespräche mit emigrierten Sozialwissenschaftlern, Reinbek 1979, 264f.; G. Siemens, Erziehendes Leben, München 1957, 63; F. Pinner, E. Rathenau u. das elektrische Zeitalter, Leipzig 1918, 405.

[49] G. Gregory, Die Innovationsbereitschaft der Japaner, in: C. von Barloewen u. K. Werhahn-Mees (Hg.), Japan und der Westen, II, Frankfurt/ M. 1986, 138; Holz-Zentralblatt 28/1988, 391 (Th. Strohwig); H. Kern u. M. Schumann, Das Ende der Arbeitsteilung?, Rationalisierung in der industriellen Produktion, München 1986³, 323; VDI-N. 49/1987, 14 (M. Peter); ebd. 39/1988, 17 (O. Neumann).

[50] von Hauff (Hg.), Expertengespräch Reaktorsicherheitsforschung, Villingen 1980, 19; Ch. Perrow, Normal Accidents, Living With High-Risk Technologies, New York 1984, 32f.

[51] Über das »tyrannische Element« in der modernen Großtechnik: H. Jonas, Technik, Ethik u. biogenetische Kunst, in: Hoechst AG (Hg.), Am Beginn des zweiten Jahrhunderts Hoechst Pharma, Frankfurt/M. 1984, 20; B. Lutz, Das Ende des Technikdeterminismus u. die Folgen, in: ders. (Hg.), Technik u. sozialer Wandel, Frankfurt/M. 1987, 41, 46; M. T. Greven, »Technischer Staat« als Ideologie u. Utopie, in: ebd., 515; J. Radkau, Max Weber, München 2005, 331.

[52] Vgl. die Referate auf der technikgeschichtlichen Jahrestagung des VDI 1988 »Technische Netzwerke in der Geschichte«, in: TG 55.1988, H. 3. Über das System als strukturierendes Element von Bertrand Gilles Histoire des techniques: C. O. Smith, in: Technology and Culture 26.1985, 696f.

[53] L. Hoffmann, Die Maschine ist notwendig, Berlin 1832, 84ff.; D. Peres, Rede an die Arbeiter (1804), in: J.Putsch, Vom Handwerk zur Fabrik. Ein Lese- und Arbeitsbuch zur Solinger Industriegeschichte, Solingen 1985, 57; A. Ure, The Philosophy of Manufactures (1835), London 1967, 15; D. F. Noble, Forces of Production, A Social History of Industrial Automation, New York 1984, 57ff.; Säbel u. Zeitlin, 172, 175; VDI-N. 14/1988, 25 (M. Pyper); A. Paulinyi, Industrielle Revolution, Reinbek 1989, 47.

[54] B. Schäfers, Schelskys Theorie des technischen Staates, in: Lutz (Hg.), 506ff. Riedler, Wirklichkeitsblinde, 130f.; R. Belfield über Hughes in: Technology and Culture 19.1978, 140.

[55] Kocka, 549ff.; K. Borchardt, Technikgeschichte im Lichte der Wirtschaftsgeschichte, in: TG 34.1967, 8.f.; Matthes, 247.

[56] M. Eyth, Hinter Pflug u. Schraubstock – Skizzen aus dem Tagebuch eines Ingenieurs, Stuttgart 1906, 64; P. F. Drucker, Die Praxis des Management, Düsseldorf 1962³, 371; P. Brödner, Fabrik 2000. Alternative Entwicklungspfade in die Zukunft der Fabrik, Berlin 1986³.

[57] M. Hammer, Vergleichende Morphologie der Arbeit in der europäischen Automobilindustrie: Die Entwicklung zur Automation, Basel 1959, 7f.; J. Molsberger, Zwang zur Größe? Zur These von der Zwangsläufigkeit wirtschaftlicher Konzentration, Köln 1967, 47ff.; dort wird auch (9–35) erkennbar, dass die Argumentation gegen die Economies of Scale vielfach eine neoliberal-antimarxistische Tendenz hatte. Zweifel an der technischen Logik des Größenwachstums bei K. Borchardt, Zur Problematik eines optimalen Konzentrationsgrades, in: Jb.f. Nationalökonomie u. Statistik 176.1964, 129–140.

[58] O. Ullrich, Technik u. Herrschaft, Frankfurt/M. 1979, 316.

[59] Drucker, 129, 349ff.

[60] Schnabel, VI, 75; H. Popitz u. a., Technik u. Industriearbeit, Soziologische Untersuchungen in der Hüttenindustrie, Tübingen 1957, 191ff.; Kern u. Schumann, Industriearbeit, 261; Putsch, 194; DMV (Hg.), Arbeitsbedingungen der Schmiede im Deutschen Reiche, Stuttgart 1916, 262f.; W. Schivelbusch, Geschichte der Eisenbahnreise. Zur Industrialisierung von Raum u. Zeit im 19. Jahrhundert, Frankfurt/M. 1979. J. Bergmann, Technik u. Arbeit, in: Lutz (Hg.), 125, über die Arbeitssoziologie: »Völlig außerhalb der Betrachtung blieb bislang die innere Beziehung der Techniker zu ihrer Arbeit, das in den Selbstzeugnissen der Techniker oft herausgestellte faszinierende Moment an der Technik.« Jürgens, 117.

[61] E. Diesel, Diesel – Der Mensch, das Werk, das Schicksal (1953), München 1983, 188; J. Weizenbaum, Die Macht der Computer u. die Ohnmacht der Vernunft, Frankfurt/M. 1978, 19, 22; U. von Alemann u. H. Schatz, Mensch u. Technik, Grundlagen und Perspektiven einer sozialverträglichen Technikgestaltung, Opladen 1986, 517ff.; Schubarth: Materialien zu Bundestags-Drucksache 10/6801, II, 40.

[62] Ableitung technischer Innovationen vom Bedarf: J. Schmookler, Ökonomische Ursachen der Erfindungstätigkeit (1962), in: Hausen u. Rürup (Hg.), 136–57. F. Dessauer, Philosophie der Technik, Bonn 1927, 31; Prometheus 23.1912, 621; J. Weizenbaum, Die Macht der Computer u. die Ohnmacht der Vernunft, Frankfurt/M. 1978, 160f.

[63] K. Maurice u. O. Mayr (Hg.), Die Welt als Uhr, München 1980; G. Ropohl, Zum gesellschaftstheoretischen Verständnis soziotechnischen Handelns im privaten Bereich, in: B. Joerges (Hg.), Technik im Alltag, Frankfurt/M. 1988, 137.

[64] Weber, Wegweiser, I (1819), 2f.

[65] F. Naumann, Werke, 3, Köln 1964, 116, über die industrielle Entwicklung des 19. Jahrhunderts: »es ist ein Unglück, mit dem die Frauen sich abfinden müssen, dass die neue Kulturperiode ihnen in so hohem Grade das Leben schwer macht.« M. Berg, The Age of Manufactures 1700–1820, London 1985, 150f.; R. Braun, Die Fabrik als Lebensform, in: R. von Dülmen u. N. Schindler (Hg.), Volkskultur, Frankfurt/ M. 1984, 336; G. Ropohl, Die unvollkommene Technik, Frankfurt/M. 1985, 154.

[66] Stahlschmidt, 105f.; U. Troitzsch, Deutschsprachige Veröffentlichungen zur Geschichte der Technik 1978–1985, in: AfS 27.1987, 377f.; Brödner, 20. Qualifikationsniveau als relativ kon-

stantes Element (Theorie F. Jänossys): W. Abelshauser, Wirtschaft in Westdeutschland 1945–1948, Stuttgart 1975, 28; W. Zank, in: Die Zeit 24. 6. 1988, 25.

[67] Lutz, Ende, in: ders., 40; Stahlschmidt, 106f.; H. de Man, Der Kampf um die Arbeitsfreude, Jena 1927, 203, 207; dagegen C. von Ferber, Arbeitsfreude, Wirklichkeit u. Ideologie, Stuttgart 1959, 79ff.; K. Ditt, Industrialisierung, Arbeiterschaft u. Arbeiterbewegung in Bielefeld, Dortmund 1982, 101.

[68] Berg, 43, 257; Stearns, 6; W. Lazonick, Industrial Relations and Technical Change: The Case of the Self-Acting Mule, in: Cambridge Journal of Economics, H. 3/1979, 231—262.

[69] L. Machtan, Streiks im frühen deutschen Kaiserreich, Frankfurt/M. 1983, 160.

[70] Nadelschleiferinnen: H. Aagard, Die deutsche Nähnadelherstellung im 18. Jahrhundert, Altena 1987, in, 132f.

[71] G. Schlesinger, Psychotechnik u. Betriebswissenschaft, Leipzig 1920, 7; Berg, 151f.; Braverman, 326.

[72] Kern u. Schumann, Industriearbeit, 251; A. Touraine, Industriearbeit u. Industrieunternehmen, Vom beruflichen zum technischen System der Arbeit, in: Hausen u. Rürup (Hg.), 301.

[73] J. Radkau u. I. Schäfer, Holz, Ein Naturstoff in der Technikgeschichte, Reinbek 1987, 83ff.

[74] Stearns, 132; R. Braun, 334ff.; Popitz, 27ff.; Kern u. Schumann, Industriearbeit, 274.

[75] R. Samuel, Oral-History in Großbritannien, in: L. Niethammer (Hg.), Lebenserfahrung u. kollektives Gedächtnis, Frankfurt/M. 1980, 72.

[76] E. Reger, Union der festen Hand (1931), Reinbek 1979, 21 (Former und Kranführer als Kontrast!); Kern u. Schumann, Industriearbeit; de Man, 264; M. Weber, Gesammelte Aufsätze zur Soziologie u. Sozialpolitik, Tübingen 1988, 160; U. Stolle, Arbeiterpolitik im Betrieb, Frankfurt/M. 1980, 155; U. Borsdorf, in: ders. (Hg.), Geschichte der deutschen Gewerkschaften, Köln 1987, 512.

[77] J. Mooser, Arbeiterleben in Deutschland 1900–70, Frankfurt/M. 1984, 63, 225; R. Eckert u. R.Winter, Kommunikationstechnologien u. ihre Auswirkungen auf die persönlichen Beziehungen, in: Lutz (Hg.), 264.

第二章　以充分利用可再生资源为标志的技术（18 世纪到 19 世纪初）

[1] M. Daumas, in: Hausen u. Rürup (Hg.), 39; Musson, in: ders., 57; T. Pirker u. a., Das Konzept der »Industriellen Revolution« als überholtes Paradigma der Sozialwissenschaften, in: dies., Technik 25.

[2] Sombart II/2, 1137ff.; J. Wessely, Die österreichischen Alpenländer u. ihre Forste, Wien 1853, I, 418f.; Radkau, Holzverknappung, 513ff.; ders., Zur angeblichen Energiekrise des 18. Jahrhunderts: Revisionistische Betrachtungen über die »Holznot«, in: VSWG 73.1986, 1ff. Neuerdings sieht Wrighley selbst die englische Wirtschaft bis zum frühen 19. Jahrhundert-und auch die klassische englische Wirtschaftstheorie jener Zeit – überwiegend durch die Begrenzung auf regenerative Ressourcen bestimmt; er charakterisiert sie als »advanced organic economy«. Dabei setzt er voraus, dass die Bedeutung der Dampfmaschine in damaliger Zeit erst marginal war. E. A. Wrighley, Continuity and change. The character of the industrial re-volution in England, Cambridge 1988; K. Hasel, Auswirkungen der Revolution von 1848 und 1849 auf Wald und Jagd, Stuttgart 1977, 91.

[3] Westfäl. Anzeiger 1801, Sp. 188; Braverman, 107f.; L. C. Hunter, Waterpower, A History of Industrial Power in the United States, 1780–1930, Charlottesville 1979; R. H. Dumke, Anglo-deutscher Handel u. Frühindustrialisierung in Deutschland 1822–1860, in: GG 5.1979, 197; Radkau u. Schäfer, 153ff.

[4] Landes, 54 Fn.; E. D. Brose, Competitiveness and Obsolescence in the German Charcoal Iron Industry, in: Technology and Culture 26.1985, 532–559; Radkau, Energiekrise, 22f.; C. K. Hyde, Technological Change in the British Iron Industry, 1700–1870, Princeton 1977; F. Redtenbacher, Prinzipien der Mechanik und des Maschinenbaus, Mannheim 1852, 267.

[5] J. Reulecke, Nachzügler u. Pionier zugleich: das Bergische Land und der Beginn der Industrialisierung in Deutschland, in: S. Pollard (Hg.), Region u. Industrialisierung, Göttingen 1980, 53; R. Schaumann, Technik u. technischer Fortschritt im Industrialisierungsprozeß, Bonn 1977, 267 (Aachener Raum); H. Bodemer, Die Industrielle Revolution mit besonderer Berücksichtigung der erzgebirgischen Erwerbsverhältnisse, Dresden 1856, 27f. J. H. M. Poppe, Geschichte aller Erfindungen u. Entdeckungen (183 5/47), Hildesheim 1972, 75f.; Matthes, 216, 236f.

[6] Radkau, Energiekrise, 26.

[7] S. Gorißen, G. Wagner, Protoindustrialisierung in Berg und Mark? in: Zs. des Bergischen Geschichtsvereins 92.1986, 163–171.

[8] K. H. Kaufhold, Das Gewerbe in Preußen um 1800, Göttingen 1978, 152f.; G. Lange, Das ländliche Gewerbe in der Grafschaft Mark am Vorabend der Industrialisierung, Köln 1976, 25.

[9] Vgl. vor allem den Beitrag von K. H. Kaufhold in: H. Pohl (Hg.), Gewerbe- u. Industrielandschaften vom Spätmittelalter bis ins 20. Jahrhundert, Stuttgart 1986.

[10] Das galt besonders für die deutschen Bauingenieure (A. Bringmann, Geschichte der deutschen Zimmerer-Bewegung [1905/09], 109, Berlin 1981), aber noch nicht durchweg für englische Ingenieure des frühen 19. Jahrhunderts.

[11] W. Feldenkirchen in: Pohl (Hg.), Wirtschaftswachstum, 135f.; ders., Kinderarbeit im 19. Jahrhundert, in: Zs. f. Unternehmensgesch. 26.1981, 20; K.-H. Ludwig, Die Fabrikarbeit von Kindern im 19. Jahrhundert. Ein Problem der Technikgeschichte, in: VSWG 52.1965, 67, 73, 83; A. Herzig in: B. Saadi-Varchmin u. J. Varchmin, Kinderarbeit ist verboten! Wuppertal 1984, 77; U. Prokop, Mutterschaft und Mutterschafts-Mythos im 18. Jh., in: von Schmidt-Linsenhoff (Hg.), Sklavin oder Bürgerin? Französische Revolution und neue Weiblichkeit 1760–1830, Frankfurt/M. 1989, 194.

[12] R. Sandgruber, Die Agrarrevolution, in: Erzherzog Johann von Österreich. Beiträge zur Geschichte seiner Zeit, Graz 1982, 114; U. Bentzien, Bauernarbeit im Feudalismus, Berlin 1980, 182.

[13] J. N. von Schwerz, Beschreibung der Landwirtschaft in Westfalen, Stuttgart 1836, 320f.; Chr. Pfister, Klimageschichte der Schweiz 1525–1860, II, Bern 1988³, 128.

[14] Bentzien, 147ff., 170; Pfister, II, 119f.; H. Siuts, Bäuerliche u. handwerkliche Arbeitsgeräte in Westfalen, Münster 1982, 24; Fränkisches Freilandmuseum (Hg.), Göpel u. Dreschmaschine, Bad Windsheim 1981, 133, 49; J. B. Herrmann, in: Dinglers Polytechn. Journal 4.1820, 161ff.; H.-J. Wolf, Geschichte der Druckpressen, Frankfurt/ M. 1974, 198f.

[15] J. Conrad, Liebigs Ansicht von der Bodenerschöpfung u. ihre geschichtliche, statistische u. nationalökonomische Begründung, Jena 1864.

[16] S. Anm. 2.

[17] F. A. A. Eversmann, Übersicht der Eisen- u. Stahlerzeugung auf Wasserwerken in den Ländern zwischen Lahn u. Lippe (1804), Kreuztal 1982,5.

[18] Troitzsch, Veröffentlichungen, 385; Kaufhold in: Pohl (Hg.), Wirtschaftswachstum, 32; Paulinyi, Kraftmaschine, 178.

[19] W. Mager, Protoindustrialisierung u. Protoindustrie. Vom Nutzen und Nachteil zweier Konzepte, in: GG 14.1988, 290ff.; Berg, 316; C. Matschoß, in: L. Loewe & Co. AG 1869–1929, Berlin 1930, 4; W. H. Sewell, Work and Revolution in France, Cambridge/Mass. 1980, 147; Aagard, 230f., 239.

[20] Bentzien. 225.

[21] L. Kroneberg u. R. Schlosser, Weber-Revolte 1844, Köln 1979, 70; G. v. Gülich, Geschichtliche Darstellung des Handels, der Gewerbe und des Ackerbaus (1845), V, Graz 1972, 219; J.

Mooser, Ländliche Klassengesellschaft 1770–1848. Bauern und Unterschichten, Landwirtschaft und Gewerbe im östlichen Westfalen, Göttingen 1984, 135.

[22] Ebd, 182f., 184f., 195.

[23] Hobsbawm, Industrie, I, 39f.

[24] O'Brien, 174ff., 177f.; Sewell, 153f., über die Eigenständigkeit des französischen Weges.

[25] K. Borchardt, Regionale Wachstumsdifferenzierung in Deutschland im 19. Jahrhundert unter besonderer Berücksichtigung des West-Ost-Gefälles, in: F. Lütge (Hg.), Wirtschaftliche u. soziale Probleme der gewerblichen Entwicklung im 15.–16. u. 19. Jahrhundert, Stuttgart 1968, 128; Kaufhold, Gewerbe, 454; D. Andre, Indikatoren des technischen Fortschritts. Eine Analyse der Wirtschaftsentwicklung in Deutschland 1850–1913, Göttingen 1971, 90ff.

[26] M. Schumacher, Auslandsreisen deutscher Unternehmer 1750–1851 unter besonderer Berücksichtigung von Rheinland u. Westfalen, Köln 1968, 174; E. Härder-Gersdorff, Leinen-Regionen im Vorfeld u. im Verlauf der Industrialisierung (1780–1914), in: Pohl (Hg.), Gewerbe- u. Industrielandschaften, 217, 220; Ditt, 18ff.; L. Baar, Die Berliner Industrie in der industriellen Revolution, Berlin 1966, 44; R. Boch, Grenzenloses Wachstum? Das rheinische Wirtschaftsbürgertum und seine Industrialisierungsdebatte 1814–1857, Göttingen 1991, 78ff., 348, 60ff., 284.

[27] Dudzik, 301, 303; K. H. Wolff, Guildmaster into Millhand, The Industrialization of Linen and Cotton in Germany to 1850, in: Textile History, 10.1979, 12.

[28] P. Borscheid, Westfälische Industriepioniere in der Frühindustrialisierung, in: Rheinland-Westfalen, I, 164f.; Hobsbawm, I, 39f.; Radkau u. Schäfer, 133.

[29] Stadtmuseum Ratingen (Hg.), Die Macht der Maschine, 200 Jahre Cromford-Ratingen, Ratingen 1984, 66f.; K.-H. Ludwig, Der Aufstieg der Technik im 19. Jahrhundert, Stuttgart 1982, 8; E. von Nathusius, J. G. Nathusius, Stuttgart 1915, 218ff.; W. Mager, Die Rolle des Staates bei der gewerblichen Entwicklung Ravensbergs in vorindustrieller Zeit, in: Rheinland-Westfalen, I, 69.

[30] Radkau u. Schäfer, 190ff.; Moser, Patriotische Phantasien I, V.

[31] J. Sentgen, Ursprung u. technische Entwicklung des Bandwebstuhls, in: Geschichte der bergischen Bandindustrie, Ronsdorf 1920, 138; Musson, in: ders., 76; H.-P. Müller (Hg.), K. Marx, Die technologisch-historischen Exzerpte, Frankfurt/M. 1981, 54; C. Matschoß, Geschichte der Maschinenfabrik Nürnberg, in: BGTI 5.1913, 261f.

[32] Poppe, Geschichte, 266; S. Goodenough, Fire!, The Story of the Fire Engine, London 1985², 51.

[33] E. Schremmer, Industrialisierung vor der Industrialisierung, in: GG 6.1980, 435f., 445; Gorißen u. Wagner, 163, 168f.; Putsch, 25, 36; G. Bayerl, Die Papiermühle, Frankfurt/M. 1987,1, 623.

[34] Selbst der innovationsfreudige Nathusius bekannte sich zu dem Grundsatz »Die Leute müssen zum Geschäftsmann kommen, nicht er zu den Leuten«, und empfahl, mit dem Eisenbahnbau zu warten, bis »das Bedürfnis dazu da« sei: Nathusius, 300.

[35] R. Stichweh, Zur Entstehung des modernen Systems wissenschaftlicher Disziplinen, Physik in Deutschland 1740–1890, Frankfurt/M. 1984, 275.

[36] M. Stürmer, Handwerk u. höfische Kultur, München 1982, 85, 266; H. Kahlert, 300 Jahre Schwarzwälder Uhrenindustrie, Gernsbach 1986, 18f., 471.

[37] Henning, Industrialisierung II, 129; H. Catling, The Spinning Mule, Newton Abbot 1970, 118, 149; Machtan, Innenleben, 190: Noch 1874 musste den Arbeitern einer Weberei streng verboten werden, »selbst etwas an den Maschinen abzuändern«.

[38] H. Behrens, J. Dinnendahl, Neustadt a. d. A. (1974), 129f., 164; Lange-Kothe, 185ff.

[39] K. Möckl, König u. Industrie, Zur Industrialisierungspolitik der Könige Max I Joseph, Ludwig I. und Max II., in: Aufbruch ins Industriezeitalter, II, 23. Mohl: in Rotteck/Welcker, Staats-Lexikon, zit. n. L. Gall u. R. Koch, (Hg.), Der europäische Liberalismus im 19. Jahrhundert, IV, Frankfurt/M. 1981, 66, 68.

[40] Bodemer, 25ff.

[41] B. Lewis, Die Welt der Ungläubigen, Wie der Islam Europa entdeckte, Frankfurt/M. 1983, 232; L. Strauss, Thoughts on Machiavelli, Seattle 1969, 298; C. Trebilcock, Rüstung u. Industrie. Zum »spin-off«-Problem in der britischen Wirtschaftsgeschichte 1760–1914, in: Hausen u. Rürup (Hg.), 342; J. Tulard, Napoleon oder Der Mythos des Retters, Tübingen 1978, 295, 325.

[42] J. Moser, Patriotische Phantasien, I, IV.

[43] K. W. Hardach, Anglomanie u. Anglophobie während der Industriellen Revolution in Deutschland, in: Schmollers Jb. 91.1971, 155f.; W. Kroker, Wege zur Verbreitung technologischer Kenntnisse zwischen England u. Deutschland in der zweiten Hälfte des 18. Jahrhunderts, Berlin 1971, 175; H. Zedelmaier, J. v. Baader, 1763–1835 – Ein vergessener bayerischer Erfinder, in: R. A. Müller (Hg.), Unternehmer-Arbeitnehmer, München 1985, 63; C. Matschoß, Große Ingenieure, Berlin 1942³, 123.

[44] Reulecke, Nachzügler, 59; Marechaux, in: Dinglers polytechn. Journal 5.1821, 342; Henning, Industrialisierung, 92; H. Hauser, Les methodes allemandes d'expansion economique, Paris 1916³, 1; Buchheim, 6; U. Haltern, Die Londoner Weltausstellung von 1851, Münster 1971, 236; K. Borchardt, Europas Wirtschaftsgeschichte – ein Modell für Entwicklungsländer? Stuttgart 1967, 13f.

[45] Borchardt, ebd., 9 Fn.; Buchheim, 8; Henning, Industrialisierung, 96; über das scheinbare »große Rätsel« des »erstaunlich hohen« Kostenvorteils des Zollvereins bei gewerblichen Produkten: Dumke, 181.

[46] Kroker, 116; Weber, Innovationen, 143, 234; C. Jantke/D. Hilger (Hg.), Die Eigentumslose, München 1965, 51.

[47] Poppe, Geschichte, 526f.; H.-J. Braun, Technologische Beziehungen zwischen Deutschland u. England von der Mitte des 17. bis zum Ausgang des 18. Jahrhunderts, Düsseldorf 1974, 99f.; F. Braudel, Die Geschichte der Zivilisation, München 1971, 476; Reuleaux, Buch, III, 110.

[48] Schnabel, VI, 115f.; Weber, Wegweiser, I, Einleitung, 15.

[49] R. P. Multhauf, Neptune's Gift. A History of Common Salt, Baltimore 1978, 91; Gülich, IV, 566; J. Radkau, Holz, München 2007, 130; ders., Das Rätsel der städtischen Brennholzversorgung im »hölzernen Zeitalter«, in: D. Schott (Hg.), Energie und Stadt in Europa. Von der vorindustriellen »Holznot« bis zur Ölkrise der 1970er Jahre, Stuttgart 1997 (VSWG-Beiheft 135), 57.

[50] B. von Borries, Deutschlands Außenhandel 1836–1856, Stuttgart 1970, 207f.; Buchheim, 32.

[51] Reuleaux, Buch, IV, 138f.;, Poppe, Geschichte, 509; H. Breil, F. A. A. Eversmann, Hamburg 1977, 93, J. v. Liebig, Chemische Briefe, Leipzig 1865, 107.

[52] W. Goder u. a., J. F. Böttger, Die Erfindung des europäischen Porzellans, Leipzig 1982, 91, 101, 137, 140; Reuleaux, Buch, IV, 336ff.

[53] Amtlicher Bericht (London 1851), III, 407; R. Sandgruber, Die Anfänge der Konsumgesellschaft; Konsumgüterverbrauch, Lebensstandard und Alltagskultur in Österreich im 18. u. 19. Jahrhundert, Wien 1982, 105f.; P. Fassl, in: G. Gottlieb u. a., Geschichte der Stadt Augsburg, Stuttgart 1985², 469, 471, 474.

[54] Haltern, 199ff., 236ff.; G.Hirth (Hg.), F. Reuleaux u. die deutsche Industrie auf der Weltausstellung zu Philadelphia, Leipzig 1876, 75, 18; Weber, Wegweiser, I, 584.

[55] Stürmer, 100; E. Lucie-Smith, Furniture, a Concise History, London 1979, 123f.; G. Seile, Design-Geschichte in Deutschland, Köln 1987², 53ff.

[56] Buchheim, 119; Hardach, 157 Fn.; J. Aders, in: Rhein.-Westfäl. Anzeiger, 14. 8. 1819; L. Hoffmann, Die Maschine ist notwendig, Berlin 1832, 53; Th. C. Banfield, Industry of the Rhine (1846/48), New York 1969, 235.

[57] A. Paulinyi, Die Erfindung des Heißwindblasens, II, in: TG 50.1983, 129–145; Wessely, 404.

[58] Weber, Wegweiser, I, 564f.; London 1851: Amtlicher Bericht, III, 164. Ure: Dinglers polytechn. Journal 68.1838, 120ff.

[59] U. Becher, Die Leipzig-Dresdner Eisenbahn-Compagnie, Berlin 1981, 69f.; M. M. Weber, Die Schule des Eisenbahnwesens, Leipzig 1857, 26.

[60] Radkau u. Schäfer, 108f., 165.

[61] Landes, 186; K. von Delhaes-Guenther, Kali in Deutschland, Köln 1974, 21f.; Radkau, Holz, 245f.

[62] Alban, Hochdruckdampfmaschine, 4; Stichweh, 255, 281; B. Enderes, Die »Holz- und Eisenbahn« Budweis-Linz, in: BGTI 16.1926, 19ff., 33, 43; Gülich, V, 229.

[63] Bernal, II, 626; R. P. Multhauf, The Origins of Chemistry, London 1966, 263ff., 266, 270; J. H. Clapham, The Economic Development of France and Germany, 1815–1914, Cambridge 1936⁴, 103; Weber, Innovationen, 17f.; Stichweh, 459f.; R. Blunck, J. von Liebig, Berlin 1938, 21f., 52; J. G. Smith, The Origins and Early Development of the Heavy Chemical Industry in France, Oxford 1979, 312.

[64] Schaumann, 271; Krüger, Manufakturen, 82; zu den Ursprüngen des »typisch deutschen« Wissenschaftsstils im 18. Jahrhundert: Stichweh, 317

[65] Baar, 63ff.; Braun, Beziehungen, 92ff.; Reuleaux, Buch, IV, 154ff., V, 493, 497; Poppe, Geschichte, 517; H. Pohl u.a., Die chemische Industrie in den Rheinlanden während der industriellen Revolution, I, 1983, 29, 57f.; Schaumann, 235ff.; S. D. Chapman u. S. Chassagne, European Textile Printers in the 18th Century, London 1981.

[66] W. H. von Kurrer u. K. J. Kreuzberg, Geschichte der Zeugdruckerei, der dazu gehörigen Maschinen..., Nürnberg 1840, 9f., 224; R. A. Müller, J. H. von Schule – Aufstieg und Fall des Augsburger Kattunfabrikanten im zeitgenöss. Urteil, in: ders., Unternehmer, 160ff., 174; Musson, in: ders., 127; Oberkampf, Prometheus 14.1903, 97ff

[67] Weber, Wegweiser, I, 167ff., 138f., 250, 254; Amtlicher Bericht über die allgemeine deutsche Gewerbeausstellung in Berlin 1844, I, Berlin 1845, 343ff., 359; Wöhler: J. Weyer, in: G. Mann u. R. Winau (Hg.), Medizin, Naturwissenschaft, Technik u. das Zweite Kaiserreich, Göttingen 1977, 311.

[68] Harder-Gersdorff, Leinen-Regionen, 223; Wolff, Guildmaster, 61; Reuleaux, Buch, V, 479; Poppe, Geschichte, 155; Weber, Wegweiser, I, Einleitung, 13; Menzel, 109; Ditt, 18; R. Vogelsang, Geschichte der Stadt Bielefeld, II, Bielefeld 1988, 19; Amtlicher Bericht (Berlin 1844), 345.

[69] Weber, Wegweiser, I, 1ff., 43ff.; W. Partridge, A Practical Treatise on Dying (1823), Edington 1973, 24ff.; M. Kutz, Deutschlands Außenhandel von der Französischen Revolution bis zur Gründung des Zollvereins, Wiesbaden 1974, 258; Clapham, 292ff.; A. Smith, Der Wohlstand der Nationen, München 1978, 15; G. Schmoller, Zur Geschichte der deutschen Kleingewerbe im 19. Jahrhundert (1870), Hildesheim 1975,474.

[70] W. Dietz, Die Wuppertaler Garnnahrung, Neustadt a. d. A. 1957, 49ff.; J. Beckmann in: Troitzsch u. Wohlauf, 48ff.; R. Reith, Zünftisches Handwerk, technologische Innovation u. protoindustrielle Konkurrenz, in: Aufbruch ins Industriezeitalter, II, 245; J. Sentgen, in: Geschichte der bergischen Bandindustrie, Ronsdorf 1920, 135; G.Huck u. J.Reulecke, »...und reges Leben ist überall sichtbar!« Reisen im Bergischen Land um 1800, Neustadt a. d. A. 1978, 172, 181.

[71] P. W. von Hörnigk, Österreich über alles, wann es nur will (1684), Frankfurt/M. 1948, 94; K. Wülfrath, Bänder aus Ronsdorf, Ronsdorf 1955, 19; Industrieverband Deutscher Bandweber (Hg.), Die Band- und Flechtindustrie in Wuppertal, Wuppertal 1981, 41, 52, 56.

[72] Schmoller, 617f.; Weber, Wegweiser, II, 253, 266; Aagard, 21; Beugnot, in: Huck u. Reulecke, 173.

[73] Poppe, Geschichte, 169; O. Hintze, Die preußische Seidenindustrie des 18. Jahrhunderts, in: Schmollers Jb., 17.1893, 45; Reith, 241; Huck u. Reulecke, 67.

[74] W. Köllmann, Wirtschaftsentwicklung des bergisch-märkischen Raumes im Industriezeitalter, Remscheid 1974, 13f.; Clapham, 288; S. Gorißen, Entwicklung und Organisation eisenverar-

beitender Gewerbe – Das Bergische Land und Sheffield zwischen 1650 u. 1850 im Vergleich. Mskr., Bielefeld 1987, 30f.

[75] Eversmann, 119ff., 392ff.; M. Pfannstiel, Der Lokomotivkönig, Berlin 1987, 136f.; Gorißen, 27f.; Dinglers polytechn. Journal 12.1823, 125 Wengenroth, 90ff., 94; H. Reif, »Ein seltener Kreis von Freunden«, Arbeitsprozesse u. Arbeitserfahrungen bei Krupp 1840–1914, in: K. Tenfelde (Hg.), Arbeit u. Arbeitserfahrung in der Geschichte, Göttingen 1986, 75; Schirmbeck, 88. Bei F. L. Neher, Fließband – alle 3 Minuten ein Auto, Stuttgart 1953, 8f., erklärt ein Rüsselsheimer Kurbelwellenschmied: »Glaub mir, ich kenne das Material, das ich zu schmieden habe. Ich brauche keine Analyse. Ich fühle das am Hieb, am ganzen Verhalten des Knüppels unter dem Bär [...] Und ich ginge nicht für einen Wald voll Affen von meinem Dampfhammer, von meinem Pippin dem Reizbaren, den Namen habe ich ihm gegeben.«

[76] Buch der Erfindungen, II (1872⁶), 416ff.; Poppe, Geschichte, 387; D. Arrasse, Die Guillotine, Reinbek 1988, 33ff.; Wolf, Druckpressen, 172ff., 179f.; Bayerl, I, 95, 241; W. J. Smolka, F. Koenig, in: Müller, Unternehmer, 213ff.; Der Spiegel, 4.4. 1988, 117f.; M. Giesecke, Der Buchdruck in der frühen Neuzeit, Frankfurt/M. 1991; G.-W. Schulze, Die Geschichte des Orgelbaues, in: C. Krummacher (Hg.), Wege zur Orgel, Berlin 1987, 69–74.

[77] A. Riedler, E. Rathenau u. das Werden der Großwirtschaft, Berlin 1916, 31ff.; B. Buxbaum, Der deutsche Werkzeugmaschinen- u. Werkzeugbau im 19. Jahrhundert, in: BGTI 9.1919, 103ff.

[78] Landes, 148ff.; Kindleberger, 192f.; Über die Bedeutung der Reisen: Kroker, 49f.; Weber, Innovationen, 222; Schumacher; W. Weber, Industriespionage als technologischer Transfer in der Frühindustrialisierung Deutschlands, in: TG 42.1975, 287–305; ders., Probleme des Technologietransfers in Europa im 18. Jahrhundert, Reisen u. technologischer Transfer, in: U. Troitzsch (Hg.), Technologischer Wandel im 18. Jahrhundert, Wolfenbüttel 1981, 189–217; Finley: in: Fischer Weltgeschichte Bd. 3, Frankfurt/M. 1966, 304.

[79] Weber, Wegweiser, I, Einleitung, 3; vgl. auch Braun, Beziehungen, 120; S. Haubold, in: E. Dittrich (Hg.), Lebensbilder sächsischer Wirtschaftsführer, I, Leipzig 1941, 149ff. (Technologieimport aus dem Ausland galt als besonders förderungswürdig); R.-J. Gleitsmann, Die Spiegelglasmanufaktur im technologischen Schrifttum des 18. Jahrhunderts, Düsseldorf 1985, 279—283; Hirth, 15.

[80] Weber, Innovationen, 39, 221f.; Ritter, Rolle des Staates, 98; R. Vogelsang, Geschichte der Stadt Bielefeld, I, Bielefeld 1980, 167 (zur ausländischen Herkunft des Leinengewerbes).

[81] S. Jersch-Wenzel, Juden u. »Franzosen« in der Wirtschaft des Raumes Berlin/Brandenburg zur Zeit des Merkantilismus, Berlin 1978, 212f., 217, 200, 206f., 210; dies., Preußen als Einwanderungsland, in: Preußen – Versuch einer Bilanz, II, Reinbek 1981, 136ff.; Moser, I, IV; ähnlich Biedermann, 238; Hintze, 77; Sombart I/2, 883ff.; M. Bogucka, Das alte Danzig, München 1987, 105; K. Goebel, So wurden sie Wuppertaler, in: H. Jordan/H. Wolff (Hg.), Werden und Wachsen der Wuppertaler Wirtschaft, Wuppertal 1977, 99f.

[82] Radkau u. Schäfer, 183ff.; H. Herzberg, Mühlen u. Müller rund um Berlin, Düsseldorf 1987, 137; G. Bayerl u. K. Pichol, Papier, Reinbek 1986, 62ff.; Hintze, 53.

[83] Schemnitz: Weber, Innovationen, 58ff.; Türkei: Prometheus 9.1898, 574f.; Belgien: H.Seeling, Wallonische Industriepioniere in Deutschland, Lüttich 1983.

[84] Kutz, 256; ders., Die Entwicklung des Außenhandels Mitteleuropas zwischen Französischer Revolution u. Wiener Kongreß, in: GG 6.1980, 557f.; Gall, 3; A. Vagts, Deutsch-amerikanische Rückwanderung, Heidelberg 1960, 157; Treibriemen aus den USA: Dinglers polytechn. Journal 68.1838, 372.

[85] Schumacher, 198ff.; Alban, 97f., 414, 507; Poppe, Geschichte, 31ff.; K. Bedal, Mühlen u. Müller in Franken, Bad Windsheim 1984, 75, 79ff.; F. Schultheiß, Der Ludwig-Kanal, Seine Entstehung u. Bedeutung als Handelsstraße, Nürnberg 1847, 23, 36; zum damaligen USA-Bild: D. Ricardo, Grundsätze der politischen Ökonomie (1817), Berlin 1959, 390f.; M. M. von Weber, Die Technik des Eisenbahnbetriebes, Leipzig 1854, 20.

[86] Hardach, Anglomanie, 173.

[87] Hardach, ebd.; Schumacher, 170f., 160f., 174, 206ff., 298; Alban, 3, 6; Röschlaub, in: Hygieia 1.1803 (Frankfurt/M.), 109; Kaufhold, Gewerbe, 439.

[88] Ricardo, 382; M. Berg, The Machinery Question and the Making of Political Economy 1815–1848, Cambridge 1976; J. H. M. Poppe, Geist der englischen Manufakturen, Heidelberg 1812; E. Fehrenbach, Rheinischer Liberalismus u. gesellschaftliche Verfassung, in: Rheinland-Westfalen, I, 237; W. A. Boelcke, Wirtschaftsgeschichte Baden-Württembergs, Stuttgart 1987, 200f.

[89] Alban, 3f.; Poppe, ebd., 1; Weber, Industriespionage, 299.

[90] J. Leupold (J. M. Beyer), Theatrum machinarum molarium oder Schau-Platz der Mühlen-Bau-Kunst (1735), Hannover 1982, 74; G. G. Schwahn, Lehrbuch der praktischen Mühlenbau-Kunde, Berlin 1847, Vorrede, IV; R. Banik-Schweitzer/G. Meißl (Hg.), Industriestadt Wien, Wien 1983, 114.

[91] Dietz, 43; W. Mager, Protoindustrialisierung u. agrarisch-heimgewerbliche Verflechtung in Ravensberg während der Frühen Neuzeit, in: GG 8.1982, 465; Breil, 215f.; Kaufhold, Gewerbe, 402; Westfäl. Anzeiger 1801, Sp. 446f.; C. P. Clasen, Die Augsburger Bleichen im 18. Jahrhundert, in: Grimm, Aufbruch, II, 202ff.

[92] W. H. von Kurrer, in: Dinglers polytechn. Journal 8.1822, 97, 85; D. W. F. Hardie, Die Macintoshs und die Anfänge der chemischen Industrie, in: Musson, 198f.; Kroker, 142; Huck u. Reulecke, 175 (Beugnot); Schmoller, 547; Reuleaux, Buch, V, 448f.; Amtlicher Bericht (London 1851), II, 556ff.; F. Haßler, Entwicklungslinien der deutschen Textiltechnik im 20. Jahrhundert, in: TG 28.1939, 93; Holz-Zentralblatt 81/1988, 1220ff.; G. Bayerl/K. Pichol, Papier, Reinbek 1986, 134f.

[93] Schmoller, 494f.; Huck u. Reulecke, 155, 175, 241.

[94] Band- und Flechtindustrie, 25ff.; Schmoller, 497, 565; Huck u. Reulecke, 233 (Banfield).

[95] R. Fremdling, Technologietransfer in der Eisenindustrie, Britische Exporte u. die Ausbreitung der Koksverhüttung und des Puddelverfahrens in Belgien, Frankreich u. Deutschland, Habil.-Schrift, Berlin 1982, 563; Paulinyi, Heißwindblasen; Matschoß, Maschinenbau, 17; Matthes, 216, 236f.; Zedelmaier, 66f.

[96] Hinz (Wocklumer Eisenhütte); Eversmann; Matthes, 123; Multhauf, Origins, 262; Reuleaux, Buch, V, 319f., 337; W. Schivelbusch, Lichtblicke, Zur Geschichte der künstlichen Helligkeit im 19. Jahrhundert, Frankfurt/M. 1986, 27ff., 33ff., 214; Liebig, Chemische Briefe, 113; Behrens, F. Dinnendahl, 102. In Dinnendahls Fabrik diente —— zur Belustigung eines englischen Gasfachmanns – die Gasbeleuchtung zugleich als Wärmequelle.

[97] J. G. Krünitz, Oeconomische Encyclopädie, 11 (1769), 22f.; O. Ulbricht, Rationalisierung u. Arbeitslosigkeit in der Diskussion um die Einführung der Dreschmaschine um die Wende zum 19. Jahrhundert, in: VSWG 68.1981, 155f., 170, 186f.

[98] C. Chr. A. Neuenhahn, Die Branntweinbrennerei, I, Erfurt 1802; Biedermann, 213; Marechaux, in: Dinglers polytechn. Journal 2.1820, 381f., 424f.

[99] Schnabel, VI, 187; Chr. F. von Lüder, Vollständiger Inbegriff aller bey dem Straßenbau vorkommenden Fällen samt einer vorausgesetzten Weeg-Geschichte, Frankfurt/M. 1779, 195, 477ff-, 463, 490ff.; zu Lüder: Deutsche Technik, 1935/2, 74.

[100] J. v. Baader, Die Unmöglichkeit, Dampfwagen auf gewöhnlichen Straßen mit Vorteil als allgemeines Transportmittel einzuführen, Nürnberg 1835, Vif.; vgl. auch Schumacher, 209 (C. A. Henschel); Becher, Eisenbahn-Compagnie, über die von Fr. List propagierten »Holzbahnen«; auch C. von Drais empfahl bei Eisenbahnen 1838 eine billige Leichtbauweise (Landesmuseum f. Technik u. Arbeit in Mannheim [Hg.], Räder, Autos u. Traktoren, Mannheim 1986, 9).

[101] U. P. Ritter, Die Rolle des Staates in den Frühstadien der Industrialisierung, Die preußische Industrieförderung in der ersten Hälfte des 19. Jahrhunderts, Berlin 1961, 99ff.; Breil, 83; G. Schmoller, Zur Geschichte der deutschen Kleingewerbe im 19. Jh., Halle 1870, 674.

[102] K. H. Kaufhold, Leistungen und Grenzen der Staatswirtschaft, in: Preußen, II, 112; Hintze, 31, 27.

[103] S. D. Chapman, The Cotton Industry in the Industrial Revolution, London 1972, 14f.; H.-B. Chung, Das Krefelder Seidengewerbe im 19. Jahrhundert, Krefeld 1980, 73; P. Kriedte, Proto-Industrialisierung u. großes Kapital, Das Seidengewerbe in Krefeld u. seinem Umland bis zum Ende des Ancien Regime, in: AfS 23.1983, 219–266; H. Krüger, Zur Geschichte der Manu-fakturen u. der Manufakturarbeiter in Preußen. Die mittleren Provinzen in der zweiten Hälfte des 18. Jahrhunderts, Berlin 1958, 208ff.; Sombart, II/2, 736; Buchheim, 57ff., 73ff.; Weber, Wegweiser, I, 143f.

[104] Kaufhold, Gewerbe, 444, 450f.; Weber, ebd., 8ff.; I. Mieck, Preußische Gewerbepolitik in Berlin 1806–44, Berlin 1965, 237; W. Radtke, Die preußische Seehandlung zwischen Staat u. Wirtschaft in der Frühphase der Industrialisierung, Berlin 1981, 240–259.

[105] Ritter, 75, 88; Treue, in: Pohl, (Hg.), Wirtschaftswachstum, 62f.; Behrens, 42ff., über perma-nente Schwierigkeiten Franz Dinnendahls mit der lokalen Bergbehörde.

[106] Breil, 469, 477; I. Mieck, in: W. Ribbe (Hg.), Geschichte Berlins I, München 1987, 544, 566; Ditt, 16; Harder-Gersdorff, 217.

[107] H.Baumgärtel, Bergbau u. Absolutismus, Leipzig 1963, 28; Weber, Innovationen, 126, 116.

[108] Radkau, Energiekrise, 1, 28, 37 Fn.;

[109] Monumentale, nichtutilitäre Aspekte der französischen Kanäle: P. Pinon, in: Caisse des monu-ments historiques et des sites (Hg.), Un canal, des canaux, Paris 1986, 28f.; W. Sbrzesny, Leh-rer u. Gestalter im deutschen Wasserbau, in: TG 26.1937, 68f.; R. Ingoviz, G. Huebmer – ein deutscher Holzknecht, in: Österreich. Vierteljahrsschrift f. d. Forstwesen, 1909, H. 1.

[110] K.-H. Manegold, Die Akademisierung der Technik, in: P. Lundgreen (Hg.), Zum Verhältnis von Wissenschaft u. Technik, Bielefeld 1981, 101.

[111] Schnabel, VI, 91; W. Weber, German »Technologie« vs. French »Polytechnique« in Germany, 1780–1830, in: M. Kranzberg (Hg.), Technological Education – Technological Style, San Fran-cisco 1986, 22f.; Lundgreen, Techniker, 165, 227ff., 143; Treue, Wirtschafts- u. Technikge-schichte, 343; Pfannstiel, 29f., 179.

[112] H. Beau, Das Leistungswissen des frühindustriellen Unternehmertums in Rheinland und Westfalen, Köln 1959, 21f.; Ditt, 173.

[113] D. E. Müller, Des Speßarts Holzhandel u. Holz verbrauchende Industrie, Frankfurt/M. 1837, 212f.; Treue, Wirtschafts- u. Technikgeschichte, 333.

[114] Weber, Innovationen, 140, 157, 69f., 144, 163.

[115] A. Brachner, Phasen des technologischen Wandels, in: Germanisches Nationalmuseum (Hg.), Leben u. arbeiten im Industriezeitalter, Stuttgart 1985, 266f.

[116] Schnabel, VI, 243; Hoffmann, Maschine (1832), 51: »Es ist jedoch die Stimme des Arbeiters ganz allgemein gegen die Maschinen, und wenn auch nur hier und da Unfug statt hat, so würde ohne Aufrechterhaltung der Ordnung die Zerstörung der Maschinen allgemein sein.« Über eine verbreitete Ablehnung der Peuplierungslehren: Sandgruber, Anfänge, 24.

[117] B. Stollberg-Rilinger, Der Staat als Maschine, Zur politischen Metaphorik des absoluten Fürs-tenstaats, Berlin 1986; R. Koselleck, Preußen zwischen Reform u. Revolution, Stuttgart 1975², 401.

[118] K. Knies, Der Telegraph als Verkehrsmittel, Tübingen 1857.

[119] Sombart 111/1, 109; L. White, Die mittelalterliche Technik u. der Wandel der Gesellschaft, München 1968, 87ff., 94; Fr. W. Weber, Die Geschichte der pfälzischen Mühlen bes. Art, Otterbach 1981, 288; E. Wiest, Die Entwicklung des Nürnberger Gewerbes 1648—1806, Stuttgart 1968, 107.

[120] Paulinyi, Kraftmaschine, 181, 183; Eversmann, 119; Weber, Wegweiser, II, 32; Poppe, Geist, 31ff.; Breil, 290ff.

[121] Ritter, 65; Esch, Volkenborn, 74; G. Luther, Der deutsche Mühlenbau, Diss. Darmstadt 1909, 12.

[122] R. Woldt, Die Arbeitswelt der Technik, Berlin 1926, 104; Schwerz, Beschreibung, 78.

[123] Radkau, Energiekrise, 36.

[124] O. Johannsen, Geschichte des Eisens, Düsseldorf 1953, 258; G. Jontes, Vordernberg u. Eisenerz im Jahr 1793, Wien 1977, 12; Eversmann, 141.

[125] Reif; Fremdling; F. Engels, Die Lage der arbeitenden Klasse in England (1845), München 1980³, 30.

[126] P. Tafel, Die nordamerikan. Trusts u. ihre Wirkungen auf den Fortschritt der Technik, Stuttgart 1913, 32; H. Ringel, Bergische Wirtschaft 1790—1860, Neustadt a. d. A. 1966, 93; M. B. Rose, The Gregs of Styal, London 1978, 8; J. Kuczynski, Den Kopf tragt hoch trotz alledem! Englische Arbeiterautobiographien des 19. Jahrhunderts, Leipzig 1983, 110.

[127] Radkau u. Schäfer, 138f.; Sandgruber, Anfänge, 23; Behrens, J. Dinnendahl, 164.

[128] Poppe, Geschichte, 81f., 180; Reuleaux, Buch, V, 274; Radkau u. Schäfer, 187ff.; E. Schremmer (Hg.), Handelsstrategie u. betriebswirtschaftl. Kalkulation. Der süddeutsche Salzmarkt, Wiesbaden 1971, 295.

[129] Poppe, Geist, 50; Kaufhold, Gewerbe, 78; Nathusius, 89, 220f.; Mindener Museum (Hg.), Kaffee, Kultur eines Getränks, Minden 1987, 49ff.; Stürmer, 270.

[130] Braudel, 476; N.-E. Vanzan Marchini, Venezia da laguna a città, Venedig 1985; J. Radkau, Vom Wald zum Floß – ein technisches System?, in: H.-W. Keweloh (Hg.), Auf den Spuren der Flößer, Stuttgart 1988, 16–39; Weber, Wegweiser, I, 35, 37, 48; R. Fremdling, Die Ausbreitung des Puddelverfahrens u. des Kokshochofens in Belgien, Frankreich u. Deutschland, in: TG 50.1983, 204.

[131] H. Aagard, Gefahren u. Schutz am Arbeitsplatz in historischer Perspektive. Am Beispiel des Nadelschleifens u. Spiegelbelegens im 18. u. 19. Jahrhundert, in: Technologie u. Politik 16, Reinbek 1980, 170f.

[132] Gülich, V, 243f.; Müller in: ders. (Hg.), Marx, Exzerpte, XXXIIff.; Lundgreen, Techniker, 227 (F. Jacobi 1851 über »sogenannte« und »wahre« Industrie); Bodemer (1856), 26f.; Schwerz, Beschreibung, 79, über »Volks-« und »Privatfabrik«; P. Weingart (Hg.), Technik als sozialer Prozeß, Frankfurt/M. 1989, 8.

第三章　德国生产体制的形成

[1] Zur Zäsur um 1850: Henning, Industrialisierung, 112ff.; W Feldenkirchen, in: Pohl (Hg.), Wirtschaftswachstum, 75, 79; Kindleberger, 218; Textilunternehmer: Dudzik, 272.

[2] Riedler, Pinner; H.-J. Rupieper, Arbeiter u. Angestellte im Zeitalter der Industrialisierung: Eine sozialgeschichtliche Studie am Beispiel der M.A.N. 1837–1914, Frankfurt/M. 1982, 35f.

[3] Kocka, 364; G. Siemens, Erziehendes Leben, Freiburg 1957, 58.

[4] F. Redlich, Reklame, Begriff – Geschichte – Theorie, Stuttgart 1935, 25, 27, 170, 192; W. von Siemens erklärte noch 1882, dass »die Art unseres Geschäftsbetriebes das Reklamebedürfnis ausschließt«: W. L. Kristl, Der weiß-blaue Despot, O. von Miller in seiner Zeit, München o.J., 43f.

[5] R. Tilly, in: Aubin u. Zorn (Hg.), II, 589; S. Pollard, The Neglect of Industry: A Critique of British Economic Policy Since 1870, in: Centrum voor Maatschappijgeschiedenis (Rotterdam) 11.1984, 9f.; Feldenkirchen, in: Pohl (Hg.), 95.

[6] H. Fürstenberg, C. Fürstenberg, Die Lebensgeschichte eines deutschen Bankiers, Wiesbaden (1961), 351f.; H.-J. Braun u. W. Weber, Ingenieurwissenschaft u. Gesellschaftspolitik, Das Wirken von F. Reuleaux, in: R. Rürup (Hg.), Wissenschaft u. Gesellschaft, I, Berlin 1979, 291f.

[7] Prometheus 6.1895, 451; F. Pinner, E. Rathenau u. das elektrische Zeitalter, Leipzig 1918, 168; P. Hertner, Les sociétés financières suisses et le developpement de l'industrie électrique jusqu'à

la Premiere Guerre Mondiale, in: F. Cardot (Hg.), 1880–1980, Un siecle d'electricité dans le monde, Paris 1987, 344; Schwerin-Krosigk, II, 631ff. (Zusammenhang zwischen den Konzentrationsprozessen in der Elektroindustrie und im Bankwesen; Bankenrückhalt der Loewe AG).

[8] Ditt, 61f.

[9] B. R. Mitchell, European Historical Statistics 1750–1975, London 1981³, 381ff.; Banfield, 49; Burckhardt: J. H. van der Pot, Die Bewertung des technischen Fortschritts, Bd. 1, Assen/NL 1985, 388.

[10] W. Weber, Industrialisierung: Das Ruhrgebiet, Braunschweig 1982, 42; H.-J. Joest, Pionier im Ruhrrevier (GHH), Stuttgart 1982, 49ff.

[11] W. Feldenkirchen, Die Eisen- u. Stahlindustrie des Ruhrgebiets 1879–1914, Wiesbaden 1982, 258.

[12] F. M. Reß, Geschichte der Kokereitechnik, Essen 1957, 13, 283, 392; Prometheus 9.1898, 474ff.; Reuleaux, Buch, V, 345.

[13] Weber, Industrialisierung, 44.

[14] Feldenkirchen, Eisen- u. Stahlindustrie, 265; Wengenroth, Unternehmensstrategien, 100–106.

[15] Wengenroth, 118 u. passim; noch die Erfindung des rostfreien Stahls (um 1913) stammte aus Sheffield: ders., Deutscher Stahl – Bad and Cheap, Glanz u. Elend des Thomasstahls vor dem Ersten Weltkrieg, in: TG 53.1987, 202; W. C. Unwin, in: Zs. f. techn. Fortschritt, 1916, 183; Stearns, 113; W. Feldenkirchen, Die wirtschaftl. Rivalität zwischen Deutschland u. England im 19. Jahrhundert, in: Zs. f. Unternehmersgeschichte 25.1980, 90; S. Pollard, »Made in Germany« – die Angst vor der deutschen Konkurrenz im spätviktorianischen England, in: TG 53.1987, 190.

[16] Reuleaux, Buch, VIII, 432; Ostwald, Lebenslinien, III, 355; Prometheus 17.1906, 30ff., 46ff., 62f.; H. Caro, Über die Entwicklung der Theerfarbenindustrie, in: Berichte der Deutschen Chemischen Gesellschaft, 1892, 955; J. Borkin, Die unheilige Allianz der IG Farben, Frankfurt/M. 1986⁴, 10.

[17] Reß, 256; Caro, 964f.

[18] Delhaes-Guenther, 51, 54; Multhaupt, Gift, 191.

[19] F. Heintzenberg, Von der Werkstatt zur Fabrik, in: TG 29.1940, 99; P. Poschenrieder, Erinnerungen aus der Werdezeit der Elektrotechnik, in: Elektrotechn. Verein (Hg.), Geschichtliche Einzeldarstellungen aus der Elektrotechnik, Berlin 1932, 99; J. Varchmin u. J. Radkau, Kraft, Energie u. Arbeit. Energie u. Gesellschaft, Reinbek 1984², 56ff.; W. König, Die technische u. wirtschaftl. Stellung der deutschen u. brit. Elektroindustrie zwischen 1880 u. 1900, in: TG 53.1987, 223f.; A. Stodola, Dampf- u. Gasturbinen, Düsseldorf 1986 (urspr. 1922⁵), 1ff.

[20] W. Rathenau, Briefe, N. F., Dresden 1930, 79; L. Dunsch, Geschichte der Elektrochemie, Leipzig 1985, 85f.: Die berühmten theoretischen Arbeiten von Arrhenius, Nernst, Ostwald u.a. zur Elektrolyse waren »auf die stürmische Ausbreitung der technischen Elektrochemie ohne Einfluß«; vgl. W. Ostwald, Elektrochemie, Leipzig 1896, 8: »Die schnelle und glänzende Entwicklung der physikalischen Theorie der elektrischen Erscheinungen hatte lange Zeit keine andere Wirkung, als die Unklarheiten und Widersprüche der chemischen Probleme zu vermehren.« Neuerdings H. Fritzsch, Quarks – Urstoff unserer Welt, München 1985⁹, 29: »Für den Physiker ist die Chemie heutzutage nicht mehr interessant.«

[21] Caro, 1029; H. J. Flechtner, C. Duisberg, Vom Chemiker zum Wirtschaftsführer, Düsseldorf 1959, 62ff.; Reß, 13, 239, 250, 406; H. Schultze, Die Entwicklung der chemischen Industrie in Deutschland seit 1875, Halle 1908, 248.

[22] Kocka, 275; auch die Maschinentechniker hatten zunächst »wenig Sympathie« für die Elektrotechnik: A. Wilke, Die Elektrizität, Leipzig 1897, 312f.; G. Siemens, Der Weg der Elektrotechnik. Geschichte des Hauses Siemens, I, Freiburg 1961, 116, 118, 143, 145, 148, 168.

[23] G. Dettmar, Die Entwicklung der Starkstromtechnik in Deutschland, I, Berlin 1940, 60; A. Riedler, E. Rathenau u. das Werden der Großwirtschaft, Berlin 1916, 50ff.; Pinner, 71ff.; Kristl, 112.

[24] Dettmar, I, 100.

[25] Bedal, 79; C. K. Harley, The Shift from Sailing Ships to Steamships 1850–1890, in: D. N. McCloskey (Hg.), Essays on a Mature Economy: Britain After 1840, London 1971, 215–31 (224: Der Suezkanal, der nicht durchsegelt werden konnte, wurde zu einer Klippe der Segelschiffahrt). C. Hantschk, Technik und Kunst, in: P. Berner u. a. (Hg.), Wien um 1900, München 1986, 96.

[26] 16 Caro, 967, 985; C. Duisberg, Abhandlungen, Vorträge u. Reden 1882–1921, Leipzig 1923, 185; Flechtner, 114, 154; H. Peetz (Hg.), »Nicht ohne uns!« Arbeiterbriefe, Berichte u. Dokumente zur ehem. Industrialisierung von 1760 bis heute, Frankfurt/M. 1981, 80ff.; Bijker, 167f., über den in Deutschland fehlenden »technological frame« bei der Nutzung der Kunstharze; R. Willstätter, Aus meinem Leben, Weinheim 1958², 96; E. Bäumler, Ein Jahrhundert Chemie, Düsseldorf 1963, 170.

[27] C. W. R. Gispen, Technical Education and Social Status. The Emergence of Mechanical Occupation in Germany 1820–1890, Diss. Berkeley 1981, 394ff.; P. Lundgreen, in: K.-H. Ludwig (Hg.), Technik, Ingenieure u. Gesellschaft. Geschichte des Vereins Deutscher Ingenieure 1856–1981, 69; VDI-N. 43/1987, 12; F. R. Pfetsch, Zur Entwicklung der Wissenschaftspolitik in Deutschland 1750–1914, Berlin 1974, 110; W. Sombart, Die deutsche Volkswirtschaft im 19. Jh., Darmstadt 1954, 257.

[28] Riedler, Rathenau, 38; Pinner, 28.

[29] Reuleaux, Buch, VIII, 170: »Man war an eine derartige Steigerung sozusagen schon gewöhnt und würde, wenn Krupp die Stephanskirche mit seinem Gußstahl ausgegossen und den Turm mitten abgebrochen hätte, um die Gleichmäßigkeit des Gefüges zu zeigen, das nur für selbstverständlich gehalten haben.« W. Vogt, Der Eisenbahnkönig, München 1982², 89ff.

[30] Matschoß, Geschichte, 255; O. Kammerer, Einfluß des techn. Fortschritts auf die Produktivität, in: Schriften des Vereins für Sozialpolitik 132.1910, 374, 378; Matthes, 206, 217; Landesmuseum Mannheim, 12; L. T. C. Rolt, Victorian Engineering, London 1970, 271; E. Diesel, Diesel 1983, 101, 105, 214, 217; F. Sass, Geschichte des deutschen Verbrennungsmotors 1860–1918, Berlin 1962, 395; Reuleaux, Buch, VIII, 232; Matschoß, in: Loewe, 25f.; Lundgreen, in: Ludwig (Hg.), Technik, 89ff.

[31] Wagenbreth u. Wächtler, Dampfmaschinen, 210; Das neue Buch der Erfindungen, Gewerbe u. Industrien, II, Leipzig 1872⁶, 497; F. Reuleaux, Theoretische Kinematik, Braunschweig 1875, 529; R. Hanf, Im Spannungsfeld zwischen Technik u. Markt. Zielkonflikte bei der Daimler-Motoren-Gesellschaft im ersten Dezennium ihres Bestehens, Wiesbaden 1980, 20; Prometheus 6.1895, 22; K. Mauel, Die Rivalität zwischen Heißluftmaschine u. Verbrennungsmotor als Kleingewerbemaschinen 1860–1890, Düsseldorf 1967, 146; H. Grothe, Über die Bedeutung der Kleinmotoren als Hülfsmaschinen für das Kleingewerbe, in: Schmollers Jb., 8.1884, 174ff.; J. C. McCullagh (Hg.), Pedalkraft, Reinbek 1988, 34ff.; Die Technik in der Landwirtschaft, Berlin 1926, 196.

[32] Pollard, Made, 187f.

[33] W. von Siemens, Leben, 27; Siemens, Weg, I, 72.

[34] Reuleaux, Buch, VI, 52; Riedler, Rathenau, 158; W. A. Boelcke, Krupp u. die Hohenzollern, Frankfurt/M. 1970, 34.

[35] Caro, 1019; Willstätter, 129; Bismarck: L. Burchardt, Professionalisierung oder Berufskonstruktion? Das Beispiel des Chemikers im wilhelminischen Deutschland, in: GG 6.1980, 332. H.-U. Wehler, Bismarck u. der Imperialismus, Köln 1972³, 244; W. König, Höhere technische Bildung in Preußen im Kaiserreich, in: G. Sodan (Hg.), Die Technische Fachhochschule Berlin im Spektrum der Berliner Bildungsgeschichte, Berlin 1988, 209.

[36] S. von Weiher, Berlins Weg zur Elektropolis, Berlin 1974, 64, 91f.; H.-P. von Peschke, Elektroindustrie u. Staatsverwaltung am Beispiel Siemens 1847–1914, Frankfurt/M. 1981, 57; F. Thomas, The politics of growth: The German telephone System, in: R. Mayntz u. T. P. Hughes (Hg.), The Development of Large Technical Systems, Frankfurt/ M. 1988, 179–213; R. Genth u. J. Hoppe, Telefon!, Berlin 1986, 44; H. Bausch, Rundfunkpolitik nach 1945, München 1980, II, 876.

[37] Gülich, V, 196.

[38] M. M. von Weber, Die Stellung der deutschen Techniker im staatlichen u. sozialen Leben, Wien 1877, 11; Schivelbusch, Eisenbahnreise, 33.

[39] R. R. Fremdling, Eisenbahnen und deutsches Wirtschaftswachstum 1840–1879, Dortmund 1985², 132; Zedelmaier, 70 (J. von Baader über die Eisenbahn als Gegenmittel gegen »das drohende Gespenst der Unruhe und Unzufriedenheit der Proletaren«).

[40] R. P. Sieferle, Fortschrittsfeinde? Opposition gegen Technik u. Industrie von der Romantik bis zur Gegenwart, München 1984, 87ff.; zur zögernden Politik der preußischen Regierung: W. Steitz, Die Entstehung der Köln-Mindener Eisenbahn, Köln 1974, 43 ff., 76; Frankreich: H. von Treitschke, Deutsche Geschichte im 19. Jahrhundert, Leipzig 18903, 581f.; C. Fohlen in: Fontana Economic History 4/1, 42; Schuchard: Fehrenbach, 241; Vorteil der Langsamkeit: H. J. Ritzau, Schatten der Eisenbahngeschichte. Ein Vergleich britischer, US- und deutscher Bahnen, I, Pürgen 1987,192f.

[41] Fremdling, Eisenbahnen, 64, 84, 160; D. Eichholtz, Junker u. Bourgeoisie vor 1848 in der preußischen Eisenbahngeschichte, Berlin 1962, 86f., 94f. (Beuth u. Rother); H. Kiesewetter, Industrialisierung u. Landwirtschaft. Sachsens Stellung im regionalen Industrialisierungsprozeß Deutschlands im 19. Jahrhundert, Köln 1988, 601; K. v. Eyll, Aspekte der Industrialisierung des Ruhrgebiets im 19. Jahrhundert, in: Rheinland-Westfalen, I, 191.

[42] List: Motto zu J. von Baader, Huskisson u. die Eisenbahnen, München 1830; Baader begründete die prinzipielle Überlegenheit der Schiene über den Wasserweg mit dem physikalischen Sachverhalt, dass im Wasser der Reibungsverlust mit wachsender Geschwindigkeit zunimmt: Baader, Unmöglichkeit, 2; Schultheis, Ludwig-Kanal, 7f., 18, 72f.; Ch. Hadfield, British Canals, Newton Abbot 19796, 217ff.; E. v. Beckerath, Neudeutsche Kanalpolitik, in: B. Harms (Hg.), Strukturwandlungen der deutschen Volkswirtschaft, II, Berlin 1928, 207.

[43] M. E. Feuchtinger, 100 Jahre Wettbewerb zwischen Eisenbahn u. Landstraße, in: TG 24.1935, 102; Buch der Erfindungen, II (1872) 284f.; Henning, Industrialisierung, 165f.; Reuleaux, Buch, VII, 92; Poppe, Geschichte, 319; R. Thimme, Straßenbau u. Straßenpolitik in Deutschland 1825–1835, Stuttgart 1931, 36ff.

[44] K. Beyrer, Das Reisesystem der Postkutsche, in: Zug der Zeit – Zeit der Züge, Deutsche Eisenbahn 1835–1985, Berlin 1985, I, 54f.; Poppe, Geschichte, 11; Treitschke, 581. H. Stephan, Geschichte der preußischen Post, Berlin 1859, 789ff.

[45] R. Gador, Die Entwicklung des Straßenbaus in Preußen 1815–1875, Diss. Berlin 1966, 166.

[46] Baader, Huskisson, 9; Strauß: Pot, I, 253f.

[47] M. M. von Weber, Die Technik des Eisenbahnbetriebes in Bezug auf die Sicherheit desselben, Leipzig 1854, 6, 16; ders., Die Schule des Eisenbahnwesens, Leipzig 1857, 25f.; H. Weigelt, Epochen der Eisenbahngeschichte, Darmstadt 1985, 21, 29.

[48] Fremdling, Eisenbahnen, 94ff., 161f., 132ff.; Weber, Schule, 26; ders., Technik, 20.

[49] H. Wagenblaß, Der Eisenbahnbau u. das Wachstum der deutschen Eisen- u. Maschinenindustrie 1835–60, Stuttgart 1973, 205ff.; Fremdling, Eisenbahnen, 76; Kindleberger, 203; Hirth, Reuleaux, 49.

[50] Troitzsch u. Wohlauf, 31; Wagenblaß, 271; G. Zweckbronner, Ingenieurausbildung im Königreich Württemberg, Stuttgart 1987, 121; A. Schröter u. W. Becker, Die deutsche Maschinenbauindustrie in der industriellen Revolution, Berlin 1962, 47f.; Kiesewetter 501, 507; Baar, 104ff.; für die USA, wo die Bedeutung der Eisenbahn im 19. Jahrhundert gewöhnlich superlativisch geschildert wird, betont R. W. Fogel den sektoral begrenzten Charakter der von der Ei-

senbahn ausgehenden technologischen Impulse, in: B. Mazlish (Hg.), The Railroad and the Space Program – An Exploration in Historical Analogy, Cambridge/Mass. 1965, 92ff.

[51] Pfannstiel, 144; Fremdling, Eisenbahnen, 75; D. Vorsteher, Mythos vom Dampf, in: J. Boberg u. a. (Hg.), Exerzierfeld der Moderne. Industriekultur in Berlin im 19. Jahrhundert, München 1984, 80–85; K. Pierson, Borsig – ein Name geht durch die Welt, Berlin 1973, 29; Wagenblaß, 209; E. Born u. Th. Düring, Die Dampflokomotiven, in: J. P. Blank u. Th. Rahn (Hg.), Die Eisenbahntechnik, Darmstadt 1983, 31. »Völkerkrieg«: J. H. J. von d. Pot, Die Bewertung des technischen Fortschritts, Assen 1985, 1, 269.

[52] Weber, Schule, 18; Baader, Unmöglichkeit, 41.

[53] Wagenblaß, 272; Radkau u. Schäfer, 213ff.; Weber, Technik, 32ff.; G. Mehrtens, Der deutsche Brückenbau im 19. Jahrhundert, Düsseldorf 1984, VII; Boelcke, 27; R. Fremdling, Industrialisierung u. Eisenbahn, in: Zug, I, 123ff.; H.-J. Rupieper, Die Eisenbahn als industrieller Wachstumsimpuls, in: ebd., 152, 156; Wagenblaß, 221ff.; Matschoß, Maschinenfabrik Nürnberg, 259, 273; von Hütsch, Der Münchener Glaspalast 1854–1931, München 1980, 68. A. Paulinyi, Das Puddeln, München 1987, 70ff.; Th. S. Kuhn, Die Entstehung des Neuen, Frankfurt/M. 1978, 125; D. Ziegler, Eisenbahnen und Staat im Zeitalter der Industrialisierung, Stuttgart 1996 (VSWG Beiheft 127), 534, 539, 291, 535, 440.

[54] H. W. Sasse, Streifzug durch die Geschichte der deutschen Signaltechnik, in: Signal u. Draht 50.1958, 208–222; E. Krafft, 100 Jahre Eisenbahnunfall, Berlin 1925, 54; Siemens, Weg, I, 74; von Weiher, 110.

[55] W. Klee, Preußische Eisenbahngeschichte, Stuttgart 1982, 185f.; Weigelt, 35; M. Alberty, Der Übergang zum Staatsbahnsystem in Preußen, Jena 1911, 321; Prometheus 9.1898, 725; J. Radkau, Das Zeitalter der Nervosität, München 1998.

[56] Pierson, 147f.; Alberty, 316f.; Lundgreen, in: Ludwig (Hg.), Technik, 75; K. Riebold u. J. Weiß, in: Blank u. Rahn, 124.

[57] R. Sartorti, Fliegen, schweben, fahren, in: T. Buddensieg u. H. Rogge, Die Nützlichen Künste, Berlin 1981, 239; W. Sombart, Die deutsche Volkswirtschaft im 19. Jahrhundert u. im Anfang des 20. Jahrhunderts, Berlin 19092, 262; M. Waechter, Die Kleinbahnen in Preußen, Berlin 1902, 102; Klee, 186.

[58] Prometheus 9.1898, 713f., 590, 711; W. Hegemann, Das steinerne Berlin, Geschichte der größten Mietskasernenstadt der Welt (1930), Berlin 1963, 290; Peschke, 133; J. P. McKay, Tramways and Trolleys, The Rise of Urban Mass Transport in Europe, Princeton 1976, 77ff., 109; Dettmar, I, 222f.; Siemens, Leben, 47f.; Die Berliner S-Bahn, Gesellschaftsgeschichte eines industriellen Verkehrsmittels, Berlin 1982, 11, 17, 23f., 54; Schwebebahn: Shadwell (1908), 140; H. F. Schierk, in: Buddensieg u. Rogge, 214ff.

[59] J. Radkau, Das Fahrrad in den Technikvisionen der Jahrhundertwende oder: Das Erlebnis in der Technikgeschichte, in: V. Briese u. a. (Hg.), Wege zur Fahrradgeschichte, Bielefeld 1995, 10–32; Delbrück: E. Bertz, Philosophie des Fahrrads, Dresden 1900, 27; Gesundheitsschädlichkeit des Fahrrads, u.a. durch Parallele zu dem »Trampeln« an der Nähmaschine: Fahrrad-Liebe, Berlin 1987, 70; J. Maes, Fahrradsucht, Köln 1989. J. Radkau, »Ausschreitungen gegen Automobilisten haben überhand genommen«, Aus der Zeit des wilden Automobilismus in Ostwestfalen-Lippe, in: Lipp. Mitt. 56.1987, 25f.; Auto als Suchtmittel: A. Mitscherlich, Thesen zur Stadt der Zukunft, Frankfurt/M. 1971, 62; Ditt, 175ff.; S. B. Saul, Technological Change: The U. S. and Great Britain in the 19th Century, London 1970, 163.

[60] G. Horras, Die Entwicklung des deutschen Automobilmarktes bis 1914, München 1982, 126, Fn.; Buxbaum, 126; Prometheus 9.1898, 426, 436; W. Schwipps, Lilienthal u. die Amerikaner, München 1985, 71, 89; Landesmuseum Mannheim, 12; Kindleberger, 227; Bertz, 182, 27

[61] Radkau, Ausschreitungen; H. Holzapfel u.a., Autoverkehr 2000, Wege zu einem ökologisch u. sozial verträglichen Straßenverkehr, Karlsruhe 1985, 45; Redlich, 19; H. Pohl (Hg.), Die Einflüsse der Motorisierung auf das Verkehrswesen von 1886 bis 1986, Stuttgart 1988, 32, 35 (F. Crouzet, P. Fridenson).

［ 62 ］ Horras, 205f.; B. Polster, Tankstellen, Die Benzingeschichte, Berlin 1982, 18.

［ 63 ］ J. Krausse, Versuch, auf's Fahrrad zu kommen, in: absolut modern sein, Culture technique in Frankreich 1889–1937, Berlin 1986, 64; Reuleaux, Buch, VIII, 302; Kammerer, 385.

［ 64 ］ E. Klapper, Die Entwicklung der deutschen Automobilindustrie, Eine wirtschaftliche Monographie unter Berücksichtigung des Einflusses der Technik, Berlin 1910, 10ff.; Prometheus 22.1911, 167; über eine mögliche neue Zukunft des Elektroautos: VDI-N. 51/1987, 21; Autler-Zucht- u. Ruchlosigkeiten, Ein Protest gegen die Schreckensherrschaft der Straße, Berlin 1909, 7; VDI-N. 1/1988, 4 (R. Sietmann).

［ 65 ］ Ritter, 94; Schröter, 61; Kiesewetter, 671.

［ 66 ］ Reuleaux, Buch, VIII, 340, 104.

［ 67 ］ S. von Weiher, W. von Siemens, Zürich, 1974², 32f.; Amtl. Bericht (London 1851), III, 415; Hounshell, 331f.; Caro, 1031–34; W.Fischer, in: Aubin u. Zorn (Hg.), 11, 552; Hirth, 26, 51–53.

［ 68 ］ P. Kirchberg u. E. Wächtler, C. Benz, G. Daimler, W.Maybach, Leipzig 1981, 16; Kiesewetter, 515; Buxbaum, 107; H. L. Sittauer, F. G. Keller, Leipzig 1982, 84f.; Pinner, 90.

［ 69 ］ V. Weiher, Siemens, 79f.; Prometheus 5.1894, 22, 34; H.-J. Braun, F. Reuleaux u. der Technologietransfer zwischen Deutschland u. Nordamerika am Ausgang des 19. Jahrhunderts, in: TG 48.1981, 117, 121; Buxbaum, 126; Prometheus 22.1911, 101: Auf der Brüsseler Weltausstellung von 1910 habe die deutsche Werkzeugmaschinenindustrie »wohl zum ersten Male« ihre »Vollwertigkeit« gegenüber der amerikanischen Konkurrenz bewiesen.

［ 70 ］ F. Reuleaux, Briefe aus Philadelphia, Braunschweig 1877², 6; Prometheus 22.1911, 828.

［ 71 ］ Vgl. Pinner, 88, über E. Rathenau, durch dessen Schilderung von der in Philadelphia 1876 erlebten »Offenbarung« sich Pinner an Zarathustras Gang ins Gebirge erinnern ließ (ebd., 42f.); E. Kroker, Die Weltausstellungen im 19. Jahrhundert, Göttingen 1975, 119ff.

［ 72 ］ Boelcke, 32; Peschke, 43, 157. Wenn sich die Chemie seit dem späten 19. Jahrhundert als »deutsche« Wissenschaft und Industriebranche profilierte, so auch zu dem Zweck, um für den staatlichen Ausbau der chemischen Forschung »Stimmung« zu machen; dazu B. Dornseifer, Der Aufstieg organisierter Industrieforschung in Deutschland u. in den USA 1880–1929, Bielefeld 1988 Ms., 26f.; W. von Siemens, Leben,

［ 73 ］ A. Heggen, Erfindungsschutz u. Industrialisierung in Preußen 1793–1877, Göttingen 1975, 135; Kroker, Weltausstellungen, 24ff., 28f.

［ 74 ］ Amtlicher Bericht, III, 121; I, 230; Schumacher, 182ff.; G. von Klass, Krupp – Die drei Ringe, Tübingen 1966⁵, 39.

［ 75 ］ Boelcke, 63; Reuleaux, Buch, VIII, 340, 357, 369, 372ff.

［ 76 ］ Braun u. Weber, 293; M. Franke, in: Buddensieg u. Rogge, 244ff.; F. Krempe, Daguerreotypie in Deutschland, Seebruck 1979, 19.

［ 77 ］ Reuleaux, Briefe, 5.

［ 78 ］ Reuleaux, Buch, VIII, 342f.; Gispen, 388; S. von Weiher, 100 Jahre »Made in Germany«. Absicht u. Auswirkung eines britischen Gesetzes, in: TG 53.1987, 176ff.

［ 79 ］ Weber, Stellung, 3; Pfetsch, 175; Buxbaum, 124; Gispen, 387; Matschoß, in: Loewe, 22f.; Braun, Reuleaux, 114; Hirth, 49; Schmoller, 670f.; Putsch, 79.

［ 80 ］ Braun u. Weber, 289, 295; Reuleaux, Briefe, 12f., 124 (H.-J. Braun); Heggen, 127ff.; Hirth, 19; A. Bebel, Die Frau und der Sozialismus, Berlin 1974, 424.

［ 81 ］ Amtl. Bericht, I, 588.

［ 82 ］ Wengenroth, Deutscher Stahl, 198ff.; ders., Unternehmensstrategien, 179.

［ 83 ］ W. H. G. Armytage, A Social History of Engineering, London 1976⁴, 185; E. E. Williams, »Made in Germany«. Der Konkurrenzkampf der deutschen Industrie gegen die englische, Dresden 1896, 140f., 201, 205; W. E. Minchinton, E. E. Williams: »Made in Germany« and After, in: VSWG 62.1975, 229–242; französische Urteile: H. W. Paul, The Sorcerer's Apprentice: The French Scientist's Image of German Science, 1840–1919, Gainesville 1972, 7f.

[84] Grimm, Aufbruch, III, 153. In Sheffield charakterisierte selbst der Metallurge Harry Brearley seine im Labor getätigte Erfindung des rostfreien Stahls als theorieloses Ergebnis des Zufalls: G. Tweedale, Sheffield Steel and America, Cambridge 1987, 77.

[85] J. Liebig, Über das Studium der Naturwissenschaften u. über den Zustand der Chemie in Preußen, Braunschweig 1840, 15, 39f.; P.Borscheid, Die Chemie Süddeutschlands im Spannungsfeld von Wissenschaft, Technik und Staat, 1850–1914; in: Lundgreen, Verhältnis, 250; W. Ostwald, Die Forderung des Tages, Leipzig 19112, 294: »Liebig hat wirklich sehr viele Behauptungen aufgestellt, die einfach falsch waren, falsch nicht nur von dem Standpunkte einer späteren, reiferen Wissenschaft, sondern selbst vom Standpunkte des Wissens seiner Zeit.« Willstätter, 121: »Niemand« wisse mehr, warum Liebig berühmt sei. Über das Fiasko der Liebigschen Düngerlehre, in der L. zeitweise seine größte Leistung sah, s. u. Kap. III 7. Über den legitimatorischen Wert der Berufung auf Wissenschaft: D. F. Noble, Maschinenstürmer, Berlin 1986, 23; H. Breyer, Max von Pettenkofer, Leipzig 1980, 99ff.

[86] Flechtner, 125f., 147; die Wissenschaft vermittelt bei neuen Technologien offenbar Geborgenheit; vgl. R. Vieweg auf der Jahrhundertfeier des VDI 1956: »Die heutige Technik ist tief im mütterlichen Boden der Naturwissenschaften verwurzelt.« VDI (Hg.), Die Technik prägt unsere Zeit, Düsseldorf 1956, 33. W. Rathenau, Schriften u. Reden, Frankfurt/M. 1964, 405; ders., Die neue Wirtschaft, Berlin 1918, 38, 40f., 46, 50; H. D. Hellige, Wilhelm II. u. W. Rathenau, in: GWU 19.1968, 538–44; F. Haber, Aus Leben u. Beruf, Berlin 1927, 11 (die aus der Wehrmacht mitgebrachte Gewohnheit des »Einfügens in große Organisationen« als Stärke der deutschen Chemie); A. Binz, Geist u. Materie in der chemischen Industrie, Leipzig 1922, 8: »Dass unsere Chemiker sich so willig diesem Zwange fügen, ist ein Ausfluß einer nationalen Eigentümlichkeit, die man als geistige Massendisziplin bezeichnen kann.«

[87] Weber, Stellung, 15.

[88] G. Zweckbronner, Die historische Entwicklung des Verhältnisses zwischen Wissenschaft u. Technik, in: Lundgreen (Hg.), Verhältnis, 91; Produktivkräfte in Deutschland 1917/18 bis 1945 (zit.: Produktivkräfte, III), Berlin 1988, 27 (T. Kuczynski).

[89] F. Münzinger, Ingenieure, Berlin 1941; Zweckbronner, Ingenieurausbildung, 116; Weber, Stellung, 17.

[90] Manegold, Akademisierung, 113; F. Klemm, Kurze Geschichte der Technik, Freiburg 1961, 153f.; K. Kupisch, Die Hieroglyphe Gottes, München 1967, 223; H.Queisser, Kristallene Krisen, München 1987², 13.

[91] Flechtner, 22f.; Reuleaux, Kinematik, 4; J. Lüders, Wider Herrn Reuleaux! Kiel 1877, 17ff., 34: »Die Definition der Maschine muss eine hydraulische Presse zum Biegen von Schiffspanzerplatten und die Citronenpresse der Köchin, eine Schnellzugslokomotive und das Velociped des Knaben einschließen. Und dennoch will Herr Reuleaux uns glauben machen, dass es von wissenschaftlicher Bedeutung sei, die Maschine genau zu definieren!« Vgl. auch Stichweh, 317, über den »besonders ausgeprägte(n) Weltbildbedarf deutscher Physiker, der sich mit der deutschen elektrischen Tradition zur Vision elektrischer oder elektromagnetischer Weltbilder verbindet«. Ostwald, Forderang, 72f., 87.

[92] Lundgreen, Techniker; G.Siemens, Leben, 27, 30, 44; »vernichtende« Urteile über den Lehrbetrieb an den Technischen Hochschulen: W. Pellny, Der Kampf um die Technische Hochschule u. die beste Erziehung des Ingenieurs, in: Deutsche Technik 4.1936, 220.

[93] Überschätzung des Patentwesens: K. Grefermann, Patentwesen u. technischer Fortschritt, in: Hundert Jahre (Deutsches) Patentamt, München 1977 zit.: Patentamt, 38; Flechtner, 179; Riedler, Rathenau, 117; Ritter, 95; E. Schmauderer, Der Einfluß der Chemie auf die Entwicklung des Patentwesens in der zweiten Hälfte des 19. Jahrhunderts, in: Tradition 1971, 158, 163 (in der Schweiz waren die Chemiker die »Kerntruppe der Patentfeinde«!); L. Hatzfeld, in: Pohl (Hg.), Wirtschaftswachstum, 167; Mensch, 231ff.; Borkin, 42.

[94] L. U. Scholl, in: Ludwig (Hg.), Technik, 391.; W.Fischer, The Role of Science and Technology in the Economic Development of Modern Germany, in: Lundgreen (Hg.), Verhältnis, 212ff.;

A. Heggen, Die Bemühungen des VDI um die Reform des Erfindungsschutzes, in: TG 40.1973, 340; Johannsen, 378; Boelcke, 44ff.; C. Duisberg, Abhandlungen, Vorträge u. Reden aus den Jahren 1922–1933, Berlin 1933, 212; Heggen, Erfindungsschutz, 130; R. Sonnemann, Der Einfluß des Patentwesens auf die Herausbildung von Monopolen in der deutschen Teerfarbenindustrie, Habil. Schrift Halle 1963, 161, 163.

[95] J. J. Beer, The Emergence of the German Dye Industry, Urbana 1959, 67; P. A. Zimmermann, Patentwesen in der Chemie, Ludwigshafen 1965, 22; Heintzenberg, 10; Heggen, Erfindungsschutz, 117ff.

[96] Buxbaum, 123; Schnabel, VI, 99f.; Flechtner, 179; Riedler, Rathenau, 107, 118; D. E. Thomas, Diesel, Technology and Society in Industrial Germany, Tuscaloosa 1987, 202; G. Meyer-Thurow, The Industrialization of Invention: A Case Study from the German Chemical Industry, in: Isis 73.1982, 368; Schmauderer, 167f.; Landesmuseum Mannheim, 28; Diesel, 163.

[97] Beer, 56; Riedler, Rathenau, 119; aber Flechtner, 180; Fischer, Role, 213; Caro (1982), 1021; Schmauderer, 170; Sonnemann, 137.

[98] Sonnemann, 119; Duisberg, Abhandlungen (1933), 212; Hoffmann: Mitt. von Stefan Wiesekopsieker, 3. 6. 2008.

[99] Caro, 1038; H. v. d. Belt u. A. Rip, The Nelson-Winter-Dosi Model and Synthetic Dye Chemistry, in: Bijker, 144; Peetz, 24, 71; Meyer-Thurow, 266ff.; M. Daumas, nach C. O. Smith, in: Technology and Culture 26.1985, 693f.; Pohl, Chemische Industrie, 45f.

[100] Dornseiffer, 9f.; H.Ost, Lehrbuch der Chemischen Technologie, Leipzig 1923[13], 656f.; Caro, 960; K. Winnacker, Nie den Mut verlieren, Erinnerungen an Schicksals)ahre der deutschen Chemie, Düsseldorf 1971,47.

[101] Prometheus 6.1895, 65, 66; Siemens, Weg, I, 71, 98; Pinner, 130; Dettmar, I, 51f., 297; Peschke, 300; Siemens, Leben, 56; Kristl, 109; M. Josephson, Th. A. Edison, München 1969, 470.

[102] K.-H. Manegold, in: Ludwig, Technik, 147; Siemens, Weg, I, 138; Pinner, 45; Hughes, Networks, 172, über das spezifisch Deutsche der Unterscheidung zwischen »Stark-« und »Schwachstrom«. H. Queisser, Kristallene Krisen, München 1985, 27; J. Halfmann, Die Entstehung der Mikroelektronik, Frankfurt/M. 1984, 111ff.

[103] K. Helfferich, Deutschlands Volkswohlstand 1888—1913, Berlin 1915[5], 29; U. Troitzsch, Wissenschaft u. industrielle Praxis am Beispiel des Bessemerverfahrens, in: Lundgreen (Hg.), Verhältnis, 163, 165; F. C. G. Müller, Untersuchungen über den deutschen Bessemerprocess, in: 2s. des VDI 22.1878, 401, 470; W. Kesten, Die Entwicklung der Blasstahlverfahren, in: Patentamt, 184; Schmauderer, 154.

[104] L. U. Scholl, Ingenieure in der Frühindustrialisierung. Staatliche u. private Techniker im Königreich Hannover u. an der Ruhr 1815–73, Göttingen 1978, 337f.; Boelcke, 99f.; K. Justrow, Der technische Krieg, II, Berlin 1939, 77; Berdow, 242f.; E. Freytag, Die Laufbahn des Ingenieurs, Hannover 1907, 79; H. Ehrhardt, Hammerschläge, 70 Jahre deutscher Arbeiter und Erfinder, Leipzig 1922, 16; Verein Deutscher Eisenhüttenleute (VDEh) (Hg.), Gemeinfaßliche Darstellung des Eisenhüttenwesens, Düsseldorf 1923[12], 75, 180; L. Burchardt, Die Kaiser-Wilhelm-Gesellschaft im 1. Weltkrieg, in: R. Vierhaus/B. vom Brocke (Hg.), Geschichte und Struktur der Kaiser-Wilhelm/Max-Planck-Gesellschaft, Stuttgart 1990, 181.

[105] G. Schlesinger, Die Stellung der deutschen Werkzeugmaschine auf dem Weltmarkt, in: Zs. des VDI 55.1911, 2039f.; vgl. Reuleaux, Kinematik, 479ff.; Gispen, 404f.; H. Heine, Professor Reuleaux u. die deutsche Industrie, Berlin 1876, 11, 35f.

[106] Prometheus 9.1898, 301, nach einer farbigen Schilderung des Ärgers mit dem Verschluß von Gummiflaschen: »Es gibt Torpedos und Dynamomaschinen im 19. Jahrhundert, Oceandampfer und transsibirische Bahnen, Eiffelthürme und Hudsonbrücken, weshalb kann es nicht auch ordentliche Gummiflaschen geben? Weshalb? Ganz einfach deshalb, weil wir keine Zeit mehr haben, uns mit Kleinigkeiten abzugeben.« R. Günther, Die Feuerungstechnik, in: Lundgreen (Hg.), Verhältnis, 300; B. Heinrich, Am Anfang war der Balken. Zur Kulturge-

schichte der Steinbrücke, München 1979, 162ff.; A. Rieppel, Die Thalbrücke bei Müngsten, Düsseldorf 1986 (urspr. 1897); U. Moll, Brücken in Deutschland (HB-Bildatlas), Hamburg 1983, 60; Eyth, 462f.; über den förmlichen »Haß« des nach wissenschaftlich fundierter Ökonomie der Mittel strebenden jungen Diesel auf das Prinzip der »sechsfachen Sicherheit«: R. Baumann, Das Materialprüfwesen, in: BGTI 4.1912, 156f.

[107] Stodola, XIII.

[108] Gispen, 503ff.; G. Krankenhagen u. H. Laube, Wege der Werkstoffprüfung, München 1979; W. Finkeinburg, in: VDI, Technik (1956), 72; W. Schwinning, Die Entwicklung der Werkstoffforschung im 20. Jahrhundert, in: TG 28.1939, 12; VDEh, 234f.; G. Vogelpohl, Geschichte der Reibung, Düsseldorf 1981,49ff.; Riedler, Wirklichkeitsblinde, 39, 56.

[109] C. Linde, Aus meinem Leben u. von meiner Arbeit, Düsseldorf 1984 (urspr. 1916), 35ff.; E. Struve, Zur Entwicklung des bayerischen Brauereigewerbes im 19. Jahrhundert, Leipzig 1893, 111ff; U. Laufer, Das bayerische Brauwesen in frühindustrieller Zeit, in: Grimm, Aufbruch, II, 292ff.; 100 Jahre Institut für Gärungsgewerbe u. Biotechnologie zu Berlin 1874–1974 (zit.: Gärungsgewerbe), Berlin 1974, 245ff. (E. Borkenhagen); M. Teich, Bier, Wissenschaft und Wirtschaft in Deutschland 1800–1914, Wien 2000, 195f., 320.

[110] R. Diesel, Die Entstehung des Dieselmotors, Berlin 1913, 1f.; E. Diesel, 184f., 188, 163, 223; Riedler, Rathenau, 105; Joest, Pionier, 161; Sass, 397, 399, 422f.; über Diesels Treibstoff-Ziel viele Belege bei E. Diesel (221, 249 u. a.).

[111] 75 Jahre Mannesmann, Düsseldorf 1965, 31; Prometheus 6.1895, 515

[112] Hirth, 12, 14; Reuleaux, Buch, V, 327; Riedler, Rathenau, 115.

[113] von Rödel, Ingenieurbaukunst in Frankfurt a. M. 1806—1914, Frankfurt/M. 1983, 61; J. Hobrecht, Die Canalisation von Berlin, Berlin 1884, 55ff.

[114] Gispen, 510, 552; Riedler, Rathenau, 156; ders., Die neue Technik, Berlin 1921, 53; Hirth, 13, 16, 49; Eyth, 16; Zweckbronner, Ingenieurausbildung, 123.

[115] Shadwell, 576; Gispen, 423, 481, 465f., 408f., 565f.; E. Viefhaus, in: Ludwig, Technik, 319; Kocka 474f., 477; VDI-N. 11/1988, 4 (H. Steiger), 12/1988, 32; W. König, Höhere technische Bildung in Preußen im Kaiserreich, in: G. Sodan (Hg.), Die Technische Fachhochschule Berlin, Berlin 1988, 198, 202f., 206.

[116] Troitzsch, Veröffentlichungen, 419; Riedler, Wirklichkeitsblinde, 122; TH Stuttgart: Baumann, 150, 153; Siemens, Leben, 27, 30, 44. König, Technische Bildung, 201: Als man die Berufsbilder der höheren und der niederen Maschinenbauschulen voneinander abgrenzen wollte, sei man »ins Schwimmen« geraten.

[117] Borscheid, Chemie, 257f.; Duisberg, Abhandlungen (1923), 173; W. Ostwald, Lebenslinien, Berlin 1933, II, 245, 251; Willstätter, Aus meinem Leben, 253.

[118] Caro, 1023; Duisberg, Abhandlungen (1933), 206; Flechtner 78, 83; Sombart, III/1, 85; Lilienthal: Prometheus, 6.1895, 9; Prometheus 14.1903, 10.

[119] Pinner, 78; E. Diesel, 377; Riedler, Rathenau, 118; Grothe, Industrie, 102 (v. Steinbeis).

[120] G. Goldbeck, Technik als geistige Bewegung in den Anfängen des deutschen Industriestaates, Düsseldorf 1968, 39.

[121] Dornseiffer, 16; Beer, 91; Paul, 40; Shadwell, 11.

[122] Liebig, Studium, 39f.; Matthes, 252; Loewe, 13 (Matschoß).

[123] von Weiher, Siemens, 23, 43f., 81f.; Siemens, Weg, I, 331 (Entwicklungsarbeit in der Werkstatt, nicht im Labor); zentrale Forschungsinstitute entstanden bei Siemens 1920, bei der AEG 1929 (Hughes, Networks, 172; Produktivkräfte, III, 98).

[124] Siemens, Weg, I, 37; W. von Siemens, Leben, 118.

[125] Schon Caro (1892), 1000; Mensch, 189.

[126] Beer, 69; Bäumler, 23–27, 215, 37. Heroin wurde erstmals 1898 von Bayer als »Allheilmittel gegen Erkrankungen der Atemwege bei Kindern« auf den Markt gebracht: A. W. McCloy, Heroin aus Südostasien – Zur Wirtschaftsgeschichte eines ungewöhnlichen Handelsartikels, in: G. Völger (Hg.), Rausch u. Realität, Köln 1981, II, 621f.; Radkau, Max Weber, 270.

[127] Linde, 45f.; Joest, 179ff.; J. Lüders, Der Dieselmythos, Quellenmäßige Geschichte der Entstehung des heutigen Ölmotors, Berlin 1913; J. Winschuh, Männer – Traditionen – Signale, Berlin 1940, 102f.; E. Streissler, Die Wiener Schule der Nationalökonomie, in: Berner (Hg.), Wien um 1900, 79.

[128] Poschenrieder, 119f.; F. Becker, Die Entwicklung der Eisenbetonbauweise, in: BGTI 21.1931—32, 52f.; du Bois-Reymond, 170, 180f.

[129] Braun u. Weber, 289; P. Weingart, Strukturen technolog. Wandels, in: R. Jokisch (Hg.), Technik-Soziologie, Frankfurt/M. 1982, 130; Prometheus 6.1895, 380; M. Herzog, Wirtschaftsminister von Baden-Württemberg, in: VDI-N. 48/1987, 12.

[130] Schlesinger, Werkzeugmaschine, 2039; Hounshell, 91, 106.

[131] Kiesewetter, 517; Matschoß, in: Loewe, 9ff.; Heintzenberg, 128.

[132] Matschoß, ebd., 42; Schlesinger, in: ebd., 94ff.; F. Wegeleben, Die Rationalisierung im deutschen Werkzeugmaschinenbau, dargestellt am Beispiel der Entwicklung der Firma L. Loewe & Co. Berlin, Berlin 1924, 6; G. Garbotz, Vereinheitlichung in der Industrie, München 1920, 215f.

[133] Kocka, 126; Siemens, Wege, I, 76, 109, 212, 230, 155; Heintzenberg, 130; von Weiher, Siemens, 75.

[134] Riedler, Rathenau, 28f., 39; Pinner, 89f.; Siemens, Wege, I, 119f.; Kocka, 376f.

[135] Flechtner, 143f., 153ff., 184ff., 358.

[136] Reuleaux, Buch, V, 537; A. Vagts, Deutschland u. die Vereinigten Staaten in der Weltpolitik, I, New York 1935, 345ff.; Landes, 315; Grothe, Industrie Amerikas, 103, 106, 193; Reuleaux, Briefe, 126f.; P. Moeller, Aus der amerikanischen Werkstattpraxis, Berlin 1904, 11; Deutsche u. amerikanische Industrieverhältnisse, in: Die Turbine, 1.1904/5, 194; G. Seelhorst, Die Philadelphia-Ausstellung u. was sie lehrt, Nördlingen 1878, 130ff.; W. Giesen, Die Vergeudung der natürlichen Hilfsquellen in den Vereinigten Staaten Nordamerikas, in: Technik u. Wirtschaft 3.1910, 100, 105.

[137] Vagts, 345–425; H. Erdmann, Chemische u. pharmazeutische Eindrücke aus dem Lande der unbegrenzten Rohstoffe, in: Berichte der deutschen pharmazeut. Gesellschaft 1905, 174, 170; Tafel, Trusts, 37f.; Schlesinger, Werkzeugmaschine, 2038; »Chinesentum« G. Zoepfl, Nationalökonomie der technischen Betriebskraft, I, Jena 1903, 218. H. Münsterberg, Die Amerikaner, Bd. 2, Berlin 1904, 57.

[138] Schlesinger, ebd., 2042; ders., in: Loewe, 142; Ditt, 171ff.; Die Mannheimer Fahrradindustrie wurde schon bald nach ihrer Gründung durch die amerikanische Massenproduktion ruiniert: Landesmuseum Mannheim, 70f.

[139] K. Hausen, Technischer Fortschritt u. Frauenarbeit im 19. Jahrhundert. Zur Sozialgeschichte der Nähmaschine, in: GG 4.1978; Prometheus 9.1898, 426.

[140] Schmoller 627; Vagts, 346, 348; E. Schiff, Die Grundlagen u. Wirkungen amerikanischer Wirtschaftsweise, in: Technik u. Wirtschaft 3.1910, 115; P. Maissen, Der Schuh, Frankfurt/M. 1953, 44ff.; W. Eckhardt, Gerber, Färber, Fabrikanten, Bad Wörishofen 1949, 80, 83f.; W. Bucerius, Die Wirkungen des technischen Fortschritts auf das Handwerk, in: Betriebsführung 15.1936, 193.

[141] Schlesinger, Werkzeugmaschine, 2040. »In der Spitze der Schneide liegt die Rendite des Betriebs«, wird noch heute als Kernwort Schlesingers zitiert (Holz-Zentralblatt 1988, 1744). 50 Jahre Bosch, Stuttgart 1936, 211; Reuleaux, Buch, VI, 68; ebd., VIII, 230; Die amerikanische Gefahr, in: Uhland's Verkehrszeitung u. Industrielle Rundschau 17.1903, 199; E. Berndt, Entwicklungsrichtungen im neuzeitlichen Groß Werkzeugmaschinenbau, in: TG 30.1941, 16.

[142] Matschoß, in: Loewe, 3; Williams, 208f.; Vagts, 381f.; Schiff, 416; A. Haifeld, Amerika u. der Amerikanismus, Jena 1927, 416; Garbotz, 204; Sombart, Deutsche Volkswirtschaft, 118.

[143] Seelhorst, 82f.; Rosenberg, Rise, 32ff.; K. Karmarsch, Geschichte der Technologie seit der Mitte des 18. Jahrhunderts, München 1872, 559; 50 Jahre Holzbearbeitungsmaschinenbau (Kirchner & Co. AG), Leipzig 1928, 11.

[144] K. Herrmann, Pflügen, Säen, Ernten, Landarbeit u. Landtechnik in der Geschichte, Reinbek 1985, 195ff.; Tweedale, 187; Boch, 78.

[145] Wengenroth, Unternehmerstrategien, 86f.; Osann, Die Eisenindustrie der Vereinigten Staaten, in: Zs. für das Berg-, Hütten- u. Salinenwesen 54.1906, 199.

[146] Feldenkirchen, in: Pohl (Hg.), Wirtschaftswachstum, 125f.; Dudzik, 321ff., 337; W. Ruppert, Die Fabrik, München 1983, 179; W. P. Strassmann, Risks and Technological Innovation, Ithaca 1959, 216.

[147] C. Buchheim, Grundlagen des deutschen Klavierexports vom letzten Viertel des 19. Jahrhunderts bis zum Ersten Weltkrieg, in: TG 54. 1987, 232ff.; Kahlen, 184ff.; W. A. Boelcke, Wirtschaftsgeschichte Baden-Württembergs, Stuttgart 1987, 252.

[148] Heine, Reuleaux, 13; F. Lenger, Sozialgeschichte der deutschen Handwerker seit 1800, Frankfurt/M. 1988, 114.

[149] Zur Definition von »Handwerk«: H.-U. Thamer, Arbeit u. Solidarität, in: U. Engelhardt (Hg.), Handwerker in der Industrialisierung, Stuttgart 1984, 496; R. Fremdling, Der Puddler – Zur Sozialgeschichte eines Industriehandwerkers, in: ebd., 641; »Handwerker-Arbeiter«: Boch.

[150] Schmoller 200, 202; Reuleaux, Buch, VIII, 88, 92; M. Franke, Schönheit u. Bruttosozialprodukt. Motive der Kunstgewerbebewegung, in: A. Thiekötter u. E. Siepmann (Hg.), Packeis u. Preßglas. Von der Kunstgewerbebewegung zum Deutschen Werkbund, Gießen 1987, 168f.

[151] P. W. Kallen, Fragen der rheinischen Möbelproduktion im Zeitalter der industriellen Formgebung, in: Rheinland-Westfalen, IV, 246; F.Naumann, Werke, VI, Köln 1964, 280f.; Reuleaux, Briefe, 73f., 109.

[152] E. Bolenz, Baubeamte, Baugewerksmeister, freiberufliche Architekten — Technische Berufe im Bauwesen (Preußen/Deutschland, 1799–1931), Diss. Bielefeld 1988 (Göttingen 1990), 161, 373; Lenger, 157, 210.

[153] Boch, 60f.; W. G.H. von Reiswitz, Ca' canny, Berlin 1902, 55; F. C. Ziegler, Die Tendenz der Entwicklung zum Großbetrieb der Remscheider Kleinserienindustrie, Berlin 1910, 75ff.; G. Breuer u. a., Gesenkschmiede Hendrichs, Köln 1986; W. Stahlschmidt, Der Weg der Drahtzieherei zur modernen Industrie, Altona 1975, 434, 436f.; R. Boch u. M. Krause, Historisches Lesebuch zur Geschichte der Arbeiterschaft im Bergischen Land, Köln 1983, 40; Prometheus 6.1895, 67; Ost, Chemische Technologie, 672.

[154] Bernal, II, 554; Schröter u. Becker, 91f.; Archiv der Gildemeister AG, Bielefeld-Sennestadt.

[155] Lenger, 178f.; Prometheus 6.1895, 453.

[156] Reif, Kreis, 54ff., 61; Schwinning, 5; Reuleaux, Buch, VI, 80; Weber, Ruhrgebiet, 64; Fremdling, Puddler, 638ff.

[157] H. Pittack, Die Veränderungen in den Qualifikationsmerkmalen des Schlosserberufes, Diss. Berlin 1971, 110ff.; H.Gude, Das deutsche Schlosserhandwerk als Glied des eisenverarbeitenden Metallgewerbes, Stuttgart 1938, 24f., 29.

[158] Gude, 57; Horras, 133f.; A. Kugler, Von der Werkstatt zum Fließband, Etappen der frühen Automobilproduktion in Deutschland, in: GG 13.1987, 318; F. Schumann, Die Arbeiter der Daimler-Motoren-Gesellschaft Stuttgart-Untertürkheim, Leipzig 1911, 39f.; Deutscher Metallarbeiter-Verband (DMV) (Hg.), Arbeitsbedingungen der Schmiede im Deutschen Reiche, Stuttgart 1916, 36ff., 185ff.; Schirmbeck, 88.

[159] Siemens, Weg, I, 33f., 69; Kocka, 66, 133f., 143; Heintzenberg, 35; W. Ruppert, in: Industriekultur Nürnberg, 85.

[160] Siemens, Weg, II, 15ff.

[161] Heintzenberg, 128; Riedler, Rathenau, 30; Caro, 986; Rupieper, 48, 52ff.; Schlesinger, in: Loewe, 87.

[162] Freytag, 89, 75; S. Kuraku, Die Heimat des Herzens, Erfahrungen u. Betrachtungen eines Japaners in Deutschland, Düsseldorf 1988. Vgl. auch G. Wallraff, Industriereportagen, Reinbek 1970, 17.

[163] Schnabel, V, 257; G. Goldbeck, Technik als geistige Bewegung in den Anfängen des deutschen Industriestaates, Düsseldorf 1968, 31ff. (auch über Liebigs Gegner); H. Dellweg, Die Geschichte der Fermentation, in: Gärungsgewerbe, 18: Liebig und seine Mitstreiter beeinträchtigten durch ihren Kampf gegen den Vitalismus die Erforschung der Gärungsvorgänge »ganz erheblich«.

[164] Schultze, Entwicklung, 249; Kiesewetter, 306ff.; anders der deutsche Südwesten: Boelcke, Wirtschaftsgeschichte, 226; R. Berthold, Die Entstehung der deutschen Landmaschinen- u. Düngemittelindustrie zwischen 1850 u. 1870, in: K. Lärmer (Hg.), Studien zur Geschichte der Produktivkräfte, Berlin 1979, 250ff.; Delhaes-Guenther, 152.

[165] Produktivkräfte, II, 204f.; Liebig, Briefe, 110; Williams, 189f.

[166] Produktivkräfte, II, 198; R. Franke, Motorisierung der Feldarbeit, in: G. Franz (Hg.), Die Geschichte der Landtechnik im 20. Jahrhundert, Frankfurt/M. 1969, 62; Feldenkirchen, in: Pohl (Hg.), Wirtschaftswachstum, 116; Boelcke, Wirtschaftsgeschichte, 235; W. Tornow, Die Entwicklungslinien der landwirtschaftlichen Forschung in Deutschland, Hiltrup 1955, 12ff.; U. Herbert, Geschichte der Ausländerbeschäftigung in Deutschland 1880 bis 1980, Berlin 1986, 115.

[167] E. Meyer, in: G. Fischer (Hg.), Die Entwicklung des landwirtschaftlichen Maschinenbaus in Deutschland, Berlin (1911), 248ff.; Franz, in: ders., 2.; Berthold, 192f.; Fränkisches Freilandmuseum (Hg.), Göpel u. Dreschmaschine, Bad Windsheim 1981, 131: »Die Identifikation mit der Maschinenarbeit ist vielleicht im bäuerlichen Bereich niemals größer gewesen« (als beim »Dampfdreschen«; J. R.). A. Eggebrecht u. a., Geschichte der Arbeit, Köln 1980, 270 (J. Flemming); Hermann, 178f., 207, 215.

[168] Boelcke, Wirtschaftsgeschichte, 332; G. Preuschen, Landtechnik zwischen den Weltkriegen, in: Max-Eyth-Gesellschaft (Hg.), Miterlebte Landtechnik, Darmstadt 1985, 166.

[169] Franz, I; Boelcke, ebd., 234; Berthold, 257f.; G. Fischer in: ders., 340.

[170] Freilandsmuseum, 106f.; M. Bloch, Antritt u. Siegeszug der Wassermühle (1935), in: C. Honegger (Hg.), Schrift u. Materie der Geschichte, Frankfurt/M. 1977, 171–197; Luther, 16; W. Kleeberg, Niedersächsische Mühlengeschichte, Hannover 1979, 76f.; H. Herzberg, Mühlen u. Müller in Berlin, Berlin 1987, 280; M. Heymann, Die Geschichte der Windenergienutzung 1890–1990, Frankfurt/M. 1995, 458.

[171] Franz, in: ders., 3.

[172] Bolenz, Baubeamte, 478, 21, 247, 278; A. Riedler, Schnell-Betrieb, Erhöhung der Geschwindigkeit u. Wirtschaftlichkeit der Maschinenbetriebe, Berlin 1899, X.

[173] Bolenz, ebd., 36; Rodel, 219, 221; S. Giedion, Bauen in Frankreich – Eisen, Eisenbeton, Leipzig 1928, 66ff.; H. Hanle u. J. Strempler, Der selbstgemachte Stein, in: Absolut modern, 159, 163; B. Dartsch, Jahrhundertbaustoff Stahlbeton, Kritisches Protokoll einer Entwicklung, Düsseldorf 1984, 48, 58; H. Sträub, Die Geschichte der Bauingenieurkunst, Basel 1964², 257; F. Becker, Die Entwicklung der Eisenbetonbauweise, in: BGTI 21.1931/32,46.

[174] Radkau u. Schäfer, 248, 202; Buch der Erfindungen, I (1872), 302.

[175] Scholl, Schlepptau, 216, 218; Radkau u. Schäfer, 204.

[176] E. Finsterbusch u. W. Thiele, Vom Steinbeil zum Sägegatter, Leipzig 1987, 221f.; Produktivitätssteigerung in der Sägeindustrie, Stuttgart 1978, 29, 31f., 37, 166.

[177] K. Braun 1869, zit. n. A. Pensky, Schutz der Arbeiter vor Gefahren für Leben u. Gesundheit. Ein Beitrag zur Geschichte des Gesundheitsschutzes für Arbeiter in Deutschland, Dortmund 1987, 84; W. Weber, Arbeitssicherheit, Reinbek 1988, 86.

[178] Buch der Erfindungen, II (1872), 496f.

[179] J.G. Burke, Kesselexplosionen u. bundesstaatliche Gewalt in den USA, in: Hausen u. Rürup (Hg.), 319f.

[180] Matthes, 178, 188.

[181] Schivelbusch, Eisenbahnreise, 20, 117; E. Fischer-Homberger, Die traumatische Neurose, Bern 1975.

[182] A. Andersen u. F.-J. Brüggemeier, Gase, Rauch u. Saurer Regen, in: F.-J. Brüggemeier u. T. Rommelspacher, Besiegte Natur, Geschichte der Umwelt im 19. u. 20 Jahrhundert, München 1987, 66; A. Andersen u. Rene Ott, Risikoperzeption im Industrialisierungszeitalter am Beispiel des Hüttenwesens, in: AfS 28.1988, 102, 108f.

[183] D. Osteroth, Soda, Teer u. Schwefelsäure, Der Weg zur Großchemie, Reinbek 1985, 48; Social-Demokrat 17.8. 1866, 4; L. Stucki, Das heimliche Imperium, Bern 1968, 240; T. Arnold, »Wir sind mit Wupperwasser getauft«, Wuppertal 1987, 22; R. Henneking, Chemische Industrie und Umwelt, Stuttgart 1994, 284f., 301f., 331, 389.

[184] Caro, 977; R. Blunck, J. von Liebig, Berlin 1938, 54f., 88f., 265ff.; C. Rothe, Zum Einfluß der gewerblichen Vergiftungen auf die Entwicklung der Gewerbehygiene, in: R. Müller u. D. Milles (Hg.), Beiträge zur Geschichte der Arbeiterkrankheiten u. der Arbeitsmedizin in Deutschland, Dortmund 1984, 287: Selbst Curt Duisberg, der Sohn des Bayer-Chefs, bemerkte, »selbstverständlich« seien »die in der chemischen Industrie beschäftigten männlichen und weiblichen Arbeitskräfte größeren Gefahren ausgesetzt als in irgendeiner anderen Industrie«.

[185] E. Lewy, Die Fortschritte der Industrie u. ihr Einfluß auf die Berufskrankheiten der Arbeiter, in: Deutsche Revue für das gesamte nationale Leben 3.1874, 383; Pensky, 148, 82; T. Rommelspacher, Das natürliche Recht auf Wasserverschmutzung, in: Brüggemeier u. ders., 42, 47; L. Machtan, Risikoversicherung anstatt Gesundheitsschutz für Arbeiter, in: R. Müller u.a. (Hg.), Industrielle Pathologie in historischer Sicht, Bremen 1985, 109.

[186] H. Winkler, Wasserversorgung u. Abwasserbeseitigung als Probleme der Bielefelder Stadtpolitik in der zweiten Hälfte des 19. Jahrhunderts, Staatsexamensarbeit, Bielefeld 1986, 89; Stadtentwässerung Zürich (Hg.), Von der Schissgruob zur modernen Stadtentwässerung, Zürich 1987, 95f., 115ff., 214f., 219; H. Stimmann, Stadttechnik, in: Boberg (Industriekultur Berlin), 179; J. von Simson, Kanalisation u. Städtehygiene im 19. Jahrhundert, Düsseldorf 1983, 104, 133ff., 146 (Liebig änderte später seine Position); G. Varrentrapp, Über die Entwässerung der Städte, Über den Werth u. Unwerth des Wasserclosetts, Berlin, 1868, 21, 178f., 193; P. R. Gleichmann, Zur Verhäuslichung körperlicher Verrichtungen, in: ders. u.a. (Hg.), Materialien zu N. Elias' Zivilisationstheorie, Frankfurt/M. 1977.

[187] Simson, 61–87; Varrentrapp, 179f.; R. J. Evans, Death in Hamburg, Society and Politics in the Cholera years 1830–1910, Oxford 1987.

[188] Simson, 19–25; Rodel, 63f.; Stadtentwässerung, 226f.; Varrentrapp, 168; K. Imhoff, Die biologische Abwasserreinigung in Deutschland, Berlin 1906, 51f., 153; E. Schramm (Hg.), Ökologie-Lesebuch, Frankfurt/M. 1984, 169; F. Fischer, Das Wasser, seine Verwendung, Reinigung u. Beurtheilung, Berlin (1902), 223; G. Bayerl, Herrn Pfisters u. anderer Leute Mühlen, in: H. Segeberg (Hg.), Technik in der Literatur, Frankfurt/M. 1987, 83.

[189] G. Merkl u.a., Historische Wassertürme, Beiträge zur Technikgeschichte von Wasserspeicherung u. Wasserversorgung, München 1985, 51f.; Rodel, 295ff.; B. Wagner, Das Bielefelder Krankenhaus im 19. Jahrhundert, Magisterarbeit, Bielefeld 1988, 160; R. Toellner (Hg.), Illustrierte Geschichte der Medizin, Salzburg 1986, V, 2494f., 2513 (A. Bouchet); IV, 2214 (M. Micoud); A. Andersen, Arbeiterbewegung, Industrie u. Umwelt im 19. Jahrhundert, Bremen 1988 Mskr., 9f., über die »kurze Blüte der Gewerbehygiene in Deutschland«.

[190] G. S. Sonnenberg, Hundert Jahre Sicherheit, Düsseldorf 1968, 81, Prometheus 5.1894, 90; G. Speisberg, Rauchplage, Hundert Jahre Saurer Regen, Aachen 1984, 90ff., 98, 101ff., 219; K. Jurisch, Die Rauch- u. Rußbekämpfung, in: Zs. f. technischen Fortschritt, 1916, 81; F. Ueköter, Von der Rauchplage zur ökologischen Revolution. Eine Geschichte der Luftverschmutzung in Deutschland und den USA 1880–1970, Essen 2003.

[191] J. Radkau, Umweltfragen in der Bielefelder Industriegeschichte, in: F.Böllhof u.a., Industriearchitektur in Bielefeld, Bielefeld 1986, 92ff.; Speisberg, 151f.; Andersen u. Brüggemeier, 79; Andersen u. Ott, 102.

[192] E. Schramm, Soda-Industrie u. Umwelt im 19. Jahrhundert, in: TG 51.1984, 208f.; C. Koch u. H.-C. Täubrich, Bier in Nürnberg-Fürth, Brauereigeschichte in Franken, München 1987, 142–148.

[193] Buch der Erfindungen, I (1872), 141; Reuleaux, Buch, VIII, 122; Schultze, Entwicklung, 246; Prometheus 22.1911, 136f.; Liebig, Briefe, 383; Fischer, Wasser, VI, 474; K.-G. Wey, Umweltpolitik in Deutschland. Kurze Geschichte des Umweltschutzes in Deutschland seit 1900, 39; Arnold, Wupperwasser, 63; R. Musil, Der Mann ohne Eigenschaften, Reinbek 1987, Bd. 1, 263.

[194] W. Weber, Technik u. Sicherheit in der deutschen Industriegesellschaft 1850–1930, Wuppertal 1986, 52, 75 ff-, 102; F. Neumeyer, Industriegeschichte im Abriß – Das Deutsche Arbeitsschutz-Museum in Berlin-Charlottenburg, in: Buddensieg u. Rogge, 186ff.; F. Nasse, Aufruf zur thätigeren Sorgfalt für die Gesundheit der Fabrik-Arbeiter, Bonn 1845.

[195] Weber, ebd., 39, 56ff.; Pensky, 56ff., 88ff., 112; Machtan, Risikoversicherung; L. Machtan u. Rene Ott, Erwerbsarbeit als Gesundheitsrisiko, Zum historischen Umgang mit einem virulenten Problem, in: Brüggemeier u. Rommelspacher, 134.

[196] Pensky, 113f., 144f., 196, 240; Weber, ebd., 106, 109f.; ders., Arbeitssicherheit, Reinbek 1988, 192; Machtan u. Ott, 139; G. Winter (Hg.), Grenzwerte, Düsseldorf 1986, 253; S. Weiß, Bemerkungen zur arbeitsmedizinischen Diskussion über Arbeiten mit Quecksilber, in: Müller u. Milles, 255ff.; H. Schwarz, Merkurs Fluch, in: Centrum Industriekultur Nürnberg (Hg.), Räder im Fluß. Die Geschichte der Nürnberger Mühlen, Nürnberg 1986, 281; über die größere Leichtigkeit des Kausalnachweises in älterer Zeit: Nasse, 6. Asbestose: P. Weindling in: D. Milles (Hg.), Gesundheitsrisiken, Industriegesellschaft und soziale Sicherungen in der Geschichte, Bremerhaven 1993; J. Pütz (Hg.), Asbest-Report. Vom Wunderstoff zur Altlast, Köln 1989.

[197] Pensky, 118ff., 124ff.; C. Bury, »Krankheiten der Arbeiter« (1871–78) von L. Hirt, in: Müller, Pathologie, 76.

[198] Müller u. Milles, 8f.; Schneider, Gefahren, 98ff.; Weber, Ruhrgebiet, 50; J. Varchmin, Technik u. Arbeit im Kohlenbergbau des 19. Jahrhunderts, Bochum 1986, Mskr., 179.

[199] Röpke, Was können wir Solinger in bezug auf die Besserung der Gesundheitsverhältnisse der Metallschleifer von unserer Conkurrenzstadt Sheffield lernen? in: Centralblatt für allgemeine Gesundheitspflege, 19.1900, 303, 308, 311, 316; Ansprache von H. Scurfield in Sheffield, 27.4. 1908 (Mitt. von R. Boch an Verf.); U. Völkening, Unfallentwicklung u. Verhütung im Bergbau des deutschen Kaiserreiches 1888–1913, Dortmund 1980, 100ff.

[200] Weber, Sicherheit, 32f.; Buxbaum, 127; Reuleaux, Buch, VIII, 239; E. Schultze, Die Verschwendung von Menschenleben in den Vereinigten Staaten, in: Zs. f. Socialwiss. N. F. 4.1913, in: Engineering Magazine 30.1906, 650.

[201] Weber, Technik, 7.

[202] Ebd., 16; R. v. Helmholtz u. W. Staby, Die Entwicklung der Lokomotive, I, Dresden 1930, 304f.; über Unzulänglichkeiten in der Gefährdungshaftung der Bahn u. deren fatale Folgen: H.-J. Ritzau, Kriterien der Schiene, Eisenbahnunfall- u. Strukturanalyse, Landsberg 1978, 95f.; ders., Schatten, 103; Brunei: Rolt, 163, 193, 25; E. Krafft, Hundert Jahre Eisenbahnunfall, Berlin 1925, 16ff.; I. Frhr. von Wechmar, Eisenbahnunfälle im vorigen Jahrhundert, in: BGTI 17.1927, 122ff.

[203] Staby, Die geschichtliche Entwicklung der Eisenbahnbremsen, in: BGTI 14.1924, 3ff.; A. Braun, in: Blank u. Rahn, 86: Mit der Kunze-Knorr-Bremse wurden in den 20er Jahren in Deutschland etwa 20 000 Bremser eingespart; Krafft, 23, 54. Indusi: Hundert Jahre deutsche Eisenbahn, Leipzig 1938[2], 109ff.; Bellinzona: Treue in Pohl, Wirtschaftswachstum, 203.

[204] F. P. Ingold, Literatur u. Aviatik, Basel 1978, 105f., in; über die deutsche Zeppelin-Begeisterung als »eigenartiges, psychologisches Symptom«: R. Vierhaus (Hg.), Am Hof der Hohenzollern. Aus dem Tagebuch der Baronin Spitzemberg, München 1965, 246 (»unser deutsches Volk ist übergeschnappt!«); H. G. Knäusel, LZ 1, Der erste Zeppelin, Geschichte einer Idee

1874–1908, Bonn 1985. »Titanic«: Prometheus 23.1912, 495; 13.1902, 117. Tirpitz: E. Kehr, Der Primat der Innenpolitik, Berlin 1965, 120. F. Münzinger, Atomkraft, Berlin 1960, 261.

[205] Krankenhagen u. Laube, 40ff., 48ff., 105ff.; Baumann, Materialprüfwesen, 149ff., 175f.; E. Bolenz, Technische Normung zwischen »Markt« u. »Staat«. Untersuchungen zur Funktion, Entwicklung u. Organisation verbandlicher Normung in Deutschland, Bielefeld 1987, 44, 70ff.; Lundgreen, in: Ludwig (Hg.), Technik, 124f. (eine relativ niedrige Festigkeitsziffer bei Stahl als »patriotische Pflicht« in Anbetracht der deutschen Eisenqualitäten!); Sonnenberg, 107ff.; B. Hilliger, Die geschichtliche Entwicklung der Dampfkesselaufsieht in Preußen, in: BGTI 7.1916, 65, 69, 77.

[206] Lundgreen, ebd., 93; P. Lundgreen, Wissenschaftliche Forschung als Ausweg im politischen Konflikt? Qualitätskontrolle von Eisenbahnmaterial in Preußen (1876–1889), Wiesbaden 1999, 230; Lundgreen an Verf., 9. 5. 2008; Hilliger, 71f.; Riedler, Rathenau, 78; G. Wiesenack, Wesen u. Geschichte der Technischen Überwachungsvereine, Köln 1971, 59ff., 71f., 36; Technische Eigenüberwachung in der Chemie (BASF-Symposium), Köln 1982, 15, 20; Der Spiegel, 20.6. 1977,44; Kristl, 108f.; M. Eyth, Hinter Pflug und Schraubstock, Stuttgart o. J. (urspr. 1899), 462f., 494.

[207] R. Lukes, 150 Jahre Recht der technischen Sicherheit in Deutschland, in: Risiko, Schnittstelle zwischen Recht u. Technik, Berlin 1982, 12.

[208] Die zweite industrielle Revolution, Frankfurt u. die Elektrizität 1800–1914, Frankfurt/M. 1981, 125ff.; Pinner, 133, 166; U. Wengenroth, Die Diskussion der gesellschaftspolitischen Bedeutung des Elektromotors um die Jahrhundertwende, in: Energie in der Geschichte, 305ff.; J. Kuczynski, Vier Revolutionen der Produktivkräfte, Berlin 1975, 104f.; Schröter u. Becker, 79; Boch, 199ff.

[209] Boch, 197; J. Kocka, Industrialisierung u. Arbeiterbewegung in Deutschland vor 1914, in: Industrialisierung, sozialer Wandel u. Arbeiterbewegung in Deutschland u. Polen bis 1914, Braunschweig 1984, 74.

[210] A. Bebel, Die Frau u. der Sozialismus, Berlin 1974 (50. Auflage, 1909), 428–436; Pfetsch, 116 (1887 unterstützte im Reichstag zunächst nur die SPD die Gründung der PTR!); K. Hartmann, Unfallverhütung für Industrie und Landwirtschaft, Stuttgart (ca. 1902), 8; Pensky, 234; H. Reinicke, Der Deutschen Höhenflug im Äthermeer, in: Wechselwirkung, Febr. 1989, 35; B. Emig, Die Veredelung des Arbeiters, Frankfurt/M. 1980, 200f.

[211] L. Braun, Hausindustrie, in: Die Zukunft 37.1901, 222; H.Zwahr, Die deutsche Arbeiterbewegung im Länder- und Territorienvergleich, in: GG 13.1987, 454ff.; Langer, 156; Grothe, Kleinmotoren, 175.

[212] Riedler, Rathenau, 152; Stearns, 5f., 135; R. Vierhaus (Hg.), Am Hof der Hohenzollern. Aus dem Tagebuch der Baronin Spitzemberg 1865–1914, München 1965, 270.

[213] Jürgen Kocka (Technik u. Arbeitsplatz im 19. Jahrhundert, in: Buddensieg u. Rogge, 120) weist darauf hin, dass es »noch 1890 eine Arbeitsordnung bei Krupp für nötig hielt, ausdrücklich das Schlafen während der Arbeitszeit zu verbieten«! Verboten wird nur das, was physisch möglich ist: Auch verborgene ruhige Nischen gehörten zum damaligen Krupp-Alltag, nicht nur der Hammer Fritz, der kilometerweit den Boden erbeben ließ! – L. Preller, Sozialpolitik in der Weimarer Republik, Düsseldorf 1978, 130; Ditt, 206ff.; M. Weber, Psychophysik, 155, 162; A. Levenstein, Die Arbeiterfrage, mit bes. Berück. der sozialpsychologischen Seite des modernen Großbetriebes der psychophysischen Einwirkungen auf die Arbeiter, München 1912.

[214] Boch, 336f.; Behrens, H.-W. Kraft, Die Arts-and-Crafts-Bewegung u. der deutsche Jugendstil, in: G. Bott (Hg.), Von Morris zum Bauhaus, Hanau 1977, 36.

[215] Ein Zusammenstoß zwischen der Elektrizitätswirtschaft und der Heimatschutzbewegung ereignete sich 1924/25 bei der Projektierung des Schluchseekraftwerks im Schwarzwald. Die Gegenbewegung wurde von Gemeinden, Mühlen- und Sägewerksbesitzern getragen, aber auch von F. Marguerre, dem Chef des Großkraftwerks Mannheim und Gegenspieler der Verbundwirtschaft, mit Sachargumenten beliefert. Gerade der völkische Flügel der Heimatschutzbewe-

gung, anfangs auf besonders radikalem Protestkurs, erlag jedoch später der monumentalen Faszination der großen Staumauer. (Mitt. von Frieder Schmidt)

第四章　战前、战中和战后阶段：大规模生产的合理性，权力与困境

［1］W. J. Siedler, die Modernität des Wilhelminismus, in: Die Zeit, 11.9. 1981, 41f.; G. Seile, Die Geschichte des Design in Deutschland von 1870 bis heute, Köln 1978, 12; G. Drebusch, Industrie-Architektur, München 1976, 155f.; von Weiher, Elektropolis, 120f.; Siemens, Weg, II, 127 (in den Jahren von 1923 bis 1928 »unterwarf eine neue Technik sich die Welt«); zur Zäsur um 1900: Schlesinger, in: Loewe, 67, 128; K. D. Barkin, The Controversy over German Industrialization 1890–1902, Chicago 1970, 195f. J. Romein, The Watershed of Two Eras, Europe in 1900, Middletown, Conn. 1978, vertritt die These, die Zeit um 1900 habe für die gesamte westliche Kultur eine ungewöhnlich markante »Wasserscheide« bedeutet. Diese werde in dem veränderten Umgang mit der Zeit besonders deutlich (657).

［2］G. Selle, Design-Geschichte in Deutschland, Köln 1987, 136; W. Voigt, Die Stuttgarter Schule u. die Alltagsarchitektur des Dritten Reiches, in: H. Frank (Hg.), Faschistische Architekturen, Hamburg 1985, 247; Naumann, 286f., 262; ders., Werke, III, 104; J. Campbell, Der Deutsche Werkbund 1907–1939, München 1989, 280, 17 Fn.

［3］Kammerer, 424f.; Siemens, Leben, 66.

［4］Prometheus 6.1895, 745ff.; K.Justrow, Der technische Krieg, II, Berlin 1939, 47; C. Matschoß, Krieg u. Technik, in: Zs. des VDI 59.1915, 23.

［5］W. Treue u. H. Uebbing, Die Feuer verlöschen nie. August-Thyssen-Hütte, Düsseldorf 1966, I, 140: Zur »Ära der Leichtmetalle«: T. Heuss, R. Bosch, Stuttgart 1946, 652; Bäumler, Jahrhundert, 52 (Leichtmetalle machten erstmals um 1900 »Furore«); L. Müller-Ohlsen, Die Weltmetallwirtschaft im industriellen Entwicklungsprozeß, Tübingen 1981, 27, 70; C. Ungewitter, Chemie in Deutschland, Berlin 1938, 88 (»allgemeine Umstellung der Welt auf die Verwendung von Leichtmetallen« nach verbreiteter Ansicht als »Gebot der Selbsterhaltung«); A. Isenberg, Die geschichtliche Entwicklung u. die wirtschaftliche Bedeutung des Hartmetalls in Deutschland, Diss. Köln 1957, 7; G. Schlesinger, Die Passungen im Maschinenbau, Berlin 19172, 10, 14; Erfahrung: Hammer, Morphologie, 22; DMV (Hg.), Die Rationalisierung in der Metallindustrie, Berlin (1933), 173ff.; Schirmbeck 117f., 141.

［6］W. R. Maclaurin, Invention and Innovation in the Radio Industry, New York 1949, 15f.; Pot, I, 24, 309ff.; M. Weber, Gesammelte Aufsätze zur Soziologie und Sozialpolitik, Tübingen 1988, 453f.

［7］Prometheus 9.1898, 316; Riedler, Schnell-Betrieb, X; Holzapfel, 50f.; H. Eichberg, »Schneller, höher, stärker«, in: Mann u. Winau, Medizin, 260ff., 279ff.; Flechtner, 144f.; Nervosität: P. Leubuscher u. W. Bibrowitz in: Deutsche Medizin. Wochenschrift Jg. 1905, 821. »Tempo«: Radkau, Zeitalter der Nervosität, 190–202.

［8］Stearns, 109ff., 137, 181ff., 126; Landschaftsverband Rheinland (Hg.), Scherenschleiferei Leverkus, Köln 1988, 20, 14, 28f.; J. Campbell, Joy in Work, German Work. The National Debate, 1800–1945, Princeton 1989.

［9］W. Neef, Ingenieure, Entwicklung u. Funktion einer Berufsgruppe, Köln 1982, 116ff.; G. Hünecke, Gestaltungskräfte der Energiewirtschaft, Leipzig 1937, 127; P. Noll, in: R. Doleschal u. R. Dombois (Hg.), Wohin läuft VW? Reinbek 1982, 68; R. Schmiede u. E. Schudlich, Die Entwicklung der Leistungsentlohnung in Deutschland, Frankfurt/M. 19814, 319ff. In den bei Schirmbeck gesammelten Erfahrungsberichten von Opel-Arbeitern, deren Schwerpunkt auf der Zeit von den 30er bis zu den 50er Jahren liegt, wird sehr viel mehr Arbeitszufriedenheit zum Ausdruck gebracht als in den 1912 von Levenstein veröffentlichten Aussagen, ohne dass dies in der Absicht der Interviewer gelegen hätte. Der Eindruck wird durch Pot, I, 451f., bestätigt. In Popitz u. a., Das Gesellschaftsbild des Arbeiters, Tübingen 19724, 45, 48, 55f., das auf Untersuchungen in der Hüttenindustrie 1953/54 fußt, findet sich die aufschlußreiche Beobachtung, dass zwar die konkreten technischen Innovationen der damaligen Gegenwart im allgemeinen als Arbeitserleichterungen geschätzt wurden, insgesamt jedoch eine kritisch-pessimistische Beurteilung »des« technischen Fortschritts überwog! In die generelle Aussage sind offenbar die Erfahrungen der Kriege und der Weltwirtschaftskrise eingegangen. Von der marxistischen Tradition her hätte es nahegelegen, umgekehrt die konkreten Innovationen kritisch und den allgemeinen technischen Fortschritt positiv zu beurteilen.

[10] K. Bücher, Das Gesetz der Massenproduktion, in: Zs. f. d. ges. Staatswiss. 66.1910, 444; J. Bariety, Das Zustandekommen der Internationalen Rohstahlgemeinschaft, in: H. Mommsen u. a., Industrielles System u. politische Entwicklung in der Weimarer Republik, Düsseldorf 1974, 559; VDEh, 87f.; W. B. Walker, Britain's Industrial Performance 1850–1950: A Failure to Adjust, in: Pavitt, 31; H. Schacht, Elektrizitätswirtschaft, in: Preuß. Jb. 134.1908, 84f.

[11] Binz, Geist, 2; W. Greiling, Chemie erobert die Welt, Berlin 1943, 351, 367.

[12] J. Radkau, Entscheidungsprozesse u. Entscheidungsdefizite in der deutschen Außenwirtschaftspolitik 1933–40, in: GG 2.1976, 64f.; Sombart: A. Haifeld, Amerika u. der Amerikanismus, Jena 1927, vorne; Hitler: W.Jochmann (Hg.), A. Hitler, Monologe im Führerhauptquartier 1941–44, Hamburg 1982, 95, 255, 270, 306f.; F. W. Seidler, F. Todt, Baumeister des Dritten Reiches, München 1986, 19; Pohl, Einflüsse, 51 (A. Kugler, F. Fürstenberg).

[13] Feldenkirchen, in: Pohl (Hg.), Wirtschaftswachstum, 128f.; Varchmin, 187, 219, 224; F.-J. Brüggemeier, Leben vor Ort, Ruhrbergleute u. Ruhrbergbau 1889–1919, München 1983, 101ff., 105ff., 110ff.; Brady, 75; Schwarz, Kohlenpott, 72ff.; D. J. K. Peukert, Industrialisierung des Bewußtseins? Arbeitserfahrungen von Ruhrbergleuten im 20. Jahrhundert, in: Tenfelde (Hg.), Arbeit, 97ff.; P. Hinrichs u. L. Peter, Industrieller Friede? Arbeitswissenschaft u. Rationalisierung in der Weimarer Republik, Köln 1976, 30 (unterschiedliche Beurteilung der sozialen Folgen der Schüttelrutsche!); W. Sombart, Die Zähmung der Technik, Berlin 1935, 23» U. Burghardt, Die Mechanisierung des Ruhrkohlenbergbaus, in: TG 56.1989.

[14] Herbert, Dream, 30; Bolenz, Baubeamte, 85; P. Hinrichs u.a., Zwischen Fahrrad u. Fließband, in: Absolut modern, 49; J. Campbell, The German Werkbund, Princeton 1978, 27.

[15] Isaacs, II, 544; H. Meyer-Heinrich, Philipp Holzmann AG 1849–1949, Frankfurt/M. 1949, 64, 187, 249ff.; Der Schrei nach dem Turmhaus, Berlin 1988, 144, 209; Entstehung der Banken-Wolkenkratzer in Frankfurt: Der Spiegel, 28.4. 1980, 98ff. Ein in den 1960er Jahren geplantes »Alster-Manhattan«, dem der gesamte Hamburger Stadtteil St. Georg hätte geopfert werden müssen, wurde nicht realisiert.

[16] Herbert, 78ff.; Radkau u. Schäfer, 248ff.

[17] G. Kossatz u. a., in: Bundesministerium für Ernährung (Hg.), Holz als nachwachsender Rohstoff, Bonn 1987, 120.

[18] H. Poll, Schreibmaschine, Büro u. Emanzipation, in: Aufriß (Nürnberg) 1.1982, H. 1, 64ff.; U. Nienhaus, Büro- u. Verwaltungstechnik, in: U. Troitzsch u. W. Weber, Die Technik, Braunschweig 1982, 546ff.; Museum für Verkehr u. Technik Berlin, Schätze u. Perspektiven, Berlin 19852, 102ff.; J. Kocka, Unternehmer in der deutschen Industrialisierung, Göttingen 1975, 112; Hollerith: Prometheus 22. 1911, 369ff.; R. Oberliesen, Information, Daten u. Signale, Reinbek 1982, 238f.

[19] Genth u. Hoppe, Telefon, 60.

[20] Tornow, 214f.; Giedion, Herrschaft, 557ff., 598, 739, 746; H. Münsterberg, Psychologie u. Wirtschaftsleben, Leipzig 1912, 106; K. Hausen, Große Wäsche, in: GG 13.1987, 302; Siemens, Weg, II, 94, 97f.; S. Meyer u. B. Orland, Technik im Alltag des Haushalts u. Wohnens, in: Troitzsch u. Weber, 571, 576f.; R. Stahlschmidt, in: Ludwig, Technik, 383f.; M.-M. Prowe-Bachus, Auswirkungen der Technisierung im Familienhaushalt, Diss. Köln 1933, 47f., 54f.; F.

Brandt, Der energiewirtschaftliche Wettbewerb zwischen Gas und Elektrizität um die Wärmeversorgung des Haushalts, Diss. Heidelberg 1931, 21f.

[21] P. Seitz, in: G. Franz (Hg.), Geschichte des deutschen Gartenbaues, Stuttgart 1984, 387f.; Tornow, 163, 171; W. Skrentny (Hg.), Hamburg zu Fuß, Hamburg 19872, 107f.; Böllhoff, 159; Oetker: In der ersten Aufstiegsphase hatte die Fabrik noch eher manufakturartigen Charakter. Ihr Erfolg beruhte auf dem Gedanken, Backpulver — richtig gemischt und dosiert — in Tüten zu verkaufen: ein Zeichen, mit welch simplen Ideen sich in dem noch kaum erschlossenen Reich des Haushalts große Geschäfte machen ließen. »Dr. Oetker« nutzte auch als einer der ersten den Reklamewert der Wissenschaft, obwohl die Dissertation des Firmengründers nichts mit seiner Produktion zu tun hatte. Produktivkräfte, III, 140; Tafel, 33f., 48; Gärungsgewerbe, 196f.; R. Käs, Die Zigarette – der flüchtige Genuß, in: Aufriß 1.1982, H. 1, 18ff.; Automaten: C. Kamp u. U. Gierlinger (Hrsg.), Wenn der Groschen fällt, München 1988, 19f.; C. Hausberg, Die deutsche Zigaretten-Industrie u. die Entwicklung zum Reemtsma-Konzern, Würzburg 1938, 14, 21ff.

[22] Fränkisches Freilandmuseum, 21, 33f.; Tornow, 113ff., 236f.; F. Haber, Aus Leben u. Beruf, Berlin 1927, 21; Preuschen, 165f.; H. Schlange-Schöningen, Landwirtschaft von heute, Berlin 1930, 106ff.

[23] von L. Bullough, A Brief Note on Rubber Technology and Contraception: The Diaphragm and the Condom, in: Technology and Culture 22.1981, 109ff.; A. Grotjahn, Geburten-Rückgang u. Geburten-Regelung, Berlin 1914, 100f.; M. Marcuse, Der eheliche Präventivverkehr, seine Verbreitung, Verursachung u. Methodik, Stuttgart 1917, 169ff.; H. Bertschi, Die Kondom-Story, Köln 1994, 38ff.; G. Aly/M. Sontheimer, Fromms. Wie der jüdische Kondomfabrikant Julius F. unter die deutschen Räuber fiel, Frankfurt/M. 2007, 44ff.; U. Linse, Arbeiterschaft u. Geburtenentwicklung im Deutschen Kaiserreich von 1871, in: AfS 12.1972, 210f., 226; R. J. Evans, Sozialdemokratie u. Frauenemanzipation im deutschen Kaiserreich, Berlin 1979, 246ff.

[24] Produktivkräfte, III, 78ff., 230; Varchmin, 216, 222f.; Viefhaus, in: Ludwig, Technik, 335.

[25] Riedler, Rathenau, 59; Flugzeug: Siemens, Leben, 279; über den immer noch mangelnden zivilen Luftfahrt-Bedarf: W. Sombart, Die Zähmung der Technik, Berlin 1935, 16.

[26] M. Salewski, Zeitgeist u. Zeitmaschine. Science Fiction u. Geschichte, München 1986, 42, 189f.; O. Spengler, Der Untergang des Abendlandes (1923), München 1973, 1191f.; F. Dessauer, Streit um die Technik, Frankfurt/M. 19582, 82.

[27] Andersen u. Brüggemeier, 75ff.; F. Aeroboe, Allgemeiner Überblick über die heutige Lage der deutschen Landwirtschaft, in: Harms, I, 131: »Die Stickstoffwerke in Leuna und Oppau ersetzen heute mehr Land, als wir im Kriege verloren haben« − ein Hinweis darauf, dass der Glaube an die Segnungen des technischen Fortschritts theoretisch das Revanchedenken hätte überwinden helfen können. F. Todt (Hg.), Versteppung Deutschlands? Berlin 1938. Oppau: Sachverständigengutachten in: Zs. f. d. ges. Schieß- u. Sprengstoffwesen 19.1925, 29ff.; U. Stolle, Arbeiterpolitik im Betrieb, Frankfurt/M. 1980, 114, 321. K. A. Schenzinger, Anilin, Berlin 1937, 265; J. Radkau, Renovation des Imperialismus im Zeichen der »Rationalisierung«. Wirtschaftsimperialistische Strategien in Deutschland von den Stinnes-Projekten bis zum Versuch der deutsch-österreichischen Zollunion, in: ders./I. Geiss (Hg.), Imperialismus im 20. Jh., München 1976, 229f.

[28] Zs. f. techn. Fortschritt 1916, 181, nach: The Engineer, 23.4. 1915; M. Schwarte, Die Technik im Zukunftskrieg, Charlottenburg 1924, 6; Matschoß, Krieg, 23; zur Steigerung des Prestiges der »wissenschaftlichen« Technik auch außerhalb Deutschlands vgl. Le Chatelier in seiner Eröffnungsansprache auf der französischen Wärmetagung 1923: »Wenn während des Krieges unsere Feinde so lange durchhalten konnten, so verdanken sie dies einzig und allein dem Umstand, dass sie im größten Umfang die Wissenschaft anzuwenden verstanden. Darin müssen wir sie jetzt erreichen oder uns damit abfinden, dass wir vom Erdboden verschwinden.« Zit. n. Archiv f. Wärmewirtschaft 5.1924, 2; mit ähnlicher Tendenz: C. Moureu, La chimie et la

guerre, science et avenir, Paris 1920. Das durch den Krieg weltweit gesteigerte technische Prestige der deutschen Wissenschaft fand seinen Niederschlag selbst im japanischen Schulunterricht: »Deutschland, das unmittelbar vor dem Ersten Weltkrieg das Verfahren zur Stickstoffsynthese entdeckt habe, sei dadurch so in seinem Selbstbewußtsein gestärkt worden, dass es wagte, Frankreich den Krieg zu erklären.« Y. Iida, in: Barloewen, Japan, III, 101. Campbell, Werkbund, 132; B. Schroeder-Gudehus, Internationale Wissenschaftsbeziehungen und auswärtige Kulturpolitik 1919–1933. Vom Boykott und Gegen-Boykott zu ihrer Wiederaufnahme, in: Vierhaus, Forschung im Spannungsfeld, 858. Streit um C. Bach: C. Bach, Mein Lebensweg u. meine Tätigkeit, Berlin 1926, 81f.

[29] K. Helfferich, Der Weltkrieg, II, Berlin 1919, 223; Greiling, 278; Haber, Leben, 18; Hamburger Stiftung für Sozialgeschichte des 20. Jahrhunderts (Hg.), Das Daimler-Benz-Buch, Nördlingen 1987, 46 (K.-H. Roth); W.Treue, in: Pohl (Hg.), Wirtschaftswachstum, 204: »Niemals zuvor hatte die Technik in so kurzer Zeit so sehr ihre Bedeutung gesteigert« (wie in der Zeit nach dem Ersten Weltkrieg). W. König, in: Ludwig, Technik, 280; W. Mock, Technische Intelligenz im Exil 1933–1945, Düsseldorf 1986, 40f.: Während die deutschen Ingenieure im 19. Jahrhundert das hohe Sozialprestige ihrer englischen Kollegen beneidet hatten, wurden nach 1933 deutsche Ingenieure, die nach England emigrierten, mit dem aus ihrer Sicht »niedrigen gesellschaftlichen Status des britischen Ingenieurs« und der im Vergleich zu Deutschland »erheblich niedrigeren Bezahlung« konfrontiert. F. J. Strauß, Die Erinnerungen, Berlin 1989, 33, 43.

[30] Bolenz, Baubeamte, 96; E. Viefhaus, in: Ludwig (Hg.), Technik, 292, 340; H. Guderian, Die Panzerwaffe, Stuttgart 1943², 161; M. Lachmann, Probleme der Bewaffnung des kaiserlichdeutschen Heeres, in: Zs. für Militärgeschichte 6.1967, 28f.; Greiling, 279f.; A. Riedler, Die neue Technik, Berlin 1921, 33, 58, 49; F.Haber, Fünf Vorträge, Berlin 1924, 28; H. Bredow, Im Banne der Ätherwellen, II, Stuttgart 1956, 49f.; Ehrhardt, 79, 85, 82, 107; F.Dessauer, Philosophie der Technik, Bonn 1927, 15f.; B. von Bülow, Denkwürdigkeiten, Bd. 2, Berlin 1930, 227f.

[31] J. H. Morrow, German Air Power in World War I, Lincoln 1982, 190; K. Nuß, Militär u. Wiederaufrüstung in der Weimarer Republik, Berlin 1977, 200; G. Thomas, Geschichte der deutschen Wehr- u. Rüstungswirtschaft (1918–1943/45), Boppard 1966, 308; W. A. Boelcke (Hg.), Deutschlands Rüstung im Zweiten Weltkrieg. Hitlers Konferenzen mit A. Speer 1942–45, Frankfurt/M. 1969, 10; K.-H. Ludwig, Technik u. Ingenieure im Dritten Reich, Düsseldorf 1974, 352ff., 360ff.

[32] Hitler: Der Spiegel, 24.3. 1980, 194; Militärgeschichtliches Forschungsamt (Hg.), Deutsche Militärgeschichte 1648–1939, München 1983, IX, 578; H. Senff, Die Entwicklung der Panzerwaffe im deutschen Heer 1918–39, Frankfurt/M. 1969, 28.

[33] A. von Schlieffen, Ges. Schriften, I, Berlin 1913, 11; Prometheus 9.1898, 488; Siemens, Weg, I, 72ff., 96; Peschke, 150ff.; M. Geyer, Deutsche Rüstungspolitik 1860–1980, Frankfurt/M. 1984, 58; Boelcke, Krupp, 14, 16; von Mollin, Auf dem Wege zur »Materialschlacht«, Pfaffenweiler 1986, 218, 229, 237; C. Habbe in: *Spiegel* Special, Die Urkatastrophe des 20. Jh.s, Hamburg 2004, 52.

[34] K. Holl, Pazifismus in Deutschland, Frankfurt/M. 1988, 73; Schlieffen, 12.

[35] G. Ritter, Staatskunst u. Kriegshandwerk, II, München 1965, 247f.; Schlieffen, 15, 17.

[36] Militärgeschichtliches Forschungsamt (Hg.), IX, 465.

[37] Zs. für prakt. Maschinenbau 5.1914, 1374f.; Matschoß, Krieg, 23; E. Kothe, Kriegsgerät als Schrittmacher der Fertigungstechnik, in: TG 30.1941, 5; Hamburger Stifung (Hg.), 274; vgl. noch 1980 W. Häfele im Zusammenhang mit der Brüterpolitik: J. Radkau, Angstabwehr – Auch eine Geschichte der Atomtechnik, in: Kursbuch 85.1986, 50.

[38] Lachmann, 24f.; Reuleaux, Buch, VI, 122–128; Prometheus 13.1902, 85; T. H. E. Travers, The Offensive and the Problem of Innovation in British Military Thought 1870–1915, in: Journal of Contemporary History 13.1978, 531–553; Boelcke, Krupp, 55, 66; Justrow, 84, 38.

[39] Mollin, 203, 307; H.-O. Steinmetz, Bismarck u. die deutsche Marine, Herford 1974, 69; Militärgeschichtl. Forschungsamt (Hg.), VIII, 131. E. Kehr, Der Primat der Innenpolitik, hg. H.-U. Wehler, Berlin 1965, 227. Die Distanz zwischen Schwer- und Motorenindustrie noch in den zwanziger Jahren erkennt man an den Klagen Wilhelm v. Opels über die »Normensabotage« der Stahlproduzenten: Die gelieferte Stähle seien immerzu unterschiedlich und häufig zu hart für die Automobilindustrie. (Mitt. A. Kugler) Militärgeschichtl. Forschungsamt (Hg.), Deutsche Militärgeschichte, Bd. 6, Herrsching 1983, 143.

[40] Militärgeschichtl. Forschungsamt, Bd. 6, 292, 306; Kugler, Werkstatt, 326; Morrow, 196; Ingold, 226, 238; P. von Kielmansegg, Deutschland u. der Erste Weltkrieg, Frankfurt/M. 1968, 384; Boelcke, Rüstung, 13. Zur Zeppelin-Begeisterung s. o. Anm. III 204. W. von Siemens, Leben, 302f.; Radkau, Renovation des Imperialismus, 207.

[41] H.-U. Wehler, Das Deutsche Kaiserreich 1871–1918, Göttingen 1986, 170; Militärgeschichtl. Forschungsamt (Hg.), V, 81; Zs. f. prakt. Maschinenbau 5.1914, 1374. Selbst der dem Pazifismus zuneigende Friedrich Dessauer klagte später darüber, dass »die Techniker nicht erreichen konnten, trotz aller Vorstellungen, dass rasch und in großem Maßstabe Unterseeboote gebaut würden«: ders., Bedeutung u. Aufgabe der Technik beim Wiederaufbau des Deutschen Reiches (Vortrag), Berlin 1926. Haber, Leben, 15; G. Plumpe, Die IG Farbenindustrie AG, Habil. Schrift, Bielefeld 1987, MS, 80f.; von Kielmansegg, 132; R. Harris u. J. Paxman, Eine höhere Form des Tötens, Die geheime Geschichte der B- u. C-Waffen, Düsseldorf 1983, 132ff.; Der Spiegel, 26.10. 1987, 245 (Solschenizyn); ebd., 24.10. 1988, 85. Bauer: H. G. Branch u. R.-D. Müller (Hg.), Chemische Kriegführung-chemische Abrüstung, Berlin 1985, I, 70.

[42] Militärgeschichtl. Forschungsamt (Hg.), IX, 578; Justrow, I, 54, 43; »feige«: der Heerespsychologe Rieffert, nach: M. Holzer, in: Deutsche Technik 3.1935, 21; H. Guderian, Erinnerungen eines Soldaten, Heidelberg 1951, 25; ders., Panzerwaffe, 146; W. Jochmann (Hg.), Adolf Hitler – Monologe im Führer-Hauptquartier 1941–1944, München 1982, 39, 53.

[43] F. Uhle-Wettler, Gefechtsfeld Mitteleuropa, Gefahr der Übertechnisierung von Streitkräften, München 19813, 97f.; Boelcke, Rüstung, 13; M. G. Steinen, Hitlers Krieg u. die Deutschen, Düsseldorf 1970, 596f., E. Heinkel, Stürmisches Leben, Stuttgart 1953, 318f., 379, 384; H. M. Mason, Die Luftwaffe 1918–1945, Wien 1973, 242ff.

[44] Produktivkräfte, II, 152; Helfferich, 122, 224; Prometheus 22.1911, 39; R. Tröger, Die deutschen Aluminiumwerke u. die staatliche Elektrizitätsversorgung, Berlin 1919; R. Sterner-Rainer, Zur Geschichte des Aluminiums u. seiner leichten Legierungen, in: BGTI 14.1924, 121 ff; H. Joliet (Hrsg.), Aluminium, Düsseldorf 1988, 79, 119; K. O. Henseling in: Wechselwirkung, Febr. 1987, 43; Buch der Erfindungen, Bd. 4, 302.

[45] Bredow, I, 365f.; Siemens, Weg, II, 121f.; W.B. Lerg, Die Entstehung des Rundfunks in Deutschland, Frankfurt/M. 1965, 44, 159, 157, 312 (Staatsrundfunk als einzige Alternative zu dem »stereotyp als chaotisch denunzierten amerikanischen System«); W. Hagen, Das Radio. Zur Geschichte und Theorie des Hörfunks – Deutschland/USA, München 2005, 68f.

[46] Kugler, 324ff.; G. Garbotz, Vereinheitlichung in der Industrie, München 1920, 107; Kothe, 3; Bolenz, Normung, 82.

[47] Radkau, Ausschreitungen, 19f..; W. Treue, in: Pohl (Hg.), Wirtschaftswachstum, 187; H. Dominik, Vistra, Das weiße Gold Deutschlands, Leipzig 1936, 106.

[48] D. Eichholtz u. W. Schumann (Hg.), Anatomie des Krieges, Berlin 1969, 80; Guderian, Panzerwaffe, 144; Winschuh, 176; Kothe, 1.

[49] Feldenkirchen, Rivalität, 101f.; Schlesinger, in: Loewe, 81; zu Pajeken: Wegeleben, 35, 41; vgl. auch Pinner, 31; Geyer, 7f., 16; Produktivkräfte, III, 212.

[50] M. Salewski, >Neujahr 1900< Die Säkularwende in zeitgenöss. Sicht, in: Archiv f. Kulturgesch. 53.1971, 375; Klinkenberg, 16; F. Dessauer u. K. A. Meißinger, Befreiung der Technik, Stuttgart 1931, 8; J. Herf, Reactionary Modernism: Technology, Culture, and Politics in Weimar and the Third Reich, New York 1984, 158ff.; Sombart, Zähmung, 5f.; Ropohl, Verständ-

nis, 125 (M. Weber); 50 Jahre Bosch, 1886–1936, Stuttgart 1936, 195; Th. Heuss, Robert Bosch, Stuttgart 1946, 133ff.

[51] Bäumler, 39, 36, 34; T. Gorsboth u. B. Wagner, Die Unmöglichkeit der Therapie. Am Beispiel der Tuberkulose, in: Kursbuch 94.1988, 132; W. Haynes, This Chemical Age, London 1946, 93ff.; Riedler, Rathenau, 133; Plumpe, IG Farbenindustrie, 516; A. Schmidt/K. Fischbeck, Die industrielle Chemie in ihrer Bedeutung im Weltbild und Erinnerungen an ihren Aufbau, Berlin 1943, 71ff.

[52] A. Binz, Die Mission der Teerfarben-Industrie, Berlin 1912, 8, 4; Bäumler, 38; C. Ungewitter, Chemie in Deutschland, Berlin 1938, 56f.; vgl. dazu W. Bade, Das Auto erobert die Welt, Berlin 1938, 304: »Denn in der Technik ist das Naturprodukt der Notbehelf und das vom menschlichen Geist geschaffene erst das Vollkommene.« Seidler, 289.

[53] Ostwald, Lebenslinien, II, 258ff.; Ungewitter, 61; K.Holdermann, Im Banne der Chemie, C. Bosch, Düsseldorf 1954², 89, 12, 69, 98; Binz, Geist, 9; Winnacker, 301ff.; Bäumler, 146; das Denken in Spezialdisziplinen zeigt sich auch in dem heftigen Widerstand Duisbergs gegen die Berufung Habers, einer Koryphäe der anorganischen Chemie, auf einen Lehrstuhl für organische Chemie; vgl. Flechtner, 320.

[54] Die Produktion von Elektrostahl war im allgemeinen an Wasserkraft gebunden und konnte sich daher in Deutschland nur wenig durchsetzen, obwohl die Qualität des Elektrostahls noch die des Tiegelstahls übertraf; 1930 betrug der deutsche Anteil an der Weltproduktion 0,9 Prozent, der italienische dagegen 12 Prozent. R. Gianetti, The Growth of Italian Electrical Industry, in: F. Cardot (Hg.), Un siecle d'electricite dans le monde, Paris 1987, 42.

[55] Die elektrische Zündung war eine wichtige Innovation in der Frühgeschichte des Autos; 1914 waren 80 Prozent der Autos der Welt mit Bosch-Zündern ausgerüstet (Horras, 210). Goldenberg-Kraftwerk: G. Boll, Geschichte des Verbundbetriebes, Frankfurt/M. 1969, 42ff.

[56] Riedler, Rathenau, 85, 115, 144ff.; U. Stolle, Arbeiterpolitik im Betrieb, Frankfurt/M. 1980, 203; Matschoß, Maschinenbau, 185ff.; Produktivkräfte, II, 130; III, 64, 68f.; U. Wengenroth, Die Rolle elektromotorischer Antriebe und Steuerungen in Massenproduktion u. Rationalisierung, in: TG 56.1989; Produktivkräfte in Deutschland, Bd. 3, S. 64.

[57] U. Wengenroth, The Electrification of the Workshop, in: Cardot (Hg.), 362–366; J. Dethloff, Das Handwerk in der kapitalistischen Wirtschaft, in: Harms (Hg.), I, 33; R. von Miller, Ein Halbjahrhundert deutsche Stromversorgung aus öffentlichen Elektrizitätswerken, in: TG 25. 1936, 111ff.; H. Schumann, Die Bedeutung der Elektrizität für das Handwerk unter bes. Berück. der Verhältnisse in Baden, Diss. Heidelberg 1933, 11, 26; F. Schäfer, Gas oder Elektrizität? Wiesbaden 1896, 14, 16; A. Beaugrand, Die Zentralisierungsbestrebungen in der deutschen ElektrizitätsWirtschaft, am Beispiel der Elektrizitätswerke Wesertal GmbH, Magisterarbeit, Bielefeld 1987, 98; Zoepfl, 197.

[58] Hughes, 182; v.Weiher, Elektropolis, 106f., 112; Meyer u. Orland, 569; Peschke, 357; Wengenroth, Electrification, 360f.; Pinner, 143; Riedler, Rathenau, 168.

[59] H. Graf Kessler, W. Rathenau (1928), Frankfurt/M. 1988, 22f.; I. Costas, Arbeitskämpfe in der Berliner Elektroindustrie 1905 u. 1906, in: K. Tenfelde u. H. Volkmann (Hg.), Streik, München 1981, 98; E. N. Todd, Technology and Interest Group Politics: Electrification of the Ruhr, 1886–1930, Diss. Univ. of Pennsylvania 1984, 283.

[60] Siemens, Weg, II, 130, 326 (Siemens durch staatlichen Kundenkreis geprägt); die von AEG und Siemens gemeinsam gegründete Telefunken GmbH arbeitete im Rundfunkapparate-Geschäft mit Verlust, da – so eine AEG-Denkschrift 1953 –»die Denkart der Führungsschicht weniger technisch-wirtschaftlich als vielmehr technisch-optimal ausgerichtet war«. P. Czada, Die Berliner Elektroindustrie in der Weimarer Zeit, Berlin 1969, 249f.; A. Mader, Die Gegenbewegungen gegen die Konzentrationsbestrebungen in der elektrotechnischen Industrie, Diss. Würzburg 1921, 70ff.

[61] Siemens, Weg, I, 102f., 222; Pinner, 230f.; Kristl, 105; Peschke, 138; J. Wolf, Die Elektrifizierung der Eisenbahn in der Bundesrepublik Deutschland, Diss. Frankfurt/M. 1969; Engpaß

Kupfer: Kessner, Umstellung der metallverarbeitenden Industrie auf heimische Rohstoffe, in: Deutsche Technik 3.1935, 218f.; Lokomotiven: Born u. Düring, 33, 38; R. Roosen, Betrachtungen zur wärmetechnischen Vervollkommnung der Dampflokomotive, in: Brennstoff-Wärme-Kraft (BWK) 1.1949, 143. Zur »Einheitslok« s.u., Anm. 80. R. Ostendorf, Dampfturbinen-Lokomotiven, Stuttgart 1971, 64, 73.

[62] W. Wolff, Die Gaswirtschaft als Schlüsselindustrie, in: Deutsche Technik 4.1936, 138; Schäfer, Gas, 4; Pinner, 246f.; Wengenroth, Electrification, 359f.; B. Hobein, Zwischen Kommunalisierung, Unternehmensrentabilität u. Transportproblemen — Die Entwicklung der Gasfernversorgung im Ruhrgebiet, Referat auf der technikgeschichtlichen Jahrestagung des VDI, 1988; Brandt, Wettbewerb (kritisch über die psychologischen Vorteile der Elektrizität); J. Körting, Geschichte der deutschen Gasindustrie, Essen 1963, 456, 462f.-, T. Herzig, Geschichte der Elektrizitätsversorgung des Saarlandes, Saarbrücken 1987, 131, 206ff.; W. R. Krabbe, Kommunalpolitik und Industrialisierung, Stuttgart 1985, 261; Miller: Kristl, 158. C. Th. Kromer, Hochelektrifizierte landwirtschaftliche Versuchsdörfer, in: Elektrizitätswirtschaft 34.1935, 653, hebt hervor, die »weitestgehende Einführung der Elektrowärme in der Landwirtschaft« schütze »besonders die Bauersfrau vor Überarbeitung«. Da das Inventar der dem Normalverbraucher zugänglichen Elektrogeräte damals noch nicht sehr groß war, drängte die Elektrizitätswirtschaft um so mehr in den Wärmemarkt.

[63] Plumpe, IG Farbenindustrie, 57, 60, 47; Borkin, 17, 25, 149f.; Caro, 1102; W. Ostwald, Die Forderung des Tages, Leipzig 1911^2, 437ff.; B. Schröder-Gudehus, Du boykott ä la cooperation, Referat auf dem Kolloquium des Deutschen Historischen Institutes Paris, 13.10. 1987; Fusionsverhandlungen: Mitt. von L. F. Haber.

[64] Prometheus 9.1898, 205.

[65] A. Krammer, The Development of Synthetic Fuel in 20th Century Germany, in: Energie in der Geschichte, 105; Hirsch in: IHK Berlin (Hg.), Die Bedeutung der Rationalisierung für das deutsche Wirtschaftsleben, Berlin 1928, 75; Holdermann, 51f., 225, 244.

[66] T. P. Hughes, Das »technologische Momentum« in der Geschichte, Zur Entwicklung des Hydrierverfahrens in Deutschland 1898—1933, in: Hausen u. Rürup (Hg.), 361ff., 369f.; Plumpe, 146f, 230, 302f., 517f.; Holdermann 103f.; Flechtner 319ff.; G. T. Mollin, Montankonzerne und »Drittes Reich«, Göttingen 1988, 67.

[67] Plumpe, 385–395; A. Zischka, Wissenschaft bricht Monopole. Der Forscherkampf um neue Rohstoffe u. neuen Lebensraum, Leipzig 1936, 95ff.; A. Lübke, Das deutsche Rohstoffwunder, Stuttgart 19428, 190ff.; K. A. Schenzinger, Bei IG Farben, München 1953, 328ff. P. Kränzlein, Chemie im Revier, Düsseldorf 1980, 31.

[68] Ungewitter, 51f.

[69] Plumpe, 319ff., 337ff., 342ff., 535; Holdermann, 210ff.

[70] R. Bauer, Das Jahrhundert der Chemiefasern, München 1951, 118f., 216; Bäumler, 193.

[71] K. A. v. Müller über O. von Miller: »wie ein alter, unbezwingbarer Schutzgeist der Heimat« (Kristl, 189); Pinner, 160f.

[72] Weingart, Strukturen, 125f.; Ludwig, Technik u. Ingenieure, 54; Hilferding: M.Dierkes, in: ders. u.a., Technik u. Parlament, Berlin 1986, 130.

[73] Holdermann, 173, 74ff.; Winschuh, 93ff.; L. Marschall, Im Schatten der chemischen Synthese. Industrielle Biotechnologie in Deutschland (1900–1970), Frankfurt/M. 2000, 153; K. H. Spitzky, Die Geschichte des ersten säurestabilen Oralpenicillins (Penicillin V), in: Antibiotika Monitor 3/2000.

[74] Brady, 10; vgl. Dessauer, Philosophie, 19: Um das »Transzendentale« in der Maschine zu begreifen, sei es wichtig zu erkennen, »dass es für jedes eindeutige Problem der Technik offenbar nur eine beste Lösung gibt«. Für ihn ist Technik »Begegnung mit Gott« (31); dem Monotheismus entspricht die Singularität der technischen Lösung. Helmut Krauch (1970) erklärt demgegenüber die These vom »one best way« für grundfalsch: »Hier wird verkannt, dass selbst bei Anwendung rein technischer Kriterien eindeutig optimale Lösungen äußerst selten sind

und zugleich die Wissenschaft und der technische Fortschritt ständig neue Alternativen produzieren« (Pot, I, 331). Schon F. Münzinger, Ingenieure, Berlin 1942[2], 130, verspottet den Glauben, dass es auf alle technischen Fragen »eine bestimmte eindeutige Antwort« gebe, als typischen Irrglauben beschränkter »Mathematik-Ingenieure«, die die Technik nur als Anwendung bestimmter Theorien begriffen.

[75] H. Hinnenthal, Die deutsche Rationalisierungsbewegung u. das Reichskuratorium für Wirtschaftlichkeit, Berlin 1927, 8f., 11, 25; Heuss, Bosch, 423; J. Radkau, Renovation des Imperialismus im Zeichen der »Rationalisierung«, in: ders. u. I. Geiss (Hg.), Imperialismus im 20. Jahrhundert, München 1976, 219f.

[76] L. Burchardt, Technischer Fortschritt u. sozialer Wandel. Das Beispiel der Taylorismus-Rezeption, in: W. Treue (Hg.), Deutsche Technikgeschichte, Göttingen 1977, 80, 72.

[77] P. Hinrichs u. L. Peter, Industrieller Friede? Arbeitswissenschaft u. Rationalisierung in der Weimarer Republik, Köln 1976, 59ff.; Halfeid, 88; F. Tarnow, Warum arm sein? Berlin 1928, 19f.; Amerikareise deutscher Gewerkschaftsführer, Berlin 1926, 156, bei einem Vergleich des Fordbetriebs mit deutschen Fabriken: »wer die Konferenzen und Massenversammlungen vor den Werkzeugausgaben in unseren Maschinenfabriken schon erlebt hat, der weiß, dass der deutsche Arbeiter viel darum gäbe, wenn er dank einer entsprechenden Betriebsorganisation diese ärgerlichen Trödeleien in ein rhythmisches Arbeitstempo umsetzen könnte.« Ein »forsches Arbeitstempo« wird hier als typisch für »technisch rückständige Betriebe« bezeichnet. H. A. Wulf, »Maschinenstürmer sind wir keine«. Technischer Fortschritt u. sozialdemokratische Arbeiterbewegung, Frankfurt/M. 1987, 123ff., 127ff.; O. Moog, Drüben steht Amerika... Gedanken nach einer Ingenieurreise durch die Vereinigten Staaten, Braunschweig 1927[3], 85, 118; Verachtung der Sachverständigen: H. Ford; Mein Leben u. Werk, Leipzig (1923), 33; L. Betz, Das Volksauto, Rettung oder Untergang der deutschen Automobilindustrie? Stuttgart 1931, 93, 94; ders., Automobilia, Berlin 1928, 124; C. S. Maier, Between Taylorism and Technocracy, in: Journal of Contemporary History 5.1970, 54.

[78] W. von Moellendorff, Konservativer Sozialismus, Hamburg 1932, 49f.: Im Zeichen Taylors werde in Amerika eine »neue Wirtschaft« entstehen, »die beseelt sein darf wie ein taciteisches Germanendorf«. Maier, Taylorism, 47; Ford als Vorbild selbst bei der Verbesserung des thermischen Wirkungsgrades: Archiv für Wärmewirtschaft 5.1924, 52ff.; F. Söllheim, Taylor-System in Deutschland, Grenzen seiner Einführung in deutsche Betriebe, München 1922, 151; U.Wengenroth, Technisierung, Rationalisierung u. Gewerkschaftsbewegung, in: NPL 29.1984, 239; Ford, 132; G. Stollberg, Die Rationalisierungsdebatte 1908–33, Frankfurt/M. 1981, 24f.; L. Scarpa, Abschreibungsmythos Alexanderplatz, in: J. Boberg u. a., Die Metropole. Industriekultur in Berlin im 20. Jh., München 1986, 126f.

[79] Heuss, 413; 50 Jahre Bosch, 214f.; H.Homburg, Anfänge des Taylorsystems in Deutschland vor dem Ersten Weltkrieg, in: GG 4.1978, 180ff.; Stollberg, 83; England: Pollard, Development, 104; Frankreich: P. Fridenson, Unternehmenspolitik, Rationalisierung u. Arbeiterschaft: französische Erfahrungen im internationalen Vergleich, in: N. Hörn u. J. Kocka (Hg.), Recht u. Entwicklung der Großunternehmen im 19. u. frühen 20. Jahrhundert, Göttingen 1979, 444.

[80] Brady, 21ff., 27, 153; Bolenz, Normung, 6, 18, 20; Tarnow, 26; Garbotz, 50, 57ff.; H. Ford, Das große Heute und das größere Morgen, Leipzig 1926, 98; vgl. Rathenaus Akzentuierung der Normung und Typisierung in: ders., Wirtschaft, 44 (»Würde« gegen »Faschingsfreiheiten«); G. Schlesinger charakterisiert selbst als »Normenfanatiker« (Loewe 119). F. Münzinger, Dampfkesselwesen in den Vereinigten Staaten, Berlin 1925, 35: »ist doch die Gewöhnung an genormte und vereinheitlichte Teile letzten Endes nichts anderes als ein Zeichen von Disziplin«. Zu der Problematik der 1925 geschaffenen »Einheitslokomotive«, die eine Synthese von preußischen und amerikanischen Bauformen darstellte, dabei jedoch bestimmte Prinzipien »ins Maßlose übertrieb«: Born u. Düring, 32, 39. F. Ledermann, Fehlrationalisierung – der Irrweg der deutschen Automobilindustrie seit der Stabilisierung der Mark, Stuttgart 1933, 67; Produktivkräfte, III, 91; zu Widerständen vgl. auch Anm. 46. »Weltbühne« 1926/I, 808.

［81］ Kocka, Unternehmer, 110ff.; Söllheim, 148; Schmiede u. Schudlich, 187; Schlesinger, in: Loewe, 134, über frühe negative Erfahrungen mit dem amerikanischen Prämiensystem; G. Prachtl, Von der Reihenfertigung zur Fließarbeit, Berlin 1926, 1; Winschuh, 36; Kugler, 313f.

［82］ Hinrichs u. Peter, 264, 99f.; F. Mäckbach, in: ders. u. O. Kienzle (Hg.), Fließarbeit, Berlin 1926, 6: »Die Fließarbeit ist ein Ergebnis der wissenschaftlichen Durchdringung des Betriebes, bei der wir Deutschen seit Jahrzehnten mit in den ersten Reihen [...] gestanden haben«. H. Homburg, Le taylorisme et la rationalisation de l'organisation du travail en Allemagne, in: Le taylorisme, Paris 1984, 107; Tarnow, 18f.; M. J. Bonn: IHK Berlin (Hg.), Die Bedeutung der Rationalisierung für das deutsche Wirtschaftsleben, Berlin 1928, 13, 26; Schmiede u. Schudlich, 279f.; Treue, Feuer, I, 71f.; Flechtner, 189ff.

［83］ Hinrichs u. Peter, 99f., 166 (Gottl-Ottlilienfeld); Wulf, 90, 139, 147f.; Stollberg, 90; Viefhaus, in: Ludwig, Technik, 333; Wegeleben, 10; Schweiz: R. Jaun, Mangement u. Arbeiterschaft. Verwissenschaftlichung, Amerikanisierung u. Rationalisierung der Arbeitsverhältnisse in der Schweiz 1873–1959, Zürich 1987, 205, 333ff.; Preller, Sozialpolitik, 127; ähnlich Aeroboe, Überblick, 121; Radkau, Renovation, 240.

［84］ Pellicelli, in: Cipolla (Hg.), V (1), 190; Heuss, 224; G. Langheinrich, in: E. Krause (Hg.), Der Industriemeister, Hamburg 1954, 99f., 163; K. W. Henning, Betriebswirtschaftslehre der industriellen Fertigung, Braunschweig 1946, 107; R. Dombois, in: Doleschal u. ders., 142f.

［85］ Schmiede u. Schudlich, 283; Stolle, 191ff., 194ff., 202f.; R. Bosch 1925 auf der VDI-Hauptversammlung (Zs. des VDI 69.1925, 893): Der verbreitete Eindruck, dass es bei Bosch Massen- und Fließfertigung im Fordschen Sinne gebe, sei nicht richtig – eine von Bosch offenbar bedauerte Tatsache. RKW (Hg.), Handbuch der Rationalisierung, Berlin 1932³, 354.

［86］ Kugler, 332; dies., Die Umstellung auf Massenproduktion in Rüsselsheim, in: TG 56.1989; R. Flik, Automobilindustrie und Motorisierung in Deutschland bis 1939, in: R. Boch (Hg.), Geschichte und Zukunft der deutschen Automobilindustrie, Stuttgart 2001, 84; K. H. Roth, in: Hamburger Stiftung (Hg.), 73ff.; M. Barthel u. G. Lingnau, 100 Jahre Daimler-Benz. Die Technik, Mainz 1986, 93, 95f.; M. Kruk u. G. Lingnau, 100 Jahre Daimler-Benz. Das Unternehmen, Mainz 1986, 87f., 108f., 128f.; F. Blaich, Die »Fehlrationalisierung« in der deutschen Automobilindustrie, in: Tradition 18.1973, 32; VDI-Zs. 86.1942, 647; F. Klemm, Die Hauptprobleme der Entwicklung der deutschen Automobilindustrie in der Nachkriegszeit, Diss. Marburg 1929, 46; Hammer, Morphologie, 20; Kern u. Schumann, Ende, 40; Schirmbeck, 58, 104: Noch in den 1970er Jahren war in der europäischen Autoindustrie im Durchschnitt nur ein Fünftel der Arbeiter am Fließband beschäftigt.

［87］ Kugler, 323f., 316; Garbotz, 217 (»Wehe dem Volk, das hiermit über seine Lebensbedingungen hinausgeht!«); F. Meyenberg, Rationalisierung der technischen Betriebsorganisation, in: Harms (Hg.), I, 223; H. Kluge, Kraftwagen u. Kraftwagenverkehr, Karlsruhe 1928, 23ff.; Morus (L. Lewinsohn), Auto-Suggestion, in: Weltbühne 1925/1, 862f.; W Hegemann, Weltretter oder -verderber Henry Ford, in: ebd., 1932/2, 207ff.; H. Ford, Und trotzdem vorwärts, Leipzig 1930, 133ff., 171; U. Sinclair, Am Fließband (1937), Reinbek 1987, 144f. In der pathologisch wirkenden Haßtirade des Taylor-Anhängers Gustav Winter gegen den »falschen Messias Henry Ford«, der als »Satanas« beschimpft wird, scheint ein konservativ-ständisches Bewußtsein durch. Winter, Der falsche Messias Henry Ford, Leipzig 1924, 6, 45.

［88］ Prachtl, 46; Mäckbach, 249; Schmiede u. Schudlich, 40; E. Teschner, Lohnpolitik im Betrieb, Frankfurt/M. 1977, 67, 77f.

［89］ DMV (Hg.), Die Rationalisierung in der Metallindustrie, Berlin (1933), 198f.; Stolle, 205; Heuss, 231; A. Hamann, Der Einfluß der Rationalisierung auf die arbeitenden Frauen, in: Urania 3.1926/27,48; 1908 hatte die preußische Gewerbeinspektion in Bielefeld bei Wäschefabriken mit mehr als 20 Beschäftigten den mechanischen Antrieb angeordnet, da »das Treten der Nähmaschine dem weiblichen Organismus unzuträglich« sei. Die Bielefelder Handelskammer hatte nicht ganz ohne Grund dagegengehalten, dass bei mechanisiertem Betrieb »das Nervensystem der Arbeiterinnen in hohem Maße beansprucht und angegriffen« werde. G. Ketter-

mann, Kleine Geschichte der Bielefelder Wirtschaft, Bielefeld 1985, 98f. Nervosität: DMV,
ebd., 166f.; H. de Man, Der Kampf um die Arbeitsfreude, Jena 1927, 246; H. Oczeret, Die
Nervosität als Problem des modernen Menschen, Zürich 1918, 22ff.

[90] RKW 322, 361 (außerordentliche Anpassungsfähigkeit der Fließarbeit selbst für den Fach-
mann überraschend); Meyenberg, 239; E. Sachsenberg, in: Mäckbach, 242; P. Warlimont, Die
fließende Fertigung als wirtschaftliche Frage, in: Technik u. Wirtschaft 19.1926, 79ff.; Schulz-
Mehrin, Rationalisierung u. Kapitalbedarf unter besonderer Berücksichtigung der Fließarbeit,
in: ebd., 265ff.; Prachtl, 94.

[91] DMV, Rationalisierung, 161; Betz, Volksauto, 30f.; F. Reuter, Das RKW u. seine Arbeiten, in:
Deutsche Technik 3.1935, 323; Schmalenbach: zit. n. A. Sohn-Rethel, Ökonomie u. Klassen-
struktur des deutschen Faschismus, Frankfurt/M. 1973, 43 f.; R. Krull, Die Bielefelder Fahr-
rad- und Nähmaschinenindustrie während der Weltwirtschaftskrise, in: 75. Jahresbericht des
Histor. Vereins der Gft. Ravensburg, 1984/85, 192f. und 212. Die Fahrradfirma Göricke, die
innerhalb der Bielefelder Metallbranche besonders konsequent Fließarbeit einführte, ihre Pro-
duktion dadurch verfünffachte und sich in ihrer Werbung bereits als Pionier auf dem riesigen
asiatischen Markt darstellte, erlebte 1929, noch vor dem Einsetzen der Weltwirtschaftskrise,
den bis dahin aufsehenerregendsten Konkurs der Bielefelder Industriegeschichte.

[92] Ford, Leben, 133; H.-P. Rosellen, Und trotzdem vorwärts. Ford in Deutschland 1903–19435,
Frankfurt/M. 1986, 32; W. Chestnut, Psychotechnik, in: Proceedings of the 80th Annual Con-
vention of the American Psychological Association, 1972, 781f.; Hinrichs u. Peter, 41f., 46, 60;
G. Spur u. H. Grage, 75 Jahre Institut für Werkzeugmaschinen, in: Rürup, Wissenschaft, 112;
Reizwort »Technik«: vgl. Riedler, Die neue Technik. U. Geuter, Die Professionalisierung der
deutschen Psychologie im Nationalsozialismus, Frankfurt/M. 1988, 88ff., 225.

[93] P. C. Bäumer, Das Deutsche Institut für Technische Arbeitsschulung (Dinta), München 1930,
102ff.; Campbell, Joy in Work, 252ff.; Radkau, Renovation, 226ff.

[94] »Arbeitsfreude« gehörte auch zu den Hauptthemen des Deutschen Werkbundes, war dort
allerdings oft mit Handwerksromantik und Skepsis gegenüber der Mechanisierung verbunden:
Campbell, 196ff. DMV, Rationalisierung, 169ff.; Kugler, 337; Mooser, Arbeiterleben, 58f.

[95] G. Schwarz, Kohlenpott 1931 (1931), Essen 1986, 115. Joan Campbell (27. 3. 2008) auf die
Frage des Verf., wieweit die »Arbeitsfreude« von den Arbeitern tatsächlich empfunden worden
sei oder es sich dabei eher um einen Euphemismus von Ideologen gehandelt habe: »I do be-
lieve that the German skilled workers experienced something like Arbeitsfreude, but I have no
evidence that many ordinary laborers, especially after the introduction of assembly line pro-
duction the 1920s, thought of work as anything more than a way of earning a living. And it
was just these people that the ideologues in whom I was interested were trying to address. [...]
I believe the Arbeitsfreude people I studied were generally sincere in their efforts to humanize
work.«

[96] Putsch, 245, 249f., 258; einen Zwang zum Großbetrieb behauptete Ziegler schon 1910 für die
Remscheider Kleineisenindustrie (Ziegler, 79f.); in der Solinger Scherenschleiferei dagegen
wurde die Handarbeit erst in den 60er Jahren durch Mechanisierung entwertet (Scherenschlei-
ferei Leverkus, 47ff.). »Fehlrationalisierung« durch mangelnde Konsequenz in der Rationalisie-
rung: Ledermann; Hinrichs und Peter, 47 (Naphtal); D. Bauer, Rationalisierung — Fehlratio-
nalisierung, Wien 1931; E. Reger, Die Schuldfrage der Rationalisierung, in: Die Weltbühne
1932/1, 407ff.; E. Lederer, Technischer Fortschritt u. Arbeitslosigkeit, Frankfurt/M. 1981
(urspr. 1938), 288. De Man: Campbell, Joy, S. 178ff.

[97] Sohn-Rethel, 48; Rathenau, Wirtschaft, 36; Maier, Taylorism.

[98] Taylor, XIX, Seubert, 1; Riedler, Rathenau, 146; Ostwald, Lebenslinien, II, 160; ders., Forde-
rung 67; Brennstoff-Wärme-Kraft (BWK) 1.1949, 87. Max Weber (422) bezeichnete 1909 die
energetische Lehre Ostwalds und seiner Anhänger als »theoretische Spielerei«. O. Dascher,
Probleme der Konzernorganisation, in: Mommsen/Petzina/Weisbrod, Industrielles System,
127 Fn.

[99] Kohlennot: F. Fischer, Die Brennstoffe Deutschlands u. der übrigen Länder u. die Kohlennot, Braunschweig 1901, 44f.; O. Bauer: Hinrichs u. Peter, 236; E. Kraemer, Was ist Technokratie? Berlin 1933, 30; Matschoß, Maschinenfabrik Nürnberg, 287f.; Pierson, Borsig, 193; Riedler, ebd., 84, 86; Bolenz, Normung, 16; E. von Beckerath, Neudeutsche Kanalpolitik, in: Harms, II, 210. M. Kersten, Grenzen der Energieverschwendung, in: K. Steinbuch, Diese verdammte Technik, München 1980, 107.

[100] Archiv für Wärmewirtschaft (= AfW) 5.1924, 123, 229; ebd., 2.1921, 109; R.Stahlschmidt, in: Ludwig, Technik, 379f.; Treue, Feuer, I, 220f.; W Rathenau, Schriften u. Reden, H. W. Richter (Hg.), Frankfurt/M. 1964, 412.

[101] AfW 6.1925, 324f.; ebd., 5.1924, 123; G.Dehne, Deutschlands Großkraftversorgung, Berlin 1928, 14.

[102] Radkau u. Schäfer, 186ff.; ders., Entscheidungsprozesse, 64f. K. Pritzkoleit, Männer, Mächte, Monopole, Düsseldorf 1953, 271.

[103] BWK 1.1949, 87; ebd., 2.1950, 104, 87; AfW 5.1924, 124, 21: »Der Betriebsingenieur denkt bei dem Worte Wärmewirtschaft in der Regel viel zu wenig an die laufende Betriebsführung, an das tägliche Haushalten mit der Wärmeenergie. Tägliche und stündliche Bedachtsamkeit im Behandeln der Wärmeenergie bringt immer und gerade bei wärmetechnisch schlechter Ausstattung des Betriebes Gewinn.« (F. zur Nedden) AfW 6.1925, 125; über den spezifisch deutschen Weg der Hochdruckdampferzeugung K.Heinrich, in: Zs. des VDI 91.1949, 533ff. H. D. Hellige, Entstehungsbedingungen u. energietechnische Langzeitwirkungen des Energiewirtschaftsgesetzes von 1935, in: TG 53.1986, 141.

[104] Radkau, Umweltfragen, 92; AfW 5.1924, 125; ebd., 4.1923, 219; BWK 2.1950, 33ff.; F. Spiegelberg, Reinhaltung der Luft im Wandel der Zeit, Düsseldorf 1984, 85.

[105] W. I. Lenin, Werke, 19, Berlin 1962, 42; H. Hesedenz, Kohleumwandlung – eine Sackgasse? in: H. Hatzfeld (Hg.), Kohle, Konzepte einer umweltfreundlichen Nutzung, Frankfurt/M. 1982, 109ff.

[106] R. Sonnemann, Energiebedarfsdeckung durch thermische Energieumwandlung, in: Energie in der Geschichte, 316; BWK 2.1950, 154; Mock, 152f.; Todd, 280ff.; AfW 5.1924, 227, 22; H. D. Hellige, Die gesellschaftlichen u. historischen Grundlagen der Technikgestaltung als Gegenstand der Ingenieurausbildung, in: TG 51.1984, 286. Ostwald, Forderung, 30; Archiv für Wärmewirtschaft 5/1924, 22.

[107] »Deutscher Weg«: So in: VDEh (Hg.), Gemeinfaßliche Darstellung des Eisenhüttenwesens, Düsseldorf 1937, 399ff.; das so betitelte Kapitel fehlt noch in der Ausgabe von 1923. Treue, Feuer, I, 94ff.; VDEh, 426f.; Reß, 417; Frey tag, 25; Osann, 210; Riedler, Rathenau, 102; Pinner, 347; W. Weber, Arbeitssicherheit, Historische Beispiele – aktuelle Analysen, Reinbek 1988, 83f.; Sohn-Rethel, 47; Deutschland als Weltmacht 473.

[108] Rathenau, Wirtschaft, 49; ähnlich Winschuh, 10ff.; Joest, 150ff.; Molsberger, 60f.; Andersen u. Brüggemeier, 74; M. Riedel, Kohle u. Eisen für das Dritte Reich, Göttingen 1973, 134ff.

[109] Flechtner, 341; L. Graf Schwerin von Krosigk, Die große Zeit des Feuers, II, Tübingen 1958, 579, 584; W. Fischer, Dezentralisation oder Zentralisation – kollegiale oder autoritäre Führung? Die Auseinandersetzung um die Leitungsstruktur des IG Farbenkonzerns, in: Hörn u. Kocka (Hg.), 476ff.; H. G. Grimm, Organisation der Forschung in der chemischen Industrie, in: Deutsche Technik 3.1935, 237; Winnacker, 73 (selbst innerhalb der Farbwerke Hoechst gab es um 1933 in der Forschung einen »bunten Abteilungs-Föderalismus«). Pinner 322, 133f.; Kristl, 74ff.; W. Fellenberg, Die Entwicklung der Starkstromtechnik in Deutschland u. in den Vereinigten Staaten von Nordamerika, in: Elektrotechn. Zs. 30.1909, 1236; Wilke, 218ff.

[110] Hughes, Networks, 297ff.; C. J. Asriel, Das R. W. E., Zürich 1930, 24f.; Riedler, Rathenau, 151f.; G. Ramunni, L'elaboration du reseau electrique frangais, in: Cardot, 269ff.; Giannetti, 42; Beaugrand, 32, 69f., 169; Kristl, 171; Schacht, 113.

[111] in Boll, 17t., 56f.; Hughes, ebd., 334; Asriel, 39ff.

［112］A. Kleinebeckel, Unternehmen Braunkohle, Köln 1986, 119, 160; Dehne, 56; Produktivkräfte, III, 348; Silverberg: R. Neebe, Großindustrie, Staat u. NSDAP 1930–1933, Göttingen 1981.

［113］Dehne, 54, 73, 2; O. Mayr, von C. T. Aster zu J. F. Radinger, in: TG 40.1973, 30; Pierson, 186, 193; F. Marguerre, Aus meinem Leben, in: Mannheimer Hefte 1954, H. 1, 2f., 5; VGB (Hg.), 60 Jahre VGB 1920–1980, Essen 1980, 11f., 15; Münzinger, Dampfkesselwesen, 43f.

［114］Pinner, 322; H.-J. Braun, Die Weltenergiekonferenzen als Beispiel internationaler Kooperation, in: Energie in der Geschichte, 11f.; F. Lawaczek, Elektrowirtschaft, München 1936, 50; Dehne, 11.

［115］Lawaczek, ebd., 49f.; ders., Technik u. Wirtschaft im Dritten Reich, München 1932², 46; zu L.: Ludwig, Technik u. Ingenieure, 87ff.; Boll, 57, 71ff.; W. Treue, Die Elektrizitätswirtschaft als Grundlage der Autarkiewirtschaft, in: F. Forstmeier u. H.-E. Volkmann (Hg.), Wirtschaft u. Rüstung am Vorabend des Zweiten Weltkrieges, Düsseldorf 1975, 147, 153; T. P. Hughes, Ideologie für Ingenieure, in: TG 48.1981, 313f.

［116］Marguerre, 5f.; Boll, 102f.; BWK 2.1950, 194, 197; W.Treue, in: Pohl (Hg.), Wirtschaftswachstum, 225f.; Seidler, 290f.; J. Radkau, Aufstieg u. Krise der deutschen Atomwirtschaft, Reinbek 1983, 88.

［117］Kristl, 206ff.; Hughes, Networks, 317f.; Treue, Elektrizitätswirtschaft, 139, 146; Deutsche Technik 1.1933, 45, 62; Hitler, Monologe, 53f.; Marguerre, 5; Radkau, Aufstieg, in, 181; Hellige, Entstehungsbedingungen, 125, 128.

［118］H. D. Heck u. H. Oehling, Die Flegeljahre des Automobils, in: Bild der Wissenschaft 9/1986, 137.

［119］B. Yates, The Decline and Fall of the American Automobile Industry, New York 1983, 156; C. Henneking, Der Radfahrverkehr, Magdeburg 1927, 62ff.; H. Stimmann, Weltstadtplätze und Massenverkehr, in: Boberg, Metropole, 138f.

［120］F. Pflug, Der Kraftfahrzeugverkehr, in: Harms, II, 252; Barthel u. Lingnau, 82; Hughes, Networks, 341: Noch 1912 hatte O. von Miller erklärt, Automobile trügen nicht zur wirtschaftlichen Entwicklung bei, sondern verpesteten nur die Luft: Radkau, Ausschreitungen, 20; Kugler, 332; Kluge, 8; Betz, Automobilia, 187f.; Klemm, 49; Heinrich Nordhoff über die amerikanischen Wagen, die Anfang der 1920er Jahre den europäischen Markt »überschwemmten«: »Sie alle waren groß, stark und leise; alle europäischen Wagen ähnlicher Größe veralteten dadurch über Nacht.« W. H. Nelson, Die Volkswagen-Story, Frankfurt/M. 1968, 45.

［121］Radkau, ebd., 21; J. Vogt, Wandlungen im deutschen Eisenbahnwesen, in: Harms, II, 175; W. Wolf, Eisenbahn u. Autowahn, Hamburg 1987, 130; A. P. Sloan, My Years with General Motors, New York 1972, 380.

［122］Wulf, Maschinenstürmer, 145, 143; W. Sachs, Die Liebe zum Automobil. Ein Rückblick auf die Geschichte unserer Wünsche, Reinbek 1984, 58; Betz, Automobilia, 149; ders., Volksauto, 34; K. Heinig, Der Autoismus, in: Weltbühne 1926/1, 72ff.; F. Fried, Das Ende des Kapitalismus, Jena 1931, 15.

［123］Radkau, Ausschreitungen, 14, 22; Heck u. Oehling; G. Köhn, Das Auto erobert eine Stadt (Soest), Soest 1987, 92; Pot, I, 415.

［124］G. Zajonz, Die Anfänge der Motorisierung in Deutschland mit besonderer Berücksichtigung von Ostwestfalen-Lippe, Staatsexamensarbeit, Bielefeld 1987, 116; Betz, Volksauto, 61f., 66f., 74 (aus »allen jetzigen Klein- und Miniaturwagen« steige man »so zerschlagen, als käme man aus der Folterkammer«), 76 (»Krüppelkinder«); Kugler, 334f.; Nelson, 50ff.

［125］Radkau, Ausschreitungen, 14. Militärische Argumente der Autolobby im Kampf gegen die Haftpflichtvorlage: S. Daule, Der Kriegswagen der Zukunft, Leipzig 1906; die Broschüre schließt mit dem Aufruf: »So richten wir noch in zwölfter Stunde an alle, die sich nicht vom Geplärr der Masse beeinflussen lassen, die dringende patriotische Mahnung, aus Gründen der Landesverteidigung das Automobil-Haftpflichtgesetz aus dem Reichstage hinauszujagen, also aus demjenigen Hause, das den Waffengängen von 1870/71 seine Entstehung verdankt.«

Adenauer: D. Klenke, Bundesdeutsche Verkehrspolitik und Motorisierung, Stuttgart 1993, 163f.

[126] T. Krämer-Badoni u.a., Zur sozio-ökonomischen Bedeutung des Automobils, Frankfurt/M. 1971, 11, 14; Blaich, Fehlrationalisierung, 31; Betz, Volksauto, 39; E. Tragatsch, Motorräder, I, Bielefeld 1983, 36 (DKW), 6, 11, 39, 77, 89, 102; U. Kubisch, Motorrollermobil, Vom zivilisierten Zweirad zum Fast-Automobil, Berlin 1985, 13.

[127] W. Bade, Das Auto erobert die Welt, Berlin 1938, 157, 290ff.; Betz, Volksauto, 37; Barthel u. Lingnau, 88ff., 106, 114, 119; Kruk u. Lingnau, 105, 130; Yates, 153f.; Ludwig, Technik u. Ingenieure, 317; Jürgens, 60 (»historisch kontinuierliche Technisierungsstrategie« bei VW im Unterschied zu General Motors); L. Engelskirchen, Innovation im Verkehrswesen, in: B. Gundler u. a. (Hg.), Unterwegs und mobil, Frankfurt/M. 2005, 65f.

[128] Hamburger Stiftung (Hg.), 84 (K. H. Roth); P. Voswinckel, Arzt u. Auto, Münster 1981. Vor 1933 gab es eine Pfarrer-Kraftfahrer-Vereinigung und eine Kraftfahrer-Vereinigung Deutscher Lehrer (HUK Hausmitteilungen 1983, 4f.). Klemm, 51; Bade, 341; Winschuh, 123 (Todt: »Der Erwerb des Kraftwagens befriedige einen tieferen Trieb als das materielle Verkehrsbedürfnis.«); J. Linser, Unser Auto – eine geplante Fehlkonstruktion, Frankfurt/M. 1978, 23f.: Die automatische Schaltung wurde schon um 1925 entwickelt, aber jahrzehntelang zeigte die deutsche Autoindustrie kein Interesse; erst Anfang der 60er Jahre wurde die »Automatik« nach amerikanischem Vorbild übernommen. E. Dichter, Strategie im Reich der Wünsche, München 1964, 322ff.

[129] H.-P. Rosellen, Das weiß-blaue Wunder (BMW), Gütersloh 1987, 30; G. Yago, Der Niedergang des Nahverkehrs in den Vereinigten Staaten u. in Deutschland, in: R. Köstlin u. H. Wollmann (Hg.), Renaissance der Straßenbahn, Basel 1987, 37, 50f. (E. Frenz); H. Köhler, in: Ribbe, Geschichte Berlins, II, 859ff.; Hegemann, 292, 310.

[130] M. Domarus, (Hg.), Hitler, Reden u. Proklamationen 1932–1945, Wiesbaden 1973, II, 576f.; Kraemer, Technokratie, 68; Blaich, Fehlrationalisierung, 32; Betz, Volksauto, 57f.; Wolf, Eisenbahn, 115f.; Vogt, 175; E. Merkert, Der Lastwagenverkehr seit dem Kriege, Berlin, 1926, 82ff., 104; Ritzau, Schatten, 99ff.; Der Spiegel, 23. 3. 1955, 12; L. Engelskirchen, Die Geschichte des Hochgeschwindigkeitsverkehrs, in: Gundler (Hg.), Unterwegs und mobil, 147.

[131] Produktivkräfte, III, 287/310f.; Betz, Automobilia, 169; Bolenz, Baubeamte, 65; F. Todt, Das Straßenbauprogramm A. Hitlers u. die deutschen Ingenieure, in: Deutsche Technik 1.1933, 53; F. Todt, Fehlerquellen beim Bau von Landstraßendecken aus Teer u. Asphalt, Diss. München 1931, 10; T.Kunze u. R.Stommer, Geschichte der Reichsautobahn, in: R. Stommer (Hg.), Reichsautobahn. Pyramiden des Dritten Reichs, Marburg 1982, 33.

[132] Betz, Automobilia, 135f.; P. A. Rappaport, Die deutsche Straße, in: Deutsche Technik 2.1934, 653; Pflug, 267; Holzapfel, 74.

[133] Hitler, Monologe, 192, 39, 125; Sombart, Zähmung, 29; gegen Sombart: H. Bornitz, in: Deutsche Technik 3.1935, 70ff.; Todt, Fehlerquellen, 1; Lawaczek war ein Gegner der Eisenbahn und ein Anhänger der Förderung des Straßenverkehrs: ders., Technik, 45f.; Ludwig, Technik u. Ingenieure, 319ff.

[134] Ludwig, ebd., 303; Hughes, Momentum, 372; Domarus (Hg.), I, 208; Hitler, Monologe, 64, 398; Todt: Deutsche Technik 2.1934, 564.

[135] Franz, Landtechnik, 8; Franke, Motorisierung, 61; Produktivkräfte, III, 269; der Leiter des Westfälischen Freilichtmuseums Detmold, Stefan Baumeier, datiert den Beginn der »Trecker-Zeit« in Westfalen auf die späten 1950er Jahre (Neue Westfälische 31.5. 1988).

[136] Landesmuseum Mannheim, 103ff., 110; Franke, ebd., 28ff., 38; Herrmann, 222; Preuschen, 174ff.; D. Stutzer, Geschichte des Bauernstandes in Bayern, München 1988, 325.

[137] K. Vormfelde, Ein neues Weltbild durch den Mähdrescher, in: Zs. des VDI 75.1931, 153ff.; Die westdeutsche Wirtschaft und ihre führenden Männer, NRW, I, Oberursel 1969, 90f.; Fränkisches Freilandmuseum, Göpel, 43, 129; J. Scheffler, in: G. Hammer u. a., Vahlhausen, Alltag in einem lippischen Dorf 1900–1950, Detmold 1987, 70ff. (74, Aussage eines

Altbauern: »Und dass der Bauer mit seiner Bäuerin ganz allein auf seinem Hofe stand, bewirkte der Mähdrescher.«)

第五章 大规模量产的边界

[1] BWK 2.1950, 33, 161; Röpke: Pot, II, 914; H. Petzold, Rechnende Maschinen, Eine historische Untersuchung ihrer Herstellung u. Anwendung vom Kaiserreich bis zur Bundesrepublik, Düsseldorf 1985, 337; VDI-N. 41/9.10. 1987, 32 (K. Häuser); P. Weymar, K. Adenauer, München 1955, 187; Treue, Feuer, II, 197ff.; Westdeutsche Wirtschaft, NRW, II, 98; H. Hartmann, Der deutsche Unternehmer: Autorität u. Organisation, Frankfurt/M. 1968, 88f.; »Gepflogenheiten des deutschen Buchhaltungssystems«, die mit dem Lochkartensystem in Einklang zu bringen gewesen waren, als Hemmnis gegenüber dem Einsatz von Büro-Elektronik: Petzold, 426, 439. J. Radkau, »Wirtschaftswunder« ohne technische Innovation? Technische Modernität in den 50er Jahren, in: A. Schildt/A. Sywottek (Hg.), Modernisierung im Wiederaufbau. Die westdeutsche Gesellschaft der 50er Jahre, Bonn 1993, 137, 134; J. Weyer, Soziale Innovation und Technikkonstruktion am Beispiel der Raumfahrt in der Bundesrepublik Deutschland 1945–65, Habil.schrift, Bielefeld 1990, 113; P. Kresse, Corporate Finance in der westdeutschen Automobilindustrie der 1950rt und 1960er Jahre, in: Akkumulation Nr. 24/2007, 24; von Wellhöner, »Wirtschaftswunder« – Weltmarkt – westdeutscher Fordismus. Der Fall Volkswagen, Münster 1996, 59; W. Abelshauser (Hg.), Die BASF, München 2002, 490.
[2] Radkau, Aufstieg, 138ff., 218; G. Brandt, Rüstung u. Wirtschaft in der Bundesrepublik, Witten 1966, 156; E. Bloch, Das Prinzip Hoffnung, II (1959), Frankfurt/M. 1973, 770, 768.
[3] U. C. Hallmann u. P. Ströbele, Das Patentamt 1877–1977, in: Patentamt, 431f.; Angestellte: G.Friedrichs, Technischer Fortschritt u. Beschäftigung in Deutschland, in: IG Metall (Hg.), Automation u. technischer Fortschritt in Deutschland u. in den USA, Frankfurt/M. 1963, 98f., 108; vgl. K. Blauhorn, Ausverkauf in Germany? München 19674, 168: IBM-Deutschland gewährte schon 1958 allen Arbeitern den Angestellten-Status, mit der Begründung: »Unsere technische Welt verträgt nicht mehr den Unterschied zwischen Arbeiter u. Angestellten.« Kohle: W. Abelshauser, Der Ruhrkohlenbergbau seit 1945, München 1984, 89, 92; J. Radkau, Von der Kohlennot zur solaren Vision: Wege und Irrwege bundesdeutscher Energiepolitik, in: H.-P. Schwarz (Hg.), Die Bundesrepublik Deutschland – Eine Bilanz nach 60 Jahren, Köln 2008; Bäumler, 139ff.; Winnacker, 239ff.; Kränzlein, 176f.; Produktivkräfte, III, 424; K.-H. Standke, Amerikanische Investitionspolitik in der EWG, Berlin 1965, 15; J. Putsch, Vom Ende qualifizierter Heimarbeit (Solingen), Köln 1989, 289, 331.
[4] W. Rathjen, Luftverkehr u. Weltraumfahrt, in: Troitzsch u. Weber, 514.
[5] Giedion, Herrschaft, 765; Der Spiegel, 21.11.1977, 81, u. 31.10. 1988, 231f.; F.-W. Henning, Landwirtschaft u. ländliche Gesellschaft in Deutschland, II, Paderborn 1978, 266, 268, 287; H.-W. Windhorst, Der Agrarwirtschaftsraum Südoldenburg im Wandel, Cloppenburg 1984, 14f.; Holzerntemaschinen: Holz-Zentralblatt Nr. 112/1987, 1589ff.
[6] Kernenergie: Radkau, Aufstieg, 31, 205, 485; VEBA-Chef R. von Bennigsen-Foerder über den »nachhaltigen Wandel« in den Investitionsmotiven in den 70er und 80er Jahren (noch 1970 »Erweiterung das vorherrschende Motiv«, später Einsparungen bei Energie und Arbeit): Die Zeit 6.4.1984, 27. Piore u. Sabel, 255; »Todsünden«: U. Blum, in: VDI-N. 42/1988, 46. K. W. Busch, Strukturwandlungen der westdeutschen Automobilindustrie, Berlin 1966, 123. Der Zusammenhang zwischen Rationalisierungsstrategien und der Anwerbung ausländischer Arbeiter in den sechziger Jahren bedarf noch genauerer Erforschung. Vgl. U. Herbert, Geschichte der Ausländerbeschäftigung in Deutschland 1880 bis 1980, Berlin 1986, 204–25. Der Anteil der Ausländer war besonders hoch in denjenigen Branchen (Stahl, Textil, Bau), die in den siebzi-

ger und achtziger Jahren von der Strukturkrise betroffen wurden. Von daher kann man ver-
muten, dass die Anwerbung der »Gastarbeiter« teilweise dazu beitrug, diesen Branchen eine
Atempause zu verschaffen, zum Teil aber auch Strategien der starren Massenserienproduktion
förderte. Das ist, mit Japan als Gegenbeispiel, die These von Yong-Il Lee, Ausländerbeschäfti-
gung und technischer Fortschritt. Die Anwerbepolitik der Bundesrepublik im Vergleich mit
der geschlossenen Arbeitsmarktpolitik Japans (1955–1973), Diss. Bielefeld 2003.

[7] Borchardt: in: G. Stolper u. a., Deutsche Wirtschaft seit 1870, Tübingen 1966³, 309. L.Erhard,
Wohlstand für alle, Gütersloh o.J. (urspr. 1957), 183, 158, 167; W. Glastetter, Die wirtschaftli-
che Entwicklung der BRD im Zeitraum 1950 bis 1975, Berlin 1977, 195; »katastrophal«: G. F.
Hartmann, VDI-N. 47/1987, 11; G. U. Großmann, Der Fachwerkbau, Köln 1986, 172.

[8] Klöckner-Chef J. A. Henle 1987 (Der Spiegel, 4.1.1988, 55): »Generell gilt, es ist gar nicht so
leicht, geeignete langfristig rentable Investitionsobjekte zu finden. Es ist manchmal einfacher,
dafür das Geld aufzubringen.« Radkau, Aufstieg, 31f. (1972: »RWE sieht sich zum Milliarden-
rausch gezwungen.«); B. Eusemann, Biotechnik – Leitwissenschaft oder Lückenbüßer? VDI-
N. 14;1988, 4; J. Radkau, Hiroshima u. Asilomar. Die Inszenierung des Diskurses über die
Gentechnik vor dem Hintergrund der Kernenergie-Kontroverse, in: GG 14.1988, 353.

[9] M. Hepp, Der Atomsperrvertrag, Stuttgart 1968, 90f.

[10] A. Mechtersheimer, Rüstung u. Politik in der Bundesrepublik, MRCA Tornado, Bad Honnef
1977, 209, 12, 108f., 113; Der Spiegel, 30.5. 1988, 23f., u. 30.8. 1982, 94ff. C. Razim über
»Hochleistungsprodukte«: »Sie erfüllen zwar extreme Anforderungen, haben in aller Regel je-
doch nur ein schmales Anwendungspotential.« (VDI-N. Magazin, Nov. 1988, 11) Technische
Legitimation der Rüstung: K. Johannson. Vom Starfighter zum Phantom, Frankfurt/M. 1969,
13; F.Zimmermann, Rüstungspolitik u. Verteidigungsbereitschaft, in: Wehr u. Wirtschaft
1/1969, 20 (»Wehrtechnik ist Extremtechnik, Spitzentechnik und damit Schrittmachertech-
nik.«); P. Weingart, Stöbern im Sternenstaub, in: Kursbuch 83,1986, 10f.; H. J. Fahr, Die zehn
fetten Jahre der Weltraumforschung, Darmstadt 1976, 2.

[11] Im Wahlprogramm der SPD von 1969 hieß es: »Der Leistungsstand von Wissenschaft und
Forschung entscheidet darüber, ob die Bundesrepublik in den nächsten Jahrzehnten eine der
größten Industrienationen bleiben oder zur Bedeutungslosigkeit herabsinken wird.« W.-M.
Catenhusen, Ansätze für eine umwelt- und sozialverträgliche Steuerung der Gentechnologie,
in: U. Steger (Hg.), Die Herstellung der Natur, Bonn 1985, 31; Der Spiegel 24.2.1969, 3, 41;
Blauhorn (Spiegel-Redakteur), 74f.; Kritik an der Gap-These: Auslandskapital in der deutschen
Wirtschaft, Bonn 1969, 14; K. P. Tudyka, Le Defi du Charlatan oder Die amerikanische Her-
ausforderung, in: NPL 14.1969, 149ff.; H. Majer, Die »technologische Lücke« zwischen der
BRD und den Vereinigten Staaten von Amerika, Tübingen 1973, 305; N. Calder, Technopolis.
Kontrolle der Wissenschaft durch die Gesellschaft, Düsseldorf 1971, 167ff.; VDI-Nachrich-
ten, 29. 9. 1989.

[12] Bölkow, Industrieforschung – Möglichkeiten und Grenzen im Rahmen einer zeitgemäßen
Forschungspolitik, in: Wissenschaft u. Wirtschaft, A 1967, 38. Kritik an der Spin-off-These:
schon während der NV-Kontroverse aus der Sicht des Brüterprojekts: W. Häfele u. J. Seetzen,
Prioritäten der Großforschung, in: C. Grossner (Hg.), Das 198. Jahrzehnt, Hamburg 1969,
411; Sänger: Pot, I, 139; Süddeutsche Zeitung 1.10. 1987 (»Raumfahrt ist nicht alles«); VDI-N.
42/1987, 2; ebd., 45/1987, i,und 50/1987, 17; Der Spiegel 28.9.1987, 34 (Heraeus/ BDI). BJU:
L. Hack, Vor Vollendung der Tatsachen, Frankfurt/M. 1988, 81f.; Maschinenbau: VDI-N.
41/1987, 7; Queisser, Krisen, 263 (kritische Zusammenstellung von Argumenten deutscher
Unternehmer gegen eine Nachahmung der USA bei neuen Technologien); Westdeutsche
Wirtschaft, NRW, II, 23; VDI-N. 30/1988, 13,u. 12/1988, 21; F. Bohle u. B. Milkau, Vom
Handrad zum Bildschirm – Eine Untersuchung zur sinnlichen Erfahrung im Arbeitsprozeß,
Frankfurt/M. 1988, 81; Ruppert, Fabrik, 36f.; Unterschiede zu den USA: VDI-N. 41/ 1987,
17; ebd., 39/1988, 27 (»Deutsche High-Tech-Anbieter gewinnen auf dem amerikanischen
Markt auch mit einfacherer Technik«); ebd., 38/1988, 2, P. Fink (Combi-Tech); eine neuerli-

che japanische Tendenz zur Umstellung auf stärker exklusive Kleinserien-Produktion wird vom »Economist« als »Germanisierung Japans« bezeichnet (Der Spiegel, 21.9. 1987, 108). H.-J. Warnecke, in: Einflüsse, 106. M. Pyper, VDI-N. 9/1989, 24: »Nahezu 40 Prozent der heute etwa 1,1 Millionen Werkzeugmaschinen in bundesdeutschen Produktionshallen sind älter als 25 Jahre.« »Immer häufiger« falle die Entscheidung, »ältere Maschinen zu modernisieren, statt neue zu kaufen«. Im Kontrast dazu wird aus der Chemie und insbesondere aus italienischen Firmen berichtet, dass im Interesse eines beschleunigten Innovationstempos Instandhaltungsabteilungen aufgelöst und Maschinen ohne Pause bis zur Schrottreife gefahren werden, teilweise mit fatalen Folgen für die Arbeitssicherheit. – F. J. Strauß, Erinnerungen, 561f.; K. Kemper, Heinz Nixdorf, Landsberg 2001, 229; Weizsäcker: »Der Spiegel«, 24. 3. 1986, 37ff.; Heinz Noxdorf Museumsforum, Museumsführer, Paderborn 2000, 118; »Neue Westfälische«, 19. 12. 1998. Pierer: »Der Spiegel« 43/1997, 118.

[13] W. S. Boas (Hg.), Germany 1945–54, Köln 1954, 220; Wolf, Eisenbahn, 144; von Berghahn, Unternehmer u. Politik in der Bundesrepublik, Frankfurt/M. 1985, 194; E. Jochem, Hilfen u. Irrtümer beim Rückgriff des Prognostikers auf die Vergangenheit, in: M. Dierkes u. a. (Hg.), Technik u. Parlament, Berlin 1986, 106; Busch, 30; Mitt. D. Klenke (auch für das Folgende).

[14] Berghahn, 194; Der *Spiegel* 23.3. 1955, 12ff.; Erhard, 47; ähnlich Röpke: J. A. Stölzle, Staat u. Automobilindustrie in Deutschland, Diss. Stuttgart 1960, 177f.; Wolf, Eisenbahn, 165; A. Peyrefitte, Was wird aus Frankreich? Berlin 1978, 181; P. Borscheid, in: Pohl, Einflüsse, 122; C. Kleinschmidt, Technik und Wirtschaft im 19. und 20. Jh., München 2007, 67.

[15] Hammer, Morphologie, 14; U. Kubisch u. von Janssen, Borgward, Berlin 1986; R. Kasiske, in: Doleschal u. Dombois, 104; H. Schuh-Tschan, Die geräderte Republik, Hamburg 1986, 72; Der *Spiegel* 18.7. 1988, 39; Yates, 146f.; Barthel u. Lingnau, 206; VDI-N. 13/1988, 3 (S. Kämpfer).

[16] W. Wobbe-Ohlenburg, Fertigungstechnik, Rationalisierung u. Arbeitsbedingungen bei VW, in: Doleschal u. Dombois, 157; Nelson, 134; Jürgens, 112, 187; Linser, 15, 20, 31; automatische Steuerung: A. Altshuler u. a., The Future of the Automobile (MIT-Report), London 1984, 99; L. Engelskirchen, Innovation im Verkehrswesen, in: Gundler, Unterwegs und mobil, 68f.; Zentners illustrierte Chronik Deutsche Automobile von 1945 bis heute, St. Gallen 2007, 68f.

[17] H. Jung u. W. Kramer, in: Boberg (Industriekultur Berlin I), 129; H. B. Reichow, Die autogerechte Stadt, Ein Weg aus dem Verkehrschaos, Ravensburg 1959, 17; W. Pehnt, in: Der *Spiegel* 1.6. 1970, 66 f.

[18] Neue Werkstoffe: S.Kämpfer, in: VDI-N. 11/1988, 2, 15/1988, 77 (»Neue Werkstoffe, alte Bekannte«), 20/1988, 4. Ebd., 44/1988, 41 (E. Schmidt): aus französischer Sicht technologischer Konservatismus in den deutschsprachigen Ländern, da dort »primär die Großindustrie die Rolle des Meinungsführers« spiele. Handwerk: F.-W. Henning, Das industrialisierte Deutschland 1914–1978, Paderborn 1979⁵, 215. Berufe: D. Otten, Kapitalentwicklung u. Qualifikationsentwicklung, Berlin 1973, 104; VDI-N. 41/1988, 5; Warnecke: VDI-N. 25/2004, 2.

[19] Schon um 1908 hielt Max Weber die »zunehmende Automatisierung des Arbeitsprozesses« für eine Tatsache: ders., Ges. Aufsätze zur Soziologie u. Sozialpolitik, Tübingen 1988², 140. Kern u. Schumann, Industriearbeit, 16, 230; C. Knott, Erinnerungen eines alten RKW-u. REFA-Mannes, in: RKW (Hg.), Produktivität u. Rationalisierung, Frankfurt/M. 1971,158; L. Brandt, Die zweite industrielle Revolution, München 1957, 60f.; G. Friedrichs u. a., Vor- u. Nachteile von Rationalisierungsschutzabkommen, Dortmund 1968, 54; Brenner, in: Automation, Risiko u. Chance, Frankfurt/M. 1965, I, 15. In den späten siebziger Jahren verbreitete sich in der IG Metall gegenüber der Computerisierung zeitweise eine Alarmstimmung und rebellische Einstellung (Der *Spiegel* 17.4. 1978, 80ff.); im Laufe der achtziger Jahre dominierte jedoch wieder stärker die alte Sichtweise, die die Automation als Chance begriff. Matthöfer: Mitt. von Werner Abelshauser.

[20] Westdeutsche Wirtschaft, NRW, I, 17f. (Anker AG; die Firma ging 1976 u. a. wegen zu später Umstellung auf Elektronik bankrott); K. O. Pohl, Wirtschaftliche u. soziale Aspekte des tech-

nischen Fortschritts in den USA, Göttingen 1967, 14; Computer als Großmaschinen: Petzold, 436; K. Zuse, Der Computer, mein Lebenswerk, München 1970, 177f.; Verhandlungen über »Großrechner-Union« 1970: H. Bößenecker, Bayern, Bosse u. Bilanzen, München 1972, 172f.; Die Zeit 18.12. 1979, 17.

[21] H.-J. Queisser, Entwicklung der Mikroelektronik, in: K. M. Meyer-Abich u. U. Steger (Hg.), Mikroelektronik u. Dezentralisierung, Berlin 1982, 22; J. Weizenbaum, Die Macht der Computer u. die Ohnmacht der Vernunft, Frankfurt/M. 1978, 54f., 162; CIM: VDI-N. 13/ 1988, 23, 41/1987, 17, 48/1987, 1, 51/1987, 17.

[22] H. Simon, in: Chemische Industrie 7/1986, 584, 581f.; K. Lübke (Schering AG), in: Handelsblatt 7.3. 1985; R. Hofmann, Neue Biotechnik-Produkte glänzen bisher nur durch hohen Forschungsaufwand, in: VDI-N. 38/1988, 4.

[23] J. Bergmann, Technik u. Arbeit, in: B. Lutz (Hg.), Technik u. sozialer Wandel, Frankfurt/M. 1987, 118; P.Brödner, Fabrik 2000. Alternative Entwicklungspfade in die Zukunft der Fabrik, Berlin 1986³,191; Pohl, 54; Kuczynski, Vier Revolutionen, 110; ders., in: Blätter für deutsche u. internationale Politik, 1979, 346; H. Haferkamp, Technischer Staat u. neue soziale Kontrolle— nur Mythen der Soziologie? in: Lutz (Hg.), 526; G. Schmidt, Die »Neuen Technologien« – Herausforderung für ein verändertes Technikverständnis der Industriesoziologie, in: Weingart (Hg.), Technik als sozialer Prozeß, 244.

[24] H. J. Langmann, Technik u. Innovation – Perspektiven u. Strategien, in: BDI (Hg.), Industrieforschung, Schlüsseltechnologien, Köln 1986, 11; VDI-N. 42/1988, 56: »In vielen Unternehmen ist High-Tech zum Statussymbol geworden. Ein Blick in renommierte deutsche Industrieunternehmen zeigt, dass vielerorts hochwertige technische Produkte nie über die Spielphase hinausgekommen sind und seit Jahren die Konstruktionslandschaft lediglich optisch bereichern.« Ebd., 41/1987, 27, 16/1988, 13, 43/1988, 1, 51/1988, 3 (S. Kämpfer, »CIM und der Weihnachtsmann«).

[25] R. Bönsch u. K. Mierzowski, VDI-N. 6/1988, 1, 4; ebd., 42/1988, 2 (R. Schulze, War wohl nix, mit Btx), 45/1988, 6 (I. Rüge), 41/1988, 33; G. Voogel, Post-Pläne in: Wechselwirkung, Febr. 1988, 14; Th. Schmitz-Günter, Das Telefon wird zur Datenstation, in: Stadt-Blatt (Bielefeld) 7/1988, 8 (ISDN mit »Ist Sowas Denn Nötig« glossiert).

[26] VDI-N. 14/1988, 25 (M. Pyper); Deutscher Bundestag, Materialien zu Drucksache 10/6801, II, 143 (Staudt); H. L. Dreyfus, Die Grenzen künstlicher Intelligenz, Königstein 1955, 11.

[27] Kern u. Schumann, Ende, 43, 171; VDI-N. 38/1988, 23. H. C. Koch, Chancen, Risiken u. Grenzen der Automatisierung am Beispiel der Automobilindustrie, in: Zs. f. Betriebswirtschaft, Ergänzungsheft 1/1986, 220f.: Bei flexibel automatisierter Fertigung und »zunehmender Komplexität ganzheitlicher Systemlösungen« steige die Investitionssumme »erheblich«. Mehr als früher müsse auf fertigungsgerechte Konstruktion geachtet werden. »Der Kapitalaufwand für Automatisierungssysteme ist vielfach wirtschaftlich nicht zu rechtfertigen, da er nicht rechenbar ist.«

[28] T. Haipeter, Vom Fordismus zum Postfordismus? in: R. Boch (Hg.), Geschichte und Zukunft der deutschen Automobilindustrie, Stuttgart 2001, 227 f.; Kern u. Schumann, Ende, 98; Bohle, 105, 109, 118, 121; Arbeitsfreude: Bravermann, Arbeit, 34ff.; K. Traube, Müssen wir umschalten? Von den politischen Grenzen der Technik, Reinbek 1978, 314; H. Lenk, Verfiel der Wert der Arbeit in der Bundesrepublik? in: A. Menne (Hg.), Philosophische Probleme von Arbeit u. Technik, Darmstadt 1987, 97ff.; J. Bergmann u. a., Rationalisierung, Technisierung u. Kontrolle des Arbeitsprozesses, Frankfurt/M. 1986, 18, 117, 123; VDI-N. 42/1988,46 (U. Blum).

[29] W. Cartellieri, Die Großforschung u. der Staat, I, München 1967, 57; O. Haxel, in: G. Küppers u.a. (Hg.), Wissenschaft zwischen autonomer Entwicklung u. Planung – Wissenschaftliche u. politische Alternativen am Beispiel der Physik, Bielefeld 1975, 54; Petzold, 419, 425; Bundesatomminister Balke gab eine zehnbändige Enzyklopädie »Epoche Atom u. Automation« (Frankfurt/M. 1958–60) heraus; Transistor: Queisser, Krisen, 136; Konkurrenz: Radkau, Auf-

stieg, 32; H. Beckurts, in: BDI, 99 (»überwiegend hardware-orientierte Ingenieurwelt«); C. Wurster, Computers. Eine Illustrierte Geschichte, Köln 2002, 137.

［30］ P. Hug, Geschichte der Atomtechnologie-Entwicklung in der Schweiz, Bern 1987, 160f.; Radkau, Aufstieg, 222; W. Häfele u. J. Seetzen, Prioritäten der Großforschung, in: C. Grossner u. a. (Hg.), Das 198. Jahrzehnt, Hamburg 1969, 412.

［31］ Traube, Umschalten, 203; ders., Politik mit einem Phantom, in: Der Spiegel, 16.2.1981, 34; Schulten, in: HKG (Hg.), Die andere Art, Kernenergie zu nutzen, Hamm 1986, 19; Radkau, Aufstieg, 90, 262.

［32］ Radkau, Aufstieg, 161.

［33］ J. Radkau, Sicherheitsphilosophien in der Geschichte der bundesdeutschen Atomwirtschaft, in: S + F, 6.1988, 112 f.; D. von Ehrenstein, Das militärische Interesse am Schnellen Brüter und die besondere Bedeutung von Kriegseinwirkungen auf das Brüterkraftwerk Kalkar, in: K. M. Meyer-Abich/R. Ueberhorst (Hg.), AUSgebrütet – Argumente zur Brutreaktorpolitik, Basel 1985, 102.

［34］ Radkau, Aufstieg, 161f.; Queisser, Krisen, 265, 309, 323; R. Schulz, in: VDI-N. 5/1988, 2; Der Spiegel 14.4.1986, 70ff.;

［35］ Radkau, ebd., 213; G. Brondel, in: Fontana Economic History, 5 (1), 250ff.

［36］ Matschoß, Dampfmaschine, 7ff.; K. Winnacker u. K. Wirtz, Das unverstandene Wunder, Düsseldorf 1975, 66; Finkeinburg, in: VDI, Technik, 85; Radkau, Aufstieg, 65; ders., Kerntechnik: Grenzen von Theorie u. Erfahrung, in: Spektrum der Wissenschaft 12/1984, 74ff., 87f.

［37］ Häfele, in: H. Matthöfer (Hg.), Schnelle Brüter Pro u. Contra, Villingen 1977, 58, 83; H. Riesenhuber, in: BDI, 215f.; über mangelnden Technologie-Transfer von den Großforschungseinrichtungen zur Industrie in den USA: R. Sietmann, in: VDI-N. 35/1988, 16; O. Renn, Gedanken u. Reflektionen über Kernenergie u. Gesellschaft, KFA Jülich, Juni 1986, 32; G. von Waldenfeld, in: M. Held (Hg.), Wiederaufarbeitungsanlage Wackersdorf, Tutzing 1986, 122.

［38］ J. Radkau, Das überschätzte System. Zur Geschichte der Strategie- u. Kreislauf-Konstrukte in der Kerntechnik, in: TG 55.1988, 207–215.

［39］ Hepp, 88; D. Stolze, Die dritte Weltmacht. Industrie u. Wirtschaft bauen ein neues Europa, Wien 1962; C. Layton, Technologischer Fortschritt für Europa, Köln 1969.

［40］ Hepp, 87; ähnlich Häfele (VDI-N. Magazin, April 1988, 18): Die Kernenergie-Entwicklung war »ein Ausdruck des nationalen Willens, den verlorenen Krieg zu überwinden«. Radkau, Aufstieg, 222, 339ff.; Raumfahrt als »Schrittmacher europäischer Integration«; W. Büdeler, Raumfahrt in Deutschland, Frankfurt/M. 1978, 7f.; Narjes: Der Spiegel, 2.1. 1989, 35; Deutsche Gesellschaft für Auswärtige Politik (Hg.), Europas Zukunft im Weltraum, Bonn 1988, 1, 168; U. Kirchner, Geschichte des bundesdeutschen Verkehrsflugzeugbaus. Der lange Weg zum Airbus, Frankfurt/M. 1998, 279.

［41］ Radkau, Aufstieg, 165, 382.

［42］ Weinberg, in: Bull, of the Atomic Scientists 8.1952, 123; zur starken Verminderung der inhärenten Sicherheitseigenschaften beim THTR-300: J. Fassbender, in: KFA Jülich (Hg.), Sicherheit von Hochtemperaturreaktoren, Jülich 1985, 20.

［43］ W. Häfele, Hypotheticality and the New Challenges: The Pathfinder Role of Nuclear Energy, Laxenburg (IIASA) 1973.

［44］ H.-D. Genscher, Die technologische Herausforderung, in: Außenpolitik 35.1984, 6; Sonnenberg, Sicherheit, 165, 190f.; Kritik an der probabilistischen Berechnung hypothetischer Störfälle, einem Verfahren, das um 1970 in der Bundesrepublik als amerikanische Methode galt: »Es kommen im nachhinein, das läßt sich ja bekanntlich leicht raten, dann Lösungen heraus, die jeder schon kennt, die im Grunde genommen im Gefühl vorgegeben sind.« IRS-Fachgespräch, IRS-T-22 (1971), 27 (Spahn). Radkau, Angstabwehr, 42ff.. Materialprobleme: K.Rudzinski, in: V.Hauff (Hg.), Kernenergie u. Medien, Villingen 1980, 17; Bundesanstalt für Materialprüfung (Hg.), T. A. Jaeger, Ein Leben im Spannungsfeld zwischen Technik u. Risiko,

Berlin 1985, 44f., 94ff.; H. Albers, Gerichtsentscheidungen zu Kernkraftwerken, Villingen 1980, 156f. In den achtziger Jahren wurde die auf Werkstoffeigenschaften gegründete sog. »Basissicherheit« dagegen im Ausland als deutsches Reaktorsicherheitskonzept präsentiert. Nanotechnik: »Der Spiegel« 24/2008, 148f. (»Kleine Teilchen, großes Risiko«).

[45] A. Birkhofer (Vorsitzender der Reaktorsicherheitskommission), in: Deutscher Bundestag (Hg.), Umweltschutz IV, Das Risiko Kernenergie, Bonn 1975, 118; für die Luftfahrt vgl. VDI-N. 7/1988, 1 (Ohl): »Wir müssen runterkommen vom Mensch als allein kontrollierendem Faktor, hingehen zur Technik. Das ist eine ganz logische Entwicklung.« Anders bei der Eisenbahn: Automatisierte Vollschranken sind in der Bundesrepublik »im Gegensatz zu den meisten Nachbarländern« nicht zugelassen (Blank u. Rahn, 152).

[46] Radkau, Angstabwehr, 37f.; Münzinger, Atomkraft, 210.

[47] H. Schmale, Die prinzipiellen Möglichkeiten der langfristigen Kernenergienutzung im Zusammenhang von Natururanversorgung, Brennstoffkreislauf u. Reaktortyp, Diss. Aachen 1986, weist nach, dass auch ohne Brüter und WA selbst bei allgemeiner Kernenergienutzung noch nach 600 Jahren Uran zu erträglichem Preis verfügbar wäre! Schmale war in leitender Stellung am Brüter- und WA-Projekt beteiligt. Radkau, Aufstieg, 389ff.

[48] G. Gregory, Die Innovationsbereitschaft der Japaner, in: Barloewen u. Mees, II, 115, 117; J.-C. Abegglen u. G. Stalk, Kaisha, München 1989, 50f., 177f. (geringe Bedeutung des Staates für den Aufstieg der japanischen Industrie); VDI-N. 11/1988, 6 (W. Mock).

[49] Radkau, Aufstieg, 89; H. Matthöfer (Hg.), Bürgerinitiativen im Bereich von Kernkraftwerken, Bonn 1975 (Untersuchung des Battelle-Instituts), I: Eine Durchsicht von etwa 20000 Presseartikeln über Kernenergie 1970–74 ergab, dass »nur ein minimaler Bruchteil (123 insgesamt)« Bedenken äußerte.

[50] R. Ueberhorst, Technologiepolitik — was wäre das? Über Dissense u. Meinungsstreit als Noch-nicht-Instrumente der sozialen Kontrolle der Gentechnik, in: R. Kollek u.a. (Hg.), Die ungeklärten Gefahrenpotentiale der Gentechnologie, München 1986, 219ff.

[51] F. Spiegelberg, Reinhaltung der Luft im Wandel der Zeit, Düsseldorf 1984, 29ff., 96; K.-G. Wey, Umweltpolitik in Deutschland, Opladen 1982, 187f.; E. Koch, Der Weg zum blauen Himmel über der Ruhr, Essen 1983, 106ff.; R. Wolf, Der Stand der Technik, Opladen 1986, 186; W. Weber, Arbeitssicherheit, Historische Beispiele – aktuelle Analysen, Reinbek 1988, 206, 200, 203, 209; E. Kirsch, Neue Entwicklungen im Arbeitsschutzrecht aus der Sicht der staatlichen Aufsicht, in: BASF (Hg.), Sicherheit in der Chemie, Köln 1981², 50; E. Klee, Maschinenmensch – Menschenmaterial, in: Die Zeit 18.3. 1977,

[52] H. Zeiss u. R. Bieling, Behring, Berlin 1941, 149ff.; H. Sjöström u. R. Nilsson, Contergan oder die Macht der Arzneimittelkonzerne, Berlin 1975, 37; W. Steinmetz, Contergan, in: Haus der Geschichte der BRD (Hg.), Skandale in Deutschland nach 1945, Bonn 2007, 51–57.

[53] Wey, 176ff.; G. Hartkopf u. E. Bohne, Umweltpolitik, I, Opladen 1983, 371; Radkau, Aufstieg, 395f.; Arbeitskreis Chemische Industrie Köln (Hg.), Das Waldsterben, Köln 1984; E. Nießlein, in: ders. u. G.Voss, Was wir über das Waldsterben wissen, Köln 1985, 51, 61; Spelsberg, 212, 208 (1960 appellierten die Waldbesitzer, »den Auswurf von Immissionen in den Industriebetrieben radikal einzuschränken«).

[54] USA-Einfluß: R.P. Sieferle, in: ders., (Hg.), Fortschritte der Naturzerstörung, Frankfurt/M. 1988, 9ff.; VDI-Erklärung: VDI-N. 40/ 1988, 67; die Erklärung war bereits ein Kompromiß zwischen einem weitergehenden Entwurf, der Rationalisierung zum »Naturprozeß« erklärte, und ökologischen Besorgnissen. — Mumford: Robert Jungk griff noch 1974 das Konzept der »Neotechnik« auf (ders., Der Stellenwert der Technik im Streben nach dem »Better Way of Life«, in: RKW, 39f.).

[55] »Harte« Ökologie: L. Trepl, Geschichte der Ökologie, Frankfurt/M. 1987, 177ff.; kritisch dazu Hartkopf u. Bohne, 22f., 65. Herkunft der Spar-Parole: D. Yergin, Einsparung: Die ergiebige Energiequelle, in: R. Stobaugh u. ders., Harvard Energie Report, München 1980, 192ff.; R. Ueberhorst, Sparen ist die Energie der Zukunft, in: Der Spiegel 15.12. 1980, 169ff. Solarenergie

u. Wasserstoff schon 1867: L. Simonin, La vie souterraine, Seyssel 1982, 303ff.; auch Lawac-
zek war ein Anhänger dieses Konzepts. Gegenwärtige Positionen: VDI-N. 39/ 1988, 23 (R.
Sietmann), 44/1988, 26 (S. Willeke); K.Traube, in: Der *Spiegel* 14. 11. 1988, 34ff.; Bundesmi-
nister für Forschung und Technologie (Hg.), Solare Wasserstoffenergiewirtschaft, Bonn 1988,
196.

[56] H.-J. Luhmann, Geschichte der Umweltpolitik in Deutschland, in: Das Parlament 1988, Nr.
40/41, 18f.

[57] VDI-N. 19/1988, 28 (F. Weber); Radkau, Aufstieg, 351.

[58] VDI-N. 40/1987, 33 (R. Steinhilper); F. Vahrenholt, Wege zur sanften Chemie, in: Die Zeit
10. 5. 1985, 35; J. Bölsche, in: Ders. (Hg.), Was die Erde befällt..., Hamburg 1984, 95.

[59] Müllverbrennung: Rodel, 73ff.; Marcard, Neuzeitliche Gesichtspunkte für den Bau von Müll-
kraftwerken, in: AfW 4.1923, 161f., Radkau, Umweltfragen, 96f.; Gentechnik: H. Harnisch, in:
BDI, 35.

[60] S. Kohler u. a. (Öko-Institut), Der THTR in Hamm u. die geplanten HTR-Varianten, Freiburg
1986, 63ff.; L.Hahn, Der kleine HTR – letzter Strohhalm der Atomindustrie? Freiburg (Öko-
Institut) 1988; Der *Spiegel* 5.9.1988, 118ff.; H. Hirschmann, Kernkraftwerke kleiner u. mittlerer
Leistung für Entwicklungsländer, in: BWK 35.1983, 391ff.; W. Marth, Miniblöcke nun auch
bei Brütern? in: atw 29.1984, 25ff.

[61] F. Dessauer u. K. A. Meißinger, Befreiung der Technik, Stuttgart 1931, 74; Radkau, Aufstieg,
334; E. Sänger, Raumfahrt – eine technische Überwindung des Krieges, Hamburg 1958; Eu-
gen Sänger, der prominenteste bundesdeutsche Raketenforscher jener Zeit, sprach den Be-
gründern der Raumfahrt den »Rang von Übermenschen« zu und verglich den »mentalen Wi-
derstand mancher Bevölkerungskreise gegen Raumfahrt« mit dem »Hexenglauben des Mittel-
alters«: ders., Raumfahrt, Düsseldorf 1963, 30, 35. Verherrlichte er eben noch die Raumfahrt
als Überwinderin des Krieges, bezeichnet er nun (35f.) das militärische Raketenarsenal als
»technisch die natürliche Grundlage praktischer Raumfahrtausübung«. – Schon vor 1914 bie-
derten sich die Flugenthusiasten, wie Bertha von Suttner klagte, sowohl den Pazifisten wie
dem Militär an und rühmten die Fliegerei nach Bedarf als Friedensund als Kriegstechnik: G.
Brinker-Gabler, B. von Suttner, Frankfurt/M. 1982, 204f.

[62] Bergmann, Rationalisierung, 66f.; L. Preller, Wandel der Arbeit heute, in: W. Bitter (Hg.),
Mensch u. Automation, Stuttgart 1966, 62 (warnender Hinweis auf die Erfahrungen der Zwi-
schenkriegszeit!); VDI-N. 48/1987, 26; Wurster, Computers, 275; S. Hilger, »Amerikanisie-
rung« deutscher Unternehmen. Wettbewerbsstrategien und Unternehmenspolitik bei Henkel,
Siemens und Daimler-Benz (1945/49–1975), Wiesbaden 2004, 244ff.

[63] VDI-N. 26/1988, 2; Hartkopf u. Bohne, 267, 301, 169; Vahrenholt; H. Zeller, Sicherheit aus
der Sicht des Toxikologen, in: BASF, 145.

[64] VDI-N. 15/1988, 30, 37/1988, 27; G. Lütge, in: Die Zeit, 27.2. 1987, 25; Kränzlein, 187f.; K.
O. Henseling, Struktur u. Entwicklungsdynamik chemischer Risiken am Beispiel der Chlor-
chemie, in: WSI Mitt. 2/1988, 69ff.

[65] Vahrenholt.

[66] VDI-N. 38/1988, 33 (P. Kudlicza) 2/1989, 14 (Lersner); R. Dahrendorf, Themen, die keiner
mehr nennt, in: Die Zeit 24.9. 1976, 9.

[67] Holzapfel, 13; U. Kubisch, Aller Wehs Wagen, Berlin 1986, 113f.; Barthelu. Lingnau, 179, 323;
VDI-N. 7/1988, 1, 4; Der *Spiegel* 28.11.1988, 115 u. 6.2. 1989, 99 (Ford-Chef Goeudevert über
»Inzucht-Engineering«).

[68] Hartkopf u. Bohne, 253; T. Kluge u. E. Schramm, Wassernöte. Umwelt- u. Sozialgeschichte
des Trinkwassers, Aachen 1986, 208. Gegenfront: Wey, 250. Magnetschwebebahn: E. Callen-
bach, Ökotopia, Berlin 1978, 14; R. R. Rossberg, Radlos in die Zukunft. Die Entwicklung
neuer Bahnsysteme, Zürich 1983; »Der Spiegel« 11/1997, 54–71 (»Ganz, ganz schneller Brü-
ter«); VDI-N. 37/1989, 3 (»Transrapid: Die Chancen für den Aufbau einer Referenzstrecke

schwinden – Wie ein Flugzeug im Landeanflug«); H.-L. Dienel, Konkurrenz und Kooperation von Verkehrssystemen, in: Gundler, Unterwegs und mobil, 113.

[69] A. A. Ullmann u. K. Zimmermann, Umweltpolitik u. Umweltschutzindustrie in der BRD, Berlin 1981, 252, 264; VDI-N. 43/1988, 45 (Umweltschutztechnik als überwiegende Domäne der Großindustrie); vgl. auch die Zusammenhänge zwischen Solartechnik und Raumfahrt und auch zwischen Supraleiter- und Militärforschung (VDI-N. 45/1988, 39)!

[70] Holzapfel, 5 5; N. Pieper, »Wunderkind mit Weltschmerz«, in: Die Zeit 11. n. 1988, 41; C. Amery, Bileams Esel. Konservative Aufsätze, München 1991, 219. Den Allensbacher Umfragen zufolge ist von 1966 bis 1981 der Anteil derer, für die die Technik »eher ein Segen« ist, von 72 auf 30 Prozent gefallen, aber der Anteil derer, die die Technik eher für einen Fluch halten, nur von 3 auf 13Prozent gestiegen: M. von Klipstein u. B. Strümpel, Der Überdruß am Überfluß, München 1984, 183. Dies. (Hg.), Gewandelte Werte – erstarrte Strukturen, Bonn 1985, 45: »Nur diejenigen Projekte, die unter dem Motto ›Größer, Schneller, Weiter‹ zusammengefaßt werden können [...], fanden mehr Gegner als Befürworter.«

[71] D. Staritz, Geschichte der DDR 1949–1985, Frankfurt/M. 1985, 233.

[72] H. Schelsky, Die sozialen Folgen der Automatisierung, Düsseldorf 1957, 38.

[73] »Die Zeit«, 22. 12. 1989, 23/25.

[74] »Der Spiegel«, 23. 4. 1990, 178.

[75] Ein prominentes Beispiel ist die Zögerlichkeit der Stahlindustrie der DDR gegenüber der Einführung des Sauerstoff-Aufblas-(LD-) Verfahrens. Da sie mangels heimischer Eisenerzressourcen weitgehend auf Schrott angewiesen war, verhielt sie sich rational, wenn sie vorerst beim Siemens-Martin-Verfahren blieb. Dazu S. Unger, Technische Innovationen einer »alten Branche«: Die Einführung der Sauerstofftechnologie in der Stahlindustrie der Bundesrepublik und der DDR, in: J. Bähr/D. Petzina (Hrsg.), Innovationsverhalten und Entscheidungsstrukturen, Berlin 1996, 49–78.

[76] J. Radkau, Holz, München 2007, 144.

[77] J. Radkau, Revoltierten die Produktivkräfte gegen den real existierenden Sozialismus? Technikhistorische Anmerkungen zum Zerfall der DDR, in: 1999 H. 4/90, 13–42.

[78] G. Mittag, Um jeden Preis. Im Spannungsfeld zweier Systeme, Weimar 1991, 242–251.

[79] J. Kuczynski, Vier Revolutionen der Produktivkräfte, Berlin 1975, 110; ders., Zur Debatte über das Verhältnis von Technik und Fortschritt, in: Bll. für deutsche und internationale Politik 24 (1979), 349.

[80] D. L. Augustine, Red Prometheus. Engineering and Dictatorship in East Germany 1945–1990, Cambridge, Mass. 2007, 128.

[81] H.-L. Dienel, »Das wahre Wirtschaftswunder.« Flugzeugproduktion, Fluggesellschaften und innerdeutscher Flugverkehr im West-Ost-Vergleich 1955–1980, in: J. Bähr/J. Petzina (Hrsg.), Innovationsverhalten und Entscheidungsstrukturen. Vergleichende Studien zur wirtschaftlichen Entwicklung im geteilten Deutschland 1945–1990, Berlin 1996, 349.

[82] A. Steiner, Von Plan zu Plan. Eine Wirtschaftsgeschichte der DDR, Berlin 2007, 161f. Jörg Roesler zum Verf., 9.3.1993: Ulbricht habe diese von Chruschtschow stammende Parole nur ein einziges Mal öffentlich ausgegeben, 1969; aber immer wieder sei dieser Ausspruch von der Anti-Ulbricht-Fronde in der Parteispitze gegen ihn verwandt worden!

[83] Mitt. von Verena Witte, die über dieses Thema an der Universität Bielefeld promoviert.

[84] Eine groteske Überschätzung der Kybernetik offenbarte der DDR-Unterhändler Werner Krause noch im August 1990 bei den Verhandlungen zur Wiedervereinigung: »Wir Ingenieure und Informatiker [...] kennen die Regelmechanismen von Systemen, wir können ihre Beherrschbarkeit analysieren.« (»Der Spiegel«, 13.8.1990, 27) Es war die gleiche Überheblichkeit, die der bundesdeutsche Kybernetiker Karl Steinbuch 1968 mit seinem Buch »Falsch programmiert« bekundete!

[85] Staritz, 105f.

[86] M. Röcke, Der Trabant, Königswinter 1990.

[87] P. Hübner/M. Rank, Schwarze Pumpe. Kohle und Energie für die DDR, Berlin 1988; »Die Welt« 13.2.1990, 14.

[88] ZK der SED (Hrsg.), Chemie gibt Brot – Wohlstand – Schönheit, Berlin 1958, 8.

[89] R. S. Stokes, Constructing Socialism. Technology and Change in East Germany, 1945–1990, Baltimore 2000, 85.

[90] A. S. Schewtschenko, Der Mais. Internationale Erfahrungen, Berlin 1960.

[91] S. Merl, Entstalinisierung, Reformen und Wettlauf der Systeme, in: S. Plaggenberg (Hrsg.), Handbuch der Geschichte Rußlands, Stuttgart 2002, 215ff.

[92] M. Reichert, Kernenergiewirtschaft in der DDR. Entwicklungsbedingungen, konzeptioneller Anspruch und Realisierungsgrad, St. Katharinen 1999; s. dort mein Vorwort, VIIf.

[93] Vgl. Augustine, 130.

[94] H.-L. Dienel, »Das wahre Wirtschaftswunder,« 342.

[95] Stokes, 125f.

[96] J. Roesler u. a., Wirtschaftswachstum in der DDR 1945–1970, Berlin 1986, 196.

[97] D. Staritz, 158.

[98] P. C. Ludz, Die DDR zwischen Ost und West. Von 1961 bis 1976, München 1977, 73ff.

[99] G. Kosel, Unternehmen Wissenschaft. Erinnerungen, Berlin 1989.

[100] Vgl. W. Mühlfriedel/K. Wiessner, Die Geschichte der Industrie der DDR, Berlin 1989, 306.

[101] Aus einem geheimen Vermerk des SED-Politbüros über eine Besprechung in Moskau am 21. 8. 1970, in: P. Przybylski, Tatort Politbüro. Die Akte Honecker, Berlin 1991, 109f.

[102] E. Krenz, Wenn Mauern fallen, Wien 1990, 55.

[103] Przybylski, 106.

[104] Mittag, 151f.

[105] A. Steiner, Von Plan zu Plan. Eine Wirtschaftsgeschichte der DDR, Berlin 2007, 210f.

[106] Mündl. Mitt. von Matthias Greffrath.

[107] In der alliterierenden Kapitelüberschrift von Stokes (S. 110), »The Software of Socialism«, ist »Software« wesentlich metaphorisch gemeint!

[108] K. H. Beckurts in: BDI (Hrsg.), Industrieforschung, Köln 1986, 99.

[109] J. Roesler, Im Wettlauf mit Siemens: Die Entwicklung von numerischen Steuerungen für den DDR-Maschinenbau im deutsch-deutschen Vergleich, in: L. Baar/D. Petzina (Hrsg.), Deutsch-deutsche Wirtschaft 1945 bis 1990. Strukturveränderungen, Innovationen und regionaler Wandel: Ein Vergleich, St. Katharinen 1999, 349–389: Bei den NC-Maschinen besaß die DDR in den 60er Jahren gegenüber der Bundesrepublik sogar einen Vorsprung; erst mit den computergesteuerten CNC-Maschinen, die durch diversifizierte Software eine in der Automation bis dahin unerreichte Flexibilität erlangten und auf diese Weise den Bedürfnissen der Werkzeugmaschinenfertigung ideal entsprachen, fiel die DDR hoffnungslos zurück. Ähnlich J. Roesler, Einholen wollen und Aufholen müssen. Zum Innovationsverlauf bei numerischen Steuerungen im Werkzeugmaschinenbau der DDR vor dem Hintergrund der bundesrepublikanischen Entwicklung, in: J. Kocka (Hrsg.), Historische DDR-Forschung, Berlin 1993, 263–285.

[110] Augustine, 310.

[111] E. Richert, Die DDR-Elite oder Unsere Partner von morgen? Reinbek 1968, 58ff.

[112] So der emigrierte DDR-Ökonom H. von Berg in »Der Spiegel« 26. 5. 1986, 161f.

[113] S. Franke/R. Klump, Offset als Herausforderung für innovatives Handeln: Die Innovationsaktivitäten der Druckmaschinenhersteller König & Bauer AG (Würzburg) und VEB Planeta (Radebeul) in den sechziger Jahren, in: Bähr/Petzina, Innovationsverhalten (s. o.), 215–249.

[114] Augustine, 132.

[115] H.-L. Dienel, Die Linde AG. Geschichte eines Technologiekonzerns 1879–2004, München 2004, 366, hebt »Kooperation mit der Konkurrenz« als ein charakteristisches Element in der Tradition dieses typisch deutschen Unternehmens hervor.

［116］ J. Roesler, Industrieinnovation und Industriespionage in der DDR. Der Staatssicherheitsdienst in der Innovationsgeschichte der DDR, in: Zs. für das vereinigte Deutschland, 27. Jg., Juli 1994, 1026–1040.

［117］ C. Kleinschmidt, Technik und Wirtschaft im 19. und 20. Jh., 57.

［118］ Steiner, 209f.

［119］ J. Roesler zum Verf., 9. 11. 1993: Bis dahin hätten die VEB noch partiell wie Privatunternehmen funktioniert.

［120］ Steiner, 234f.

［121］ J. Radkau, Max Weber, München 2005, 199.

［122］ Heinz Nixdorf Museumsforum, Museumsführer, Paderborn 2000, 134.

［123］ Bundesministerium für innerdeutsche Beziehungen (Hrsg.), DDR-Handbuch, 3. Aufl. Bd. 2, Köln 1985, 1526.

［124］ G. Barkleit, Mikroelektronik in der DDR, Dresden 2000, 41.

［125］ B. Plettner, Abenteuer Elektrotechnik. Siemens und die Entwicklung der Elektrotechnik seit 1945, München 1994, 138.

［126］ »Wirtschaftswoche«, 3.7.1992, 34f.; »Der Spiegel«, 16.3.1992, 140f. (Interview mit H. von Pierer).

［127］ »Der Spiegel«, 23.3.1992, 208f.

［128］ K. Seitz, Die japanisch-amerikanische Herausforderung. Deutschlands Hochtechnologie-Industrien kämpfen ums Überleben, 4. Aufl. München 1992.

后记　技术人、游戏人、智慧人以及协同问题

［ 1 ］ In der Darstellung des Halbleiter-Physikers Hans Queisser (Kristallene Krisen, München 1985) ist die Geschichte der Mikroelektronik vor allem eine Halbleitergeschichte; im Paderborner Nixdorf-Museumsforum dagegen ist die Halbleiter-Entwicklung ganz marginal und besteht die Hauptwurzel der modernen Computerwelt in den Büromaschinen.

［ 2 ］ In dem von zwei CERN-Mitarbeitern geschriebenen Buch J. Gillies/R. Cailliau, Die Wiege des Web – Die spannende Geschichte des www, Heidelberg 2002, ist die Genese des Internet fast ganz eine CERN-Geschichte. Dagegen bei M. Bunz, Vom Speicher zum Verteiler – Die Geschichte des Internet, Berlin 2008, kommt CERN gar nicht vor! Bei M. W. Zehnder, Geschichte und Geschichten des Internets, Kilchberg 1998, 70, ist es reiner Zufall, dass das Web im CERN entstand.

［ 3 ］ G. Ostendorf, Die Geschichte der Vorhersagen im Bereich der Computertechnologie, Magisterarbeit, Bielefeld 1990.

［ 4 ］ K. Kempter, Heinz Nixdorf, Landsberg 2001, 159.

［ 5 ］ Heinz Nixdorf Museumsforum, Museumsführer, Paderborn 2000, 103, 133, 138.

［ 6 ］ E. Bonse, »Ein Paradigmenwechsel ist noch nicht in Sicht«, VDI-Nachrichten 35/1989, 16.

［ 7 ］ Eine erfolgreiche Internet-Unternehmerin versicherte mir allerdings, sie würde sich nie mit einem Partner zusammentun, der sich auf diese zu Schizophrenie und Größenwahn verführenden Spiele einliesse!

［ 8 ］ Wilhelm Ostwald, der Begründer der Elektrochemie und Nobelpreisträger von 1909, schrieb im gleichen Jahr: »Während z. B. das Telephon für den vielbeschäftigten Geschäftsmann eine sehr große Energieersparnis bedeutet, verabscheut der Künstler oder Gelehrte, namentlich in älteren Jahren, es mit Recht.« W. Ostwald, Die Forderung des Tages, Leipzig 1911, 62.

［ 9 ］ Heinz Nixdorf Museumsforum, Museumsführer, Paderborn 2000, 145.

[10] E. M. Rogers/J. K. Larsen, Silicon Valley Fieber. An der Schwelle zur High-Tech-Zivilisation, Berlin 1985, 77. Erst viel später (S. 162f.) erfährt der Leser, dass dieser Glaube Unsinn ist.

[11] Thomas Gorsboth, auf langjährige Erfahrung in verschiedenen Gewerkschaften gestützt, wies mich wiederholt darauf hin, dass nicht nur die Bildschirm-, sondern auch die Lager- und Verpackungsarbeit gewaltig zugenommen hat und es dort nach wie vor *en masse* Knochen- und Fließbandarbeit gibt – nur dass diese Arbeitswelten im Schatten der öffentlichen Aufmerksamkeit liegen!

[12] Plattners Unternehmensphilosophie und Produktionsausrichtung sind in ihren Grundzügen denen Nixdorfs sehr ähnlich: Unternehmensspezifische Softwareprogramme mit ausgeprägter Orientierung an speziellen Kundenwünschen und an Nutzerfreundlichkeit, verbunden mit der traditionell-deutschen Firmenphilosophie, erfahrene Mitarbeiter auch in Krisenzeiten zu halten – so jedenfalls in der Ansprache Hasso Plattners auf der Hauptversammlung der SAP AG in Mannheim am 9.5.2003. An ihre Grenzen geriet die SAP, als sie ein Software-Programm für den Parteiapparat der SPD entwickeln sollte. Eine fundierte Geschichte der SAP dürfte eines der größten Desiderate der neuesten Technik- und Unternehmensgeschichte sein!

[13] »Spiegel« 28/1999 78ff.

[14] J. Huizinga, Homo ludens. Vom Ursprung der Kultur im Spiel, Reinbek 1987 (urspr. 1938); insbesondere 215f.: »Spielmäßiges im modernen Geschäftsleben.«

[15] Unter den noch lebenden großen Erfindern hat sich Artur Fischer, der über tausend Patente erlangt hat, zu seinen spielerischen Antrieben bekannt: s. sein Interview mit Joseph Hoppe (»Spieltrieb und Erfindergeist«) in S. Poser u. a. (Hrsg.), Spiel mit Technik. Katalog zur Ausstellung im Deutschen Technikmuseum Berlin, Berlin 2006, 174ff.

[16] Noch in dem mehrjährigen Projekt des Wissenschaftszentrums Berlin (WZB) über große technische Systeme, an dem ich beteiligt war, und dessen Ergebnisse 1994 publiziert wurden – I. Braun/B. Joerges (Hrsg.), Technik ohne Grenzen – , war das Internet – so sehr wir uns damals um den neuesten Stand der Systemtechnik bemühten – überhaupt kein Thema, und die Diskussion drehte sich fast durchweg um festvernetzte und zentral gesteuerte Systeme. Das als grundlegend geltende Opus von Janet Abbate (Inventing the Internet, Cambridge/Mass. 1999) ging aus einer 1994 angeschlossenen Dissertation hervor: zu einer Zeit, als das Internet zwar bereits technisch existierte, jedoch noch nicht als weltweites populäres Kommunikationsmedium. Diese in der »Inside Technology«-Series des MIT (Massachusetts Institute for Technology) publizierte Arbeit behandelt die Geschichte des Internet folglich als Insider-Geschichte innerhalb des Militärisch-industriellen Komplexes. Aus heutiger Sicht ist das eher die Prähistorie des Internet!

[17] G. Mener, Zwischen Labor und Markt. Geschichte der Sonnenenergienutzung in Deutschland und den USA 1860–1986, München 2000; J. Weyer, Größendiskurse. Die strategische Inszenierung des Wachstums sozio-technischer Systeme, in: I. Braun/B. Joerges (Hrsg.), Technik ohne Grenzen, Frankfurt/M. 1994, 355f.

[18] H. Keller: Der Allzweckingenieur. Panzerabwehrraketen oder Solaranlagen, Kampfflugzeuge oder Sportmaschinen: Ludwig Bölkow konstruierte, wann immer ihn eine Aufgabe reizte. In: »Die Zeit«, 15. 4. 1994, 42.

[19] Repräsentatives Zeitdokument: Ad-hoc-Ausschuß beim Bundesminister für Forschung und Technologie (Hrsg.), Solare Wasserstoffenergiewirtschaft. Gutachten und wissenschaftliche Beiträge, Bonn 1988.

[20] J. Radkau, Holz. Wie ein Naturstoff Geschichte schreibt, München 2007, besonders 150ff.

[21] M. Giesecke, Der Buchdruck in der frühen Neuzeit. Eine historische Fallstudie über die Durchsetzung neuer Informations- und Kommunikationstechnologien, Frankfurt/M. 1991, 124–167.

[22] W. Müller/B. Stoy, Entkopplung. Wirtschaftswachstum ohne mehr Energie? Stuttgart 1978.

[23] E. M. Rogers/J. K. Larsen, Silicon Valley Fieber, Berlin 1985, 203ff.

[24] W. Ostwald, Die Forderung des Tages, 414.

[25] U. Kubisch/V. Janssen, Borgward. Ein Blick zurück auf Wirtschaftswunder, Werksalltag und einen Automythos, Berlin 1986, 115.

[26] Über die Schwerpunktverlagerung des Linde-Kältemaschinenbaus von der »Großkälte« zur »Kleinkälte«, wo die Amerikaner den Deutschen zunächst voraus gewesen waren und Linde gezögert hatte, H.-L. Dienel, Die Linde AG, 220ff., 224ff.

[27] »Der Spiegel«. 2.5.1994, 91: »Verbraucherfreundliche Bedienungskonzepte scheitern immer wieder an der Technikverliebtheit des Personals in den Entwicklungslaboratorien.«

[28] »Spiegel« 20/1996, 121.

[29] L. Payer, Medicine & Culture. Varieties of Treatment in the United States, England, West Germany, and France, New York 1988, 78: »Perhaps because both fringe and high-tech medicine are accepted, West Germans are inclined to use all sorts of medicine to an extent that others would regard as excessive.«

[30] P. Borscheid, Das Tempo-Virus. Eine Kulturgeschichte der Beschleunigung, Frankfurt/M. 2004, 378.

[31] J. Radkau, Das Zeitalter der Nervosität. Deutschland zwischen Bismarck und Hitler, 2. Aufl. München 2000, besonders 155ff.

[32] R. Knasmüller/T. Keul, Real New Economy. Über die geplatzten Träume und die wahren Chancen des digitalen Wirtschaftswunders, München 2002, 59f.

[33] Ähnliche Beobachtungen für die französischen 68er in dem bedeutendsten kapitalismuskritischen Opus der jüngsten Zeit: L. Boltanski/E. Chiapello, Der neue Geist des Kapitalismus, Konstanz 2003 (frz. Erstausgabe 1999).

[34] E. Verg, Meilensteine, Leverkusen 1988, 197.

[35] Peter Schirmbeck (Hg.), »Morgen kommst Du nach Amerika.« Erinnerungen an die Arbeit bei Opel 1917–1987, Berlin 1988, 96.

[36] P. Glotz, Rod Sommer. Der Weg der Telekom, Hamburg 2001, 11.

[37] Vgl. den »Spiegel«-Titel 23/2008 vom 2.6.2008: »Big BroTher. Der unheimliche Staatskonzern«.

[38] G. Ogger, Nieten in Nadelstreifen. Deutschlands Manager im Zwielicht, München 1992, 63.

[39] In Wirklichkeit existiert das Problem wie eh und je, ja wird durch Fusionen und Reorganisationen noch erheblich verschärft. Darauf verweist Roland Springer: »Die größten Zeitfresser in Veränderungsprozessen sind ungelöste Ziel- und Interessenkonflikte zwischen den jeweiligen Bereichen und Abteilungen.« VDI-Nachrichten 39/2003, 2.

[40] H. Schumann, Revolution des Kapitals, in: »Der Spiegel« 19.6.1999.

[41] S. Hilger, »Amerikanisierung« deutscher Unternehmen, 53ff.

[42] Ogger, 139ff.

[43] Ogger, 37.

[44] D. Schweer, Daimler Benz. Innenansichten eines Imperiums, Düsseldorf 1995.

[45] Sehr aufschlussreich dazu der Rückblick des ehemaligen Hoechst-Vorstandsmitglieds Karl-Gerhard Seifert, Ein Stück deutscher Chemiegeschichte. Die Zerschlagung der Hoechst AG, in: CHEManager, 28.3.2008, besonders das Resümee auf 10: »Heute fragen sich viele Leute: Wie konnte das alles passieren? Die Antwort ist sehr einfach, auch wenn sie vielen missfällt: Es waren (fast) alle dafür« – von den Aktionären bis hin zu den Gewerkschaftsführern, ja bis zur damaligen hessischen Regierung! Auch Edzard Reuter deutete – bei aller Selbstrechtfertigung wohl nicht ganz zu Unrecht – im Rückblick seine eigene Fehlstrategie als Ausfluss einer »Zeitströmung«: »hing es vielleicht mit dem damals gerade beginnenden Druck der sog. Shareholder Value Mentalität zusammen – die meinem Urteil nach eine tödliche Gefahr für unser westliches Wirtschaftssystem werden kann?« In: Boch (Hg.), Geschichte und Zukunft der deutschen Automobilindustrie, 275.

[46] Diese Einsicht verdanke ich Edda Müller (Gespräch am 22.3.2006), die als Umweltpolitikerin wiederholt die Erfahrung machte, dass selbst solche Unternehmer, die von staatlichen Umweltauflagen profitieren, auf einschlägigen Konferenzen gegen Umweltauflagen Front mach-

ten, weil man in weiten Kreisen der Wirtschaft gegen »öko« automatisch-reflexhaft in Abwehr-
stellung gehe!

[47] »Financial Times Deutschland«, 3. 3. 2006 (Wolfgang Münchau).

[48] Auch Susanne Hilger (»Amerikanisierung« deutscher Unternehmen, Wiesbaden 2004, 283)
gewinnt auf der Grundlage interner Akten den Eindruck, Daimler-Benz habe sich dem
»Trend, in neue Technologien zu dversifizieren, bis in die frühen 1980er Jahre demonstrativ
verschlossen«: eine Situation, die von Neuerern als provozierend empfunden werden konnte!

[49] F. Fukuyama, Der Konflikt der Kulturen, München 1995, 250.

[50] J. Radkau, Max Weber, München 2005, 500ff. Werner Abelshauser in einer Diskussion über
seinen »Kampf der Kulturen« am 18. 11. 2003: Schmoller sei jedoch ein »Meister der institu-
tionellen Camouflage« gewesen und habe, dem historistischen Zeitgeist folgend, die in Wahrheit
neuartigen Institutionen als althergebrachte zünftlerische Institutionen ummäntelt!

[51] G. W. F. Hallgarten/J. Radkau, Deutsche Industrie und Politik von Bismarck bis in die Ge-
genwart, 2. Aufl. Reinbek 1981, 446f.

[52] Selbst Roland Springer, der zeitweise eine verantwortliche Position bei der Arbeitsorganisation
von DaimlerChrysler innehatte und in der Autoindustrie eine Rückkehr zu einem begrenzten
Taylorismus für vorteilhaft hält (ders., Rückkehr zum Taylorismus? Arbeitspolitik in der Au-
tomobilindustrie am Scheideweg, Frankfurt/M. 1999), plädiert für ein »Co-Management der
Betriebsräte« gerade auch im Blick darauf, dass »in Bereichen nicht-automatisierter, varianten-
reicher Serienproduktion« keineswegs nur vorwiegend Facharbeiter benötigt würden, sondern
ein »steigender Bedarf an un- und angelernten Arbeitern« bestünde, die ohne Betriebsräte
nicht in die Firmenkultur zu integrieren seien. In: VDI-Nachrichten 28/2002, 2.

[53] P. Glotz, »Den Europäern fehlt der Wagemut«, in: »Süddeutsche Zeitung«, 11.6.2003, 2.

[54] »Der Spiegel« 48/2007, 77f.

[55] So der Klappentext von T. Knipp, Der Deal. Die Geschichte der größten Übernahme aller
Zeiten, Hamburg 2007.

[56] Ebd., 208, 226.

[57] VDI-Nachrichten, 19.11.1999, 9, und 9.6.2000, 33 (»Operation gelungen, Patient tot«). Fünf
Jahre darauf resümierte Roland Tichy, Chefredakteur des Wirtschaftsmagazins »Euro«, im
»Handelsblatt« (6.2.2004): »Für nur 7000 Mitarbeiter der kleinen Mobilfunksparte wurde ein
Konzern mit 130 000 Mitarbeitern und weltweit führenden Technologien [...] zerschlagen,
Aktionärskapital in dreistelliger Milliardenhöhe vernichtet und der Wettbewerb im Mobilfunk-
sektor europaweit geschwächt.«

[58] Knipp, Der Deal, 228, 232f.

[59] E. Verg u. a., Meilensteine. 125 Jahre Bayer 1863–1988, Köln 1988; E. Bäumler, Die Rotfabri-
ker. Familiengeschichte eines Weltunternehmens, München 1988. K. Tenfelde u. a. (Hg.),
Stimmt die Chemie? Mitbestimmung und soziale Politik in der Geschichte des Bayer-Kon-
zerns, Essen 2007, 242f., 417–420.

[60] Ein besonderes Kuriosum: Dormann zitierte bei der Nichtachtung der Hoechst-Tradition die
kritische Öko-Perspektive auf seinen Konzern: »Wenn die Leute 'Hoechst' gehört haben,
dachten sie ohnehin nur an Chemiestörfälle.« »Handelsblatt«, 21.7.2007 (»Die Rotfabrik«).

[61] »Selbst das Life-Science-Konzept gilt als überholt«, bemerkt das »Handelsblatt« bereits am
10.11.2003 (»Wandel der Großchemie setzt sich fort – Unternehmen verlieren einstige
Stärke.«). Als Weltmarktführer der industriellen »Life Science« gilt der Monsanto-Konzern, der
nicht nur das Geschäft mit genetisch verändertem Saatgut beherrscht, sondern auch während
des Vietnamkriegs das Entlaubungsmittel Agent Orange herstellte.

[62] K.-G. Seifert, Ein Stück deutsche Chemiegeschichte. Die Zerschlagung der Hoechst AG, in:
CHEManager, 28.3.2008, 14.

[63] »Handelsblatt«, 27.4.2004, 10 (»Der bittere Geschmack der Übernahme«). Noch am 22.7.2000
hatte ein Artikel der »Süddeutschen Zeitung« den durch die Fusion entstandenen Konzern
Aventis als Inkarnation einer übernationalen Zukunft gefeiert: »Und welcher Nation gehört

zum Beispiel Aventis, verschmolzen aus den Farbwerken Hoechst, noch vor kurzem eine Blüte der deutschen Großchemie, und der nicht minder stolzen Rhone-Poulenc: Frankreich oder Deutschland?«

[64] »Der Spiegel« 50/1997, 122ff.; 49/1998, 98; mündl. Mit. von Theo Tekaat, 15.8.2006.

[65] »Cicero«, Dez. 2004 (»Ich verdiene drei Millionen«).

[66] R. Tichy: »Bitte bedienen Sie sich! Nur Deutschland hat im vorauseilenden Gehorsam die Übernahmerichtlinie der EU faktisch vorweggenommen«, in: »Handelsblatt« 26/2004 (6.2.04), 9.

[67] Vgl. »Süddeutsche Zeitung«, 20.3.1999, 25: »Die Chemie in ihrem Element: Konzerne scheffeln milliardenschwere Rekordgewinne und stöhnen dennoch über das schwierige Jahr 1999.«

[68] Ist die BASF ein Ausnahmefall? Vgl. dagegen »Financial Times Deutschland«, 14.7.2003: »BASF drückt der Branche seinen (sic!) Stempel auf.« Dazu allerdings »Handelsblatt«, 25.10.1999, 22: »anders als bei der Ludwigshafener BASF-Gruppe fehlten bei Hoechst die großen 'rückwärts integrierten' Verbundstandorte. Petrochemische Ausgangsstoffe wie Ethylen und Propylen, die bei BASF fest in die Wertschöpfungskette integriert sind, mußte der Frankfurter Konzern stets von außen beziehen.« Dafür besaß Hoechst jedoch im Unterschied zur BASF eine große Tradition in der Pharma-Produktion.

[69] W. Abelshauser (Hrsg.), Die BASF. Eine Unternehmensgeschichte, München 2002, 631ff.; zum Verbundssystem als »technologischem Paradigma« auch 493.

[70] R. Wizinger, Chemische Plaudereien, Bonn 1934, 127, 5.

[71] K.-G. Seifert, Ein Stück deutsche Chemiegeschichte, 14.

[72] Radkau, Max Weber, 270.

[73] M. Seefelder, Opium. Eine Kulturgeschichte, München 1990, 210.

[74] »Handelsblatt«, 12.12.2005, 16 (»Auf- und Abstieg unterm Bayer-Kreuz«).

[75] »Handelsblatt«, 21.7.2006, 10 (»Die Rotfabrik«).

[76] W. Abelshauser, Die BASF, 612f.

[77] Bundesministerium für Umwelt, Naturschutz und Reaktorsicherheit (Hrsg.), GreenTech made in Germany. Umelttechnologie-Atlas für Deutschland, München 2007, 9.

[78] H.-Y. Park, Das Duale System der Berufsausbildung in der deutschen Nachkriegszeit zwischen Restaurare und Reform, Diss. Bielefeld 2002.

[79] Ebd., 41.

[80] Ebd., 16.

[81] L. Engelskirchen, Die Geschichte des Hochgeschwindigkeitsverkehrs, in: B. Gundler u. a. (Hrsg.), Unterwegs und mobil. Verkehrswelten im Museum (Deutsches Museum), Frankfurt/M. 2005, 151.

[82] Vgl. auch Christopher Kopper zur Elektrifizierung der Bundesbahn: »Die Umweltfreundlichkeit der Bahn war lediglich der Nebeneffekt einer Investitionspolitik, die in den fünfziger und sechziger Jahren ganz anderen Paradigmen folgte.« In: F.-J. Brüggemeier/J. I. Engels (Hrsg.), Natur- und Umweltschutz nach 1945, Frankfurt/M. 2005, 324.

[83] Eine Fundgrube für derartige Fehlprognosen ist T. Forester, Die High-Tech-Gesellschaft. Dreißig Jahre digitale Revolution, Stuttgart 1990. Dazu J. Radkau, »Tastenlose Computer, papierloses Büro. Nicht alle Blütenträume der High-Tech reiften.« FAZ 12. 12. 1990, 12.

[84] Bahnbrechend hier die scharfsinnige Untersuchung des IBM-Betriebsratsvorsitzenden Wilfried Glißmann und des Philosophen Klaus Peters: Mehr Druck durch mehr Freiheit. Die neue Autonomie in der Arbeit und ihre paradoxen Folgen, Hamburg 2001; ebd. 28: In modernen Unternehmen gehe der Ehrgeiz dahin, »die Leistungsdynamik eines Selbständigen bei unselbständig Tätigen (zu) reproduzieren und zum Hauptmotor der Produktivitätssteigerung eines Unternehmens (zu) machen«. Also eine Art der Wiederentdeckung der »Produktivkraft Mensch« – mit ähnlicher sozialpolitischer Ambivalenz wie der Taylorismus! Auf den Zusammenhang der »Selbst-Rationalisierung« mit der Digitaltechnik verweist Heiner Minssen, Arbeits- und Industriesoziologie. Eine Einführung, Frankfurt/M. 2006: »private Organisa-

tions- und Kommunikationsmittel wie Terminplaner, Handy und Laptop werden unentbehrlich, die Grenzen zwischen Arbeit und Leben verschwimmen.« Die neuerliche Industriesoziologie widmet dem Faktor Technik sonst wenig Beachtung.

[85] Mündl. Mitt. von Klaus Lang, Arbeitsdirektor der Georgsmarienhütte Holding GmbH, 30.5.2008.

[86] Unter den Spitzenarbeiten des Schülerwettbewerbs Deutsche Geschichte der Körber Stiftung des Jahres 1977 »Arbeitswelt und Technik im Wandel« – bis heute eine Fundgrube zu dieser Thematik – handelt bezeichnenderweise die einzige Arbeit, die sich mit der Umstellung auf Elektronik befaßt, von der Drucktechnik (der 53. Beitrag von Martin Forster aus Syke, 280 Seiten stark).

[87] A. Klönne u. a., Freiheit, Wohlstand, Bildung für alle! Vom Ortsverein Bielefeld des Deutschen Buchdruckerverbandes zur Vereinten Dienstleistungsgewerkschaft ver.di, Hamburg 2004, 141. Tenfelde, Stimmt die Chemie? 341f.; Der *Spiegel* 36/1982, 85.

[88] VDI-Nachrichten 42/2003, 3.

[89] L. Marschall, Im Schatten der chemischen Synthese. Industrielle Biotechnologie in Deutschland (1900–1970), Frankfurt/M. 2000.

[90] »Die Zeit« 20.3.1992, 33 (H. Blüthmann/F. Vorholz: »Wir sind weiter als die Japaner«)

[91] K. Möser, Geschichte des Autos, Frankfurt/M. 2002, 287.

文献选编

1. 跨时代、跨部门的文献，一般性介绍

Abelshauser, W., Kulturkampf. Der deutsche Weg in die neue Wirtschaft und die amerikanische Herausforderung, Berlin 2003.

Granovetter, M./Herrigel, G., Industrial Constructions: The Sources of German Industrial Power, Cambridge 1995.

Grimm, C. (Hg.), Aufbruch ins Industriezeitalter, 3 Bde., München 1985.

Hausen, K. u. Rürup, R. (Hg.), Moderne Technikgeschichte, Köln 1975.

Kleinschmidt, C., Technik und Wirtschaft im 19. und 20. Jahrhundert, München 2007 (= Enzyklopädie deutscher Geschichte Bd. 79).

Kaiser, W./König, W. (Hg.), Die Geschichte des Ingenieurs. Ein Beruf in sechs Jahrtausenden, München 2006.

Kiesewetter, H., Region und Industrie in Europa 1815–1995, Stuttgart 2000.

König, W. (Hg.), Propyläen Technikgeschichte, 5 Bde., Berlin 1990–1993.

Landes, D. E., Der entfesselte Prometheus. Technologischer Wandel und industrielle Entwicklung in Westeuropa von 1750 bis zur Gegenwart, München 1983 (amerikan. 1969).

Ludwig, K.-H. (Hg.), Technik, Ingenieure u. Gesellschaft, Geschichte des Vereins Deutscher Ingenieure 1856–1981, Düsseldorf 1981.

(Patentamt) Deutsches Patentamt (Hg.), Hundert Jahre Patentamt, München 1977.

(Produktivkräfte) Institut für Wirtschaftsgeschichte der Akademie der Wissenschaften der DDR (Hg.), Geschichte der Produktivkräfte in Deutschland von 1800 bis 1945, II u. III, Berlin 1985/88; Bd. I, Berlin 1990.

Reuleaux, F. (Hg.), Das (neue) Buch der Erfindungen, Gewerbe u. Industrien, viele Auflagen, Leipzig 1884–888.

Rürup, R. (Hg.), Wissenschaft u. Gesellschaft, Beiträge zur Geschichte der Technischen Universität Berlin 1879–1979, 2 Bde., Berlin 1979.

Schwerin v. Krosigk, L. Graf, Die große Zeit des Feuers, Der Weg der deutschen Industrie, 3 Bde., Tübingen 1957/59.

Slotta, R., Technische Denkmäler in der Bundesrepublik Deutschland, Bd. 1–4/2, Bochum 1975–83.

Technik und Kultur, im Auftrag der Agricola-Gesellschaft hg. von A. Hermann und W. Dettmering, 10 Bde., Düsseldorf 1989–94.

Treue, W., Wirtschafts- und Technikgeschichte Preußens, Berlin 1984.

Troitzsch, U. u. Weber, W. (Hg.), Die Technik, Von den Anfängen bis zur Gegenwart, Braunschweig 1982.

Troitzsch, U. u. Wohlauf, G. (Hg.), Technik-Geschichte, Historische Beiträge und neuere Aufsätze, Frankfurt/M. 1980.

2. 特定问题的概述文献

Bauer, R., Gescheiterte Innovationen. Fehlschläge und technologischer Wandel, Frankfurt/M. 2006.

Bolenz, E., Vom Baubeamten zum freiberuflichen Architekten. Technische Berufe im Bauwesen (Preußen/Deutschland, 1799–1931), Frankfurt/M. 1991.

Bijker, W. E. u. a. (Hg.), The Social Construction of Technological Systems, Cambridge/Mass. 1987.

Borscheid, P., Das Tempo-Virus. Eine Kulturgeschichte der Beschleunigung, Frankfurt/M. 2004.

Braun, I./Joerges, B. (Hg.), Technik ohne Grenzen, Frankfurt/M. 1994.

Energie in der Geschichte/Energy in History, Zur Aktualität der Technikgeschichte, 11. ICOHTEC-Symposium, Düsseldorf 1984.

Gispen, K., New Profession, Old Order. Engineers and German Society, Cambridge, Mass. 1989.

Greinert, W. D., Das »deutsche« System der Berufsausbildung. Geschichte, Organisation, Perspektiven, Baden-Baden 1993.

Jokisch, R. (Hg.), Techniksoziologie, Frankfurt/M. 1982.

Kerner, M. (Hg.), Technik und Angst. Zur Zukunft der industriellen Zivilisation, 2. Aufl. Aachen 1997.

König, W., Geschichte der Konsumgesellschaft, Stuttgart 2000.

Kranzberg, M. (Hg.), Technological Education – Technological Style, San Francisco 1986.

Laak, D. van, Weiße Elefanten. Anspruch und Scheitern technischer Großprojekte im 20. Jahrhundert, Stuttgart 1999.

Long, F. A. u. Oleson, A. (Hg.), Appropriate Technology and Social Values, Cambridge/Mass. 1980.

Lundgreen, P. (Hg.), Zum Verhältnis von Wissenschaft u. Technik, Bielefeld 1981.

Mayntz, R. u. Hughes, T. P. (Hg.), The Development of Large Technical Systems, Frankfurt/M. 1988.

Mensch, G., Das technologische Patt. Innovationen überwinden die Depression, Frankfurt/M. 1975.

Molsberger, J., Zwang zur Größe? Zur These von der Zwangsläufigkeit wirtschaftlicher Konzentration, Köln 1967.

Münzinger, F., Ingenieure, Berlin 19422.

Neef, W., Ingenieure, Entwicklung u. Funktion einer Berufsgruppe, Köln 1982.

Piore, M. J. u. Sabel, C. F., Das Ende der Massenproduktion, Berlin 1985.

Pohl, H. (Hg.), Wirtschaftswachstum, Technologie u. Arbeitszeit im internationalen Vergleich, Wiesbaden 1983.

Pot, J. H. J. v. d., Die Bewertung des technischen Fortschritts. Eine systematische Übersicht der Theorien, 2 Bde., Assen (Niederlande) 1985.

Radkau, J., Das Zeitalter der Nervosität, München 1998.

Ropohl, G., Technologische Aufklärung. Beiträge zur Technikphilosophie, Frankfurt/M. 1991.

Schütte, F., Technisches Bildungswesen in Preußen-Deutschland: Aufstieg und Wandel der Technischen Fachschule 1890–1938, Köln 2003.

Segeberg, H. (Hg.), Technik in der Literatur, Frankfurt/M. 1987.

Stratmann, K., Das duale System der Berufsausbildung. Eine historische Analyse seiner Reformdebatten, Frankfurt/M. 1990.

Ullrich, O., Technik und Herrschaft. Vom Handwerk zur verdinglichten Blockstruktur industrieller Produktion, Frankfurt/M. 1977.

Weingart, P. (Hg.), Technik als sozialer Prozeß, Frankfurt/M. 1989.

3. 前期和早期工业技术

Aagard, H., Die deutsche Nähnadelherstellung im 18. Jahrhundert, Altena 1987.

Bayerl, G., Die Papiermühle, Vorindustrielle Papiermacherei auf dem Gebiet des alten deutschen Reiches, 2 Teile, Frankfurt/M. 1987.

Boch, R., Grenzenloses Wachstum? Das rheinische Wirtschaftsbürgertum und seine Industrialisierungsdebatte 1814–1857, Göttingen 1991.

Braun, H.-J., Technologische Beziehungen zwischen Deutschland u. England von der Mitte des 17. bis zum Ausgang des 18. Jahrhunderts, Düsseldorf 1974.

Eversmann, F. A. A., Übersicht der Eisen- u. Stahlerzeugung auf Wasserwerken in den Ländern zwischen Lahn u. Lippe (1804), Kreuztal 1982.

Fansa, M./Vorlauf, D. (Hg.), Holz-Kultur. Von der Urzeit bis in die Zukunft. Ökologie und Ökonomie eines Naturrohstoffs im Spiegel der Experimentellen Archäologie, Ethnologie, Technikgeschichte und modernen Holzforschung, Oldenburg 2007.

Forberger, R., Die Industrielle Revolution in Sachsen 1800–1861, 2 Bde., Berlin 1982, dazu Bd. 2,2: Die Revolution der Produktivkräfte in Sachsen 1831–1861, Leipzig 2003.

Hedwig, A. (Hg.), »Weil das Holz eine köstliche Ware ...« Wald und Forst zwischen Mittelalter und Moderne, Marburg 2006.

Keweloh, H.-W. (Hg.), Auf den Spuren der Flößer. Wirtschafts- und Sozialgeschichte eines Gewerbes, Stuttgart 1988.

Kurrer, W. H.v. u. Kreutzberg, K.J., Geschichte der Zeugdruckerei u. der dazu gehörigen Maschinen, Nürnberg 1840.

Lärmer, K. (Hg.), Studien zur Geschichte der Produktivkräfte in Deutschland zur Zeit der Industriellen Revolution, Berlin 1979.

Lundgreen, P., Techniker in Preußen während der frühen Industrialisierung, Berlin 1975.

Matthes, M., Technik zwischen bürgerlichem Idealismus u. beginnender Industrialisierung (E. Alban), Düsseldorf 1986.

Matejak, M., Das Holz in deutschen Abhandlungen aus dem 17.–19. Jahrhundert, 3. Aufl. Warschau 2008.

Meyer, T., Natur, Technik und Wirtschaftswachstum im 18. Jahrhundert. Risikoperzeption und Sicherheitsversprechen, Münster 1999.

Mieck, I., Preußische Gewerbepolitik in Berlin 1806—44, Berlin 1965.

Musson, A. E. (Hg.), Wissenschaft, Technik u. Wirtschaftswachstum im 18. Jahrhundert, Frankfurt/M. 1977.

Paulinyi, A., Industrielle Revolution. Vom Ursprung der modernen Technik, Reinbek 1991.

Paulinyi, A., Das Puddeln, München 1987.

Pirker, T. u. a. (Hg.), Technik u. Industrielle Revolution, Vom Ende eines sozialwissenschaftlichen Paradigmas, Opladen 1987.

Poppe, J. H. M. v., Geschichte aller Erfindungen u. Entdeckungen (1835), Hildesheim 1972.

Radkau, J., Holz. Wie ein Naturstoff Geschichte schreibt, München 2007.

Schaumann, R., Technik u. technischer Fortschritt im Industrialisierungsprozeß, dargestellt am Beispiel der Papier-, Zucker- und chemischen Industrie der nördlichen Rheinlande 1800–1875, Bonn 1977.

Schnabel, F., Die moderne Technik u. die deutsche Industrie, Freiburg 1965 (= ders., Deutsche Geschichte im 19. Jahrhundert, VI).

Schott, D. (Hg.), Energie und Stadt in Europa. Von der vorindustriellen »Holznot« bis zur Ölkrise der 1970er Jahre, Stuttgart 1997.

Schremmer, E., Technischer Fortschritt an der Schwelle zur Industrialisierung, München 1980.

Schwerz, J. N. v., Beschreibung der Landwirtschaft in Westfalen, Münster 1836.

Sieferle, R.-P., Der unterirdische Wald. Energiekrise und Industrielle Revolution, München 1982.

Stürmer, M., Handwerk und höfische Kultur. Europäische Möbelkunst im 18. Jahrhundert, München 1982.

Troitzsch, U. (Hg.), Technologischer Wandel im 18. Jahrhundert, Wolfenbüttel 1981.

Weber, W., Innovationen im frühindustriellen deutschen Bergbau u. Hüttenwesen. F. A. v. Heynitz, Göttingen 1976.

4. 高级工业技术：按部门分类

4.1 重工业和机械制造

Barth, E., Entwicklungslinien der deutschen Maschinenbauindustrie 1870–1914, Berlin 1973.

Diesel, E., Diesel. Der Mensch, das Werk, das Schicksal (1953), München 1983.

Ehrhardt, H., Hammerschläge, 70 Jahre deutscher Arbeiter u. Erfinder, Leipzig 1922.

Fremdling, R., Technologischer Wandel u. internationaler Handel im 18. u. 19. Jahrhundert. Die Eisenindustrien in Großbritannien, Belgien, Frankreich u. Deutschland, Berlin 1986.

Kleinschmidt, C., Rationalisierung als Unternehmensstrategie. Die Eisen- und Stahlindustrie des Ruhrgebiets zwischen Jahrhundertwende und Weltwirtschaftskrise, Essen 1993.

König, W., Künstler und Strichezieher. Konstruktions- und Technikkulturen im deutschen, britischen, amerikanischen und französischen Maschinenbau zwischen 1850 und 1930, Frankfurt/M. 1999.

Matschoss, C., Geschichte der Dampfmaschine (1901), Hildesheim 1982.

(Ders. u. Schlesinger, G.) L. Loewe & Co. AG Berlin, Berlin 1930.

Münzinger, F., Amerikanische u. deutsche Großdampfkessel, Berlin 1923.

Pohl, H./Markner, J., Verbandsgeschichte und Zeitgeschichte. VDMA (Verband Deutscher Maschinen- und Anlagenbau e. V.) – 100 Jahre im Dienste des Maschinenbaus, 3 Bde., Frankfurt/M. 1992.

Rasch. M./Bleidick, D., Technikgeschichte im Ruhrgebiet – Technikgeschichte für das Ruhrgebiet, Essen 2004.

Reß, F. M., Geschichte der Kokereitechnik, Essen 1957.

Schröter, A. u. Becker, W, Die deutsche Maschinenbauindustrie in der industriellen Revolution, Berlin 1962.

Sonnenberg, G. S., 100 Jahre Sicherheit. Beiträge zur technischen u. administrativen Entwicklung des Dampfkesselwesens in Deutschland 1810–1910, Düsseldorf 1968.

Trischler, H., Steiger im deutschen Bergbau. Zur Sozialgeschichte der technischen Angestellten 1815–1945, München 1988.

Troitzsch, U., Innovation, Organisation und Wissenschaft beim Aufbau von Hüttenwerken im Ruhrgebiet 1850–1870, Dortmund 1977.

Welskopp, T., Arbeit und Macht im Hüttenwerk. Arbeits- und industrielle Beziehungen in der deutschen und amerikanischen Eisen- und Stahlindustrie von den 1860er bis zu den 1930er Jahren, Bonn 1994.

Wengenroth, U., Unternehmensstrategien u. technischer Fortschritt, Die deutsche u. die britische Stahlindustrie 1865–95, Göttingen 1986.

4.2 化学和电器技术

Abelshauser, W. (Hg.), Die BASF. Eine Unternehmensgeschichte, München 2002.

Andersen, A./Spelsberg, G. (Hg.), Das blaue Wunder. Zur Geschichte der synthetischen Farben, Köln 1990.

Bäumler, E., Ein Jahrhundert Chemie, Düsseldorf 1963.

Bartmann, W., Zwischen Tradition und Fortschritt. Aus der Geschichte der Pharmabereiche von Bayer, Hoechst und Schering von 1935–1975, Stuttgart 2003.

Beer, J. J., The Emergence of the German Dye Industry, Urbana 19812.

Boll, G., Geschichte des Verbundbetriebes, Frankfurt 1969.

Cardot, F. (Hg.), 1880–1980, Un siecle d'électricité dans le monde, Paris 1987.

Caro, H., Über die Entwicklung der Theerfarbenindustrie, in: Berichte der Deutschen Chemischen Gesellschaft, 1892, 953–1105.

Füßl, W., Oskar von Miller 1855–1934. Eine Biographie, München 2005.

Gold, H./Koch, A. (Hg.), Fräulein vom Amt, München 1993.

Greiling, W., Chemie erobert die Welt, Berlin 1943.

Gugerli, D., Redeströme. Zur Elektrifizierung der Schweiz 1880–1914, Zürich 1996.

Hjelt, E., Geschichte der Organischen Chemie, Braunschweig 1916.

Heuss, Th., Robert Bosch. Leben und Leistung, Stuttgart 1946.

Hughes, T. R, Networks of Power, Electrification in Western Society 1880–1930, Baltimore 1983.

König, W., Technikwissenschaften. Die Entstehung der Elektrotechnik aus Industrie und Wissenschaft zwischen 1880 und 1914, Chur 1995.

Kristl, W. L., Der weiß-blaue Despot, O. v. Miller in seiner Zeit, München o.J.

Liebig, J. v., Chemische Briefe, Leipzig 1865.

Peschke, H.-P., Elektroindustrie und Staatsverwaltung am Beispiel Siemens 1847–1914, Frankfurt/M. 1991.

Pinner, F., Emil Rathenau u. das elektrische Zeitalter, Leipzig 1918.

Plettner, B., Abenteuer Elektrotechnik. Siemens und die Entwicklung der Elektrotechnik seit 1945, München 1994.

Plumpe, G., Die IG Farbenindustrie AG. Wirtschaft, Technik und Politik 1904–1945, Berlin 1990.

Reinhardt, C. (Hg.), Chemical Sciences in the 20th Century. Bridging Boundaries, Weinheim 2001.

Riedler, A., Emil Rathenau und das Werden der Großwirtschaft, Berlin 1916.

Schmidt, D., Massenhafte Produktion? Produkte, Produktion und Beschäftigte im Stammwerk von Siemens vor 1914, Münster 1993.

Schultze, H., Die Entwicklung der chemischen Industrie in Deutschland seit 1875, Halle 1908.

Siemens, G., Der Weg der Elektrotechnik, Geschichte des Hauses Siemens, 2 Bde, Freiburg 1961.

Stichweh, R., Zur Entstehung des modernen Systems wissenschaftlicher Disziplinen, Physik in Deutschland 1740–1890, Frankfurt/M. 1984.

Szöllösi-Janze, M., Fritz Haber 1868–1934, München 1998.

Technische Eigenüberwachung in der Chemie. BASF-Symposium vom 12. Februar 1981, Köln 1982.

Tenfelde, K. u. a. (Hg.), Stimmt die Chemie? Mitbestimmung und Sozialpolitik in der Geschichte des Bayer-Konzerns, Essen 2007.

Verg, E. u. a., Meilensteine. 125 Jahre Bayer 1863–1988, Leverkusen 1988.

Weiher, S.v., Berlins Weg zur Elektropolis: Technik- u. Industriegeschichte an der Spree, Berlin 1974.

Wizinger, R., Chemische Plaudereien, Bonn 1934.

4.3 交通技术

Bade, W, Das Auto erobert die Welt, Berlin 1938.

Bardou, J.-P. u. a., Die Automobil-Revolution. Analyse eines Industrie-Phänomens, Gerlingen 1989.

Barthel, M. u. Lingnau, G., 100 Jahre Daimler-Benz, Die Technik, Mainz 1986.

Betz, C, Das Volksauto, Rettung oder Untergang der deutschen Automobilindustrie? Stuttgart 1931.

Blank, J. P. u. Rahn, Th. (Hg.), Die Eisenbahntechnik, Entwicklung u. Ausblick, Darmstadt 1983.

Boch, R. (Hg.), Geschichte und Zukunft der deutschen Automobilindustrie, Stuttgart 2001.

Briese, V. u. a. (Hg.), Wege zur Fahrradgeschichte, Bielefeld 1995.

Buhmann, H. u. a. (Hg.), Geisterfahrt ins Leere. Roboter und Rationalisierung in der Automobilindustrie, Hamburg 1984.

Dienel, H.-L./Trischler, H. (Hg.), Geschichte der Zukunft des Verkehrs. Verkehrskonzepte von der Frühen Neuzeit bis zum 21. Jahrhundert, Frankfurt/M. 1997.

Diesel, E., Philosophie am Steuer, Stuttgart 1952.

Eckoldt, M. (Hg.), Flüsse und Kanäle. Die Geschichte der deutschen Wasserstraßen, Hamburg 1998.

Flik, R., Von Ford lernen? Automobilbau und Motorisierung in Deutschland bis 1933, Köln 2001.

Fremdling, R., Eisenbahnen und deutsches Wirtschaftswachstum 1840–1879, Dortmund 2. Aufl. 1985.

Gall, L./Pohl, M. (Hg.), Die Eisenbahn in Deutschland. Von den Anfängen vis zur Gegenwart, München 1999.

Gottwald, A., Deutsche Reichsbahn. Kulturgeschichte und Technik, Berlin 1994.

Gundler, B. u. a. (Hg.), Unterwegs und mobil. Verkehrswelten im Museum, Frankfurt/M. 2005.

Hammer, M., Vergleichende Morphologie der Arbeit in der europäischen Automobilindustrie: Die Entwicklung zur Automation, Basel 1959.

Hickethier, K. u. a. (Hg.), Das deutsche Auto. Volkswagenwerbung und Volkskultur, Fernwald-Steinbach 1974.

Jürgens, U. u. a., Moderne Zeiten in der Automobilfabrik, Strategien der Produktionsmodernisierung im Länder- und Konzernvergleich, Berlin 1989.

Klapper, E., Die Entwicklung der deutschen Automobil-Industrie, Eine wirtschaftliche Monographie unter Berücksichtigung des Einflusses der Technik, Berlin 1910.

Klenke, D., Bundesdeutsche Verkehrspolitik und Motorisierung. Konfliktträchtige Weichenstellungen in den Jahren des Wiederaufstiegs, Stuttgart 1993.

Köstlin, R. u. Wollmann, H. (Hg.), Renaissance der Straßenbahn, Basel 1987.

Kopper, C., Die Bahn im Wirtschaftswunder: Deutsche Bundesbahn und Verkehrspolitik in der Nachkriegsgesellschaft, Frankfurt/M. 2007.

Kopper, C., Handel und Verkehr im 20. Jahrhundert, München 2002 (Enzyklopädie deutscher Geschichte Bd. 63).

Kuhm, K., Das eilige Jahrhundert. Einblicke in die automobile Gesellschaft, Hamburg 1995.

Möser, K., Geschichte des Autos, Frankfurt/M. 2002.

Niemann, H./Herrmann, A., Geschichte der Straßenverkehrssicherheit im Wechselspiel zwischen Fahrbahn, Fahrzeug und Mensch, Bielefeld 1999.

Pohl, H. (Hg.), Die Einflüsse der Motorisierung auf das Verkehrswesen von 1886 bis 1986, Stuttgart 1988.

Ritzau, H. J., Schatten der Eisenbahngeschichte, Ein Vergleich britischer, US- und deutscher Bahnen, I, Pürgen 1987.

Sachs, W., Die Liebe zum Automobil, Ein Rückblick in die Geschichte unserer Wünsche, Reinbek 1984.

Schirmbeck, P. (Hg.), »Morgen kommst du nach Amerika«. Erinnerungen an die Arbeit bei Opel 1917—87, Berlin 1988.

Schivelbusch, W., Geschichte der Eisenbahnreise. Zur Industrialisierung von Raum u. Zeit im 19. Jahrhundert, Frankfurt/M. 1979.

Schweer, D., Daimler Benz. Innenansichten eines Imperiums, Düsseldorf 1995.

Springer, R., Rückkehr zum Taylorismus? Arbeitspolitik in der Automobilindustrie am Scheideweg, Frankfurt/M. 1999.

Thomas, D. E., Diesel, Technology and Society in Industrial Germany, Tuscaloosa 1987.

Weber, M. M. v., Die Technik des Eisenbahnbetriebes in bezug auf die Sicherheit desselben, Leipzig 1854.

Wolf, W., Eisenbahn u. Autowahn, Personen- u. Gütertransport auf Schiene u. Straße, Hamburg 1987.

Ziegler, D., Eisenbahn und Staat im Zeitalter der Industrialisierung. Die Eisenbahnpolitik der deutschen Staaten im Vergleich, Stuttgart 1996.

Zug der Zeit – Zeit der Züge, Deutsche Eisenbahn 1835–1985, 2 Bde., Berlin 1985.

4.4 农业、酿造、房屋和其他技术

Deutscher Metallarbeiter-Verband (DMV) (Hg.), Arbeitsbedingungen der Schmiede im Deutschen Reiche, Stuttgart 1916.

Dienel, H.-L., Ingenieure zwischen Hochschule und Industrie. Kältetechnik in Deutschland und Amerika, 1870–1930, Göttingen 1995.

Dienel, H.-L., Die Linde AG. Geschichte eines Technologiekonzerns 1879–2004, München 2004.

Finsterbusch, E. u. W. Thiele, Vom Steinbeil zum Sägegatter, Leipzig 1987.

Franz, G. (Hg.), Die Geschichte der Landtechnik im 20. Jahrhundert, Frankfurt/M. 1969. Giedion, S., Die Herrschaft der Mechanisierung (1948), Frankfurt/M. 1987.

Herbert, G., The Dream of the Factory-Made House: W. Gropius u. K. Wachsmann, Cambridge 1984.

Herrmann, K., Pflügen, Säen und Ernten. Landarbeit und Landtechnik in der Geschichte, Reinbek 1985.

Krankenhagen, G. u. Laube, H., Wege der Werkstoffprüfung, München 1979.

Linde, C, Aus meinem Leben u. von meiner Arbeit (1916), Düsseldorf 1984.

Marschall, L., Im Schatten der chemischen Synthese. Industrielle Biotechnologie in Deutschland (1900–1970), Frankfurt/M. 2000.

Müller, H.-H./Klemm, V., Im Dienste der Ceres. Streiflichter zu Leben und Werk bedeutender deutscher Landwirte und Wissenschaftler, Leipzig 1988.

Orland, B., Wäsche waschen. Technik und Sozialgeschichte der häuslichen Wäschepflege, Reinbek 1991.

Pirker, T., Büro u. Maschine, Zur Geschichte u. Soziologie der Mechanisierung der Büroarbeit, der Maschinisierung des Büros u. der Büroautomation, Basel 1962.

Prowe-Bachus, M.-M., Auswirkungen der Technisierung im Familienhaushalt, Diss. Köln 1933.

Putsch, J., Vom Ende qualifizierter Heimarbeit. Entwicklung und Strukturwandel der Solinger Schneidwarenindustrie von 1914–1960, Köln 1989.

Rodel, V., Ingenieurbaukunst in Frankfurt a. M. 1806–1914, Frankfurt/M. 1983.

Ruske, W., 100 Jahre Materialprüfung in Berlin, Berlin 1971.

Stahlschmidt, R., Der Weg der Drahtzieherei zur modernen Industrie, Technik u. Betriebsorganisation eines westdeutschen Industriezweiges 1900–1940, Altona 1975.

Struve, E., Zur Entwicklung des bayerischen Brauereigewerbes im 19. Jahrhundert, Leipzig 1893.

Teich, M., Bier, Wissenschaft und Wirtschaft in Deutschland 1800–1914. Ein Beitrag zur deutschen Industrialisierungsgeschichte, Wien 2000.

Wieland, Th., »Wir beherrschen den pflanzlichen Organismus besser ...« Wissenschaftliche Pflanzenzüchtung in Deutschland 1889–1945, München 2004.

5. 高级工业技术：历史阶段和过程

5.1　世博会，洛勒争议，国际竞争

Amtlicher Bericht über die Industrie-Ausstellung aller Völker zu London im Jahre 1851,3 Bde., Berlin 1852/3.

Haltern, U., Die Londoner Weltausstellung von 1851, Münster 1971.

Heggen, A., Erfindungsschutz u. Industrialiesrung in Preußen 1793—1877, Göttingen 1975.

Heine, H., Prof. Reuleaux u. die deutsche Industrie, Berlin 1876.

Hirth, G., F. Reuleaux u. die deutsche Industrie auf der Weltausstellung zu Philadelphia, Leipzig 1876.

Historisches Museum Frankfurt/Main (Hg.), »Eine neue Zeit ...« Die Internationale Elektrotechnische Ausstellung 1891, Frankfurt/Main 1991.

Kroker, E., Die Weltausstellungen im 19. Jahrhundert, Göttingen 1975.

»Made in Germany«, Themenheft der TG 54.1987, 171—240.

Paul, H. W, The Sorcerer's Apprentice: The French Scientist's Image of German Science, 1840–1919, Gainesville 1972.

Reuleaux, F., Briefe aus Philadelphia, Braunschweig 1877.

Shadwell, A., England, Deutschland u. Amerika. Eine vergleichende Studie ihrer industriellen Leistungsfähigkeit, Berlin 1908.

Tafel, P., Die nordamerikanischen Trusts u. ihre Wirkungen auf den Fortschritt der Technik, Stuttgart 1913.

Williams, E. E. »Made in Germany«, Dresden 1896.

5.2　标准化，合理化运动，纳粹时期

Bolenz, E., Technische Normung zwischen »Markt« u. »Staat«, Bielefeld 1987.

Budrass, L., Flugzeugindustrie und Luftrüstung in Deutschland 1918–1945, Düsseldorf 1998.

Brady, R. A., The Rationalization Movement in German Industry, 2. Aufl. Berkeley 1974.

Campbell, J., Der Deutsche Werkbund 1907–1934, München 1989.

Campbell, J., Joy in Work, German Work. The International Debate, 1800–1945, Princeton 1989.

DMV (Hg.), Die Rationalisierung in der Metallindustrie, Berlin (1933).

Feldman, G. D., Hugo Stinnes: Biographie eines Industriellen 1870–1924, München 1998.

Freyberg, Th. v., Industrielle Rationalisierung in der Weimarer Republik. Untersucht an Beispielen aus dem Maschinenbau und der Elektroindustrie, Frankfurt/M. 1989.

Garbotz, G., Vereinheitlichung in der Industrie, Die geschichtliche Entwicklung, die bisherigen Ergebnisse, die technischen u. wirtschaftlichen Grundlagen, München 1920.

Hayes, P., Die Degussa im Dritten Reich. Von der Zusammenarbeit zur Mittäterschaft, München 2004.

Hinrichs, P. u. Peter, L. (Hg.), Industrieller Friede? Arbeitswissenschaft und Rationalisierung in der Weimarer Republik, Köln 1976.

Justrow, K., Der technische Krieg, 2 Bde., Berlin 1938/9.

Kahlert, H., Chemiker unter Hitler. Wirtschaft, Technik und Wissenschaft der deutschen Chemie von 1914–1945, Langwaden 2001.

König, W., Volkswagen, Volksempfänger, Volksgemeinschaft, »Volksprodukte« im Dritten Reich: Vom Scheitern einer nationalsozialistischen Konsumgesellschaft, Paderborn 2004.

Lederer, E., Technischer Fortschritt u. Arbeitslosigkeit, Frankfurt/M. 1981 (urspr. 1938).

Ledermann, F., Fehlrationalisierung – der Irrweg der deutschen Automobilindustrie seit der Stabilisierung der Mark, Stuttgart 1933.

Lorenz, W./Meyer, T., Technik und Verantwortung im Nationalsozialismus, Münster 2004.

Ludwig, K-H., Technik und Ingenieure im Dritten Reich, Düsseldorf 1974.

Mäckbach, F. u. Kienzle, O. (Hg.), Fließarbeit, Berlin 1926.

Mason, H. U., Die Luftwaffe 1914–18, Wien 1973.

Mock, W, Technische Intelligenz im Exil 1933–1945, Düsseldorf 1986.

Mommsen, H./Grieger, M., Das Volkswagenwerk und seine Arbeiter im Dritten Reich, Düsseldorf 1996.

Seidler, F. W., Die Organisation Todt. Bauen für Staat und Wehrmacht 1938–1945, Bonn 1998.

Senff, H., Die Entwicklung der Panzerwaffe im deutschen Heer zwischen den beiden Weltkriegen, Frankfurt/M. 1969.

Söllheim, F., Taylor-System in Deutschland, Grenzen seiner Einführung in deutsche Betriebe, München 1922.

Sombart, W, Die Zähmung der Technik, Berlin 1935.

Stollberg, G., Die Rationalisierungsdebatte 1908–1933, Frankfurt/M. 1981.

Szöllösi-Janze, M., Science in the Third Reich, Oxford 2001.

Wulf, H. A., »Maschinenstürmer sind wir keine«, Technischer Fortschritt und sozialdemokratische Arbeiterbewegung, Frankfurt/M. 1987.

5.3 20 世纪 60 年代以来的新技术和技术观

Automation – Risiko u. Chance (Tagung der IG Metall), 2 Bde., Frankfurt/ M. 1965.

Bergmann, J. u. a., Rationalisierung, Technisierung und Kontrolle des Arbeitsprozesses, Die Einführung der CNC-Technologie in Betrieben des Maschinenbaus, Frankfurt/M. 1986.

Bohle, F. u. Milkau, B., Vom Handrad zum Bildschirm – Eine Untersuchung zur sinnlichen Erfahrung im Arbeitsprozeß, Frankfurt/M. 1988.

Brödner, P., Fabrik 2000, Alternative Entwicklungspfade in die Zukunft der Fabrik, Berlin 1985.

Büdeler, W., Raumfahrt in Deutschland: Forschung, Entwicklung, Ziele, Düsseldorf 1976.

Bunz, M., Vom Speicher zum Verteiler – Die Geschichte des Internet, Berlin 2008.

Deutsches Museum Bonn (Hg.), Forschung und Technik in Deutschland nach 1945, Bonn 1995.

Dierkes, M. u. a. (Hg.), Technik u. Parlament, Technikfolgen-Abschätzung, Berlin 1986.

Dörfler, R., Technikpolitik in der Bundesrepublik Deutschland am Beispiel der Förderung der Material- und Werkstofftechnologien durch den Bund, Münster 2003.

Eckert, F./Osietzki, M., Wissenschaft für Macht und Markt. Kernforschung und Mikroelektronik in der Bundesrepublik Deutschland, München 1989.

Forester, T., Die High Tech Gesellschaft. Dreißig Jahre digitale Revolution, München 1990.

Fukuyama, F., Der Konflikt der Kulturen. Wer gewinnt den Kampf um die wirtschaftliche Zukunft? (amerikan.: Trust. The Social Virtues and the Creation of Prosperity.) München 1995.

Gillies, J./Cailliau, R., Die Wiege des Web. Die spannende Geschichte des WWW, Heidelberg 2002.

Glißmann, W./Peters, K., Mehr Druck durch mehr Freiheit. Die neue Autonomie in der Arbeit und ihre paradoxen Folgen, Hamburg 2001.

Hagen, W., Das Radio. Zur Geschichte und Theorie des Hörfunks – Deutschland/USA, München 2005.

Halfmann, J., Die Entstehung der Mikroelektronik. Zur Produktion technischen Fortschritts, Frankfurt/M. 1984.

Hansen, F. u. Kollek, R., Gen-Technologie. Die neue soziale Waffe, Hamburg 1985.

Hilger, S., »Amerikanisierung« deutscher Unternehmen. Wettbewerbsstrategien und Unternehmenspolitik bei Henkel, Siemens und Daimler-Benz (1945/49–1975), Stuttgart 2004.

Kemper, K., Heinz Nixdorf. Eine deutsche Karriere, Landsberg 2001.

Kern, H. u. Schumann, M., Das Ende der Arbeitsteilung? Rationalisierung in der industriellen Produktion: Bestandsaufnahme, Trendbestimmung, 3. Aufl. München 1986.

Keul, Th., Real New Economy. Über die geplatzten Träume und die wahren Chancen des digitalen Wirtschaftswunders, München 2002.

Kirchner, U., Geschichte des bundesdeutschen Verkehrsflugzeugbaus. Der lange Weg zum Airbus, Frankfurt/M. 1998.

Kirchner, U., Der Hochtemperaturreaktor. Konflikte, Interessen, Entscheidungen, Frankfurt/M. 1991.

Kleinschmidt, C., Der produktive Blick. Wahrnehmung amerikanischer und japanischer Management- und Produktionsmethoden durch deutsche Unternehmer 1950–1985, Berlin 2002.

Lindner, R. u. a., Planen, Entscheiden, Herrschen, Vom Rechnen zur elektronischen Datenverarbeitung, Reinbek 1984.

Lutz, B. (Hg.), Technik u. sozialer Wandel, Frankfurt/M. 1987.

Majer, H., Die »technologische Lücke« zwischen der Bundesrepublik Deutschland u. den Vereinigten Staaten von Amerika, Tübingen 1973.

Mechtersheimer, A., Rüstung u. Politik in der Bundesrepublik, MRCA Tornado. Geschichte und Funktion des größten westeuropäischen Rüstungsprogramms, Bad Honnef 1977.

Meyer-Abich, K. M. u. Steger, U. (Hg.), Mikroelektronik u. Dezentralisierung, Berlin 1982.

Meyer-Abich, K. M. u. Ueberhorst, R. (Hg.), AUSgebrütet. Argumente zur Brutreaktorpolitik, Basel 1985.

Müller, W. D., Geschichte der Kernenergie in der Bundesrepublik Deutschland, 2 Bde., Stuttgart 1990/96.

Noble, D. F., Forces of Production, A Social History of Industrial Automation, New York 1984.

Nussbaum, B., Das Ende unserer Zukunft. Revolutionäre Technologien drängen die europäische Wirtschaft ins Abseits, München 1984.

Petzold, H., Rechnende Maschinen. Eine historische Untersuchung ihrer Herstellung u. Anwendung vom Kaiserreich bis zur Bundesrepublik, Düsseldorf 1985.

Queisser, H., Kristallene Krisen. Mikroelektronik – Wege der Forschung, Kampf um Märkte, München 1985.

Radkau, J., Aufstieg und Krise der deutschen Atomwirtschaft 1945–1975. Verdrängte Alternativen in der Kerntechnik und der Ursprung der nuklearen Kontroverse, Reinbek 1983.

Rindfleisch, H., Technik im Rundfunk. Ein Stück deutscher Rundfunkgeschichte von den Anfängen bis zum Beginn der achtziger Jahre, Norderstedt 1985.

Rossberg, R. R., Radlos in die Zukunft. Die Entwicklung neuer Bahnsysteme, Zürich 1983.

Schneider, U./Stender, D. (Hg.), »Das Paradies kommt wieder ...« Zur Kulturgeschichte und Ökologie von Herd, Kühlschrank und Waschmaschine, Hamburg (Museum der Arbeit) 1993.

Seitz, K., Die japanisch-amerikanische Herausforderung. Deutschlands Hochtechnologie-Industrien kämpfen ums Überleben, 4. Aufl. München 1992.

Staupe, G./Vieth, L. (Hg.), Die Pille. Von der Lust und von der Liebe, Berlin 1996.

Streb, J., Staatliche Technologiepolitik und branchenübergreifender Wissenstransfer. Über die Ursachen und Folgen der internationalen Innovationserfolge der deutschen Kunststoffindustrie im 20. Jahrhundert, Berlin 2003.

Szöllösi-Janze, M./Trischler, H. (Hg.), Großforschung in Deutschland, Frankfurt/M. 1990.

Traube, K., Müssen wir umschalten? Von den politischen Grenzen der Technik, Reinbek 1978.

Weinberg, A. M., Probleme der Großforschung, Frankfurt/M. 1970 (amerikan. 1967).

Weingart, P./Taubert, N. C. (Hg.), Das Wissensministerium. Ein halbes Jahrhundert Forschungs- und Bildungspolitik in Deutschland, Weilerswist 2006.

Westermann, A., Plastik und politische Kultur in Westdeutschland, Zürich 2007.

Weyer, J., Akteurstrategien und strukturelle Eigendynamiken. Raumfahrt in Westdeutschland 1945–1965, Göttingen 1993.

Zeitlin, J./Herrigel, G., Americanization and Its Limits: Reworking US Technology and Management in Post-War Europe and Japan, Oxford 2000.

5.4　民主德国的技术史及 "两德" 比较

Abele, J. u. a. (Hg.), Innovationskulturen und Fortschrittserwartungen im geteilten Deutschland, Köln 2001.

Augustine, D., Red Prometheus. Engineering and Dictatorship in East Germany 1945–1990, Cambridge, Mass. 2007.

Bähr, J., Industrie im geteilten Berlin (1945–1990). Die elektronische Industrie und der Maschinenbau im Ost-West-Vergleich: Branchenentwicklung, Technologien und Handlungsstrukturen, Berlin 2001.

Bähr, J./Petzina, D. (Hg.), Innovationsverhalten und Entscheidungsstrukturen. Vergleichende Studien zur wirtschaftlichen Entwicklung im geteilten Deutschland 1945–1990, Berlin 1996.

Bauer, R., PKW-Bau in der DDR. Zur Innovationsschwäche von Zentralverwaltungswirtschaften, Frankfurt/M. 1999.

Beleites, M., Untergrund. Ein Konflikt mit der Stasi in der Uran-Provinz, 2. Aufl. Berlin 1992.

Franke, E. S., Netzwerke, Innovationen und Wirtschaftssystem. Eine Untersuchung am Beispiel des Druckmaschinenbaus im geteilten Deutschland (1945–1990), Stuttgart 2000.

Hoffmann, D./Macrakis, K. (Hg.), Naturwissenschaft und Technik in der DDR, Berlin 1997.

Jarausch, K./Siegrist, H. (Hg.), Amerikanisierung und Sowjetisierung in Deutschland 1945–1970, Frankfurt/M. 1997.

Karlsch, R., Uran für Moskau. Die Wismut – Eine populäre Geschichte, Bonn 2007.

Kirchberg, P., Plaste, Blech und Planwirtschaft. Die Geschichte des Automobils in der DDR, Berlin 2000.

Reichert, M., Kernenergiewirtschaft in der DDR. Entwicklungsbedingungen, konzeptioneller Anspruch und Realisierungsgrad, St. Katharinen 1999.

Roesler, J. u. a., Produktionswachstum und Effektivität in Industriezweigen der DDR 1950–1970, Berlin 1983.

Stokes, R., Constructing Socialism. Technology and Change in East Germany, 1945–1990, Baltimore 2000.

Zachmann, K., Mobilisierung der Frauen. Technik, Geschlecht und Kalter Krieg in der DDR, Frankfurt/M. 2004.

6. 技术与环境，技术风险，环保技术

Andersen, A., Historische Technikfolgenabschätzung am Beispiel des Metallhüttenwesens und der Chemieindustrie 1850–1933, Stuttgart 1996.

Blackbourn, D., Die Eroberung der Natur. Eine Geschichte der deutschen Landschaft, München 2007.

Brüggemeier, F.-J., Das unendliche Meer der Lüfte. Luftverschmutzung, Industrialisierung und Risikodebatten im 19. Jahrhundert, Essen 1996.

Brüggemeier, F.-J./Rommelspacher, Th. (Hg.), Besiegte Natur. Geschichte der Umwelt im 19. und 20. Jahrhundert, München 1987.

Büschenfeld, J., Flüsse und Kloaken. Umweltfragen im Zeitalter der Industrialisierung (1870–1918), Stuttgart 1997.

Curter, M., Berliner Gold. Geschichte der Müllbeseitigung in Berlin, Berlin 1996.

Dinckal, N./Mohajeri, S., Blickwechsel. Beiträge zur Geschichte der Wasserversorgung und Abwasserentsorgung in Berlin und Istanbul, Berlin 2001.

Ditt, K. u. a. (Hg.), Agrarmodernisierung und ökologische Folgen. Westfalen vom 18. bis zum 20. Jahrhundert, Paderborn 2001.

Eisenbart, C./Ehrenstein, D. v. (Hg.), Nichtverbreitung von Nuklearwaffen – Krise eines Konzepts, Heidelberg (Forschungsstätte der Ev. Studiengemeinschaft) 1988.

Encyclopedia of World Environmental History, hg. von Sh. Krech III, J. R. McNeill und Carolyn Merchant, 3 Bde., New York 2004.

Farrenkopf, M., Schlagwetter und Kohlenstaub. Das Explosionsrisiko im industriellen Ruhrbergbau (1850–1914), Bochum 2003.

Forter, M., Farbenspiel. Ein Jahrhundert Umweltnutzung durch die Basler chemische Industrie, Zürich 2000.

Frank, S./Gandy, M. (Hg.), Hydropolis. Wasser und die Stadt der Moderne, Frankfurt/M. 2006

Gilhaus, U., »Schmerzenskinder der Industrie«. Umweltverschmutzung, Umweltpolitik und sozialer Protest im Industriezeitalter in Westfalen 1845–1914, Paderborn 1995.

GreenTech made in Germany. Umwelttechnologie-Atlas für Deutschland, hg. vom Bundesministerium für Umwelt, Naturschutz und Reaktorsicherheit, München 2007.

Gudermann, Rita, Morastwelt und Paradies. Ökonomie und Ökologie in der Landwirtschaft am Beispiel der Meliorationen in Westfalen und Brandenburg (1830–1880), Paderborn 2000.

Henneking, R., Chemische Industrie und Umwelt. Konflikte und Umweltbelastungen durch die chemische Industrie am Beispiel der schwerchemischen, Farben- und Düngemittelindustrie der Rheinprovinz (ca. 1800–1914), Stuttgart 1994.

Heymann, M., Geschichte der Windenergienutzung 1890–1990, Frankfurt/M. 1995.

Holzapfel, H. u. a. (Hg.), Autoverkehr 2000. Wege zu einem ökologisch und sozial verträglichen Autoverkehr, Karlsruhe 1985.

Koenigs, T./Schaeffer, R. (Hg.), Fortschritt vom Auto. Umwelt und Verkehr in den 90er Jahren, München 1991.

Kramer, J./Rohde, H., Historischer Küstenschutz, hg. vom Deutschen Verband für Wasserwirtschaft und Kulturbau, Stuttgart 1992.

Lovins, A. B., Sanfte Energie. Das Programm für die energie- und industriepolitische Umrüstung unserer Gesellschaft, Reinbek 1978.

Lundgreen, P., Wissenschaftliche Forschung als Ausweg aus dem politischen Konflikt? Qualitätskontrolle von Eisenbahnmaterial in Preußen (1876–1889), Wiesbaden 1999.

Mener, G., Zwischen Labor und Markt. Geschichte der Sonnenenergienutzung in Deutschland und den USA 1860–1986, München 2000.

Münch, P., Stadthygiene im 19. und 20. Jahrhundert, Göttingen 1993.

Paturi, F. R., 125 Jahre TÜV Bayern – 125 Jahre Sicherheit in der Technik, Stuttgart 1995.

Pottgießer, H., Sicher auf den Schienen. Fragen zur Sicherheitsstrategie der Eisenbahn von 1825 bis heute, Basel 1988.

Pütz, J. (Hg.), Asbest-Report. Vom Wunderstoff zur Altlast, Köln 1989.

Radkau, J., Natur und Macht. Eine Weltgeschichte der Umwelt, 2. Aufl. München 2002.

Roßnagel, A. u. a., Die Verletzlichkeit der ›Informationsgesellschaft‹, Opladen 1989.

Scheer, H., Solare Weltwirtschaft. Strategie für die ökologische Moderne, München 1999.

Simson, J. v., Kanalisation und Städtehygiene im 19. Jahrhundert, Düsseldorf 1983.

Teleky, L., Gewerbliche Vergiftungen, Berlin 1955.

Uekötter, F., Von der Rauchplage zur ökologischen Revolution. Eine Geschichte der Luftver-schmutzung in Deutschland und den USA 1880–1970, Essen 2003.

Vogt, G., Entstehung und Entwicklung des ökologischen Landbaus, Bad Dürkheim 2000.

Weber, W, Technik und Sicherheit in der deutschen Industriegesellschaft 1850 bis 1930, Wuppertal 1986.

Ders., Arbeitssicherheit, Historische Beispiele – aktuelle Analysen, Reinbek 1988.

插图来源

4:	© Fränkisches Freilichtmuseum, Bad Windsheim
5, 6, 8, 29, 39,* 45:	Fotos: © Deutsches Museum, München
9, 11, 21:	© Historisches Archiv Krupp, Essen
10, 15, 25, 27, 38, 40:	© akg images
13:	Entnommen aus: Wilhelm Lukas Kristl, Der weiß-blaue Despot. Oskar von Miller in seiner Zeit, Richard Pflaum Verlag, München o.J.
14:	Verlag der Frankfurter Lichtdruckanstalt Wiesbaden & Co./©Messe Frankfurt a.M.
16:	© Zwilling J.A. Henckels AG, Solingen
17:	Stadtarchiv Solingen
18:	Entnommen aus: Richard van Dülmen, Die Erfindung des Menschen, Böhlau Verlag Köln 1998, S. 521.
19:	Entnommen aus: Karl Steinbuch, Diese verdammte Technik, Herbig Verlag 1980, neben S. 48.
20:	Entnommen aus: Maria Curter, Berliner Gold. Geschichten der Müllbeseitigung in Berlin, Hande & Speuer, Berlin 1996, S. 33.
26:	© Bayerisches Hauptstaatsarchiv, München
28:	Entnommen aus: Lichtjahre. 100 Jahre Strom in Österreich, Kremayr & Scheriau, Wien 1986, S. 57.
30, 31:	BASF Unternehmensarchiv, Ludwigshafen am Rhein
32:	Entnommen aus: Museum der Arbeit (Hamburg), Arbeit, Mensch, Gesundheit, hg. v. Christina Borgholz, Dölling + Galitz Verlag, Hamburg 1990, S. 34.
33:	DaimlerChrysler AG, Stuttgart
34:	Entnommen aus: Knut Hickethier u.a. (Hg.), Das deutsche Auto. Volkswagenwerbung und Volkskultur, Anabas-Verlag 1974.
35:	Entnommen aus: Helmut Sohre, Das Auto: Vom Modell zur Serie, Hoch-Verlag, Düsseldorf 1979, S. 21.
36:	Aus: *Berliner Illustrirte Zeitung* 37/1926
42:	Mit freundlicher Genehmigung des Spiegel-Verlags
43:	© Ritsch + Renn, Wien
46:	© VG Bild-Kunst, Bonn 2008

Leider war es uns nicht möglich, in jedem Fall den Rechteinhaber zu ermitteln. Dieser wird jeweils gebeten, sich zur Wahrung seiner berechtigten Ansprüche mit dem Verlag in Verbindung zu setzen.

* 应版权方要求更新   39: Taken from: Zeitung f. Wirtschaft, Politik und Technik, 1969

人名翻译对照表

A

Abbe, Ernst 恩斯特·阿贝

Abelshauser, Werner 维尔纳·阿贝尔斯豪泽

Adams, Henry 亨利·亚当斯

Adenauer, Konrad 康拉德·阿登纳

Agricola, Rudolf 鲁道夫·阿格里科拉

Alban, Ernst 恩斯特·阿尔班

Ambros, Otto 奥托·安布罗斯

Amery, Carl 卡尔·阿梅里

Andersen, Arne 阿尔内·安徒生

Apel, Erich 埃里希·阿佩尔

Arnhold, Karl 卡尔·阿恩霍尔德

Arnsperger, Friedrich 弗里德里希·阿恩施佩格

Augustine, Dolores L. 多洛雷丝·奥古斯蒂内

B

Baader, Joseph von 约瑟夫·冯·巴德尔

Bach, Carl von 卡尔·冯·巴赫

Bach, Johann Sebastian 约翰·塞巴斯蒂安·巴赫

Bacon, Francis 弗朗西斯·培根

Balke, Siegfried 巴尔克·齐格弗里德

Banfield, Thomas C. 托马斯·班菲尔德

Barkleit, Gerhard 格哈德·巴克莱特

Bauer, Franz Peter 弗朗茨·彼特·鲍尔

Bauer, Gustav 古斯塔夫·鲍尔

Bauer, Otto 奥托·鲍尔

Bauer, Reinhold 莱因霍尔德·保罗

Bäumler, Ernst 恩斯特·博伊姆勒

Bayer, Friedrich 弗里德里希·拜尔

Bebel, August 奥古斯特·倍倍尔

Becher, Johann Joachim 约翰·约阿希姆·贝歇尔

Beck, Ludwig 路德维希·贝克

Beckmann, Johann 约翰·贝克曼

Behrens, Peter 彼得·贝伦斯

Benz, Carl 卡尔·本茨

Berdrow, Wilhelm 威廉·伯德罗

Berg, Fritz 弗利茨·贝格

Bernal, John Desmond 约翰·德斯蒙德·

贝尔纳

Bernhard, Lucian 鲁西安·伯恩哈特

Bernhardi, Friedrich von 弗里德里希·冯·伯恩哈迪

Berthelot, Marcelin Pierre Eugène 马塞兰·贝特罗

Bessemer, Henry 亨利·贝塞麦

Betz, Louis 路易斯·贝茨

Beuth, Christian Peter Wilhelm 克里斯蒂安·彼特·威廉·博伊特

Beyern, Johann Matthias 约翰·马提亚斯·贝恩

Bismarck, Otto von 奥托·冯·俾斯麦

Blincoe, Robert 罗伯特·布林科

Bloch, Ernst 恩斯特·布洛赫

Boch, Rudolf 鲁道夫·博赫

Bodemer, Heinrich 海因里希·博德默

Bölkow, Ludwig 路德维希·伯尔克

Bonaparte, Napoléon 拿破仑·波拿巴

Bonatz, Paul 保罗·波纳茨

Bonn, Moritz Julius 莫里茨·尤利乌斯·博恩

Borchardt, Knut 克努特·博尔夏特

Borgward, Carl F. W. 卡尔·宝沃

Borscheid, Peter 皮特·博夏德

Borsig, Johann Friedrich August 约翰·弗里德里希·奥古斯特·博希格

Bosch, Carl 卡尔·博施

Bosch, Robert 罗伯特·博世

Böttger, Johann Friedrich 约翰·弗里德里希·伯特格尔

Brady, Robert 罗伯特·布拉迪

Brandt, Leo 莱奥·勃兰特

Brassert, Hermann 赫尔曼·布拉塞特

Braudel, Fernand 费尔南德·布罗代尔

Braun, Ingo 英戈·布劳恩

Braun, Lily 莉莉·布劳恩

Braun, Werner von 维尔纳·冯·布劳恩

Bredow, Hans 汉斯·布雷多

Brenner, Otto 奥托·布伦纳

Breschnew, Leonid Iljitsch 列昂尼德·伊里奇·勃列日涅夫

Bricmont, Jean 简·布里克蒙

Brügelmann, Johann Gottfried 约翰·戈特弗里德·布吕格尔曼

Brunnstein, Klaus 克劳斯·布伦施泰因

Bücher, Karl 卡尔·毕歇尔

Bülow, Bernhard von 伯恩哈德·冯·比洛

Bunz, Mercedes 梅赛德斯·邦茨

Burckhardt, Jacob 雅各布·布克哈特

Burns, Tom R. 汤姆·R.伯恩斯

C

Callenbach, Ernst 恩斯特·卡伦巴赫

Caro, Heinrich 海因里希·卡罗

Cartellieri, Wolfgang 沃尔夫冈·卡特列

Chamberlain, Joseph 约瑟夫·张伯伦

Chruschtschow, Nikita Sergejewitsch 尼基塔·谢尔盖耶维奇·赫鲁晓夫

Claas, Franz 弗朗兹·克拉斯

Cockerill, James 詹姆斯·科克里尔

Cockerill, John 约翰·科克里尔

Consbruch, Friedrich Christoph Florens 弗里德里希·克里斯托夫·弗洛伦斯·康斯布赫

Cotta, Heinrich 海因里希·科塔

Cramer-Klett, Theodor von 特奥多尔·冯·克莱默－克莱特

Creevy, Thomas 托马斯·克里维

Crombie, Alistair Cameron 阿利斯泰尔·
卡梅隆·克隆比

Curzon, George, Marquess Curzon of
Kedleston 乔治·纳撒尼尔·寇松

D

Dädalus 代达罗斯

Dahrendorf, Ralf 拉尔夫·达伦多夫

Daimler, Gottlieb 戈特利布·戴姆勒

De Man, Hendrik 亨德里克·德曼

Delbrück, Hans 汉斯·德布吕克

Delius, Gustav 古斯塔夫·德利乌斯

Dessauer, Friedrich 弗里德里希·德绍尔

Dichter, Ernst 欧内斯特·迪希特

Dienel, Hans-Liudger 汉斯-莱杰·迪
内尔

Dierig, Friedrich 弗里德里希·迪里希

Diesel, Eugen 欧根·迪塞尔

Diesel, Rudolf 鲁道夫·迪塞尔

Dingler, Christian 克里斯蒂安·丁勒

Dinnendahl, Franz 弗朗茨·丁能达尔

Dinnendahl, Johann 约翰·丁能达尔

Dominik, Hans 283f. 汉斯·多米尼克

Dormann, Jürgen 于尔根·多曼

Drais, Carl von 卡尔·冯·德莱斯

Dreyse, Johann Nikolaus 约翰.尼古拉
斯.德雷赛

Droysen, Gustav 德罗伊森·古斯塔夫

Duisberg, Carl 卡尔·杜伊斯贝格

Dyckerhoff, Eugen 欧根·迪克尔霍夫

E

Eberle, Christoph 克里斯托夫·埃伯尔

Eckermann, Johann Peter 约翰·彼特·
埃克曼

Edison, Thomas Alva 托马斯·阿尔瓦·
爱迪生

Ehrhardt, Heinrich 海因里希·埃尔哈特

Ehrlich, Paul 保罗·埃尔利希

Eichhoff, Richard 理查德·艾希霍夫

Elgozy, Georges 格奥尔斯·埃尔戈齐

Engels, Friedrich 弗里德里希·冯·恩
格斯

Engelskirchen, Lutz 卢茨·恩格尔斯基兴

Enters, Hermann 赫尔曼·恩特尔斯

Érard, Sébastien 塞巴斯蒂安·艾拉德

Erhard, Ludwig 路德维希·艾哈德

Esser, Klaus 克劳斯·埃塞尔

Evans, Oliver 奥利弗·埃文斯

Eversmann, Friedrich August 弗里德里
希·奥古斯特·埃弗斯曼

Eyth, Max 马克斯·艾斯

F

Falk, Adalbert 阿达尔贝特·法尔克

Finke, Wolfgang 沃尔夫冈·芬克

Finkelnburg, Wolfgang 沃尔夫冈·芬克
伦堡

Finley, Moses I. 摩西·I. 芬利

Fischer, Wolfram 沃尔夫拉姆·菲舍尔

Ford, Henry 亨利·福特

Forster, Martin 马丁·福斯特

Foucault, Michel 米歇尔·福柯

Franz, Günther 君特·弗朗茨

Fremdling, Rainer 莱纳·弗莱德林

Fried, Ferdinand 费迪南德·弗里德

Friedländer, Emanuel 埃马纽埃尔·弗

里德伦德尔

Friedman, Milton 米尔顿·弗里德曼

Friedrich II., König von Preußen 腓特烈
二世

Friedrich Wilhelm II., König von Preußen
·腓特烈·威廉二世

Friedrichs, Günter+A613君特·弗里德
里希

Fritsch, Werner, Freiherr von 维尔纳·
冯·弗里奇

Fromm, Julius 尤利乌斯·弗罗姆

Fuchs, Klaus 克劳斯·福克斯

Fukuyama, Francis 弗朗西斯·福山

G

Gall, Ludwig 路德维希·加尔

Gaus, Günter 君特·高斯

Genscher, Hans-Dietrich 汉斯·迪特里
希·根舍

Gerschenkron, Alexander 亚历山大·格
申克龙

Gerstner, Franz Anton Ritter von 弗朗
茨·安东·里特·冯·格斯特纳

Geyer, Michael 迈克尔·盖耶

Giedion, Sigfried 西格弗里德·吉迪恩

Glotz, Peter 彼特·格洛茨

Goebbels, Joseph 约瑟夫·戈培尔

Goethe, Johann Wolfgang von 约翰·沃
尔夫冈·冯·歌德

Göring, Hermann 赫尔曼·戈林

Greiling, Walter 沃尔特·格雷林

Gropius, Walter 沃尔特·格罗皮乌斯

Grotjahn, Alfred 阿尔弗雷德·格罗腾

Guderian, Heinz Wilhelm 海因茨·威廉·

古德里安

Gülich, Gustav von 古斯塔夫·冯·居
里希

Gutenberg, Johannes 约翰内斯·古腾堡

H

Habakkuk, Hrothgar John 赫罗斯加·约
翰·哈巴谷

Haber, Fritz 弗里茨·哈伯

Habermas, Jürgen 尤尔根·哈贝马斯

Häfele, Wolfgang 沃尔夫冈·黑费勒

Hagen, Wolfgang 沃尔夫冈·哈根

Hallgarten, George W. F. 乔治·W.F.
哈尔加腾

Halske, Johann Georg 约翰·乔治·哈
尔斯克

Hartkopf, Günter 京特·哈特科普夫

Hartmann, Werner 维尔纳·哈特曼

Hauptmann, Gerhart 格哈特·豪普特曼

Hausen, Karin 卡琳·豪森

Hefner-Alteneck, Friedrich von 弗里德
里克·冯·赫夫纳阿尔泰涅克

Hegemann, Werner 维尔纳·黑格曼

Heidegger, Martin 马丁·海德格尔

Heisenberg, Werner 维尔纳·海森伯

Heisig, Bernhard 伯恩哈德·海西格

Helfferich, Karl 卡尔·赫弗里希

Helmholtz, Werner von 赫尔曼·冯·亥
姆霍兹

Henckels, Gebrüder 亨克尔斯兄弟

Hennecke, Adolf 阿道夫·亨内克

Hepp, Marcel 马塞尔·赫普

Herder, Johann Gottfried 约翰·哥特弗
雷德·赫尔德

Herold, Horst 霍斯特·赫罗德

Hertz, Heinrich Rudolf 海因里希·鲁道
夫·赫兹

Hesse, Hermann 赫尔曼·黑塞

Heuss, Theodor 特奥多尔·豪斯

Heyne, Christian Gottlob 克里斯蒂安·
戈特洛布·海恩

Heynitz, Friedrich Anton, Freiherr
von 弗里德里希·安东·冯·海尼茨

Hildebrand, Carl, Freiherr von Canstein
卡尔·希尔德布兰特

Hilferding, Rudolf 希法亭·鲁道夫

Hindenburg, Paul von 保罗·冯·兴登堡

Hintze, Otto 奥托·欣策

Hirsch, Julius 尤利乌斯·希尔施

Hitler, Adolf 阿道夫·希特勒

Hobrecht, James 詹姆斯·霍布雷希特

Hoesch, Leopold 莱奥波德·霍奇

Hollweg, Bethmann 贝特曼·霍尔维格

Honecker, Erich 埃里希·昂纳克

Honnef, Hermann 赫尔曼·霍内夫

Hörnigk, Philipp Wilhelm菲利普·威廉·
赫尔尼格克

Huebmer, Georg 乔治·许布莫尔

Hughes, Thomas 托马斯·休斯

Hugo, Victor 维克多·雨果

Huizinga, Johan 约翰·赫伊津哈

Humboldt, Alexander von 亚历山大·冯·
洪堡

Huskisson, William 威廉·赫斯基森

I

Ikarus 伊卡洛斯

J

Joerges, Bernward 伯尔尼沃德·约尔
格斯

Jungk, Robert 罗伯特·容克

K

Kammerer, Otto 奥托·卡默勒

Kaplan, Viktor 维克多·卡普兰

Kardorff, Wilhelm von 威廉·冯·卡多夫

Kautsky, Karl 卡尔·考茨基

Kay, John 约翰·凯

Kehr, Eckart 埃克哈特·克尔

Keller, Friedrich Gottlob 弗里德里希·
戈特洛布·克勒

Kern, Horst 霍斯特·科恩

Keynes, John Maynard 约翰·梅纳德·
凯恩斯

Kirchner, Ernst 恩斯特·凯尔希纳

Kirchner, Ulrich 乌尔里希·凯尔希纳

Kirdorf, Emil 埃米尔·基尔多夫

Klingenberg, Georg 乔治·克林根贝格

Knies, Karl 卡尔·克尼斯

Knott, Carl 卡尔·克诺特

Koch, Robert 罗伯特·科赫

Koenig, Friedrich Gottlob 弗里德里希·
戈特洛布·柯尼希

Koeth, Joseph 约瑟夫·科特

König, Wolfgang 沃尔夫冈·柯尼希

Kosel, Gerhard 格哈德·科赛尔

Köttgen, Carl 卡尔·科特根

Kresse, Patrick 帕特里克·克雷塞

Krohn, Wolfgang 沃尔夫冈·克龙

Krünitz, Johann Georg 约翰·乔治·克

雷尼茨

Kruckenberg, Franz 弗朗茨·克鲁肯贝格

Krupp, Alfred 阿尔弗雷德·克虏伯

Krupp, Friedrich 弗里德里希·克虏伯

Krupp, Helmar 赫尔马尔·克虏伯

Kuczynski, Jürgen 于尔根·库琴斯基

Kuhn, Thomas S. 托马斯·库恩

Kummer, Fritz 弗里茨·库默尔

Kunth, Gottlob Johann Christian 戈特洛布·约翰·克里斯蒂安·孔特

Kurbjuweit, Dirk 德克·科布维特

Kurrer, Wilhelm Heinrich 威廉·海因里希·库雷尔

Kutz, Martin 马丁·库茨

L

Landes, D. S.D.S. 兰德斯

Langmann, Hans Joachim 汉斯·约阿希姆·朗曼

Lawaczek, Franz 弗朗茨·拉瓦切克

Lebon, Philippe 菲利普·勒邦

Lederer, Emil 埃米尔·莱德勒

Lee, Edmund 埃德蒙·李

Lehfeldt, Wilhelm 威廉·莱费尔特

Leonhardt, Fritz 弗利茨·莱昂哈特

Leupold, Jacob 雅各布·卢波尔德

Levenstein, Adolf 阿道夫·莱文斯坦

Liebig, Justus von 尤斯图斯·冯·李比希

Liebknecht, Wilhelm 威廉·李卜克内西

Lilienthal, Otto 奥托·李林塔尔

Linde, Carl Paul Gottfried von 卡尔·保罗·歌特弗里德·冯·林德

Lindley, William 威廉·林德利

List, Franz 弗利茨·李斯特

List, Friedrich 弗里德里希·李斯特

Lloyd, George 乔治·劳合

Loewe, Ludwig 路德维希·勒维

Ludendorff, Erich Friedrich Wilhelm 埃里希·弗里德里希·威廉·鲁登道夫

Lüder, Christian F. von 克里斯蒂安·冯·吕德

Lüders, Marie-Elisabeth 玛丽-伊丽莎白·吕德斯

Ludwig I., König von Bayern 路德维希一世

Ludwig XVI., König von Frankreich 路易十六

Ludz, Peter C. 彼得·C. 卢兹

Luhmann, Niklas 尼克拉斯·卢曼

Lundgreen, Peter 彼得·伦德格林

Luxemburg, Rosa 罗莎·卢森堡

M

MacAdam, John L. 约翰·劳登·马卡丹

Maddison, Angus 安格斯·麦迪森

Mandel, Heinrich 海因里希·曼德尔

Mannesmann, Max 马克思·曼尼斯曼

Mannesmann, Reinhard 莱因哈德·曼内斯曼

Mansfield, Charles 查尔斯·曼斯菲尔德

Marguerre, Fritz 弗里茨·马格雷

Marschall, Luitgard 吕特加德·马歇尔

Marx, Karl 卡尔·马克思

Matschoß, Conrad 康拉德·马乔

Matthöfer, Hans 汉斯·马特费尔

Mayr, O.O. 马耶尔

McLuhan, Herbert Marshall 赫伯特·马

歇尔·麦克卢汉

Mensch, Gerhard 格哈德·门施

Merl, Stefan 史蒂芬·梅尔

Mevissen, Gustav von 古斯塔夫·冯·梅维森

Miesbach, Alois 阿洛伊斯·米斯巴赫

Miller, Oskar von 奥斯卡·冯·米勒

Mitscherlich, Alexander 亚历山大·米切利希

Mittag, Günter 君特·米塔格

Mommsen, Hans 汉斯·莫姆森

Mooser, Josef 约瑟夫·穆瑟

Möser, Justus 尤斯图斯·梅瑟

Müller, Clemens 克莱门斯·穆勒

Mumford, Lewis 刘易斯·芒福德

Münsterberg, Hugo von 于果·明斯特伯格

Münzinger, Friedrich 弗里德里希·明辛格

Musil, Robert 罗伯特·穆齐尔

N

Nasmyths, James 詹姆斯·内史密斯

Nathusius, Johann Gottlob 约翰·戈特洛布·纳图修斯

Naumann, Friedrich 弗里德里希·瑙曼

Neuhaus, Fritz 弗里茨·诺伊豪斯

Neumann, John von 约翰·冯·诺伊曼

Nixdorf, Heinz 海因茨·利多富

Nobels, David F. 大卫·诺贝尔

Nordhoff, Heinrich 海因里希·罗德霍夫

Nussbaum, Bruce 布鲁斯·努斯鲍姆

O

Ogger, Günter 君特·奥格尔

Oliven, Oskar 奥斯卡·奥利文

Ostwald, Wilhelm 威廉·奥斯特瓦尔德

Otto, Nicolaus August 尼克劳斯·奥古斯特·奥托

P

Pajeken, Julius Friedrich 尤利乌斯·弗里德里希·帕耶肯

Parkinson, Cyril Northcote 西里尔·诺斯古德·帕金森

Paulinyi, Akos 阿科斯·保利尼

Pentzlin, Kurt 库尔特·彭茨林

Peters, Richard 理查德·彼得斯

Pettenkofer, Max von 马克斯·冯·佩滕科弗

Petzold, Hartmut 哈特穆特·佩措尔德

Pflug, Friedrich 弗里德里希·普夫鲁格

Pierer, Heinrich von 海因里希·冯·皮埃尔

Piore, Michael J. 迈克尔·J. 皮奥里

Plattner, Hasso 哈索·普拉特纳

Plenzdorf, Ulrich 乌利希·普伦兹多夫

Plettner, Bernhard 伯恩哈德·普莱特纳

Poensgen, Ernst 恩斯特·彭茨根

Pollard, Sidney 西德尼·波拉德

Popp, Franz Josef 弗朗兹·约瑟夫·波普

Poppe, Johann, Heinrich Moritz 约翰·亨利希·摩里茨·波佩

Popper, Karl R. 卡尔·R. 波普尔

Porsche, Ferdinand 费迪南德·保时捷

Pot, Johan Hendrik Jacob van der 约翰·亨德里克·雅各布·范德波特

Preller, Ludwig 路德维希·普雷勒尔

Prinz Heinrich, Albert Wilhelm Heinrich von Preußen 阿尔贝特·威廉·海因里希

Pritzkoleit, Kurt 库尔特·普里茨科莱特

Q

Queisser, Hans 汉斯·奎瑟

R

Radkau, Hans 汉斯·拉特卡奥

Ramazzini, Bernardino 贝尔纳迪尼·拉马齐尼

Rathenau, Emil 埃米尔·拉特瑙

Rathenau, Walther 瓦尔特·拉特瑙

Reden, Friedrich Wilhelm Graf von 弗里德里希·威廉·格拉夫·冯·雷登

Redtenbacher, Ferdinand 费迪南德·雷腾巴赫尔

Rehbein, Franz 弗朗茨·雷贝恩

Reichenbach, Georg von 格奥尔格·冯·莱兴巴赫

Reichow, Hans Bernhard 汉斯·伯恩哈德·赖乔

Reuleaux, Franz 弗朗茨·勒洛

Reuter, Edgar 埃德加·罗伊特

Reuter, Edzard 埃查德·罗伊特

Ricardo, David 大卫·李嘉图

Riedler, Alois 阿洛伊斯·里德勒

Röntgen, Wilhelm Conrad 威廉·康拉德·伦琴

Roon, Albrecht von 阿尔布雷希特·冯·罗恩

Roosevelt, Franklin D. 富兰克林·德拉诺·罗斯福

Röpke, Wilhelm 威廉·勒普克

Röschlaub, Andreas 安德雷斯·吕施劳布

Rosenberg, Nathan 纳坦·罗森贝格

Rother, Christian von 克里斯蒂安·冯·罗瑟

Rupp, Theophilus L. 特奥菲卢斯·L.鲁普

Rürup, Reinhard 赖因哈德·吕鲁普

S

Sabel, Charles F. 查尔斯·萨贝尔

Sänger, Eugen 欧根·辛格

Schabowski, Günter 君特·沙博夫斯基

Schacht, Hjalmar 亚尔马·沙赫特

Schäffer, Fritz 弗里茨·舍弗尔

Schapiro, Jakob 雅各布·夏皮罗

Schelsky, Helmut 赫尔穆特·舍尔斯基

Schenzinger, Karl Aloys 卡尔·阿洛伊斯·申辛格

Schlange-Schöningen, Hans 汉斯·施兰格－舍宁根

Schleiermacher, Friedrich 弗里德里希·施莱尔马赫

Schlesinger, Georg 乔治·施莱辛格

Schlieffen, Alfred von 阿尔弗雷德·冯·施里芬

Schmalenbach, Eugen 欧根·施马伦巴赫

Schmid, Wolfgang 沃尔夫冈·施密德

Schmidt, Gert 格特·施密特

Schmidt. Tobias 托碧昂斯·施密特

Schmitz, Hermann 赫尔曼·施密茨

Schmoller, Gustav von 古斯塔夫·冯·
  施莫勒

Schnabel, Franz 弗兰茨·施纳贝尔

Schnabel, Johann Gottfried 约翰·戈特
  弗里德·施纳贝尔

Schöller, Heinrich 海因里希·舍勒

Schott, Otto 奥托·肖特

Schottky, Walter 沃尔特·萧特基

Schrempp, Jürgen E. 于尔根·施伦普

Schroeder-Gudehus, Brigitte 布里吉特·
  施罗德－古德胡斯

Schubert, Franz 弗朗茨·舒伯特

Schuberth, Ernst 恩斯特·舒伯斯

Schuchard, Johannes 约翰内斯·舒查德

Schule, Johann Heinrich 约翰·海因里
  希·舒勒

Schulten, Rudolf 鲁道夫·舒尔腾

Schumacher, Fritz 弗里茨·舒马赫

Schumann, Harald 哈罗德·舒曼

Schumann, Michael 迈克尔·舒曼

Schwager, Johann Moritz 约翰·莫里茨·
  施瓦格

Schweitzer, Albert 阿尔贝特·施韦泽

Seebohm, Hans-Christoph 汉斯·克里
  斯托普·赛博姆

Seeckt, Hans von 汉斯·冯·塞克特

Seefelder, Matthias 马蒂亚斯·西费尔德

Seidel, Heinrich 海因里希·塞德尔

Seitz, Konrad 康拉德·塞茨

Senefelder, Alois 阿洛伊斯·塞内费尔德

Servan-Schreiber, Jean-Jacques 吉恩·
  雅克·塞尔旺－施赖贝尔

Severing, Carl 卡尔·塞弗林

Shadwell, A. A. 沙德威尔

Shelley, Mary 玛丽·雪莱

Siemens, Carl von 卡尔·冯·西门子

Siemens, Georg von 格奥尔格·冯·西
  门子

Siemens, Werner von 维尔纳·冯·西
  门子

Siemens, Wilhelm von 威廉·冯·西门子

Silbermann, Gottfried 戈特弗里德·西
  尔伯曼

Silverberg, Paul 保罗·西尔弗伯格

Simmel, Georg 格奥尔格·齐美尔

Sindermann, Horst 霍斯特·辛德曼

Smith, Adam 亚当·斯密

Snow, Charles Percy 查尔斯·珀西·斯诺

Sohn-Rethel, Alfred 阿尔弗雷德·索恩－
  雷特尔

Sokal, Alan 艾伦·索卡尔

Solschenizyn, Alexander Issaje-witsch
  亚历山大·索尔仁尼琴

Sombart, Werner 维尔纳·桑巴特

Sommer, Ron 罗恩·萨默

Speer, Albert 阿尔贝特·施佩尔

Spelsberg, Günther oder Ernst 京特或
  恩斯特·斯佩尔斯伯格

Spengler, Oswald 奥斯瓦尔德·斯宾
  格勒

Spitzemberg, Hildegard von 希尔德加德·
  冯·斯皮森伯格

Stahl, Georg Ernst 格奥尔格·恩斯特·
  施塔尔

Stalin, Josef 约瑟夫·斯大林

Staritz, Dietrich 迪特里希·斯塔尼茨

Steger, Ulrich 乌尔里希·斯特格

Stein, Heinrich Friedrich Karl Reichsfreiherr vom und zum 海因里希·弗里德里希·卡尔·冯·施泰因

Steinbuch, Karl 卡尔·施泰因布赫

Steinmetz, Willibald 维利巴德·施泰因梅茨

Stephan, Heinrich von 海因里希·冯·史蒂芬

Stephenson, George 乔治·史蒂芬逊

Stingl, Karl 卡尔·斯廷格尔

Stoltenberg, Gerhard 格哈德·斯托腾贝格

Stoy, Bernd 贝尔恩德·斯托伊

Strauß, David Friedrich 大卫·弗里德里希·施特劳斯

Strauß, Franz Josef 弗朗茨·约瑟夫·施特劳斯

Streeruwitz, Ernst von 恩斯特·冯·斯特里鲁维茨

Stresemann, Gustav 古斯塔夫·施特雷泽曼

Strousberg, Bethel Henry 贝特利·亨利·施特罗斯堡

T

Taylor, Frederik Winslow 弗雷德里克·温斯洛·泰勒

Thomas, Georg 乔治·托马斯

Thyssen, August 奥古斯特·蒂森

Tichy, Roland 罗兰·蒂奇

Timm, Bernhard 伯恩哈德·蒂姆

Tirpitz, Alfred von 阿尔弗雷德·冯·蒂尔皮茨

Todt, Fritz 弗里兹·托特

Traube, Klaus 克劳斯·特劳贝

Treitschke, Heinrich von 因里希·冯·特雷奇克

Tulla, Johann Gottfried 约翰·戈特弗里德·图拉

U

Ueberhorst, Reinhard 赖因哈德·乌伯霍斯特

Ulbricht, Walter 瓦尔特·乌布利希

Ullrich, Otto 奥托·乌尔里希

Ungewitter, Claus 克劳斯·翁格威特

Ure, Andrew 安德鲁·乌尔

V

Varrentrapp, Georg 乔治·瓦伦特拉普

Veblen, Thorstein B. 托斯丹·邦德·凡勃伦

Viebahn, Georg Wilhelm von 乔治·威廉·冯·维班

Viefhaus, Erwin 欧文·维夫豪斯

Vischer, Friedrich Theodor 弗里德里希·特奥多尔·菲舍尔

Voegler, Albert 阿尔伯特·福格勒

Volkmann, Helmut 赫尔穆特·福尔克曼

Vormfelde, Karl 卡尔·福姆费尔德

W

Wagner, Martin 马丁·瓦格纳

Wagner, Richard 理查德·瓦格纳

Wankel, Felix 菲利克斯·汪克尔

Warnecke, Hans-Jürgen 汉斯-于尔根·沃内克

Warnke, Jürgen 约尔根·沃恩克

Watson, Thomas J. 托马斯·J. 沃森

Watt, James 詹姆斯·瓦特

Weber, Heinrich 海因里希·韦伯

Weber, Maria von 马利亚·冯·韦伯

Weber, Max 马克斯·韦伯

Weber, Max Maria von 马克斯·马利亚·冯·韦伯

Weber, Wolfhard 沃尔夫哈德·韦伯

Weckherlin, Ferdinand Heinrich August von 费迪南德·海因里希·奥古斯特·冯·韦克尔林

Wehler, Hans Ulrich 汉斯－乌尔里希·韦勒

Weinberg, Alvin 阿尔文·温伯格

Weingart, Peter 彼得·魏因加特

Weizenbaum, Joseph 约瑟夫·魏森鲍姆

Weizsäcker, Richard von 理查德·冯·魏茨泽克

Wellhöner, Volker 福尔克尔·韦尔赫纳

Wengenroth, Ulrich 乌尔里希·文根罗特

White, Lynn 林恩·怀特

Wieck, Friedrich Georg 弗里德里希·乔治·维克

Wild, Dieter 迪特尔·维尔德

Wilhelm II., Deutscher Kaiser 德皇威廉二世

Williams, Ernest E. 欧内斯特·威廉姆斯

Winnacker, Karl 卡尔·温纳克

Winner, Langdon 兰登·温纳

Winschuh, Josef 约瑟夫·温舒

Winzer, 文策尔

Wirtz, Karl 卡尔·维尔茨

Wizinger, Robert 罗伯特·威辛格

Wöhler, August 奥古斯特·沃勒

Wöhler, Friedrich 弗里德里希·沃勒

Wöhlert, Johann Friedrich Ludwig 约翰·弗里德里希·路德维希·沃勒特

Wolf, Christa 克里斯塔·沃尔夫

Wolf, Julius 尤利乌斯·沃尔夫

Z

Zedlitz und Neukirch, Octavio von 奥克塔维奥·冯·泽德利茨－诺伊基希

Zeiss, Carl 卡尔·蔡司

Zeitlin, Jonathan 乔纳森·采特林

Zeppelin, Ferdinand Graf von 斐迪南·冯·齐柏林

Zimmermann, Johann von 约翰·冯·齐默尔曼

Zumpe, Johannes 约翰内斯·聪佩

Zuse, Konrad 康拉德·祖思

Zwickel, Klaus 克劳斯·兹维科尔

地名翻译对照表

A

Ägypten 埃及

Asien 亚洲

Augsburg 奥格斯堡

Auschwitz 奥斯维辛

Australien 澳大利亚

B

Bad Salzuflen 巴特萨尔茨乌夫伦

Baden 巴登

Barmen 巴门

Bayern 拜恩

Belgien 比利时

Bellinzona 贝林佐纳（瑞士）

Berchtesgaden 贝希特斯加登

Bergisches Land 贝吉什兰

Berlin 柏林

Bielefeld 比勒费尔德

Birmingham 伯明翰（英）

Bonn 波恩

Brabant 布拉班特省（比利时）

Brandenburg 勃兰登堡

Brandenburg-Preußen 普鲁士勃兰登堡

Braunschweig 不伦瑞克

Bremen 不来梅

Breslau 布雷斯劳（弗罗茨瓦夫）（波兰）

C

Charlottenburg 夏洛滕堡

Chemnitz 开姆尼茨

Chicago 芝加哥

China 中国

Cromford bei Ratingen 拉廷根的克罗姆福德

D

Dänemark 丹麦

Danzig 但泽

Dessau 德绍

Dortmund 多特蒙德

Dresden 德累斯顿

Düsseldorf 杜塞尔多夫

E

Eisenhüttenstadt 艾森许滕施塔特

Elbe 易北河

Elberfeld 埃尔伯费尔德

England 英国

Eßlingen 埃斯林根

Europa 欧洲

F

Firth of Tay 泰河（苏格兰）

Flandern 佛兰德

Franken 弗兰克

Frankfurt 法兰克福

Frankreich 法国

Freiberg（in Sachsen）弗赖堡

Fulda 富尔达

Fürth 菲尔特

G

Glasgow 格拉斯哥

Gorleben 戈莱本

Großbritannien/Britisches Empire 大不列颠

Großensalza bei Schönebeck an der Elbe 易北河畔舍内贝克附近的格罗森萨尔萨

H

Hamburg 汉堡

Hannover 汉诺威

Havel 哈弗尔河

Heidelberg 海德堡

Herne 黑尔讷

Hiroshima 广岛

Hohenheim 霍恩海姆

Holland/Niederlande 荷兰

Holstein 荷尔斯泰因

I

Isar 伊萨尔河

Italien 意大利

J

Japan 日本

Jena 耶拿

K

Kärnten 克恩滕州

Kassel 卡塞尔

Köln 科隆

Köln-Minden 科隆－明登市

Königsberg 柯尼斯堡

Königsborn bei Unna 乌纳的柯尼希斯博恩

Krefeld 克雷费尔德

Kurmark 库尔马克

L

Lauffen am Neckar 内卡河畔劳芬

Leipzig 莱比锡

Leverkusen 勒沃库森

Lippe 利珀河

Liverpool 利物浦

Locarno 洛迦诺

London 伦敦

Lothringen 洛林

Ludwigshafen 路德维希港

Lugau 卢高

Lyon 里昂

M

Magdeburg 马格德堡

Magdeburger Börde 马格德堡地区

Magnitogorsk 马格尼托哥尔斯克

Manchester 曼彻斯特

Mannheim 曼海姆

Märkisches Land 梅尔基施地区

Meißen 迈森

Melbourne 墨尔本

Mitteleuropa 中欧

Möckern bei Leipzig 临近莱比锡的默肯

Moskau 莫斯科

Mühlheim 米尔海姆

München 慕尼黑

N

Neu-Iserlohn 新伊森堡

Neunburg vorm Wald 诺因布尔沃尔德

New York 纽约

Niederlande siehe Holland 荷兰

Niederrhein 下莱茵河

Nordamerika 北美

Norddeutschland 北德

Norditalien 意大利北部

Novokusnezk 新库兹涅茨克

Nürnberg 纽伦堡

O

Oberschlesien 上西里西亚

Oelsnitz 厄尔斯尼茨

Oppau 奥堡

Ostasien 东亚

Ostdeutschland 德国东部

Österreich 奥地利

Osteuropa 东欧

P

Paris 巴黎

Philadelphia 费城

Premnitz 普雷姆尼茨

Preußen 普鲁士

R

Reichenhall 赖兴哈尔

Remscheid 雷姆沙伊德

Rhein 莱茵

Rheinland 莱茵兰

Rheinsberg 莱茵堡

Ruhr 鲁尔区

Russland/Russisches Reich 俄罗斯

S

Saargebiet 萨尔地区

Sachsen 萨克森

Schemnitz 舍姆尼茨

Schlesien 西里西亚

Schwabenland 施瓦本地区

Schwäbisch-Hall 施韦比希哈尔

Schwarzwald 黑森林

Schweden 瑞典

Schweinfurt 施韦因富特

Schweiz 瑞士

Schwelm 施韦尔姆

Sheffield 谢菲尔德

Siegerland 西格兰德
Solingen 索林根
Spree 施普雷河
Staßfurt 施塔斯富特
Steiermark 施泰尔马克
Stuttgart 斯图加特
Süddeutschland 南德
Südeuropa 南欧
Südkorea 韩国
Sydney 悉尼

T

Tharandt 塔兰特
Themse 泰晤士河
Thüringer Wald 图林根森林
Tirol 蒂罗尔州
Tschernobyl 切尔诺贝利

U

Ulm 乌尔姆
USA 美国

V

Vordernberg 福尔登贝格

W

Wackersdorf 瓦克斯多夫
Waterloo 滑铁卢
Weimar 魏玛
Westeuropa 西欧
Wien 维也纳
Wuppertal 伍珀塔尔
Wyhl 维尔阿姆

Z

Zschopau 乔保

关键词索引

A

Amerikanisierung 美国化 9, 16, 49,
　203, 207, 210, 211, 217, 267
Anpassung/Adaption von Technik 技术
　适应 12, 36, 42, 115, 267
Automobilindustrie 汽车工业 69, 219,
　300, 323, 325, 353, 354, 358

B

Banken 银行 134, 135, 323, 354, 477
Basisinnovationen 基础创新 38, 80
Baubranche 建筑业 213, 225, 226,
　239, 250, 268, 269
Benzin 汽油 172, 260, 274, 301, 307-
　310, 359, 367, 424
Bergbau 采矿 58, 76, 85, 89-91, 98,
　105, 108, 119, 120, 122, 124
Bildung/Ausbildung, technische 技术培
　训 189, 196, 279, 433
Biotechnik 生物技术 193, 313, 461,
　468, 481

Brüter 增殖反应堆 379, 397, 400-
　405, 407, 408, 411, 428, 438
Buchdruck 印刷术 91, 104, 105, 458
Bürokratisierung 官僚化 63-65, 285,
　316, 319

C

Chausseebau 道路建设 115, 116, 347,
　358, 359, 383
Chemische Industrie 化学工业 42, 54,
　74, 97, 98, 112, 144, 172, 185-
　188, 191, 197, 199, 201, 207,
　299, 305-308, 400, 422, 437
Computer 计算机 4, 5, 11, 13, 18,
　24, 39, 58, 62, 64, 66, 71, 271

D

Dampfmaschine 蒸汽机 12, 24-33,
　58, 72, 75, 78, 89, 103, 104,
　139, 144, 146-148, 155, 168,
　217, 223, 224, 228, 229, 259

Design 设计 1, 3, 21, 39, 52, 61, 62, 63, 93, 115, 137, 143-146, 294, 297, 301, 390, 454, 461

Digitale Revolution 数字革命 23, 480

Düngemittel 肥料 78, 97, 141, 221, 223, 307, 313, 370

E

Economies of scale 规模经济 8, 33, 40, 60, 64, 65, 83, 125, 205, 225, 254, 305, 331, 334, 340

Eisenindustrie 钢铁工业 45, 76, 86, 102, 126, 139, 215, 431

Eisenbahn 铁路 28, 41, 44, 48, 62, 84, 87, 89, 91, 96, 97, 101, 116, 124, 133-136, 260, 270, 303, 357-359, 382, 383, 386, 409

Energiewirtschaft 能源行业 21, 336, 375, 407

Erdgas 天然气 114, 139-141, 272, 273, 304, 306, 310, 335, 402

Erneuerbare Energien 可再生能源 21, 367, 418, 457, 459, 478

F

Feinmechanik 精密机械 53, 141, 145, 189, 219, 260

Fließband 装配线 322, 326, 327, 329, 372

Fordismus 福特主义 16, 69, 315, 327, 440, 446, 467, 469

Forschung 研究 1, 4, 5, 6, 9, 69-72, 77, 80, 89, 90, 97, 98, 107, 109, 114, 117, 139, 142, 144

G

Gaswerke 煤气厂 114, 168, 240, 304

Gentechnik 基因工程 371, 387, 391, 413, 414, 420

Geschlecht 性别 67, 68

Gesundheit 健康 96, 112, 149, 165, 218, 230-233, 242-244, 246

Gewässerverschmutzung 水污染 238, 416, 423

Globalisierung 全球化 1, 10, 13, 44, 375, 464, 467, 468, 471

Großforschung 大科学 290, 364, 439

H

Halbleiter 半导体 18, 45, 390, 435, 448, 449, 451

Haushaltstechnik 家庭手工业 61, 255, 368

Hochofen 高炉 41, 64, 114, 119, 122, 127

Humanisierung 人性化 81, 237, 316, 414, 421, 479, 483

Hygiene 卫生 66, 169, 231, 233, 245

I

Industrialisierung 工业化 26, 30, 33, 36, 39, 40-43, 54, 61, 67, 68

Internet 互联网 24, 373, 450-456, 459, 461, 463

K

Kerntechnik 核技术 5, 10, 12, 22, 23, 37, 56, 59, 140, 202, 308, 365

Kommunikationstechnik 通信技术 149, 189, 392, 406, 443, 471

Konsum 消费 15, 17, 45, 51, 52, 57

Krieg 战争 2, 9, 26, 44, 56, 59, 65, 84, 87, 115, 123, 124, 146, 149, 449, 454, 465

Kunsthandwerk 手工艺品 176, 177, 178

Kunststoffe 塑料 8, 260, 299, 306, 368, 388, 422, 436, 437, 474

Kybernetik 控制论 11, 23, 435, 436, 443

L

Landwirtschaft 农业 31-33, 41-43, 54, 78-82, 86, 115, 128, 141, 441, 470, 471, 473

Lokomotive 机车 28, 108, 121, 146, 159, 160, 163, 229, 248, 250, 303, 304, 357, 383, 458

Luftfahrt 航空 250, 287, 290, 291, 365, 369, 379, 406, 407, 424, 425, 439, 471, 478

Luftverschmutzung 空气污染 414, 415

M

Made in Germany 德国制造 9, 149, 150, 174, 215, 216, 246, 448

Magnetschwebebahn 磁悬浮列车 424, 425, 481

Manhattan Project 曼哈顿计划 6, 199, 364, 386

Mechanisierung 机械化 9, 33, 49, 50, 51, 54, 61, 66, 68, 69, 77, 80

Merkantilismus 重商主义 42, 85, 119

Mikroelektronik 微电子 12, 202, 372, 373, 458, 459, 480

Militärtechnik 军事技术 87, 260, 281, 295, 377, 380, 398, 400, 451, 455

Monopol 垄断 13, 21, 122, 142, 143, 144, 156, 178, 187, 208, 252, 431, 476

Müllverbrennung 垃圾焚烧 419, 420

N

Nationalismus 民族主义 14, 16, 36, 37, 48, 82, 170, 174, 180, 207

Standardisierung 标准化 13, 65, 145, 146, 160, 182, 206, 446, 448

R

Rationalisierung 合理化 45, 60-62, 68, 70, 74, 124, 160, 182, 480

Recycling 回收 138, 233, 240, 241, 388, 411, 419, 422, 427, 507

Research & Development（R&D）研发 49, 91, 140, 159, 179, 194, 468

Rohstoffe 原材料 36, 42, 53, 89, 99, 120, 140, 141, 260, 267, 270, 470

Roboter 机器人 9, 23, 384, 388, 392, 393, 441, 452

Rüstung 军备 17, 38, 43, 56, 57, 65, 87, 149, 175, 195, 250, 260

S

Schneidwaren 刀具 89, 102, 148, 211, 215, 216, 309, 329

Seide 丝绸　99, 101, 107, 118, 188

Silicon Valley 硅谷　13, 448, 453, 459

Software 软件　396, 442, 454

Solartechnik 太阳能技术　418, 456, 459

Spinnmaschinen 纺纱机　80, 89, 99, 117, 127, 128, 209, 211, 212

Spitzentechnik 尖端技术　12, 34, 46, 148, 171, 203, 294, 375-378

Sputnik 人造卫星　28, 429, 436, 437

Subvention 国家补贴　119, 448

T

Taylorismus 泰勒主义　52, 316

technological gap 技术差距　38, 40, 44, 378

Technologiepolitik 技术政策　12, 17, 375, 401, 447, 449, 464

Technologietransfer 技术转移　12, 36, 40, 56, 85-87, 105, 110, 364

Tradition 传统　5, 7, 8, 10, 13, 14, 24, 30, 33, 34, 36-40, 42, 47

U

U-Bahn 地铁　262, 355

U-Boot 潜艇　286-289

Uhrenindustrie 钟表业　53, 86

Umwelttechnik 环境保护　12, 228, 417, 427, 428, 462, 478, 482

Uran 铀　291, 344, 399, 400, 439

V

Verbrennungsmotor 内燃机　148, 186, 384

Verkehr 交通　41, 44, 62, 63, 84, 87, 115, 116, 136, 247, 346-350, 416, 423, 424, 426, 458, 468, 471, 478, 483, 484, 578

Verlagswesen 出版　4, 5, 9, 50, 80, 180, 186, 240, 244, 263, 275, 316, 326, 330, 378, 417, 429, 432, 453, 457, 476

Verstaatlichung 国有化　151, 158, 163, 174, 341, 441

Verwissenschaftlichung der Technik 技术科学化　77, 180, 197, 403

W

Wasserbau 水利工程　107, 120, 130, 277

Weltwirtschaftskrise 大萧条　146, 150, 264, 314

Wirtschaftswunder 经济奇迹　41, 44, 266, 310, 345, 360, 362, 373, 376, 383, 456, 460, 466, 469

Wissenschaftlich-technische Revolution 技术革命　433, 434, 436

Z

Zucker 糖　84, 130, 148, 181, 208, 213, 222, 240, 311